새 출제 기준에 따른 핵심 내용 총정리 / 과년도 출제문제 철저 분석

보일러 기능장

서상희 저

Boiler

일진사

책머리에 ...

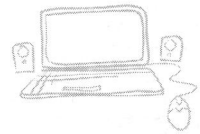

산업이 고도화되고 발전함에 따라 열원(에너지)의 사용량은 급격히 증가하고 있다. 이 열원(에너지)을 공급하는 장치 중에서 보일러를 이용하는 경우가 대부분이고, 보일러는 화력발전소 및 열병합발전소, 산업체 및 공장, 대형 건물의 난방용, 가정의 소형 온수보일러까지 우리 생활에 가까이 다가와 있다.

보일러를 관리하고 조종하려면 보일러 관련 자격증을 취득하여야만 가능하고, 보일러 관련 자격증을 취득하고 업무에 종사하고 있는 분들 중에서 보일러 관련 자격증에서 최상위급에 해당하는 보일러기능장에 관심과 도전을 해 보려는 분들이 상당수에 달하고 있으나 자격 취득을 위한 관련도서가 충분하지 않아 여러 가지로 어려움이 많은 것이 현실이다. 이에 저자는 수 년간의 강단에서의 강의와 시험에 관련된 자료를 준비하여 보일러기능장 실기 수험서를 다음과 같은 부분에 중점을 두어 구성하였다.

> **첫째,** 새로 개정된 한국산업인력공단의 출제기준에 맞추어 구성하였다.
> **둘째,** 각 과목에서는 단원별 이론정리와 최근 출제문제를 분석한 예상문제를 자세한 해설과 함께 수록하였다.
> **셋째,** 작업형 시험에서는 최근 출제된 작업형 도면과 함께 조립과정을 설명하여 작업형 시험에 대비할 수 있도록 하였다.
> **넷째,** 2004년 이후의 과년도 출제문제를 자세한 해설과 함께 수록하여 최근 출제문제 경향을 파악하고 시험에 응시하는 데 도움이 되도록 하였다.
> **다섯째,** 저자가 직접 카페(cafe.daum.net/gas21, cafe.naver.com/gas21)를 개설, 관리하여 온라인상으로 질의 및 답변과 함께 수험정보를 공유할 수 있는 공간을 마련하였다.

이 책으로 보일러기능장 자격시험을 준비하는 수험생 여러분께 합격의 영광이 함께 하길 바라며, 책이 출판될 때까지 많은 지도와 격려를 보내 주신 분과 도서출판 **일진사** 직원 여러분께 깊은 감사를 드린다.

저자 씀

→ 본 교재에 대한 질의 및 정오표는 『자격증을 공부하는 모임』 카페(cafe.daum.net/gas21, cafe.naver.com/gas21)를 방문하시면 질의 및 관련 자료를 열람할 수 있습니다.

보일러기능장 실기 출제기준

직무분야 : 기계	자격종목 : 보일러기능장	적용기간 : 2011. 1. 1 ~ 2015. 12. 31

○ 직무내용 : 건축물 및 산업용 보일러시공 및 취급에 관한 최상급 숙련기능을 가지고 현장에서 작업관리, 소속기능자의 지도 및 감독, 현장훈련, 환경관리, 경영층과 생산계층을 유기적으로 결합시켜 주는 현장 중간관리 등의 직무 수행

○ 수행준거 : (1) 열부하에 맞는 보일러를 선정하고 관리를 할 수 있다.
　　　　　　(2) 보일러 및 부대설비의 도면을 작성 및 해독하고 적산할 수 있다.
　　　　　　(3) 보일러를 설치 시공할 수 있고, 지도 및 관리 감독할 수 있다.
　　　　　　(4) 보일러 점검, 조작 및 고장원인을 진단하고 사고예방 및 유지관리를 할 수 있다.

실기검정방법 : 복합형 (주관식 필기 : 14~20 문제, 작업형)	시험시간 : 필답형 : 2시간, 작업형 : 5시간 정도

실기과목명	주요 항목	세부 항목
보일러시공, 취급 실무	1. 보일러 시공 실무	1. 보일러 용량, 효율 및 성능 계산 2. 난방 및 급탕부하 설계 3. 보일러 시공도면 작성 및 해독 4. 적산 5. 보일러 시공 공구와 장비의 취급 6. 각종 보일러 설치 시공기준의 적용
	2. 보일러 취급 실무	1. 보일러 운전 및 부속 기기 조작 2. 보일러용 연료 및 연소 계산 3. 보일러 열정산 및 열관리 4. 보일러 급수처리 및 급수장치의 취급 5. 보일러 자동제어장치의 취급

보일러기능장 실기 검정방법

구 분	검 정 방 법	배 점
필답형	① 실기시험 예정일 일요일에 전국적으로 동시 시행 ② 주관식 문제 14~20문제 출제	50점
작업형	① 지역별로 실기시험 기간 중에 시행(주중에 시행하는 경우 포함) ② 제시된 배관 작업(나사가공, 전기용접, 가스용접)을 제한된 시간 동안 완성하여 제출	50점

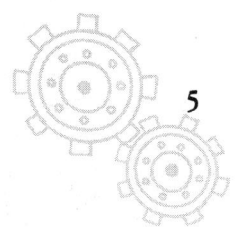

수검자 유의사항

1. 시험문제지를 받는 즉시 응시하고자 하는 종목의 문제지가 맞는지 여부를 확인하여야 한다.
2. 시험문제지 총면수, 문제번호 순서, 인쇄상태 등을 확인하고, 수험번호 및 성명을 답안지에 기재하여야 한다.
3. 부정행위 방지를 위하여 답안작성(계산식 포함)은 흑색 또는 청색 필기구만 사용하되, 동일한 한 가지 색의 필기구만 사용하여야 하며, 흑색, 청색을 제외한 유색 필기구 또는 연필류를 사용하거나 2가지 이상의 색을 혼합 사용하였을 경우 그 문항은 0점 처리된다.
4. 답란에는 문제와 관련 없는 불필요한 낙서나 특이한 기록사항 등을 기재하여서는 안 되며 부정의 목적으로 특이한 표식을 하였다고 판단될 경우에는 모든 득점이 0점 처리된다.
5. 답안을 정정할 때에는 반드시 정정부분을 두 줄로 그어 표시하여야 하며, 두 줄로 긋지 않은 답안은 정정하지 않은 것으로 간주한다.
6. 계산문제는 반드시 「계산과정」과 「답」란에 계산과정과 답을 정확히 기재하여야 하며 계산과정이 틀리거나 없는 경우 0점 처리된다. (단, 계산연습이 필요한 경우는 연습란을 이용하여야 하며, 연습란은 채점대상이 아니다.)
7. 계산문제는 최종 결과 값(답)에서 소수 셋째 자리에서 반올림하여 둘째 자리까지 구하여야 하나 개별문제에서 소수 처리에 대한 요구사항이 있을 경우 그 요구사항에 따라야 한다. (단, 문제의 특수한 성격에 따라 정수로 표기하는 문제도 있으며, 반올림한 값이 0이 되는 경우는 첫 유효숫자까지 기재하되 반올림하여 기재하여야 한다.)
8. 답에 단위가 없으면 오답으로 처리된다. (단, 문제의 요구사항에 단위가 주어졌을 경우는 생략되어도 무방하다.)
9. 문제에서 요구한 가지 수(항 수) 이상을 답란에 표기한 경우에는 답란 기재순으로 요구한 가지 수(항 수)만 채점하며 한 항에 여러 가지를 기재하더라도 한 가지로 보며 그 중 정답과 오답이 함께 기재되어 있을 경우 오답으로 처리된다.
10. 한 문제에서 소문제로 파생되는 문제나, 가지 수를 요구하는 문제는 대부분의 경우 부분 배점을 적용한다.
11. 부정 또는 불공정한 방법으로 시험을 치른 자는 부정행위자로 처리되어 당해 시험을 중지 또는 무효로 하고, 3년간 국가기술 자격시험의 응시자격이 정지된다.
12. 복합형 시험의 경우 시험의 전 과정(필답형, 작업형)을 응시하지 않은 경우 채점대상에서 제외한다.
13. 저장용량이 큰 전자계산기 및 유사 전자제품 사용 시에는 반드시 저장된 메모리를 초기화한 후 사용하여야 하며 시험 위원이 초기화 여부를 확인할 시 협조하여야 한다. 초기화되지 않은 전자계산기 및 유사 전자제품을 사용하여 적발 시에는 부정행위로 간주한다.
14. 시험위원이 시험 중 신분확인을 위하여 신분증과 수험표를 요구할 경우 반드시 제시하여야 한다.
15. 문제 및 답안(지), 채점기준은 일체 공개하지 않는다.

차 례

제1편 ••• 보일러취급 실무

Chapter 01 열 및 증기 ·················· 12
1. 열역학 기초 ·················· 12
2. 열역학 제법칙 ·················· 18
3. 열전달 ·················· 19
4. 기체의 특성 ·················· 21
• 예상문제 ·················· 26

Chapter 02 보일러 운전 및 부속기기 조작 ·················· 36
1. 보일러의 분류 ·················· 36
2. 보일러 종류 및 특징 ·················· 39
3. 부속 장치 및 기기 ·················· 46
• 예상문제 ·················· 66

Chapter 03 보일러용 연료 및 연소 계산 ·················· 94
1. 연료의 종류 및 특성 ·················· 94
2. 연소 및 연소 장치 ·················· 102
3. 통풍 및 통풍 장치 ·················· 113
4. 매연 및 집진 장치 ·················· 117
5. 연소 계산 ·················· 121
• 예상문제 ·················· 130

Chapter 04 보일러 열정산 및 성능 계산 ·················· 152
1. 보일러 열정산 방식 ·················· 152
2. 보일러 용량 및 성능 계산 ·················· 170
3. 보일러 효율 계산 ·················· 172
• 예상문제 ·················· 175

Chapter 05 보일러 급수 처리 ·················· 185
1. 보일러 급수 처리의 개요 ·················· 185
2. 보일러 급수 외처리 ·················· 189
3. 보일러수 내처리(청관제) ·················· 190
4. 급수 장치의 취급 ·················· 192
• 예상문제 ·················· 195

Chapter 06 계측기기 일반 ········· 201
1. 연소 가스 분석기기 ········· 201
2. 계측기기 ········· 207
- 예상문제 ········· 216

Chapter 07 보일러 자동 제어 ········· 225
1. 자동 제어의 개요 ········· 225
2. 보일러 자동 제어 ········· 233
- 예상문제 ········· 240

Chapter 08 보일러 안전 관리 ········· 247
1. 보일러 가동 전 점검 ········· 247
2. 보일러 운전 중 점검 및 조작 ········· 248
3. 보일러 정지 ········· 251
4. 보일러 손상 및 사고 방지 ········· 252
5. 보일러 보존 ········· 259
- 예상문제 ········· 263

제2편 ••• 보일러시공 실무

Chapter 01 난방 부하 및 난방 설비 ········· 276
1. 난방 부하 계산 ········· 276
2. 난방 설비 설계 ········· 278
- 예상문제 ········· 302

Chapter 02 보일러 시공도면 작성 및 해독 ········· 321
1. 보일러 시공도면 작성 ········· 321
2. 보일러 시공도면 해독 ········· 336
- 예상문제 ········· 350

Chapter 03 배관 재료의 종류 ········· 368
1. 배관 재료 ········· 368
2. 관이음재 종류 및 시공 방법 ········· 376
3. 관의 이음(접합) 방법 ········· 388
4. 밸브 및 배관 지지기구 ········· 392
5. 패킹 재료 및 방청 도료 ········· 398

6. 보온재(保溫材) ······ 401
• 예상문제 ······ 406

Chapter 04 보일러 시공 공구 및 장비 ······ 422
1. 보일러 시공 공구의 취급 ······ 422
2. 보일러 시공 장비의 취급 ······ 427
• 예상문제 ······ 432

Chapter 05 보일러 설치, 검사기준 ······ 437
1. 보일러 설치, 시공기준 ······ 437
2. 보일러 설치 검사기준 ······ 452
3. 계속사용 검사기준 ······ 457
4. 계속사용검사 중 운전성능 검사기준 ······ 462
5. 개조 검사기준 ······ 464
6. 설치장소변경 검사기준 ······ 466
• 예상문제 ······ 467

제3편 작업형 시험

Chapter 01 수험자 유의사항 및 준비사항 ······ 474
1. 작업형 시험 수험자 유의사항 ······ 474
2. 작업형 시험 지참 공구 목록표 ······ 476
3. 작업형 시험 채점표(참고용) ······ 477
4. 작품 제작에 필요한 지그(jig) 및 기구 ······ 478

Chapter 02 작업형 예상도면 및 조립방법 ······ 482
1. 작업형 예상도면 및 제품 ······ 482
2. 제품 조립순서 ······ 489
3. 예상도면 1번 조립순서 ······ 491
4. 예상도면 2번 조립순서 ······ 496
5. 예상도면 3번 조립순서 ······ 500
6. 예상도면 4번 조립순서 ······ 501

부 록 ••• 과년도 출제문제

- 2004년 5월 16일 시행 (제35회) ·········· 506
- 2004년 8월 29일 시행 (제36회) ·········· 511
- 2005년 5월 22일 시행 (제37회) ·········· 516
- 2005년 8월 28일 시행 (제38회) ·········· 520
- 2006년 5월 21일 시행 (제39회) ·········· 525
- 2006년 8월 27일 시행 (제40회) ·········· 529
- 2007년 5월 20일 시행 (제41회) ·········· 533
- 2007년 8월 26일 시행 (제42회) ·········· 537
- 2008년 5월 18일 시행 (제43회) ·········· 541
- 2008년 8월 24일 시행 (제44회) ·········· 546
- 2009년 5월 17일 시행 (제45회) ·········· 551
- 2009년 8월 23일 시행 (제46회) ·········· 555
- 2010년 5월 16일 시행 (제47회) ·········· 559
- 2010년 8월 22일 시행 (제48회) ·········· 563
- 2011년 5월 29일 시행 (제49회) ·········· 567

제1편 보일러취급 실무

제1장 열 및 증기
제2장 보일러 운전 및 부속기기 조작
제3장 보일러용 연료 및 연소 계산
제4장 보일러 열정산 및 성능 계산
제5장 보일러 급수 처리
제6장 계측기기 일반
제7장 보일러 자동 제어
제8장 보일러 안전 관리

Chapter 1. 열 및 증기

1. 열역학 기초

1-1 단위(unit)

(1) 단위의 종류

① 기본 단위 : 물리량을 나타내는 기본적인 것으로 7가지로 구분된다.

기본량	길이	질량	시간	전류	물질량	온도	광도
기본 단위	m	kg	s	A	mol	K	cd

② 유도 단위 : 기본 단위의 조합 또는 기본 단위 및 다른 유도 단위의 조합에 의하여 형성된 단위로 면적(m^2), 부피(m^3), 속도(m/s), 압력(kg/m^2) 등이다.
③ 보조 단위 : 기본 단위 및 유도 단위를 정수배 또는 정수분하여 표기하는 것으로 cm, mm, km 등이다.
④ 특수 단위 : 특수한 계량의 용도에 사용되는 단위로 점도, 경도, 충격값, 인장 강도 등이다.

(2) 절대 단위와 공학 단위(중력 단위)

① 절대 단위 : 단위 기본량을 질량, 길이, 시간으로 하여 이들의 단위를 사용하여 유도된 단위
② 공학 단위(중력 단위) : 질량 대신 중량을 사용한 단위(중력 가속도가 작용하고 있는 상태)
③ SI 단위 : System International Unit의 약자로 국제단위계이다.

(3) 힘(F : force, weight)

물체의 정지 또는 일정한 운동 상태로 변화를 가져오는 힘의 주체이다.
① SI 단위 : 질량 1kg인 물체가 $1m/s^2$의 가속도를 받았을 때의 힘으로 N(Newton)으로 표시한다.

→ $1N = 1kg \cdot m/s^2$ $1dyn = 1g \cdot cm/s^2$

② 공학 단위 : 질량 1kg인 물체가 $9.8m/s^2$의 중력 가속도를 받았을 때의 힘으로 kgf로 표시한다.
→ $1kgf = 1kg \times 9.8m/s^2 = 9.8kg \cdot m/s^2 = 9.8N$

(4) 일과 에너지

① 일(work) : 물체에 힘 F가 작용하여 길이 L만큼 이동시킬 때 이루어지는 것
→ 일(W) = 힘(F) × 길이(L)

(가) SI 단위
- MKS 단위 : $1N \cdot m = 1J$
- CGS 단위 : $1dyn \cdot cm = 1erg$

(나) 공학 단위
- MKS 단위 : $1kgf \cdot m$
- CGS 단위 : $1gf \cdot cm$

② 에너지(energy) : 일을 할 수 있는 능력으로 외부에 행한 일로 표시되며, 단위는 일의 단위와 같다. 종류는 $G[kgf]$의 물체가 $h[m]$의 높이에 있을 때의 위치 에너지 (E_p)와 $V[m/s]$의 속도로 움직일 때의 운동 에너지(E_k)가 있다.

(가) SI 단위

㉮ 위치 에너지 $E_p = m \cdot g \cdot h [J]$

㉯ 운동 에너지 $E_k = \frac{1}{2} \cdot m \cdot V^2 [J]$

(나) 공학 단위

㉮ 위치 에너지 $E_p = G \cdot h [kgf \cdot m]$

㉯ 운동 에너지 $E_k = \frac{G \cdot V^2}{2g} [kgf \cdot m]$

(5) 동력 : 단위 시간당 행하는 일의 비율이다.

① SI 단위
$1W = 1J/s$

② 공학 단위

(가) 1PS(pferde starke) = $75kgf \cdot m/s$
$= 75kgf \cdot m/s \times \frac{1}{427} kcal/kgf \cdot m \times 3600s/hr$
$= 632.2kcal/hr = 0.735kW = 2664kJ/hr$

(나) $1kW = 102kgf \cdot m/s$
$= 102kgf \cdot m/s \times \frac{1}{427} kcal/kgf \cdot m \times 3600s/hr$
$= 860kcal/hr = 1.36PS = 3600kJ/hr$

(다) 1HP(horse power : 영국 마력) = $76kgf \cdot m/s$

$$= 76\text{kgf} \cdot \text{m/s} \times \frac{1}{427} \text{kcal/kgf} \cdot \text{m} \times 3600\text{s/hr}$$

$$= 640.75\text{kcal/hr} = 0.745\text{kW} = 2685\text{kJ/hr}$$

주요 물리량의 단위 비교

물리량	SI 단위	공학 단위
힘	$N(=kg \cdot m/s^2)$	kgf
압력	$Pa(=N/m^2)$	kgf/m^2
열량	$J(=N \cdot m)$	kcal
일	$J(=N \cdot m)$	$kgf \cdot m$
에너지	$J(=N \cdot m)$	$kgf \cdot m$
동력	$W(=J/s)$	$kgf \cdot m/s$

1-2 온도(temperature)

(1) 섭씨온도

표준 대기압하에서 물의 빙점을 0℃, 비점을 100℃로 정하고, 그 사이를 100등분 하여 하나의 눈금을 1℃로 표시하는 온도이다.

(2) 화씨온도

표준 대기압하에서 물의 빙점을 32°F, 비점을 212°F로 정하고, 그 사이를 180등분 하여 하나의 눈금을 1°F로 표시하는 온도이다.

(3) 섭씨온도와 화씨온도의 관계

① $℃ = \frac{5}{9}(°F - 32)$

② $°F = \frac{9}{5}℃ + 32$

(4) 절대 온도

열역학적 눈금으로 정의할 수 있으며, 자연계에서는 그 이하의 온도로 내릴 수 없는 최저의 온도를 절대 온도라고 한다.

① 켈빈 온도$(K) = ℃ + 273$ $\quad K = \frac{t[°F] + 460}{1.8} = \frac{R}{1.8}$

② 랭킨 온도$(R) = °F + 460$ $\quad R = 1.8(t[℃] + 273) = 1.8 \cdot K$

1-3 압력(pressure)

(1) 표준 대기압(atmospheric)

0℃, 위도 45° 해수면을 기준으로 지구 중력이 9.806655m/s²일 때 수은주 760mmHg로 표시될 때의 압력으로 1atm으로 표시한다.

→ 1atm = 760 mmHg = 76 cmHg = 0.76 mHg = 29.9 inHg = 760 torr
  = 10332 kgf/m² = 1.0332 kgf/cm² = 10.332 mH₂O = 10332 mmH₂O
  = 101325 N/m² = 101325 Pa = 1013.25 hPa = 101.325 kPa = 0.101325 MPa
  = 1.01325 bar = 1013.25 mbar = 14.7 lb/in² = 14.7 psi

(2) 게이지 압력

표준 대기압을 0으로 기준하여 압력계에 지시된 압력으로 압력 단위 뒤에 "G", "g"를 사용하거나 생략한다.

(3) 진공 압력

표준 대기압을 기준으로 대기압 이하의 압력으로 압력 단위 뒤에 "V", "v"를 사용한다.

① 진공도(%) = $\dfrac{\text{진공 압력}}{\text{대기압}} \times 100$

② 표준 대기압의 진공도 : 0%, 완전 진공의 진공도 : 100%

(4) 절대 압력

절대 진공(완전 진공)을 기준으로 그 이상 형성된 압력으로 압력 단위 뒤에 "abs", "a"를 사용한다.

→ 절대 압력 = 대기압 + 게이지 압력
             = 대기압 − 진공 압력

(5) 압력 환산 방법

→ 환산 압력 = $\dfrac{\text{주어진 압력}}{\text{주어진 압력의 표준 대기압}} \times$ 구하려 하는 표준 대기압

참고

SI 단위와 공학 단위의 관계

① 1MPa = 10.1968 kgf/cm² ≒ 10 kgf/cm², 1 kgf/cm² = $\dfrac{1}{10.1968}$ MPa ≒ $\dfrac{1}{10}$ MPa

② 1kPa = 101.968 mmH₂O ≒ 100 mmH₂O, 1 mmH₂O = $\dfrac{1}{101.968}$ kPa ≒ $\dfrac{1}{100}$ kPa

1-4 열량

열은 물질의 분자 운동에 의한 에너지이며, 물체가 보유하는 열의 양을 열량이라고 한다.

(1) 열량의 단위

① 1kcal : 순수한 물 1kg 온도를 14.5℃의 상태에서 15.5℃로 상승시키는 데 소요되는 열량이다.
② 1BTU(Brithish thermal unit) : 순수한 물 1lb 온도를 61.5°F의 상태에서 62.5°F로 상승시키는 데 소요되는 열량이다.
③ 1CHU(centigrade heat unit) : 순수한 물 1lb 온도를 14.5℃의 상태에서 15.5℃로 상승시키는 데 소요되는 열량으로 1PCU(pound celsius unit)라고 한다.

(2) 열량 단위의 관계

구 분	kcal	BTU	CHU
kcal	1	3.968	2.205
BTU	0.252	1	0.5556
CHU	0.4536	1.8	1

1-5 열용량과 비열

(1) 열용량

어떤 물체의 온도를 1℃ 상승시키는 데 소요되는 열량을 말하며, 단위는 kcal/℃, cal/℃로 표시된다.

① 열용량 $= G \cdot C_p$
② 열량 $= G \cdot C_p \cdot \Delta t$

여기서, G : 중량(kgf), C_p : 정압 비열(kcal/kgf·℃), Δt : 온도차(℃)

(2) 비열

어떤 물질 1kg을 온도 1℃ 상승시키는 데 소요되는 열량으로, 비열은 정적 비열과 정압 비열이 있으며, 물질의 종류마다 비열이 각각 다르다.

① 정적 비열(C_v) : 체적이 일정하게 유지된 상태에서의 비열
② 정압 비열(C_p) : 압력이 일정하게 유지된 상태에서의 비열
③ 비열비 : 정압 비열(C_p)과 정적 비열(C_v)의 비

$$\kappa = \frac{C_p}{C_v} > 1 \quad (C_p > C_v \text{이므로 } \kappa > \text{이다.})$$

1-6 현열과 잠열

(1) 현열(감열)

물질이 상태 변화는 없이 온도 변화에 총 소요된 열량

① SI 단위

$$Q = m \cdot C \cdot \Delta t$$

여기서, Q : 현열(kJ), m : 물체의 질량(kg), C : 비열(kJ/kg·℃), Δt : 온도 변화(℃)

② 공학 단위

$$Q = G \cdot C \cdot \Delta t$$

여기서, Q : 현열(kcal), G : 물체의 중량(kgf), C : 비열(kcal/kgf·℃)
Δt : 온도 변화(℃)

(2) 잠열

물질이 온도 변화는 없이 상태 변화에 총 소요된 열량

① SI 단위

$$Q = m \cdot r$$

여기서, Q : 잠열(kJ), m : 물체의 질량(kg), r : 잠열량(kJ/kg)

② 공학 단위

$$Q = G \cdot r$$

여기서, Q : 잠열(kcal), G : 물체의 중량(kgf), r : 잠열량(kcal/kgf)

1-7 열에너지

(1) 내부 에너지

모든 물체는 그 물체 자신이 외부와 관계없이 감열과 잠열로서 열을 비축하고 있는데 이를 내부 에너지라고 한다.

(2) 엔탈피

어떤 물체가 갖는 단위 중량당의 열량으로 내부 에너지와 외부 에너지의 합이다.

① SI 단위

$$h = U + P \cdot v$$

여기서, h : 엔탈피(kJ/kg), U : 내부 에너지(kJ/kg), P : 압력(kPa), v : 비체적(m³/kg)

② 공학 단위

$$h = U + A \cdot P \cdot v$$

여기서, h : 엔탈피(kcal/kgf), U : 내부 에너지(kcal/kgf)

A : 일의 열당량 $\left(\dfrac{1}{427}\text{kcal/kgf} \cdot \text{m}\right)$, P : 압력(kgf/m²), v : 비체적(m³/kgf)

(3) 엔트로피

열역학 제2법칙에서 얻어진 상태량(엔탈피)이며 그 상태량을 절대 온도로 나눈 값이다.

① SI 단위

$$dS = \dfrac{dQ}{T} = U + \dfrac{P \cdot v}{T}$$

여기서, dS : 엔트로피 변화량(kJ/kg·K), dQ : 열량 변화(kJ/kg)

T : 그 상태의 절대 온도(K), P : 압력(kPa), v : 비체적(m³/kg)

② 공학 단위

$$dS = \dfrac{dQ}{T} = U + \dfrac{A \cdot P \cdot v}{T}$$

여기서, dS : 엔트로피 변화량(kcal/kgf·K), dQ : 열량 변화(kcal/kgf)

T : 그 상태의 절대 온도(K), A : 일의 열당량$\left(\dfrac{1}{427}\text{kcal/kgf} \cdot \text{m}\right)$

P : 압력(kgf/m²), v : 비체적(m³/kgf)

2. 열역학 제법칙

2-1 열역학 제0법칙

온도가 서로 다른 물질이 접촉하면, 고온은 저온이 되고 저온은 고온이 되어서, 결국 시간이 흐르면 두 물질의 온도는 같게 된다. 이것을 열평형이 되었다고 하며, 열평형의 법칙이라고 한다.

$$t_m = \dfrac{G_1 \cdot C_1 \cdot t_1 + G_2 \cdot C_2 \cdot t_2}{G_1 \cdot C_1 + G_2 \cdot C_2}$$

여기서, t_m : 평균 온도(℃), C_1, C_2 : 각 물질의 중량(kgf)

C_1, C_2 : 각 물질의 비열(kcal/kgf·℃), t_1, t_2 : 각 물질의 온도(℃)

2-2 열역학 제1법칙

에너지 보존의 법칙이라고도 하며, 기계적 일이 열로 변하거나 열이 기계적 일로 변할 때 이들의 비는 일정한 관계가 성립된다.

① SI 단위

$$Q = W$$

여기서, Q : 열량(kJ), W : 일량(kJ)

→ SI 단위에서는 열과 일은 같은 단위(kJ)를 사용한다.

② 공학 단위

$$Q = A \cdot W \qquad W = J \cdot Q$$

여기서, Q : 열량(kcal), W : 일량(kgf·m)

A : 일의 열당량($\frac{1}{427}$ kcal/kgf·m), J : 열의 일당량(427kgf·m/kcal)

2-3 열역학 제2법칙

열은 고온도의 물질로부터 저온도의 물질로 옮겨질 수 있지만, 그 자체는 저온도의 물질로부터 고온도의 물질로 옮겨갈 수 없다. 또 일이 열로 바뀌는 것은 쉽지만 반대로 열이 일로 바뀌는 것은 힘을 빌리지 않는 한 불가능한 일이다. 이와 같이 열역학 제2법칙은 에너지 변환의 방향성을 명시한 것으로 방향성의 법칙이라고 한다.

2-4 열역학 제3법칙

어느 열기관에서나 절대 온도 0도로 이루게 할 수 없다. 그러므로 100%의 열효율을 가진 기관은 불가능하다.

3. 열전달

3-1 열의 이동 방법

열의 이동은 고온 물체에서 저온 물체로 이동하는 것으로서, 열의 이동 방법에는 전도, 대류, 복사의 3가지 방법이 있으며, 온도차가 클수록 열의 이동 속도는 빠르다.

(1) 전도(conduction)

고체를 매개체로 하여 열이 고온에서 저온으로 이동하는 현상

(2) 대류(convection)

고체 벽이 온도가 다른 유체와 접촉하고 있을 때 유체에 유동이 생기면서 열이 유동하는 현상

(3) 복사(radiation)

중간의 매개물 없이 한 물체에서 다른 물체로 열에너지가 이동하는 현상으로 스테판 볼츠만의 법칙이 성립한다.

> **참고**
>
> **스테판 볼츠만(Stefan Boltzmann)의 법칙**
> 완전 흑체의 단위 표면적당 복사되는 에너지는 절대 온도의 4제곱에 비례한다.
>
> $$Q = \epsilon \cdot C_b \cdot \left[\left(\frac{T_1}{100}\right)^4 - \left(\frac{T_2}{100}\right)^4 \right]$$
>
> 여기서, Q : 복사 에너지(kcal/m² · h), ϵ : 흑도(방사도), C_b : 4.88(kcal/h · m² · K⁴)

3-2 열의 이동 계산

(1) 열전도율(kcal/h · m · ℃)

면적 1m², 두께 1m인 고체의 양쪽 면 온도차가 1℃일 때, 고온에서 저온으로 1시간에 이동한 열량의 비율을 말한다.

① 전도 전열량 계산 : 벽의 재질과 두께 및 열전도율이 각각 다른 것이 벽면을 형성하고 있을 때 전도에 의한 손실 열량은 감소한다. 이때 손실되는 전도 전열량은 다음과 같이 된다.

$$Q = \frac{1}{\frac{b_1}{\lambda_1} + \frac{b_2}{\lambda_2} + \frac{b_3}{\lambda_3}} \cdot F \cdot (t_2 - t_1)$$

여기서, Q : 전도 전열량(kcal/h)
λ : 각 벽의 열전도율(kcal/h · m · ℃)
b : 벽의 두께(m)
F : 전열 면적(m²)
t_2 : 고온(℃)
t_1 : 저온(℃)

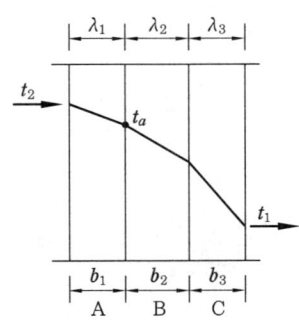

② A와 B벽 사이의 중간 온도 계산식은 다음과 같다.

$$t_a = t_2 - \left(\frac{Q}{F} \times R_a\right) = t_2 - \left(\frac{Q}{F} \times \frac{b_1}{\lambda_1}\right)$$

(2) 열전달률(kcal/h·m²·℃)

고체 면과 유체와의 사이의 열의 이동으로서, 단위 면적 1m²당 고체 면과 유체 면 사이의 온도차가 1℃일 때 1시간에 이동하는 열량이다.

$$Q = \alpha \cdot F \cdot \Delta t$$

여기서, Q : 전도 전열량(kcal/h), α : 열전달률(kcal/h·m²·℃)
F : 표면적(m²), Δt : 온도차(℃)

(3) 열관류율(kcal/h·m²·℃)

열이 한 유체에서 벽을 통하여 다른 유체로 전달되는 현상을 말하며 열통과라고도 한다. 이 경우 전도, 대류, 복사의 작용이 이루어진다.

$$Q = K \cdot F \cdot \Delta t$$

$$K = \frac{1}{R} = \frac{1}{\frac{1}{\alpha_1} + \frac{b}{\lambda} + \frac{1}{\alpha_2}}$$

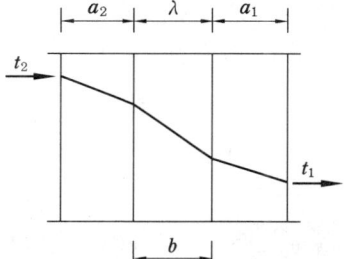

여기서, Q : 열통과량(kcal/h), K : 열관류율(kcal/h·m²·℃)
R : 열저항(h·m²·℃/kcal), λ : 각 벽의 열전도율(kcal/h·m²·℃)
b : 벽의 두께(m), F : 표면적(m²), Δt : 온도차(℃)
α_1 : 저온면 경막 계수(kcal/h·m²·℃)
α_2 : 고온면 경막 계수(kcal/h·m²·℃)

4. 기체의 특성

4-1 비중, 밀도, 비체적

(1) 비중

기준이 되는 유체와 무게 비를 말하며, 기체 비중(공기와 비교), 액 비중(물과 비교), 고체 비중이 있다.

① 기체의 비중 : 표준 상태(STP : 0℃, 1기압 상태)의 공기 일정 부피당 질량과 같은 부피의 기체 질량과의 비를 말한다.

$$\text{기체 비중} = \frac{\text{기체 분자량(질량)}}{\text{공기의 평균 분자량(29)}}$$

② 액체의 비중 : 특정 온도에 있어서 4℃ 순수한 물의 밀도에 대한 액체의 밀도 비를 말한다.

$$\text{액체 비중} = \frac{t[℃]\text{의 물질의 밀도}}{4℃\text{의 물의 밀도}}$$

(2) 가스 밀도

가스의 단위 체적당 질량

$$\text{가스 밀도}(g/L,\ kg/m^3) = \frac{\text{분자량}}{22.4}$$

(3) 가스 비체적

단위 질량당 체적으로 가스 밀도의 역수이다.

$$\text{가스 비체적}(L/g,\ m^3/kg) = \frac{22.4}{\text{분자량}} = \frac{1}{\text{밀도}}$$

4-2 기체의 상태

(1) 보일의 법칙

일정 온도 하에서 일정량의 기체가 차지하는 부피는 압력에 반비례한다.

$$P_1 \cdot V_1 = P_2 \cdot V_2$$

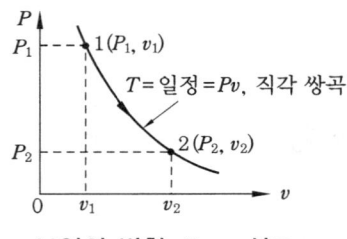

보일의 법칙 $P-v$ 선도

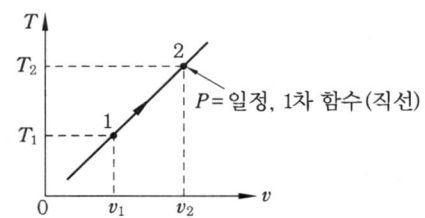

샤를의 법칙 $T-v$ 선도

(2) 샤를의 법칙

일정 압력 하에서 일정량의 기체가 차지하는 부피는 절대 온도에 비례한다.

$$\frac{V_1}{T_1} = \frac{V_2}{T_2}$$

(3) 보일-샤를의 법칙

일정량의 기체가 차지하는 부피는 압력에 반비례하고 절대 온도에 비례한다.

$$\frac{P_1 \cdot V_1}{T_1} = \frac{P_2 \cdot V_2}{T_2}$$

여기서, P_1 : 변하기 전의 절대 압력 P_2 : 변한 후의 절대 압력
 V_1 : 변하기 전의 부피 V_2 : 변한 후의 부피
 T_1 : 변하기 전의 절대 온도(K) T_2 : 변한 후의 절대 온도(K)

4-3 증기(steam)

포화 온도에 달한 포화수가 외부에서 열을 받아 증발하여 보일러 및 용기 내면에 작용하는 힘의 크기를 증기 압력이라고 한다. 증기 압력이 높아지면 증기와 포화수 간의 비중량 차가 작아져 증기 속에는 많은 수분이 포함된 습포화 증기가 되므로 이를 증기와 수분을 분리시키지 않으면 증기의 손실과 증기 기관의 열효율이 낮게 된다.

(1) 임계점

포화수가 증발 현상 없이 증기로 변화할 때의 상태점을 임계점이라고 하며, 이때의 온도를 임계 온도, 압력을 임계 압력이라고 한다.

① 임계점의 특징
  (가) 증기와 포화수 간의 비중량이 같다.
  (나) 증발 현상이 없다.
  (다) 증발 잠열은 0이 된다.
② 물의 임계 온도, 임계 압력
  (가) 임계 온도 : 374.15℃
  (나) 임계 압력 : 225.56kgf/cm² · a

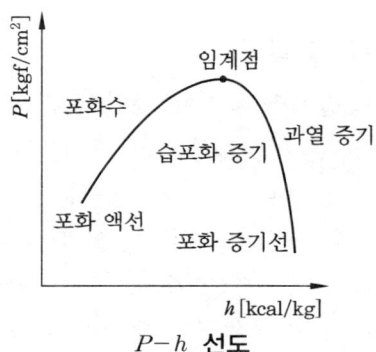

$P-h$ 선도

(2) 포화 온도

어느 압력 하에서 물을 가열하면 그 이상 온도는 오르지 않는 상태점에 도달할 때의 온도를 말한다.

(3) 포화수

포화 온도에 도달해 있는 물이며, 포화수에 도달하면 심하게 요동치는 현상이 일어난다.

(4) 포화 압력

포화 온도에 대응하는 힘을 포화 압력이라고 한다.

(5) 비점

비등점이라고도 하며, 포화 온도에 도달한 온도를 말한다.

(6) 포화 증기

포화 온도에 도달한 포화수가 증발하여 증기가 생성되는 것을 포화 증기라고 하며, 증기 속에 수분이 포함된 것이 습포화 증기, 수분이 전혀 없는 것은 건포화 증기가 된다.

① 건조도 : 증기 속에 함유되어 있는 물방울의 혼용률(증기 1kg 안에 건조 증기 x [kg] 있다고 할 때 나머지는 수분이므로 수분은 $(1-x)$[kg]이 된다. 이때의 x를 건도 또는 건조도라 하고 $(1-x)$를 습도라고 한다.)

② 건조도를 향상시키는 방법
 (가) 기수 분리기, 비수 방지관을 설치한다.
 (나) 증기관 내의 드레인을 제거한다.
 (다) 고압의 증기를 저압으로 감압하여 사용한다.
 (라) 증기 내에 있는 공기를 제거한다.

③ 증기 속의 수분의 영향
 (가) 건조도(x) 저하
 (나) 증기 손실 증가
 (다) 배관 및 장치 부식 초래
 (라) 증기 엔탈피 감소
 (마) 수격 작용 발생
 (바) 증기 기관 열효율 저하

(7) 과열 증기

습포화 증기를 가열하여 건조 증기가 된 건증기를 다시 가열할 때 압력은 오르지 않고 온도만 상승되는 증기이다.

① 과열도 = 과열 증기 온도 − 포화 증기 온도
② 증기 압력이 상승할 때 나타나는 현상
 (가) 포화수의 온도가 상승한다.
 (나) 포화수의 부피가 증가한다.
 (다) 포화수의 비중이 감소한다.
 (라) 물의 현열이 증가하고, 증기의 잠열이 감소한다.
 (마) 건포화 증기 엔탈피가 증가한다.
 (바) 증기의 비체적이 증가한다.

> **증기의 엔탈피**
> ① 포화 증기 엔탈피 $h'' = h' + \gamma$
> ② 습포화 증기 엔탈피 $h_2 = h' + \gamma x = h' + (h'' - h')x$
> ③ 과열 증기 엔탈피 $h_3'' = h_1 + \gamma + C(t_2 - t_1)$
>
> 여기서, h' : 포화수 엔탈피(kcal/kg) h'' : 포화 증기 엔탈피(kcal/kg)
> h_2 : 습포화 증기 엔탈피(kcal/kg) γ : 증발 잠열(kcal/kg)
> x : 건조도 C : 과열 증기 평균 비열(kcal/kg·℃)
> t_2 : 과열 증기 온도(℃) t_1 : 포화 증기 온도(℃)
>
> ➡ 1atm, 100℃에서의 건포화 증기 엔탈피 = 100 + 539 = 639kcal/kg

예상문제 — 제1장 열 및 증기

● 다음 물음의 답을 해당 답란에 답하시오.

1. 섭씨온도와 화씨온도가 같을 때의 온도는 켈빈 온도로 얼마인가 계산식을 쓰고 답하시오.

[풀이] $°F = \dfrac{9}{5}°C + 32$에서 $°F$와 $°C$가 같으므로 x로 놓으면 $x = \dfrac{9}{5}x + 32$가 된다.

$\therefore x - \dfrac{9}{5}x = 32 \quad x\left(1 - \dfrac{9}{5}\right) = 32$

$\therefore x = \dfrac{32}{1 - \dfrac{9}{5}} = -40$

$\therefore K = 273 + t°C = 273 + (-40) = 233K$

[해답] 233K

2. 다음 ( ) 안에 알맞은 말을 넣으시오.

> 절대 압력 = 대기압 + (①)
> = 대기압 − (②)

[해답] ① 게이지 압력   ② 진공 압력

3. 대기압이 730mmHg, 게이지 압력이 5kgf/cm²일 때 절대압력은 몇 kgf/cm²인가?

[풀이] 절대 압력 = 대기압 + 게이지 압력 = $\left(\dfrac{730}{760} \times 1.0332\right) + 5 = 5.992 ≒ 5.99\,\text{kgf/cm}^2 \cdot a$

[해답] 5.99kgf/cm² · a

4. 대기압이 750mmHg일 때 어느 탱크의 압력계가 0.95MPa를 가리키고 있다면, 이 탱크의 절대 압력은 약 몇 kPa인가?

[풀이] 절대 압력 = 대기압 + 게이지 압력 = $\left(\dfrac{750}{760} \times 101.325\right) + (0.95 \times 10^3) = 1049.991 ≒ 1049.99\,\text{kPa}$

[해답] 1049.99kPa

[참고] 1atm = 760mmHg = 1.0332kgf/cm² = 10332kgf/m² = 10.332mH₂O = 10332mmH₂O = 101325Pa
= 101.325kPa = 0.101325MPa = 14.7psi

5. 진공압이 500mmHg일 때 절대 압력(kgf/cm²) 및 진공도(%)를 각각 계산하시오.

[풀이] ① 절대 압력(kgf/cm²) 계산

절대 압력 = 대기압 − 진공 압력 = $1.0332 - \left(\dfrac{500}{760} \times 1.0332\right) = 0.353 ≒ 0.35\text{lgf/cm}^2 \cdot a$

② 진공도(%) 계산

진공도(%) = $\dfrac{진공압}{표준\ 대기압} \times 100 = \dfrac{500}{760} \times 100 = 65.789 ≒ 65.79\%$

[해답] ① 절대 압력 : 0.35kgf/cm²·a ② 진공도 : 65.79%

6. 대기압이 760mmHg일 때 진공도가 40%라면 절대 압력은 몇 mmHg인가?

[풀이] 진공도 = $\dfrac{진공압}{표준\ 대기압} \times 100$ 에서 진공압 = 표준 대기압×진공도이다.

∴ 절대 압력 = 대기압 − 진공압 = 대기압 − (표준 대기압×진공도)
= 760 − (760×0.4) = 456mmHg·a

[해답] 456mmHg·a

7. 대기압이 760mmHg일 때 진공도가 90%의 절대 압력은 몇 kPa인가?

[풀이] 절대 압력 = 대기압 − 진공 압력 = 대기압 − (표준 대기압×진공도)
= 101.325 − (101.325×0.9) = 10.132 = 10.13kPa·a

[해답] 10.13kPa·a

8. 어떤 물질이 상태 변화 없이 온도 변화에 총 소요된 열량을 무엇이라 하는가?

[해답] 현열(감열)
[참고] ① 현열 : 상태 변화 없이 온도 변화에 소요된 열량
② 잠열 : 온도 변화 없이 상태 변화에 소요된 열량

9. 표준 상태에서 물의 증발 잠열과 얼음의 융해 잠열은 얼마인가?

[해답] ① 물의 증발 잠열 : 539kcal/kg
② 얼음의 융해 잠열 : 79.68kcal/kg

10. 5kg의 철을 80°C에서 120°C까지 높이는 데 필요한 열량은 몇 kcal인가? (단, 철의 비열은 0.12kcal/kg·°C이다.)

[풀이] $Q = G \cdot C \cdot \Delta t = 5 \times 0.12 \times (120-80) = 24\text{kcal}$

[해답] 24kcal

11. 급수량이 310kg/h인 곳에서 20°C의 물을 80°C까지 가열하는 데 필요한 열량(kcal/h)은 얼마인가? (단, 물의 비열은 1kcal/kg·°C이다.) [제40회]

[풀이] $Q = G \cdot C \cdot \Delta t = 310 \times 1 \times (80-20) = 18600 \text{kcal/h}$

[해답] 18600kcal/h

12. 25°C의 물 5kg을 1기압, 100°C의 건조 포화 증기로 만들 때 필요한 열량(kcal)을 계산하시오. (단, 1기압에서 물의 증발 잠열은 539kcal/kg이다.)

[풀이] ① 현열량 계산 : 25°C 물 → 100°C 물
$Q_1 = G \cdot C \cdot \Delta t = 5 \times 1 \times (100-25) = 375 \text{kcal}$
② 잠열량 계산 : 100°C 물 → 100°C 증기
$Q_2 = G \cdot \gamma = 5 \times 539 = 2695 \text{kcal}$
③ 합계 열량 계산
$Q = Q_1 + Q_2 = 375 + 2695 = 3070 \text{kcal}$

[해답] 3070kcal

13. 표준 상태(STP)에서 100°C 수증기의 전(全) 열량(kcal/kg)은 얼마인가?

[풀이] 전 열량 = 현열 + 잠열 = 100 + 539 = 639kcal/kg

[해답] 639kcal/kg

14. 압력 3kgf/cm²에서 물의 증발 잠열이 517.1kcal/kg이며, 포화 온도는 132.88°C이다. 물 5kg을 3kgf/cm² 하에서 증발시킬 때 엔트로피(kcal/K)의 변화량은?

[풀이] $dS = \dfrac{dQ}{T} = \dfrac{5 \times 517.1}{273 + 132.88} = 6.370 ≒ 6.37 \text{kcal/K}$

[해답] 6.37kcal/K

15. 열의 평형과 관계되는 열역학 법칙은?

[해답] 열역학 제0법칙
[참고] 열역학 제0법칙 : 열평형의 법칙

16. 80°C의 물 500kg에 30°C의 물 1000kg을 혼합하면 물의 온도는 얼마나 되겠는가? (단, 열 손실은 없다.)

[풀이] $t_m = \dfrac{G_1 \cdot C_1 \cdot t_1 + G_2 \cdot C_2 \cdot t_2}{G_1 \cdot C_1 + G_2 \cdot C_2} = \dfrac{1000 \times 1 \times 30 + 500 \times 1 \times 80}{1000 \times 1 + 500 \times 1} = 46.666 ≒ 46.67°C$

[해답] 46.67°C

17. 에너지는 결코 생성될 수도 없어질 수도 없고 단지 형태의 변화라는 에너지 보존의 법칙은?

해답 열역학 제1법칙

18. 일의 열당량(熱當量) 값 및 단위를 쓰시오.

해답 $\dfrac{1}{427}$ kcal/kg·m

참고 ① 일의 열당량(熱當量) : $\dfrac{1}{427}$ kcal/kg·m

② 열의 일당량 : 427 kg·m/kcal

19. 500 kcal/hr의 열량을 일(kgf·m/sec)로 환산하면 얼마가 되겠는가?

풀이 $W = J \cdot Q = 427 \times 500 \times \dfrac{1}{3600} = 59.305 ≒ 59.31$ kgf·m/s

해답 59.31 kgf·m/s

20. 1칼로리(cal)를 줄(joule) 단위로 환산하면 약 얼마인가?

풀이 $W = J \cdot Q = 427$ kgf·m/kcal $\times 1 \times 10^{-3}$ kcal $= 427 \times 10^{-3}$ kgf·m ·········· ①

①의 공학 단위 일량을 절대 단위로 환산하면

∴ 427×10^{-3} kg·m $\times 9.8$ m/s² $= 4.1846$ kg·m·m/s²
$= 4.1846$ N·m $= 4.1846$ J $≒ 4.18$ J

해답 4.18 J

참고 1 cal ≒ 4.2 J, 1 J ≒ 0.24 cal

21. 열량(熱量) 1 kcal를 일로 환산하면 약 몇 N·m인가?

풀이 $W = J \cdot Q = 427$ kgf·m/kcal $\times 1$ kcal $= 427$ kgf·m ·················· ①

①의 공학 단위 일량을 절대 단위로 환산하면

∴ 427 kg·m $\times 9.8$ m/s² $= 4184.6$ kg·m·m/s² $= 4184.6$ N·m

여기서, N = kg·m/s², N·m = J

해답 4184.6 N·m

22. "열은 스스로 다른 물체에 아무런 변화도 주지 않고 저온 물체에서 고온 물체로 이동하지 않는다."라고 표현되는 법칙은?

해답 열역학 제2법칙

23. "어떠한 방법으로라도 어떤 계를 절대 온도 0도에 이르게 할 수 없다"는 열역학 몇 법칙인가?

해답 ▶ 열역학 제3법칙

24. 열의 이동 방법 3가지를 쓰시오.

해답 ▶ ① 전도 ② 대류 ③ 복사

25. 하나의 물체를 구성하고 있는 물질 부분을 차례차례로 열이 전해지든지 또는 직접 접촉하고 있는 2개의 물체의 하나에서 다른 것으로 열이 전해지는 현상을 무엇이라 하는지 쓰시오.

해답 ▶ 열전도

26. 실내에서 실외로 열이 이동하는 경우 열의 저항층이 여러 층 있을 경우 열의 이동을 무엇이라 하는가?

해답 ▶ 열관류(열통과)

27. 다음의 단위를 각각 쓰시오.
 (1) 열전도율 :   (2) 열관류율 :   (3) 벽체의 열저항 :

해답 ▶ (1) kcal/h·m·°C   (2) kcal/h·m²·°C   (3) h·m²·°C/kcal

28. 다음과 같은 구조체의 열관류율(kcal/h·m²·°C)을 구하시오. (단, 외측 및 내측 표면 열전달률이 각각 7.5kcal/h·m²·°C, 20kcal/h·m²·°C이다.)

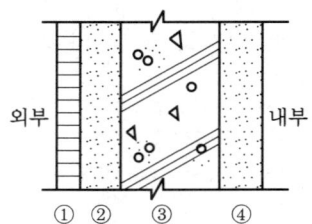

① 타일 - 두께 : 5mm, 열전도율 : 1.1kcal/h·m·°C
② 모르타르 - 두께 : 15mm, 열전도율 : 0.93kcal/h·m·°C
③ 콘크리트 - 두께 : 150mm, 열전도율 : 1.41kcal/h·m·°C
④ 모르타르 - 두께 : 15mm, 열전도율 : 0.93kcal/h·m·°C

[풀이] $K = \dfrac{1}{\dfrac{1}{\alpha_1} + \dfrac{b_1}{\lambda_1} + \dfrac{b_2}{\lambda_2} + \dfrac{b_3}{\lambda_3} + \dfrac{b_4}{\lambda_4} + \dfrac{1}{\alpha_2}} = \dfrac{1}{\dfrac{1}{7.5} + \dfrac{0.005}{1.1} + \dfrac{0.015}{0.93} + \dfrac{0.15}{1.41} + \dfrac{0.015}{0.93} + \dfrac{1}{20}}$

$= 3.062 ≒ 3.06 \text{kcal/h} \cdot \text{m}^2 \cdot °C$

[해답] $3.06 \text{kcal/h} \cdot \text{m}^2 \cdot °C$

29. 두께 250mm, 열전도율이 1.45kcal/h·m·°C인 노벽의 열관류율(kcal/h·m²·°C)은 얼마인가? (단, 내부의 열저항은 0.125h·m²·°C/kcal, 외부의 공기 열저항은 0.015h·m²·°C/kcal 이다.) [제40회]

[풀이] $K = \dfrac{1}{\dfrac{1}{\alpha_1} + \dfrac{b}{\lambda} + \dfrac{1}{\alpha_2}} = \dfrac{1}{0.125 + \dfrac{0.25}{1.45} + 0.015}$

$= 3.200 ≒ 3.20 \text{kcal/h} \cdot \text{m}^2 \cdot °C$

[해답] $3.2 \text{kcal/h} \cdot \text{m}^2 \cdot °C$

30. 두께 3cm, 면적 2m²인 강판의 열전도량을 6000kcal/h로 하려면 강판 양면의 필요한 온도차는? (단, 열전도율 $\lambda = 45\text{kcal/h} \cdot \text{m} \cdot °C$ 이다.)

[풀이] $Q = K \cdot F \cdot \Delta t$에서

$\therefore \Delta t = \dfrac{Q}{K \cdot F} = \dfrac{6000}{1500 \times 2} = 2°C$

여기서, $K = \dfrac{1}{\dfrac{b}{\lambda}} = \dfrac{1}{\dfrac{0.03}{45}} = 1500 \text{kcal/h} \cdot \text{m}^2 \cdot °C$

[해답] $2°C$

31. 두께 150mm인 콘크리트에 두께 5mm의 석고판을 부착한 면적 15m²의 벽체가 있다. 외기 온도가 -5°C, 실내 온도가 20°C라면, 이 벽체로부터의 손실 열량은? (단, 실내·외 측 표면의 열전달률은 각각 7.2kcal/h·m²·°C와 20kcal/h·m²·°C이며, 재료의 열전도도는 콘크리트 1.4kcal/h·m·°C, 석고판 0.18kcal/h·m·°C이다.)

[풀이] ① 열관류율(K) 계산

$K = \dfrac{1}{\dfrac{1}{\alpha_1} + \dfrac{b_1}{\lambda_1} + \dfrac{b_2}{\lambda_2} + \dfrac{1}{\alpha_2}} = \dfrac{1}{\dfrac{1}{7.2} + \dfrac{0.15}{1.4} + \dfrac{0.005}{0.18} + \dfrac{1}{20}}$

$= 3.088 ≒ 3.09 \text{kcal/h} \cdot \text{m}^2 \cdot °C$

② 손실 열량 계산

$Q = K \cdot F \cdot \Delta t = 3.09 \times 15 \times (20 + 5) = 1158.75 \text{kcal/h}$

[해답] 1158.75kcal/h

32. "일정량의 기체의 체적은 압력에 반비례하고 절대 온도에 비례한다."는 법칙을 쓰시오.

해답 보일-샤를의 법칙
참고 ① 보일의 법칙 : 일정 온도 하에서 일정량의 기체가 차지하는 부피는 압력에 반비례한다.
② 샤를의 법칙 : 일정 압력 하에서 일정량의 기체가 차지하는 부피는 절대 온도에 비례한다.
③ 보일-샤를의 법칙 : 일정량의 기체가 차지하는 부피는 압력에 반비례하고 절대 온도에 비례한다.

33. 완전 기체(perfect gas)가 일정한 압력 하에서의 부피가 2배가 되려면 초기 온도가 27°C 인 기체는 몇 °C가 되어야 하는가?

풀이 $\dfrac{P_1 V_1}{T_1} = \dfrac{P_2 V_2}{T_2}$ 에서 $P_1 = P_2$ 이므로

$\therefore T_2 = \dfrac{T_1 V_2}{V_1} = \dfrac{(273+27) \times 2 V_1}{V_1} = 600K - 273 = 327°C$

해답 327°C

34. 포화 액점과 건포화 증기점이 겹치는 점으로 증발 과정 없이 포화액으로 됨과 동시에 건 포화 증기로 변하여 증발열이 필요 없게 되는 점을 무엇이라 하는가?

해답 임계점

35. 포화수가 증발 현상 없이 증기로 변화할 때의 상태점을 임계점이라고 하며, 이때의 온도를 임계 온도, 압력을 임계 압력이라고 한다. 이때 임계점의 특징 3가지를 쓰시오.

해답 ① 증기와 포화수 간의 비중량이 같다.
② 증발 현상이 없다.
③ 증발 잠열은 0이 된다.

36. 물의 임계 압력은 절대 압력으로 몇 kgf/cm²인가?

해답 225.56kgf/cm²·a
참고 물의 임계 온도, 임계 압력
① 임계 온도 : 374.15°C
② 임계 압력 : 225.56kgf/cm²·a

37. 증기의 건도가 0인 상태는?

해답 포화수
참고 건조도(x) : 증기 속에 함유되어 있는 물방울의 혼용률
① 건조도(x)가 1인 경우 : 건포화 증기   ② 건조도(x)가 0인 경우 : 포화수

38. 1kg의 습포화 증기 속에 증기상(蒸氣相)이 x[kg], 액상(液相)이 $(1-x)$[kg] 포함되어 있을 때 습도는?

[해답] $1-x$

[참고] 증기 1kg 안에 건조 증기 x[kg] 있다고 할 때 나머지는 수분이므로 수분은 $(1-x)$[kg]이 된다. 이때의 x를 건도 또는 건조도라 하고 $(1-x)$를 습도라고 한다.

39. 포화수 1kg과 포화 증기 4kg이 혼합되었을 때 건도는 얼마인가?

[풀이] 건도 $= \dfrac{\text{포화 증기}}{\text{습증기}} \times 100 = \dfrac{4}{1+4} \times 100 = 80\%$

[해답] 80%

40. 증기 보일러에서 증기의 건조도를 향상시키는 방법 4가지를 쓰시오.

[해답] ① 기수 분리기, 비수 방지관을 설치한다.
② 증기관 내의 드레인을 제거한다.
③ 고압의 증기를 저압으로 감압하여 사용한다.
④ 증기 내에 있는 공기를 제거한다.

41. 증기 속에 수분이 많을 때의 영향 4가지를 쓰시오.

[해답] ① 건조도(x) 저하　　　② 증기 손실 증가
③ 배관 및 장치 부식 초래　　　④ 증기 엔탈피 감소
⑤ 수격 작용 발생　　　⑥ 증기 기관 열효율 저하

42. 과열 증기의 특징 4가지를 쓰시오.

[해답] ① 증기의 마찰 손실이 적어진다.
② 같은 압력의 포화 증기에 비해 보유 열량이 많다.
③ 증기 소비량이 적어도 된다.
④ 가열 표면의 온도가 불균일해진다.

43. 어느 과열 증기의 온도가 450°C일 때 과열도는? (단, 이 증기의 포화 온도는 573K이다.)

[풀이] 과열도 = 과열 증기 온도 − 포화 증기 온도 = 450 − (573−273) = 150°C

[해답] 150°C

44. 포화 증기의 온도가 485K일 때 과열도가 30°C라면 이 증기의 실제 온도는 몇 °C인가?

[풀이] 과열도 = 과열 증기 온도 - 포화 온도
∴ 과열 증기 온도 = 과열도 + 포화 온도 = 30 + (485 - 273) = 242°C

[해답] 242°C

45. 물에 대하여 압력이 증가할 때 포화 온도 및 증발열은 어떻게 변하는지 간단히 설명하시오.

[해답] 포화 온도는 올라가고, 증발열은 감소한다.

46. 증기의 압력이 상승할 때 나타나는 현상 4가지를 쓰시오.

[해답] ① 포화수의 온도가 상승한다.
② 포화수의 부피가 증가한다.
③ 포화수의 비중이 감소한다.
④ 물의 현열이 증가하고, 증기의 잠열이 감소한다.
⑤ 건포화 증기 엔탈피가 증가한다.
⑥ 증기의 비체적이 증가한다.

47. 보일러가 고압으로 될수록 보일러 물 순환이 둔화되는 이유를 설명하시오.

[해답] 증기와 포화수 간의 비중량 차가 작아지기 때문에

48. 압력 10kgf/cm², 건도가 0.95인 수증기 1kg의 엔탈피는 얼마인가 계산하시오. (단, 10 kgf/cm²에서 포화수의 엔탈피는 181.2kcal/kg, 포화 증기의 엔탈피는 662.9kcal/kg이다.)

[풀이] $h_2 = h' + (h'' - h')x = 181.2 + \{(662.9 - 181.2) \times 0.95\} = 638.815 \fallingdotseq 638.82$ kcal/kg

[해답] 638.82kcal/kg

[참고] h_2 : 습포화 증기 엔탈피(kcal/kg), h' : 포화수 엔탈피(kcal/kg)
h'' : 포화 증기 엔탈피(kcal/kg), x : 건조도

49. 압력이 100kgf/cm²인 습증기가 있다. 포화수의 엔탈피가 334kcal/kg이고, 건조 포화 증기 엔탈피는 652kcal/kg, 건조도가 80%일 때 이 습증기의 엔탈피는?

[풀이] $h_2 = h' + (h'' - h')x = 334 + \{(652 - 334) \times 0.8\} = 588.4$ kcal/kg

[해답] 588.4kcal/kg

50. 2MPa의 고압 증기를 0.12MPa로 감압하여 사용하고자 한다. 감압 밸브 입구에서의 건도가 0.9라고 할 때 감압 후의 건도는 약 얼마인가? (단, 감압 과정을 교축 과정으로 본다. 압력에 따른 비엔탈피는 다음과 같다.)

압력(MPa)	포화수의 비엔탈피(kJ/kg)	포화 증기의 비엔탈피(kJ/kg)
0.12	439.362	2683.4
2	908.588	2797.2

[풀이] ① 감압 전의 습포화 증기 엔탈피량 계산
$$h_2 = h' + (h'' - h')x = 908.588 + (2797.2 - 908.588) \times 0.9 = 2608.338 ≒ 2608.34 \text{kcal/kg}$$

② 감압 후의 건도 계산 : 감압 밸브 전후의 과정이 교축 과정이므로 엔탈피 변화가 없다.
$$\therefore x = \frac{h_2 - h'}{h'' - h'} = \frac{2608.34 - 439.362}{2683.4 - 439.362} = 0.966 ≒ 0.97$$

[해답] 0.97

 보일러 운전 및 부속기기 조작

1. 보일러의 분류

1-1 보일러(boiler)의 정의

강철제 및 주철제로 만들어진 동체 내부에 물 또는 열매체를 공급하고, 연료의 연소열을 이용하여 대기압 이상의 증기 및 온수를 발생시켜 열 사용처에 공급하는 장치를 말한다.

1-2 보일러의 구성

(1) 본체

연료의 연소열을 이용하여 일정 압력의 증기 및 온수를 발생시키는 부분

(2) 연소 장치

연소실에 공급되는 연료를 연소시키기 위한 장치로서, 고체 연료를 사용하는 보일러에서는 화격자, 액체 및 기체 연료를 사용하는 보일러에서는 버너가 사용된다.

(3) 부속 장치 및 기기

보일러를 안전하고 경제적인 운전을 하기 위한 장치 및 기기이다.
① 안전장치 : 안전밸브, 저수위 경보기, 방폭 문, 가용전, 화염 검출기, 증기 압력 제한기, 전자 밸브 등
② 급수 장치 : 급수 펌프, 급수관, 급수 밸브, 인젝터, 급수 내관 등
③ 분출 장치 : 분출관, 분출 밸브 및 분출 콕 등
④ 송기 장치 : 증기 내관, 비수 방지관, 기수 분리기, 주증기 밸브, 감압 밸브, 증기 헤더, 신축 이음 등
⑤ 폐열 회수 장치 : 과열기, 재열기, 절탄기, 공기 예열기 등
⑥ 통풍 장치 : 송풍기, 댐퍼, 연도, 연돌, 통풍 계통 등

⑦ 자동 제어 장치 : 부하에 따른 연료, 공기량 및 급수량을 제어하는 장치
⑧ 기타 장치 : 급수 처리 장치, 집진 장치, 매연 취출 장치 등

1-3 보일러의 분류

(1) 사용 재질에 따른 종류

① 강철제 보일러 : 보일러 재질을 탄소 강재로 제작한 보일러이다.
② 주철제 보일러 : 주철로 제작한 보일러로, 난방용의 저압 증기 발생용, 온수 보일러에 사용된다.

(2) 구조에 따른 종류

① 원통형 보일러 : 보일러 본체가 동(胴)으로 구성되어 있으며, 이곳에서 증기를 발생시킨다.
　㈎ 직립형 보일러 : 직립 횡관식 보일러, 직립 연관식 보일러, 코크란 보일러
　㈏ 수평형 보일러 : 노통 보일러, 연관 보일러, 노통 연관 보일러
② 수관식 보일러 : 자연 순환식 보일러, 강제 순환식 보일러, 관류 보일러
③ 특수 보일러 : 주철제 보일러, 특수 열매체 보일러, 폐열 보일러, 간접 가열식 보일러, 특수 연료 보일러

(3) 연소실의 위치에 따른 종류

① 내분식 보일러 : 연소실이 동체 내부에 위치한 형식으로, 직립형 보일러, 코니시 보일러 등이 있다.
② 외분식 보일러 : 연소실이 동체 밖에 있는 형식으로, 수관식 보일러, 수평 연관 보일러 등이 있다.

(4) 사용 매체에 따른 종류

① 증기 보일러 : 증기(steam)를 발생시키는 것으로, 대부분의 보일러가 여기에 해당된다.
② 온수 보일러 : 온수를 발생시켜 난방 및 급탕용으로 사용되는 보일러이다.
③ 열매체 보일러 : 포화 온도가 높은 유기 열매체를 이용한 것으로, 고온에서 가열, 증류, 건조 등을 하는 공정에 사용된다.

(5) 사용 연료에 따른 종류

① 석탄 보일러 : 석탄(무연탄)을 연료로 사용하는 보일러이다.

② 유류 보일러 : 중유(B-C유), 경유, 등유 등 오일(기름)을 연료로 사용하는 보일러이다.
③ 가스 보일러 : 도시가스, LNG 등 가스를 연료로 사용하는 보일러이다.
④ 목재 보일러 : 폐목재 등 나무를 연료로 사용하는 보일러이다.
⑤ 폐열 보일러 : 가열로, 용해로 등에서 배출되는 고온의 폐가스를 이용하는 보일러이다.
⑥ 특수 연료 보일러 : 산업 폐기물 등을 연료로 사용하는 보일러이다.

(6) 보일러 본체 구조에 따른 종류

① 노통(爐筒) 보일러 : 동체 내에 노통만 있는 보일러로, 코니시, 랭커셔 보일러 등이 있다.
② 연관(燃管) 보일러 : 동체 내에 노통에 관계없이 여러 개의 연관으로 구성되는 보일러이다.

(7) 증기의 사용처(용도)에 따른 종류

① 동력용 보일러 : 발생 증기를 터빈 등의 동력 발생 장치용에 사용하는 보일러이다.
② 난방용 보일러 : 실내의 난방용 열원으로 사용하는 보일러이다.
③ 가열용 보일러 : 발생 증기의 잠열을 이용하여 장치의 가열원으로 사용하는 보일러이다.
④ 온수용 보일러 : 급탕용 온수를 만드는 데 사용하는 보일러이다.

(8) 순환 방식에 따른 종류

① 자연 순환식 보일러 : 가열에 따른 포화수와 포화 증기의 비중량 차에 의하여 관수가 순환되는 보일러이다.
② 강제 순환식 보일러 : 펌프를 이용하여 관수를 강제로 순환시키는 보일러이다.

(9) 사용 장소에 따른 종류

① 육용(陸用) 보일러 : 육지에 설치하여 사용하는 보일러로, 육상용 보일러라고도 불린다.
② 박용(舶用) 보일러 : 선박(船舶)에 설치하여 사용하는 보일러로, 해상용 보일러라고도 불린다.

2. 보일러 종류 및 특징

2-1 원통형 보일러

(1) 직립형(vertical type) 보일러

본체가 세워져 있고, 연소실이 아래에 위치한 보일러이다.

① 특징
  (개) 설치 면적이 적어 설치가 간단하다.
  (내) 전열 면적이 작아 효율이 낮다.
  (대) 증기부가 적고, 건조 증기를 얻기가 어렵다.
  (래) 내부 청소 및 점검이 불편하다.

② 종류
  (개) 직립 수평관식 보일러 : 연소실 천정부에 수평관(횡관)을 2~3개 부착하여 전열 면적과 강도를 증가시킨 보일러이다.
  [수평관(횡관) 설치 시 장점]
  • 전열 면적이 증가한다.
  • 보일러수(水) 순환을 양호하게 한다.
  • 연소실 벽과 천장판의 강도를 증가시킨다.
  (내) 직립 연관식 보일러 : 여러 개의 연관을 이용하여 연소실 천장판과 상부 관판을 연결한 보일러이다.
  (대) 코크란 보일러 : 여러 개의 수평 연관을 설치한 보일러로, 선박용으로 사용되었다.

(2) 수평형(horizontal type) 보일러

① 노통(flue tube) 보일러 : 원통형 드럼과 양면을 막는 경판으로 구성되며, 그 내부에 노통을 설치한 보일러이다. 노통을 한쪽 방향으로 기울어지게 설치하여 물의 순환을 양호하게 한다.

  (개) 특징
    ㉮ 구조가 간단하고, 제작 및 수리가 용이하다.
    ㉯ 내부 청소, 점검이 간단하다.
    ㉰ 급수 처리가 까다롭지 않다.
    ㉱ 증발이 늦고, 열효율이 낮다.
    ㉲ 보유 수량이 많아 폭발 시 피해가 크다.

ⓑ 고압 대용량에 부적당하다.
(나) 종류
　㉮ 코니시(Cornish) 보일러 : 노통이 1개
　㉯ 랭커셔(Lancashire) 보일러 : 노통이 2개
(다) 노통의 종류
　㉮ 평형 노통 : 원통형 구조의 노통으로 저압 보일러에 적합하다.
　㉯ 파형 노통 : 원통형의 노통 표면을 파형으로 제작하여 전열 면적 증가와 노통의 신축을 흡수할 수 있다.
　㉰ 브리딩 스페이스(breathing space) : 고온에 의한 노통의 신축 작용으로 응력이 발생하고 이로 인하여 평형 경판이 손상되는 것을 방지하기 위하여 거짓 스테이(gusset stay) 하단부와 노통의 상단부와의 거리로 최소 230mm 이상을 유지한다.
　㉱ 애덤슨 조인트(Adamson joint) : 평형 노통을 일체형으로 제작하면 강도가 약해지는 결점을 보완하기 위하여 노통을 여러 개로 분할 제작하여 플랜지형으로 연결한 것으로, 이 이음부를 애덤슨 조인트라고 한다.
　㉲ 갤러웨이 관(Galloway tube) : 노통에 직각으로 2~3개 정도 설치한 관으로, 전열 면적을 증가시키며 보일러수(水)의 순환을 좋게 하고 노통을 보강하는 역할을 한다.
(사) 버팀(stay) : 강도가 약한 부분(주로 경판)의 강도를 보강하기 위하여 사용되는 이음 부분으로, 다음의 종류가 있다.
　㉮ 거싯 버팀(gusset stay) : 보강판(gusset)을 동판과 경판을 연결하여 경판의 강도를 보강한다.
　㉯ 관 버팀(tube stay) : 연관을 설치한 보일러에 사용되며, 연관보다 두께가 두꺼운 관을 이용하여 연관 역할과 버팀 역할을 동시에 할 수 있는 것으로, 관판(管板)을 보강한다.
　㉰ 경사 버팀(oblique stay) : 봉으로 된 것을 동판과 경판에 경사지게 부착시켜 경판, 화실 천장판의 강도를 보강한다.
　㉱ 나사 버팀(bolt stay) : 동판과 화실 측벽을 연결하여 화실벽 강도를 보강하는 것으로, 기관차형 보일러 등에서 사용한다.
　㉲ 천장 버팀(girder stay) : 직립형 보일러 등에서 화실 천장판과 경판을 연결하여 화실 천장판의 강도를 보강한다.
　㉳ 봉 버팀(bar stay) : 관 버팀에서 사용하는 관 대신에 연강재 봉을 사용하는 방법이다.
　㉴ 도그 버팀(dog stay) : 맨홀, 소제구 등을 보강하는 데 사용된다.

② **연관식(smoke tube type) 보일러** : 보일러 동 수부에 다수의 연관을 설치하여 연소 가스를 통과시켜 전열 면적을 증가시킨 것으로, 외분식과 내분식이 있다.

  (가) 특징

   ㉮ 전열 면적이 크고, 노통 보일러보다 효율이 좋다.
   ㉯ 전열 면적당 보유 수량이 적어 증기 발생 소요 시간이 짧다.
   ㉰ 내부 구조가 복잡하여 청소, 검사, 수리가 어렵고 고장이 많다.
   ㉱ 외분식일 경우 연소실 설계가 자유롭고, 연료 선택 범위가 넓다.

  (나) 종류 : 기관차 보일러, 케와니(Kewanee) 보일러

③ **노통 연관(flue smoke tube) 보일러** : 보일러 동체에 노통과 연관을 혼합 설치한 것으로, 효율이 80~90% 정도이다.

  (가) 특징

   ㉮ 노통 보일러에 비하여 열효율이 높다.
   ㉯ 패키지 형태로 운반, 설치가 용이하다.
   ㉰ 구조가 복잡하여 청소, 검사, 수리가 어렵다.
   ㉱ 증발 속도가 빨라 스케일이 부착되기 쉽다.
   ㉲ 양질의 급수를 요한다.
   ㉳ 구조상 고압, 대용량 제작이 어렵다.

  (나) 종류 : 스코치 보일러(선박용에 사용), 하우덴 존슨 보일러, 노통 연관 패키지형 보일러

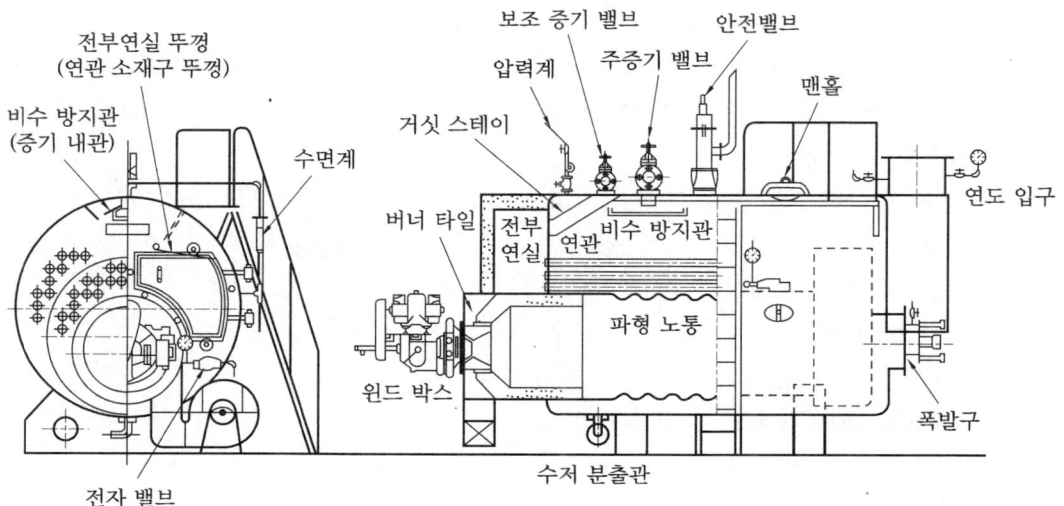

노통 연관 보일러 구조도

2-2 수관식(water tube) 보일러

(1) 수관 보일러의 개요

① 구조 : 다수의 수관과 드럼으로 구성된 것으로, 효율이 좋아 고압, 대용량에 사용된다.

② 특징
  - (가) 증기 발생 시간이 빠르며, 고압 대용량에 적합하다.
  - (나) 외분식이므로 연료 선택 범위가 넓고, 연소 상태가 양호하다.
  - (다) 전열 면적이 크고, 열효율이 높다.
  - (라) 수관의 배열이 용이하고, 패키지형으로 제작이 가능하다.
  - (마) 관수 처리에 주의를 요한다.
  - (바) 구조가 복잡하여 청소, 검사, 수리가 어렵고, 스케일 부착이 쉽다.
  - (사) 부하 변동에 따른 압력 및 수위 변동이 심하다.

③ 분류
  - (가) 관수의 순환에 의한 분류 : 자연 순환식, 강제 순환식
  - (나) 관의 배열 형태에 의한 분류 : 직관식, 곡관식
  - (다) 관의 경사도에 의한 분류 : 수평관식, 경사관식, 수직관식
  - (라) 동(drum)의 개수에 의한 분류 : 무동형, 단동형(1동형), 2동형, 3동형

④ 수관(water tube)의 종류
  - (가) 강수관 : 상부에 설치된 기수(氣水) 드럼(drum)의 물이 하부의 수(水) 드럼(drum) 쪽으로 내려오는 관으로, 직접 연소 가스에 접촉되지 않도록 하여 가열을 피하여 관수 순환을 잘되도록 하며, 강수관을 승수관과 함께 2중관으로 이루어지도록 한다.
  - (나) 승수관 : 하부의 수(水) 드럼(drum)에서 상부 기수 드럼으로 올라가는 관으로, 직접 연소 가스에 접촉하여 물이 가열되기 때문에 관내 물의 비중이 작게 되어 보일러수를 순환시킨다.

⑤ 수랭 노벽의 설치 목적
  - (가) 전열 면적의 증가로 증발량이 많아진다.
  - (나) 연소실 내의 복사열을 흡수한다.
  - (다) 연소실 노벽을 보호한다.
  - (라) 연소실 열 부하를 높인다.
  - (마) 노벽의 무게를 경감시키기 위하여

(2) 자연 순환식 수관 보일러

가열에 따른 포화수와 포화 증기의 비중량 차에 의하여 관수가 자연 순환되는 보일러이다.

① 자연 순환이 양호하게 될 조건
  ㈎ 강수관이 가열되지 않도록 한다.
  ㈏ 큰 지름의 수관을 사용한다.
  ㈐ 수관의 배열을 수직으로 설치한다.

② 종류
  ㈎ 바브콕(Babcock) 보일러 : 수평 수관식 보일러라고 불리며, 상부에 기수 드럼 1개와 드럼 아래 연소실 부분에 관 모음 헤더를 설치하고 수관을 15°로 배치한 구조로 이루어진 보일러이다. 연소실 내에 방해벽(baffle plate)을 설치하여 연소 가스의 흐름을 조정하여 열 회수와 보일러수의 순환을 양호하게 한다.
  ㈏ 다쿠마(Dakuma) 보일러 : 상부 기수 드럼과 하부 수(水) 드럼 사이에 수관을 45°로 경사지게 배열한 보일러이다. 상부 드럼은 고정하는 데 반하여, 하부 드럼은 고정하지 않고 어느 정도 간격을 두어 온도 변화에 의한 열팽창을 흡수할 수 있게 하였다.
  ㈐ 스털링(Stirling) 보일러 : 기수 드럼 2~3개와 수 드럼 1~2개를 갖고 있으며, 곡관이므로 열팽창에 대한 신축이 자유롭고 기수 드럼과 수 드럼이 거의 수직으로 설치되는 보일러로, 물의 순환이 양호하다.
  ㈑ 스네기치 보일러 : 기수 드럼과 수 드럼의 길이가 짧게 되어 있으며, 수관의 경사는 30°로 경판에 부착되어 있다. 4t/h 이하의 소형 난방용에 주로 사용된다.
  ㈒ 야로우(yarrow) 보일러 : 기수 드럼 1개와 수 드럼 2개를 좌우 대칭형으로 설치하고 수관도 45° 정도 경사지게 배열한 보일러이다.
  ㈓ 2동 D형 보일러 : 기수 드럼과 수 드럼으로 이루어진 것으로, 수관 배열을 영문자 "D"자 모양으로 배열한 것인데, 산업용으로 많이 사용되고 있는 보일러이다.
    ㉮ 수관이 곡관형으로 관의 신축에 의한 영향이 적다.
    ㉯ 연소실 크기를 자유롭게 할 수 있다.
    ㉰ 관수 순환 방향이 일정하고 증발 속도가 빠르다.
    ㉱ 복사열 흡수량이 많고, 효율이 양호하다.
    ㉲ 구조가 복잡하여 청소, 검사, 수리가 어렵다.
    ㉳ 급수 처리가 잘 이루어진 양질의 급수가 필요하다.

(3) 강제 순환식 수관 보일러

보일러의 압력이 임계 압력에 가까워지면 관수의 비중량과 증기의 비중량 차이가 감소하여 자연 순환이 어렵게 되므로 순환 펌프를 설치하여 관수를 강제로 순환시키는 보일러이다.
　① 특징
　　㈎ 동일한 증발량에 대해 소형 경량으로 제작할 수 있다.
　　㈏ 순환 펌프를 사용하므로 열전달이 높고 기동이 빠르다.
　　㈐ 수관군의 배열에 신경 쓸 필요가 없으므로 자유로운 설계를 할 수 있다.
　　㈑ 자연 순환에 비해 유속이 빠르므로 스케일 부착의 우려가 적다.
　　㈒ 취급이 어렵고, 급수 처리를 철저히 하여야 한다.
　　㈓ 순환용 펌프가 있어야 하므로 설비비, 유지비가 많이 소요된다.
　　㈔ 수관의 과열 방지를 위해서 각 수관에 물이 균일하게 흘러야 한다.
　② 순환비 : 발생 증기량과 순환 수량과의 비율

$$\therefore 순환비 = \frac{발생\ 증기량}{순환\ 수량}$$

　③ 종류
　　㈎ 라몬트(Lamont) 보일러 : 순환비를 4~10 정도로 하여 압력, 관 배열의 경사, 순서에 제한을 받지 않도록 한 것으로, 강제 순환식 수관 보일러의 대표적인 보일러이다. 펌프의 소요 동력을 보일러 출력의 1% 이하를 취하며, 라몬트 노즐을 설치하여 송수량을 조절한다.
　　㈏ 벨록스(velox) 보일러 : 순환비가 10~15 정도로, 가압 연소(2.5~3kgf/cm^2)에 의하여 연소 가스의 유속을 200~300m/s 정도 유지시켜 열전달을 증가시킨 것이다. 시동 시간이 6~7분 정도로 짧고 효율이 90% 이상으로 높다.

(4) 관류(단관식) 보일러

급수 펌프에 의해 급수를 압입하여 하나로 된 관에서 가열, 증발, 과열시켜 과열 증기를 얻는 보일러로, 드럼이 없는 강제 순환식 보일러이다.
　① 특징
　　㈎ 전열 면적에 비하여 보유 수량이 적으므로 가동 시간이 짧다.
　　㈏ 고압 보일러에 적합하다.
　　㈐ 관을 자유로이 배치할 수 있어 구조가 콤팩트하다.
　　㈑ 완벽한 급수 처리를 요한다.
　　㈒ 정확한 자동 제어 장치를 설치하여야 한다.
　　㈓ 순환비가 1이므로 드럼이 필요 없다.
　② 종류
　　㈎ 벤슨(Benson) 보일러 : 지름 20~30mm 정도의 수관을 병렬로 배열한 것으로, 수관 내에 관수가 균일하게 흘러야 하며, 복사 증발부에서 85% 정도 물이 증발

한다.

(나) 슬저(sulzer) 보일러 : 원리는 벤슨 보일러와 비슷한 것으로, 1개의 긴 연속관으로 이루어지며, 증발부에서 95% 정도 물이 증발하고 증발부 끝 부분에 기수 분리기가 설치되어 있다.

(다) 소형 관류 보일러 : 증발량 200~300kg/h에서 수 ton/h에 이르기까지 사용되며, 효율이 80~90% 정도로 높고 급수량, 연료량이 자동 조절되어 공장용, 난방용 등에 사용된다.

2-3 주철제 보일러

(1) 개요

주물로 제작한 섹션(section)을 조립한 것으로, 주로 난방용이나 급탕용으로 사용된다.
① 증기 보일러 : 최고 사용 압력이 0.1MPa 이하
② 온수 보일러 : 최고 사용 수두압이 0.5kPa 이하

(2) 특징

① 장점
  (가) 주물로 제작하기 때문에 복잡한 구조도 제작이 가능하다.
  (나) 전열 면적이 크고, 효율이 좋다.
  (다) 내식성, 내열성이 우수하다.
  (라) 섹션의 증감으로 용량 조절이 가능하다.
  (마) 조립식이므로 반입 및 해체 작업이 용이하다.

② 단점
  (가) 내압 강도가 떨어진다.
  (나) 구조가 복잡하여 청소, 검사, 수리가 어렵다.
  (다) 부동 팽창이 발생하기 쉽다.
  (라) 대용량, 고압에는 부적합하다.

2-4 특수 보일러

(1) 폐열 보일러

용광로(고로), 제강로, 가열로 등에서 발생한 연소 가스의 폐열을 이용한 보일러로, 하이네 보일러, 리 보일러 등이 있다.

① 분진 등에 의한 전열면의 오손이 심한 경우가 있다.
② 가스의 흐름, 수관의 피치, 노벽의 구조, 매연 분출기의 배치 등을 적절히 할 필요가 있다.
③ 연료와 연소 장치가 필요하지 않다.
④ 폐열을 이용하므로 연료비가 적게 소요된다.

(2) 특수 연료 보일러

① 버개스(bagasse) 보일러 : 사탕수수를 짠 찌꺼기 사용
② 바크(bark) 보일러 : 펄프 등 나무껍질 사용
③ 흑액 : 펄프 폐액 사용

(3) 특수 열매체 보일러

다우섬(dowtherm), 카네크롤액 등을 사용하여 저압에서 고온의 증기를 얻기 위하여 사용되는 보일러이다. 석유 공업, 화학 공업 등에서 주로 사용되고 있다.

(4) 간접 가열 보일러

급수 처리를 하지 않은 물을 사용하여도 스케일 부착에 의한 불순물 장해가 없도록 고안된 보일러로, 슈미트 보일러, 레플러 보일러 등이 있다.

(5) 전기 보일러

전기 축열식 보일러 등이 있다.

3. 부속 장치 및 기기

3-1 급수 장치

(1) 급수 펌프

① 펌프의 구비 조건
　(가) 고온, 고압에 견딜 것　　　　　(나) 작동이 확실하고 조작이 간단할 것
　(다) 부하 변동에 대응할 수 있을 것　(라) 저부하에도 효율이 좋을 것
　(마) 병렬 운전에 지장이 없을 것　　(바) 회전식은 고속 회전에 안전할 것
② 급수 펌프의 종류
　(가) 원심 펌프(centrifugal pump) : 한 개 또는 여러 개의 임펠러를 밀폐된 케이싱

내에서 회전시켜 발생하는 원심력을 이용하여 액체를 이송하거나 압력을 상승시켜 축과 직각 방향으로 토출된다. 용량에 비하여 소형이고, 설치 면적이 작으며, 기동 시 펌프 내부에 유체를 충분히 채워야 한다. (프라이밍 작업) 벌류트 펌프(volute pump)와 터빈 펌프(turbine pump)가 있다.

㉮ 벌류트(volute) 펌프 : 임펠러 바깥 둘레에 안내 깃(베인)이 없고 바깥 둘레에 바로 접하여 와류실이 있는 펌프로, 일반적으로 임펠러 1단이 발생하는 양정(揚程)이 낮은 것에 사용된다.

㉯ 터빈(turbine) 펌프 : 임펠러 바깥 둘레에 안내 깃(베인)이 있는 것으로, 양정(揚程)이 높은 곳에 사용된다.

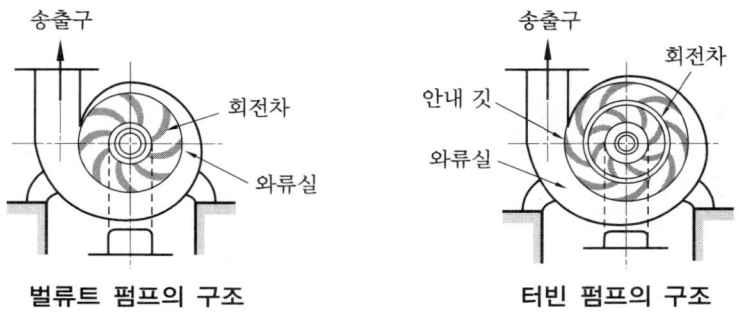

벌류트 펌프의 구조　　　**터빈 펌프의 구조**

(나) 왕복 펌프 : 실린더 내의 피스톤 또는 플런저가 왕복 운동으로 액체에 압력을 가해 이송하는 펌프로, 송출이 단속적이라 맥동 현상이 있고 회전수가 변하여도 토출 압력의 변화는 적다. 워딩턴 펌프, 플런저 펌프, 피스톤 펌프 등이 있다.

㉮ 워딩턴 펌프(Worthington pump) : 보일러 증기압을 이용하여 증기 피스톤을 작동시켜 물쪽 실린더의 피스톤을 왕복 운동시켜 급수하는 펌프이다.

㉯ 플런저 펌프(plunger pump) : 플런저의 좌우 왕복 운동으로 급수하는 것으로, 증기를 이용하는 방식과 동력을 이용하는 방식이 있다.

③ 급수 펌프의 성능

(가) 펌프의 전 양정(H)

$$H = H_B + H_S + H_d + H_f$$

여기서, H : 전 양정(m)

H_B : 보일러 최고 사용 압력에 상당하는 수두(m)

H_S : 흡입 양정(m)

H_d : 토출 양정(m)

H_f : 배관 중의 마찰 손실 수두(m)

→ 대기압 하에서 펌프의 최대 흡입 양정(揚程)은 이론상 10m 정도이다.

(나) 축동력 계산

$$PS = \frac{\gamma \cdot Q \cdot H}{75\eta} \qquad kW = \frac{\gamma \cdot Q \cdot H}{102\eta}$$

여기서, γ : 액체의 비중량(kgf/m^3) Q : 유량(m^3/s)
         H : 전 양정(m) η : 효율

(다) 마찰 손실 수두(다르시-바이스바흐식)

$$H_f = f \times \frac{L}{D} \times \frac{V^2}{2g}$$

여기서, H_f : 손실 수두(mH$_2$O) f : 관 마찰 계수
         L : 관 길이(m) D : 관 지름(m)
         V : 유체의 속도(m/s) g : 중력 가속도(9.8m/s^2)

(라) 원심 펌프의 상사 법칙

㉮ 유량 $Q_2 = Q_1 \times \left(\dfrac{N_2}{N_1}\right) \times \left(\dfrac{D_2}{D_1}\right)^3$

㉯ 양정 $H_2 = H_1 \times \left(\dfrac{N_2}{N_1}\right)^2 \times \left(\dfrac{D_2}{D_1}\right)^2$

㉰ 동력 $L_2 = L_1 \times \left(\dfrac{N_2}{N_1}\right)^3 \times \left(\dfrac{D_2}{D_1}\right)^5$

여기서, Q_1, Q_2 : 변경 전, 후의 유량 H_1, H_2 : 변경 전, 후의 양정
         L_1, L_2 : 변경 전, 후의 동력 N_1, N_2 : 변경 전, 후의 임펠러 회전수
         D_1, D_2 : 변경 전, 후의 임펠러 지름

④ 원심 펌프에서 발생하는 현상

(가) 캐비테이션(cavitation) 현상 : 유수 중에 그 수온의 증기 압력보다 낮은 부분이 생기면 물이 증발을 일으키고 기포를 다수 발생하는 현상

(나) 수격 작용(water hammering) : 펌프에서 물을 압송하고 있을 때 정전 등으로 펌프가 급히 멈춘 경우 관내의 유속이 급변하면 물에 심한 압력 변화가 생기는 현상이다.

(다) 서징(surging) 현상 : 맥동 현상이라도 하며, 펌프 운전 중에 주기적으로 운동, 양정, 토출량이 규칙적으로 변동하는 현상으로, 압력계의 지침이 일정 범위 내에서 움직인다.

(2) 인젝터(injector)

예비 급수 장치로서, 증기가 보유하고 있는 열에너지를 압력 에너지로 전환시키고 다시 운동 에너지로 바꾸어 급수하는 장치이다.

① 종류
　㈎ 메트로폴리탄(metropolitan)형 : 급수 온도 65°C 이하
　㈏ 그레셤(Gresham)형 : 급수 온도 50°C 이하
② 특징
　㈎ 장점
　　㉮ 구조가 간단하고, 가격이 저렴하다.
　　㉯ 급수가 예열되고, 열효율이 좋아진다.
　　㉰ 설치 장소가 적게 필요하다.
　　㉱ 별도의 동력원이 필요 없다.
　㈏ 단점
　　㉮ 흡입 양정이 작고, 효율이 낮다.
　　㉯ 급수 온도가 높으면 급수 불량이 발생한다.
　　㉰ 증기 압력이 너무 높거나 낮으면 급수 불량이 발생한다.
　　㉱ 급수량 조절이 어렵다.
③ 작동 불량(급수 불량) 원인
　㈎ 급수 온도가 너무 높은 경우(50°C 이상)
　㈏ 증기 압력이 낮은 경우
　㈐ 부품이 마모되어 있는 경우
　㈑ 흡입 관로 및 밸브로부터 공기 유입이 있는 경우
　㈒ 체크 밸브가 고장 난 경우
　㈓ 증기에 수분이 많은 경우
④ 작동 순서

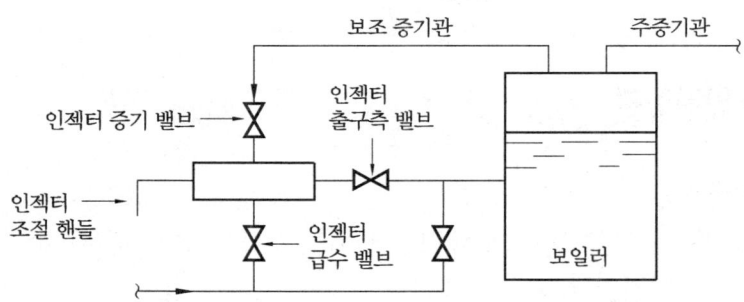

　㈎ 급수 개시 순서
　　㉮ 인젝터 출구측 밸브를 연다.　㉯ 인젝터 급수 밸브를 연다.
　　㉰ 인젝터 증기 밸브를 연다.　　㉱ 인젝터 조절 핸들을 연다.
　㈏ 급수 정지 순서
　　㉮ 인젝터 조절 핸들을 닫는다.　㉯ 인젝터 급수 밸브를 닫는다.

㉰ 인젝터 증기 밸브를 닫는다. ㉱ 인젝터 출구측 밸브를 닫는다.

(3) 급수 내관(distributing pipe)

보일러 급수 시 동판의 국부적 냉각으로 인한 부동 팽창의 영향을 줄이기 위하여 동 내부에 설치하는 관이다.
① 설치 목적
㉮ 온도차에 의한 부동 팽창 방지
㉯ 보일러 급수의 예열
㉰ 관내 온도의 급격한 변화 방지
㉱ 관수 순환의 교란 방지
② 설치 위치 : 안전 저수위 50mm 아래
㉮ 설치 위치가 높을 때 : 수격 작용 발생
㉯ 설치 위치가 낮을 때 : 동체 아랫부분의 냉각, 관수 순환 저해

(4) 자동 급수 조정 장치

보일러 부하에 따라 급수량을 자동적으로 조절하여 수위를 안전 저수위 이상으로 유지하는 장치로, 저수위 안전장치(저수위 경보 장치)에 기능이 부가된 것이다.

(5) 급수 밸브 및 체크 밸브

급수관에는 보일러 가까이에 급수 밸브를 설치하고, 급수 밸브 가까이에 체크 밸브를 설치한다.
① 급수 밸브의 종류 : 글로브 밸브(스톱 밸브), 앵글 밸브, 게이트 밸브 등
② 체크 밸브의 종류 : 스윙식, 리프트식

3-2 안전장치

(1) 안전밸브(safety valve)

보일러의 증기압이 이상 상승 시 증기압을 외부로 분출하여 보일러 파열 사고를 사전에 방지하기 위한 장치이다.
① 작동 원리에 의한 분류 : 스프링식, 중추식, 지렛대식
② 용도에 의한 분류 : 안전밸브, 릴리프 밸브
㉮ 스프링식 안전밸브 : 증기 또는 가스 장치에 사용
㉯ 릴리프 밸브 : 액체 배관에 사용

③ 안전밸브의 구비 조건
　㈎ 밸브 개폐 동작이 신속하고 자유로울 것
　㈏ 밸브의 지름과 양정이 충분할 것
　㈐ 밸브의 작동이 확실하고 증기 누설이 없을 것
　㈑ 증기 압력이 정상으로 되면 작동이 정지될 것
　㈒ 밸브의 분출 용량이 충분할 것
④ 안전밸브의 누설 원인
　㈎ 작동 압력이 낮게 조정되었을 때
　㈏ 스프링의 장력이 약할 때
　㈐ 밸브 시트에 이물질이 있을 때
　㈑ 밸브 시트가 불량일 때
　㈒ 밸브 축이 이완되었을 때
⑤ 스프링식 안전밸브의 분류
　㈎ 양정에 따라 분류 : 저양정식, 고양정식, 전양정식, 전량식으로 구분
　㈏ 단면적 계산식

　　㉮ 저양정식 : $A = \dfrac{22E}{1.03P+1}$　　㉯ 고양정식 : $A = \dfrac{10E}{1.03P+1}$

　　㉰ 전양정식 : $A = \dfrac{5E}{1.03P+1}$　　㉱ 전량식 : $S = \dfrac{2.5E}{1.03P+1}$

　　여기서, A : 단면적(mm^2)　　　　　　P : 안전밸브 분출 압력(kgf/cm^2)
　　　　　　E : 증발량 또는 최대 연속 증발량(kg/h)　S : 목부 단면적(mm^2)

　　→ 안전밸브 시트 단면적은 분출 압력에 반비례하고 증발량에 비례한다.

　㈐ 분출 용량 계산식

　　㉮ 저양정식 : $W = \dfrac{1.03P+1}{22} \cdot A \cdot C$

　　㉯ 고양정식 : $W = \dfrac{1.03P+1}{10} \cdot A \cdot C$

　　㉰ 전양정식 : $W = \dfrac{1.03P+1}{5} \cdot A \cdot C$

　　㉱ 전량식 : $W = \dfrac{1.03P+1}{2.5} \cdot S \cdot C$

　　여기서, W : 안전밸브 분출 용량(kg/h)　　P : 분출 압력(kgf/cm^2)
　　　　　　A : 안전밸브 단면적(mm^2), $\left(A = \dfrac{\pi}{4} \cdot D^2\right)$
　　　　　　S : 안전밸브 목부 단면적(mm^2)
　　　　　　C : 상수(증기 압력 120kgf/cm^2 이하, 증기 온도 280℃ 이하일 경우 1로 하며, 그 밖의 경우에는 표에 의해 결정한다.)

(2) 방출 밸브

압력 릴리프 밸브라고도 하며, 온수 발생 보일러에서 압력이 보일러의 최고 사용 압력(열매체 보일러의 경우에는 최고 사용 압력 및 최고 사용 온도)에 달하면 즉시 작동하는 안전밸브 대신 사용하는 것으로, 반드시 방출관을 설치하여야 한다.

① 방출 밸브의 구조 : 직접 스프링식
② 온수 발생 보일러의 방출 밸브 크기
 ㈎ 액상식 열매체 보일러 및 온도 393K(120°C) 이하의 온수 발생 보일러에는 방출 밸브를 설치
 ㈏ 방출 밸브 지름 : 20mm 이상
 ㈐ 보일러 최고 사용 압력에 10%(그 값이 0.035MPa 미만인 경우 0.035MPa로 한다.)를 더한 값을 초과하지 않도록 지름과 개수를 정한다.
③ 방출관 크기

전열 면적	방출관 안지름
10m² 미만	25mm 이상
10m² 이상 15m² 미만	30mm 이상
15m² 이상 20m² 미만	40mm 이상
20m² 이상	50mm 이상

(3) 가용전(fusible plug)

주석(Sn)과 납(Pb)의 합금으로, 노통 또는 화실 천장부에 나사를 조립하여 관수의 이상 감수 시 과열로 인한 동체의 파열 사고를 방지한다.

주석(Sn)과 납(Pb)의 비율에 따른 용융 온도

주석(Sn)	납(Pb)	용융 온도
10	3	150°C
3	3	200°C
3	10	250°C

(4) 방폭 문(폭발 문)

연소실 내의 미연소 가스의 폭발 및 역화 시 그 내부 압력을 외부로 방출시켜 동체의 파열 사고를 방지하는 장치로, 개방식(스윙식)과 밀폐식(스프링식)이 있다.

(5) 화염 검출기

연소실 내의 연소 상태를 감시하여 실화 및 소화 시 연료 전자 밸브를 차단하여 미연소 가스로 인한 폭발 사고를 방지하기 위한 장치이다.

① 플레임 아이(flame eye) : 화염의 발광체를 이용
  (가) 황화카드뮴(CdS) 셀 : 경유 버너에 사용
  (나) 황화납(PbS) 셀 : 오일, 가스에 사용
  (다) 적외선 광전관 : 적외선을 이용
  (라) 자외선 광전관 : 오일, 가스에 사용
② 플레임 로드(flame rod) : 화염의 이온화 현상에 의한 전기 전도성을 이용한 것으로, 가스 점화 버너에 사용
③ 스택 스위치(stack switch) : 연도에 바이메탈을 설치하여 연소 가스의 발열체를 이용한 것

(6) 증기 압력 제한기

증기 압력이 일정 압력(최고 사용 압력) 도달 시 전기적 신호를 보내어 전자 밸브를 작동시켜 연료를 차단하여 보일러를 보호하는 장치로서, 증기 압력 조절기와 연동시켜 사용한다.

(7) 증기 압력 조절기

증기 압력을 검출하여 압력 변화에 따라 벨로스가 신축함으로써 와이퍼의 움직임에 따라 전기 저항을 변화시켜 연료량과 함께 공기량을 조절하는 컨트롤 모터를 작동시키는 것이다.

(8) 저수위 안전장치(저수위 경보 장치)

동내 수위가 안전 저수위가 되기 전에 자동적으로 경보(연료 차단 전 50~100초 간)를 발하고, 연료 공급을 차단시켜 이상 감수로 인한 안전사고를 방지한다.
① 기계식 : 플로트(float)의 위치 변위를 이용하여 밸브를 작동시켜 경보가 울린다.
② 전기식
  (가) 플로트식 : 플로트의 위치 변화에 따라 수은 스위치를 작동시키는 맥도널식과, 플로트의 위치 변화에 따라 자석의 위치 변위로 수은 스위치를 작동시키는 마그네틱식이 있다.
  (나) 전극식 : 보일러수(水)의 전기 전도성을 이용한 것이다.

3-3 송기 장치

(1) 주증기 밸브

발생 증기를 송기 및 정지하기 위하여 보일러 증기부 상단에 설치하는 것으로, 일반적으로 글로브 밸브와 앵글밸브가 사용된다.

(2) 증기 내관

프라이밍, 포밍 현상 발생으로 증기 속에 수분이 함유되어 배출되는 것을 방지하는 장치이다.

① 비수 방지관 : 원통형 보일러 동체 내부의 증기 취출구에 설치하여 캐리 오버 현상을 방지한다. 비수 방지관에 뚫린 구멍의 총면적은 증기 취출구 증기관 면적의 1.5배 이상으로 한다.

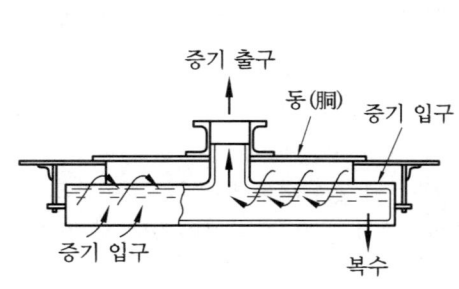
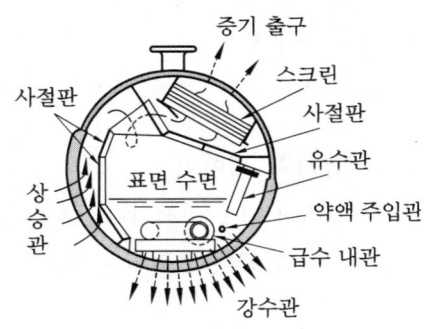

비수 방지관 구조   기수 분리기 구조

② 기수 분리기 : 수관식 보일러의 기수 드럼에 부착하여 승수관을 통하여 상승하는 증기 중에 혼입된 수분을 분리하기 위한 장치로, 다음의 종류가 있다.
  (개) 사이클론형 : 원심 분리기를 사용
  (내) 스크러버형 : 파형의 다수 강판을 조합한 것
  (대) 건조 스크린형 : 금속 망판을 이용한 것
  (래) 배플형 : 급격한 방향 전환을 이용한 것

③ 증기 내관 설치 시 장점
  (개) 건조 증기 공급   (내) 수격 작용(water hammer) 방지
  (대) 캐리 오버(carry over) 방지   (래) 관내 부식 방지
  (매) 열 손실 방지   (바) 마찰 저항 감소

④ 기수 공발(carry over) : 프라이밍(priming), 포밍(forming)에 의하여 발생된 물방울이 증기 속에 섞여 관내를 흐르는 현상으로, 비수 현상이라고도 한다.
  (개) 프라이밍(priming) 현상 : 급격한 증발 현상으로, 동 수면에서 작은 입자의 물방울이 증기와 혼입하여 튀어 오르는 현상
  (내) 포밍(forming) 현상 : 동 저부에서 작은 기포들이 수면상으로 오르면서 물거품이 발생하여 수면에 달걀 모양의 기포가 덮이는 현상

⑤ 기수 공발(carry over)의 발생 원인
  (개) 관수의 농축   (내) 유지분, 알칼리분, 부유물 함유
  (대) 주증기 밸브의 급개   (래) 부하의 급변

㈔ 증기 발생 속도가 **빠를 때**　　㈕ 청관제 사용이 부적합
　　　㈘ 관수 수위가 높음
　⑥ 기수 공발(carry over)의 피해
　　　㈎ 수위 오인으로 저수위 사고　　㈏ 계기류 연락관의 막힘
　　　㈐ 송기되는 증기의 불순　　　　㈑ 증기의 열량 감소
　　　㈒ 배관의 부식 초래　　　　　　㈓ 배관, 기관 내에서 수격 작용 발생
　⑦ 기수 공발(carry over) 방지 방법
　　　㈎ 비수 방지관을 설치한다.　　㈏ 주증기 밸브를 서서히 연다.
　　　㈐ 관수 중에 불순물, 농축수 제거　㈑ 수위를 고수위로 하지 않는다.
　⑧ 기수 공발(carry over) 발생 시 조치
　　　㈎ 연료를 차단(줄인다.)　　　　㈏ 공기를 차단(줄인다.)
　　　㈐ 주증기 밸브를 닫고, 수위를 안정시킴
　　　㈑ 급수 및 분출 작업 반복
　　　㈒ 계기류 점검　　　　　　　　㈓ 수질을 분석하여 본다.

(3) 감압 밸브

보일러에서 발생된 증기의 압력을 내리기 위하여 사용하는 밸브이다.
　① 설치 목적
　　　㈎ 고압의 증기를 저압의 증기로 만들기 위하여
　　　㈏ 부하측의 압력을 일정하게 유지하기 위하여
　　　㈐ 부하 변동에 따른 증기의 소비량을 절감하기 위하여
　② 저압 증기를 이용할 경우 장점
　　　㈎ 에너지 절약　　　　　　　　㈏ 증기의 건도 향상
　　　㈐ 배관 설비의 절감　　　　　　㈑ 특정 온도를 정확히 유지
　　　㈒ 생산성 향상
　③ 종류
　　　㈎ 작동 방법에 따른 분류 : 피스톤식, 다이어프램식, 벨로스식
　　　㈏ 구조에 따른 분류 : 스프링식, 추식
　④ 감압 밸브 설치 시 필요 부속품
　　　㈎ 1차(고압)측 : 여과기(strainer), 정지 밸브, 압력계
　　　㈏ 2차(저압)측 : 안전밸브, 정지 밸브, 압력계

(4) 증기 헤더(steam header)

보일러 주증기관과 사용측 증기관 사이에 설치하여 사용처에 증기를 공급해 주는 압력 용기이다.

① 장점
　㉮ 증기 사용처에 증기 공급 및 차단이 용이하다.
　㉯ 증기 수요에 대응하기 쉽다.
　㉰ 불필요한 배관에 증기가 공급하지 않기 때문에 열 손실을 방지할 수 있다.
② 크기 : 증기 헤더에 부착되는 지름이 가장 큰 배관의 2배가 되도록 한다.

(5) 신축 이음(expansion joint) 장치

열팽창으로 인한 배관의 신축을 흡수 완화시켜 장치 파손 및 고장을 방지하기 위하여 배관 중에 설치하는 기기로, 종류는 다음과 같다.
① 루프형(loop type) : 강관을 원형으로 성형하여 원형 부분에서 배관의 신축을 흡수하는 것으로, 신축 곡관이라고도 한다.
② 슬리브형(sleeve type) : 슬리브와 본체 사이에 패킹을 넣어 저압 증기 배관 및 온수 배관의 신축을 흡수하는 데 사용하는 것으로, 단식과 복식이 있고, 50A 이하의 것은 나사 이음, 65A 이상의 것은 플랜지 이음 방식으로 사용한다.
③ 벨로스형(bellows type) : 온도 변화에 따른 배관의 신축을 주름통(bellows)에서 흡수하는 것으로, 일명 팩리스형(packless type)이라고도 한다.
④ 스위블(swivel) 이음 : 2개 이상의 엘보를 사용하여 이음부 나사의 회전을 이용하여 배관의 신축을 흡수하는 것으로, 증기 및 온수난방용 배관에 사용되나, 누설의 우려가 크다.

(6) 증기 트랩(steam trap)

증기 사용 설비 및 배관 내의 응축수를 제거하여 증기의 잠열을 유효하게 이용할 수 있도록 하고, 수격 작용을 방지하는 역할을 한다.
① 작동 원리에 의한 분류

구 분	작동 원리	종 류
기계식 트랩	증기와 응축수의 비중차 이용(플로트 또는 버킷의 부력 이용)	상향 버킷식, 하향 버킷식, 레버 플로트식, 자유 플로트식
온도 조절식 트랩	증기와 응축수의 온도차 이용(금속의 신축성을 이용)	바이메탈식, 벨로스식, 다이어프램식
열역학적 트랩	증기와 응축수의 열역학적, 유체역학적 특성차 이용	오리피스식, 디스크식

② 구비 조건
　㉮ 마찰 저항이 적을 것　　　　㉯ 내식성, 내구성이 좋을 것
　㉰ 공기를 빼내기 좋을 것　　　㉱ 응축수의 연속 배출이 용이할 것
　㉲ 압력과 유량에 따른 작동이 확실할 것

③ 증기 트랩 사용 시 장점
  (개) 수격 작용(water hammer) 방지   (내) 장치 내 부식 방지
  (대) 열효율 저하 방지   (래) 관내 마찰 저항 감소
④ 설치 시 주의 사항
  (개) 트랩 입구측에 여과기(strainer)를 설치할 것
  (내) 바이패스 라인을 설치하여 고장에 대비할 것
  (대) 증기 사용 설비와 트랩의 거리는 최단 거리를 유지할 것
  (래) 트랩의 위치는 설비의 배수 위치보다 낮을 것
  (매) 적당한 배관을 선택하고, 곡선부는 가능한 한 짧게 할 것

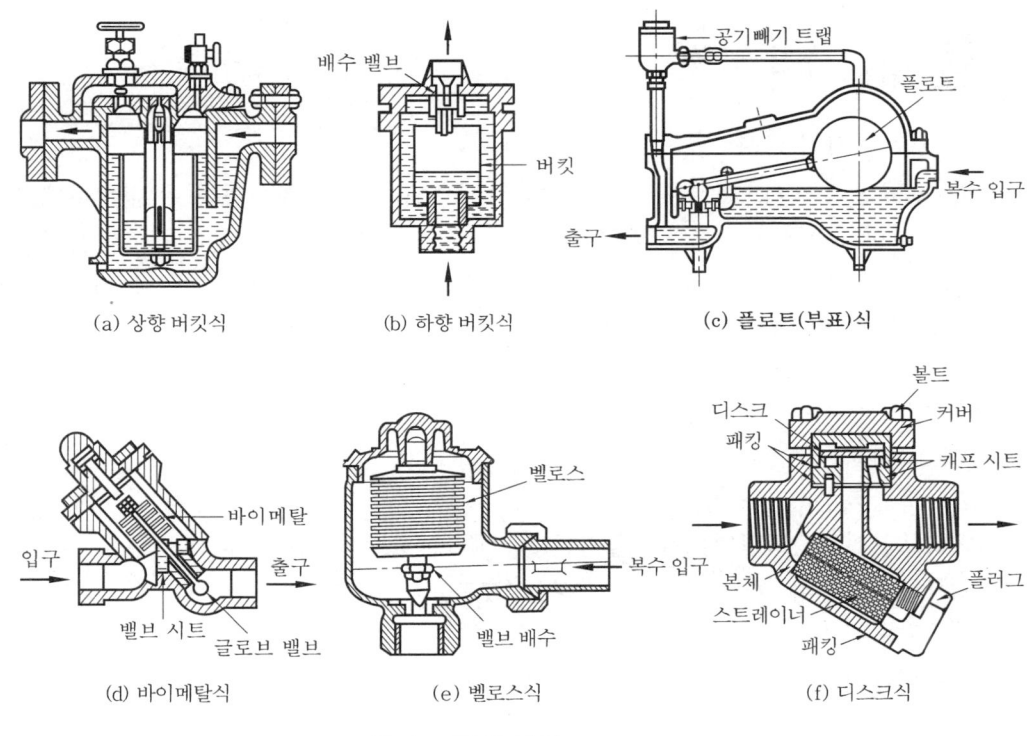

증기 트랩의 종류

⑤ 트랩의 배압 허용도

$$배압\ 허용도(\%) = \frac{트랩의\ 최고\ 허용\ 배압(kgf/cm^2)}{트랩\ 입구\ 압력(kgf/cm^2)} \times 100$$

(7) 증기 축열기(steam accumulator)

보일러에서 과잉 발생한 증기를 저장하고 부하가 증가하면 증기를 공급하여 증기 부족을 해소하는 장치이다.

① 변압식 : 고압 증기를 물에 통과시키고 응축시켜 저장하고, 부하가 증가하면 저압의 증기 상태로 하여 이용하는 형식으로, 증기측에 설치한다.
② 정압식 : 부하 감소 시 여분의 관수나 증기로 급수를 예열하고, 부하가 증가하면 급수하여 연소량은 일정한 상태가 유지되면서 다량의 고압 증기를 얻는 방식으로, 급수측에 설치한다.

(8) 응축수 회수기

고온의 응축수를 온도 강하 없이 보일러에 급수할 수 있는 장치로서, 연료 절감, 수처리 비용 절감, 급수용의 용수 절감 등의 효과를 얻을 수 있다.

3-4 분출 장치

(1) 분출 장치의 종류

① 수면 분출 장치(연속 분출 장치) : 안전 저수위 선상에 설치하여 유지분, 부유물을 제거하여 프라이밍, 포밍 현상을 방지한다.
② 수저 분출 장치(단속 분출 장치) : 동체 아랫부분에 있는 스케일이나 침전물, 농축된 물 등을 외부로 배출시켜 제거한다.

(2) 설치 목적

① 슬러지 생성 및 스케일 방지
② 보일러수의 pH 조절
③ 프라이밍, 포밍 현상을 방지
④ 보일러수의 농축 방지 및 순환을 양호하게 유지
⑤ 고수위 방지
⑥ 세관 작업 후 폐액을 배출시키기 위하여

(3) 분출을 행하는 시기

① 부하가 가장 가벼울 때
② 보일러 가동 전
③ 프라이밍, 포밍 현상이 발생할 때
④ 고수위일 때

(4) 분출 방법 및 주의 사항

① 2인 1조가 되어 분출 작업을 할 것

② 분출량이 많아도 안전 저수위 이하로 하지 않을 것
③ 2대의 보일러를 동시에 분출시키지 않을 것
④ 밸브 및 콕은 신속히 개방할 것
⑤ 분출량은 농도 측정에 의하여 결정할 것
⑥ 분출 도중 다른 작업을 하지 않을 것

(5) 분출 조작 순서
① 보일러 동체 가까이 설치된 1차 급개 밸브(콕)를 완전히 개방한다.
② 2차 밸브를 서서히 개방하고, 수면계의 수고 15mm 정도까지 분출할 경우 밸브를 1/2 정도 개방하고, 대량의 분출일 경우는 완전히 개방한다.
③ 닫는 순서는 2차 밸브를 먼저 닫고, 1차 급개 밸브(콕)를 나중에 닫는다.

(6) 분출량 계산
① 1일 분출량 $X = \dfrac{W(1-R)d}{\gamma - d}$

② 응축수 회수율 $R = \dfrac{응축수\ 회수량}{실제\ 증발량} \times 100$

③ 분출률(%) $= \dfrac{d}{\gamma - d} \times 100$

여기서, X : 1일 분출량(kg/day)　　W : 1일 급수량(kg/day)
　　　　R : 응축수 회수율(%)　　　d : 급수 중의 허용 고형분(ppm)
　　　　γ : 관수의 고형분(ppm)

3-5 폐열 회수 장치

(1) 과열기(super heater)
보일러에서 발생한 습포화 증기의 압력을 일정하게 유지하면서 온도만을 높여 과열 증기를 만드는 장치이다.
① 열 가스 접촉(전열 방식)에 의한 분류
　㈎ 접촉 과열기(대류형) : 연도에 설치하여 연소 가스의 대류열을 이용한 것
　㈏ 복사 과열기(방사형) : 연소실 측벽에 설치하여 복사열을 이용한 것
　㈐ 복사 접촉 과열기(방사 대류형) : 복사열과 대류열을 동시에 이용한 것
② 증기와 연소 가스 흐름에 의한 분류
　㈎ 병류식 : 증기와 연소 가스의 흐름 방향이 같으며, 연소 가스에 의한 관의 손상이 적으나 효율이 낮다.

(나) 향류식 : 증기와 연소 가스의 흐름 방향이 반대이며, 효율이 좋으나 연소 가스에 의한 관의 손상이 크다.
(다) 혼류식 : 병류식과 향류식의 혼합형으로, 효율도 좋고, 연소 가스에 의한 관의 손상도 적다.

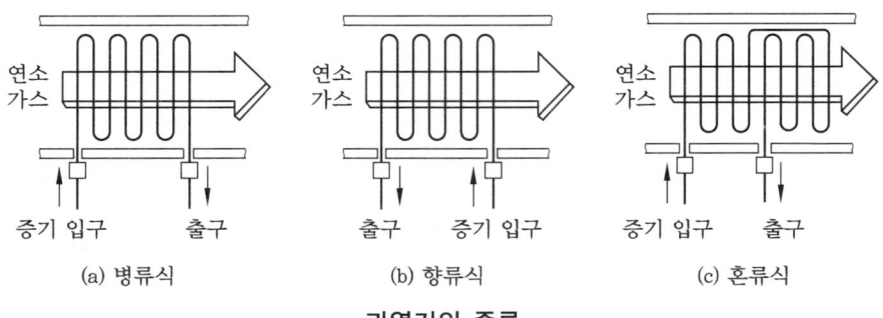

과열기의 종류

③ 과열기 사용 시 장점
   (가) 열효율 증가
   (나) 수격 작용 방지
   (다) 관내 마찰 저항 감소
   (라) 장치 내 부식 방지
   (마) 적은 증기로 많은 열을 얻는다.
④ 과열기 사용 시 단점
   (가) 가열 표면의 일정 온도 유지 곤란
   (나) 가열 장치에 큰 열응력 발생
   (다) 직접 가열 시 열 손실 증가
   (라) 제품의 손상 우려
   (마) 과열기 표면에 고온 부식 발생
⑤ 과열 증기 온도 조절 방법
   (가) 연소 가스량을 가감하는 방법
   (나) 과열 저감기를 사용하는 방법
   (다) 저온 가스를 재순환시키는 방법
   (라) 화염의 위치를 바꾸는 방법

과열 저감기 : 과열 증기 일부를 급수와 열 교환시키거나, 과열기 속에 물을 무상으로 분무시키는 장치이다.

(2) 재열기(reheater)

고압 증기 터빈에서 일정한 팽창을 하고 포화 상태에 가까워진 증기를 모두 회수하여 재차 열을 가하여 과열 증기로 만들어 저압 터빈에서 팽창하도록 하는 장치이다.

(3) 급수 예열기(economizer)

보일러 급수를 연소 가스 여열(餘熱)을 이용하여 예열시키는 장치로, 절탄기(節炭器)라고도 한다.

① 절탄기의 분류
   (개) 설치 방법에 의한 분류 : 부속식, 집중식
   (내) 재질에 의한 분류 : 강관제, 주철제
   (대) 전열면의 위치에 의한 분류 : 고정식, 회전식
   (라) 급수의 가열도에 의한 분류 : 증발식, 비증발식
② 절탄기 사용 시 장점
   (개) 열효율 향상   (내) 열응력 발생 방지
   (대) 급수 중 불순물의 일부 제거   (라) 연료 소비량 감소
③ 절탄기 사용 시 단점
   (개) 통풍 저항 증가   (내) 연돌의 통풍력 저하
   (대) 저온 부식의 원인   (라) 연도의 청소, 검사, 점검 곤란
④ 취급상 주의 사항
   (개) 열응력을 방지하기 위하여 연소 가스 온도와 절탄기 입구의 급수 온도차를 적게 한다.
   (내) 저온 부식을 방지하기 위하여 절탄기 출구측 연소 가스를 170°C 이상 유지시킨다.
   (대) 절탄기 과열을 방지하기 위하여 내부의 물의 유동 상태를 확인한다.
   (라) 가스에 의한 부식을 방지하기 위하여 절탄기 급수 중의 공기 및 불응축 가스를 제거한 후 공급한다.

(4) 공기 예열기(air preheater)

연소 가스의 여열을 이용하여 연소실에 공급되는 2차 공기를 예열하는 장치이다.
① 종류

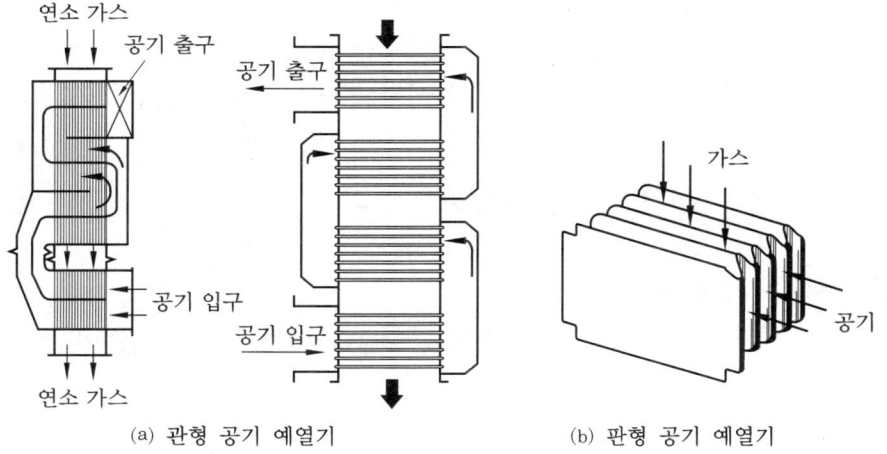

(a) 관형 공기 예열기   (b) 판형 공기 예열기

전열식 공기 예열기의 종류

㈎ 증기식 : 연소 가스 대신 증기를 이용하여 2차 공기를 예열하는 것으로, 부식의 우려가 없다.
㈏ 전열식 : 열 교환기를 이용한 것으로 관형(管形) 공기 예열기와 판형(板形) 공기 예열기가 있다.
㈐ 재생식 : 축열식이라고도 불리며, 연소 가스를 통과시켜 열을 축적한 후 이곳에 2차 공기를 통과시켜 공기를 예열하는 방식으로, 회전식, 고정식, 이동식으로 분류된다.

② 공기 예열기 사용 시 장점
㈎ 전열 효율, 연소 효율 향상
㈏ 예열 공기의 공급으로 불완전 연소가 감소된다.
㈐ 보일러 열효율 향상
㈑ 품질이 낮은 연료도 사용할 수 있다.

③ 공기 예열기 사용 시 단점
㈎ 통풍 저항 증가
㈏ 연돌의 통풍력 저하
㈐ 저온 부식의 원인
㈑ 연도의 청소, 검사, 점검 곤란

④ 취급상 주의 사항
㈎ 저온 부식을 방지하기 위하여 공기 예열기 출구측 연소 가스를 150°C 이상 유지시킨다.
㈏ 공기 예열기 과열을 방지하기 위하여 입구측 연소 가스 온도를 500°C 이하로 유지시킨다.
㈐ 부연도를 설치하여 점화 초기 및 저부하 운전 시에 사용한다.
㈑ 전열면에 부착한 그을음 청소를 수시로 할 것
㈒ 재생식 중 회전식은 점화 전에 가동시켜 국부적인 과열을 방지할 것

3-6 그을음 제거기(soot blow)

(1) 그을음 불어내기(soot blow)
전열면 외측 또는 수관 주위의 그을음이나 재를 불어 제거하는 방법이다.

(2) 분류
① 분무 매체별 구별 : 증기 분사식, 공기 분사식

② 종류
- ㈎ 장발형(long retractable type) 수트 블로 : 과열기와 같이 고온의 열 가스가 통하는 부분에 사용하는 것으로, 사용할 때는 분출관을 넣고, 사용하지 않을 때에는 빼어 두는 형식이다.
- ㈏ 단발형(short retractable type) 수트 블로 : 분사관이 짧으며 1개의 노즐을 설치하여 연소 노벽에 부착되어 있는 이물질을 제거하는 데 사용한다.
- ㈐ 정치 회전형(로터리형) : 전열면이나 절탄기에 고정 설치하여 매연을 제거하는 것으로, 정지된 상태로 회전하는 분사관에 다수의 구멍이 뚫려 있고 이곳으로 증기가 분사된다.
- ㈑ 공기 예열기 클리너 : 관형 공기 예열기에 사용하는 것으로, 자동식과 수동식이 있다.
- ㈒ 건 타입 : 보일러의 연소로벽 등에 부착하는 타고 남은 찌꺼기를 제거하는 데 적합하며, 특히 미분탄 연소 보일러 및 폐열 보일러 같은 타고 남은 연재가 많이 부착하는 보일러에 사용한다.

(3) 사용 시 주의 사항
① 부하가 50% 이하일 때, 소화 후에는 사용을 금지한다.
② 댐퍼를 완전히 열고 통풍력을 크게 한다.
③ 그을음 제거를 하기 전에 분출기 내부의 응축수를 제거한다.
④ 그을음 불어내기 관을 동일 장소에서 오랫동안 작용시키지 않는다.
⑤ 흡입 통풍기가 있을 경우 흡입 통풍을 늘려서 한다.

3-7 지시 장치(계측기기)

(1) 압력계
① 부르동관 압력계의 크기와 눈금 범위
- ㈎ 크기 : 눈금판 바깥지름 100mm 이상
- ㈏ 최고 눈금 범위 : 최고 사용 압력의 1.5배 이상 3배 이하
② 압력계 연결관
- ㈎ 황동관 및 동관 : 안지름 6.5mm 이상(증기 온도가 210°C를 넘을 때에는 사용 금지)
- ㈏ 강관 : 안지름 12.7mm 이상
- ㈐ 사이펀관 : 안지름 6.5mm 이상

③ 압력계 검사 시기
- (가) 2개의 압력계가 서로 다르게 지시될 때
- (나) 보일러 운전 중에 포밍, 프라이밍 현상이 발생하는 때
- (다) 압력계의 지시가 정확하지 않다고 판단될 때
- (라) 점화 전이나 압력계 교체 후
- (마) 신설 보일러인 경우 압력이 상승하기 시작할 때

(2) 수면 측정 장치(수면계(水面計))

증기 보일러에 설치하는 것으로, 동체 내부의 수위를 지시하는 계기이다.

① 종류
- (가) 원형 유리 수면계 : 최고 사용 압력 $10kgf/cm^2$ 이하에 사용
- (나) 평형 반사식 수면계 : 최고 사용 압력 $25kgf/cm^2$ 이하에 사용
- (다) 평형 투시식 수면계 : 최고 사용 압력 $45kgf/cm^2$용, $75kgf/cm^2$용이 있고 원형과 타원형이 있다.
- (라) 2색식 수면계 : 평형 투시식과 같으며, 증기부는 적색, 수부는 녹색을 나타낸다.
- (마) 멀티 포트식 : $210kgf/cm^2$까지의 초고압용에 사용

② 부착 위치 및 설치수
- (가) 위치 : 수면계 유리관의 최하부가 안전 저수위와 일치하도록 설치
- (나) 설치수 : 유리관식 수면계를 2개 이상 부착
- (다) 부착 방법
   - ㉮ 주철제 보일러 : 직접 부착
   - ㉯ 강제 보일러 : 수주관을 이용하여 부착
- (라) 수주관 : 고온의 증기 및 보일러 수로부터 수면계를 보호하고, 수위 교란으로 인한 수위를 잘못 인식하는 것을 방지하기 위하여 설치
- (마) 점검 시기 : 1일 1회 이상

③ 수면계의 기능 시험 시기
- (가) 보일러를 가동하기 전과 압력이 상승하기 시작했을 때
- (나) 2개의 수면계의 수위에 차이가 발생할 때
- (다) 수위의 움직임이 없고, 수위 지시가 정확하지 않다고 판단될 때
- (라) 보일러 운전 중에 포밍, 프라이밍 현상이 발생하는 때

④ 수면계의 기능 시험 방법
- (가) 수면계 상하 밸브를 닫고, 드레인 밸브를 열고 수면계 내의 물을 드레인시킨다.
- (나) 물 밸브를 열어 관수를 분출시킨 후에 닫는다.
- (다) 증기 밸브를 열어 증기를 분출시킨 후에 닫는다.
- (라) 드레인 밸브를 닫고, 증기 밸브를 서서히 연다.

(마) 물 밸브를 열어 수위 상태를 확인한다.
⑤ 수면계의 파손 원인
   (가) 상하 조임 너트를 무리하게 조였을 때
   (나) 외부로부터 충격을 받았을 때
   (다) 장기간 사용으로 노후되었을 때
   (라) 상하의 바탕쇠 중심선이 일치하지 않았을 때

> **참고**
>
> **보일러 안전 저수위**
>
> | 보일러의 종류 | 안전 저수위 |
> |---|---|
> | 직립형 보일러 | 연소실 천장판 최고 부위 75mm 상방 |
> | 직립 연관 보일러 | 연소실 천장판 최고 부위에서 연관 길이의 1/3 지점 |
> | 수평 연관 보일러 | 연관 최고 부위 75mm 상방 |
> | 노통 보일러 | 노통 최고 부위 100mm 상방 |
> | 노통 연관 보일러 | 연관이 노통보다 높을 경우 : 연관 최고 부위 75mm 상방
노통이 연관보다 높을 경우 : 노통 최고 부위 100mm 상방 |

(3) 온도계

① 공업용 바이메탈식 온도계(KS B 5320) 또는 이와 동등 이상의 성능을 가진 온도계를 설치
② 온도계 설치 장소
   (가) 급수 입구의 급수 온도계
   (나) 버너 입구의 급유 온도계
   (다) 절탄기 또는 공기 예열기가 설치된 경우 각 유체의 전후 온도를 측정할 수 있는 온도계
   (라) 보일러 본체 배기가스 온도계(단, (다)항의 규정에 의한 온도계가 있는 경우 생략)
   (마) 과열기 또는 재열기가 있는 경우 그 출구 온도계
   (바) 유량계를 통과하는 온도를 측정할 수 있는 온도계

(4) 유량계

용량 1톤/h 이상의 보일러에 설치
① 급수 유량계 : 보일러 급수관에 설치
② 급유량계 : 기름용 보일러에서 연료의 사용량을 측정
③ 가스 미터 : 가스용 보일러에서 가스의 사용량을 측정

예상문제   제2장 보일러 운전 및 부속기기 조작

● 다음 물음의 답을 해당 답란에 답하시오.

1. 보일러 장치를 구성하는 3대 요소를 쓰시오.   [제47회]

해답 ① 보일러 본체   ② 연소 장치   ③ 부속 장치 및 설비

2. 보일러 본체는 수부와 무엇으로 구성되는가?

해답 증기부

3. 외부에서 전해진 열을 물과 증기에 전하는 보일러 부위의 명칭은?

해답 전열면

4. 관 내부의 물이 외부의 연소 가스에 의해 가열되는 관은?

해답 수관

5. 보일러 연소실에서 발생한 연소 가스가 굴뚝까지 이르는 통로는?

해답 연도

6. 직립형(입형) 보일러의 특징을 3가지 쓰시오.

해답 ① 설치 면적이 적어 설치가 간단하다.
    ② 전열 면적이 적어 효율이 낮다.
    ③ 증기부가 적고, 건조 증기를 얻기가 어렵다.
    ④ 내부 청소 및 점검이 불편하다.

7. 직립 수평관식 보일러에서 연소실 천정부에 수평관(횡관)을 설치하였을 때의 장점을 3가지 쓰시오.

해답 ① 전열 면적이 증가한다.
    ② 보일러수(水) 순환을 양호하게 한다.
    ③ 연소실 벽과 천장판의 강도를 증가시킨다.

8. 노통 보일러의 특징을 4가지 쓰시오.

해답 ① 구조가 간단하고, 제작 및 수리가 용이하다.
② 내부 청소, 점검이 간단하다.
③ 급수 처리가 까다롭지 않다.
④ 증발이 늦고, 열효율이 낮다.
⑤ 보유 수량이 많아 폭발 시 피해가 크다.
⑥ 고압 대용량에 부적당하다.

9. 보일러를 본체 구조에 따라 분류하면 노통 보일러와 연관 보일러로 크게 나눌 수 있다. 이때 노통 보일러 종류를 2가지 쓰시오.

해답 ① 코니시(Cornish) 보일러   ② 랭커셔(Lancashire) 보일러

10. 다음 ( ) 안에 적당한 용어 및 숫자를 쓰시오.

노통 보일러 중에서 (①) 보일러는 노통이 (②)개이므로 교대로 운전이 가능하며, 노통이 (③)개인 (④) 보일러보다 전열 면적이 크다.

해답 ① 랭커셔   ② 2   ③ 1   ④ 코니시

11. 코니시 보일러(Cornish boiler)에서 노통을 편심으로 설치하는 이유는?

해답 보일러수의 순환을 좋게 하기 위함이다.

12. 평형 노통과 비교한 파형 노통의 장점을 3가지 쓰시오.

해답 ① 열에 의한 신축 탄력성이 크다.   ② 외압에 대하여 강도가 크다.
③ 평형 노통보다 전열 면적이 크다.
[참고] 파형 노통의 단점
① 내부 청소 및 검사가 어렵다.
② 평형 노통에 비하여 통풍 저항이 크다.
③ 스케일이 부착하기 쉽다.
④ 제작이 어려우며, 가격이 비싸다.

13. 고온에 의한 노통의 신축 작용으로 응력이 발생하고 이로 인하여 평형 경판이 손상되는 것을 방지하기 위하여 거싯 스테이(gusset stay) 하단부와 노통의 상단부와의 거리를 의미하는 것은?

해답 브리딩 스페이스(breathing space)

14. 노통 보일러 거싯 스테이(gusset stay) 사이의 공간으로 브리딩 스페이스는 몇 mm 이상의 간격을 주어야 하는가? (단 경판의 두께는 13mm 이하로 한다.)

해답 230

참고 노통 보일러의 완충 폭(breathing space)

경판의 두께(mm)	완충 폭	경판의 두께(mm)	완충 폭
13mm 이하	230mm 이상	19mm 이하	300mm 이상
15mm 이하	260mm 이상	19mm 초과	320mm 이상
17mm 이하	280mm 이상		

15. 평형 노통에 애덤슨 조인트(Adamson joint)를 설치하는 이유를 2가지 설명하시오.

해답 ① 노통의 이음부 강도를 높일 수 있다.
② 열 영향에 의한 신축을 완화시킬 수 있다.

참고 애덤슨 조인트(Adamson joint) : 평형 노통을 일체형으로 제작하면 강도가 약해지는 결점을 보완하기 위하여 노통을 여러 개로 분할 제작하여 플랜지형으로 연결한 것으로, 이 이음부를 애덤슨 조인트라고 한다.

16. 노통 보일러에서 노통에 직각으로 설치하여 전열 면적을 증가시키며 보일러수(水)의 순환을 좋게 하고 노통을 보강하는 역할을 하는 것은?

해답 갤러웨이관(Galloway tube)

17. 노통에 갤러웨이관(Galloway tube)을 설치하였을 때의 장점을 3가지 쓰시오.

해답 ① 전열 면적이 증가된다.
② 노통이 보강된다.
③ 동 내부의 물 순환이 좋아진다.

18. 보일러에 사용되는 버팀(stay)에 관한 다음 물음에 답하시오.
(1) 버팀(stay)의 설치 목적을 설명하시오.
(2) 버팀(stay)의 종류를 5가지 쓰시오.

해답 (1) 강도가 약한 부분(주로 경판)의 강도를 보강하고 변형을 방지하기 위하여 설치한다.
(2) ① 거싯 버팀(gusset stay) ② 관 버팀(tube stay)
③ 경사 버팀(oblique stay) ④ 나사 버팀(bolt stay)
⑤ 천장 버팀(girder stay) ⑥ 봉 버팀(bar stay)
⑦ 도그 버팀(dog stay)

19. 연관식 보일러의 특징을 4가지 쓰시오.

해답 ① 전열 면적이 크고, 노통 보일러보다 효율이 좋다.
② 전열 면적당 보유 수량이 적어 증기 발생 소요 시간이 짧다.
③ 내부 구조가 복잡하여 청소, 검사, 수리가 어렵고 고장이 많다.
④ 외분식일 경우 연소실 설계가 자유롭고, 연료 선택 범위가 넓다.

참고 연관식(smoke tube type) 보일러 : 보일러 동 수부에 다수의 연관을 설치하여 연소 가스를 통과시켜 전열 면적을 증가시킨 것으로, 외분식과 내분식이 있다.

20. 노통 연관 보일러의 특징을 4가지 쓰시오.

해답 ① 노통 보일러에 비하여 열효율이 높다.
② 패키지 형태로 운반, 설치가 용이하다.
③ 구조가 복잡하여 청소, 검사, 수리가 어렵다.
④ 증발 속도가 빨라 스케일이 부착되기 쉽다.
⑤ 양질의 급수를 요한다.
⑥ 구조상 고압, 대용량 제작이 어렵다.

참고 노통 연관(flue smoke tube) 보일러 : 보일러 동체에 노통과 연관을 혼합 설치한 것으로, 효율이 80～90% 정도이다.

21. 노통 연관 보일러 및 수평 노통 보일러의 상용 수위는 동체 중심선에서부터 동체 반지름의 몇 % 이하로 정하고 있는가?

해답 65% 이하

22. 수관식 보일러의 장점을 5가지 쓰시오. [제40회]

해답 ① 증기 발생 시간이 빠르며, 고압 대용량에 적합하다.
② 외분식이므로 연료 선택 범위가 넓고, 연소 상태가 양호하다.
③ 전열 면적이 크고, 열효율이 높다.
④ 수관의 배열이 용이하고, 패키지형으로 제작이 가능하다.
⑤ 과열기, 공기 예열기 설치가 쉽다.

참고 수관식 보일러의 단점
① 관수 처리에 주의를 요한다.
② 구조가 복잡하여 청소, 검사, 수리가 어렵고 스케일 부착이 쉽다.
③ 부하 변동에 따른 압력 및 수위 변동이 심하다.
④ 압력이 높아지면 비중량 차가 적어져 순환이 나쁘다.

23. 수관식 보일러를 관수의 순환 방식에 의해 분류하였을 때 종류를 2가지 쓰시오.

해답 ① 자연 순환식 ② 강제 순환식

24. 수관 보일러 중 자연 순환식 보일러의 종류를 3가지 쓰시오.

해답 ① 바브콕 보일러 ② 다쿠마 보일러 ③ 스네기치 보일러
④ 야로우 보일러 ⑤ 2동 D형 보일러

참고 수관 보일러의 분류 및 종류
① 자연 순환식 : 바브콕 보일러, 다쿠마 보일러, 스네기치 보일러, 야로우 보일러, 2동 D형 보일러
② 강제 순환식 : 베록스 보일러, 라몬트 보일러
③ 관류 보일러 : 벤슨 보일러, 슬저 보일러, 소형 관류 보일러

25. 수관 보일러에서 강수관과 승수관이 있는데, 강수관을 가장 저온부에 설치하고, 관의 주위에 단열재 등으로 피복해 주는 이유는 무엇인가 설명하시오.

해답 직접 연소 가스에 접촉되지 않도록 하여 가열을 피하여 관수 순환을 잘 되도록 하기 위하여

26. 수관식 보일러의 연소실 벽면에 설치하는 수랭 노벽의 설치 목적을 4가지 쓰시오.

해답 ① 전열 면적의 증가로 증발량이 많아진다.
② 연소실 내의 복사열을 흡수한다.
③ 연소실 노벽을 보호한다.
④ 연소실 열 부하를 높인다.
⑤ 노벽의 무게를 경감시키기 위하여

27. 자연 순환식 수관 보일러에서 물의 순환력을 크게 하여 자연 순환이 양호하게 하기 위한 사항을 3가지 쓰시오.

해답 ① 강수관이 가열되지 않도록 한다.
② 큰 지름의 수관을 사용한다.
③ 수관의 배열을 수직으로 설치한다.
④ 방해판(baffle plate)을 적당한 위치에 설치하여 열 가스와 수관군의 접촉을 알맞게 한다.

28. 수관식 보일러 연소실에 설치하는 배플판(baffle plate)을 설치하는 이유를 설명하시오. [제42회]

해답 연소 가스의 흐름을 조정하여 열 회수와 보일러수의 순환을 양호하게 한다.

29. 수관식 보일러에서 직관식에 비하여 곡관식 수관 보일러의 특징을 3가지 쓰시오.

해답 ① 관수의 순환이 양호하다.
② 관의 배치를 자유롭게 할 수 있다.

③ 관의 열팽창에 의한 신축을 흡수할 수 있다.

30. 수관 보일러의 상부 드럼은 고정하는 데 반하여, 하부 드럼은 고정하지 않고 어느 정도 간격을 두는 이유를 설명하시오.

해답 온도 변화에 의한 열팽창을 흡수하기 위하여

31. 수관 보일러에서 강제 순환식이 자연 순환식보다 유리한 점을 4가지 쓰시오.

해답 ① 동일한 증발량에 대해 소형 경량으로 제작할 수 있다.
② 순환 펌프를 사용하므로 열전달이 높고 기동이 빠르다.
③ 수관군의 배열에 신경 쓸 필요가 없으므로 자유로운 설계를 할 수 있다.
④ 자연 순환에 비해 유속이 빠르므로 스케일 부착의 우려가 적다.

참고 강제 순환식의 단점
① 취급이 어렵고, 급수 처리를 철저히 하여야 한다.
② 순환용 펌프가 있어야 하므로 설비비, 유지비가 많이 소요된다.
③ 수관의 과열 방지를 위해서 각 수관에 물이 균일하게 흘러야 한다.

32. 강제 순환식 수관 보일러에서 순환비를 구하는 공식을 완성하시오.

$$순환비 = \frac{(\ ①\ )}{(\ ②\ )}$$

해답 ① 발생 증기량 ② 순환 수량

33. 보일러수의 가열, 증발, 과열이 1개의 긴 관에서 이루어지며 드럼(drum)이 없는 보일러는?

해답 관류 보일러
참고 관류 보일러의 종류 : 벤슨 보일러, 슬저 보일러, 소형 관류 보일러

34. 다음 관류 보일러에 대한 설명에서 ( ) 안에 알맞은 용어를 쓰시오. [제45회]

관류 보일러는 긴 관의 한쪽 끝에서 급수를 압입하여 차례로 (①), (②), (③)시켜 과열 증기를 얻는 보일러이다.

해답 ① 가열 ② 증발 ③ 과열

35. 수관식 보일러 중 관류 보일러의 특징을 3가지 쓰시오. [제46회]

해답 ① 전열 면적에 비하여 보유 수량이 적으므로 가동 시간이 짧다.
② 고압 보일러에 적합하다.
③ 관을 자유로이 배치할 수 있어 구조가 콤팩트하다.
④ 완벽한 급수 처리를 요한다.
⑤ 정확한 자동 제어 장치를 설치하여야 한다.
⑥ 순환비가 1이므로 드럼이 필요 없다.

36. 다음 강제 순환식 보일러의 순환비는 얼마인가 쓰시오.
　(1) 라몬트 보일러 :　　　(2) 벨록스 보일러 :　　　(3) 관류 보일러 :

해답 (1) 4~10　(2) 10~15　(3) 1

37. 다음은 관류 보일러 중 벤슨 보일러의 계통도이다. ①~④의 명칭을 쓰시오.

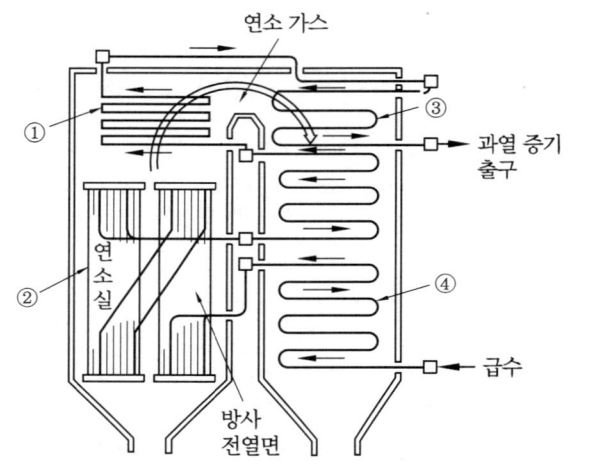

해답 ① 방사 증발기　② 1차 과열기　③ 2차 과열기　④ 절탄기

38. 주철제 보일러의 장점을 4가지 쓰시오.

해답 ① 주물로 제작하기 때문에 복잡한 구조도 제작이 가능하다.
② 전열 면적이 크고 효율이 좋다.
③ 내식성, 내열성이 우수하다.
④ 섹션의 증감으로 용량 조절이 가능하다.
⑤ 조립식이므로 반입 및 해체 작업이 용이하다.

참고 주철제 보일러의 단점
① 내압 강도가 떨어진다.
② 구조가 복잡하여 청소, 검사, 수리가 어렵다.
③ 부동 팽창이 발생하기 쉽다.
④ 대용량, 고압에는 부적합하다.

39. 용광로(고로), 제강로, 가열로 등에서 발생한 연소 가스의 폐열을 이용한 보일러의 종류를 2가지 쓰시오.

[해답] ① 하이네 보일러 ② 리 보일러

40. 특수 연료 보일러에 사용하는 연료 종류를 3가지 설명하시오.

[해답] ① 버개스(bagasse) 보일러 : 사탕수수를 짠 찌꺼기 사용
② 바크(bark) 보일러 : 펄프 등 나무껍질 사용
③ 흑액 : 펄프 폐액 사용

41. 특수 열매체 보일러에 사용하는 열매체의 종류를 3가지 쓰시오.

[해답] ① 다우섬(dowtherm) ② 카네크롤액 ③ 모발섬 ④ 서큐리티 54

42. 다우섬(dowtherm)을 사용하는 보일러의 안전밸브 특징을 설명하시오.

[해답] 다우섬(dowtherm)은 인화성 및 자극성이 강한 기체이기 때문에 안전밸브는 밀폐식 구조로 하든가 또는 안전밸브로부터의 배기를 보일러실 밖의 안전한 장소에 방출시키도록 한다.

43. 대형 증기 소비처에서 급수 처리에 문제가 있어 1차 보일러에서 발생된 증기를 이용하여 드럼 내의 물을 증발시키기 때문에 연소 가스에 의한 직접 가열 부분이 없어 급수 처리를 하지 않은 물을 사용하여도 스케일 부착에 의한 불순물 장해가 없도록 고안된 보일러를 무엇이라 하는가?

[해답] 간접 가열 보일러

44. 다음 보일러는 보일러 분류상 어느 보일러에 해당되는지 [보기]에서 번호를 찾아 쓰시오.

[보기] ① 자연 순환식 수관 보일러   ② 강제 순환식 보일러
③ 노통 연관 보일러   ④ 입형 보일러
⑤ 간접 가열식 보일러

(1) 슈미트 보일러 :   (2) 코크란 보일러 :
(3) 스코치 보일러 :   (4) 다쿠마 보일러 :
(5) 벨록스 보일러 :

[해답] (1) ⑤ (2) ④ (3) ③ (4) ① (5) ②

45. 보일러 급수 펌프의 구비 조건을 4가지 쓰시오.

해답 ① 고온, 고압에 견딜 것　　　② 작동이 확실하고 조작이 간단할 것
　　　③ 부하 변동에 대응할 수 있을 것　④ 저부하에도 효율이 좋을 것
　　　⑤ 병렬 운전에 지장이 없을 것　　⑥ 회전식은 고속 회전에 안전할 것

46. 원심 펌프(centrifugal pump)에 대한 다음 물음에 답하시오.
　(1) 원심 펌프의 특징을 3가지 쓰시오.
　(2) 원심 펌프의 종류를 2가지 쓰시오.

해답 (1) ① 원심력에 의하여 유체를 압송한다.
　　　　② 용량에 비하여 소형이고 설치 면적이 작다.
　　　　③ 흡입, 토출 밸브가 없고 액의 맥동이 없다.
　　　　④ 기동 시 펌프 내부에 유체를 충분히 채워야 한다.
　　　　⑤ 고양정에 적합하다.
　　　　⑥ 서징 현상, 캐비테이션 현상이 발생하기 쉽다.
　　　(2) ① 벌류트(volute) 펌프　② 터빈(turbine) 펌프

47. 원심 펌프에서 프라이밍이란 무엇인지 설명하시오.　　　[제39회, 제45회]

해답 펌프를 가동하기 전에 케이싱 내에 물을 충만시키는 작업

48. 원심 펌프 등에 사용되는 것으로 축 구멍에 부착된 금속제의 시트(seat)에 대해서 축과 같이 돌아가는 링이 스프링 힘에 의해서 패킹제를 접촉점에 밀어붙여 액체 누설을 방지하는 것은?

해답 메커니컬 실

49. 보일러 급수 펌프 중 왕복식 펌프에 관한 다음 물음에 답하시오.
　(1) 왕복식 펌프의 특징을 3가지 쓰시오.
　(2) 왕복식 펌프의 종류를 3가지 쓰시오.

해답 (1) ① 고압에 적당하다.　　　　② 용량 조정이 용이하다.
　　　　③ 고점도 유체 이송이 가능하다.　④ 맥동 현상이 발생한다.
　　　(2) ① 워딩턴 펌프　② 플런저 펌프　③ 피스톤 펌프

50. 대기압 하에서 펌프의 최대 흡입 양정(揚程)은 이론상 몇 m 정도인가?

해답 10m

[참고] 실제 흡입 양정 : 6~8m

51. 시간당 송출 유량이 420m³이고 전 양정이 10m, 효율이 80%인 펌프의 축동력은 몇 kW인가? [제41회]

[풀이] $kW = \dfrac{\gamma \cdot Q \cdot H}{102\eta} = \dfrac{1000 \times 420 \times 10}{102 \times 0.8 \times 3600} = 14.297 ≒ 14.30 kW$

[해답] 14.3kW

52. 다음 조건의 필요한 동력(kW)을 계산하시오. [제44회]

- 유량 : 0.96m³/min
- 펌프에서 필요 높이 : 14m
- 펌프의 효율 : 80%
- 펌프에서 수면까지 높이 5m
- 감쇠 높이 : 2m

[풀이] $kW = \dfrac{\gamma \cdot Q \cdot H}{102\eta} = \dfrac{1000 \times 0.96 \times (5+14+2)}{102 \times 0.8 \times 60} = 4.117 ≒ 4.12 kW$

[해답] 4.12kW

53. 급수 펌프로 보일러에 2kgf/cm² 압력으로 매분 0.18m³의 물을 공급할 때 펌프 축마력(PS)은? (단, 펌프의 효율은 80%이다.)

[풀이] $PS = \dfrac{\gamma \cdot Q \cdot H}{75\eta} = \dfrac{P \cdot Q}{75\eta} = \dfrac{2 \times 10^4 \times 0.18}{75 \times 0.8 \times 60} = 1 PS$

[해답] 1PS

54. 소요 전력이 40kW이고, 효율이 80%, 흡입 양정이 6m, 토출 양정이 20m인 보일러 급수 펌프의 송출량(m³/min)을 계산하시오.

[풀이] $kW = \dfrac{\gamma \cdot Q \cdot H}{102\eta}$ 에서

∴ $Q = \dfrac{102 \cdot kW \cdot \eta}{\gamma \cdot H} = \dfrac{102 \times 40 \times 0.8 \times 60}{1000 \times (6+20)} = 7.532 ≒ 7.53 m^3/min$

[해답] 7.53m³/min

55. 안지름이 250mm, 길이 50m인 배관에 물이 흐르고 있다. 배관 내 물의 평균 속도가 9.5m/s일 때 마찰 손실 수두는 몇 m인가? (단, 마찰 손실 계수는 0.016이다.) [제40회]

[풀이] $h_f = f \times \dfrac{L}{D} \times \dfrac{V^2}{2g} = 0.016 \times \dfrac{50}{0.25} \times \dfrac{9.5^2}{2 \times 9.8} = 14.734 ≒ 14.73 mH_2O$

[해답] 14.73mH₂O

56. 배관 내부에 흐르는 물의 속도가 14m/s일 때 수두로는 몇 m에 해당하는가? [제37회]

[풀이] $V = \sqrt{2gh}$ 에서

∴ $h = \dfrac{V^2}{2g} = \dfrac{14^2}{2 \times 9.8} = 10\text{mH}_2\text{O}$

[해답] $10\text{mH}_2\text{O}$

57. 원심 펌프에서 회전수를 1500rpm에서 1800rpm으로 변경 시 소요 동력은 얼마인가? (단, 1500rpm에서 소요 동력은 7.5kW이다.) [제45회]

[풀이] $L_2 = L_1 \times \left(\dfrac{N_2}{N_1}\right)^3 = 7.5 \times \left(\dfrac{1800}{1500}\right)^3 = 12.96\text{kW}$

[해답] 12.96kW

[참고] 원심 펌프 상사의 법칙

① 유량 $Q_2 = Q_1 \times \left(\dfrac{N_2}{N_1}\right) \times \left(\dfrac{D_2}{D_1}\right)^3$

② 양정 $H_2 = H_1 \times \left(\dfrac{N_2}{N_1}\right)^2 \times \left(\dfrac{D_2}{D_1}\right)^2$

③ 동력 $L_2 = L_1 \times \left(\dfrac{N_2}{N_1}\right)^3 \times \left(\dfrac{D_2}{D_1}\right)^5$

58. 급수 펌프에서 흡입 양정이 너무 클 때 또는 관내 유체의 이상 흐름에 의해 기포가 분리, 진동, 소음을 발생하는 현상을 무엇이라 하는가?

[해답] 공동(cavitation) 현상

[참고] 공동 현상(cavitation) : 유수 중에 그 수온의 증기 압력보다 낮은 부분이 생기면 물이 증발을 일으키고 기포를 다수 발생하는 현상

(1) 발생 조건
  ① 흡입 양정이 지나치게 클 경우   ② 흡입관의 저항이 증대될 경우
  ③ 과속으로 유량이 증대될 경우   ④ 관로 내의 온도가 상승될 경우

(2) 일어나는 현상
  ① 소음과 진동이 발생   ② 깃(임펠러)의 침식
  ③ 특성 곡선, 양정 곡선의 저하   ④ 양수 불능

(3) 방지법
  ① 펌프의 위치를 낮춘다. (흡입 양정을 짧게 한다.)
  ② 수직축 펌프를 사용하여 회전차를 수중에 완전히 잠기게 한다.
  ③ 양 흡입 펌프를 사용한다.
  ④ 펌프의 회전수를 낮춘다.
  ⑤ 두 대 이상의 펌프를 사용한다.

59. 원심 펌프의 이상 현상으로 관내에서 발생된 기포가 유체에 충격을 가하여 진동을 일으키는 현상을 무엇이라 하는가?

[해답] 서징(surging) 현상
[참고] 서징(surging) 현상 : 맥동 현상이라고도 하며, 펌프 운전 중에 주기적으로 운동, 양정, 토출량이 규칙적으로 변동하는 현상으로, 압력계의 지침이 일정 범위 내에서 움직인다. 발생 원인은 다음과 같다.
① 양정 곡선이 산형 곡선이고 곡선의 최상부에서 운전했을 때
② 유량 조절 밸브가 탱크 뒤쪽에 있을 때
③ 배관 중에 물탱크나 공기탱크가 있을 때

60. 예비 급수 장치로서 증기가 보유하고 있는 열에너지를 압력 에너지로 전환시키고 다시 운동 에너지로 바꾸어 급수하는 장치의 명칭은 무엇인가?

[해답] 인젝터(injector)

61. 인젝터(injector) 사용 시 장점을 4가지 쓰시오.

[해답] ① 구조가 간단하고, 가격이 저렴하다.
② 급수가 예열되고, 열효율이 좋아진다.
③ 설치 장소가 적게 필요하다.
④ 별도의 동력원이 필요 없다.
[참고] 단점
① 흡입 양정이 작고, 효율이 낮다.
② 급수 온도가 높으면 급수 불량이 발생한다.
③ 증기 압력이 너무 높거나 낮으면 급수 불량이 발생한다.
④ 급수량 조절이 어렵다.

62. 인젝터로 급수 시 급수 불량 원인에 대하여 4가지 쓰시오.

[해답] ① 급수 온도가 너무 높은 경우(50℃ 이상)
② 증기 압력이 낮은 경우
③ 부품이 마모되어 있는 경우
④ 흡입관로 및 밸브로부터 공기 유입이 있는 경우
⑤ 체크 밸브가 고장 난 경우
⑥ 증기에 수분이 많은 경우

63. 급수 원리가 보일러의 증기 압력과 자체의 수두압에 의하여 급수되는 급수 장치의 명칭을 쓰시오.

해답 환원기
참고 환원기의 설치 위치는 보일러 상부에서 1m 이상 높게 설치하여야 한다.

64. 다음 그림은 인젝터 주변 배관도이다. 인젝터에 의한 급수를 개시할 때 밸브 또는 핸들(①~④)의 조작 순서를 차례로 쓰시오.

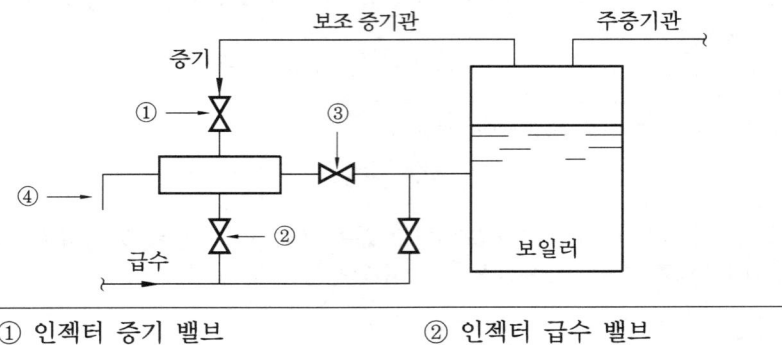

① 인젝터 증기 밸브 　　② 인젝터 급수 밸브
③ 인젝터 출구측 밸브 　　④ 인젝터 조절 핸들

해답 ③ → ② → ① → ④
참고 급수 정지 순서
① 인젝터 조절 핸들을 닫는다. 　　② 인젝터 급수 밸브를 닫는다.
③ 인젝터 증기 밸브를 닫는다. 　　④ 인젝터 출구측 밸브를 닫는다.

65. 보일러 급수 장치 중 동력을 사용하지 않고 증기를 이용하여 급수하는 장치를 3가지 쓰시오.

해답 ① 워딩턴 펌프　② 인젝터　③ 환원기

66. 급수 내관(distributing pipe)의 설치 이점을 3가지 쓰시오. 　　[제43회, 제45회]

해답 ① 온도차에 의한 부동 팽창을 방지한다.
② 보일러 급수의 예열이 가능하다.
③ 관내 온도의 급격한 변화를 방지한다.
④ 관수 순환의 교란 방지

67. 급수 내관의 설치 위치는 안전 저수위를 기준으로 할 때 어느 위치에 설치하여야 하는가?

해답 안전 저수위 50mm 아래
참고 설치 위치가 잘못되었을 때 나타나는 현상
① 높을 때 : 수격 작용 발생
② 낮을 때 : 동체 아랫부분의 냉각, 관수 순환 저해

68. 보일러 급수관에 설치하는 밸브에 대한 다음 물음에 답하시오.
  (1) 급수관에 설치하는 밸브 종류 2가지를 쓰시오.
  (2) 보일러 가까이 설치하는 밸브는?

[해답] (1) ① 급수 밸브 ② 체크 밸브   (2) 급수 밸브

69. 보일러 급수관에 체크 밸브를 설치하는 이유를 설명하시오.

[해답] 보일러수의 역류를 방지하기 위하여

70. 보일러에 설치되는 안전장치의 종류를 4가지 쓰시오.

[해답] ① 안전밸브 ② 가용전 ③ 방폭 문
  ④ 화염 검출기 ⑤ 증기 압력 제한기 ⑥ 저수위 안전장치(저수위 경보 장치)

71. 보일러에 안전밸브를 설치하는 목적을 설명하시오.

[해답] 보일러의 증기압이 이상 상승 시 증기압을 외부로 분출하여 보일러 파열 사고를 사전에 방지하기 위하여

72. 보일러용 안전밸브를 작동 원리에 의한 종류를 3가지 쓰시오.

[해답] ① 스프링식 ② 중추식 ③ 지렛대식

73. 안전밸브의 구비 조건을 4가지 쓰시오.

[해답] ① 밸브 개폐 동작이 신속하고 자유로울 것
  ② 밸브의 지름과 양정이 충분할 것
  ③ 밸브의 작동이 확실하고 증기 누설이 없을 것
  ④ 증기 압력이 정상으로 되면 작동이 정지될 것
  ⑤ 밸브의 분출 용량이 충분할 것

74. 보일러 안전밸브의 증기 누설 원인을 4가지 쓰시오.

[해답] ① 작동 압력이 낮게 조정되었을 때
  ② 스프링의 장력이 약할 때
  ③ 밸브 디스크와 밸브 시트에 이물질이 있을 때
  ④ 밸브 시트가 불량일 때
  ⑤ 밸브 축이 이완되었을 때

75. 보일러에서 가장 많이 사용하는 안전밸브의 명칭과 종류를 4가지 쓰시오.

해답 ① 명칭 : 스프링식 안전밸브
② 종류 : 저양정식, 고양정식, 전양정식, 전양식

76. 전양식 안전밸브를 사용하는 증기 보일러에서 분출 압력이 15kgf/cm², 밸브 시트 구멍의 지름이 50mm일 때 분출 용량은 약 몇 kgf/h인가?

풀이 $W = \dfrac{(1.03P+1)}{2.5} \cdot A \cdot C = \dfrac{(1.03 \times 15 + 1)}{2.5} \times \dfrac{\pi}{4} \times 50^2 \times 1 = 12919.799 \fallingdotseq 12919.80 \text{kgf/h}$

해답 12919.8kgf/h

77. 증발량이 일정한 조건하에서 보일러 안전밸브의 시트 단면적은 고압일수록 저압일 때보다 어떻게 되어야 하는가?

해답 좁아야 한다.
참고 안전밸브 시트 단면적은 분출 압력에 반비례하고, 증발량에 비례한다.

78. 온수 보일러에 설치하는 방출 밸브와 안전밸브의 설치 구분은 온수 온도 몇 °C를 기준으로 하는가?

해답 120°C

79. 보일러 수위가 낮을 때 작동하는 안전장치의 명칭은 무엇인가?

해답 가용전(fusible plug)

80. 가용전은 노통 또는 화실 천장부에 조립하여 관수의 이상 감수 시 과열로 인한 동체의 파열 사고를 방지하는 안전장치이다. 가용전의 재료를 2가지 쓰시오. [제39회]

해답 ① 주석(Sn) ② 납(Pb)

81. 가용전 설치에 있어 다음 온도에 따른 주석과 납의 합금 비율을 적으시오. [제38회]

번호	용융 온도	주석(Sn)	납(Pb)
(1)	150°C		
(2)	200°C		
(3)	250°C		

[해답] (1) 10 : 3 (2) 3 : 3 (3) 3 : 10

82. 보일러에서 노 내 미연소 가스의 폭발 및 역화 시 그 내부 압력을 외부로 방출시켜 보일러 손상 및 안전사고를 방지하는 장치의 명칭은 무엇인가?

[해답] 방폭 문

83. 보일러 방폭 문에 관한 다음 물음에 답하시오.
(1) 방폭 문의 종류 2가지를 쓰시오.
(2) 방폭 문이 설치되는 위치로 가장 적합한 곳은?

[해답] (1) ① 개방식(스윙식) ② 밀폐식(스프링식)
(2) 연소실 후부 또는 좌, 우측

84. 화염 검출기의 설치 목적을 쓰시오.

[해답] 연소실 내의 연소 상태를 감시하여 실화 및 소화 시 연료 전자 밸브를 차단하여 미연소 가스로 인한 폭발 사고를 방지하기 위하여

85. 다음 설명하는 화염 검출기의 명칭을 쓰시오. [제44회]
(1) 화염 중에는 양성자와 중성자가 전리되어 있음을 알고 버너에 그랜드 로드를 부착하여 화염 중에 삽입하여 전기적 신호를 전자 밸브에 보내어 화염을 검출한다.
(2) 연소 중에 발생되는 연소 가스의 열에 의하여 바이메탈의 신축 작용으로 전기적 신호를 만들어 전자 밸브로 그 신호를 보내면서 화염을 검출한다.
(3) 연소 중에 발생하는 화염 빛을 검지부에서 전기적 신호로 바꾸어 화염 유무를 검출한다.

[해답] (1) 플레임 로드 (2) 스택 스위치 (3) 플레임 아이
[참고] 화염 검출기의 원리
① 플레임 아이(flame eye) : 화염의 발광체 이용
② 플레임 로드(flame rod) : 화염의 이온화 현상 이용
③ 스택 스위치(stack switch) : 발열체 이용

86. 화염 검출기에 대한 다음 설명의 ( ) 안에 알맞은 말을 넣으시오. [제35회]

화염 검출기란 연소실의 화염 상태를 감시하는 장치로서 그 종류에는 (①), (②), (③) 등이 있으며, 화염의 상태가 고르지 못하거나 화염이 실화되었을 경우 (④) 밸브에 연락하여 연료의 공급을 차단한다.

해답 ① 플레임 아이 ② 플레임 로드 ③ 스택 스위치 ④ 전자

87. 보일러 연소 시 화염의 유무를 검출하는 연소 안전장치인 플레임 아이에 사용되는 검출소자의 종류를 3가지 쓰시오.

해답 ① 황화카드뮴(CdS) 셀 ② 황화납(PbS) 셀 ③ 적외선 광전관 ④ 자외선 광전관

88. 화염 검출기의 종류 중 화염의 이온화에 의한 전기 전도성을 이용한 것으로, 가스 점화 버너에 주로 사용되는 것은?

해답 플레임 로드(flame rod)

89. 열적 검출 방식으로 화염의 발열 현상을 이용한 것으로, 연소 온도에 의해 화염의 유무를 검출하고 감온부는 바이메탈을 사용한 검출기 명칭을 쓰시오.

해답 스택 스위치(stack switch)

90. 증기 보일러에서 증기 압력 조절기의 설치 목적과 압력 검출 방식을 2가지 쓰시오.

해답 ① 설치 목적 : 발생 증기 압력을 검출하여 압력 변화에 따라 연료량과 함께 공기량을 조절하여 안정적이고 효율적인 연소 관리를 하기 위하여
② 압력 검출 방식 : 벨로스식, 부르동관식

91. 저수위 안전장치(저수위 경보 장치)는 연료 차단 얼마 전에 경보를 울리는가?

해답 50~100초 전

92. 주증기 밸브로 사용되는 밸브 종류를 3가지 쓰시오.

해답 ① 글로브 밸브 ② 앵글 밸브 ③ 슬루스 밸브

93. 증기 속에 수분이 섞여 나가는 것을 방지하기 위하여 설치하는 장치 명칭은 무엇인가?

해답 증기 내관

94. 고압 수관식 보일러에서 기수 드럼에 부착하여 승수관을 통하여 상승하는 증기 중에 혼입된 수분을 분리하기 위한 장치 명칭을 쓰시오.

해답 기수 분리기

95. 프라이밍을 방지하기 위해 드럼 윗면에 다수의 구멍을 뚫은 대형 관을 증기실 꼭대기에 부착하여 상부로부터 증기를 평균적으로 인출하고, 증기 속의 물방울은 하부에 뚫린 구멍으로부터 보일러수 속으로 떨어지도록 한 장치 명칭을 쓰시오.

해답 비수 방지관
참고 비수 방지관에 뚫린 구멍의 총 면적은 증기 취출구 증기관 면적의 1.5배 이상으로 한다.

96. 기수 분리기의 종류를 4가지 쓰시오.

해답 ① 사이클론형 ② 스크러버형 ③ 건조 스크린형 ④ 배플형
참고 기수 분리기의 종류 및 원리
 ① 사이클론형 : 원심 분리기를 사용
 ② 스크러버형 : 파형의 다수 강판을 조합한 것
 ③ 건조 스크린형 : 금속 망판을 이용한 것
 ④ 배플형 : 급격한 방향 전환을 이용한 것

97. 보일러 내부에 증기 내관을 설치하였을 때의 장점을 4가지 쓰시오.

해답 ① 건조 증기 공급   ② 수격 작용(water hammer) 방지
 ③ 캐리 오버(carry over) 방지   ④ 관내 부식 방지
 ⑤ 열 손실 방지   ⑥ 마찰 저항 감소

98. 보일러에서 송기 시 발생되는 이상 현상을 3가지 쓰시오.

해답 ① 기수 공발(carry over)   ② 프라이밍(priming) 현상
 ③ 포밍(forming) 현상   ④ 수격 작용(water hammer)

99. 보일러에서 발생하는 프라이밍, 포밍 현상에 대하여 설명하시오. [제42회, 제46회]

해답 ① 프라이밍(priming) 현상 : 급격한 증발 현상으로, 동 수면에서 작은 입자의 물방울이 증기와 혼입하여 뛰어 오르는 현상
 ② 포밍(forming) 현상 : 동 저부에서 작은 기포들이 수면상으로 오르면서 물거품이 발생하여 수면에 달걀 모양의 기포가 덮이는 현상

100. 캐리 오버(carry over)의 방지 대책을 3가지 쓰시오. [제43회]

해답 ① 비수 방지관을 설치한다.   ② 주증기 밸브를 서서히 연다.
 ③ 관수 중에 불순물, 농축수 제거   ④ 수위를 고수위로 하지 않는다.

101. 감압 밸브의 설치 목적을 3가지 쓰시오.

해답 ① 고압의 증기를 저압의 증기로 만들기 위하여
② 부하측의 압력을 일정하게 유지하기 위하여
③ 부하 변동에 따른 증기의 소비량을 절감하기 위하여

102. 보일러 설비 중 감압 밸브를 이용하여 고압의 증기를 저압의 증기로 감압하여 이용할 경우 장점을 4가지 쓰시오.

해답 ① 에너지 절약 ② 증기의 건도 향상
③ 배관 설비의 절감 ④ 특정 온도를 정확히 유지
⑤ 생산성 향상

103. 증기 감압밸브를 작동 방법에 따른 종류를 3가지 쓰시오. [제42회]

해답 ① 피스톤식 ② 다이어프램식 ③ 벨로스식
참고 감압 밸브의 종류
① 작동 방법에 따른 분류 : 피스톤식, 다이어프램식, 벨로스식
② 구조에 따른 분류 : 스프링식, 추식

104. 증기 헤더를 설치하였을 때의 장점을 3가지 쓰시오.

해답 ① 증기 사용처에 증기 공급 및 차단이 용이하다.
② 증기 수요에 대응하기 쉽다.
③ 불필요한 배관에 증기가 공급하지 않기 때문에 열 손실을 방지할 수 있다.

105. 주증기관에 신축 이음을 설치하는 이유를 설명하시오.

해답 증기의 온도에 의한 열팽창을 허용(흡수)하기 위하여

106. 신축 이음(expansion joint)의 종류를 4가지 쓰시오.

해답 ① 루프형(loop type) ② 슬리브형(sleeve type)
③ 벨로스형(bellows type) ④ 스위블형(swivel type)

107. 증기 사용 설비 및 배관 내의 응축수를 제거하여 증기의 잠열을 유효하게 이용할 수 있도록 하고, 수격 작용을 방지하는 역할을 하는 기기 명칭은?

해답 증기 트랩(steam trap)

108. 증기 트랩을 작동 원리에 따라 3가지로 분류하고 그 종류를 1가지씩 쓰시오. [제35회]

해답 ① 기계식 트랩 : 버킷식, 플로트식
② 온도 조절식 트랩 : 바이메탈식, 벨로스식
③ 열역학적 트랩 : 오리피스식, 디스크식

참고 작동 원리에 의한 증기 트랩의 분류 및 종류

구 분	작동 원리	종 류
기계식 트랩	증기와 응축수의 비중차 이용(플로트 또는 버킷의 부력 이용)	상향 버킷식, 하향 버킷식, 레버 플로트식, 자유 플로트식
온도 조절식 트랩	증기와 응축수의 온도차 이용(금속의 신축성을 이용)	바이메탈식, 벨로스식
열역학적 트랩	증기와 응축수의 열역학적, 유체역학적 특성차 이용	오리피스식, 디스크식

109. 증기 트랩의 구비 조건을 4가지 쓰시오.

해답 ① 마찰 저항이 적을 것
② 내식성, 내구성이 좋을 것
③ 공기를 빼내기 좋을 것
④ 응축수의 연속 배출이 용이할 것
⑤ 압력과 유량에 따른 작동이 확실할 것

110. 증기 트랩을 사용하였을 때의 장점을 4가지 쓰시오.

해답 ① 수격 작용(water hammer) 방지
② 장치 내 부식 방지
③ 열효율 저하 방지
④ 관내 마찰 저항 감소

111. 증기 트랩 설치 시 주의 사항을 4가지 쓰시오.

해답 ① 트랩 입구측에 여과기(strainer)를 설치할 것
② 바이패스 라인을 설치하여 고장에 대비할 것
③ 증기 사용 설비와 트랩의 거리는 최단 거리를 유지할 것
④ 트랩의 위치는 설비의 배수 위치보다 낮을 것
⑤ 적당한 배관을 선택하고, 곡선부는 가능한 한 짧게 할 것

112. 다음과 같은 특징을 갖고 있는 증기 트랩은 무엇인지 명칭을 쓰시오. [제39회, 제43회]

① 부력을 이용한다.
② 응축수를 증기 압력에 의하여 밀어 올릴 수 있다.
③ 고압과 중압의 증기관에 적합하다.
④ 형식은 상향식과 하향식이 있다.

해답 버킷 트랩

113. 증기와 응축수의 비중차를 이용한 기계식 트랩으로 다량의 응축수를 처리하는 경우 주로 사용되는 트랩 명칭을 쓰시오.

해답 플로트 트랩(float trap)

114. 다음은 증기 트랩의 종류이다. 각각의 그림에 맞는 명칭을 쓰시오.

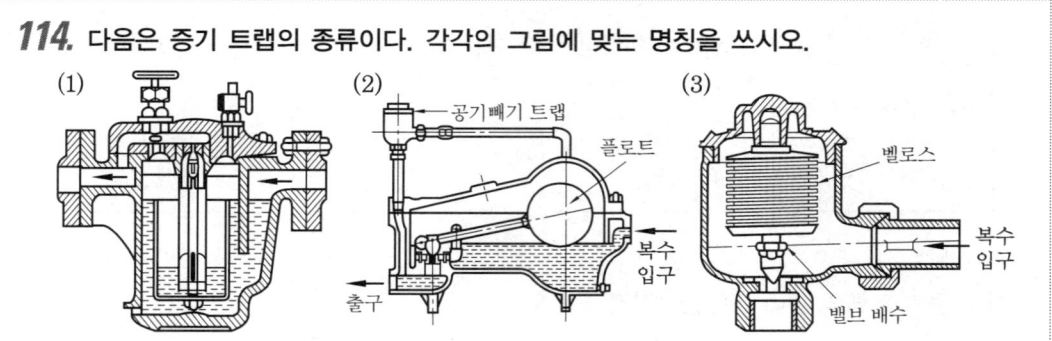

해답 (1) 상향 버킷식 (2) 플로트식 (3) 벨로스식

115. 보일러 증기 압력(트랩 입구 압력)이 15kgf/cm², 트랩의 최고 허용 배압이 12kgf/cm²일 때 트랩의 배압 허용도는 몇 %인가? [제44회]

풀이 배압 허용도(%) = $\dfrac{\text{트랩의 최고 허용 배압(kgf/cm}^2)}{\text{트랩 입구 압력(kgf/cm}^2)} \times 100 = \dfrac{12}{15} \times 100$
　　　　　　　　= 80%

해답 80%

116. 다음 그림과 같이 1개의 트랩을 설치하고 여러 개의 증기 사용 설비를 운전하게 되면 어떤 결함이 발생하게 되는지 설명하시오.

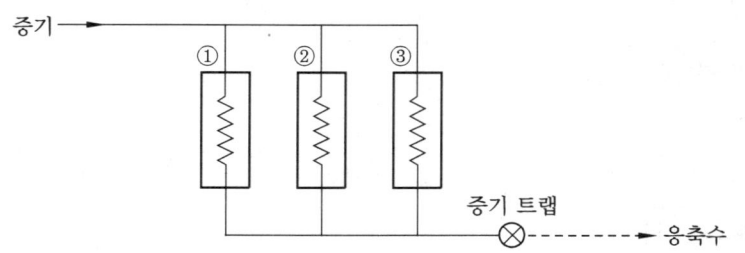

해답 ③번 설비는 응축수가 정상적으로 배출되지만, ①, ②번 설비는 응축수가 배출되지 않아 증기 사용 설비의 제 기능을 하지 못한다.

117. 열 설비에 다량의 응축수가 공기 장애(에어 바인딩)로 배출되지 않는 경우가 있다. 이것을 방지하기 위한 배관 시공은 어떻게 하여야 하는가?

해답 트랩 입구 배관을 가능한 한 굵고 짧게 한다.

118. 보일러의 연소량을 일정하게 하고 과잉열을 물에 저장하므로 과부하 시에는 증기를 방출하여 증기 부족을 보충시키는 장치는?

해답 증기 축열기(steam accumulator)

119. 보일러 동 내부 안전 저수위보다 약간 높게 설치하여 유지분, 부유물 등을 제거하는 장치로서 연속 분출 장치에 해당되는 것은?

해답 수면 분출 장치
참고 분출 장치의 종류
① 수면 분출 장치(연속 분출 장치) : 안전 저수위 선상에 설치하여 유지분, 부유물을 제거하여 프라이밍, 포밍 현상을 방지한다.
② 수저 분출 장치(단속 분출 장치) : 동체 아랫부분에 있는 스케일이나 침전물, 농축된 물 등을 외부로 배출시켜 제거한다.

120. 보일러에서 보일러수의 분출 목적을 4가지 쓰시오.

해답 ① 슬러지 생성 및 스케일 방지 ② 보일러수의 pH 조절
③ 프라이밍, 포밍 현상을 방지 ④ 보일러수의 농축 방지 및 순환을 양호하게 유지
⑤ 고수위 방지 ⑥ 세관 작업 후 폐액을 배출시키기 위하여

121. 분출을 하여야 하는 시기를 4가지 쓰시오.

해답 ① 부하가 가장 가벼울 때 ② 보일러 가동 전
③ 프라이밍, 포밍 현상이 발생할 때 ④ 고수위일 때

122. 보일러의 분출 시 주의 사항을 4가지 쓰시오.

해답 ① 2인 1조가 되어 분출 작업을 할 것
② 분출량이 많아도 안전 저수위 이하로 하지 않을 것
③ 2대의 보일러를 동시에 분출시키지 않을 것
④ 밸브 및 콕은 신속히 개방할 것
⑤ 분출량은 농도 측정에 의하여 결정할 것
⑥ 분출 도중 다른 작업을 하지 않을 것

123. 1일 가동 시간 8시간인 보일러의 관수 농도가 3000ppm, 급수 속의 고형물 30ppm, 시간당 급수량이 1000L, 시간당 응축수 회수량 340L이다. 1일 분출량(kg)은 얼마인가 계산하시오. [제38회]

풀이 $X = \dfrac{W(1-R)d}{\gamma - d} = \dfrac{1000 \times 8 \times (1-0.34) \times 30}{3000 - 30} = 53.333 ≒ 53.33 \text{kg/day}$

여기서, 응축수 회수율 $R = \dfrac{\text{응축수 회수량}}{\text{실제 증발량(급수량)}} = \dfrac{340}{1000} = 0.34$

해답 53.33kg/day

124. 1일 급수량이 36000L인 보일러에서 급수 중 염화물의 이온 농도를 100ppm, 보일러수의 허용 이온 농도를 2000ppm으로 할 때 1일 분출량(L/day)을 계산하시오.

풀이 $X = \dfrac{W(1-R)d}{\gamma - d} = \dfrac{36000 \times 100}{2000 - 100} = 1894.736 ≒ 1894.74 \text{ L/day}$

해답 1894.74L/day

125. 어떤 보일러의 급수량이 2000L/h, 관수 중의 허용 고형분이 1100ppm, 급수 중의 고형분이 200ppm일 때 분출률은?

풀이 분출률(%) $= \dfrac{d}{\gamma - d} \times 100 = \dfrac{200}{1100 - 200} \times 100 = 22.222 ≒ 22.22\%$

해답 22.22%

126. 보일러의 열효율을 증대시키기 위하여 설치하는 폐열 회수 장치를 4가지 쓰시오.

해답 ① 과열기 ② 재열기 ③ 급수 예열기(절탄기) ④ 공기 예열기
참고 설치 순서 : 과열기 → 재열기 → 급수 예열기(절탄기) → 공기 예열기

127. 포화 증기를 가열하여 온도를 올라가게 하는 장치는? [제42회]

해답 과열기(super heater)

128. 과열기에 대한 다음 물음에 답하시오.
 (1) 전열 방식에 따른 종류 3가지를 쓰시오.
 (2) 증기와 연소 가스의 흐름에 의한 종류 3가지를 쓰시오.

해답 (1) ① 대류형 ② 방사형 ③ 방사 대류형
 (2) ① 병류식 ② 향류식 ③ 혼류식

129. 다음 그림은 증기와 연소 가스의 흐름에 따른 과열기 종류를 나타낸 것이다. 각각의 명칭을 쓰시오.

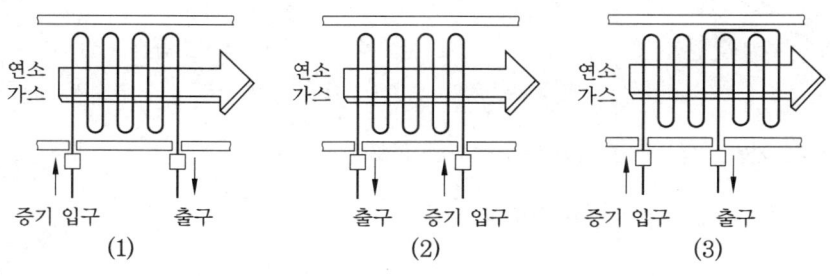

[해답] (1) 병류식 (2) 향류식 (3) 혼류식

130. 과열 증기 온도 조절 방법을 3가지 쓰시오. [제41회]

[해답] ① 연소 가스량을 가감하는 방법 ② 과열 저감기를 사용하는 방법
③ 저온 가스를 재순환시키는 방법 ④ 화염의 위치를 바꾸는 방법

131. 과열기 사용 시 장점을 4가지 쓰시오.

[해답] ① 열효율 증가 ② 수격 작용 방지
③ 관내 마찰 저항 감소 ④ 장치 내 부식 방지
⑤ 적은 증기로 많은 열을 얻는다.
[참고] 과열기 사용 시 단점
① 가열 표면의 일정 온도 유지 곤란 ② 가열 장치에 큰 열응력 발생
③ 직접 가열 시 열 손실 증가 ④ 제품의 손상 우려
⑤ 과열기 표면에 고온 부식 발생

132. 보일러 부속 장치 중 고온 부식이 유발될 수 있는 장치는?

[해답] 과열기
[참고] 열효율 증대 장치의 부식 현상
① 저온 부식 발생 : 절탄기, 공기 예열기
② 고온 부식 발생 : 과열기

133. 연소 가스의 예열을 이용하여 급수를 가열하는 장치는?

[해답] 급수 예열기(절탄기)

134. 급수 예열기(절탄기)를 설치 사용함으로써 얻을 수 있는 장점을 4가지 쓰시오.

해답 ① 열효율 향상　　　　　　　② 열응력 발생 방지
　　　③ 급수 중 불순물의 일부 제거　④ 연료 소비량 감소
참고 절탄기 사용 시 단점
　　　① 통풍 저항 증가　　　　　　② 연돌의 통풍력 저하
　　　③ 저온 부식의 원인　　　　　④ 연도의 청소, 검사, 점검 곤란

---

135. 공기 예열 장치(air preheater) 종류를 3가지 쓰시오.

해답 ① 증기식　② 전열식　③ 재생식

---

136. 공기 예열기를 사용할 때의 장점을 4가지 쓰시오.

해답 ① 전열 효율, 연소 효율 향상
　　　② 예열 공기의 공급으로 불완전 연소가 감소된다.
　　　③ 보일러 열효율 향상
　　　④ 품질이 낮은 연료도 사용할 수 있다.
참고 공기 예열기 사용 시 단점
　　　① 통풍 저항 증가　　　　　　② 연돌의 통풍력 저하
　　　③ 저온 부식의 원인　　　　　④ 연도의 청소, 검사, 점검 곤란

---

137. 다음 공기 예열기와 관련된 각 물음에 알맞은 답을 쓰시오.
　(1) 공기 예열기와 같은 저온부에서 발생하기 쉬운 부식의 명칭
　(2) 저온부에서 수분과 반응하여 부식을 촉진하는 물질명
　(3) 전도식(전열식) 공기 예열기의 구조에 따른 종류 2가지

해답 (1) 저온 부식　(2) 아황산가스(SO_2)
　　　(3) ① 관형 공기 예열기　② 판형 공기 예열기

---

138. 다음은 보일러에 설치되는 장치들이다. 급수에서부터 증기가 통과하는 장치의 순서를 번호로 나열하시오. ［제35회］

[보기]	① 과열 증기	② 대류 과열기	③ 복사 과열기
	④ 절탄기	⑤ 증발기	⑥ 기수 분리기

해답 ④ → ⑤ → ⑥ → ③ → ② → ①

---

139. 보일러 전열면에 부착된 그을음이나 재를 제거하는 장치는?

해답 수트 블로(soot blow)

140. 수트 블로(soot blow)는 보일러 전열면 외측 또는 수관 주위의 그을음이나 재를 불어 제거하는 장치로, 분무 매체별로 구별하면 (①), (②)이 있다.

해답 ① 증기 분사식 ② 공기 분사식

141. 수트 블로어(soot blower) 종류를 3가지 쓰시오.

해답 ① 장발형 수트 블로어   ② 단발형 수트 블로어
③ 정치 회전형(로터리형)   ④ 공기 예열기 클리너

142. 수트 블로어(soot blower) 사용 시 주의 사항을 4가지 쓰시오. [제46회]

해답 ① 부하가 50% 이하일 때, 소화 후에는 사용을 금지한다.
② 댐퍼를 완전히 열고 통풍력을 크게 한다.
③ 그을음 제거를 하기 전에 반드시 응축수를 제거한다.
④ 그을음 불어내기 관을 동일 장소에서 오랫동안 작용시키지 않는다.
⑤ 흡입 통풍기가 있을 경우 흡입 통풍을 늘려서 한다.

143. 다음은 압력계 설치 기준에 관한 내용이다. ( ) 안에 알맞은 숫자를 넣으시오. [제41회]

> 증기 보일러의 압력계 부착 시 압력계와 연결된 증기관은 황동관 또는 동관을 사용하면 안지름 (①)mm 이상, 강관을 사용할 때는 (②)mm 이상이어야 하며, 사이펀관의 안지름은 (③)mm 이상이어야 한다.

해답 ① 6.5 ② 12.7 ③ 6.5

144. 보일러에 사용하는 부르동관 압력계의 최고 눈금 범위는 얼마인가?

해답 최고 사용 압력의 1.5배 이상 3배 이하

145. 압력계를 검사하여야 할 시기를 4가지 쓰시오.

해답 ① 2개의 압력계가 서로 다르게 지시될 때
② 보일러 운전 중에 포밍, 프라이밍 현상이 발생하는 때
③ 압력계의 지시가 정확하지 않다고 판단될 때
④ 점화 전이나 압력계 교체 후
⑤ 신설 보일러인 경우 압력이 상승하기 시작할 때

146. 강제 보일러에 수면계를 부착할 때 주의할 사항을 2가지 쓰시오.

해답 ① 동체에 직접 부착하지 않고 수주에 부착한다.
② 수면계 최하단부는 보일러의 안전 저수위와 일치하도록 한다.

147. 보일러에 수면계를 부착할 때 수주를 설치하는 목적을 2가지 설명하시오.

해답 ① 고온의 증기 및 보일러수로부터 수면계를 보호하기 위하여
② 수위 교란으로 인한 수위를 잘못 인식하는 것을 방지하기 위하여

148. 보일러 운전 중 수면계에 고장이 발생하면 큰 위험을 초래하게 되는데, 수면계의 중요성을 감안하여 수시로 검사를 하여야 한다. 이때 수면계를 점검해야 할 시기를 5가지 쓰시오.   [제36회]

해답 ① 보일러를 가동하기 전
② 압력이 상승하기 시작할 때
③ 2개의 수면계의 수위에 차이가 발생할 때
④ 수면계의 수위가 의심스러울 때
⑤ 보일러 운전 중에 포밍, 프라이밍 현상이 발생할 때

149. 다음 [보기]에 주어진 수면계 점검 방법을 순서대로 번호를 쓰시오.   [제36회]

① 물 콕을 닫고 증기 콕을 열고 통기관을 확인한다.
② 물 콕을 열어 통수관을 확인한다.
③ 물 콕, 증기 콕을 닫고 배수 콕을 연다.
④ 배수 콕을 닫고 증기 콕을 서서히 연다.
⑤ 물 콕을 열어 수면계 수위가 정상으로 올라가는지 확인한다.

해답 ③ → ② → ① → ④ → ⑤

150. 수면계의 파손 원인을 4가지 쓰시오.

해답 ① 상하 조임 너트를 무리하게 조였을 때
② 외부로부터 충격을 받았을 때
③ 장기간 사용으로 노후되었을 때
④ 상하의 바탕쇠 중심선이 일치하지 않았을 때

151. 다음은 보일러 종류별 수면계의 부착 위치를 나타낸 것이다. (   ) 안에 맞는 숫자를 쓰시오.

보일러 종류	수면계 부착 위치
직립 보일러	연소실 천장판 최고부(플랜지부를 제외) 위 (①)mm
직립 연관 보일러	연소실 천장판 최고부 위 연관 길이의 (②)
수평 연관 보일러	연관의 최고부 위 (③)mm
노통 연관 보일러	연관의 최고부 위 75mm, 다만, 연관의 최고 부분보다 노통 윗면이 높은 것은 노통 최고부(플랜지부를 제외) 위 (④)mm
노통 보일러	노통 최고부(플랜지부를 제외) 위 (⑤)mm

해답 ① 75 ② 1/3 ③ 75 ④ 100 ⑤ 100

---

152. 보일러에 온도계를 부착하는 위치를 4개소 쓰시오.

해답 ① 급수 입구의 급수 온도계
② 버너 입구의 급유 온도계
③ 절탄기, 공기 예열기의 입출구 온도계
④ 보일러 본체 배기가스 온도계
⑤ 과열기, 재열기의 출구 온도계
⑥ 유량계를 통과하는 온도를 측정할 수 있는 온도계

Chapter 3  보일러용 연료 및 연소 계산

1. 연료의 종류 및 특성

1-1 연료(燃料)

공기 또는 산소 중에서 지속적으로 산화 반응을 일으켜 빛과 열을 발생시키고, 이때 발생된 빛과 열을 경제적으로 이용할 수 있는 물질을 연료라고 한다.

(1) 연료의 구비 조건

① 공기 중에서 연소하기 쉬울 것　② 저장 및 취급이 용이할 것
③ 발열량이 클 것　　　　　　　　 ④ 구입하기 쉽고 경제적일 것
⑤ 인체에 유해성이 없을 것　　　　⑥ 휘발성이 좋고 내한성이 우수할 것

(2) 연료의 분류

① 산출 형태에 의한 분류 : 1차 연료(천연산), 2차 연료(합성 연료)
② 성상에 의한 분류 : 고체 연료, 액체 연료, 기체 연료, 특수 연료
③ 용도에 의한 분류 : 산업용, 운수용, 발전용, 가정용

(3) 연료의 조성

연료의 주성분은 탄소(C), 수소(H), 산소(O)이며, 질소(N), 유황(S), 수분(W), 회분(A)이 소량 포함되어 있다.

① 가연 성분(원소) : 탄소(C), 수소(H), 유황(S)
② 불순물 : 산소(O), 질소(N), 황(S), 수분(W), 회분(A) 등

(4) 연료 사용의 원칙

① 사용 연료를 완전 연소시킬 것
② 연소 시 발생한 연소열을 최대한으로 이용할 것
③ 연소열의 손실은 최소한으로 할 것
④ 잔염(殘炎), 여열(餘熱)을 최대한으로 이용할 것

1-2 연료의 종류 및 특성

(1) 고체 연료
고체 상태의 연료로 목재, 석탄, 코크스, 목탄 등이 있다.
① 분류
  ㈎ 1차 연료 : 무연탄, 역청탄, 갈탄, 목재 등
  ㈏ 2차 연료 : 코크스, 미분탄, 목탄(숯) 등
② 특징
  ㈎ 장점
    ㉮ 노천 야적이 가능하다.
    ㉯ 저장 및 취급이 편리하다.
    ㉰ 구입이 쉽고, 가격이 저렴하다.
    ㉱ 연소 장치가 간단하고, 특수 목적에 이용된다.
  ㈏ 단점
    ㉮ 완전 연소가 곤란하다.
    ㉯ 연소 효율이 낮고, 고온을 얻기 곤란하다.
    ㉰ 회분이 많고, 처리가 곤란하다.
    ㉱ 착화 및 소화가 어렵다.
    ㉲ 연소 조절이 어렵다.
③ 석탄
  ㈎ 석탄의 분류 : 발열량(탄화도), 점결성, 입도, 연료비
  ㈏ 석탄의 탄화도 : 석탄의 성분이 변화되는 진행 정도(이탄 → 갈탄(아탄) → 역청탄(유연탄) → 무연탄 → 흑연)를 말하며, 탄화도가 증가함에 따라 수분, 휘발분이 감소하고 고정 탄소의 성분이 증가한다. 탄화도 증가에 따른 석탄의 일반적인 특성은 다음과 같다.
    ㉮ 발열량이 증가한다.   ㉯ 연료비가 증가한다.
    ㉰ 열전도율이 증가한다.   ㉱ 비열이 감소한다.
    ㉲ 연소 속도가 늦어진다.   ㉳ 인화점, 착화 온도가 높아진다.
    ㉴ 수분, 휘발분이 감소한다.
  ㈐ 휘발분 : 시료를 노(爐)에 넣어 공기와 차단하고 925±5°C에서 7분간 가열했을 때 감소량
  ㈑ 고정 탄소 = 100 − (수분 + 회분 + 휘발분)
  ㈒ 연료비 : 고정 탄소와 휘발분의 비

$$연료비 = \frac{고정\ 탄소(\%)}{휘발분(\%)}$$

④ 코크스(cokes) : 역청탄(점결탄)을 1000°C 내외에서 건류하여 만들어지는 2차 연료로, 제조 방법에 따라 다음과 같이 분류된다.
  ㉮ 제사 코크스 : 코크스 제조가 목적으로 고온 건류로 만들어지며, 제철 공업용 및 주물용으로 사용한다.
  ㉯ 반성 코크스 : 타르 제조 목적으로 저온 건류로 만들어지며 휘발분을 10% 정도 함유하고 있다.
  ㉰ 가스 코크스 : 연료용으로 사용할 수 있는 가스를 제조하는 것을 목적으로 하는 것이다.
⑤ 목탄(숯) : 목재를 건류하여 얻는 것으로, 고정 탄소분이 많이 포함되어 있다.
⑥ 석탄의 저장법
  ㉮ 탄층 내부 온도를 60°C 이하로 유지시켜 자연 발화를 방지한다.
  ㉯ 신탄과 구탄을 분리하여 저장한다.
  ㉰ 높이는 4m 이하로 하고, 최상부는 평평하게 한다.
  ㉱ 배수가 용이하도록 바닥의 경사를 1/100~1/150 정도로 한다.
  ㉲ 통풍이 잘되게 하고, 직사광선을 피한다.
  ㉳ 탄 종류, 채탄 시기, 인수 시기, 입도별로 구분하여 쌓는다.

(2) 액체 연료

액체 상태의 연료로, 석유류(가솔린, 등유, 경유, 중유 등)가 대표적이다.
① 분류
  ㉮ 1차 연료 : 원유, 오일 샌드, 유모 혈암 등
  ㉯ 2차 연료 : 가솔린, 등유, 경유, 중유 등
② 특징
  ㉮ 장점
    ㉠ 완전 연소가 가능하고 발열량이 높다.
    ㉡ 연소 효율이 높고 고온을 얻기 쉽다.
    ㉢ 연소 조절이 용이하고 회분이 적다.
    ㉣ 품질이 균일하고 저장, 취급이 편리하다.
    ㉤ 파이프라인을 통한 수송이 용이하다.
  ㉯ 단점
    ㉠ 연소 온도가 높아 국부 과열의 위험이 크다.
    ㉡ 화재, 역화의 위험성이 높다.
    ㉢ 일반적으로 황성분을 많이 함유하고 있다.

㉑ 버너의 종류에 따라 연소 시 소음이 발생한다.
③ 가솔린(gasoline) : 비점 150℃ 이하의 탄화수소(C_8~C_{11}) 혼합물로 휘발성 액체이다. 액체는 물보다 가볍고, 증기는 공기보다 무거우며, 인화점 −20~−43℃, 착화 온도 300℃ 정도이다.
④ 등유(kerosene) : 비점 150~300℃ 정도의 탄화수소(C_9~C_{18}) 혼합물로, 인화점 40~70℃, 착화 온도 220℃ 전후이다. 연료용(백등유, 다등유)으로 사용된다.
⑤ 경유(diesel oil) : 비점 200~350℃ 정도의 탄화수소(C_{15}~C_{20}) 혼합물로, 인화점 50~70℃, 착화점 약 220℃ 전후로 디젤 기관의 연료로 사용된다.
⑥ 중유(heavy oil) : 비점 300℃ 이상인 갈색 또는 암갈색의 액체로, 다음과 같이 분류된다.
  ㉮ 정제 과정에 의한 분류 : 직류 중유, 분해 중유
  ㉯ 점도에 의한 분류 : A중유, B중유, C중유
  ㉰ 유황분 함량에 의한 분류 : A급(1호, 2호), B급·C급(1호, 2호, 3호, 4호)의 7종으로 구분
  ㉱ 유동점은 응고점보다 2.5℃ 높게, 예열 온도는 인화점보다 5℃ 낮게 조정한다.
  ㉲ 중유 첨가제의 종류
    ㉮ 연소 촉진제 : 분무를 양호하게 하여 연소를 촉진시킨다.
    ㉯ 안정제(슬러지 분산제) : 슬러지 생성을 방지한다.
    ㉰ 탈수제 : 연료 속의 수분을 분리 제거한다.
    ㉱ 회분 개질제 : 재(회분)의 융점을 높여 고온 부식을 방지한다.
    ㉲ 유동점 강하제 : 유동점을 낮추어 저온에서도 유동성을 양호하게 한다.
  ㉳ 중유 중의 함유 성분의 영향
    ㉮ 바나듐(V) : 연소 중에 오산화바나듐(V_2O_5)으로 되어 고온의 전열면에 부착하여 고온 부식의 원인이 된다.
    ㉯ 황(S) : 황(S) 성분이 연소하여 아황산가스(SO_2)가 되고, 일부는 산화해서 무수황산(SO_3)으로 되고, 이것이 수분과 반응하여 황산(H_2SO_4)으로 되어, 저온 전열면에 부착하여 저온 부식의 원인이 된다.
    ㉰ 수분(W) : 발열량을 감소시키고, 진동 연소의 원인이 되며, 저온 부식을 촉진시킨다.
    ㉱ 회분 : 발열량이 감소하며, 분진 발생으로 공해 문제를 유발한다.
⑦ 저장 방법 : 옥외, 옥내, 지하에 저장 탱크를 설치하여 보관하며, 저장 탱크는 위험물안전관리법의 저장 탱크 설치기준을 준용하여 설치한다.
  ㉮ 저장 탱크는 보일러 운전에 지장을 주지 않는 용량으로 한다.
  ㉯ 저장 탱크에는 유량을 확인할 수 있는 액면계(유면계)를 설치하여야 한다.
  ㉰ 저장 탱크에는 경보 장치를 설치하여 내부 유량이 정상적인 양보다 초과 또는

부족하지 않도록 하여야 한다.
⒭ 저장 탱크 하부에 체류하는 수분이나 슬러지 등 이물질을 배출할 수 있는 드레인 밸브를 설치한다.
⒨ 저장 탱크에서 보일러로 공급되는 배관에는 여과기(strainer)를 설치하여야 한다.
⒱ 저장 탱크에 가열 장치를 설치할 경우 다음의 조치를 한다.
  ㉮ 연료유 온도 조절 장치를 설치한다.
  ㉯ 열원은 증기, 온수, 전기를 사용한다.
  ㉰ 전기식 가열 장치에는 과열 방지 조치를 한다.
  ㉱ 온수, 증기를 사용하는 경우 겨울철 동결 우려가 있을 때 동결 방지 조치를 한다.
  ㉲ 유출구 관에는 온도계를 설치한다.
⑧ 저장 탱크의 내용적 계산
  ㈎ 타원형 탱크의 내용적

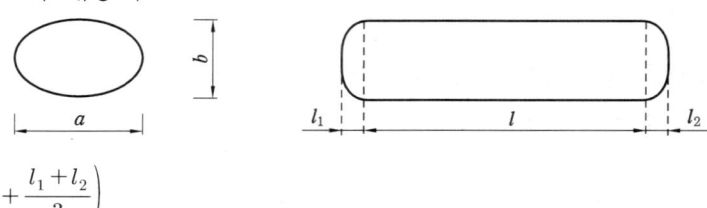

$$V = \frac{\pi ab}{4}\left(l + \frac{l_1 + l_2}{3}\right)$$

  ㈏ 수평 원형 탱크의 내용적

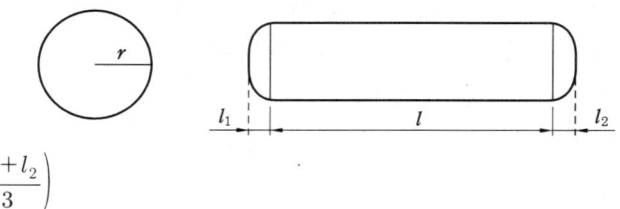

$$V = \pi r^2 \left(l + \frac{l_1 + l_2}{3}\right)$$

(3) 기체 연료

기체 상태의 연료로, 액화 석유 가스, 도시가스 등이 있다.
① 분류
  ㈎ 1차 연료 : 천연가스(NG)
  ㈏ 2차 연료 : LPG, LNG, 고로 가스, 발생로 가스, 석탄 가스, 수성 가스 등
② 특징
  ㈎ 장점
    ㉮ 연소 효율이 높고, 연소 제어가 용이하다.
    ㉯ 회분 및 황성분이 없어 전열면 오손이 없다.
    ㉰ 적은 공기비로 완전 연소가 가능하다.

㈘ 저발열량의 연료로, 고온을 얻을 수 있다.
㈙ 완전 연소가 가능하여 공해 문제가 없다.
㈏ 단점
㈎ 저장 및 수송이 어렵다.
㈑ 가격이 비싸고, 시설비가 많이 소요된다.
㈐ 누설 시 화재, 폭발의 위험이 크다.
③ 액화 석유 가스
㈎ LP 가스의 정의 : Liquefied Petroleum Gas의 약자이다.
㈏ LP 가스의 조성 : 석유계 저급 탄화수소의 혼합물로, 탄소 수가 3개에서 5개 이하이다. 프로판(C_3H_8), 부탄(C_4H_{10}), 프로필렌(C_3H_6), 부틸렌(C_4H_8), 부타디엔(C_4H_6) 등이 포함되어 있다.
㈐ 제조법
㈎ 습성 천연가스 및 원유에서 회수 : 압축 냉각법(농후한 가스에 적용), 흡수유에 의한 흡수법, 활성탄에 의한 흡착법(희박한 가스에 적용)
㈑ 제유소 가스에서 회수 : 원유 정제 공정에서 발생하는 가스에서 회수
㈒ 나프타 분해 생성물에서 회수 : 나프타를 이용하여 에틸렌 제조 시 회수
㈘ 나프타의 수소화 분해 : 나프타를 이용하여 LPG 생산이 주목적
㈑ LP 가스의 일반 특징
㈎ LP 가스는 공기보다 무겁다.   ㈑ 액상의 LP 가스는 물보다 가볍다.
㈒ 액화, 기화가 쉽다.   ㈘ 기화하면 체적이 커진다.
㈙ 기화열(증발 잠열)이 크다.   ㈚ 무색, 무취, 무미하다.
㈛ 용해성이 있다.   ㈜ 정전기 발생이 쉽다.
㈒ LP 가스의 연소 특징
㈎ 다른 연료와 비교하여 발열량이 크다.
㈑ 연소 시 공기량이 많이 필요하다.
㈒ 폭발 범위(연소 범위)가 좁다.
㈘ 연소 속도가 느리다.
㈙ 발화 온도가 높다.
→ 탄화수소에서 탄소(C) 수가 증가할수록 나타나는 현상
┌ 증가하는 것 : 비등점, 융점, 비중, 발열량
└ 감소하는 것 : 증기압, 발화점, 폭발 하한값, 폭발 범위값, 증발 잠열, 연소 속도
④ 도시가스 : 도시가스의 원료로 사용되는 것의 종류 및 특징은 다음과 같다.
㈎ 천연가스(NG : natural gas) : 지하에서 발생하는 탄화수소를 주성분으로 하는 가연성 가스이다. 메탄(CH_4), 에탄(C_2H_6), 프로판(C_3H_8), 부탄(C_4H_{10}) 등의 저급

탄화수소가 주성분이나, 질소(N_2), 탄산가스(CO_2), 황화수소(H_2S)를 포함하고 있으며, 유전 가스에서 생산되는 천연가스에는 수분(H_2O)을 포함하고 있다. 황화수소(H_2S)는 연소에 의해 유독한 아황산가스(SO_2)를 생성하기 때문에 탈황 시설에서 제거하여야 하며, 탄산가스(CO_2)는 수분 존재 시에 배관을 부식시키므로 탈황 공정에서 동시에 제거한다. 특징으로는 다음과 같다.

㉮ 도시가스 원료 : C/H 비가 3이므로 그대로 도시가스로 공급할 수 있고 일반적으로 가스 제조 장치는 필요 없다. 천연가스 발열량보다 낮은 저발열량의 도시가스로 공급하는 경우 공기와 혼합 또는 개질 장치에 의해 발열량을 조정하여 공급하여야 한다.

㉯ 정제 : 제진, 탈유, 탈탄산, 탈황, 탈습 등 전처리 공정에 해당하는 정제 설비가 필요하다.

㉰ 공해 : 사전에 불순물이 제거된 상태이기 때문에 대기 오염, 수질 오염 등 환경 문제 영향이 적다.

㉱ 저장 : 천연가스는 상온에서 기체이므로, 가스 홀더 등에 저장하여야 한다.

⑷ 액화 천연가스(LNG : Liquefied Natural Gas) : 지하에서 생산된 천연가스를 -161.5℃까지 냉각, 액화한 것이다. 액화 전에 황화수소(H_2S), 탄산가스(CO_2), 중질 탄화수소 등이 정제 제거되었기 때문에 LNG에는 불순물을 전혀 포함하지 않는 청정 가스이다. 천연가스의 주성분인 메탄(CH_4)은 액화하면 체적이 약 1/600로 감소하며, 액화된 천연가스는 선박을 이용하여 대량으로 수송할 수 있다. 특징으로는 다음과 같다.

㉮ 불순물이 제거된 청정 연료로 환경 문제가 없다.

㉯ LNG 수입 기지에 저온 저장 설비 및 기화 장치가 필요하다.

㉰ 불순물을 제거하기 위한 정제 설비는 필요하지 않다.

㉱ 초저온 액체로, 설비 재료의 선택과 취급에 주의를 요한다.

㉲ 냉열 이용이 가능하다.

⑸ 나프타(naphtha : 납사) : 나프타란, 일반적으로 시판되는 석유 제품명이 아니고, 원유를 상압에서 증류할 때 얻어지는 비점이 200℃ 이하인 유분(액체 성분)으로, 경질의 것을 라이트 나프타, 중질의 것을 헤비 나프타라고 부른다. 나프타가 도시가스 원료로서의 특징은 다음과 같다.

㉮ 나프타는 가스화가 용이하기 때문에 높은 가스화 효율을 얻을 수 있다.

㉯ 타르, 카본 등 부산물이 거의 생성되지 않는다.

㉰ 가스 중에는 불순물이 적어서 정제 설비를 필요로 하지 않는 경우가 많다.
(단, 헤비 나프타의 경우 정제 설비가 필요할 수 있다.)

㉱ 대기 오염, 수질 오염의 환경 문제가 적다.

㉲ 취급과 저장이 모두 용이하다.

(라) 기타
　㉮ 석탄 가스 : 석탄을 1000°C 내외로 건류할 때 얻어지는 가스로, 메탄(CH_4)과 수소(H_2)가 주성분이며, 발열량이 5000kcal/m^3 정도이다.
　㉯ 고로 가스 : 용광로에서 얻어지는 부산물 가스로, 다량의 질소와 일산화탄소(CO)로 구성되며, 발열량이 900kcal/m^3로 낮다.
　㉰ 수성 가스 : 고온의 코크스에 수증기를 작용시켜 제조되는 가스로, 일산화탄소(CO)와 수소(H_2)가 주성분이며, 발열량이 2700kcal/m^3 정도이다.
　㉱ 증열 수성 가스 : 수성 가스에 석유를 열분해하여 만든 발열량이 높은 가스를 혼합하여 발열량을 증가시킨 것으로, 발열량이 5000kcal/m^3 정도이다.
　㉲ 발생로 가스 : 적열 상태로 가열한 탄소분이 많은 고체 연료에 공기나 산소를 공급하여 불완전 연소로 얻은 가스로, 질소 함유량이 높고, 발열량이 1100kcal/m^3 정도이다.

⑤ LPG 저장 방법
　(개) 용기에 의한 저장 : 가스 소비량이 적은 경우 충전 용기를 여러 개 설치하여 자연 기화 방법, 강제 기화에 의해서 사용한다.
　(내) 횡형 원통형 탱크에 의한 저장 : 대량으로 사용하는 곳에 적당하다.
　(대) 구형 탱크에 의한 저장 : 소비량이 수백 톤 이상의 대량 소비처에 적당하다.

⑥ 도시가스 저장 방법 : LNG의 경우 도시가스로 공급하기 위해서는 기화 장치가 필요하며, 공급하여야 할 도시가스를 일시 저장하는 시설을 가스 홀더(gas holder)라고 한다.
　(개) LNG 기화 장치의 종류
　　㉮ 오픈 랙(open rack) 기화법 : 베이스 로드용으로, 수직 병렬로 연결된 알루미늄 합금제의 핀 튜브 내부에 LNG가, 외부에 바닷물을 스프레이하여 기화시키는 구조이다. 바닷물을 열원으로 사용하므로 초기 시설비가 많으나 운전 비용이 저렴하다.
　　㉯ 중간 매체법 : 베이스 로드용으로, 프로판(C_3H_8), 펜탄(C_5H_{12}) 등을 사용한다.
　　㉰ 서브머지드(submerged)법 : 피크 로드용으로, 액중 버너를 사용한다. 초기 시설비가 적으나 운전 비용이 많이 소요된다. SMV(submerged vaporizer)식이라고도 한다.
　(내) 가스 홀더의 기능(역할)
　　㉮ 가스 수요의 시간적 변동에 대하여 공급 가스량을 확보한다.
　　㉯ 공급 설비의 일시적 중단에 대하여 어느 정도 공급량을 확보한다.
　　㉰ 공급 가스의 성분, 열량, 연소성 등의 성질을 균일화한다.
　　㉱ 소비 지역 근처에 설치하여 피크 시의 공급, 수송 효과를 얻는다.
　(대) 가스 홀더의 종류 : 유수식, 무수식, 고압식(구형 가스 홀더)

2. 연소 및 연소 장치

2-1 연소(燃燒)

(1) 연소의 정의

연소란 가연성 물질이 공기 중의 산소와 반응하여 빛과 열을 발생하는 화학 반응을 말한다.

(2) 연소의 3요소

가연성 물질, 산소 공급원, 점화원

① 가연성 물질 : 산화(연소)하기 쉬운 물질로서, 일반적으로 연료로 사용하는 것인데, 다음과 같은 구비 조건을 갖추어야 한다.
  ㈎ 발열량이 크고, 열전도율이 작을 것
  ㈏ 산소와 친화력이 좋고, 표면적이 넓을 것
  ㈐ 활성화 에너지가 작을 것
  ㈑ 건조도가 높을 것(수분 함량이 적을 것)

② 산소 공급원 : 연소를 도와주거나 촉진시켜 주는 조연성 물질로 공기, 자기 연소성 물질, 산화제 등이 있다.

③ 점화원 : 가연물에 활성화 에너지를 주는 것으로, 점화원의 종류에는 전기 불꽃(아크), 정전기, 단열 압축, 마찰 및 충격 불꽃 등이 있다.
  ㈎ 강제 점화 : 혼합기(가연성 기체+공기)에 별도의 점화원을 사용하여 화염핵이 형성되어 화염이 전파되는 것으로, 전기 불꽃 점화, 열면 점화, 토치 점화, 플라스마 점화 등이 있다.
  ㈏ 최소 점화 에너지 : 가연성 혼합 기체를 점화시키는 데 필요한 최소 에너지로, 다음과 같을 때 낮아진다.
    ㉮ 연소 속도가 클수록
    ㉯ 열전도율이 적을수록
    ㉰ 산소 농도가 높을수록
    ㉱ 압력이 높을수록
    ㉲ 가연성 기체의 온도가 높을수록(혼합기의 온도가 상승할수록)
    → 최소 점화 에너지 측정(전기 스파크에 의한 측정)
    $$E = \frac{1}{2} C \cdot V^2 = \frac{1}{2} Q \cdot V$$
    여기서, C : 콘덴서 용량 V : 전압 Q : 전기량

(3) 연소의 조건
① 산화 반응은 발열 반응일 것
② 연소열로 연소물과 연소 생성물의 온도가 상승할 것
③ 복사열의 파장이 가시 범위에 도달하면 빛을 발생할 것

(4) 연소의 종류
① 표면 연소 : 고체 가연물이 열분해나 증발을 하지 않고 표면에서 산소와 반응하여 연소하는 것으로, 목탄(숯), 코크스 등의 연소가 이에 해당된다.
② 분해 연소 : 충분한 착화 에너지를 주어 가열 분해에 의해 연소하며, 휘발분이 있는 고체 연료(종이, 석탄, 목재 등) 또는 증발이 일어나기 어려운 액체 연료(중유 등)가 이에 해당된다.
③ 증발 연소 : 가연성 액체의 표면에서 기화되는 가연성 증기가 착화되어 화염을 형성하고 이 화염의 온도에 의해 액체 표면이 가열되어 액체의 기화를 촉진시켜 연소를 계속하는 것으로, 가솔린, 등유, 경유, 알코올, 양초 등이 이에 해당된다.
④ 확산 연소 : 가연성 기체를 대기 중에 분출 확산시켜 연소하는 것으로, 기체 연료의 연소가 이에 해당된다.
⑤ 자기 연소 : 가연성 고체가 자체 내에 산소를 함유하고 있어 공기 중의 산소를 필요로 하지 않고 그 자체의 산소로 연소하는 것으로 셀룰로이드류, 질산에스테르류, 하이드라진 등 제5류 위험물이 이에 해당된다.

(5) 연소 속도
가연물과 산소와의 반응 속도(분자 간의 충돌 속도)를 말하는 것으로, 화염면이 그 면에 직각으로 미연소부에 진입하는 속도이다. 즉, 미연 혼합기에 대한 화염면의 상대 속도이다. 연소 속도에 영향을 주는 인자(요소)는 다음과 같다.
① 기체의 확산 및 산소와의 혼합
② 연소용 공기 중 산소의 농도 : 산소 농도가 클수록 연소 속도가 빨라진다.
③ 연소 반응 물질 주위의 압력 : 압력이 높을수록 연소 속도가 빨라진다.
④ 온도 : 온도가 상승하면 연소 속도가 빨라진다.
⑤ 촉매
  (개) 정촉매 : 정반응 및 역반응 활성화 에너지를 감소시키므로 반응 속도를 빠르게 한다.
  (내) 부촉매 : 정반응 및 역반응 활성화 에너지를 증가시키므로 반응 속도를 느리게 한다.

(6) 인화점 및 발화점

① 인화점(인화 온도) : 가연성 물질이 공기 중에서 점화원에 의하여 연소할 수 있는 최저의 온도로, 위험성의 척도이다.

② 발화점(발화 온도) : 가연성 물질이 공기 중에서 온도를 상승시킬 때 점화원 없이 스스로 연소를 개시할 수 있는 최저의 온도로, 착화점, 착화 온도라고도 한다.

  (가) 자연 발화의 형태
   ㉮ 분해열에 의한 발열 : 과산화수소, 염소산칼륨, 셀룰로이드류, 니트로셀룰로오스(질화면) 등
   ㉯ 산화열에 의한 발열 : 건성유, 원면, 석탄, 고무 분말, 액체 산소, 발연 질산 등
   ㉰ 중합열에 의한 발열 : 시안화수소, 산화에틸렌, 염화비닐(CH_2CHCl), 부타디엔(C_4H_6) 등
   ㉱ 흡착열에 의한 발열 : 활성탄, 목탄 분말 등
   ㉲ 미생물(박테리아)에 의한 발열 : 먼지, 퇴비 등

  (나) 자연 발화의 방지법
   ㉮ 통풍이 잘 되게 한다.   ㉯ 저장실의 온도를 낮춘다.
   ㉰ 습도가 높은 것을 피한다.   ㉱ 열의 축적을 방지한다.

2-2 고체 연료 연소 장치

(1) 화격자 연소 장치

수분과 기계분으로 구분하며, 대규모 연소 시설에 사용하는 자동 연소 장치를 스토커(stoker) 연소라고 한다.

① 수분 : 다수의 틈이 있는 화격자 위에 고체 연료를 고르게 깔고 연소용 공기를 불어 넣어 연소시키는 것으로, 연료 공급을 인력으로 하는 것이다.

  (가) 종류 : 고정 수평 화격자, 계단 화격자, 가동 화격자, 중공(中空) 화격자 등
  (나) 특징
   ㉮ 소규모 설비에 적당하다
   ㉯ 연소 효율이 낮고 고온을 얻기 어렵다.
   ㉰ 노의 구조가 간단하고 취급이 쉽다.
   ㉱ 적당한 공기 공급이 어렵다.

② 기계분 : 스토커(stoker) 연소 장치라고 하며, 석탄의 공급과 재처리를 기계적으로 한 형태로서, 화격자 면적을 크게 할 수 있으므로 대용량 보일러에 적당하다.

  (가) 스토커의 종류 : 살포식(상입식) 스토커, 쇄상식 스토커, 하입식 스토커, 계단식

스토커 등
(나) 특징
㉮ 연소 효율이 높다.
㉯ 대용량에 적당하고 취급에 기술을 요한다.
㉰ 완전 자동화가 가능하다.
㉱ 저질 연료 사용이 가능하고, 매연 발생이 적다.
㉲ 부하 변동에 대응하기 어렵다.
㉳ 동력이 필요하고, 설비비, 유지비가 많이 소요된다.

(2) 미분탄(米粉炭) 연소 장치

석탄을 200메시(mesh) 이하로 분쇄하여 연소 표면적을 넓혀 1차 공기와 함께 연소하는 방법으로, 연소 효율이 높다.

① 미분탄 버너의 종류
  ㉮ 편평류(扁平流) 버너 : 직류형과 교류형으로 구분되며, 화염이 길게 형성되고 수관 보일러에서 사용된다.
  ㉯ 선회류(旋回流) 버너 : 버너 선단에서 미분탄과 1차 공기가 선회류를 형성하며 혼합하고 2차 공기가 공급되면서 연소하는 것으로, 중유와 병용해서 사용할 수 있다.

② 특징
  ㉮ 적은 공기비로 완전 연소가 가능하다.
  ㉯ 점화, 소화가 쉽고, 부하 변동에 대응하기 쉽다.
  ㉰ 대용량에 적당하고, 사용 연료 범위가 넓다.
  ㉱ 설비비, 유지비가 많이 소요된다.
  ㉲ 집진 장치가 필요하다.
  ㉳ 연소실 면적이 크고, 폭발의 위험성이 있다.

③ 연소 방법
  ㉮ U자형 연소 : 편평류 버너를 사용하여 연소로의 상부로부터 2차 공기와 같이 분사, 연소한다.
  ㉯ L자형 연소 : 선회류 버너를 사용하여 연소로의 측벽에서 분사, 연소한다.
  ㉰ 모서리 버너 연소 : 장방형의 연소로 네 모퉁이에서 분사, 연소한다.
  ㉱ 슬래그 탭 연소 : 1차 연소로와 2차 연소로를 설치하여 연소한다.

④ 미분탄 제조 공정 : 연료탄 → 쇄탄 → 자기 분리기(철편 제거) → 건조 → 미분쇄 → 이송 → 버너

⑤ 분쇄기(mill)의 종류 : 충격식, 원심력식, 중력식, 스프링식

(3) 유동층 연소

위 두 연소 방식의 중간 형태로, 화격자 하부에서 강한 공기를 송풍기로 불어 넣어 화격자 위의 탄층을 유동층에 가까운 상태로 형성하면서 700~900°C 정도의 저온에서 연소시키는 방법이다.

2-3 액체 연료 연소 장치

(1) 무화(霧化) 연소

액체 연료를 노즐에서 고속으로 분출, 무화(霧化)시켜 표면적을 크게 하여 공기나 산소와의 혼합을 좋게 하여 연소시키는 것으로, 공업적으로 많이 사용되는 방법이다.

① 무화의 목적
  ㈎ 단위 중량당 표면적을 크게 한다.
  ㈏ 주위 공기와 혼합을 양호하게 한다.
  ㈐ 연소 효율을 향상시킨다.
  ㈑ 연소실을 고부하로 유지한다.

② 무화 방법
  ㈎ 유압 무화식 : 연료 자체에 압력을 주어 무화시키는 방법
  ㈏ 이류체 무화식 : 증기, 공기를 이용하여 무화시키는 방법
  ㈐ 회전 이류체 무화식 : 원심력을 이용하여 무화시키는 방법
  ㈑ 충돌 무화식 : 연료끼리 혹은 금속판에 충돌시켜 무화시키는 방법
  ㈒ 진동 무화식 : 초음파에 의하여 무화시키는 방법
  ㈓ 정전기 무화식 : 고압 정전기를 이용하여 무화시키는 방법

③ 무화 요소
  ㈎ 액체 유동 운동량
  ㈏ 액체 유동에 따른 저항력, 마찰력
  ㈐ 액체와 기체 사이의 표면 장력

(2) 오일 버너의 종류 및 특징

① 오일 버너 선정 시 고려할 사항
  ㈎ 버너 용량이 보일러 용량에 적합할 것
  ㈏ 부하 변동에 대한 유량 조절 범위를 고려할 것
  ㈐ 자동 제어 방식에 적합한 버너 형식을 고려할 것
  ㈑ 가열 조건과 연소실 구조에 적합할 것

② 유압식 버너 : 연료유를 가합하여 노즐을 이용, 고속 분사하여 무화시키는 방식이다.
　(가) 종류 : 환류형, 비환류형
　(나) 부하 변동에 적응성이 적다.
　(다) 대용량에 적합하다.
　(라) 유량은 유압의 제곱근에 비례한다.
　(마) 분사 각도 : 40~90°
　(바) 사용 유압 : 5~10kgf/cm^2
　(사) 유량 조절 범위 : 환류식(1 : 3), 비환류식(1 : 6)
③ 저압 기류식 : 저압의 공기를 이용하여 무화시키는 방식이다.
　(가) 종류 : 연동형[공기와 연료비 비례 조절(1 : 6)], 비연동형[공기와 연료비 별도 조절(1 : 5)]
　(나) 공기 압력 : 400~2000mmHg
　(다) 연료 유압 : 0.02~0.2kgf/cm^2 정도
　(라) 분무 각도 : 30~60°
　(마) 유량 조절 범위 1 : 5~1 : 6이다.
　(바) 소형 설비에 사용한다.
　(사) 분무용 공기량은 이론 공기량의 30~50% 정도
④ 고압 기류식 : 고압의 공기, 증기를 이용하여 무화시키는 방식이다.
　(가) 종류 : 증기 분무식, 내부 혼합식, 외부 혼합식, 중간 혼합식
　(나) 분무 매체 : 공기, 증기(2~7kgf/cm^2)
　(다) 연료 유압 : 0.3~6kgf/cm^2
　(라) 분무 각도 : 30°
　(마) 유량 조절 범위 1 : 10이다.
　(바) 고점도 연료도 무화가 가능하다.
　(사) 연소 시 소음 발생이 심하다.
　(아) 부하 변동이 큰 곳에 적당하다.
⑤ 회전 분무식 : 분무 컵을 고속으로 회전시켜 연료를 분출하고, 1차 공기를 이용하여 무화시키는 방식이다.
　(가) 종류 : 직결식, 벨트식
　(나) 분무 각도 : 30~80°
　(다) 유량 조절 범위 1 : 5이다.
　(라) 회전수 : 직결식(3000~3500rpm), 벨트식(7000~10000rpm)
　(마) 설비가 간단하고 자동화가 쉽다.
　(바) 고점도 연료는 예열이 필요하다.
　(사) 청소, 점검, 수리가 간편하다.

⑥ 건 타입 버너 : 유압식과 공기 분무식을 혼합한 것으로, 소형으로 만들고 연소 상태가 양호하다.
  (가) 사용 연료 : 등유, 경유
  (나) 연료 유압 : 7kgf/cm² 이상
  (다) 소형으로 전자동이 가능하다.
  (라) 공기와 연료의 혼합을 촉진한다.
⑦ 증발식 버너
  (가) 사용 연료 : 등유, 경유로 제한
  (나) 종류 : 포트형, 심지형, 월 플레임형
  (다) 난방용 온수 보일러 등에 사용한다.
  (라) 유량 조절 범위 1 : 4 정도이다.
  (마) 연료 소비량 : 1~10L/h 정도이다.

(3) 연료 계통의 구성

① 급유 계통(이송 순서) : 저장 탱크(storage tank) → 여과기 → 연료 이송 펌프 → 서비스 탱크(service tank) → 유수 분리기 → 유 예열기 → 급유 펌프 → 급유 온도계 → 유량계 → 전자밸브 → 버너
② 저장 탱크 : 저장 탱크를 지상 또는 지하에 설치하여 1~3주 정도 사용할 수 있는 양을 저장한다.
③ 서비스 탱크(service tank) : 최대 연료 소비량의 2~3시간 정도의 연료를 저장할 수 있는 탱크로, 보일러부터 2m 이상, 버너 하단부에서 1.5m 이상 높이로 설치된다. 탱크 용량이 적어 오버플로(overflow)될 수 있으므로 경보 장치 및 자동 차단 장치를 설치하여야 한다.

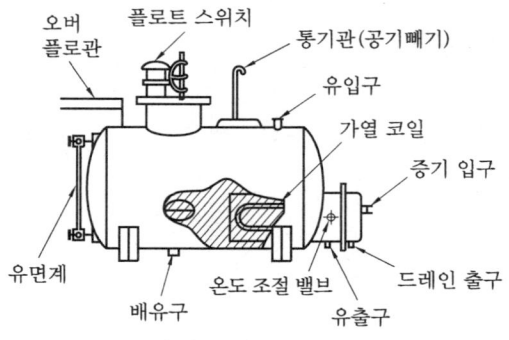

서비스 탱크의 구조

④ 여과기(strainer) : 연료 공급관 중에 설치된 기기의 입구에 설치하여 연료 중에 혼합되어 있는 불순물을 제거하여 유량계, 펌프 등의 기기를 보호하고, 분무 효과를

높여 연소를 양호하게 한다. 연료 펌프의 흡입 및 토출측에 일반적으로 설치되며, 흡입측 여과기는 펌프를 보호하고, 토출측 여과기는 유량계 및 버너 등을 보호하는 역할을 한다.
 ㈎ 종류 : Y형 여과기, U형 여과기, V형 여과기
 ㈏ 중유용 : 흡입측(20~60mesh), 토출측(60~120mesh)
 ㈐ 경유, 등유용 : 흡입측(80~120mesh), 토출측(100~250mesh)
⑤ 유 예열기(oil preheater) : 중유의 점도를 적게 하여 유동성과 무화를 양호하게 하여 버너의 연소 효율을 좋게 하는 장치이다.
 ㈎ 종류 : 전기식, 증기식
 ㈏ 연료 예열 목적
  ㉮ 한랭 시 연료의 동결 방지 ㉯ 연료의 무화를 양호하게 유지
  ㉰ 연료 이송을 양호하게 유지 ㉱ 점화 효율 증대
 ㈐ 예열 온도 : 인화점보다 5°C 낮게(90±5°C)
 ㈑ 전기식 유 예열기 용량 계산식

$$\text{kW}h = \frac{G_f \cdot C_f \cdot \Delta t}{860\eta}$$

  여기서, G_f : 연료 사용량(kg/h) C_f : 연료의 비열(kcal/kg·°C)
     Δt : 유 예열기 입출구 온도차(°C) η : 유 예열기 효율(%)

⑥ 급유 펌프 : 연료의 이송, 분무압을 높이기 위하여 설치하며, 종류는 기어 펌프, 원심 펌프, 스크루 펌프가 있다.
 ㈎ 연료 이송 펌프 : 저장 탱크에서 서비스 탱크까지 연료유를 공급하는 펌프이다.
 ㈏ 급유 펌프(분연 펌프) : 서비스 탱크에서 버너까지 연료유를 공급하는 것으로, 버너 용량의 1.2~1.5배로 한다.
⑦ 전자 밸브(solenoid valve) : 화염 검출기, 증기 압력 제한기, 저수위 경보기, 송풍기와 연결하여 이상 감수, 실화 및 과부하 시 연료를 차단하여 안전사고를 방지한다.

(4) 보염 장치

연료와 공기와의 혼합을 양호하게 하고 확실한 착화와 화염의 안정을 도모하기 위하여 설치하는 장치이다.
① 보염 장치의 설치 목적
 ㈎ 화염의 형상 조절 ㈏ 안정된 착화 도모
 ㈐ 전열 효율 촉진 ㈑ 공기와 연료의 혼합 촉진
② 종류
 ㈎ 윈드 박스(wind box) : 압입 통풍 방식에서 버너를 장치하는 벽면에 설치되는 밀폐된 상자로서, 풍도(風道)에서 공기를 흡입하여 동압의 대부분을 정압으로

노 내에 유입시키는 역할을 하는 것으로, 내부에 다수의 안내 날개(guide vane)가 설치되어 있다.

   (내) **보염기**(保炎器) : 버너 팁 선단에 부착하여 착화를 원활하게 하고 화염의 안정된 연소를 도모하는 장치로, 선회기를 설치하여 연소용 공기에 선회 운동을 주어 원추상으로 분사시켜 내측에 저압 부분의 형성으로 저속 영역을 만들어 착화를 쉽게 하는 것인데, 선회기 방식, 스태빌라이저(stabilizer), 콤버스터(combuster)가 있다.

   (대) **버너 타일**(burner tile) : 노벽에 설치한 버너 슬롯을 구성하는 내화재로서, 불꽃을 안정시키고, 노 내에 분사되는 연료와 공기의 혼합을 양호하게 하여 착화와 화염의 안정을 주는 역할을 하는 것이다.

(5) 점화 장치

점화 트랜스를 이용하여 10000~15000V의 전압에 의한 전기 스파크를 이용한 점화 장치가 사용되며, 점화용 연료는 경유 또는 LPG가 사용된다.

2-4 기체 연료 연소 장치

(1) 가스버너의 특징
① 연소 성능이 좋고, 고부하 연소가 가능하다.
② 연소량 조절이 간단하고, 그 범위가 넓다.
③ 정확한 온도 제어가 가능하다.
④ 버너 구조가 간단하며, 보수가 용이하다.
⑤ 배기가스 중 유해 물질이 적어 공해 대책에 유리하다.

(2) 확산 연소(diffusion combustion) 방식

공기(또는 산소)와 기체 연료를 각각 연소실에 공급하고, 연료와 공기의 경계면에서 자연 확산으로 연소할 수 있는 적당한 혼합기를 형성한 부분에서 연소가 일어나는 외부 혼합형이다.

① 종류

   (개) **포트형**(port type) : 가스와 공기를 고온으로 예열할 수 있고, 가스를 노즐을 통해 연소실 내로 확산하면서 공기와 혼합하여 연소하는 형태로, 탄화수소가 적은 발생로 가스, 고로 가스 등을 연소시키는 데 적합하다.

   (내) **버너형**(burner type) : 안내 날개에 의해 가스와 공기를 혼합시켜 연소실로 확산시키는 버너로, 선회 버너와 방사형 버너로 구분된다.

② 특징
　㈎ 조작 범위가 넓으며, 역화의 위험성이 없다.
　㈏ 가스와 공기를 예열할 수 있고, 화염이 길다.
　㈐ 탄화수소가 적은 연료에 적당하다.
③ 보일러용 연소 장치의 종류
　㈎ 건 타입(gun type) 버너 : 센터 파이어형(center fire type)이라고 하며, 파이프 끝에 다수의 분사구를 갖는 가스 분사관을 공기 노즐 중심에 설치한 것으로, 가스 압력이 높은 경우에 사용한다.
　㈏ 링 타입(ring type) 버너 : 노벽의 버너 입구의 내측 주변에 원형의 연료관을 두고 다수의 분사 구멍을 만들어 유입되는 공기 기류 속에 가스를 분사시켜 연소한다.
　㈐ 스크롤형(scroll type) 버너 : 비교적 구멍이 큰 노즐이 방사형으로 되어 있기 때문에 가스 공급 압력이 낮은 경우나 발열량이 낮은 가스의 대량 연소에 적합하다. 유류와 가스의 동시 연소가 가능하다.
　㈑ 다분기관형(multi spot type) 버너 : 다수의 분기관을 설치하여 가스 압력이 낮은 경우에도 공기와 혼합이 양호하며, 유류와 병용하여 사용할 수 있다.
④ 노(爐)용 연소 장치의 종류
　㈎ 직접 가열 방식 : 대류 전열을 이용한 것으로, 종류에는 고온로(爐)용 가스버너(제철용 가열로에 사용), 베리어블 플레임 버너(워킹 빔식 가열로에 사용), 고속 가스버너(강제 가열용), 흡인식 가스버너(석유 정제용 가열로에 사용) 등이 있다.
　㈏ 간접 가열 방식 : 복사열을 이용한 것으로, 종류에는 루프 가스버너(스파이럴 버너), 라디안 튜브 방식 버너 등이 있다.

(3) 예혼합 연소(premixed combustion) 방식

기체 연료와 연소에 필요한 공기 또는 산소를 미리 혼합한 혼합기를 연소시키는 방법으로, 화염면이라고 하는 고온의 반응면이 형성되어 자력으로 전파해 나가는 특징이 있는 내부 혼합 방식이다.
① 특징
　㈎ 가스와 공기의 사전 혼합형이다.
　㈏ 화염이 짧으며, 고온의 화염을 얻을 수 있다.
　㈐ 연소 부하가 크고, 역화의 위험성이 크다.
② 부분 예혼합형 연소 장치의 종류
　㈎ 저압 버너 : 분젠식 버너라고 하며, 가스를 노즐로부터 분출시켜 주위의 공기를 1차 공기로 흡입하는 방식으로, 연소 속도가 빠르고, 선화 현상 및 소화음, 연소음이 발생한다. 일반 가스 기구에 사용된다. 1차 공기량을 40% 미만 취하는 방식

을 세미 분젠식이라고 한다.

(나) 고압 버너 : LPG, 부탄가스 등과 공기를 혼합하여 사용하는 버너로, 가스 압력을 0.2MPa 이상으로 한다.

(다) 송풍 버너 : 연소용 공기를 가압하여 연소하는 형식의 버너로, 고압 버너와 마찬가지로 공기를 노즐로 분사함과 동시에 가스를 흡인 혼합하여 연소하는 형식이다.

③ 완전 예혼합형 연소 장치의 종류

(가) 리텐션(retention) 가스버너 : 버너 선단에 리텐션 링(retention ring)을 설치하여 파일럿 화염을 보호하며 화염 안정 범위를 넓게 한다.

(나) 링 리텐션(ring retention) 가스버너 : 가스 유량이 많을 경우나 공간의 분포가 균일하여야 할 경우에 사용 가스 노즐이 여러 개가 있어 균일 온도를 얻을 수 있다.

(4) 가스 연소 시 발생되는 이상 현상

① 역화(back fire) : 가스의 연소 속도가 염공에서의 가스 유출 속도보다 크게 되었을 때 불꽃은 염공에서 버너 내부에 침입하여 노즐의 선단에서 연소하는 현상으로, 원인은 다음과 같다.

(가) 염공이 크게 되었을 때
(나) 노즐의 구멍이 너무 크게 된 경우
(다) 콕이 충분히 개방되지 않은 경우
(라) 가스의 공급 압력이 저하되었을 때
(마) 버너가 과열된 경우

② 선화(lifting) : 염공에서의 가스의 유출 속도가 연소 속도보다 커서 염공에 접하여 연소하지 않고 염공을 떠나 공간에서 연소하는 현상으로, 원인은 다음과 같다.

(가) 염공이 작아졌을 때
(나) 공급 압력이 지나치게 높을 경우
(다) 배기 또는 환기가 불충분할 때(2차 공기량 부족)
(라) 공기 조절 장치를 지나치게 개방하였을 때(1차 공기량 과다)

③ 블로오프(blowoff) : 불꽃 주변 기류에 의하여 불꽃이 염공에서 떨어져 연소하는 현상이다.

④ 옐로 팁(yellow tip) : 불꽃의 끝이 적황색으로 되어 연소하는 현상으로, 연소 반응이 충분한 속도로 진행되지 않을 때, 1차 공기량이 부족하여 불완전 연소가 될 때 발생한다.

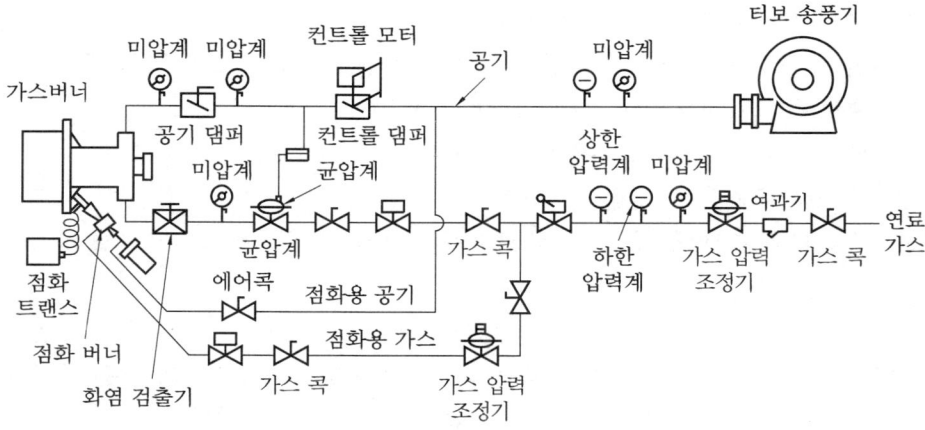

가스보일러용 연소 계통도

3. 통풍 및 통풍 장치

3-1 통풍 방식

(1) 통풍 방법의 종류 및 특징

① 자연 통풍 : 연돌에 의한 통풍 방식으로, 배기가스와 외부 공기와의 비중량 차에 의해서 통풍력이 발생되는 것인데, 다음과 같은 특징이 있다.
  ㈀ 통풍력은 연돌의 높이, 배기가스의 온도, 외기 온도 및 습도의 영향을 받는다.
  ㈁ 노 내 압력이 부압으로 형성된다.
  ㈂ 통풍력이 약해 구조가 복잡한 보일러는 부적당하다.
  ㈃ 배기가스 유속이 3~4 m/s 정도이다.
② 강제 통풍 : 송풍기를 이용하는 것으로, 통풍력이 자유로이 가감되고 배기가스 온도에 영향을 받지 않으므로 연도에 폐열 회수 장치를 설치하여 보일러 효율을 증가시킬 수 있는 방법인데, 압입, 흡입, 평형 통풍의 3종류로 분류할 수 있다.
  ㈀ 압입 통풍 : 송풍기를 연소실 앞에 두고 연소용 공기를 대기압 이상의 압력으로 연소실에 밀어 넣는 방식으로, 다음과 같은 특징이 있다.
    ㉮ 연소실 내의 압력이 정압으로 유지된다.
    ㉯ 연소용 공기를 예열할 수 있다.
    ㉰ 송풍기 고장이 적고, 점검 및 보수가 쉽다.
    ㉱ 동력 소비가 흡입 통풍식보다 적다.

㈑ 배기가스 유속은 8m/s 이하이다.
㈏ 흡입 통풍 : 송풍기를 연도 중에 설치하여 연소 배기가스를 직접 흡입하여 강제로 배출시키는 방법으로, 다음과 같은 특징이 있다.
  ㉮ 연소실 내의 압력이 부압으로 유지된다.
  ㉯ 연소용 공기를 예열할 수 있다.
  ㉰ 송풍기의 수명이 짧고 점검 보수가 어렵다.
  ㉱ 송풍기 소요 동력이 크다.
  ㉲ 배기가스 유속은 8~10m/sec 정도이다.
㈐ 평형 통풍 : 압입 통풍과 흡입 통풍을 병행하는 방식으로 다음과 같은 특징이 있다.
  ㉮ 연소실 내의 압력을 정압이나 부압으로 조절할 수 있다.
  ㉯ 동력 소비가 커 유지비가 많이 소요된다.
  ㉰ 초기 설비비가 많이 소요된다.
  ㉱ 강한 통풍력을 얻을 수 있다.
  ㉲ 배기가스 유속은 10m/s 이상이다.

(2) 연돌의 통풍력 계산

① 연돌의 통풍력이 증가되는 경우
  ㈎ 연돌의 높이가 높을수록
  ㈏ 연돌의 단면적이 클수록
  ㈐ 연돌의 굴곡부가 적을수록
  ㈑ 배기가스 온도가 높을수록
  ㈒ 외기 온도가 낮을수록

② 이론 통풍력 계산 : 연돌의 이론 통풍력은 배기가스와 대기의 비중량 차에 의하여 다음과 같은 식으로 계산할 수 있다.

$$Z = H(\gamma_a - \gamma_g) = 273H\left(\frac{\gamma_a}{T_a} - \frac{\gamma_g}{T_g}\right) = H\left(\frac{353}{T_a} - \frac{367}{T_g}\right)$$

여기서, Z : 이론 통풍력(mmH$_2$O) H : 연돌의 높이(m)
γ_a : 대기 비중량(kgf/m^3) γ_g : 배기가스 비중량(kgf/m^3)
T_a : 대기 절대 온도(K) T_g : 배기가스 절대 온도(K)

㈎ 이론 통풍력 약식
  ㉮ 배기가스 비중량을 대기에 대한 비중량으로 주어지는 경우 : 대기(공기)의 비중량을 1로 놓고 배기가스 비중량을 대기의 몇 배 값으로 주어지는 경우

$$Z = 353H\left(\frac{1}{T_a} - \frac{\gamma_g}{T_g}\right)$$

㉯ 표준 상태(STP 상태 : 0°C, 1기압)에서 대기의 비중량은 1.294kgf/Nm³, 배기가스 비중량은 액체 연료가 1.34kgf/Nm³, 기체 연료가 1.25kgf/Nm³가 된다. 여기서, 배기가스의 평균 비중량을 1.3kgf/Nm³로 가정하면 1.3×273= 355가 된다.

$$\therefore Z = 355H\left(\frac{1}{T_a} - \frac{1}{T_g}\right)$$

㉯ 연돌 내의 배기가스 온도는 연도 길이 또는 연돌 높이 1m당 0.3~0.5°C 정도의 온도 강하가 있다.

㉰ 일반적으로 연돌 높이는 주위 건물 높이의 2.5배 이상으로 한다.

③ 실제 통풍력 계산 : 연돌에서의 실제 통풍력은 이론 통풍력으로부터 연도 및 연돌 내의 마찰 저항, 곡부 저항, 온도 강하로 인한 통풍력이 감소된다. 이때 발생되는 통풍력 손실을 제외한 통풍력이 실제 통풍력이 되며, 이론 통풍력의 80% 정도이다.

④ 통풍력 손실의 원인
  ㉮ 연도의 굴곡부가 많을 때
  ㉯ 연도의 단면적이 급격히 변할 때
  ㉰ 연돌 및 연돌 벽면에 의한 마찰 저항이 증가할 때
  ㉱ 연도 및 연돌에 틈이 생겨서 외기가 침입할 때

(3) 연돌의 높이 및 단면적 계산

① 연돌 높이 : 통풍력을 계산하는 공식으로부터 계산하면 된다.

$$H = \frac{Z}{\gamma_a - \gamma_g} = \frac{Z}{273\left(\frac{\gamma_a}{T_a} - \frac{\gamma_g}{T_g}\right)} = \frac{Z}{\left(\frac{353}{T_a} - \frac{367}{T_g}\right)}$$

② 연돌의 상부 단면적 계산 : 연돌의 지름이 작으면 연돌 내의 배기가스 속도가 크게 되며 마찰 저항이 증가된다. 반대로 연돌의 지름이 너무 크면 바람이 강할 때 연돌 내로 역류하는 현상이 발생하므로 연돌의 단면적은 적절히 결정하여야 한다.

$$F = \frac{G(1 + 0.0037t)\left(\frac{760}{P_g}\right)}{3600W}$$

여기서, F : 연돌의 상부 단면적(m²) G : 배기가스량(Nm³/h)
       t : 배기가스의 온도(°C) P_g : 배기가스 압력(mmHg)
       W : 배기가스의 유속(m/s)

3-2 통풍 장치

(1) 송풍기의 종류

① 원심식 송풍기 : 임펠러의 회전에 의한 원심력으로 공기를 공급하는 형식으로, 터보형, 다익형(실리코형), 플레이트형으로 분류된다.

  (가) 터보형 : 후향 날개를 16~24개 정도 설치한 형식
   ㉮ 효율이 높다.
   ㉯ 소요 동력이 적다.
   ㉰ 높은 풍압을 얻을 수 있다.
   ㉱ 형상이 크고 가격이 비싸다.
   ㉲ 주로 압입 송풍기로 사용된다.

  (나) 실로코형 : 전향 날개를 많이 설치한 형식
   ㉮ 풍량이 많다.
   ㉯ 풍압이 낮다.
   ㉰ 소요 동력이 많이 필요하다.
   ㉱ 효율이 낮다.
   ㉲ 제작비가 저렴하다.

  (다) 플레이트형 : 방사형 날개를 6~12개 정도 설치한 형식
   ㉮ 풍압이 비교적 낮은 편이다.
   ㉯ 효율은 비교적 높다.
   ㉰ 플레이트의 교체가 용이하다.
   ㉱ 흡입 송풍기로 적당하다.

② 축류식 송풍기 : 프로펠러형으로, 축 방향으로 공기가 유입되고 송출되는 형식이다.
  (가) 환기용, 배기용으로 적당하다.
  (나) 풍압이 낮다.
  (다) 소음 발생이 심하다.
  (라) 흡입 송풍기로 적당하다.

③ 소요 동력 계산

$$\text{PS} = \frac{P \cdot Q}{75\eta} \qquad \text{kW} = \frac{P \cdot Q}{102\eta}$$

  여기서, P : 풍압(mmH$_2$O, kgf/m^2) Q : 풍량(m^3/s)
  η : 송풍기 효율(%)

④ 원심식 송풍기의 풍량 조절법
  (가) 회전수 제어에 의한 방법
  (나) 토출 베인 각도 조절에 의한 방법
  (다) 흡입 베인 각도 조절에 의한 방법
  (라) 베인 컨트롤에 의한 방법
  (마) 바이패스에 의한 방법

⑤ 원심식 송풍기 상사의 법칙 : 회전수 변화 및 임펠러 지름의 변화에 따른 풍량(Q), 풍압(P), 동력(L)의 변화관계를 나타낸 것이다.

  (가) 풍량 $Q_2 = Q_1 \times \left(\dfrac{N_2}{N_1}\right) \times \left(\dfrac{D_2}{D_1}\right)^3$

  (나) 풍압 $P_2 = P_1 \times \left(\dfrac{N_2}{N_1}\right)^2 \times \left(\dfrac{D_2}{D_1}\right)^2$

㈐ 동력 $L_2 = L_1 \times \left(\dfrac{N_2}{N_1}\right)^3 \times \left(\dfrac{D_2}{D_1}\right)^5$

여기서, Q_1, Q_2 : 변화 전후의 풍량(m³/s) P_1, P_2 : 변화 전후의 풍압(mmH₂O)
L_1, L_2 : 변화 전후의 동력(PS, kW)

(2) 댐퍼(damper)

① 설치 목적
  ㈎ 통풍력을 조절하여 연소 효율을 상승시킨다.
  ㈏ 배기가스의 흐름을 조절한다.
  ㈐ 배기가스의 흐름 방향을 전환한다.

② 종류
  ㈎ 작동 상태에 의한 분류 : 회전식 댐퍼, 승강식 댐퍼
  ㈏ 형상에 의한 분류 : 버터플라이 댐퍼, 다익 댐퍼, 스플릿 댐퍼

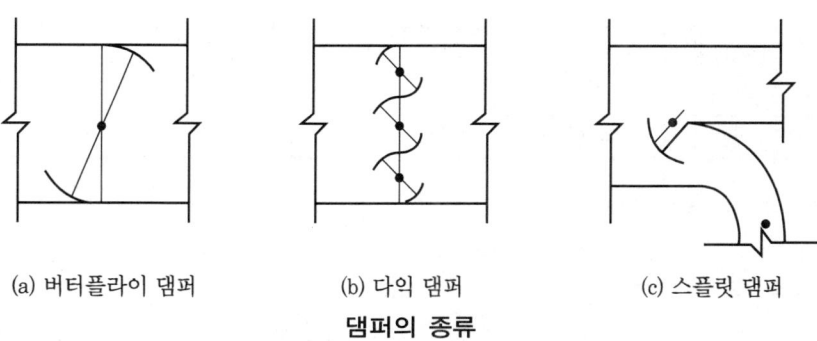

(a) 버터플라이 댐퍼   (b) 다익 댐퍼   (c) 스플릿 댐퍼
댐퍼의 종류

4. 매연 및 집진 장치

4-1 매연(煤煙)

(1) 매연 측정

① 매연 발생 원인
  ㈎ 통풍이 부족하거나 과대할 때   ㈏ 무리한 연소를 할 때
  ㈐ 연소실 온도가 낮을 때   ㈑ 연소실 용적이 적을 때
  ㈒ 연소 장치와 연료가 맞지 않을 때 ㈓ 연소 장치가 불량한 때
  ㈔ 공기비가 맞지 않을 때   ㈕ 취급자의 취급이 잘못되었을 때

② 링겔만(Ringelmann) 농도표에 의한 측정
  ㈎ 링겔만 농도표

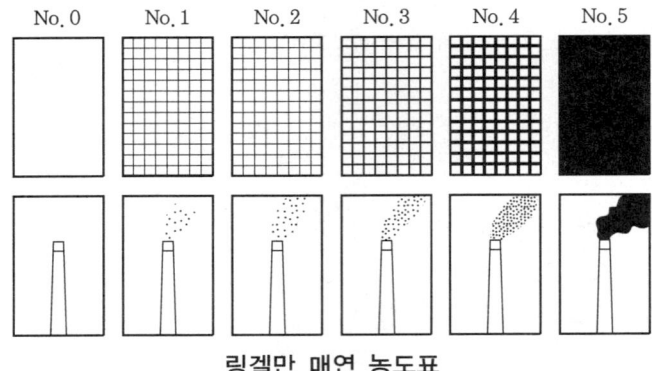

링겔만 매연 농도표

  ㈏ 링겔만 매연 농도표는 No. 0~5번까지 6종으로 구분하고, 번호 1의 증가에 따라 매연 농도는 20%씩 증가한다.

농도 번호(No.)	0도	1도	2도	3도	4도	5도
농도율(%)	0	20	40	60	80	100
연기 색	무색	엷은 회색	회색	엷은 흑색	흑색	암흑색

  ㈐ 매연 농도 측정 방법
    ㉮ 연돌과 관측자의 거리 : 30~39m
    ㉯ 매연 농도 위치 : 관측자로부터 16m
    ㉰ 배기가스 색과 농도표 비교 : 연돌 상부로부터 30~45cm
  ㈑ 관측 요령
    ㉮ 태양을 정면으로 받지 않을 것
    ㉯ 배경이 밝은 위치에서 관측할 것
    ㉰ 개인 오차가 없도록 여러 사람이 측정할 것
  ㈒ 매연 농도율 계산

$$농도율(\%) = \frac{총\ 매연값 \times 20}{측정\ 시간}$$

③ 배커랙 스모크 테스터(Bacharach smoke tester) : 일정 면적을 갖는 여과지에 연도 가스를 흡입 펌프를 사용하여 통과시켜서 여과지 표면에 부착된 부유 탄소 입자들의 색 농도를 육안(또는 광도계를 사용)으로 표준 번호를 붙인 색 농도표와 비교하여 매연 농도 번호를 표시하는 방법으로, 보일러 운전 중 매연 농도는 스모크 스케일 4 이하이다.
④ 광학식 매연 농도계 : 연돌 한쪽에 광원을 놓고 반대쪽에 광원으로부터의 광량 변화

를 측정하는 광전관, 광전지 등을 놓고 빛의 투과율을 측정하여 매연 농도를 측정하는 방법이다.

4-2 집진 장치

(1) 집진 장치 선정 시 고려 사항
① 분진의 입도 및 분포　　　② 집진기의 처리 효율
③ 집진 장치에 의한 압력 손실　　④ 제거하여야 할 분진의 양
⑤ 집진 시설 관리 및 유지비　　⑥ 집진 후 폐기물의 처리 문제

(2) 건식 집진 장치의 종류 및 특징
① 중력 집진 장치 : 중력에 의하여 배기가스 중의 입자를 자연 침강에 의하여 분리, 포집하는 방식으로, 특징은 다음과 같다.
　㈎ 구조가 간단하다.　　　　　㈏ 압력 손실이 비교적 적다.
　㈐ 설비비 및 유지비가 적게 든다.　㈑ 고온 가스 처리가 용이하다.
　㈒ 집진기 효율이 낮다.　　　　㈓ 미세 입자 포집이 어렵다.
　㈔ 부하 및 유량 변동에 적응성이 낮다.
　㈕ 취급 입자 : 20~1000μ
　㈖ 압력 손실 : 10~15mmH$_2$O　㈗ 집진 효율 : 40~60%

② 관성력 집진 장치 : 기류에 급격한 방향 전환을 주어 배기가스 중의 함진 입자의 관성력에 의하여 분리하는 방식으로, 특징은 다음과 같다.
　㈎ 구조가 간단하고 취급이 쉽다.　㈏ 유지비가 적게 소요된다.
　㈐ 다른 집진 장치의 전처리용으로 사용된다.
　㈑ 집진 효율이 낮다.
　㈒ 미세한 입자의 포집 효율이 낮다.　㈓ 취급 입자 : 50~100μ
　㈔ 압력 손실 : 30~70mmH$_2$O　㈕ 집진 효율 : 50~70%

③ 원심력 집진 장치 : 함진 가스에 선회 운동을 주어 입자에 원심력을 작용시켜 입자를 분리하는 방식으로, 사이클론식과 멀티클론식이 있으며, 특징은 다음과 같다.
　㈎ 구조가 간단하고 취급이 용이하다.
　㈏ 유지비가 적게 소요된다.
　㈐ 고온 가스의 처리가 가능하다.　㈑ 설치 장소에 구애받지 않는다.
　㈒ 집진 효율이 높다.　　　　　㈓ 압력 손실이 크다.
　㈔ 취급 입자 : 3~100μ　　　㈕ 압력 손실 : 50~150mmH$_2$O
　㈖ 집진 효율 : 사이클론식(50~70%), 멀티클론식(70~95%)

④ 여과 집진 장치 : 함진 가스를 여과재(filter)에 통과시켜 입자를 분리, 포집하는 방식으로, 백 필터(bag filter)가 대표적이며, 특징은 다음과 같다.
   ㈎ 집진 효율이 높다.
   ㈏ 설비 비용이 많이 소요된다.
   ㈐ 백(bag)이 마모되기 쉽다.
   ㈑ 100°C 이상 고온 가스, 습 가스 처리가 부적당하다.
   ㈒ 취급 입자 : 0.1~20μ
   ㈓ 압력 손실 : 100~200mmH$_2$O
   ㈔ 집진 효율 : 90~99%

(3) 습식 집진 장치의 종류 및 특징

① 벤투리 스크러버 : 함진 가스를 벤투리관의 목 부분에서 유속을 60~90m/s 정도로 빠르게 하여 주변의 노즐을 통하여 물이 흡입, 분사되게 하여 액적과 입자가 충돌하여 포집한다. 특징으로는 다음과 같다.
   ㈎ 소형으로 대용량 가스 처리가 가능하다.
   ㈏ 제진 효율이 가장 높다.
   ㈐ 설치 면적이 적게 소요된다.
   ㈑ 먼지 및 가스의 동시 제거가 가능하다.
   ㈒ 압력 손실이 크고, 세정액이 다량으로 소비된다.
   ㈓ 동력비가 많아 운전 비용이 많이 소요된다.
   ㈔ 먼지 부하 및 가스 유동에 민감하다.
   ㈕ 취급 입자 : 0.1~100μ
   ㈖ 압력 손실 : 100~200mmH$_2$O
   ㈗ 집진 효율 : 80~95%

② 사이클론 스크러버 : 가압한 물을 원심력에 의해 노즐에 분무하여 함진 가스 내로 통과시켜 집진하는 방식으로, 특징은 다음과 같다.
   ㈎ 집진 효율이 높다.
   ㈏ 구조가 간단하며, 이용성 가스에 효과적이다.
   ㈐ 대용량 가스 처리가 가능하다.
   ㈑ 분무 노즐이 막힐 염려가 없다.
   ㈒ 높은 수압을 필요로 하므로 동력 소비가 많다.
   ㈓ 사이클론 지름을 크게 하면 효율이 저하한다.
   ㈔ 취급 입자 : 5~100μ
   ㈕ 압력 손실 : 100~200mmH$_2$O
   ㈖ 집진 효율 : 75~95%

③ 제트 스크러버 : 이젝터(ejector)를 사용하여 물을 고압으로 분무시켜 먼지를 물방울 속에 접촉 포집하는 방식으로, 특징은 다음과 같다.
　㈎ 송풍기가 필요 없다.
　㈏ 가스측 저항이 적고, 제진 효율이 좋다.
　㈐ 용수 소요량이 많아 동력 비용 및 유지비가 비싸다.
　㈑ 대량 가스 처리에 부적합하다.

(4) 전기 집진 장치

① 원리 : 양 전극 사이에 코로나 방전이 일어나 방전극 주위의 기체는 이온화되고, 이온화된 가스 입자는 강한 전장의 작용으로 +극을 향하여 운동하고, 그 사이를 흐르는 가스 속의 고체 분진은 −로 대전되어 집진극에 모여 표면에 퇴적한다.
② 특징
　㈎ 제진 효율이 가장 높다.
　㈏ 압력 손실이 적고, 미세한 입자 제거에 용이하다.
　㈐ 대량의 가스를 취급할 수 있다.
　㈑ 보수비, 운전비가 적다.
　㈒ 설치 소요 면적이 크고, 설비비가 많이 소요된다.
　㈓ 부하 변동에 적응이 어렵다.
③ 성능
　㈎ 취급 입자 : 0.05~20μ
　㈏ 압력 손실 : 건식(10mmH_2O), 습식(20mmH_2O)
　㈐ 집진 효율 : 90~99.9%

5. 연소 계산

5-1 연료 중 가연 성분

연료 성분 중 가연 성분은 탄소(C), 수소(H), 황(S)이며, 불순물(불연성 물질)로는 회분(A), 수분(W) 등이 포함되어 있다. 가연 물질로는 탄소(C), 수소(H)가 해당되며, 황(S) 성분은 연소 시 황화합물을 생성하여 악영향을 미치므로 제거한다.

5-2 완전 연소 반응식

완전 연소 반응식은 표준 상태(STP 상태 : 0°C, 1기압)에서 가연성 물질이 산소(공기)와 반응하여 완전 연소하는 것으로 가정하여 계산한다.

(1) 고체 및 액체 연료

① 탄소(C)
- (가) 반응식 : $C + O_2 \rightarrow CO_2$
- (나) 중량비 : 12kg 32kg 44kg
- (다) 체적비 : $22.4Nm^3$ $22.4Nm^3$ $22.4Nm^3$
- (라) 탄소 1kg당 질량 : 1kg 2.67kg 3.667kg
- (마) 탄소 1kg당 체적 : 1kg $1.867Nm^3$ $1.867Nm^3$

② 수소(H_2)
- (가) 반응식 : $H_2 + \dfrac{1}{2}O_2 \rightarrow H_2O$
- (나) 중량비 : 2kg 16kg 18kg
- (다) 체적비 : $22.4Nm^3$ $11.2Nm^3$ $22.4Nm^3$
- (라) 수소 1kg당 질량 : 1kg 8kg 9kg
- (마) 수소 1kg당 체적 : 1kg $5.6Nm^3$ $11.2Nm^3$

③ 유황(S)
- (가) 반응식 : $S + O_2 \rightarrow SO_2$
- (나) 중량비 : 32kg 32kg 64kg
- (다) 체적비 : $22.4Nm^3$ $22.4Nm^3$ $22.4Nm^3$
- (라) 유황 1kg당 질량 : 1kg 1kg 2kg
- (마) 유황 1kg당 체적 : 1kg $0.7Nm^3$ $0.7Nm^3$

(2) 기체 연료(탄화수소)

① 프로판(C_3H_8)
- (가) 반응식 : $C_3H_8 + 5O_2 \rightarrow 3CO_2 + 4H_2O$
- (나) 중량비 : 44kg 5×32kg 3×44kg 4×18kg
- (다) 체적비 : $22.4Nm^3$ $5×22.4Nm^3$ $3×22.4Nm^3$ $4×22.4Nm^3$
- (라) 프로판 1kg당 질량 : 1kg 3.636kg 3kg 1.636kg
- (마) 프로판 1kg당 체적 : 1kg $2.545Nm^3$ $1.527Nm^3$ $2.036Nm^3$
- (바) 프로판 $1Nm^3$당 체적 : $1Nm^3$ $5Nm^3$ $3Nm^3$ $4Nm^3$

② 부탄(C_4H_{10})

 (가) 반응식 : C_4H_{10} + $6.5O_2$ → $4CO_2$ + $5H_2O$

 (나) 중량비 :   58kg   6.5×32kg   4×44kg   5×18kg

 (다) 체적비 :   22.4Nm³   6.5×22.4Nm³   4×22.4Nm³   5×22.4Nm³

 (라) 부판 1kg당 질량 :   1kg   3.586kg   3.034kg   1.552kg

 (마) 부판 1kg당 체적 :   1kg   2.51Nm³   1.545Nm³   1.931Nm³

 (바) 부판 1Nm³당 체적 :   1Nm³   6.5Nm³   4Nm³   5Nm³

③ 메탄(CH_4)

 (가) 반응식 : CH_4 + $2O_2$ → CO_2 + $2H_2O$

 (나) 중량비 :   16kg   2×32kg   44kg   2×18kg

 (다) 체적비 :   22.4Nm³   2×22.4Nm³   22.4Nm³   2×22.4Nm³

 (라) 메탄 1kg당 질량 :   1kg   4kg   2.75kg   2.25kg

 (마) 메탄 1kg당 체적 :   1kg   2.8Nm³   1.4Nm³   2.8Nm³

 (바) 메탄 1Nm³당 체적 :   1Nm³   2Nm³   1Nm³   2Nm³

> **참고**
>
> 탄화수소(C_mH_n)의 완전 연소 반응식
>
> $$C_mH_n + \left(m + \frac{n}{4}\right)O_2 \rightarrow mCO_2 + \frac{n}{2}H_2O$$

(3) 완전 연소의 조건

 ① 적절한 공기 공급과 혼합을 잘 시킬 것
 ② 연소실 온도를 착화 온도 이상으로 유지할 것
 ③ 연소실을 고온으로 유지할 것
 ④ 연소에 충분한 연소실과 시간을 유지할 것

5-3 이론 산소량, 이론 공기량 계산

공기 중 산소는 체적(Nm³)으로 21%, 질량(kg)으로 23.2% 존재하므로, 완전 연소 반응식에서 이론 산소량에 체적 및 질량 비율로 나누어 주면 이론 공기량이 계산된다.

(1) 이론 산소량(O_0), 이론 공기량(A_0) 계산 방법

 ① 연료 1kg당 이론 산소량(kg) 및 이론 공기량(kg) 계산 → 단위(kg/kg)
 ② 연료 1kg당 이론 산소량(Nm³) 및 이론 공기량(Nm³) 계산 → 단위(Nm³/kg)

③ 연료 1Nm³당 이론 산소량(kg) 및 이론 공기량(kg) 계산 → 단위(kg/Nm³)
④ 연료 1Nm³당 이론 산소량(Nm³) 및 이론 공기량(Nm³) 계산 → 단위(Nm³/Nm³)

(2) 고체 및 액체 연료

① 연료 1kg당 이론 산소량(kg) 및 이론 공기량(kg) 계산

　(가) 이론 산소량(kg/kg) 계산

$$O_0(\text{산소 kg/연료 kg}) = 2.67C + 8\left(H - \frac{O}{8}\right) + S$$

　(나) 이론 공기량(kg/kg) 계산

$$A_0(\text{공기 kg/연료 kg}) = \frac{O_0}{0.232} = 11.49C + 34.5\left(H - \frac{O}{8}\right) + 4.31S$$

② 연료 1kg당 이론 산소량(Nm³) 및 이론 공기량(Nm³) 계산

　(가) 이론 산소량(Nm³/kg) 계산

$$O_0(\text{산소 Nm}^3/\text{연료 kg}) = 1.867C + 5.6\left(H - \frac{O}{8}\right) + 0.7S$$

　(나) 이론 공기량(Nm³/kg) 계산

$$A_0(\text{산소 Nm}^3/\text{연료 kg}) = \frac{O_0}{0.21} = 8.89C + 26.67\left(H - \frac{O}{8}\right) + 3.33S$$

> **참고**
>
> ① C, H, S, O는 연료 1kg당 비율(%)이므로, 계산 시 $\frac{x[\%]}{100}$로 계산한다.
>
> ② $\left(H - \frac{O}{8}\right)$: 연료 속에 산소가 함유되어 있을 경우에는 수소 중의 일부는 이 산소와 반응하여 결합수(H_2O)를 생성하므로 수소의 전부가 연소하지 않고 이 산소의 상당량만큼의 수소$\left(\frac{1}{8}O배\right)$가 연소하지 않는다.

(3) 기체 연료

프로판(C_3H_8)의 이론 산소량(O_0) 및 이론 공기량(A_0) 계산

① 프로판(C_3H_8) 1kg당 이론 산소량(kg) 및 이론 공기량(kg) 계산

$$C_3H_8 + 5O_2 \rightarrow 3CO_2 + 4H_2O$$

　　44kg : 5×32kg = 1kg : $x(O_0)$kg

　(가) 이론 산소량(O_0) 계산 : $x = \frac{1 \times 5 \times 32}{44} = 3.636\text{kg/kg}$

　(나) 이론 공기량(A_0) 계산 : $A_0(\text{kg/kg}) = \frac{O_0}{0.232} = \frac{3.636}{0.232} = 15.672\text{kg/kg}$

② 프로판(C_3H_8) 1kg당 이론 산소량(Nm^3) 및 이론 공기량(Nm^3) 계산

$$C_3H_8 + 5O_2 \rightarrow 3CO_2 + 4H_2O$$

$$44\text{kg} : 5 \times 22.4\text{Nm}^3 = 1\text{kg} : x(O_0)\text{Nm}^3$$

(가) 이론 산소량(O_0) 계산 : $x(O_0) = \dfrac{1 \times 5 \times 22.4}{44} = 2.545\text{Nm}^3/\text{kg}$

(나) 이론 공기량(A_0) 계산 : $A_0[\text{Nm}^3/\text{kg}] = \dfrac{O_0}{0.21} = \dfrac{2.545}{0.21} = 12.12\text{Nm}^3/\text{kg}$

③ 프로판(C_3H_8) 1Nm^3당 이론 산소량(kg) 및 이론 공기량(kg) 계산

$$C_3H_8 + 5O_2 \rightarrow 3CO_2 + 4H_2O$$

$$22.4\text{Nm}^3 : 5 \times 32\text{kg} = 1\text{Nm}^3 : x(O_0)\text{kg}$$

(가) 이론 산소량(O_0) 계산 : $x[\text{kg}/\text{Nm}^3] = \dfrac{1 \times 5 \times 32}{22.4} = 7.143\text{kg}/\text{Nm}^3$

(나) 이론 공기량(A_0) 계산 : $A_0[\text{kg}/\text{Nm}^3] = \dfrac{O_0}{0.232} = \dfrac{7.143}{0.232} = 30.79\text{kg}/\text{Nm}^3$

④ 프로판(C_3H_8) 1Nm^3당 이론 산소량(Nm^3) 및 이론 공기량(Nm^3) 계산

$$C_3H_8 + 5O_2 \rightarrow 3CO_2 + 4H_2O$$

$$22.4\text{Nm}^3 : 5 \times 22.4\text{Nm}^3 = 1\text{Nm}^3 : x(O_0)\text{Nm}^3$$

(가) 이론 산소량(O_0) 계산 : $x[\text{Nm}^3/\text{Nm}^3] = \dfrac{1 \times 5 \times 22.4}{22.4} = 5\text{Nm}^3/\text{Nm}^3$

(나) 이론 공기량(A_0) 계산 : $A_0[\text{Nm}^3/\text{Nm}^3] = \dfrac{O_0}{0.21} = \dfrac{5}{0.21} = 23.81\text{Nm}^3/\text{Nm}^3$

5-4 공기비 및 실제 공기량 계산

(1) 공기비

실제 연료의 연소 시 연료의 가연 성분과 공기 중 산소와의 접촉이 원활하게 이루어지지 못하기 때문에 이론 공기량만으로는 완전 연소가 어렵다. 따라서 이론 공기량보다 더 많은 공기를 공급하여 가연 성분과 공기 중 산소와의 접촉이 원활하게 이루어지도록 해야 한다. 즉, 실제 연소에 있어서 연료를 완전 연소시키기 위해 실제적으로 공급하는 공기량을 실제 공기량(A)이라 하고, 실제 공기량(A)과 이론 공기량(A_0)의 비를 공기비(m) 또는 과잉 공기 계수라고 하며, 다음과 같은 식이 성립된다.

$$m = \dfrac{A}{A_0} = \dfrac{A_0 + B}{A_0} = 1 + \dfrac{B}{A_0} \quad \therefore A = m \cdot A_0$$

여기서, m : 공기비(과잉 공기 계수) A : 실제 공기량
A_0 : 이론 공기량 B : 과잉 공기량

① 배기가스 분석에 의한 공기비 계산
  ㈎ 완전 연소의 경우 : 배기가스 중 일산화탄소(CO)가 포함되어 있지 않다.
  $$m = \frac{N_2}{N_2 - 3.76 O_2}$$
  ㈏ 불완전 연소의 경우 : 배기가스 중 일산화탄소(CO)가 포함되어 있다.
  $$m = \frac{N_2}{N_2 - 3.76(O_2 - 0.5 CO)}$$
  여기서, N_2 : 배기가스 중 질소 함유율(%)
  O_2 : 배기가스 중 산소 함유율(%)
  CO : 배기가스 중 일산화탄소 함유율(%)

② 공기비와 관계된 사항
  ㈎ 공기비(m) : 실제 공기량과 이론 공기량의 비
  $$\therefore m = \frac{A}{A_0} = \frac{A_0 + B}{A_0} = 1 + \frac{B}{A_0}$$
  ㈏ 과잉 공기량(B) : 실제 공기량과 이론 공기량의 차
  $$\therefore B = A - A_0 = (m-1)A_0$$
  ㈐ 과잉 공기율(%) : 과잉 공기량과 이론 공기량의 비율(%)
  $$\therefore 과잉 공기율(\%) = \frac{B}{A_0} \times 100 = \frac{A - A_0}{A_0} \times 100 = (m-1) \times 100$$
  ㈑ 과잉 공기비 : 과잉 공기량에 대한 이론 공기량의 비
  $$\therefore 과잉 공기비 = \frac{B}{A_0} = \frac{A - A_0}{A_0} = (m-1)$$

③ 연료에 따른 공기비
  ㈎ 기체 연료 : 1.1~1.3
  ㈏ 액체 연료 : 1.2~1.4(미분탄 포함)
  ㈐ 고체 연료 : 1.5~2.0(수분식), 1.4~1.7(기계식)

④ 공기비의 특성
  ㈎ 공기비가 클 경우
    ㉮ 연소실 내의 온도가 낮아진다.
    ㉯ 배기가스로 인한 손실 열이 증가한다.
    ㉰ 연료 소비량이 증가한다.
    ㉱ 배기가스 중 질소 화합물(NOx)이 많아져 대기 오염을 초래한다.
  ㈏ 공기비가 작을 경우
    ㉮ 불완전 연소가 발생하기 쉽다. (고체 및 액체 연료 : 매연 발생, 기체 연료 : CO 발생)

㉯ 연소 효율이 감소한다.
㉰ 열 손실이 증가한다.
㉱ 미연소 가스로 인한 역화의 위험이 있다.

(2) 실제 공기량 계산

실제 연소에 있어서 연료를 완전 연소시키기 위해 실제적으로 공급하는 공기량을 실제 공기량(A)이라고 하며, 이론 공기량(A_0)에다 과잉 공기량(B)을 합한 것이다.

$$\therefore A = m \cdot A_0 = A_0 + B$$

5-5 연소 가스량 계산

가연 성분이 연소 시 공급되는 공기 중에는 질소가 포함되어 있다. 그러나 질소 성분은 불연성 성질의 기체로 공기와 함께 연소실에 들어가 아무런 반응 없이 그대로 배기 가스와 함께 배출된다. 공기 속의 산소와 질소의 체적비(%)는 21 : 79이므로 연소 가스 속의 질소량은 산소량의 $\frac{79}{21}$배, 즉 3.76배를 함유하게 된다.

(1) 이론 연소 가스량

이론 공기량으로 연료를 완전 연소할 때 발생하는 연소 가스량이다.

① 고체 및 액체 연료

㉮ 이론 습 연소 가스량(G_{0W}) : 이론 연소 가스 중 수증기가 포함된 가스량이다.

$$G_{0W}[\text{Nm}^3/\text{kg}] = 8.89\text{C} + 21.07\left(\text{H} - \frac{\text{O}}{8}\right) + 3.33\text{S} + 0.8\text{N} + 1.224(9\text{H} + \text{W})$$

㉯ 이론 건 연소 가스량(G_{0D}) : 이론 연소 가스 중 수증기가 포함되지 않은 가스량이다.

$$G_{0D}[\text{Nm}^3/\text{kg}] = 8.89\text{C} + 21.07\left(\text{H} - \frac{\text{O}}{8}\right) + 3.33\text{S} + 0.8\text{N}$$

② 기체 연료

㉮ 프로판(C_3H_8) 1kg당 이론 습 연소 가스량(Nm^3) 계산

$$C_3H_8 + 5O_2 + (N_2) \rightarrow 3CO_2 + 4H_2O + (N_2)$$

$$44\text{kg} : (3 \times 22.4 + 4 \times 22.4 + 5 \times 22.4 \times 3.76)\text{Nm}^3 = 1\text{kg} : x\,[\text{Nm}^3]$$

$$\therefore x = \frac{1 \times (3 \times 22.4 + 4 \times 22.4 + 5 \times 22.4 \times 3.76)}{44} = 13.13\text{Nm}^3/\text{kg}$$

㉯ 프로판(C_3H_8) 1kg당 이론 건 연소 가스량(Nm^3) 계산

$$C_3H_8 + 5O_2 + (N_2) \rightarrow 3CO_2 + 4H_2O + (N_2)$$

$$44\text{kg} : (3\times22.4+5\times22.4\times3.76)\text{Nm}^3 = 1\text{kg} : x[\text{Nm}^3]$$

$$\therefore x = \frac{1\times(3\times22.4+5\times22.4\times3.76)}{44} = 11.1\text{Nm}^3/\text{kg}$$

㈐ 프로판(C_3H_8) 1Nm^3당 이론 습 연소 가스량(Nm^3) 계산

$$C_3H_8 + 5O_2 + (N_2) \rightarrow 3CO_2 + 4H_2O + (N_2)$$

$$22.4\text{Nm}^3 : (3\times22.4+4\times22.4+5\times22.4\times3.76)\text{Nm}^3 = 1\text{Nm}^3 : x[\text{Nm}^3]$$

$$\therefore x = \frac{1\times(3\times22.4+4\times22.4+5\times22.4\times3.76)}{22.4} = 25.8\text{Nm}^3/\text{Nm}^3$$

㈑ 프로판(C_3H_8) 1Nm^3당 이론 건 연소 가스량(Nm^3) 계산

$$C_3H_8 + 5O_2 + (N_2) \rightarrow 3CO_2 + 4H_2O + (N_2)$$

$$22.4\text{Nm}^3 : (3\times22.4+5\times22.4\times3.76)\text{Nm}^3 = 1\text{Nm}^3 : x[\text{Nm}^3]$$

$$\therefore x = \frac{1\times(3\times22.4+5\times22.4\times3.76)}{22.4} = 21.8\text{Nm}^3/\text{Nm}^3$$

(2) 실제 연소 가스량

실제 공기량으로 연료를 완전 연소할 때 발생하는 연소 가스량이다.

① 고체 및 액체 연료

㈎ 실제 습 연소 가스량(G_W)

$$G_W[\text{Nm}^3/\text{kg}] = (m-0.21)A_0 + 1.867\text{C} + 0.7\text{S} + 0.8\text{N} + 1.224(9\text{H}+\text{W})$$

㈏ 실제 건 연소 가스량(G_D)

$$G_D[\text{Nm}^3/\text{kg}] = (m-0.21)A_0 + 1.867\text{C} + 0.7\text{S} + 0.8\text{N}$$

② 기체 연료

㈎ 실제 습 연소 가스량(G_W) = 이론 습 연소 가스량 + 과잉 공기량
= 이론 습 연소 가스량 + $\{(m-1)\cdot A_0\}$

㈏ 실제 건 연소 가스량(G_D) = 이론 건 연소 가스량 + 과잉 공기량
= 이론 건 연소 가스량 + $\{(m-1)\cdot A_0\}$

5-6 발열량 및 연소 온도 계산

연료의 단위 질량(kg) 또는 단위 체적(m^3)당 연료가 연소할 때 발생하는 열량을 말한다. 고위 발열량은 수증기의 증발 잠열을 포함한 것이고, 저위 발열량은 수증기의 증발 잠열을 제외한 것이다.

(1) 발열량 계산

① 고체 및 액체 연료

　(가) 고위 발열량(총 발열량)
$$H_h = H_l + 600(9H + W)$$

　(나) 저위 발열량(진 발열량, 참 발열량)
$$H_l = H_h - 600(9H + W)$$

② 기체 연료 : 프로판(C_3H_8)의 발열량 계산

$$C_3H_8 + 5O_2 \rightarrow 3CO_2 + 4H_2O + 530 \text{kcal/mol}$$

　(가) $1Nm^3$당 발열량 계산

$$22.4Nm^3 : 530 \times 1000 \text{kcal} = 1Nm^3 : x[\text{kcal}]$$

$$\therefore x = \frac{1 \times 530 \times 1000}{22.4} = 23660 \text{kcal/Nm}^3 ≒ 24000 \text{kcal/Nm}^3$$

　(나) 1kg당 발열량 계산

$$44\text{kg} : 530 \times 1000 \text{kcal} = 1\text{kg} : x[\text{kcal}]$$

$$\therefore x = \frac{1 \times 530 \times 1000}{44} = 12045 \text{kcal/kg} ≒ 12000 \text{kcal/kg}$$

(2) 연소 온도 계산

① 이론 연소 온도 계산 : 연료를 연소 시 이론 공기량만을 공급하여 완전 연소시킬 때의 최고 온도를 말한다.

$$Hl = G \times Cp \times t \text{에서}$$

$$\therefore t = \frac{Hl}{G \times Cp}$$

여기서, Hl : 연료의 저위 발열량(kcal)
　　　　G : 이론 연소 가스량(Nm^3)
　　　　Cp : 연소 가스의 정압 비열($kcal/Nm^3 \cdot °C$)
　　　　t : 이론 연소 온도(°C)

② 실제 연소 온도 : 연료를 연소 시 실제 공기량으로 연소할 때의 최고 온도를 말한다.

$$t_1 = \frac{Hl + \text{공기 현열} - \text{손실 열량}}{G_S \times Cp} + t_2$$

여기서, t_1 : 실제 연소 온도(°C)
　　　　G_S : 실제 연소 가스량(Nm^3)
　　　　Cp : 연소 가스의 정압 비열($kcal/Nm^3 \cdot °C$)
　　　　t_2 : 기준 온도(°C)

예상문제 제3장 보일러 연료 및 연소 계산

● 다음 물음의 답을 해당 답란에 답하시오.

1. 연료의 구비 조건을 4가지 쓰시오.

해답 ① 공기 중에서 연소하기 쉬울 것 ② 저장 및 취급이 용이할 것
③ 발열량이 클 것 ④ 구입하기 쉽고 경제적일 것
⑤ 인체에 유해성이 없을 것 ⑥ 휘발성이 좋고 내한성이 우수할 것

2. 연료의 가연성 원소를 3가지 쓰시오.

해답 ① 탄소(C) ② 수소(H) ③ 유황(S)

3. 보일러 취급자가 연료를 사용할 때 지켜야 할 원칙을 4가지 쓰시오.

해답 ① 사용 연료를 완전 연소시킬 것
② 연소 시 발생한 연소열을 최대한으로 이용할 것
③ 연소열의 손실은 최소한으로 할 것
④ 잔염(殘炎), 여열(餘熱)을 최대한으로 이용할 것

4. 고체 연료를 가공법에 따라 1차 연료와 2차 연료로 구분할 수 있는데 그 종류를 각각 2가지씩 쓰시오.

해답 ① 1차 연료 : 무연탄, 역청탄, 갈탄, 목재 등
② 2차 연료 : 코크스, 미분탄, 목탄(숯) 등

5. 고체 연료의 장점을 4가지 쓰시오.

해답 ① 노천 야적이 가능하다. ② 저장 및 취급이 편리하다.
③ 구입이 쉽고, 가격이 저렴하다. ④ 연소 장치가 간단하고, 특수 목적에 이용된다.
참고 고체 연료의 단점
① 완전 연소가 곤란하다.
② 연소 효율이 낮고 고온을 얻기 곤란하다.
③ 회분이 많고 처리가 곤란하다.
④ 착화 및 소화가 어렵다.
⑤ 연소 조절이 어렵다.

6. 탄을 분류하는 방법을 4가지 쓰시오.

해답 ① 발열량(탄화도) ② 점결성 ③ 입도 ④ 연료비

7. 탄화도 증가에 따른 석탄의 일반적인 특징을 4가지 쓰시오.

해답 ① 발열량이 증가한다. ② 연료비가 증가한다.
③ 열전도율이 증가한다. ④ 비열이 감소한다.
⑤ 연소 속도가 늦어진다. ⑥ 인화점, 착화 온도가 높아진다.
⑦ 수분, 휘발분이 감소한다.

8. 석탄을 분류하는 방법 중에서 연료비를 구하는 공식을 완성하시오.

$$연료비 = \frac{(\;①\;)}{(\;②\;)}$$

해답 ① 고정 탄소 ② 휘발분

9. 역청탄(점결탄)을 주성분으로 하는 원료 석탄을 1000°C 내외에서 건류하여 만들어지는 2차 연료의 명칭은 무엇인가?

해답 코크스(cokes)

10. 석탄을 오랫동안 저장하면 공기 중의 산소와 산화 작용을 하여 석탄의 품질이 낮아지는 현상을 무엇이라 하는가?

해답 풍화 작용

11. 석탄을 저장하는 방법을 4가지 쓰시오.

해답 ① 탄층 내부 온도를 60°C 이하로 유지시켜 자연 발화를 방지한다.
② 신탄과 구탄을 분리하여 저장한다.
③ 높이는 4m 이하로 하고, 최상부는 평평하게 한다.
④ 배수가 용이하도록 바닥의 경사를 1/100 ~ 1/150 정도로 한다.
⑤ 통풍이 잘 되게 하고, 직사광선을 피한다.
⑥ 탄 종류, 채탄 시기, 인수 시기, 입도별로 구분하여 쌓는다.

12. 액체 연료의 장점을 4가지 쓰시오.

해답 ① 완전 연소가 가능하고 발열량이 높다.
② 연소 효율이 높고 고온을 얻기 쉽다.
③ 연소 조절이 용이하고 회분이 적다.
④ 품질이 균일하고 저장, 취급이 편리하다.
⑤ 파이프라인을 통한 수송이 용이하다.

참고 액체 연료의 단점
① 연소 온도가 높아 국부 과열의 위험이 크다.
② 화재, 역화의 위험성이 높다.
③ 일반적으로 황성분을 많이 함유하고 있다.
④ 버너의 종류에 따라 연소 시 소음이 발생한다.

13. A, B, C용 중유는 무엇을 기준으로 분류한 것인가?

해답 점도

14. 액체 연료인 중유의 유동점은 응고점보다 몇 °C 정도 더 높은가?

해답 2.5°C

참고 중유의 유동점 및 예열 온도
① 유동점 : 응고점보다 2.5°C 높다.
② 예열 온도 : 인화점보다 5°C 낮게 조정

15. 중유의 점도가 높은 경우 나타나는 현상을 4가지 쓰시오.

해답 ① 오일 공급(송유)이 곤란하다.   ② 무화 불량으로 불완전 연소 발생
③ 버너 선단에 카본이 부착한다.   ④ 연소 상태가 불량하다.
⑤ 화염에 스파크가 발생한다.

참고 점도가 낮은 경우
① 연료 소비량 증가   ② 불완전 연소 발생
③ 역화의 원인

16. 다음은 중유 첨가제를 나열한 것이다. 이들 첨가제의 기능을 설명하시오.

(1) 연소 촉진제 :   (2) 안정제 :
(3) 탈수제 :   (4) 회분 개질제 :
(5) 유동점 강하제 :

해답 (1) 분무를 양호하게 하여 연소를 촉진시킨다.
(2) 슬러지 분산제라 슬러지 생성을 방지한다.
(3) 연료 속의 수분을 분리 제거한다.
(4) 재(회분)의 융점을 높여 고온 부식을 방지한다.
(5) 유동점을 낮추어 저온에서도 유동성을 양호하게 한다.

17. 중유 속에 수분이 있을 때 미치는 영향을 4가지 쓰시오.

해답 ① 발열량 감소 ② 저온 부식 촉진
③ 진동 연소의 원인 ④ 퇴적물 생성

18. 보일러용 유류 탱크는 통기관을 설치하도록 되어 있다. 다음 물음에 답하시오.
(1) 통기관의 지름 :
(2) 지상으로부터 통기관 개구부의 높이 :
(3) 개구부의 굽힘각 :

해답 (1) 30mm 이상 (2) 4m 이상 (3) 45° 이상

19. 보일러 연료로서 기체 연료를 사용할 경우의 장점을 3가지 쓰시오. [제40회, 제43회]

해답 ① 연소 효율이 높고 연소 제어가 용이하다.
② 회분 및 황성분이 없어 전열면 오손이 없다.
③ 적은 공기비로 완전 연소가 가능하다.
④ 저발열량의 연료로 고온을 얻을 수 있다.
⑤ 완전 연소가 가능하여 공해 문제가 없다.

참고 기체 연료의 단점
① 저장 및 수송이 어렵다. ② 가격이 비싸다.
③ 시설비가 많이 소요된다. ④ 누설 시 화재, 폭발의 위험이 크다.

20. 액화 석유 가스(LPG)의 특징을 5가지 쓰시오.

해답 ① LP 가스는 공기보다 무겁다.
② 액상의 LP 가스는 물보다 가볍다.
③ 액화, 기화가 쉽고 기화하면 체적이 커진다.
④ 기화열(증발 잠열)이 크다.
⑤ 연소 시 공기량이 많이 필요하다.
⑥ 폭발 범위(연소 범위)가 좁다.
⑦ 무색, 무취, 무미하다.

21. 다음은 LNG 및 LPG 성분에 대한 설명이다. ( ) 안에 들어갈 내용을 쓰시오. [제38회]

메탄가스의 액화 온도는 (①)°C이며, 액화 천연가스(LNG)의 주성분은 (②)이고, 액화 석유 가스(LPG)의 주성분은 (③)과 (④)이다.

해답 ① -161.5 ② 메탄(CH_4) ③ 프로판(C_3H_8) ④ 부탄(C_4H_{10})

22. LNG의 기화 장치 종류를 3가지 쓰시오.

해답 ① 오픈 랙(open rack) 기화법
② 중간 매체법
③ 서브머지드(submerged)법

23. 가스 홀더는 LPG, LNG 등을 기화시켜 도시가스로 공급하기 전에 저장하는 탱크로 가스의 압력을 일정하게 유지한다. 가스 홀더의 종류를 3가지 쓰시오.

해답 ① 유수식   ② 무수식   ③ 고압식(구형 가스 홀더)

24. 연소의 3대 요소를 쓰시오.

해답 ① 가연성 물질   ② 산소 공급원   ③ 점화원

25. 가연성 물질의 구비 조건을 4가지 쓰시오.

해답 ① 발열량이 크고, 열전도율이 작을 것   ② 산소와 친화력이 좋고 표면적이 넓을 것
③ 활성화 에너지가 작을 것   ④ 건조도가 높을 것(수분 함량이 적을 것)

26. 가연성 혼합 기체를 점화시키는 데 필요한 최소 점화 에너지가 낮아질 수 있는 조건을 4가지 쓰시오.

해답 ① 연소 속도가 클수록   ② 열전도율이 적을수록
③ 산소 농도가 높을수록   ④ 압력이 높을수록
⑤ 가연성 기체의 온도가 높을수록(혼합기의 온도가 상승할수록)

27. 연료의 연소 형태를 5가지로 분류하고 여기에 해당하는 연료 및 물질을 2가지씩 각각 쓰시오.

해답 ① 표면 연소 : 목탄(숯), 코크스
② 분해 연소 : 종이, 석탄, 목재
③ 증발 연소 : 가솔린, 등유, 경유, 알코올, 양초
④ 확산 연소 : 프로판, 부탄
⑤ 자기 연소 : 셀룰로이드류, 질산에스테르류, 하이드라진

28. 연료의 연소가 지속될 수 있는 최저 온도는?

해답 인화점

29. 인화점(인화 온도)과 발화점(발화 온도)를 각각 설명하시오.

해답 ① 인화점(인화 온도) : 가연성 물질이 공기 중에서 점화원에 의하여 연소할 수 있는 최저의 온도로 위험성의 척도이다.
② 발화점(발화 온도) : 가연성 물질이 공기 중에서 온도를 상승시킬 때 점화원 없이 스스로 연소를 개시할 수 있는 최저의 온도로, 착화점, 착화 온도라고도 한다.

30. 미분탄 연소의 특징을 4가지 쓰시오.

해답 ① 적은 공기비로 완전 연소가 가능하다.
② 점화, 소화가 쉽고 부하 변동에 대응하기 쉽다.
③ 대용량에 적당하고, 사용 연료 범위가 넓다.
④ 설비비, 유지비가 많이 소요된다.
⑤ 집진 장치가 필요하다.
⑥ 연소실 면적이 크고, 폭발의 위험성이 있다.

31. 미분탄을 연소시키는 방법을 4가지 쓰시오.

해답 ① U자형 연소   ② L자형 연소   ③ 모서리 버너 연소   ④ 슬래그 탭 연소

32. 액체 연료 연소에서 연료를 무화시키는 목적을 4가지 쓰시오.

해답 ① 단위 중량당 표면적을 크게 한다.   ② 주위 공기와 혼합을 양호하게 한다.
③ 연소 효율을 향상시킨다.   ④ 연소실을 고부하로 유지한다.

33. 액체 연료를 무화시키는 방법을 4가지 쓰고 설명하시오.

해답 ① 유압 무화식 : 연료 자체에 압력을 주어 무화시키는 방법
② 이류체 무화식 : 증기, 공기를 이용하여 무화시키는 방법
③ 회전 이류체 무화식 : 원심력을 이용하여 무화시키는 방법
④ 충돌 무화식 : 연료끼리 혹은 금속판에 충돌시켜 무화시키는 방법
⑤ 진동 무화식 : 초음파에 의하여 무화시키는 방법
⑥ 정전기 무화식 : 고압 정전기를 이용하여 무화시키는 방법

34. 오일 버너 선정 시 고려하여야 할 사항을 4가지 쓰시오.

해답 ① 버너 용량이 보일러 용량에 적합할 것
② 부하 변동에 대한 유량 조절 범위를 고려할 것
③ 자동 제어 방식에 적합한 버너 형식을 고려할 것
④ 가열 조건과 연소실 구조에 적합할 것

35. 유압식 버너의 특징을 3가지 쓰시오.

해답 ① 부하 변동에 적응성이 적다. ② 대용량에 적합하다.
③ 유량은 유압의 제곱근에 비례한다. ④ 고점도의 연료는 무화가 곤란하다.

36. 2유체 버너라고도 하며, 유류 버너 중 유량의 조절 범위가 가장 큰 것은?

해답 고압 기류식 버너

37. 구조가 간단하고 자동화에 편리하며 고속으로 회전하는 분무 컵으로 연료를 비산·무화시키는 버너는?

해답 회전식 버너

38. 다음 설명에 해당하는 버너의 명칭을 쓰시오.
(1) 유량은 유압의 제곱근에 비례하는 버너로 유량을 1/2로 감소시키려면 압력을 1/4 이하로 조정하여야 한다.
(2) 고속으로 회전하는 분무 컵에 송입되는 연료를 원심력을 이용해 분사하는 버너
(3) 고압의 증기나 공기로 연료를 분사하는 버너

해답 (1) 유압식 버너 (2) 회전식 버너 (3) 기류식 버너

39. 유압식과 기류식을 혼합한 것으로 소형으로 만들고 연소 상태가 양호한 버너의 명칭은?

해답 건 타입 버너

40. 증발(기화)식 버너에 적합한 연료 2가지를 쓰시오.

해답 ① 등유 ② 경유

41. 다음은 보일러 연료 저장 탱크에서부터 버너까지 연료가 이송되는 과정을 나타낸 것으로 ( ) 안에 알맞은 명칭을 쓰시오.

저장 탱크(storage tank) → 여과기 → (①) → 서비스 탱크(service tank) → 유수 분리기 → 유 예열기 → (②) → 급유 온도계 → 유량계 → (③) → 버너

해답 ① 연료 이송 펌프 ② 급유 펌프 ③ 전자 밸브

42. 오일 저장 탱크(storage tank)와 오일 서비스 탱크(service tank)의 저장 용량은 일반적으로 어느 정도이어야 하는가?

해답 ① 저장 탱크 : 1~3주 정도
② 서비스 탱크 : 2~3시간 정도

43. 오일 서비스 탱크에 부착되는 부속 설비를 5가지 쓰시오.

해답 ① 유면계 ② 통기관 ③ 온도계 ④ 플로트 스위치 ⑤ 송유관

44. 중유 배관 라인 중에 여과기(strainer)를 설치하여야 하는 장소를 3개소 쓰시오.

해답 ① 펌프 앞 ② 유량계 앞 ③ 버너 앞

45. 오일 여과기(oil strainer)에 대한 다음 물음에 답하시오.
(1) 여과기 전후에 설치하여야 할 것은?
(2) 여과기는 사용 압력의 몇 배 이상에서 견딜 수 있어야 하는가?
(3) 여과기는 입구와 출구의 압력차가 몇 MPa 이상일 때 여과기를 점검(청소)해 주어야 하는가?

해답 (1) 압력계 (2) 1.5 (3) 0.02MPa

46. 중유를 사용하는 보일러에서 유 예열기를 사용하여 연료를 예열하는 이유를 4가지 쓰시오.

해답 ① 한랭 시 연료의 동결 방지
② 연료의 무화를 양호하게 유지
③ 연료 이송을 양호하게 유지
④ 점화 효율 증대

47. 시간당 120kg의 연료(중유)를 사용하는 버너 앞쪽에 오일 프리 히터를 설치하려고 한다. 히터 입구 쪽의 연료 온도가 40°C이고, 히터 출구의 온도가 85°C가 되도록 하려면 히터의 용량은 몇 kW·h가 되어야 하는지 계산하시오. (단, 연료의 평균 비열은 0.45kcal/kg·°C이고 히터 효율은 75%이다.)

풀이 $kW \cdot h = \dfrac{G_f \cdot C_f \cdot \Delta t}{860\eta} = \dfrac{120 \times 0.45 \times (85-40)}{860 \times 0.75} = 3.767 ≒ 3.77 kW \cdot h$

해답 3.77kW·h

48. 다음 [보기]를 보고 중유를 사용하는 보일러에서 전기식 유 예열기(oil preheater)의 용량(kW·h)을 계산하시오.

[보기]
- 연료 소비량 : 420L/h
- 유 예열기 출구 온도 : 85°C
- 연료의 비중 : 0.96
- 유 예열기 입구 온도 : 60°C
- 연료의 비열 : 0.45kcal/kg·°C
- 유 예열기 효율 : 73%

[풀이] $kW \cdot h = \dfrac{G_f \cdot C_f \cdot \Delta t}{860\eta} = \dfrac{420 \times 0.96 \times 0.45 \times (85-60)}{860 \times 0.73} = 7.225 \fallingdotseq 7.23 kW \cdot h$

[해답] 7.23kW·h

---

49. 연료 이송용으로 사용하는 펌프의 종류를 3가지 쓰시오.

[해답] ① 기어 펌프 ② 스크루 펌프 ③ 플런저 펌프

---

50. 다음 보염(保炎) 장치에 관한 물음에 답하시오.
(1) 보염 장치를 설명하시오.
(2) 보염 장치의 설치 목적을 4가지 쓰시오.

[해답] (1) 연료와 공기와의 혼합을 양호하게 하고, 확실한 착화와 화염의 안정을 도모하기 위하여 설치하는 장치이다.
(2) ① 화염의 형상 조절 ② 안정된 착화 도모
   ③ 전열 효율 촉진 ④ 공기와 연료의 혼합 촉진

---

51. 연료와 공기와의 혼합을 양호하게 하고, 확실한 착화와 화염의 안정을 도모하기 위하여 설치하는 보염 장치 종류를 3가지 쓰시오. [제45회]

[해답] ① 윈드 박스 ② 보염기 ③ 버너 타일

---

52. 다음은 중유 버너의 공기 조절 장치 구성 부품을 설명한 것이다. 각각 어떤 부품인지 명칭을 쓰시오. [제43회]
(1) 착화를 원활하게 하고 화염의 안정을 도모하는 것이며, 선회기가 있어 연소용 공기에 선회 운동을 주어 와류 현상이 생겨 착화를 쉽게 하는 부품
(2) 압입 통풍의 경우 버너를 장치하는 벽면에 설치되는 밀폐된 상자로서 풍도(風道)에서 공기를 흡입하여 동압을 정압으로 바꾸는 역할을 하는 부품

[해답] (1) 보염기 (2) 윈드 박스

53. 다음은 유류 연소용 보일러의 연소실 입구에 설치되는 공기 조절 장치의 각 부분에 대한 설명이다. 각각 어떤 부품인지 그 명칭을 쓰시오.
  (1) 압입 통풍의 경우 버너를 장치하는 벽면에 설치되는 밀폐된 상자로서, 풍도에서 공기를 흡입하여 동압의 대부분을 정압으로 노 내에 유입시키는 역할을 하는 것
  (2) 착화를 원활하게 하고 화염의 안정을 도모하는 것이며, 선회기를 설치하여 연소용 공기에 선회 운동을 주어 원추상으로 분사시켜 내측에 저압 부분의 형성으로 저속 영역을 만들어 착화를 쉽게 하는 것
  (3) 노벽에 설치한 버너 슬롯를 구성하는 내화재로, 착화와 화염에 안정을 주는 역할을 하는 것

해답 (1) 윈드 박스(wind box)   (2) 보염기(스태빌라이저)   (3) 버너 타일

54. 보일러 연소 장치에서 연소 효과를 향상시키기 위해 보염 장치를 사용한다. 보염 장치 중 버너 타일의 역할을 3가지 쓰시오.

해답 ① 화염을 안정시킨다.
② 분무 입자와 연소용 공기의 혼합을 촉진한다.
③ 연료의 무화를 촉진시킨다.
④ 노벽의 방사열로부터 버너를 보호한다.

55. 다음은 액체 연료용 보일러의 부하 조절에 관한 내용이다. ( ) 안에 알맞은 용어나 숫자를 쓰시오.
  (1) 연소량을 감소시킬 때는 먼저 (①)을(를) 감소시키고 난 다음 (②)을(를) 감소시킨다.
  (2) 연소량을 증가시킬 때는 먼저 (①)을(를) 증가시키고 난 다음 (②)을(를) 증가시킨다.
  (3) 1개 버너의 연소량은 그 버너의 최대 용량의 (   ) 이하로 감소하면 안 된다.
  (4) 연소량 조정은 버너 수의 (   )에 의하는 것이 좋다.

해답 (1) ① 연료량 ② 공기량   (2) ① 공기량 ② 연료량
(3) 1/3   (4) 증감

56. 가스 버너의 특징을 4가지 쓰시오.

해답 ① 연소 성능이 좋고, 고부하 연소가 가능하다.
② 연소량 조절이 간단하고, 그 범위가 넓다.
③ 정확한 온도 제어가 가능하다.
④ 버너 구조가 간단하며, 보수가 용이하다.
⑤ 배기가스 중 유해 물질이 적어 공해 대책에 유리하다.

57. 기체 연료의 연소 방식 중 부하의 조정 범위가 넓고 역화의 위험성이 적으며 가스와 공기를 예열할 수 있는 외부 혼합형의 명칭은 무엇인가?

[해답] 확산 연소 방식

58. 가스 연료를 사용하는 버너로 외부 혼합형 버너 중 다음에 설명하는 버너의 명칭을 쓰시오.
(1) 노벽의 버너 입구의 내측 주변에 둥근 형상의 연료관을 두고 다수의 분사 구멍을 만들어 유입되는 공기 기류 속에 가스를 분사시켜 연소하는 방식
(2) 선단에 다수의 분사구를 갖는 가스 분사관을 공기 노즐 중심에 설치한 것으로, 보통 가스 압력이 높을 경우에 사용하는 방식
(3) 다수의 분기관을 설치하여 가스 압력이 낮은 경우에도 공기와 혼합이 양호하며 기름 버너와 병용하여 사용할 수 있는 방식

[해답] (1) 링 타입 버너
(2) 건 타입 버너(센터 파이형)
(3) 다분기관형(multi spot) 버너

59. 기체 연료의 연소 방식 중 화염이 짧으며 고온의 화염을 얻을 수 있으나 연소 부하가 크고 역화의 위험성이 있는 내부 혼합형의 명칭은 무엇인가?

[해답] 예혼합 연소 방식

60. 자연 통풍의 특징을 4가지 쓰시오.

[해답] ① 통풍력은 연돌의 높이, 배기가스의 온도, 외기 온도 및 습도의 영향을 받는다.
② 노 내 압력이 부압으로 형성된다.
③ 통풍력이 약해 구조가 복잡한 보일러는 부적당하다.
④ 배기가스 유속이 3~4m/s 정도이다.

61. 자연 통풍력을 증가시키는 방법을 3가지 쓰시오.

[해답] ① 연돌의 높이를 높게 한다.　　② 연돌의 단면적을 크게 한다.
③ 배기가스의 온도를 높게 한다.　　④ 연돌의 굴곡부를 적게 한다.

62. 보일러 통풍 방식 중 강제 통풍 방식의 종류를 3가지 쓰시오.

[해답] ① 압입 통풍　② 흡입 통풍　③ 평형 통풍

63. 다음 통풍 방법에 관한 설명에서 (   ) 안에 알맞은 용어를 쓰시오.

> 통풍 방식에는 굴뚝의 통풍력에만 의존하는 (①)과 기계적인 방법에 의하는 강제 통풍이 있으며, 강제 통풍에는 (②), 흡입 통풍, (③) 등이 있다.

해답 ① 자연 통풍 ② 압입 통풍 ③ 평형 통풍

64. 강제 통풍 방법 중 압입 통풍의 특징을 4가지 쓰시오.

해답 ① 연소실 내의 압력이 정압으로 유지된다.
② 연소용 공기를 예열할 수 있다.
③ 송풍기 고장이 적고, 점검 및 보수가 쉽다.
④ 동력 소비가 흡입 통풍식보다 적다.
⑤ 배기가스 유속은 8m/s 이하이다.

65. 다음과 같은 특징을 갖고 있는 통풍 방식의 명칭을 쓰시오.

> ① 연도의 끝이나 연돌 하부에 송풍기를 설치한다.
> ② 연도 내의 압력은 대기압보다 낮게 유지된다.
> ③ 매연이나 부식성이 강한 배기가스가 통과하므로 송풍기의 고장이 자주 발생한다.

해답 흡입 통풍

66. 평형 통풍의 특징을 4가지 쓰시오.

해답 ① 연소실 내의 압력을 정압이나 부압으로 조절할 수 있다.
② 동력 소비가 커 유지비가 많이 소요된다.
③ 초기 설비비가 많이 소요된다.
④ 강한 통풍력을 얻을 수 있다.
⑤ 배기가스 유속은 10m/s 이상이다.

67. 다음은 보일러의 통풍력에 대한 내용이다. (   ) 안에 알맞은 용어를 쓰시오.

(1) 연돌의 높이가 (   )수록 통풍력은 증가한다.
(2) 통풍력은 연돌의 (   )이 클수록 증가한다.
(3) 통풍력은 (   )의 온도가 높을수록 증가한다.
(4) 통풍력은 (   )의 온도가 낮을수록 증가한다.
(5) 통풍력은 (①)의 비중량과 연돌 내부의 (②)의 비중량의 차이와 (③)의 곱으로 나타낸다.

해답 (1) 높을 (2) 단면적 (3) 배기가스 (4) 외기
(5) ① 외기 ② 배기가스 ③ 연돌 높이

68. 다음은 통풍력에 대한 사항이다. ( ) 안에 "크다.", "작다."를 쓰시오.
(1) 통풍력은 겨울철보다 여름철이 (   )
(2) 통풍력은 배기가스의 온도가 높을수록 (   )
(3) 통풍력은 단면적이 적을수록 (   )
(4) 통풍력은 연돌의 높이가 높을수록 (   )
(5) 통풍력은 외기 온도가 높을수록 (   )

해답 (1) 작다. (2) 크다. (3) 작다. (4) 크다. (5) 작다.

69. 연돌의 높이가 20m, 배기가스 평균 온도가 300°C, 비중량이 1.34kgf/m³, 외기의 온도가 10°C, 비중량이 1.29kgf/m³인 경우 자연 통풍력은 몇 mmAq인가? [제42회, 제47회]

풀이 $Z = 273H\left(\dfrac{\gamma_a}{T_a} - \dfrac{\gamma_g}{T_g}\right) = 273 \times 20 \times \left(\dfrac{1.29}{273+10} - \dfrac{1.34}{273+300}\right) = 12.119 ≒ 12.12 \text{mmAq}$

해답 12.12mmAq

70. 어느 건물에 있어서 굴뚝의 지름이 80cm, 높이 30m, 외기 온도 15°C, 배기가스 평균 온도 300°C일 때 굴뚝의 자연 통풍력(mmH₂O)은 얼마인가?

풀이 $Z = H\left(\dfrac{353}{T_a} - \dfrac{367}{T_g}\right) = 30 \times \left(\dfrac{353}{273+15} - \dfrac{367}{273+300}\right) = 17.556 ≒ 17.56 \text{mmH}_2\text{O}$

해답 17.56mmH₂O

71. 굴뚝 높이 100m, 배기가스의 평균 온도 200°C, 외기 온도 27°C, 굴뚝 내 가스의 외기에 대한 비중을 1.05라 할 때 통풍력(mmAq)은?

풀이 $Z = 353H\left(\dfrac{1}{T_a} - \dfrac{\gamma_g}{T_g}\right) = 353 \times 100 \times \left(\dfrac{1}{273+27} - \dfrac{1.05}{273+200}\right) = 39.305 ≒ 39.31 \text{mmAq}$

해답 39.31mmAq

72. 연돌의 높이가 50m이고 외기의 비중량이 1.24kgf/m³, 배기가스의 비중량이 0.87kgf/m³일 때 실제 통풍력(mmH₂O)을 계산하시오.

풀이 $Z = H(\gamma_a - \gamma_g) \times 0.8 = 50 \times (1.24 - 0.87) \times 0.8 = 14.8 \text{mmH}_2\text{O}$

해답 14.8mmH₂O

73. 보일러의 통풍력을 측정하였더니 3mmH₂O였다. 연돌의 높이를 구하시오. (단, 배기 온도 150°C, 외기 온도 0°C, 실제 통풍력은 이론 통풍력의 80%이다.) [제43회]

[풀이] $Z = 0.8H\left(\dfrac{353}{T_a} - \dfrac{367}{T_g}\right)$ 에서

$\therefore H = \dfrac{Z}{0.8 \times \left(\dfrac{353}{T_a} - \dfrac{367}{T_g}\right)} = \dfrac{3}{0.8 \times \left(\dfrac{353}{273} - \dfrac{367}{273+150}\right)} = 8.814 ≒ 8.81\text{m}$

[해답] 8.81m

74. 어느 보일러의 시간당 연료 사용량이 300kg, 배기가스의 유속이 4m/s, 연돌 출구의 배기가스 평균 온도가 250°C, 연돌 내의 가스 압력이 780mmHg일 때 연돌의 상부 단면적(m²)을 계산하시오. (단, 연료 1kg 연소 시 배기가스량은 20Nm³이다.)

[풀이] $F = \dfrac{G(1+0.0037t) \times \left(\dfrac{760}{P_g}\right)}{3600W} = \dfrac{300 \times 20 \times (1+0.0037 \times 250) \times \left(\dfrac{760}{780}\right)}{3600 \times 4}$
$= 0.781 ≒ 0.78\text{m}^2$

[해답] 0.78m²

75. 5톤/h인 수관식 보일러에서 연돌로 배출되는 배기가스가 9100Nm³/h이며, 연돌로 배출되는 배기가스 평균 온도가 250°C이다. 연돌 상부 최소 단면적이 0.7m²일 때 배기가스 유속은 몇 m/s인가?

[풀이] $F = \dfrac{G(1+0.0037t)\left(\dfrac{760}{P_g}\right)}{3600W}$ 에서 압력(P_g)은 무시하면

$\therefore W = \dfrac{G(1+0.0037t)}{3600F} = \dfrac{9100 \times (1+0.0037 \times 250)}{3600 \times 0.7} = 6.951 ≒ 6.95\text{m/s}$

[해답] 6.95m/s

76. 보일러에서 사용되는 원심식 송풍기 종류를 3가지 쓰시오.

[해답] ① 터보형 ② 다익형 ③ 축류식

77. 후향 날개 형식으로 된 송풍기로 효율이 60~75% 정도로 좋으며, 고압 대용량에 적합하고 작은 동력으로도 운전할 수 있는 송풍기 명칭은?

[해답] 터보형 송풍기

78. 송풍기에서 전향 날개의 대표적인 형태로 실로코형 송풍기라고도 하며 원심 송풍기로서 회전차의 지름이 작고 소형, 경량인 송풍기 명칭은?

해답 다익 송풍기

79. 원심 송풍기에서 풍량 조절 방법 3가지를 쓰시오. [제38회]

해답 ① 회전수 제어에 의한 방법
② 토출 베인의 각도 조절에 의한 방법
③ 흡입 베인의 각도 조절에 의한 방법
④ 베인 컨트롤에 의한 방법
⑤ 바이패스에 의한 방법

80. 어떤 보일러 송풍기의 풍량이 3600m³/min, 송풍 압력이 35mmH₂O, 효율이 0.62이면 이 송풍기의 소요 동력은 얼마인가?

풀이 $kW = \dfrac{PQ}{102\eta} = \dfrac{35 \times 3600}{102 \times 0.62 \times 60} = 33.206 ≒ 33.21 kW$

해답 33.21kW

81. 통풍압 50mmAq, 풍량 500m³/min이고 통풍기의 효율은 0.5라고 하면 소요 동력은 약 몇 kW인가?

풀이 $kW = \dfrac{PQ}{102\eta} = \dfrac{50 \times 500}{102 \times 0.5 \times 60} = 8.169 ≒ 8.17 kW$

해답 8.17kW

82. 어느 통풍기에서 공기가 10Nm³/s이고 공기의 온도가 150°C일 때 풍압이 100mmAq이다. 송풍기의 효율이 65%일 때 소요 동력은 몇 kW인가?

풀이 ① STP(0°C, 1기압) 상태의 공기를 150°C, 100mmAq 상태의 체적으로 계산

$\dfrac{P_1 V_1}{T_1} = \dfrac{P_2 V_2}{T_2}$ 에서

∴ $V_2 = \dfrac{P_1 V_1 T_2}{P_2 T_1} = \dfrac{10332 \times 10 \times (273+150)}{(10332+100) \times 273} = 15.345 ≒ 15.35 m^3/s$

② 소요 동력(kW) 계산

$kW = \dfrac{P \cdot Q}{102\eta} = \dfrac{100 \times 15.35}{102 \times 0.65} = 23.152 ≒ 23.15 kW$

해답 23.15kW

83. 보일러에 사용되는 원심식 송풍기에 대한 다음 글의 ( ) 안에 들어갈 적합한 용어를 쓰시오.

> 풍압은 송풍기 회전수 증가의 (①)제곱에 비례하며, 풍량은 송풍기 회전수 증가의 (②)제곱에 비례하고, 풍마력은 송풍기 회전수 증가의 (③)제곱에 비례한다.

해답 ① 2 ② 1 ③ 3

참고 원심식 송풍기 상사의 법칙 : 풍량은 회전수 변화량에 비례하고, 풍압은 회전수 변화량의 2제곱에 비례하고, 동력은 회전수 변화량의 3제곱에 비례한다.

① 풍량 $Q_2 = Q_1 \times \left(\dfrac{N_2}{N_1}\right) \times \left(\dfrac{D_2}{D_1}\right)^3$

② 풍압 $P_2 = P_1 \times \left(\dfrac{N_2}{N_1}\right)^2 \times \left(\dfrac{D_2}{D_1}\right)^2$

③ 동력 $L_2 = L_1 \times \left(\dfrac{N_2}{N_1}\right)^3 \times \left(\dfrac{D_2}{D_1}\right)^5$

84. 보일러의 통풍 장치에 사용되는 원심 송풍기로 풍량을 2배로 얻기 위해서는 회전수를 몇 배로 하면 되는가?

풀이 상사의 법칙에서 $Q_2 = Q_1 \times \dfrac{N_2}{N_1}$ 이므로 풍량은 회전수에 비례한다.

∴ $\dfrac{N_2}{N_1} = \dfrac{2Q_1}{Q_1} = 2$배

해답 2배

85. 연도에 댐퍼를 설치하는 목적을 3가지 쓰시오.

해답 ① 통풍력을 조절하여 연소 효율을 상승시킨다.
② 배기가스의 흐름을 조절한다.
③ 배기가스의 흐름 방향을 전환한다.

86. 보일러에서 매연 발생 원인을 5가지 쓰시오.

해답 ① 통풍이 부족하거나 과대할 때   ② 무리한 연소를 할 때
③ 연소실 온도가 낮을 때   ④ 공기비가 맞지 않을 때
⑤ 연소 장치와 연료가 맞지 않을 때   ⑥ 연소실 온도가 낮을 때
⑦ 연소 장치가 불량일 때   ⑧ 연소실 용적이 적을 경우

87. 링겔만 농도표로 매연 측정 시 주의 사항을 4가지 쓰시오.

해답 ① 태양을 정면으로 받지 않을 것

② 배경이 밝은 위치에서 관측할 것
③ 개인 오차가 없도록 여러 사람이 측정할 것
④ 배기가스 흐름의 직각에서 역광선이 아닌 위치에 선다.

88. 굴뚝에서 나오는 배기가스의 농도를 측정하는 데 쓰이는 농도표로서 굵기가 다른 흑선을 0도에서 5도까지 6종류로 구분하여 연소 상황의 좋고 나쁨을 측정할 수 있는 농도표는 무엇인가?

[해답] 링겔만 농도표

89. 보일러 배기가스의 매연 농도를 측정하는 장치 3가지를 쓰시오.

[해답] ① 링겔만 매연 농도표   ② 배커랙 스모크 테스터   ③ 광학식 매연 농도계

90. 배기가스 채취에서 아스피레이터를 이용한 장치를 사용하였다. 1차 필터와 2차 필터로 사용하는 재료를 각각 2가지씩 쓰시오.

[해답] ① 1차 필터 : 소결 금속, 카보런덤   ② 2차 필터 : 유리솜, 솜

91. 집진 장치 선정 시 고려하여야 할 사항을 4가지 쓰시오.

[해답] ① 분진의 입도 및 분포   ② 집진기의 처리 효율
③ 집진 장치에 의한 압력 손실   ④ 제거하여야 할 분진의 양
⑤ 집진 시설 관리 및 유지비   ⑥ 집진 후 폐기물의 처리 문제

92. 건식 집진 장치의 종류를 4가지 쓰시오.

[해답] ① 중력 집진 장치   ② 관성력 집진 장치   ③ 원심력 집진 장치   ④ 여과 집진 장치

93. 고온 가스의 처리가 간단하여 굴뚝 또는 배관 내에 장착하고 지름이 $100\mu m$인 입자의 집진에 이용되며 집진 효율이 50~70%인 장치로 구조가 간단한 함진 가스의 집진 장치 명칭은?

[해답] 원심력식 집진 장치
[참고] 종류 : 사이클론식, 멀티클론식

94. 가압수식 집진 장치의 종류 3가지를 쓰시오.   [제39회]

[해답] ① 벤투리 스크러버   ② 사이클론 스크러버   ③ 제트 스크러버

95. 집진 장치 중 압력 손실이 낮고 집진 효율이 가장 좋으나, 설비비 및 부하 변동에 대응하기 어려운 장치의 명칭은 무엇인가?

[해답] 전기 집진 장치

96. 탄소(C) 6kg을 완전 연소시키는 데 필요한 산소량(kg)은 얼마인가?

[풀이] 탄소(C)의 완전 연소 반응식
$C + O_2 \rightarrow CO_2$ 에서 $12kg : 32kg = 6kg : x(O_0)kg$
$$\therefore O_0 = \frac{6 \times 32}{12} = 16kg$$

[해답] 16kg

97. 수소 1kg을 완전 연소시키는 데 필요한 공기량(kg)은? (단, 공기 중의 산소 중량 백분율은 23.2%이다.)

[풀이] 수소(H_2)의 완전 연소 반응식
$$H_2 + \frac{1}{2}O_2 \rightarrow H_2O$$
$2kg : \frac{1}{2} \times 32kg = 1kg : x(O_0)kg$
$$\therefore A_0 = \frac{O_0}{0.232} = \frac{1 \times \frac{1}{2} \times 32}{2 \times 0.232} = 34.482 \fallingdotseq 34.48kg$$

[해답] 34.48kg

98. 탄소 2kg을 완전 연소시키는 데 필요한 이론 공기량(Nm^3)은 얼마인가?

[풀이] $C + O_2 \rightarrow CO_2$
$12kg : 22.4Nm^3 = 2kg : x(O_0)Nm^3$
$$\therefore A_0 = \frac{O_0}{0.21} = \frac{2 \times 22.4}{12 \times 0.21} = 17.777 \fallingdotseq 17.78Nm^3$$

[해답] $17.78Nm^3$

99. 탄소(C) 10kg을 완전 연소시킬 때 다음 물음에 답하시오. [제37회]
 (1) 이론 산소량을 중량(kg)으로 계산하면 얼마인가?
 (2) 이론 산소량을 체적(Nm^3)으로 계산하면 얼마인가?

[풀이] (1) 이론 산소량 중량(kg) 계산
$C + O_2 \rightarrow CO_2$
$12kg : 32kg = 10kg : x(O_0)kg$

$$\therefore O_0[\text{kg}] = \frac{10 \times 32}{12} = 26.666 ≒ 26.67\text{kg}$$

③ 이론 산소량 체적(Nm^3) 계산

$C + O_2 \rightarrow CO_2$

$12\text{kg} : 22.4Nm^3 = 10\text{kg} : y(O_0)Nm^3$

$$\therefore O_0[Nm^3] = \frac{10 \times 22.4}{12} = 18.666 ≒ 18.67Nm^3$$

[해답] (1) 26.67kg (2) 18.67Nm³

---

100. 다음은 프로판(C_3H_8)과 부탄(C_4H_{10})의 완전 연소 반응식이다. ( ) 안에 알맞은 숫자를 넣으시오. [제41회]

$$C_3H_8 + 5O_2 \rightarrow (①)CO_2 + (②)H_2O$$
$$C_4H_{10} + 6.5O_2 \rightarrow (③)CO_2 + (④)H_2O$$

[해답] ① 3 ② 4 ③ 4 ④ 5

[참고] 탄화수소(C_mH_n)의 완전 연소 반응식

$$C_mH_n + \left(m + \frac{n}{4}\right)O_2 \rightarrow mCO_2 + \frac{n}{2}H_2O$$

---

101. 부탄(C_4H_{10}) 1Nm³을 완전 연소시키는 데 필요한 산소량은 몇 Nm³인가?

[풀이] 부탄(C_4H_{10})의 완전 연소 반응식

$C_4H_{10} + 6.5O_2 \rightarrow 4CO_2 + 5H_2O$

$22.4Nm^3 : 6.5 \times 22.4Nm^3 = 1Nm^3 : x(O_0)[Nm^3]$

$$\therefore O_0 = \frac{1 \times 6.5 \times 22.4}{22.4} = 6.5Nm^3$$

[해답] 6.5Nm³

---

102. 프로판(C_3H_8) 10Nm³을 완전 연소시키는 데 필요한 이론 산소량(Nm³)과 연소 가스 중 이산화탄소량(Nm³)을 계산하시오

[풀이] 프로판(C_3H_8)의 완전 연소 반응식

$C_3H_8 + 5O_2 \rightarrow 3CO_2 + 4H_2O$

① 이론 산소량 계산 : $22.4Nm^3 : 5 \times 22.4Nm^3 = 10Nm^3 : x(O_0)Nm^3$

$$\therefore O_0 = \frac{10 \times 5 \times 22.4}{22.4} = 50Nm^3$$

② 이산화탄소량 계산 : $22.4Nm^3 : 3 \times 22.4Nm^3 = 10Nm^3 : y(CO_2)Nm^3$

$$\therefore CO_2 = \frac{10 \times 3 \times 22.4}{22.4} = 30Nm^3$$

[해답] ① 이론 산소량 : 50Nm³   ② 이산화탄소량 : 30Nm³

103. 탄소(C) 5kg을 완전 연소시킬 때 다음 물음에 답하시오. [제42회]
(1) 이론 공기량을 중량(kg)으로 계산하면 얼마인가?
(2) 이론 공기량을 체적(Nm^3)으로 계산하면 얼마인가?

[풀이] (1) 이론 공기량 중량(kg) 계산
$C + O_2 \rightarrow CO_2$
12kg : 32kg = 5kg : $x(O_0)$kg
$\therefore A_0 = \dfrac{O_0}{0.232} = \dfrac{5 \times 32}{12 \times 0.232} = 57.471 ≒ 57.47$kg

③ 이론 산소량 체적(Nm^3) 계산
$C + O_2 \rightarrow CO_2$
12kg : 22.4Nm^3 = 5kg : $y(O_0)Nm^3$
$\therefore A_0 = \dfrac{O_0}{0.21} = \dfrac{5 \times 22.4}{12 \times 0.21} = 44.444 ≒ 44.44Nm^3$

[해답] (1) 57.47kg (2) 44.44Nm^3

104. 연료의 원소 분석에서 C의 함유량이 80%, H의 함유량이 15%, S의 함유량이 5%일 때 이론 공기량(Nm^3/kg)을 구하시오. [제40회]

[풀이] $\therefore A_0[Nm^3/kg] = \dfrac{O_0}{0.21} = \dfrac{1.867C + 5.6\left(H - \dfrac{O}{8}\right) + 0.7S}{0.21}$
$= \dfrac{1.867 \times 0.8 + 5.6 \times 0.15 + 0.7 \times 0.05}{0.21}$
$= 11.279 ≒ 11.28Nm^3/kg$

[해답] 11.28Nm^3/kg

105. 프로판 1kg을 완전 연소시킬 경우 이론 공기량(Nm^3/kg)은 얼마인가?

[풀이] $C_3H_8 + 5O_2 \rightarrow 3CO_2 + 4H_2O$
44kg : 5×22.4Nm^3 = 1kg : $x(O_0)$
$\therefore A_0 = \dfrac{O_0}{0.21} = \dfrac{1 \times 5 \times 22.4}{44 \times 0.21} = 12.121 ≒ 12.12Nm^3$

[해답] 12.12Nm^3

106. 탄소(C) 12kg이 공기비(m) 1.2로 완전 연소할 때 실제 공기량(Nm^3)을 구하시오. (단, 공기 중 산소는 21vol%이다.) [제41회]

[풀이] ① 탄소(C)의 완전 연소 반응식
$C + O_2 \rightarrow CO_2$
② 실제 공기량(Nm^3) 계산

$$A = m \cdot A_0 = m \times \frac{O_0}{0.21} = 1.2 \times \frac{22.4}{0.21} = 128 \text{Nm}^3$$

해답 128Nm^3

---

107. 보일러 연소에서 이론 공기량과 과잉 공기량을 알 때 공기비는 어떻게 계산되는지 식을 쓰시오. [제43회]

해답 $m = \dfrac{A_0 + B}{A_0}$

여기서, m : 공기비 A_0 : 이론 공기량 B : 과잉 공기량

---

108. 액체 연료의 성분이 C 80%, H 10%, O 5%, S 5%이었다. 이 연료를 연소시키는 데 실제 공기량이 13Nm³/kg이라면 공기비는 얼마인가? [제35회]

풀이 ① 이론 공기량 계산

$$A_0 = \frac{O_0}{0.21} = \frac{1.867 \text{C} + 5.6\left(\text{H} - \dfrac{\text{O}}{8}\right) + 0.7\text{S}}{0.21} = \frac{1.867 \times 0.8 + 5.6 \times \left(0.1 - \dfrac{0.05}{8}\right) + 0.7 \times 0.05}{0.21}$$

$= 9.779 ≒ 9.78 \text{Nm}^3/\text{kg}$

② 공기비 계산

$$m = \frac{A}{A_0} = \frac{13}{9.78} = 1.329 ≒ 1.33$$

해답 1.33

---

109. 보일러 배기가스를 분석한 결과 CO_2 14%, O_2 6%, N_2 80%이었다. 완전 연소라 할 때 공기비는 얼마인가 계산하시오. [제38회]

풀이 $m = \dfrac{N_2}{N_2 - 3.76 O_2} = \dfrac{80}{80 - 3.76 \times 6} = 1.392 ≒ 1.39$

해답 1.39

---

110. 보일러 연소에서 공기비가 클 때 나타나는 현상 4가지를 쓰시오. [제36회, 제39회]

해답 ① 연소실 내의 온도가 낮아진다.
② 배기가스로 인한 손실 열이 증가한다.
③ 연료 소비량이 증가한다.
④ 배기가스 중 질소 화합물(NOx)이 많아져 대기 오염을 초래한다.

참고 공기비가 작을 경우 나타나는 현상
① 불완전 연소가 발생하기 쉽다.
② 연소 효율이 감소한다.
③ 열 손실이 증가한다.
④ 미연소 가스로 인한 역화의 위험이 있다.

111. 천연가스(LNG)를 연료로 사용하는 보일러에서 배기가스를 분석한 결과 산소 농도가 1.8%로 측정되었다면 배기가스 중의 CO_2 농도는 약 몇 %인가? [제45회]

[풀이] ① 천연가스(LNG)의 주성분은 메탄(CH_4)이므로 실제 공기량에 의한 메탄의 완전 연소 반응식은
∴ $CH_4 + 2O_2 + (N_2) + B \rightarrow CO_2 + 2H_2O + (N_2) + B$

② 공기비(m) 계산
$$m = \frac{21}{21-O_2} = \frac{21}{21-1.8} = 1.093 = 1.1$$

③ CO_2 농도(%) 계산
$$CO_2(\%) = \frac{CO_2량}{실제\ 건배기\ 가스량} \times 100 = \frac{CO_2량}{이론\ 건연소\ 가스량 + 과잉\ 공기량} \times 100$$
$$= \frac{1}{\{1+(2\times 3.76)\} + \left\{(1.1-1)\times \frac{2}{0.21}\right\}} \times 100 = 10.557 = 10.56\%$$

④ 과잉 공기량(B) = $(m-1) \times A_0 = (m-1) \times \frac{O_0}{0.21}$

[해답] 10.56%

---

112. 보일러 연료로 사용하는 중유를 분석한 결과 수분 0.2%, 탄소 86.4%, 수소 11.2%, 산소 1.0%, 황 1.2%이었다. 중유의 총 발열량이 10200kcal/kg일 때 저위 발열량(kcal/kg)을 계산하시오. [제39회]

[풀이] $H_l = H_h - 600(9H + W) = 10200 - 600 \times (9 \times 0.112 + 0.002) = 9594$ kcal/kg

[해답] 9594kcal/kg

---

113. 보일러 연료로 사용하는 중유를 분석한 결과 W(수분) 0.4%, C 86.4%, H 11.2%, O 1.2%, S 0.8%이었다. 중유의 총 발열량이 10250kcal/kg일 때 저위 발열량(kcal/kg)을 계산하시오. [제41회]

[풀이] $H_l = H_h - 600(9H + W) = 10250 - 600 \times (9 \times 0.112 + 0.004) = 9642.8$ kcal/kg

[해답] 9642.8kcal/kg

---

114. 연료의 저위 발열량이 7700kcal/kg이고 배기가스의 비열이 0.35kcal/$Nm^3 \cdot °C$, 이론 연소 배기가스량이 22Nm^3/kg일 때 이론 연소 온도는 몇 °C인가? [제37회]

[풀이] $t = \dfrac{H_l}{G \cdot C} = \dfrac{7700}{22 \times 0.35} = 1000°C$

[해답] 1000°C

Chapter 4 보일러 열정산 및 성능 계산

1. 보일러 열정산 방식

[KS B 6205 2008. 12. 19 개정]

1-1 적용 범위

고체, 액체 및 기체 연료를 사용하는 보일러(온수 보일러 및 열매체 보일러도 포함) 및 폐열 보일러의 실용적인 시험에 있어서의 열출력과 열정산의 일반적 방식에 대하여 규정

1-2 열정산의 조건

① 보일러의 열정산은 원칙적으로 정격 부하 이상에서 정상 상태로 적어도 2시간 이상의 운전 결과에 따라 한다. 다만, 액체 또는 기체 연료를 사용하는 소형 보일러에서는 인수, 인도 당사자 간의 협정에 따라 시험 시간을 1시간 이상으로 할 수 있다. 시험 부하는 원칙적으로 정격 부하 이상으로 하고, 필요에 따라 3/4, 2/4, 1/4 등의 부하로 한다. 최대 출열량을 시험할 경우에는 반드시 정격 부하에서 시험을 한다. 측정 결과의 정밀도를 유지하기 위하여 급수량과 증기 배출량을 조절하여 증발량과 연료의 공급량이 일정한 상태에서 시험을 하도록 최대한 노력하고, 급수량과 연료 공급량의 변동이 불가피한 경우에는 가능한 한 그 변동량이 작은 상태에서 시험을 한다.

② 보일러의 열정산 시험은 미리 보일러 각 부를 점검하고, 연료, 증기 또는 물의 누설이 없는가를 확인하고, 시험 중 실제 사용상 지장이 없는 경우 블로 다운(blow down), 그을음 불어내기(soot blowing) 등은 하지 않으며, 또한 안전밸브는 열지 않은 운전 상태에서 한다. 안전밸브가 열린 때는 시험을 다시 한다.

③ 시험은 시험 보일러를 다른 보일러와 무관한 상태로 하여 실시한다.

④ 열정산 시험 시의 연료 단위량, 즉 고체 및 액체 연료의 경우 1kg, 기체 연료의 경우는 표준 상태(온도 0°C, 압력 101.3kPa)로 환산한 1Nm3에 대하여 열정산을 하

는 것으로 하고, 단위 시간당 총 입열량(총 출열량, 총 손실 열량)에 대하여 열정산을 하는 경우에는 그 단위를 명확히 표시한다. 혼소(混燒) 보일러 및 폐열 보일러의 경우에는 단위 시간당 총 입열량에 대하여 실시한다.

⑤ 발열량은 원칙적으로 사용 시 연료의 고발열량(총 발열량)으로 한다. 저발열량(진 발열량)을 사용하는 경우에는 기준 발열량을 분명하게 명기해야 한다.

⑥ 열정산의 기준 온도는 시험 시의 외기 온도를 기준으로 하나, 필요에 따라 주위 온도 또는 압입 송풍기 출구 등의 공기 온도로 할 수 있다.

⑦ 열정산을 하는 보일러의 표준적인 범위는 다음 그림과 같다. 과열기, 재열기, 급수 예열기(절탄기) 및 공기 예열기를 갖는 보일러는 이들을 그 보일러에 포함시킨다. 다만, 인수, 인도 당사자 간의 협정에 의해 이 범위를 변경할 수 있다.

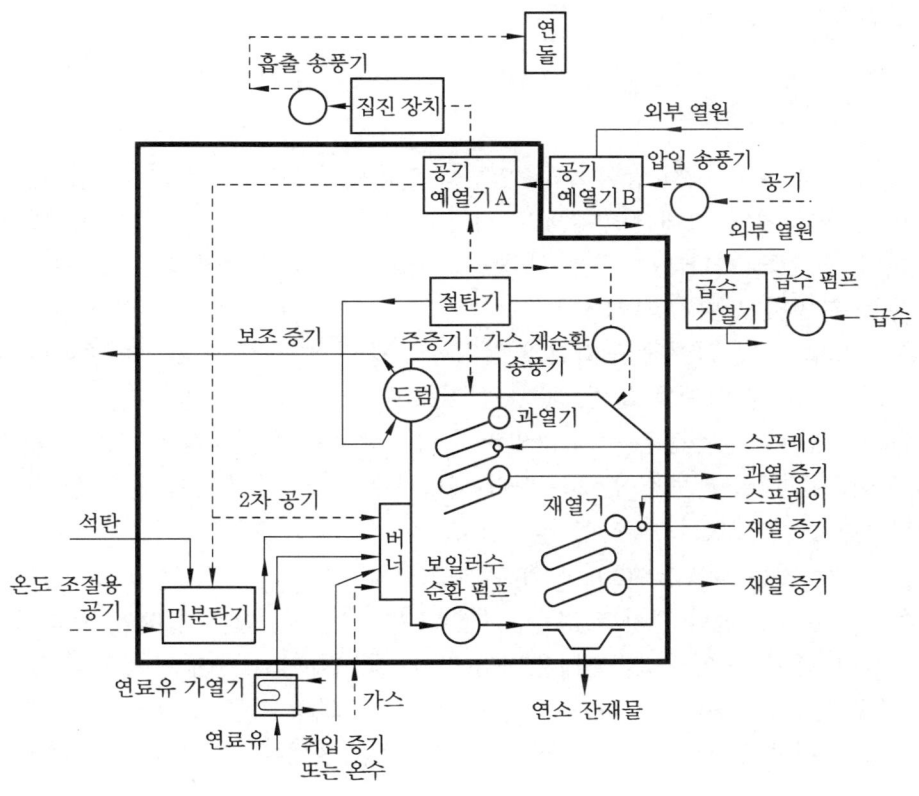

보일러의 표준 범위

⑧ 이 표준에서 공기란 수증기를 포함하는 습공기로 하며, 또한 연소 가스란 수증기를 포함하지 않은 건조 가스로 하는 경우와 연소에 의하여 발생한 수증기를 포함한 습가스로 하는 경우가 있다. 이들의 단위량은 어느 것이나 연료 1kg(또는 Nm3)당으로 한다.

⑨ 증기의 건도는 98% 이상인 경우에 시험함을 원칙으로 한다. (건도가 98% 이하인 경우에는 수위 및 부하를 조절하여 건도를 98% 이상으로 유지한다.)
⑩ 보일러 효율의 산정 방식은 다음의 방법에 따른다.

  (가) 입출열법

$$\eta_1 = \frac{Q_s}{H_h + Q} \times 100$$

    여기서, η_1 : 입출열법에 따른 보일러 효율(%)
            Q_s : 유효 출열
            $H_h + Q$: 입열 합계

  (나) 열손실법

$$\eta_2 = \left(1 - \frac{L_h}{H_h + Q}\right) \times 100$$

    여기서, η_2 : 열손실법에 따른 보일러 효율(%)
            L_h : 열 손실 합계

  (다) 보일러의 효율 산정 방식 : 입출열법과 열손실법으로 실시하고, 이 두 방법에 의한 효율의 차가 과대한 경우에는 시험을 다시 실시한다. 다만, 입출열법과 열손실법 중 어느 하나의 방법에 의하여 효율을 측정할 수밖에 없는 경우에는 그 이유를 분명하게 명기한다.

⑪ 온수 보일러 및 열매체 보일러의 열정산은 증기 보일러의 경우에 준하여 실시하되, 불필요한 항목(예를 들면, 증기의 건도 등)은 고려하지 않는다.
⑫ 폐열 보일러의 열정산은 증기 보일러의 경우에 준하여 실시하되, 입열량을 보일러에 들어오는 폐열과 보조 연료의 화학 에너지로 하고, 단위 시간당 총 입열량(총 출열량, 총 손실 열량)에 대하여 실시한다.
⑬ 전기 에너지는 1kW당 860kcal/h로 환산한다.
⑭ 증기 보일러 열출력 평가의 경우, 시험 압력은 보일러 설계 압력의 80% 이상에서 실시한다. 온수 보일러 및 열매체 보일러의 열출력 평가 시에는 보일러 입구 온도와 출구 온도의 차에 민감하기 때문에 설계 온도와의 차를 ±1°C 이하로 조절하고 시험을 실시한다. 이 조건을 만족하지 못하는 경우에는 그 이유를 명기한다.

1-3 측정 방법

입출열법에 따른 보일러 효율을 구하는 경우는 연료의 사용량과 발열량 등의 입열 및 발생 증기의 흡수열을, 또한 열손실법에 따른 보일러 효율을 구하는 경우는 연료 사용량과 발열량 등에 의한 입열 및 각 부의 열 손실을 구할 필요가 있다. 각 항목의 측정은 다음과 같다.

(1) 기준 온도

기준 온도는 햇빛이나 기기의 복사열을 받지 않는 상태에서 측정한다.

(2) 연료 사용량의 측정

① 고체 연료 : 고체 연료는 측정 후 수분의 증발을 피하기 위하여 가능한 한 연소 직전에 측정하고, 그때마다 동시에 시료를 채취한다. 측정은 보통 저울을 사용하나 콜 미터나 그 밖의 계측기를 사용할 때에는 지시량을 정확하게 보정한다. 측정의 허용 오차는 보통 ±1.5%로 한다.

② 액체 연료
 ㈎ 액체 연료는 중량 탱크식 또는 용량 탱크식이나 용적식 유량계로 측정한다. 측정의 허용 오차는 원칙적으로 ±1.0%로 한다.
 ㈏ 용량 탱크식 또는 용적식 유량계로 측정한 용적 유량은 유량계 가까이에서 측정한 유온에 대하여 보정하기 위해 다음 방법으로 중량 유량으로 환산한다. 중유의 경우에는 다음 표와 같은 온도 보정 계수를 사용하고, 중유 이외 연료의 온도 보정 계수는 1로 한다.

$$F = d \times k \times V_t$$

여기서, F : 연료의 사용량(kg/h)　　d : 연료의 비중
　　　　k : 온도 보정 계수　　　　V_t : 연료 사용량(L/h)

연료(중유)의 온도(t)에 따른 체적 보정 계수

중유 비중(d 15°C)	온도 범위	보정 계수(k)
1.000~0.966	15~50°C	$1.000 - 0.00063 \times (t-15)$
	50~100°C	$0.9779 - 0.0006 \times (t-50)$
0.965~0.851	15~50°C	$1.000 - 0.00071 \times (t-15)$
	50~100°C	$0.9754 - 0.00067 \times (t-50)$

③ 기체 연료
 ㈎ 기체 연료는 용적식, 오리피스식 유량계 등으로 측정하고, 유량계 입구나 출구

에서 압력, 온도를 측정하여 표준 상태의 용적 Nm^3로 환산한다. 측정의 허용 오차는 원칙적으로 ±1.6%로 한다.

(내) 표준 상태로의 용적 유량 환산은 다음에 따른다. 측정값을 압력, 온도에 따라 표준 상태(0°C, 101.3kPa)로 환산한다.

$$V_0 = V \times \frac{P}{P_0} \times \frac{T_0}{T}$$

여기서, V_0 : 표준 상태에서 연료 사용량(Nm^3)
  V : 유량계에서 측정한 연료 사용량(m^3)
  P : 연료 가스의 압력(Pa, mmHg, mbar)
  P_0 : 표준 상태의 압력(Pa, mmHg, mbar)
  T : 연료 가스의 절대 온도(K)
  T_0 : 표준 상태의 절대 온도(K)

④ 연소 계산을 위하여 액체 연료와 고체 연료는 원소 분석과 발열량 측정을 하고, 기체 연료는 성분 분석과 발열량 측정을 한다.

(3) 급수량 측정

① 급수량 측정은 중량 탱크식 또는 용량 탱크식이나 용적식 유량계, 오리피스 등으로 한다. 측정의 허용 오차는 일반적으로 ±1.0%로 한다.
② 측정한 급수의 일부를 보일러에 넣지 않은 경우에는 그 양을 보정하여야 한다. 과열기 및 재열기에 증기 온도 조절을 위하여 스프레이 물을 넣는 경우에는 그 양을 측정한다.
③ 용적 유량을 측정한 경우에는 유량계 부근에서 측정한 온도에 따른 비체적을 증기표에서 찾아 다음 방법으로 급수량을 중량으로 환산한다.

$$W = \frac{W_0}{V_1}$$

여기서, W : 환산한 급수량(kg/h)
  W_0 : 실측한 급수량(L/h)
  V : 측정 시 급수 온도에서 급수의 비체적(L/kg)

④ 급수 온도의 측정 : 급수 온도는 절탄기 입구에서(필요한 경우에는 출구에서도) 측정한다. 절탄기가 없는 경우에는 보일러 몸체의 입구에서 측정한다. 또한 인젝터를 사용하는 경우에는 그 앞에서 측정한다.

(4) 연소용 공기

① 공기량의 측정
  (가) 연료의 조성(액체 연료와 고체 연료는 원소 분석값, 기체 연료는 성분 분석값)

에서 이론 공기량(A_0)을 계산하고, 배기가스 분석 결과에 의해 공기비(m)를 계산하여 실제 공기량(A)을 계산한다.

$$A = m \cdot A_0$$

여기서, A : 실제 공기량(Nm³/h)
 m : 공기비
 A_0 : 이론 공기량(연소 프로그램에서 계산) (Nm³/h)

㈏ 필요한 경우에는 압입 송풍기의 출구에서 오리피스, 피토관 등을 사용하여 측정한다. 공기 예열기가 있는 경우에는 그 출구에서 측정한다.

② 예열 공기 온도의 측정 : 공기 온도는 공기 예열기의 입구 및 출구에서 측정한다. 터빈 추기 등의 외부 열원에 의한 공기 예열기를 병용하는 경우는 필요에 따라 그 전후의 공기 온도도 측정한다.

③ 공기의 습도 측정
㈎ 송풍기 입구 부근에서 건습구 온도계를 이용하여 건구 온도와 습구 온도를 측정하거나 습도계를 사용하여 상대 습도 또는 절대 습도를 측정한다.
㈏ 건습구 온도계의 건구 온도 t[℃]와 습구 온도 t'[℃]에서 습공기 중의 절대 습도 z를 다음과 같이 구한다.

$$z = 0.622 \times \frac{P_w}{P - P_w}$$

여기서, z : 공기의 절대 습도(kg-H₂O/kg-air)
 P : 대기압(kPa)
 P_w : 수증기 분압(kPa)

$$P_w = P'_s - \frac{P}{30} \times \frac{t - t'}{50}$$

여기서, P'_s : 습구 온도 t'[℃]에서 수증기의 포화 압력(kPa)
 t : 건구 온도(℃)
 t' : 습구 온도(℃)

㈐ 습도계로 상대 습도를 측정한 경우, 절대 습도는 다음과 같이 구한다.

$$z = 0.622 \times \frac{\phi P_s}{P - \phi P_s}$$

여기서, ϕ : 상대 습도(%)
 P_s : 공기 온도 t[℃]에서 수증기의 포화 압력(kPa)

㈑ 습도가 보일러의 효율에 미치는 영향이 미미한 경우(습도가 낮은 경우)에는 습도 측정을 생략할 수 있다.

(5) 연료 가열용 또는 노 내 취입 증기

① 연료 가열용 증기량 측정은 유량계로 측정하거나 증기 트랩이 있는 연료 가열기의 경우에는 트랩의 응축 수량을 측정할 수도 있다.
② 노 내 취입 증기량 측정은 증기 유량계로 측정한다.

(6) 발생 증기

① 발생 증기량의 측정
　㈎ 발생 주증기량은 일반적으로 급수량으로부터 수위 보정(시험 개시 시 및 종료 시에 있어 보일러 수면의 위치 변화를 고려한 급수량의 보정)을 통해 산정한다. 증기 유량계가 설비되어 있는 경우는 그 측정값을 참고값으로 한다.
　㈏ 발생 증기의 일부를 연료 가열, 노 내 취입 또는 공기 예열에 사용하는 경우 등에는 그 양을 측정하여 급수량에서 뺀다.
　㈐ 재열기 입구 증기량은 주증기량에서 증기 터빈의 그랜드 증기량 및 추기 증기량을 빼서 구한다.
　㈑ 과열기와 재열기 출구 증기량은 그 입구 증기량에 과열 저감기에서 분사한 스프레이량을 더하여 구한다.

② 과열 증기 및 재열 증기 온도의 측정
　㈎ 과열기 출구 온도는 과열기 출구에 근접한 위치에서 측정하지만, 출구에 온도 조절 장치가 있는 경우에는 그 뒤에서 측정한다.
　㈏ 재열기 출구 온도는 재열기 출구에 근접한 위치에서 측정하지만, 출구에 온도 조절 장치가 있는 경우에는 그 뒤에서 측정한다. 재열기의 경우는 그 입구에서도 측정한다.

③ 증기 압력의 측정
　㈎ 포화 증기의 압력은 보일러 몸체 또는 그에 상당하는 부분(노통 연관식 보일러의 경우 동체의 증기부)에서 측정한다.
　㈏ 과열 증기 및 재열 증기의 압력은 그 온도를 측정하는 위치에서 측정한다.
　㈐ 압력 취출구와 압력계 사이에 높이의 차가 있는 경우는 연결관 내의 수주에 따라 압력을 보정한다.

④ 포화 증기의 건도 측정
　㈎ 포화 증기의 건도는 원칙적으로 보일러 몸체 출구에 근접한 위치 또는 그에 상당하는 부분에서 복수 열량계, 스로틀 열량계 등을 사용하여 측정한다.
　㈏ 건도계의 온도 측정에는 정밀급 열전대 또는 정밀급 저항 온도계, 정밀급 수은 봉상 온도계를 사용하여 측정하고, 교축 열량계의 경우에는 다음에 의해 건도를 환산한다.

$$x = \frac{\{0.46 \times (t_1 - 99.09) + (638.81 - h')\}}{\gamma} \times 100$$

여기서, x : 증기 건도(%)
t_1 : 건도계 출구 증기 온도(°C)
h' : 측정압에서의 포화 엔탈피(kcal/kg)
γ : 측정 압력에 대한 증발 잠열(kcal/kg)

㈐ 증기의 건도 측정이 불가능한 경우 강제 보일러의 건도는 0.98, 주철제 보일러는 0.97로 한다. 이 경우에는 측정이 불가능한 사유를 명기한다.

(7) 배기가스(연소 가스)

① 배기가스 온도의 측정

㈎ 배기가스 온도는 보일러의 최종 가열기 출구에서 측정한다. 가스 온도는 각 통로 단면의 평균 온도를 구하도록 한다.

㈏ 배기가스 중의 수증기 일부가 응축되는 절탄기나 공기 예열기의 경우에는 그 전후에서 온도를 측정한다. 또한 응축이 일어나지 않는 경우에도 필요에 따라 보일러 본체 출구 및 과열기, 재열기, 절탄기 및 공기 예열기 및 출구에서도 온도를 측정한다.

② 배기가스 성분 분석

㈎ 배기가스의 시료 채취 위치는 절탄기 출구(절탄기가 없는 경우에는 보일러 본체 또는 과열기 출구)로 한다. 또한 공기 예열기가 있는 경우에는 그 출구에서도 측정한다. 시료 채취 방법은 일반적으로 KS C 2202에 따른다. 배기 댐퍼의 조절이 가능한 경우에는 조절하여 배기가스 성분 분석을 위한 시료 채취 위치에 음압이 걸리지 않도록 한다.

㈏ 배기가스의 성분 분석은 일반적으로 오르사트 가스 분석기, 전기식 또는 기계식 가스 분석기를 사용한다. 가스 분석기는 센서나 시약의 수명 관리를 위해 표준 가스로 교정하여 사용하여야 한다. 교정을 위한 표준 가스는 분석하고 하는 배기가스의 성분과 유사한 것을 사용하도록 한다.

③ 공기비 측정

㈎ 유류를 연료로 사용하는 보일러에서는 공기비 측정 시 보일러의 공기비 측정을 위하여 배커랙 스모크 스케일(Bacharach smoke scale)을 기준으로 사용하여 다음 조건 시의 배기가스 분석값 중 O_2 농도나 CO_2 농도를 이용하여 공기비를 계산한다.(다만, 다음 조건을 만족하지 못하는 경우에는 그 이유를 명기한다.)
㉮ 중유 연소 보일러 : 배커랙 스모크 No. 4 이하
㉯ 경유 연소 보일러 : 배커랙 스모크 No. 3 이하

㈏ 유류 연료의 경우 배커랙 스모크 스케일을 만족하는 경우에도 배기가스 중의

CO 농도가 300ppm 이상인 경우에는 CO 농도 300ppm 이하로 공기비를 조정하여 배기가스 분석값 중 O_2 농도나 CO_2 농도를 이용하여 공기비를 계산한다. (다만, 이 조건을 만족하지 못하는 경우에는 그 이유를 명기한다.)

㈐ 가스 보일러의 경우에는 배기가스 중의 CO 농도가 300ppm 이하인 경우의 배기가스 분석값 중 O_2 농도나 CO_2 농도를 이용하여 공기비를 계산한다.

㈑ 공기비 계산은 배기가스 분석값 중 O_2 농도나 CO_2 농도를 이용하여 다음과 같이 계산한다.

　㉮ 배기가스 중의 산소(O_2) 농도에서 계산하는 경우

$$m = \frac{21}{21 - O_2}$$

　　여기서, m : 공기비
　　　　　O_2 : 건 배기 가스 중의 산소분(v%)

　㉯ 배기가스 중의 탄산가스(CO_2) 농도에서 계산하는 경우

$$m = \frac{(CO_2)_{max}}{CO_2}$$

　　여기서, m : 공기비
　　　　　$(CO_2)_{max}$: 건배기 가스 중의 이산화탄소분 최대값(v%)
　　　　　CO_2 : 건배기 가스 중의 이산화탄소분(v%)

④ 배기가스 중의 응축수량 측정

㈎ 배기가스 중의 수증기가 응축하여 다량의 응축수가 배출되는 경우에는 그 응축수의 배출량을 측정한다. 응축수의 측정을 위해 배기가스가 응축되는 부분에 응축수를 모을 수 있는 배관을 설치하여 응축수를 한곳으로 유도하여 그 양을 측정한다.

㈏ 응축수 온도를 측정한다.

㈐ 응축수의 pH를 측정한다.

⑤ 응축형 보일러의 배기가스 습도 측정

㈎ 배기가스 중의 수증기가 응축하여 다량의 응축수가 배출되는 경우에는 습도계를 이용하여 최종 열교환기(공기 예열기 또는 절탄기) 출구에서 배기가스 중의 습도(상대 습도 또는 절대 습도)를 측정한다.

㈏ 습도계로 배기가스의 상대 습도를 측정한 경우 절대 습도는 계산식에 의해 구한다.

(8) 송풍압

① 송풍압(정압)의 측정

㈎ 필요에 따라 송풍압(정압)을 측정한다. 측정 방법은 KS B 6311에 따른다.

㈏ 송풍압은 수주 압력계 등을 사용하여 압입 송풍기 토출구에서 측정한다. 필요에 따라 공기 예열기의 입구 및 출구 또는 버너 윈드 박스 등에서도 측정한다.
② 배기가스의 압력 측정 : 배기가스의 압력은 수주 압력계 등을 사용하여 최종 가열기를 나온 위치에서 측정한다. 필요에 따라 노 내, 보일러 본체 출구, 절탄기, 공기 예열기, 흡출 송풍기의 입구 및 출구에서도 측정한다.

(9) 연소 잔재물

액체 연료나 기체 연료의 경우에는 연소 잔재물이 미량이기 때문에 무시할 수 있고, 고체 연료의 경우에는 다음에 따른다.
① 연소 잔재물의 양 측정 : 연소 잔재물의 양은 연료의 사용량, 연료 중의 회분 및 연소 잔재물 중 미연소분의 비율로부터 산정한다. 연소 잔재량을 실측할 수 있는 경우는 그에 따른다.
② 연소 잔재물의 시료 채취 및 미연소분의 측정 : 연소 잔재물의 시료 채취는 무연탄-총 수분 함량 측정(KS E ISO 589)에 따른다. 미연소분의 측정은 석탄류 및 코크스류의 공업 분석 방법(KS E 3705)에 따른다.
③ 연소 잔재물의 온도 측정 : 연소 잔재물이 다량인 고체 연료의 경우에는 잔재물에 의한 열 손실을 고려할 수 있도록 잔재물의 배출 온도를 측정한다.

(10) 소요 전력

① 소요 전력 측정 시 보일러 시스템의 모든 전원이 동일 제어 패널에서 공급된 경우에는 그 제어 패널에 공급되는 전원에 전력계를 설치하여 측정한다.
② 보일러 시스템 작동 기기의 전원이 별개의 제어 패널에서 공급되는 경우 송풍기, 펌프 등의 모터나 전기 히터의 전력을 측정하는 경우에는 전압, 전류, 소요 전력을 측정하여 합산한다.

(11) 소음 측정

보일러의 소음은 보일러 주위 1.5m 떨어진 여러 위치에서 측정하여 최고값을 기록한다.

(12) 폐열 보일러의 측정

① 폐열 보일러의 경우에는 보일러의 입열량 계산을 위해 유입되는 가스의 유량, 온도, 압력 및 그 조성을 측정한다.
② 폐열 보일러에 유입되는 가스를 발생하는 장치에서 가연성 물질을 소각하여 폐가스가 발생하는 경우 그 가연성 물질의 원소 분석 또는 성분 분석을 실시하고, 그 분석값을 이용하여 연소 반응식에 의해 가스량과 가스 조성을 계산한다.

㈎ 가스 유량 측정 방법은 송풍기의 시험 및 검사 방법(KS B 6311)의 유량 측정법에 따르며, 측정값을 압력 온도에 따라 표준 상태(0°C, 101.3kPa)로 환산한다.

㈏ 가스 온도의 측정은 보일러 입구와 출구로부터 가까운 위치에서 측정한다. 온도 측정 위치의 단면에서 온도 구배가 있는 경우에는 온도 측정값이 단면 평균 온도가 되도록 여러 점에서 측정하여 평균한다.

㈐ 가스 조성은 가스 크로마토그래프와 같은 가스 분석기를 사용하여 가스의 조성을 측정한다. 다만, 폐열 발생원에서 계산(예를 들면, 연소 계산)에 의해 유입 가스의 조성을 명확하게 알 수 있는 경우에는 그 계산 결과를 가스 조성으로 사용할 수 있다.

(13) 측정 시간 간격

연료 시료의 채취, 증기, 공기, 배기가스의 압력 및 온도 등의 측정은 기록식 계기를 사용하는 경우 이외에는 각각 일정 기산 간격마다 한다. 그 중요한 보기를 표시하면 다음과 같다.

① 석탄의 시료 채취 : 시험 기간 중 가능한 한 횟수를 많이 한다.
② 액체, 기체 연료의 시료 채취 및 증기의 건도 측정 : 시험 시간 중 2회 이상
③ 증기 압력 및 온도와 급수 온도 : 10~30분마다
④ 급수 유량 및 연료 사용량 : 5~10분마다
⑤ 공기, 배기가스 등의 압력 및 온도 : 15~30분마다
⑥ 배기가스의 시료 채취 : 30분마다(수동식 급탄 연소의 경우에는 되도록 횟수를 많이 한다.)

1-4 시험의 준비 및 운전상의 주의

(1) 보일러의 상태 검사 및 보수

보일러는 미리 각 부분을 검사하여 증기 및 물의 누설(특히 블로 밸브에서의 누설)이 없도록 정비하고, 내화재, 보온재, 그 밖의 파손이 있으면 보수하여 둔다. 내부 및 외부의 오염 상황 또는 관리 상황(시험 전의 청소 기일, 청소 방법, 청소 후의 운전 상황 및 운전 시간, 보수 상황 등)을 기록한다.

(2) 보조기기류의 정비

운전 장치, 연료 공급 장치, 회 처리 장치, 통풍 장치, 급수 장치, 수면계, 자동 제어 장치, 그 밖의 보조기기, 계기류의 기능을 미리 점검 조정하여 시험 중에 고장이 생기지 않도록 정비한다.

(3) 측정 기구의 정비

필요한 계기류는 미리 검사하고, 정확히 교정하여 소정의 위치에 배치한다. 급수 및 연료의 측정 기구에 바이패스가 있는 경우는 그곳에 누설이 없는가를 확인한다.

(4) 보일러 운전 상황의 조정

보일러를 미리 소기의 운전 상태로 조정하고, 보일러의 종류에 따라 적당한 시간 중 (일반적으로는 1시간 이상) 그 상태를 지속하여 양호한 운전 상황이 지속될 수 있는지 확인한 다음에 본시험을 하도록 한다.

(5) 측정원의 배치

측정원은 미리 부서를 정하여 배치하고, 가능한 한 본시험 전의 준비 운전에서 훈련하고, 시험 개시와 동시에 즉시 정확한 측정을 할 수 있도록 하여야 한다.

(6) 블로 다운, 그을음 불어내기, 급수 시료 채취 등

블로 다운, 그을음 불어내기 및 급수·보일러수, 발생 증기의 시료 채취 등은 시험 개시 전에 하고 본시험 중에는 하지 않도록 한다.

(7) 측정값의 변동

발생 증기량, 압력 및 온도의 변동은 다음 범위를 넘지 않도록 한다. 다음 범위를 초과한 경우는 그 상황을 측정 결과의 비고란에 기입한다.
① 발생 증기량의 변동 : 평균값의 ±10%
② 증기 압력 및 온도의 변동 : 평균값의 ±6%

(8) 시험 조건이 계속 변화하는 보일러의 시험

① 측정 결과의 정밀도를 유지하기 위하여 급수량과 증기 배출량을 조절하여 증발량과 연료의 공급량이 일정한 상태에서 시험을 실시하도록 최대한 노력하고, 급수량과 연료 공급량의 변동이 불가피한 경우에는 가능한 한 그 변동량이 작은 상태에서 시험을 한다.
② 급수량과 연소량은 비교적 일정한 경우에도 증기의 응축수를 회수하는 난방용 증기 보일러 시스템과 같이 운전이 간헐적이고 운전 시간이 짧으면서도 응축수 회수에 의해 급수 온도가 계속적으로 변화하는 보일러의 시험 시에는 데이터 로깅 시스템(data logging system)이나 기록식 계기를 사용하여 각 부 온도의 시간 평균값을 구하여 사용한다. 이 경우, 평균값을 계산할 때는 운전 초기의 측정값과 운전 종료 직전의 측정값은 버리도록 한다.
③ 회분식 소각로와 함께 설치되는 폐열 보일러와 같이 입열량이 주기적으로 크게 변

화하는 경우에는 1회분 전 기간에 걸쳐 누적값을 사용하여 성능 평가를 실시한다.

(9) 간접 가열식 보일러의 시험

진공식 온수 보일러, 대기 개방형 온수 보일러, 중탕형 온수 보일러 등과 같이 연소가스에 의해 열매를 가열하고, 그 열매와 급수와의 열교환에 의해 온수를 발생하는 간접 가열식 보일러의 경우에는 열매가 보유하고 있는 열량이 비교적 크기 때문에 온수 발생량, 연소량, 순환 수량을 조절하여 버너와 순환 펌프가 단속적으로 운전되지 않는 상태, 즉 연속 운전 상태에서 시험을 실시한다.

1-5 계 산

(1) 기본 계산

보일러 열정산 시는 본 계산을 하기에 앞서 입출열 계산에 공통적으로 적용되는 연료 사용량, 급수량 및 공기비 등을 먼저 정확히 계산하는 것이 좋다. 연료량이나 급수량은 대부분 유량계나 탱크 등으로 측정하게 되는데, 이 양은 용적으로 측정되기 때문에 온도나 비중이 전혀 고려되지 않은 상태로서 계산 시 직접 대입하기는 곤란하다. 따라서 용적(부피)으로 측정된 양은 온도와 비중 등을 고려하여 용량(무게)으로 환산하여야 하며, 계산 방법은 다음과 같다.

① 연료 사용량(kg/h)

$$G_f = 중유의\ 비중 \times \{0.9754 - 0.00067 \times (중유의\ 예열\ 온도 - 50)\} \times 중유의\ 용적\ (L/h)$$

② 급수량(kg/h)

$$W = \frac{급수\ 사용량(L/h)}{급수의\ 비체적(L/kg)}$$

③ 연료 1kg당 급수량(kg/kg-연료)

$$W_1 = \frac{급수\ 사용량(kg/h)}{연료\ 사용량(kg/h)}$$

④ 발생 증기량(kg/h)

$$W_2 = 급수량 - 보정량$$

→ 보정량은 자체 보일러에서 발생된 증기로 연소용 공기나 기름을 예열하였거나 스팀 제트 버너의 분입 증기로 사용한 양이다.

⑤ 연료 1kg당 증기량(kg/kg-연료)

$$W_3 = \frac{발생\ 증기량(kg/h)}{연료\ 사용량(kg/h)}$$

⑥ 공기비(m) : 공기비를 알기 위해서는 먼저 보일러 운전 중에 연도를 통해서 배출되는 배기가스의 성분을 파악하여야 한다. 배기가스의 성분 분석은 보통 오르사트 분석기나 배커랙 스모크 테스터 등으로 측정하여, 다음의 식으로 공기비를 계산한다.

$$m = \frac{N_2}{N_2 - 3.76(O_2 - 0.5CO)} = \frac{(CO_2)_{max}}{CO_2} = \frac{21}{21 - O_2}$$

여기서, O_2 : 건 배기가스 중의 산소(%)
$\qquad$ CO : 건 배기가스 중의 일산화탄소(%)
$\qquad$ CO_2 : 건 배기가스 중의 이산화탄소(%)
$\qquad$ N_2 : 건 배기가스 중의 질소(%) [$N_2 = 100 - (CO_2 + O_2 + CO)$]

(2) 입열(入熱)

입열 계산은 모두 사용 시 연료 1kg(또는 m³)당으로 하고, 다음에 따른다.

① 연료의 발열량 : 원칙적으로 각각의 열량계에 의해 고발열량을 실측한다. 가스 연료의 경우 성분 분석값을 측정한 경우에는 이 성분 분석값을 이용하여 연소 프로그램으로 고발열량을 계산해도 좋다. 저발열량이 필요한 경우에는 고체, 액체 및 기체 연료에 대하여 각각 다음과 같이 계산한다.

㈎ 고체 연료의 경우 : 석탄 및 코크스류 발열량 측정 방법(KS E 3707)에 따라 항습 시료로 측정한 고발열량을 H_0로 하고, 사용 시 연료의 고발열량 및 저발열량을 각각 H_h, H_l로 표시하고, 다음의 식으로 구한다.

- 고발열량(kJ/kg, kcal/kg) : $H_h = \dfrac{100 - W}{100 - W_1} \times H_0$
- 저발열량(kJ/kg, kcal/kg) : $H_l = H_h - 25(9h + W)\,[\text{kJ/kg}]$
$\qquad\qquad\qquad\qquad\qquad\qquad H_l = H_h - 5.9(9h + W)\,[\text{kcal/kg}]$

㈏ 액체 연료의 경우 : 원유 및 연료유의 발열량 시험 방법(KS M 2057)에 따라 측정한 고발열량을 H_h로 하고, 저발열량 H_l은 다음의 식으로 구한다.

$H_l[\text{kJ/kg}] = H_h - 25(9h + W)$
$H_l[\text{kcal/kg}] = H_h - 5.9(9h + W)$

㈐ 기체 연료의 경우 : 고발열량 H_h를 측정하면 저발열량 H_l은 다음 식으로 구한다.

$H_l[\text{kJ/m}^3] = H_h - 20\left(h_2 + \dfrac{1}{2}\sum y_{c_x} h_y + W_v\right) - 2258\,W_c$

$H_l[\text{kcal/m}^3] = H_h - 4.7\left(h_2 + \dfrac{1}{2}\sum y_{c_x} h_y + W_v\right) - 539\,W_c$

② 연료의 현열에 의한 입열 : 연료가 외부 열원에 의해 예열되는 경우 입열 Q_1은 다음 식으로 구한다.

$\qquad Q_1 = C_f(t_f - t_0)$

여기서, Q_1 : 연료의 현열(kJ/kg, kJ/m³ 또는 kcal/kg, kcal/m³)
C_f : 연료의 평균 비열(kJ/kg·°C, kJ/m³·°C 또는 kcal/kg·°C, kcal/m³·°C)
t_f : 가열 후 연료의 온도(°C)
t_0 : 기준 온도(°C)

연료의 비열(실측하지 않은 경우 적용)

연료 종류	비 열	
석 탄	1.05kJ/kg·K	0.25kcal/kg·°C
중 유	1.9kJ/kg·K	0.45kcal/kg·°C
등유, 경유 및 원유	2.0~2.1kJ/kg·K	0.48~0.50kcal/kg·°C
제조 도시가스	1.4kJ/m³·K	0.34kcal/m³·°C
천연가스	1.6~1.8kJ/m³·K	0.38~0.42kcal/Nm³·°C
LPG(조성에 따라)	2.9~4.2kJ/m³·K	0.7~1.0kcal/Nm³·°C

③ 공기의 현열에 의한 입열 : 외부 열원 등으로 예열되는 경우 공기의 현열에 따른 입열 Q_2는 다음 식으로 구한다.

$$Q_2 = A C_a (t_a - t_0)$$

여기서, Q_2 : 공기의 현열(kJ/kg, kJ/m³ 또는 kcal/kg, kcal/m³)
A : 연료 1kg(또는 m³)당 공기량(수증기를 포함)(m³/kg, m³/m³)
C_a : 공기의 평균 비열(1.3kJ/m³·K, 0.31kcal/m³·°C)
t_a : 가열 후 공기의 온도(°C)
t_0 : 기준 온도(°C)

(가) 시험 보일러의 발생 증기 일부로 공기를 예열하는 경우, 그 열량은 순환열로 취급하고, 열량에는 포함시키지 않는다.

(나) 공기량 A는 연료의 성분, 공기비 측정값[1-3 측정 방법의 (7) 배기가스 ③ 공기비 측정의 공기비 계산] 등으로부터 연소 계산 프로그램이나 다음 식에 따라 산출한다. 필요한 경우 실측값을 사용한다.

$$A = m \cdot A_0 (1 - 1.61z)$$

여기서, A : 실제 공기량(m³/kg 또는 m³/m³)
m : 공기비
z : 외기의 절대 습도(kg-H₂O/kg-air)
A_0 : 이론(건조) 공기량(m³/kg 또는 m³/m³)

④ 노 내 취입 증기 또는 온수에 의한 입열 : 외부 열원에 의한 증기 또는 온수의 노 내 취입에 의한 입열 Q_3는 다음 식에 따른다.

$$Q_3 = W_b (h_b - h_s)$$

여기서, Q_3 : 외부 입열에 의한 입열(kJ/kg, kJ/m³ 또는 kcal/kg, kcal/m³)

W_b : 연료 1kg(또는 m³)당 취입 증기 또는 온수량(kg/kg 또는 kg/m³)
h_b : 취입 증기 또는 온수의 엔탈피(kJ/kg, kcal/kg)
h_s : 외기 온도에 있어서 증기 또는 온수의 엔탈피(kJ/kg, kcal/kg)

  ┌ 증기의 경우 ≒ 25000 kJ/kg ≒ 600 kcal/kg
  └ 온수의 경우 = $4.8 t_0$ kJ/kg = t_0 kcal/kg

→ 비고 : 공시 보일러의 발생 증기 또는 온수의 일부를 노 내에 취입하는 경우 그 열량은 순환열로 취급하고, 위의 열량에 포함시키지 않는다.

⑤ 보조기기의 일에 상당하는 입열 : 보조기기의 일에 상당하는 입열 Q_4의 취급은 인수·인도 당사자 간의 협정에 따라 결정한다. Q_4를 고려하는 경우는 다음 식에 따라 그림 [보일러의 표준 범위]에서 보조기기류를 보일러의 범위를 표시하는 구획 속에 포함시킨다. 그때 연료 1kg(또는 1m³)당 보조기기류의 소요 일의 합계를 P_e [kW·h]라 하면

$$Q_4 = 36 P_e \eta_x \text{ kJ/kg(또는 m³)}$$
$$[Q_4 = 8.6 P_e \eta_x \text{ kcal/kg(또는 m³)}]$$

여기서, P_e : 연료 1kg(또는 m³)당 보조기기의 소비 동력(kWh/kg 또는 m³)
   η_x : 총합 구동기 효율(%)

(3) 출열(유효 출열 + 열 손실)

출열의 계산은 모든 사용 연료 1kg(또는 m³)당으로 하고, 다음에 따른다.

① 발생 증기의 흡수열(유효 출열) : 발생 증기의 흡수열 Q_s는 발생 증기의 보유열에서 급수의 현열을 뺀 것이다. 또한 Q_s는 증기 발생 장치의 종류에 따라 다음 4가지로 구별하고, 각각의 흡수열 $Q_{s1}, Q_{s2}, Q_{s3}, Q_{s4}$를 다음에 나타낸다. 이 열은 어느 것이나 기준 온도에 관계가 없다.

② 블로 다운수의 흡수열 : 시험 중에는 블로 다운을 피하는 것이 바람직하나, 블로 다운을 하는 경우에는 블로 다운수 열교환기의 냉각수 유량과 냉각수의 온도 상승에서 블로 다운 물량을 구한다. 블로 다운수의 흡수열(Q_d)은 다음과 같다.

$$Q_d = W_d(h_d - h_1) \text{ kJ/kg(또는 m³)(kcal/kg 또는 m³)}$$

여기서, W_d : 연료 1kg(또는 m³)당 블로 다운 수량(kg/kg 또는 kg/m³)
   h_d : 블로 다운수(드럼수)의 엔탈피(kJ/kg 또는 kcal/kg)
   h_1 : 급수 엔탈피(kJ/kg 또는 kcal/kg)

③ 연소에 의해서 생기는 배기가스(수증기 포함)의 열 손실(배기가스의 보유열)
  ㈎ 고체, 액체 연료의 경우

$$L_{1h} = L_1 + 25(9h + W) \text{ kJ/kg}$$

$$L_{1h} = L_1 + 5.9(9h + W)[\text{kcal/kg, kcal/m}^3]$$

(나) 기체 연료의 경우

$$L_{1h} = L_1 + 20\left(h_2 + \frac{1}{2}\sum C_x h_y + W\right) - 2284\,W_c\;[\text{kJ/m}^3]$$

$$L_{1h} = L_1 + 4.7\left(h_2 + \frac{1}{2}\sum C_x h_y + W\right) - 539\,W_c\;[\text{kcal/kg, kcal/m}^3]$$

여기서, $L_1 : G \cdot C_g(t_g - t_0)\,\text{kJ/kg, m}^3,\;\text{kcal/kg, kcal/m}^3$

　　　　G : 연료 1kg(또는 m³)당 실제 배기가스(수증기 포함)량(m³/kg, m³/m³)
　　　　C_g : 배기가스의 평균 비열 1.38kJ/m³·K(0.33kcal/m³·°C)
　　　　t_g : 배기가스의 온도(보일러의 최종 가열기 출구의 평균 온도)(°C)
　　　　t_0 : 기준 온도(°C)
　　　　W_c : 응축형 보일러의 응축 수량(kg/Nm³)
　　　　t_{cW} : 응축수의 온도(°C)

④ 노 내 취입 증기 또는 온수에 의한 열 손실

(가) 외부 열원에 의한 증기 또는 온수 취입의 경우

$$L_2 = W_b(h_g - h_s)[\text{kJ/kg, kJ/m}^3,\;\text{kcal/kg, kcal/m}^3]$$

여기서, W_b : 연료 1kg(또는 m³)당 취입 증기량 또는 온수량(kg/kg, kg/m³)
　　　　h_g : 배기가스 온도에 있어서 증기의 엔탈피(kJ/kg, kcal/kg)
　　　　h_s : 기준 온도에 있어서 증기 또는 온수의 엔탈피(kJ/kg, kcal/kg)

(나) 시험 보일러의 발생 증기를 취입하는 경우

$$L_2 = W_b(h_g - h_1)[\text{kJ/kg, kJ/m}^3,\;\text{kcal/kg, kcal/m}^3]$$

여기서, h_1 : 급수의 엔탈피(kJ/kg, kcal/kg)

⑤ 불완전 연소 가스에 의한 열 손실

$$L_3 = 126.1\left[G_0 + (m-1)A_0\right](\text{CO})[\text{kJ/kg, kJ/m}^3]$$

$$L_3 = 30.1\left[G_0 + (m-1)A_0\right](\text{CO})[\text{kcal/kg, kcal/m}^3]$$

여기서, CO의 1m³의 연소열을 12610kJ(3010kcal)로 한다.

⑥ 연소 잔재물 중 미연소분에 의한 열 손실

$$L_4 = 339\,C_2[\text{kJ/kg}]$$

$$L_4 = 81\,C_2[\text{kcal/kg}]$$

여기서, C_2 : 미연소 탄소분

⑦ 방열에 의한 열 손실

$$L_5 = \frac{1}{100}l_r H_b[\text{kJ/kg, kJ/m}^3,\;\text{kcal/kg, kcal/m}^3]$$

여기서, l_r : 저발열량에 대한 방산 열 손실(%)

⑧ 그 밖의 열 손실 : $L_1 \sim L_5$ 외에도 손실이 있으면 이것을 일괄하여 그 밖의 손실 L_6로 취급한다.

(4) 보일러 효율

① 입출열법에 의한 보일러 효율 : 입출열법에 의한 보일러 효율 η_1은 일반적으로 다음 식에 따라 구한다.

$$\eta_1 = \frac{\text{유효 출열}}{\text{입열 합계}} \times 100 = \frac{Q_s}{H_h + Q} \times 100$$

여기서, $H_h + Q$는 입열 합계, 즉 연료 및 연소용 공기 쪽에서 발생 또는 가해진 열량의 합계로 다음에 따른다.

$H_h + Q = H_h + Q_1 + Q_2 + Q_3 + Q_4$ kJ/kg(또는 m³)(kcal/kg 또는 m³)

H_h : 고발열량(kJ/kg, kJ/m³ 또는 kcal/kg, kcal/m³)
Q_1 : 연료의 현열(kJ/kg, kJ/m³ 또는 kcal/kg, kcal/m³)
Q_2 : 공기의 현열(kJ/kg, kJ/m³ 또는 kcal/kg, kcal/m³)
Q_3 : 외부 입열에 의한 입열(kJ/kg, kJ/m³ 또는 kcal/kg, kcal/m³)
Q_4 : 보조기기의 일에 상당하는 입열 → 보통 고려하지 않는다. 특별히 전기 에너지까지 고려하는 경우에만 고려한다.

② 열손실법에 의한 보일러 효율 : 열손실법에 의한 보일러 효율 η_2는 다음 식에 따라 구한다.

$$\eta_2 = \left(1 - \frac{\text{열 손실 합계}}{\text{입열 합계}}\right) \times 100 = \left(1 - \frac{L_h}{H_h + Q}\right) \times 100$$

여기서, $L_h = K_1 + L_2 + L_3 + L_4 + L_5 + L_6$의 합계이다.

(5) 보일러의 열출력(용량)

① 온수 보일러 또는 열매체 보일러 용량
  (가) 유류 보일러 : $Q_0 = Q_s + F$
  (나) 가스 보일러 : $Q_0 = Q_s + V_0$

여기서, Q_s : Q_{s1}, Q_{s2}, Q_{s3}, Q_{s4} 중 시스템에 적합한 값
  Q_0 : 온수 보일러의 출열량(kJ/h, kcal/h)
  F : 유류 연료 소모량(kg/h), V_0 : 가스 연료 소모량(Nm³/h)

② 증기 보일러의 용량(증발량)

$$G_s = \frac{W + W' - W_s}{1000}$$

여기서, G_s : 보일러의 증발량(ton/h), W : 환산한 급수량(kg/h)
  W' : 수위 보정량(kg/h), W_s : 자체 분입 증기량(kg/h)

2. 보일러 용량 및 성능 계산

2-1 보일러 용량

(1) 보일러 용량

정격 증발량(시간당 상당 증발량)으로 나타낸다.

① 정격 용량 : 보일러 최고 사용 압력, 과열 증기 온도, 급수 온도, 사용 연료 성상 등이 소정 조건 하에서 양호한 상태로 발생할 수 있는 최대의 연속 증발량이다.

② 정제 용량 : 보일러가 최대 효율에 달하여 있을 때의 증발량으로, 정격 용량의 80% 정도이다.

(2) 보일러 용량 표시 방법

① 시간당 최대 증발량 : kg/h, ton/h
② 상당(환산) 증발량 : kg/h
③ 최고 사용 압력 : kgf/cm^2, MPa
④ 보일러 마력
⑤ 전열 면적 : m^2
⑥ 과열 증기 온도 : °C

2-2 보일러 성능 계산

(1) 증발량

① 실제 증발량 : 압력과 온도에 관계없이 급수량에 정비례한 증발량
② 상당 증발량(환산 증발량) : 실제 증발량을 기준 증발량으로 환산하였을 때의 증발량, 즉 100°C의 포화수를 100°C의 건조 포화 증기로 발생시킬 수 있는 증발량

$$G_e = \frac{G_a(h_2 - h_1)}{539}$$

여기서, G_e : 상당 증발량(kg/h) G_a : 실제 증발량(kg/h)
h_2 : 포화 증기 엔탈피(kcal/kg) h_1 : 급수 엔탈피(kcal/kg)

(2) 보일러 마력

1 보일러 마력이란 1시간에 15.65kg의 상당 증발량을 갖는 보일러의 동력, 즉 100°C

물 15.65kg을 1시간에 같은 온도의 증기로 변화시킬 수 있는 능력이며, 약 8435kcal/h 이 열을 흡수하여 증기를 발생할 수 있는 능력이다.

$$1\,\text{보일러 마력} = \frac{G_e}{15.65} = \frac{G_a(h_2-h_1)}{539 \times 15.65}$$

(3) 전열면 증발률

① 전열면 증발률

$$\text{전열면 증발률}(\text{kg/h}\cdot\text{m}^2) = \frac{G_a}{F}$$

② 전열면 환산 증발률

$$R_e[\text{kg/h}\cdot\text{m}^2] = \frac{G_e}{F} = \frac{G_a(h_2-h_1)}{539\cdot F}$$

여기서, G_e : 상당 증발량(kg/h) G_a : 실제 증발량(kg/h)
　　　　F : 전열 면적(m²) h_2 : 포화 증기 엔탈피(kcal/kg)
　　　　h_1 : 급수 엔탈피(kcal/kg)

(4) 전열면 열부하(kcal/h·m²)

$$H_b = \frac{G_a(h_2-h_1)}{F}$$

(5) 매시 연료 소비량(kg/h)

$$G_f = \frac{\text{전 연료 소비량}}{\text{시험 시간}}$$

(6) 증발 계수

$$\text{증발 계수} = \frac{G_e}{G_a} = \frac{h_2-h_1}{539}$$

(7) 증발 배수

① 실제 증발 배수 $= \dfrac{G_a}{G_f}$

② 환산 증발 배수 $= \dfrac{G_e}{G_f}$

(8) 보일러 부하율

시간당 최대 연속 증발량과 연료의 연소에 의해서 실제로 발생되는 증발량과의 비

$$\text{보일러 부하율(\%)} = \frac{\text{실제 증발량}}{\text{최대 연속 증발량}} \times 100$$

(9) 연소실 열부하(열발생률)

연소실 용적 1m³당 1시간에 발생되는 열량

$$\text{연소실 열부하(kcal/h·m}^3) = \frac{G_f(H_l + Q_1 + Q_2)}{\text{연소실 용적}}$$

여기서, G_f : 매시 연료 사용량(kg/h) H_l : 연료의 저위 발열량(kcal/kg)
Q_1 : 연료의 현열(kcal/kg) Q_2 : 공기의 현열(kcal/kg)

3. 보일러 효율 계산

3-1 열정산에 의한 효율 계산

(1) 입출열법에 의한 방법

① 입열 항목
  (가) 연료의 발열량
  (나) 연료의 현열
  (다) 공기의 현열
  (라) 노 내 취입 증기 또는 온수에 의한 입열

② 효율 계산

$$\eta = \frac{\text{유효 출열}}{\text{입열의 합계}} \times 100 = \frac{Q_s}{H_l + Q} \times 100$$

여기서, Q_s : 유효 출열(kcal/kg)
H_l : 연료의 저위 발열량(kcal/kg)
Q : 입열의 합계량(kcal/kg) ($Q = Q_1 + Q_2 + Q_3$)
Q_1 : 연료의 현열(kcal/kg)
Q_2 : 공기의 현열(kcal/kg)
Q_3 : 노 내 취입 증기 또는 온수에 의한 입열(kcal/kg)

(2) 열손실법에 의한 방법

① 출열 항목
  (가) 배기가스 보유 열량

(나) 증기의 보유 열량
   (다) 불완전 연소에 의한 열 손실
   (라) 미연재에 의한 열 손실
   (마) 노벽의 흡수 열량
   (바) 재의 현열
  ② 효율 계산

$$\eta = \left(1 - \frac{열\ 손실\ 합계}{입열\ 합계}\right) \times 100 = \left(1 - \frac{L_i}{H_l + Q}\right) \times 100$$

   여기서, L_i : 열 손실 합계(kcal/kg) ($L_i = L_1 + L_2 + L_3 + L_4 + L_5$)
   H_l : 연료의 저위 발열량(kcal/kg)
   L_1 : 배기가스에 의한 열 손실(kcal/kg)
   L_2 : 노 내 취입 증기에 의한 배기가스 열 손실(kcal/kg)
   L_3 : 불완전 연소에 의한 열 손실(kcal/kg)
   L_4 : 연소 잔재물 중의 미연소분에 의한 열 손실(kcal/kg)
   L_5 : 방산열에 의한 열 손실(kcal/kg)

3-2 보일러 종류별 효율 계산

(1) 증기 보일러 효율

$$\eta = \frac{G_a(h_2 - h_1)}{G_f \cdot H_l} \times 100 = \frac{539 \cdot G_e}{G_f \cdot H_l} \times 100 = 연소\ 효율 \times 전열\ 효율$$

(2) 온수 보일러 효율

$$\eta = \frac{G_w \cdot C \cdot \Delta t}{G_f \cdot H_l} \times 100$$

(3) 열경제 효율

$$\eta = \frac{G_a(h_2 - h_1)}{G_f \cdot H_h} \times 100 = \frac{539 \cdot G_e}{G_f \cdot H_h} \times 100$$

   여기서, G_a : 실제 증발량(kg/h)　　　　G_e : 상당 증발량(kg/h)
   G_f : 연료 소비량(kg/h)　　　　G_w : 온수 발생량(kg/h)
   H_l : 연료의 저위 발열량(kcal/kg)　H_h : 연료의 고위 발열량(kcal/kg)
   h_2 : 포화 증기 엔탈피(kcal/kg)　h_1 : 급수 엔탈피(kcal/kg)

3-3 효율 종류별 계산

(1) 연소 효율(η_e)

연료 1kg에 대하여 완전 연소를 기준으로 한 이론상의 발열량과 실제 연소했을 때의 발열량과의 비율

$$\eta_e = \frac{Q_r}{H_l} \times 100 = \frac{H_l - (L_e + L_i)}{H_l} \times 100$$

여기서, H_l : 연료의 저위 발열량(kcal/kg)
Q_r : 실제 발생 열량(kcal/kg)
L_e : 미연탄소에 의한 손실 열(kcal/kg)
L_i : 불완전 연소에 의한 손실 열(kcal/kg)

(2) 전열 효율(η_f)

실제 연소된 연료의 연소열이 전열면을 통하여 유효하게 이용된 열과 연소열과의 비율

$$\eta_f = \frac{Q_e}{Q_r} \times 100 = \frac{H_l - (L_e + L_i + L_1 + L_5)}{H_l - (L_e + L_i)} \times 100$$

여기서, Q_e : 유효열(kcal/kg) Q_r : 실제 발생 열량(kcal/kg)
H_l : 연료의 저위 발열량(kcal/kg)
L_e : 미연탄소에 의한 손실 열(kcal/kg)
L_i : 불완전 연소에 의한 손실 열(kcal/kg)
L_1 : 배기가스에 의한 열손실(kcal/kg)
L_5 : 방산열에 의한 열 손실(kcal/kg)

(3) 열효율(η_t)

장치 및 기기에 투입된 총 열량에 대한 실제로 장치 및 기기에 사용된 열량의 비

$$\eta_t = \frac{Q_e}{H_l} \times 100 = \frac{H_l - (L_e + L_i + L_1 + L_5)}{H_l} \times 100 = \eta_e \times \eta_f$$

(4) 열효율 향상 대책

① 손실 열을 최대한 줄인다.
② 장치에 맞는 설계 조건과 운전 조건을 선택한다.
③ 전열량을 최대한 줄인다.
④ 단속 조업에 따른 열 손실을 방지하기 위하여 연속 조업을 실시한다.
⑤ 장치에 적당한 연료와 작동법을 채택한다.

예상문제 제4장 보일러 열정산 및 성능 계산

● 다음 물음의 답을 해당 답란에 답하시오.

1. 열정산을 하는 목적을 4가지 쓰시오.

해답 ① 열의 손실을 파악하기 위하여 ② 열의 이동 상태를 파악하기 위하여
③ 열 분포 상태를 파악하기 위하여 ④ 열 설비의 성능을 파악하기 위하여

2. 열정산 시 부하 상태의 기준이 되는 것은?

해답 정격 부하

3. 열정산 시 발열량의 기준이 되는 것은?

해답 고위 발열량(총 발열량)

4. 열정산의 기준이 되는 온도는?

해답 외기 온도

5. 열정산 시 증기의 건도는 얼마인가?

해답 98% 이상

6. 열정산 시 보일러 효율 산정 방법을 2가지 쓰시오.

해답 ① 입출열법 ② 열손실법

7. 보일러 열정산 시 액체 연료 사용량 측정에 관한 물음에 답하시오.
 (1) 유량계 종류를 2가지 쓰시오.
 (2) 측정 허용 오차는 원칙적으로 몇 %로 하는가?

해답 (1) ① 중량 탱크식 ② 용적식 유량계
(2) ±1.0%

8. 열정산할 때 기체 연료 사용량 측정에 관한 물음에 답하시오.
(1) 사용량을 측정하는 유량계 종류를 2가지 쓰시오.
(2) 사용량 측정의 허용 오차는 원칙적으로 몇 %로 하는가?
(3) 용적 유량 환산의 온도, 압력의 기준에 대하여 설명하시오.

해답 (1) ① 용적식 유량계 ② 오리피스식 유량계
(2) ±1.6%
(3) 표준 상태 : 0°C, 101.3kPa

9. 보일러 열효율 정산 방법에서 열정산을 위한 급수량을 측정할 때에 대한 물음에 답하시오.
(1) 급수량 측정 유량계 종류를 2가지 쓰시오.
(2) 측정 오차는 일반적으로 몇 %로 하여야 하는가?
(3) 급수 온도의 측정 위치는? (단, 절탄기가 없는 경우이다.)

해답 (1) ① 중량 탱크식 ② 용량 탱크식 ③ 용적식 유량계 ④ 오리피스
(2) ±1.0%
(3) 보일러 몸체 입구(절탄기가 있는 경우 : 절탄기 입구)

10. 열정산 시 배기가스(연소 가스) 온도 측정은 어디에서 하는가?

해답 보일러의 최종 가열기 출구

11. 보일러 배기가스 성분 분석에 사용하는 대표적인 분석기 명칭은?

해답 오르사트 분석기

12. 열정산 시 측정값의 변동 범위는 얼마인가?
(1) 발생 증기량의 변동 범위 값은 평균값의 몇 %인가?
(2) 압력 및 온도의 변동 범위 값은 평균값의 몇 %인가?

해답 (1) ±10% (2) ±6%

13. 보일러 열정산 시 입열(入熱)에 해당하는 항목을 4가지 쓰시오.

해답 ① 연료의 발열량
② 연료의 현열
③ 공기의 현열
④ 노 내 취입 증기 또는 온수에 의한 입열

14. 보일러 공기 예열기로 아래 조건과 같이 공기를 예열하여 연소한 경우 단위 시간당 공기의 현열은 몇 kcal/h인지 계산하시오.

- 연료 소비량 : 50kg/h
- 공기 소비량 : 8Nm³/kg-연료
- 공기의 평균 비열 : 5kcal/Nm³·°C
- 공기 온도 : 20°C
- 공기의 예열 온도 : 55°C

[풀이] $Q = G \cdot C \cdot \Delta t = (50 \times 8) \times 5 \times (55-20) = 70000 \text{kcal/h}$
[해답] 70000kcal/h

15. 보일러 열정산 시 보일러에서 발생하는 열 손실(출열)에는 어떠한 것이 있는지 2가지를 쓰시오. [제43회, 제41회]

[해답] ① 배기가스 보유 열량　② 증기의 보유 열량
③ 불완전 연소에 의한 열 손실　④ 미연분에 의한 열 손실
⑤ 노벽의 흡수 열량　⑥ 재의 현열

16. 일반적으로 보일러의 열 손실 중 최대인 것은? [제40회, 제46회]

[해답] 배기가스에 의한 열 손실

17. 보일러 연도로 배기되는 연소 가스량이 300kgf/h이며, 배기가스의 온도가 260°C, 가스의 평균 비열이 0.35kcal/kg·°C이고, 외기 온도가 12°C라면 배기가스에 의한 손실 열량은 몇 kcal/h 인지 계산하시오. [제43회]

[풀이] $Q = G \cdot C \cdot \Delta t = 300 \times 0.35 \times (260-12) = 26040 \text{kcal/h}$
[해답] 26040kcal/h

18. 연료의 저위 발열량이 9750kcal/kg인 중유를 연소시켰더니 배기가스량이 3000m³/h 발생되었을 때 배기가스에 의한 손실 열(kcal/h)을 구하시오. (단, 배기가스 평균 비열 0.33kcal/m³·°C, 배기가스 평균 온도 180°C, 외기 온도 20°C이다.) [제42회]

[풀이] $Q = G \cdot C \cdot \Delta t = 3000 \times 0.33 \times (180-20) = 158400 \text{kcal/h}$
[해답] 158400kcal/h

19. 시간당 350L/h의 중유를 사용하는 보일러에서 배기가스에 의한 손실 열량(kcal/h)을 계산하시오.(단, 중유의 비중은 0.967, 배기가스의 평균 비열은 0.33kcal/m³·°C, 배기가스량은 0.377m³/kg, 배기가스 평균 온도는 350°C, 실내 온도는 25°C, 외기 온도는 10°C이다.) [제37회]

[풀이] $Q = G \cdot C \cdot \Delta t = (350 \times 0.967 \times 0.377) \times 0.33 \times (350-10) = 14316.231 ≒ 14316.23 \text{kcal/h}$

[해답] 14316.23kcal/h

20. 다음은 열정산 시 측정 사항이다. 각 사항의 측정 기산 간격은 어떻게 되는가?
   (1) 석탄의 시료 채취 :
   (2) 액체, 기체 연료의 시료 채취 및 증기의 건도 측정 :
   (3) 증기 압력 및 온도와 급수 온도 :
   (4) 급수 유량 및 연료 사용량 :
   (5) 공기, 배기가스 등의 압력 및 온도 :
   (6) 배기가스의 시료 채취 :

[해답] (1) 시험 기간 중 가능한 한 횟수를 많이 한다.   (2) 시험 시간 중 2회 이상
   (3) 10~30분마다   (4) 5~10분마다
   (5) 15~30분마다   (6) 30분마다

21. 어떤 보일러에서 급수의 온도가 60°C, 증발량이 1시간당 3000kg, 발생 증기의 엔탈피는 660kcal/kg이다. 이 보일러의 상당 증발량을 계산하시오.

[풀이] $G_e = \dfrac{G_a(h_2 - h_1)}{539} = \dfrac{3000 \times (660-60)}{539} = 3339.517 ≒ 3339.52 \text{kg/h}$

[해답] 3339.52kg/h

22. 실제 증기 발생량이 3000kg/h이고, 급수 온도가 10°C, 발생 증기의 엔탈피가 653kcal/kg인 경우 환산 증발량(kg/h)을 계산하시오.   [제40회]

[풀이] $G_e = \dfrac{G_a(h_2 - h_1)}{539} = \dfrac{3000 \times (653-10)}{539} = 3578.849 ≒ 3578.85 \text{kg/h}$

[해답] 3578.85kg/h

23. 절대 압력 5kgf/cm²인 상태로 운전되는 보일러의 증발량이 시간당 5000kg이었다면 이 보일러의 상당 증발량은? (단, 이때 급수 온도는 30°C이었고, 발생 증기의 건도는 98%이었으며, 증기표 값은 다음과 같다.)

증기압(절대)(kgf/cm²)	포화수 엔탈피(kcal/kg)	포화 증기 엔탈피(kcal/kg)
5	152.1	656

[풀이] ① 습포화 증기 엔탈피 계산
   $h_2 = h' + (h'' - h')x = 152.1 + (656.0 - 152.1) \times 0.98 = 645.922 ≒ 645.92 \text{kcal/kg}$
   ② 상당 증발량 계산

$$G_e = \frac{G_a(h_2-h_1)}{539} = \frac{5000 \times (645.92-30)}{539} = 5713.543 ≒ 5713.54\text{kg/h}$$

해답 5713.54kg/h

24. 1보일러 마력을 시간당 발생 열량(kcal)으로 환산하면 얼마인가?

풀이 $Q = 15.65 \times 539 = 8435.35\text{kcal/h}$

해답 8435.35kcal/h

25. 어떤 보일러의 상당 증발량이 1800kg/h일 때 이 보일러의 보일러 마력(HP)을 계산하시오.

풀이 보일러 마력 $= \dfrac{G_e}{15.65} = \dfrac{1800}{15.65} = 115.015 ≒ 115.02\text{HP}$

해답 115.02HP

26. 20°C의 물을 급수하여 압력 0.35MPa의 증기를 5390kg/h 발생시키는 보일러의 마력은 얼마인가? (단, 발생 증기의 엔탈피는 660kcal/kg이다.) [제42회]

풀이 보일러 마력 $= \dfrac{G_a(h_2-h_1)}{539 \times 15.65} = \dfrac{5390 \times (660-20)}{539 \times 15.65} = 408.945 ≒ 408.95$ 보일러 마력

해답 408.95보일러 마력

27. 전열 면적 50m², 증기 발생량 3000kg/h, 사용 압력 0.7MPa인 보일러의 전열면 증발률(kg/h·m²)은 얼마인가?

풀이 $Be_1 = \dfrac{\text{매시 실제 증기 발생량}}{\text{전열 면적}} = \dfrac{3000}{50} = 60\text{kg/h·m}^2$

해답 60kg/h·m²

28. 실제 증발량 1300kg/h, 급수 온도 35°C, 전열 면적 50m²인 연관식 보일러의 전열면 환산 증발률(kg/m²)을 계산하시오. (단, 발생 증기 엔탈피는 659.7kcal/kg이다.)

풀이 $R_e = \dfrac{G_a(h_2-h_1)}{539F} = \dfrac{1300 \times (659.7-35)}{539 \times 50} = 30.133 ≒ 30.13\text{kg/m}^2$

해답 30.13kg/m²

29. 보일러의 증발 압력이 5kgf/cm²이고, 급수 온도가 60°C일 때 증발 계수를 구하시오. (단, 1시간당 증발량 2000kg, 발생 증기 엔탈피 642.1kcal/kg이다.) [제35회]

[풀이] 증발 계수 $= \dfrac{h_2-h_1}{539} = \dfrac{642.1-60}{539} = 1.079 \fallingdotseq 1.08$

[해답] 1.08

[참고] 증발 계수 : 상당 증발량과 실제 증발량의 비

$\therefore$ 증발 계수 $= \dfrac{G_e}{G_a} = \dfrac{h_2-h_1}{539}$

30. 어떤 보일러의 최대 연속 증발량(정격 용량)이 5ton/h이고, 실제 보일러의 증발량이 4.5ton/h이면 보일러 부하율은 몇 %인가?

[풀이] 보일러 부하율(%) $= \dfrac{\text{실제 증발량}}{\text{최대 연속 증발량}} \times 100 = \dfrac{4.5}{5} \times 100 = 90\%$

[해답] 90%

31. 연소실 용적이 25m³, 전열 면적이 240m²인 보일러를 6시간 가동하였을 때 연료 사용량이 600kg, 사용 연료의 발열량이 5000kcal/kg, 급수 온도 40°C, 발생 증기 엔탈피가 662.4kcal/kg이다. 이때 이 보일러의 연소실 열발생률(kcal/h·m³)을 구하시오. [제39회]

[풀이] 연소실 열발생률 $= \dfrac{G_f \times H_l}{\text{연소실 용적}} = \dfrac{600 \times 5000}{25 \times 6} = 20000 \text{kcal/h·m}^3$

[해답] 20000kcal/h·m³

32. 어떤 보일러의 매시 연료 사용량이 150kg/h이고, 연소실 체적이 30m³일 때 연소실 열발생률(kcal/h·m³)을 구하시오. (단, 연료의 저위 발열량은 9800kcal/kg이고, 공기 및 연료의 현열은 무시한다.)

[풀이] 연소실 열발생률 $= \dfrac{G_f \cdot H_l}{V} = \dfrac{150 \times 9800}{30}$ 49000kcal/h·m³

[해답] 49000kcal/h·m³

33. 연소실 용적이 2.5m³, 전열 면적이 49.8m²인 보일러를 가동하였을 때 연료 사용량이 197kg/h, 사용 연료의 발열량이 9800kcal/kg, 실제 증발량이 2500kg/h, 급수온도 40°C, 발생 증기 엔탈피가 662.4kcal/kg일 때 다음 물음에 답하시오. [제41회]

(1) 연소실 열발생률(kcal/h·m³)을 구하시오.
(2) 환산 증발 배수를 구하시오.

[풀이] (1) 연소실 열발생률 $= \dfrac{G_f \times H_l}{\text{연소실 용적}} = \dfrac{197 \times 9800}{2.5} = 772240 \text{kcal/h·m}^3$

(2) 환산 증발 배수 $= \dfrac{G_e}{G_f} = \dfrac{G_a(h_2-h_1)}{539 G_f} = \dfrac{2500 \times (662.4-40)}{539 \times 197} = 14.653 \fallingdotseq 14.65$

해답 (1) 772240kcal/h·m³   (2) 14.65

34. 급수 온도 25°C이고, 압력 14kgf/cm²인 증기를 5000kg/h 발생시키는 보일러가 있다. 이 보일러가 450kg/h의 연료를 소비할 때 보일러의 열효율은 얼마인가 계산하시오. (단, 연료 발열량 10000kcal/kg, 증기 엔탈피 726kcal/kg이다.)

풀이 $\eta = \dfrac{G_a(h_2-h_1)}{G_f \cdot H_l} \times 100 = \dfrac{5000 \times (726-25)}{450 \times 10000} \times 100 = 77.888 ≒ 77.89\%$

해답 77.89%

35. 다음 [보기]와 같은 조건일 때 보일러 효율을 계산하시오.   [제46회]

[보기]
- 급수 엔탈피 : 50kcal/kg
- 발생 증기 엔탈피 : 600kcal/kg
- 시간당 증기 발생량 : 150kg
- 시간당 연료 사용량 : 200kg
- 연료의 저위 발열량 : 1000kcal/kg

풀이 $\eta = \dfrac{G_a \cdot (h_2-h_1)}{G_f \cdot H_l} \times 100 = \dfrac{150 \times (600-50)}{200 \times 1000} \times 100 = 41.25\%$

해답 41.25(%)

36. 다음과 같은 조건에서 가동되는 보일러 효율을 구하시오.   [제44회]

- 발열량 : 10000kcal/kg
- 연료 사용량 : 시간당 2kg
- 발생 증기 엔탈피 : 646.1kcal/kg
- 발생 증기량 : 20kg/h
- 급수 온도 : 10°C

풀이 $\eta = \dfrac{G_a \cdot (h_2-h_1)}{G_f \cdot H_l} \times 100 = \dfrac{20 \times (646.1-10)}{2 \times 10000} \times 100 = 63.61\%$

해답 63.61%

37. 과열기가 장착된 보일러에서 50분간의 증발량은 37500kg이었고, LNG는 시간당 3075kg 소비되었다. 이때 보일러의 열효율은 약 몇 %인가? (단, 급수 온도는 120°C, 과열 증기 온도 290°C, 증기 엔탈피 720kcal/kg, 연료의 저위 발열량 9540kcal/kg이다.)

풀이 $\eta = \dfrac{G_a(h_2-h_1)}{G_f \cdot H_l} \times 100 = \dfrac{37500 \times (720-120)}{3075 \times 9540 \times \dfrac{50}{60}} \times 100 = 92.038 ≒ 92.04\%$

해답 92.04%

38. 상당 증발량 2500kg/h, 매시 연료 소비량 150kg인 보일러가 있다. 급수 온도 28°C, 증기 압력 10kgf/cm²일 때, 이 보일러의 효율은 얼마인가 계산하시오. (단, 연료의 저위 발열량은 9800kcal/kg이다.)

풀이 $\eta = \dfrac{539\,G_e}{G_f \cdot H_l} \times 100 = \dfrac{539 \times 2500}{150 \times 9800} \times 100 = 91.666 ≒ 91.67\%$

해답 91.67%

39. 시간당 증발량이 400kg인 보일러가 저위 발열량 10000kcal/kg인 연료를 사용하여 효율 80%로 운전되는 경우 연료 소비량(kg/h)은 얼마인가? (단, 발생 증기 엔탈피는 670 kcal/kg, 급수 온도는 20°C이다.) [제41회]

풀이 $\eta = \dfrac{G_a(h_2 - h_1)}{G_f \cdot H_l} \times 100$ 에서

∴ $G_f = \dfrac{G_a(h_2 - h_1)}{H_l \cdot \eta} = \dfrac{400 \times (670 - 20)}{10000 \times 0.8} = 32.5\text{kg/h}$

해답 32.5kg/h

40. 실제 증발량 4ton/h인 보일러의 효율이 85%이고, 급수 온도가 40°C, 발생 증기 엔탈피가 650kcal/kg이다. 이 보일러의 연료 소비량(kg/h)을 계산하시오. (단, 연료의 저위 발열량은 9800kcal/kg이다.)

풀이 $G_f = \dfrac{G_a(h_2 - h_1)}{H_l \cdot \eta} = \dfrac{4000 \times (650 - 40)}{9800 \times 0.85} = 292.917 ≒ 292.92\text{kg/h}$

해답 292.92kg/h

41. 보일러의 상당 증발량이 2000kg/h, 연료 저위 발열량 10000kcal/kg, 효율 80%로 운전되는 경우 연료 소비량(kg/h)을 계산하시오. [제45회]

풀이 $\eta = \dfrac{539\,G_e}{G_f \cdot H_l} \times 100$ 에서

∴ $G_f = \dfrac{539 \cdot G_e}{H_l \cdot \eta} = \dfrac{539 \times 2000}{10000 \times 0.8} = 134.75\text{kg/h}$

해답 134.75kg/h

42. 어떤 보일러가 저위 발열량 9500kcal/kg인 연료를 매시 200kg씩 연소시킬 때 상당 증발량은? (단, 이 보일러의 효율은 84%이다.)

풀이 $\eta = \dfrac{G_a(h_2 - h_1)}{G_f \cdot H_l} \times 100 = \dfrac{539\,G_e}{G_f \cdot H_l} \times 100$ 에서

$$\therefore G_e = \frac{G_f \cdot H_l \cdot \eta}{539} = \frac{200 \times 9500 \times 0.84}{539} = 2961.038 \fallingdotseq 2961.04 \text{kg/h}$$

해답 2961.04kg/h

43. 연료 사용량 200kg/h, 연료의 발열량 10000kcal/kg, 시간당 급수 사용량이 30톤이며, 온수 온도는 80℃, 급수 온도는 20℃일 때 온수 보일러의 효율은 몇 %인가? [제38회]

풀이 $\eta = \dfrac{G_w \cdot C \cdot \Delta t}{G_f \cdot H_l} \times 100 = \dfrac{30 \times 10^3 \times 1 \times (80-20)}{200 \times 10000} \times 100 = 90\%$

해답 90%

44. 어떤 연료 3kg으로 2070kg의 물을 가열시켰더니 온도가 10℃에서 20℃로 되었다. 이 연료의 발열량은? (단, 가열 장치의 열효율은 80%이다.)

풀이 $\eta = \dfrac{G \cdot C \cdot \Delta t}{G_f \cdot H_l} \times 100$ 에서

$\therefore H_l = \dfrac{G \cdot C \cdot \Delta t}{G_f \cdot \eta} = \dfrac{2070 \times 1 \times (20-10)}{3 \times 0.8} = 8625 \text{kcal/kg}$

해답 8625kcal/kg

45. 보일러 연소 중 실제 연소 열량과 완전 연소 열량의 비를 무엇이라 하는가? [제45회]

해답 연소 효율

46. 보일러의 연소 효율을 η_c, 전열 효율을 η_f라 할 때, 보일러 열효율 η는 어떻게 나타내어지는지 쓰시오. [제43회]

해답 $\eta = \eta_c \times \eta_f$

47. 어느 보일러에서 저위 발열량이 9700kcal/kg인 중유를 연소시킨 결과 연소실에서 발생된 열량이 9000kcal/kg이다. 증기 발생에 이용된 열량이 8000kcal/kg일 때 연소 효율과 보일러 열효율을 구하시오. [제43회]

풀이 ① 연소 효율(η_c) 계산

$\eta_c = \dfrac{\text{실제 발생 열량}}{\text{연료의 저위 발열량}} \times 100 = \dfrac{9000}{9700} \times 100 = 92.783 \fallingdotseq 92.78\%$

② 보일러 열효율(η) 계산

$\eta = \dfrac{\text{유효하게 사용된 열량}}{\text{실제 발생 열량}} \times 100 = \dfrac{8000}{9000} \times 100 = 88.888 \fallingdotseq 88.89\%$

해답 ① 연소 효율 : 92.78%   ② 보일러 열효율 : 88.89%

48. 연소 효율이 95%, 전열 효율이 85%인 보일러 효율은 약 몇 %인가?

[풀이] 보일러 효율＝(연소 효율×전열 효율)×100＝(0.95×0.85)×100＝80.75%
[해답] 80.75%

49. 열효율 73.6%인 보일러를 열효율 86.7%로 개선하였다면 약 몇 %의 연료가 절약되는가? [제40회]

[풀이] 연료 절감률＝$\dfrac{\eta_2 - \eta_1}{\eta_2} \times 100 = \dfrac{86.7 - 73.6}{86.7} \times 100 = 15.109 \fallingdotseq 15.11\%$
[해답] 15.11%

50. 어떤 수관식 증기 보일러의 증발량이 5000kg/h, 보일러 효율이 80%, 연소 효율이 95%이다. 발열량이 9700kcal/kg인 기름을 370kg 연소시켰을 때 손실 열은 몇 kcal이며, 전열면 효율은 몇 %인지 계산하시오.

[풀이] ① 손실 열(kcal) 계산

$\eta = 1 - \dfrac{\text{손실 열}}{\text{입열}}$ 이므로

∴ 손실 열＝(1−η)×입열＝(1−0.8)×9700×370＝717800kcal

② 전열면 효율(%) 계산

"보일러 효율＝연소 효율×전열 효율"이므로

∴ 전열 효율＝$\dfrac{\text{보일러 효율}}{\text{연소 효율}} \times 100 = \dfrac{0.80}{0.95} \times 100 = 84.210 \fallingdotseq 84.21\%$

[해답] ① 손실열 : 717800kcal   ② 전열면 효율 : 84.21%

51. 저위 발열량이 10500kcal/kg인 연료를 연소시키는 보일러에서 연소 가스량이 12Nm³/kg, 연소 가스의 비열이 0.33kcal/Nm³·°C, 외기 온도 5°C, 배기가스 온도 300°C일 때 이 보일러 효율은 얼마인가? (단, 기타 입열 및 출열은 없고 연료는 완전 연소하였다.)

[풀이] $\eta(\%) = \left(1 - \dfrac{\text{손실 열}}{\text{입열}}\right) \times 100 = \left(1 - \dfrac{12 \times 0.33 \times (300-5)}{10500}\right) \times 100 = 88.874 \fallingdotseq 88.87\%$
[해답] 88.87%

Chapter 5 보일러 급수 처리

1. 보일러 급수 처리의 개요

1-1 보일러 용수의 종류

(1) 천연수

① 지표수 : 광물질 용해량은 적으나 가스분, 유기물 및 협잡물이 함유될 수 있다.
② 지하수 : 지표수에 비하여 용해 물질이 많고, 지역에 따라 수질 변화가 있다.

(2) 상수도수

불순물 함유량이 비교적 적어 보일러에 일반적으로 사용된다.

(3) 증류수

보일러 급수로 가장 이상적이지만, 생산 원가가 비싸 비경제적이다.

(4) 보일러용 처리수

보일러 외부에서 천연수 및 지하수 등을 급수 처리하여 보일러에 공급하는 용수이다.

1-2 수질에 관한 단위 및 용어

(1) 농도 단위

① ppm(parts per million) : $\dfrac{1}{10^6}$ 함유량으로 mg/L, mg/kg으로 나타낸다.

② ppb(parts per billion) : $\dfrac{1}{10^9}$ 함유량으로 mg/m^3로 나타낸다.

③ epm(equivalents per million) : 물 1L(또는 1kg) 중에 용존되어 있는 물질의 mg당량수로 표시한다.

(2) 용어의 정의

① pH(수소 이온 지수) : 수중의 수소 이온(H^+)과 수산 이온(OH^-)의 양에 따라 수용액이 산성인지 알칼리성인지를 판단하는 기준으로 사용한다.

② 알칼리도 : 수중에 녹아 있는 염기성 물질을 중화시키는 데 필요한 산의 양을 나타내는 것이다.

 ㉮ P-알칼리도 : 수용액의 pH를 9.0보다도 높게 하고 있는 물질의 농도

 ㉯ M-알칼리도(전알칼리도) : 수용액의 pH를 4.8보다도 높게 하고 있는 물질의 농도

③ 경도 : 수중에 용존되어 있는 칼슘(Ca) 및 마그네슘(Mg) 이온의 농도를 나타내는 것이다.

 ㉮ 탄산칼슘($CaCO_3$) 경도 : 수중의 칼슘(Ca)과 마그네슘(Mg)의 양을 탄산칼슘($CaCO_3$)으로 환산하여 ppm 단위로 나타낸다.

 ㉯ 독일 경도(dH) : 수중의 칼슘(Ca)과 마그네슘(Mg) 이온의 양을 산화칼슘(CaO)의 양으로 환산해서 나타내는 것으로, 물 100cc 중 CaO가 1mg 포함된 것을 1°dH라고 한다.

④ 탁도 : 물의 흐린 정도를 나타내는 것으로, 증류수 1L 중에 고령토(kaolin) 1mg 함유하는 것을 탁도 1도로 한다.

⑤ 색도 : 물의 착색 정도를 나타내는 것으로, 물 1L 중에 백금 1mg, 코발트 0.5mg이 함유되었을 때를 색도 1도로 한다.

⑥ 경수, 적수 및 연수

 ㉮ 경수 : 경도 10.5 이상의 센물로, 일시 경수와 영구 경수로 분류된다.

 ㉯ 적수 : 경도 9.5 이상 10.5 이하에 놓인 물을 말한다.

 ㉰ 연수 : 경고 9.5 이하로서 단물을 말한다.

1-3 용수 중 불순물의 영향

(1) 불순물의 종류 및 영향

① 용존 가스 : 산소(O_2), 탄산가스(CO_2), 암모니아(NH_3) 등으로 점식의 원인이 된다.

② 염류 : 칼슘(Ca), 마그네슘(Mg) 등 염류를 말하며, 농축되어 스케일이나 슬러지 생성이 되고 부식의 발생 원인이 된다.

 ㉮ 중탄산칼슘($Ca(HCO_3)_2$) : 급수 용존 염류 중 가장 일반적인 슬러지 성분으로, 온도가 낮은 상태에서 발생한다.

 ㉯ 중탄산마그네슘($Mg(HCO_3)_2$) : 보일러수 중에 열분해되어 탄산마그네슘, 수산화마그네슘 슬러지가 된다.

(다) 황산칼슘(CaSO$_4$) : 고온에서 석출하므로 주로 증발관에서 스케일화되는 것으로, 보일러 내처리가 불충분한 경우에 생성되기 쉽고, 대단히 악질 스케일이 된다.

(라) 황산마그네슘(MgSO$_4$) : 용해도가 커서 그 자체로는 스케일 생성이 잘 안 되나 탄산칼슘과 작용해서 황산칼슘과 수산화마그네슘의 경질 스케일이 발생한다.

(마) 염화마그네슘(MgCl$_2$) : 보일러수가 적당한 pH로 유지되는 경우 가수분해에 의해 수산화마그네슘의 슬러지가 되며, 블로 다운 시에 배출시킬 수 있다.

(바) 기타 : 염화칼슘(CaCl$_2$), 규산염(CaSiO$_3$, MgSiO$_3$, NaSiO$_3$) 등이 스케일 생성의 원인이 된다.

③ 고형 협잡물 : 흙탕, 유지분 및 규산염 등으로 프라이밍, 포밍 발생의 원인

④ 기타 : 산분, 알칼리분, 유지분, 가스분 등

(2) 불순물 장해

① 스케일(scale) 생성 : 보일러 수중의 용해 고형물로부터 생성되어 증발관, 관벽, 드럼, 기타 전열면에 부착해서 단단하게 굳어지는 관석으로, 다음과 같은 피해가 발생한다.

(가) 전열면에 부착하여 전열을 방해한다.

(나) 보일러 효율이 저하하고, 연료 소비량이 증가한다.

(다) 전열면의 국부 과열로 인한 파열 사고의 우려가 있다.

(라) 보일러수의 순환을 방해하고, 수면계 등 연락관을 폐쇄시킨다.

② 슬러지(sludge) 생성 : 부착되지 않고 드럼, 헤더 등의 밑바닥에 침적되어 있는 연질의 침전물로, 보일러수의 순환을 방해하고 보일러 효율을 떨어뜨린다.

③ 부유물(현탁물) : 보일러수 중에 부유되어 있는 불용성의 현탁물로, 캐리 오버 발생의 원인이 된다.

④ 가성 취화의 원인 : 보일러수 중에서 분해되어 생긴 가성소다(NaOH)가 과도하게 농축되면 수산 이온(OH$^-$)이 많아져서 알칼리도가 높아진다. 이것이 강재와 작용해서 생기는 나트륨(Na)이 강재의 결정립계를 침해하여 재질을 열화시킨다.

⑤ 캐리 오버 발생 : 관수 농축 시 프라이밍, 포밍 현상을 일으켜 증기 중에 물방울이 섞여서 운반되는 현상의 발생 원인이 된다.

1-4 보일러 수질 관리 목적

(1) 급수

① pH : 급수 계통의 부식을 방지하는 것을 주목적으로 하고, 급수의 pH는 8.0~9.0 정도이다.

② 경도 : 스케일 생성 및 슬러지 침전을 방지하기 위하여 관리한다.
③ 유지류 : 포밍의 원인이 되고, 전열면에 스케일 생성의 원인이 되기 때문에 관리한다.
④ 용존 산소 : 부식 중 공식의 원인이 되므로 급수 단계에서 제한한다.
⑤ 탈산소제 : 탈기기에서 누설되는 용존 산소를 하이드라진을 이용하여 제거하는 경우에 잔류하는 하이드라진이 열분해하여 암모니아를 생성하여 동 및 동합금을 부식시키므로 급수 중의 하이드라진 상한 농도를 관리한다.

(2) 보일러수(水)

① pH : 보일러 내부의 부식 방지 및 캐리 오버를 방지하기 위하여 pH 10.5~11.5 정도의 범위를 유지시킨다.
② P-알칼리도 및 M-알칼리도 : P-알칼리도가 높으면 실리카 스케일 생성이 억제되고, 급수 중 M-알칼리도가 높으면 보일러수의 pH가 높게 되어 캐리 오버가 억제된다.
③ 전고형물(증발 잔류물) : 부식이 방지되고 캐리 오버가 억제되므로 상한 농도를 관리한다.
④ 염화물 이온 : 부식 방지와 전고형물 농도를 측정하기 위하여 상한 농도를 관리한다.
⑤ 인산 이온 : 보일러수 pH 조절과 스케일 방지를 위하여 조절, 관리한다.
⑥ 실리카 이온 : 실리카 스케일 생성 방지 및 캐리 오버를 방지하기 위하여 농도를 관리한다.
⑦ 아황산 이온 : 아황산염은 열분해하여 SO_2 가스를 발생시켜 응축수의 pH를 저하시킨다.

1-5 보일러 용수 처리

(1) 용수 처리의 목적

① 스케일, 슬러지가 고착되는 것을 방지하기 위하여
② 보일러수가 농축되는 것을 방지하기 위하여
③ 보일러 부식을 방지하기 위하여
④ 가성 취화 현상을 방지하기 위하여
⑤ 캐리 오버 현상을 방지하기 위하여

(2) 용수 처리 방법

① 외처리(1차 처리) : 급수 중에 포함되어 있는 고체 협잡물, 용해 고형물, 용존 가스 등을 보일러 외부에서 처리하는 방법을 총칭하는 것이다.

② 내처리(2차 처리) : 내처리제(청관제)를 급수에 첨가하거나 보일러 드럼 내의 물에 첨가하여 보일러수 중에 포함되어 있는 불순물로 인한 장해를 방지하는 방법과 같이 보일러 내에서 행하여지는 방법을 총칭하는 것이다.

2. 보일러 급수 외처리

2-1 고체 협잡물 처리

(1) 침강법(침전법)
물보다 비중이 크고 지름이 0.1mm 이상의 고형물이 혼합된 물을 침전지에서 일정 기간 체류시키면 비중차에 의하여 고형물이 바닥에 침전, 분리시키는 방법으로, 자연 침강법과 기계적 침강법이 있다.

(2) 여과법
모래, 자갈, 활성 탄소 등으로 이루어진 여과제층으로 급수를 통과시켜 불순물을 제거하는 방법이다.

(3) 응집법
침강법이나 여과법 등으로 분리가 되지 않는 미세한 입자를 응집제(황산알루미늄, 폴리 염화알루미늄)를 주입하여 불용성의 수산화알루미늄의 플록(flock)에 미세 입자를 흡착 응집시켜 슬러리로 만들어 제거하는 방법이다.

2-2 용해 고형물 처리

(1) 이온 교환 수지법
이온 교환 수지를 이용하여 급수가 가지는 이온을 수지의 이온과 교환시켜 처리하는 방법으로, 용해 고형물을 제거하는 데 가장 효과적인 방법이다. 이온 교환 수지를 이용한 수처리 방법은 다음 4가지로 분류할 수 있다.
  ① 단순 연화(경수 연화) : Na^+ 이외의 양이온을 Na^+로 이온 교환한다.
  ② 탈알칼리 연화 : 양이온의 이온 교환은 단순 연화와 동일하지만, 그 밖의 알칼리도 성분(중탄산염)의 대부분을 제거한다.

③ 탈염 : 실리카 이외의 모든 전해질을 제거한다.
④ 순수 제조 : 모든 전해질(이온상 실리카까지)을 제거한다.

(2) 증류법

물을 가열하여 발생된 수증기를 냉각시켜 응축수로 만드는 방법으로, 경제성이 높지 않아 일반적인 보일러에서는 사용되지 않고, 박용 보일러에 사용되는 방법이다.

(3) 약품 처리법(약품 첨가법)

급수에 소석회[$Ca(OH)_2$], 가성소다($NaOH$), 탄산소다($NaCO_3$) 등을 첨가해서 칼슘(Ca), 마그네슘(Mg)과 같은 경도성분을 불용성 화합물로 만들어 침전시켜 제거하는 방법이다.

2-3 용존 가스 처리

(1) 기폭법(폭기법)

헨리의 법칙을 이용한 것으로, 급수 중에 포함되어 있는 탄산가스(CO_2), 황화수소(H_2S), 암모니아(NH_3) 등의 기체 성분과 철(Fe), 망간(Mn) 등을 제거하는 방법인데, 공기 중에서 물을 아래로 뿌려 내리는 강수 방식과 급수 중에 공기를 흡입하는 방법이 있다.

(2) 탈기법

탈기기(deaerator)를 이용하여 급수 중의 산소(O_2), 탄산가스(CO_2) 등의 용존 가스를 제거하는 방법으로, 진공 탈기법과 가열 탈기법이 있다.

3. 보일러수 내처리(청관제)

3-1 내처리제(청관제) 개요

(1) 내처리제(청관제) 선정 시 주의 사항
① 수질을 정확히 분석, 파악한다.
② 스케일의 화학적 조성을 분석한다.

③ 내처리제의 주요 성분을 파악한다.
④ 가열 후 슬러지 생성을 파악한다.
⑤ pH 변화 측정, 인산염 농도를 측정한다.
⑥ 관석을 함께 첨가, 용해 현상을 검토한다.

(2) 청관제의 역할

① 보일러수의 pH 조정
② 보일러수의 연화
③ 슬러지의 조정
④ 보일러수의 탈산소
⑤ 가성 취화 방지
⑥ 포밍(forming) 방지

3-2 내처리제의 종류와 작용

(1) pH 및 알칼리 조정제

급수 및 보일러수의 pH 및 알칼리도를 조절하여 스케일 부착을 방지하고 부식을 방지한다. 종류에는 수산화나트륨(가성소다 : NaOH), 탄산나트륨(Na_2CO_3), 인산나트륨(Na_3PO_4), 인산(H_3PO_4), 암모니아(NH_3) 등이 있다.

(2) 연화제

보일러수 중의 경도 성분을 불용성으로 침전시켜 슬러지로 하여 스케일 부착을 방지한다. 종류에는 수산화나트륨(NaOH), 탄산나트륨(Na_2CO_3), 인산나트륨(Na_3PO_4) 등이 있다.

(3) 슬러지 조정제

슬러지가 보일러의 전열면에 부착하여 스케일로 되는 것을 방지하기 위하여 보일러수 중에 분산, 현탁시켜 분출에 의해 쉽게 배출할 수 있도록 하는 것으로, 종류에는 타닌($C_{76}H_{52}O_{46}$), 리그린, 전분($C_6H_{10}O_5$) 등이 있다.

(4) 탈산소제

급수 중의 용존 산소를 제거하여 부식(점식)을 방지하기 위한 것으로, 종류에는 아황산나트륨(Na_2SO_3), 하이드라진(N_2H_4), 타닌 등이 있다.

(5) 가성 취화 방지제

가성 취화 현상을 방지하기 위하여 사용하는 것으로, 종류에는 황산나트륨(Na_2SO_4), 인산나트륨(Na_3PO_4), 질산나트륨, 타닌, 리그린 등이 있다.

(6) 기포 방지제(포밍 방지제)

포밍 현상을 방지하기 위한 것으로, 고급 지방산 폴리아민, 고급 지방산 폴리알코올 등이 있다.

4. 급수 장치의 취급

4-1 급수 장치 설치 기준

(1) 급수 장치의 종류

① 급수 장치를 필요로 하는 보일러에는 다음의 조건을 만족시키는 주펌프(인젝터를 포함한다. 이하 같다) 세트 및 보조 펌프 세트를 갖춘 급수 장치가 있어야 한다. 다만, 전열 면적 $12m^2$ 이하의 보일러, 전열 면적 $14m^2$ 이하의 가스용 온수 보일러 및 전열 면적 $100m^2$ 이하의 관류 보일러에는 보조 펌프를 생략할 수 있다. 주펌프 세트 및 보조 펌프 세트는 보일러의 상용 압력에서 정상 가동 상태에 필요한 물을 각각 단독으로 공급할 수 있어야 한다. 다만, 보조 펌프 세트의 용량은 주펌프 세트가 2개 이상의 펌프를 조합한 것일 때에는 보일러의 정상 상태에서 필요한 물의 25 % 이상이면서 주펌프 세트 중의 최대 펌프의 용량 이상으로 할 수 있다.

② 주펌프 세트는 동력으로 운전하는 급수 펌프 또는 인젝터이어야 한다. 다만, 보일러의 최고 사용 압력이 0.25MPa 미만으로 화격자 면적이 $0.6m^2$ 이하인 경우, 전열 면적이 $12m^2$ 이하인 경우 및 상용 압력 이상의 수압에서 급수할 수 있는 급수 탱크 또는 수원을 급수 장치로 하는 경우에는 예외로 할 수 있다.

③ 보일러 급수가 멎는 경우 즉시 연료(열)의 공급이 차단되지 않거나 과열될 염려가 있는 보일러에는 인젝터, 상용 압력 이상의 수압에서 급수할 수 있는 급수 탱크, 내연 기관 또는 예비 전원에 의해 운전할 수 있는 급수 장치를 갖추어야 한다.

④ 1개의 급수 장치로 2개 이상의 보일러에 물을 공급할 경우 이들 보일러를 1개의 보일러로 간주하여 적용한다.

(2) 급수 밸브와 체크 밸브

 급수관에는 보일러에 인접하여 급수 밸브와 체크 밸브를 설치하여야 한다. 이 경우 급수가 밸브 디스크를 밀어 올리도록 급수 밸브를 부착하여야 하며, 1조의 밸브 디스크와 밸브 시트가 급수 밸브와 체크 밸브의 기능을 겸하고 있어도 별도의 체크 밸브를 설치하여야 한다. 다만, 최고 사용 압력 0.1MPa 미만의 보일러에서는 체크 밸브를 생략할 수 있으며, 급수 가열기의 출구 또는 급수 펌프의 출구에 스톱 밸브 및 체크 밸브가 있는 급수 장치를 개별 보일러마다 설치한 경우에는 급수 밸브 및 체크 밸브를 생략할 수 있다.

(3) 급수 밸브의 크기

 급수 밸브 및 체크 밸브의 크기는 전열 면적 10m² 이하의 보일러에서는 호칭 15A 이상, 전열 면적 10m²를 초과하는 보일러에서는 호칭 20A 이상이어야 한다.

4-2 급수 장치의 취급

(1) 급수 장치 취급 주의 사항

① 항상 급수 탱크 내의 저수량을 충분히 확보하고, 내부는 정기적으로 청소하여 유해한 불순물, 진흙, 모래 등의 이물질이 혼입되지 않게 한다.
② 응축수 탱크 내의 급수 온도가 너무 높지 않게 유지한다.
③ 급수 차단 밸브, 체크 밸브 등은 밸브와 밸브 시트 사이에 이물질이나 스케일 등이 부착하여 밸브 시트가 손상되어 급수 기능을 방해하는 경우가 있으므로 정기적으로 분해 점검을 하여야 한다.
④ 급수 펌프 2차측(토출측) 배관에 압력계를 부착하여 급수 압력을 관리하여 급수 계통에서 발생할 수 있는 이상 현상을 예측한다.
⑤ 급수 내관의 구멍은 스케일로 인하여 막히기 쉬우므로 정기적으로 점검 및 청소를 실시한다.

(2) 급수 장치의 고장 방지

① 급수 펌프
 (개) 진동, 이상음, 누설 등의 이상 유무를 점검한다.
 (내) 베어링의 과열, 기름 누설 유무를 점검하고, 정기적으로 급유를 한다.
 (대) 배관의 부식, 이음부에서의 누설 및 공기 흡입이 없는지 점검한다.
 (래) 펌프가 정상적으로 작동될 때 전류계에 부하 전류가 정상인지 점검한다.

㈀ 급수 압력이 점차 증가하는 현상이 발생하면 급수관, 급수 밸브, 급수 내관에 스케일이 부착하여 지름이 작아지는 경우이므로 원인을 조사하고 조치를 한다.

② 인젝터 작동 불량 원인

㈎ 급수 온도가 너무 높은 경우(50°C 이상)
㈏ 증기 압력이 낮은 경우
㈐ 부품이 마모되어 있는 경우
㈑ 흡입관로 및 밸브로부터 공기 유입이 있는 경우
㈒ 체크 밸브가 고장 난 경우
㈓ 증기에 수분이 많은 경우

예상문제

제5장 보일러 급수 처리

● 다음 물음의 답을 해당 답란에 답하시오.

1. 보일러 용수의 종류를 3가지 쓰시오.

[해답] ① 천연수   ② 상수도수   ③ 증류수   ④ 보일러용 처리수

2. 보일러 급수에 있어 pH 농도에 따라 산성, 알칼리성으로 구분된다. [제35회]
  (1) 산성은 pH 값으로 얼마인가?
  (2) 알칼리성은 pH 값으로 얼마인가?
  (3) 보일러 급수는 어떠한 액성을 사용하는가? (산성, 알칼리성으로 답하시오.)

[해답] (1) pH 7 이하   (2) pH 7 이상   (3) 알칼리성

3. 다음은 보일러 급수의 수질에 대한 용어 설명이다. 각 설명에 적합한 용어를 쓰시오.
  (1) 점토 등의 현탁성 물질에 의해 물이 탁해진 정도를 나타내는 값
  (2) 수중에 함유하고 있는 칼슘(Ca) 및 마그네슘(Mg)의 농도를 나타낼 때의 척도로서 편의상 ppm으로 환산하여 나타낸 값
  (3) 수중에 함유하고 있는 수소(H^+)의 농도 지수를 나타내는 것으로, 물이 산성인지 알칼리성인지를 나타내는 척도
  (4) 수중에 함유하고 있는 강산, 탄산, 유기산 등의 산분을 중화하는 알칼리분을 epm 또는 이것이 대응하는 탄산칼슘 ppm으로 표시한 값
  (5) 수중에 녹아 있는 탄산수소염, 탄산염, 수산화물 및 그의 알칼리성염을 중화시키는 데 필요한 산의 소비량을 epm 또는 탄산칼슘 ppm으로 표시한 값

[해답] (1) 탁도   (2) 경도   (3) 수소 이온 지수   (4) 알칼리도   (5) 산도

4. 1°dH(독일 경도)에 대하여 설명하시오. [제35회]

[해답] 수중의 칼슘(Ca)과 마그네슘(Mg) 이온의 양을 산화칼슘(CaO)의 양으로 환산해서 나타내는 것으로 물 100cc 중 CaO가 1mg 포함된 것을 1°dH라고 한다.

5. 원통보일러의 pH(수소 이온 농도 지수) 값은 얼마인가?
  (1) 급수 :   (2) 보일러수 :

해답 (1) 7.0~9.0 (2) 11.0~11.8

---

6. 급수 중에 함유되어 있는 불순물의 종류 5가지와 이것이 미치는 영향을 간단히 설명하시오.

해답 ① 용존 가스 : 부식 ② 염류 : 스케일 생성 및 과열
③ 유지류 : 과열 및 포밍 ④ 알칼리 성분 : 가성 취화 및 크랙
⑤ 산류 : 부식

---

7. 보일러수에 함유되어 있는 물질 중 스케일 생성 성분을 4가지 쓰시오.

해답 ① 중탄산칼슘[$Ca(HCO_3)_2$], 중탄산마그네슘[$Mg(HCO_3)_2$]
② 황산칼슘($CaSO_4$), 황산마그네슘($MgSO_4$)
③ 규산염($CaSiO_3$, $MgSiO_3$, $NaSiO_3$)
④ 염화칼슘($CaCl_2$), 염화마그네슘($MgCl_2$)

---

8. 다음은 스케일 특성을 설명한 것이다. 설명을 읽고 해당되는 스케일 원인 물질을 [보기]에서 찾아 쓰시오.

[보기]	① 황산칼슘	② 실리카	③ 황산마그네슘
	④ 중탄산마그네슘	⑤ 중탄산칼슘	

(1) 고온에서 석출하므로 주로 증발관에서 스케일화되는 것으로 보일러 내처리가 불충분한 경우에 생성되기 쉽고 대단히 악질 스케일이 된다.
(2) 급수 용존 염류 중 가장 일반적인 슬러지 성분으로 온도가 낮은 상태에서 발생한다.
(3) 보일러수 중에 열분해되어 탄산마그네슘, 수산화마그네슘 슬러지가 된다.
(4) 용해도가 커서 그 자체로는 스케일 생성이 잘 안 되나 탄산칼슘과 작용해서 황산칼슘과 수산화마그네슘의 경질 스케일이 발생한다.
(5) 급수 중의 칼슘 성분과 결합하여 규산칼슘을 생성하고 알루미늄 이온과 결합해서 여러 가지 형태의 스케일을 생성하고, 이것의 함유량이 많은 스케일은 아주 단단한 경질이다.

해답 (1) 황산칼슘 (2) 중탄산칼슘 (3) 중탄산마그네슘 (4) 황산마그네슘 (5) 실리카

---

9. 보일러 내부에 스케일이 형성된 경우 나타나는 현상을 4가지 쓰시오.

해답 ① 전열면에 부착하여 전열을 방해한다.
② 보일러 효율이 저하하고, 연료 소비량이 증가한다.
③ 전열면의 국부 과열로 인한 파열 사고의 우려가 있다.
④ 보일러수의 순환을 방해하고, 수면계 등 연락관을 폐쇄시킨다.

10. 보일러 스케일 생성의 방지 대책을 4가지 쓰시오.

해답 ① 급수 중의 염류, 불순물을 되도록 제거한다.
② 전처리된 용수를 사용한다.
③ 관수 분출 작업을 적절히 한다.
④ 청관제를 적절히 사용한다.

11. 급수 관리의 목적을 4가지 쓰시오.

해답 ① 스케일, 슬러지가 고착되는 것을 방지하기 위하여
② 보일러수가 농축되는 것을 방지하기 위하여
③ 보일러 부식을 방지하기 위하여
④ 가성 취화 현상을 방지하기 위하여
⑤ 캐리 오버 현상을 방지하기 위하여

12. 보일러 급수의 외처리 방법 중 물리적 처리 방법을 3가지 쓰시오.

해답 ① 여과법 ② 침강법 ③ 기폭법 ④ 탈기법
참고 외처리 방법 분류
① 물리적 방법 : 여과법, 침강법, 기폭법, 탈기법
② 화학적 방법 : 약제 첨가법, 이온 교환법, 응집법

13. 보일러 급수 처리에 대한 다음 물음에 답하시오. [제40회]
(1) 고체 협잡물(현탁물) 처리 방법을 3가지 쓰시오.
(2) 용해 고형물 처리 방법을 3가지 쓰시오.

해답 (1) ① 침강법(침전법) ② 여과법 ③ 응집법
(2) ① 이온 교환 수지법 ② 증류법 ③ 약품 첨가법

14. 급수의 외처리 방법 중 응집법에서 사용하는 응집제의 종류를 2가지 쓰시오.

해답 ① 황산알루미늄 ② 폴리 염화알루미늄
참고 응집법 : 침강법이나 여과법 등으로 분리가 되지 않는 미세한 입자를 응집제(황산알루미늄, 폴리 염화알루미늄)를 주입하여 불용성의 수산화알루미늄의 플록(flock)에 미세 입자를 흡착 응집시켜 슬러리로 만들어 제거하는 방법이다.

15. 급수 중에 녹아 있는 고형물을 제거하는 방법으로 이온 교환법이 주로 활용되고 있다. 이온 교환에 의한 처리 방법 분류(종류)에 대해 3가지를 쓰시오.

해답 ① 단순 연화(경수 연화) ② 탈알칼리 연화 ③ 탈염 ④ 순수 제조

16. 이온 교환 처리 장치에서 이온 교환 수지의 재생을 위한 운전 공정을 [보기]에서 찾아 순서대로 나열하시오.

> [보기] 역세, 통수, 재생, 압출, 수세

해답 역세 – 재생 – 압출 – 수세 – 통수

17. 용해 고형물을 제거하는 방법 중의 하나인 이온 교환법에서 사용하는 재생제의 종류를 2가지 쓰시오.

해답 ① 수산화나트륨($NaOH$) ② 염화나트륨($NaCl$)

18. 보일러 급수 중에 용해 염류(Ca, Mg)가 다량 있을 때 가장 적절한 수처리 방법은?

해답 약품 첨가법

19. 보일러 급수 처리 방법 중 용해 고형분을 처리하기 위한 약품 첨가법에 사용하는 약품 종류를 3가지 쓰시오.

해답 ① 소석회[$Ca(OH)_2$] ② 가성소다($NaOH$) ③ 탄산소다($NaCO_3$)

20. 보일러 급수 중의 용존 가스(O_2, CO_2)를 제거하는 방법 2가지를 쓰시오.

해답 ① 기폭법(폭기법) ② 탈기법

21. 보일러수의 외처리 방법 중 폭기법(기폭법)으로 제거될 수 있는 물질 3가지를 다음 [보기]에서 골라 쓰시오.

> [보기] – 탄산가스   – 산소   – 질소   – 망간
>   – 암모니아   – 철(Fe) – 실리카(SiO_2)

해답 ① 탄산가스 ② 암모니아 ③ 철(Fe) ④ 망간

22. 탈기기(deaerator)를 이용하여 급수 중의 산소(O_2), 탄산가스(CO_2) 등의 용존 가스를 제거하는 방법의 명칭은 무엇인가?

해답 탈기법

23. 청관제 선정 시 고려하여야 할 사항을 4가지 쓰시오.

해답 ① 수질을 정확히 분석, 파악한다. ② 스케일의 화학적 조성을 분석한다.
③ 내처리제의 주요 성분을 파악한다. ④ 가열 후 슬러지 생성을 파악한다.
⑤ pH 변화 측정, 인산염 농도를 측정한다. ⑥ 관석을 함께 첨가, 용해 현상을 검토한다.

24. 보일러수 내처리 방법 중 청관제의 역할을 4가지 쓰시오.

해답 ① 보일러수의 pH 조정 ② 보일러수의 연화
③ 슬러지의 조정 ④ 보일러수의 탈산소
⑤ 가성 취화 방지 ⑥ 포밍(forming) 방지

25. 보일러수 내처리제 중 연화제에 관한 다음 물음에 답하시오.

(1) 연화제의 기능(역할)을 쓰시오.
(2) 연화제의 종류 2가지를 쓰시오.

해답 (1) 용수 중의 경도 성분을 슬러지화하여 경질 스케일 부착을 방지한다.
(2) ① 탄산나트륨(Na_2CO_3) ② 인산나트륨(Na_3PO_4) ③ 수산화나트륨($NaOH$)

26. 보일러수의 내처리제 중 슬러지 조정제의 역할과 종류 3가지를 쓰시오.

해답 ① 역할 : 슬러지가 보일러의 전열면에 부착하여 스케일로 되는 것을 방지하기 위하여 보일러수 중에 분산, 현탁시켜 분출에 의해 쉽게 배출할 수 있도록 하는 것
② 종류 : 타닌($C_{76}H_{52}O_{46}$), 리그린, 전분($C_6H_{10}O_5$)

27. 보일러 청관제 중 탈산소제의 종류 3가지를 쓰시오. [제39회, 제44회]

해답 ① 아황산나트륨(Na_2SO_3) ② 하이드라진(N_2H_4) ③ 타닌

28. 다음은 보일러 내처리용 청관제이다. 각 항에 해당하는 청관제의 역할과 종류를 각각 2가지씩 쓰시오.

(1) pH 및 알칼리 조정제 : (2) 연화제 :
(3) 슬러지 조정제 : (4) 탈산소제 :
(5) 가성 취화 방지제 : (6) 기포 방지제(포밍 방지제) :

해답 (1) ① 역할 : 급수 및 보일러수의 pH 및 알칼리도를 조절하여 스케일 부착을 방지하고 부식을 방지한다.
② 종류 : 수산화나트륨(가성소다 : NaOH), 탄산나트륨(Na_2CO_3), 인산나트륨(Na_3PO_4), 인산(H_3PO_4), 암모니아(NH_3)

(2) ① 역할 : 보일러수 중의 경도 성분을 불용성으로 침전시켜 슬러지로 하여 스케일 부착을 방지한다.
   ② 종류 : 수산화나트륨(NaOH), 탄산나트륨(Na_2CO_3), 인산나트륨(Na_3PO_4)
(3) ① 역할 : 슬러지가 보일러의 전열면에 부착하여 스케일로 되는 것을 방지하기 위하여 보일러수 중에 분산, 현탁시켜 분출에 의해 쉽게 배출할 수 있도록 한다.
   ② 종류 : 타닌($C_{76}H_{52}O_{46}$), 리그린, 전분($C_6H_{10}O_5$)
(4) ① 역할 : 급수 중의 용존 산소를 제거하여 부식(점식)을 방지한다.
   ② 종류 : 아황산나트륨(Na_2SO_3), 하이드라진(N_2H_4), 타닌
(5) ① 역할 : 가성 취화 현상을 방지하기 위하여 사용한다.
   ② 종류 : 황산나트륨(Na_2SO_4), 인산나트륨(Na_3PO_4), 질산나트륨, 타닌, 리그린
(6) ① 역할 : 포밍 현상을 방지하기 위하여 사용한다.
   ② 종류 : 고급 지방산 폴리아민, 고급 지방산 폴리알코올

29. 보일러 급수할 때의 순서에 맞는 용어를 [보기]에서 찾아 쓰시오.
(①) → (②) → (③) → (④) → (⑤) → 보일러

[보기] 급수 펌프, 역지 밸브, 급수 수위 조절기, 절탄기, 정지 밸브

해답 ① 급수 수위 조절기 ② 급수 펌프 ③ 절탄기
④ 역지 밸브 ⑤ 정지 밸브

Chapter 6 계측기기 일반

1. 연소 가스 분석기기

1-1 연소 가스 분석기기 구분

(1) 화학적 분석기기

연속 측정 및 정확한 측정이 가능하고, 자동 제어 장치와 연결하여 사용할 수 있으며, 종류는 다음과 같다.
① 용액 흡수제를 이용한 것
② 고체 흡수제를 이용한 것
③ 연소열을 이용한 것

(2) 물리적 분석기기

화학적 분석기기보다 정도가 낮지만, 자동 제어 장치와 연결이 용이하고 단일 가스 성분을 분석하는 데 많이 이용되고 취급이 비교적 간단하며, 종류는 다음과 같다.
① 가스의 열전도율을 이용한 것
② 가스의 밀도, 점성을 이용한 것
③ 빛(光)의 간섭을 이용한 것
④ 가스의 자기적 성질을 이용한 것
⑤ 가스의 반응성을 이용한 것
⑥ 적외선 흡수를 이용한 것
⑦ 흡수 용액의 전기 전도도를 이용한 것

(3) 연소 가스 분석기기의 일반적인 특징

① 선택성에 대한 고려가 필요하다.
② 다른 계기에 비하여 복잡하고, 설치 조건이나 보수가 필요하다.
③ 계기 교정에는 표준 시료 가스가 이용된다.
④ 적당한 시료 채취 장치가 필요하다.
⑤ 가스의 온도, 압력, 유속 변화는 오차의 원인이 된다.

1-2 시료 채취

(1) 장치 구성
  ① 흡수병 또는 포집병을 사용할 때 : 채취관 → 도입관 → 포집부
  ② 연속 분석기기를 사용할 때 : 채취관 → 도입관 → 연속 분석기기

(2) 여과제의 종류
  ① 1차 필터용(고온 접촉부) : 소결 금속, 카보런덤
  ② 2차 필터용(분석계 입구) : 유리솜, 솜

(3) 시료 채취 방법

불량 가스의 채취는 분석기기의 작동 불량, 오차 발생 등의 원인이 되므로 항상 평균 시료를 채취할 수 있도록 하여야 한다.

(4) 시료 채취 위치

연도의 굴곡 부분이나 단면의 형상이 급격히 변화하는 부분(수축 부분)을 피하여 배기가스 흐름이 안정되고 유속 변동이 적은 곳을 선택하여야 한다.

(5) 시료 채취 장치 취급 시 주의 사항
  ① 시료 가스 채취구 위치에 주의해야 한다.
  ② 공기 유입 방지 및 연도 중심부의 시료 채취가 필요하다.
  ③ 가스 성분과 반응하는 배관은 사용을 금지해야 한다.
  ④ 장치 내에서 시료 가스의 시간 지연을 적게 하고 배관은 짧게 한다.
  ⑤ 배관에는 경사를 두고, 최하단에는 드레인 장치가 필요하다.
  ⑥ 보수가 용이한 장소에 설치해야 한다.

1-3 화학적 가스 분석기

(1) 흡수 분석법

흡수 분석법은 채취된 시료 기체를 분석기 내부의 성분 흡수제에 흡수시켜 체적 변화를 측정하는 방식이다.
  ① 오르사트(Orsat)법
    ㈎ 흡수제의 종류 및 분석 순서

순서	분석 가스	흡 수 제
1	CO_2	KOH 30% 수용액
2	O_2	피로갈롤 용액
3	CO	암모니아성 염화 제1구리 용액
4	N_2	나머지 양으로 계산

(나) 특징

㉮ 구조가 간단하며 취급이 쉽다.　㉯ 선택성이 좋고 정도가 높다.
㉰ 수분은 분석할 수 없다.　㉱ 분석 순서가 바뀌면 오차가 발생한다.
㉲ 분석 온도는 16~20°C가 적당하다.

(다) 성분 계산법

㉮ $CO_2[\%] = \dfrac{CO_2의\ 체적\ 감량}{시료\ 채취량} \times 100$　　㉯ $O_2[\%] = \dfrac{O_2의\ 체적\ 감량}{시료\ 채취량} \times 100$

㉰ $CO[\%] = \dfrac{CO의\ 체적\ 감량}{시료\ 채취량} \times 100$　　㉱ $N_2[\%] = 100 - (CO_2 + O_2 + CO)$

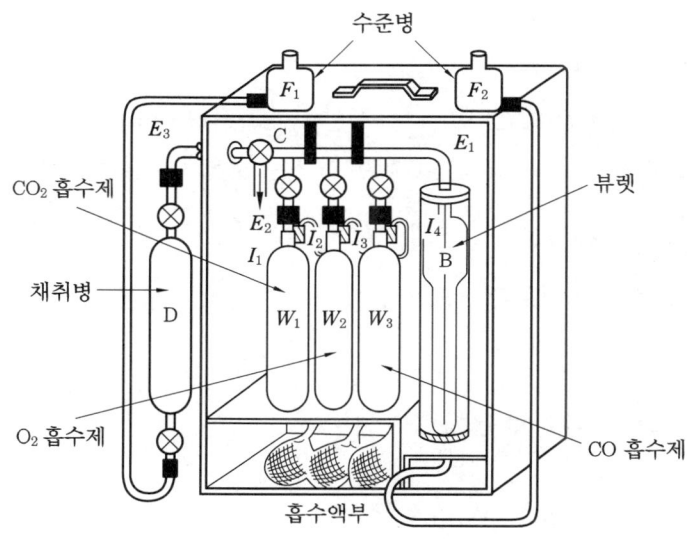

오르사트 가스 분석기

② 헴펠(Hempel)법

순서	분석 가스	흡 수 제
1	CO_2	KOH 30% 수용액
2	C_mH_n	발연 황산
3	O_2	피로갈롤 용액
4	CO	암모니아성 염화 제1구리 용액
5	CH_4	연소 후의 CO_2를 흡수하여 정량

③ 게겔(Gockel)법

순서	분석 가스	흡 수 제
1	CO_2	33% KOH 수용액
2	아세틸렌	요오드 수은(옥소 수은) 칼륨 용액
3	프로필렌, $n-C_4H_8$	87% H_2SO_4
4	에틸렌	취소 수용액
5	O_2	알칼리성 피로갈롤 용액
6	CO	암모니아성 염화 제1구리 용액

(2) 자동 화학식 CO_2계

오르사트 가스 분석계의 조작을 자동화한 것으로, CO_2를 흡수액에 흡수시켜 이것에 시료 가스의 용적 감소를 측정하여 CO_2 농도를 지시하는 것인데, 특징은 다음과 같다.
① 선택성이 좋고 정도가 높다.
② 구조가 유리 부품이어서 파손이 많다.
③ 점검과 소모품 보수를 요한다.

(3) 연소식 O_2계(과잉 공기계)

일정량의 시료 가스와 H_2 등의 가연성 가스를 혼합하여 촉매 반응에 의하여 연소시켜 이때 발생한 연소열이 산소 농도에 따라 변화하는 것을 이용하여 O_2 농도를 측정한다.

(4) 연소열법(미연소 가스계)

연소식 O_2계와 같은 원리로서, 연소 반응에 의한 미연 성분, H_2, CO를 측정한다.

1-4 물리적 가스 분석기

(1) 가스 크로마토그래피(gas chromatography)

흡착제를 충전한 관 속에 혼합 시료를 넣고, 용제를 유동시켜 흡수력 차이(시료의 확산 속도)에 따라 성분의 분리가 일어나는 것을 이용한 것이다.
① 특징
　㈎ 여러 종류의 가스 분석이 가능하다.
　㈏ 선택성이 좋고 고감도로 측정한다.
　㈐ 미량 성분의 분석이 가능하다.
　㈑ 응답 속도가 늦으나 분리 능력이 좋다.
　㈒ 동일 가스의 연속 측정이 불가능하다.

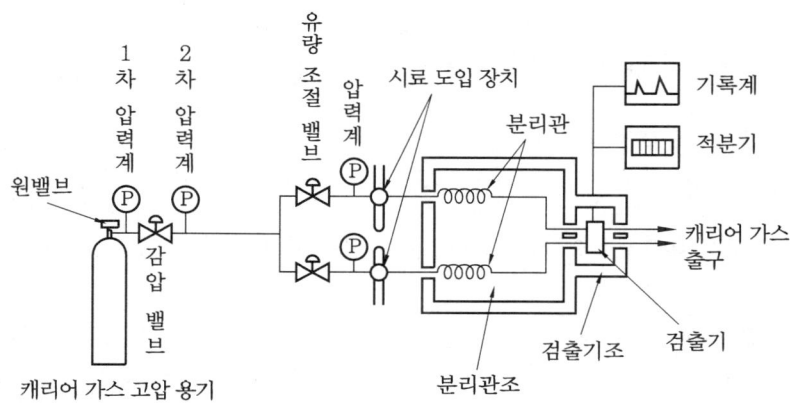

가스 크로마토그래피의 구조

② 장치 구성 요소 : 캐리어 가스, 압력 조정기, 유량 조절 밸브, 압력계, 분리관(컬럼), 검출기, 기록계 등

㈎ 3대 구성 요소 : 분리관(column), 검출기, 기록계

㈏ 캐리어 가스(전개제)의 종류 : 수소(H_2), 헬륨(He), 아르곤(Ar), 질소(N_2)

㈐ 캐리어 가스의 구비 조건

　㉮ 시료와 반응성이 낮은 불활성 기체여야 한다.

　㉯ 기체 확산을 최소로 할 수 있어야 한다.

　㉰ 순도가 높고 구입이 용이해야(경제적) 한다.

　㉱ 사용하는 검출기에 적합해야 한다.

③ 검출기의 종류

㈎ 열전도형 검출기(TCD : thermal conductivity detector) : 캐리어 가스(H_2, He)와 시료 성분 가스의 열전도도 차를 금속 필라멘트 또는 서미스터의 저항 변화로 검출한다.

㈏ 수소염 이온화 검출기(FID : flame ionization detector) : 불꽃 속에 탄화수소가 들어가면 시료 성분이 이온화됨으로써 불꽃 중에 놓인 전극 간의 전기 전도도가 증대하는 것을 이용한 것이다.

㈐ 전자 포획 이온화 검출기(ECD : electron capture detector) : 방사선 동위 원소로부터 방출되는 β선으로 캐리어 가스가 이온화되어 생긴 자유 전자를 시료 성분이 포획하면 이온 전류가 감소하는 것을 이용한 것이다.

㈑ 염광 광도형 검출기(FPD : flame photometric detector) : 수소염에 의하여 시료 성분을 연소시키고 이때 발생하는 광도를 측정하여 인 또는 유황 화합물을 선택적으로 검출할 수 있다.

㈒ 알칼리성 이온화 검출기(FTD : flame thermionic detector) : FID에 알칼리 또는 알칼리토 금속염 튜브를 부착한 것으로, 유기 질소 화합물 및 유기 인 화합

물을 선택적으로 검출할 수 있다. 불꽃열 이온화 검출기라고도 불린다.
  (바) 기타 검출기 : 방전 이온화 검출기(DID), 원자 방출 검출기(AED), 열이온 검출기(TID)

(2) 열전도형 CO_2계

CO_2는 공기보다 열전도율이 낮다는 것을 이용하여 분석하는 것으로, 다음과 같은 특징이 있다.
① 장치가 간단하며, 취급이 용이하다.
② N_2, O_2, CO 농도 변화에 대한 CO_2 지시 오차가 거의 없다.
③ 열전도율이 대단히 큰 H_2가 혼입되면 오차가 크다.

(3) 밀도식 CO_2계

CO_2는 공기에 비하여 밀도가 크다는 것을 이용한 것으로, 비중식 CO_2계라고도 하며, 다음과 같은 특징이 있다.
① 취급 및 보수가 비교적 용이하다.
② 측정실과 비교실 내의 온도와 압력을 같도록 한다.
③ 가스 및 공기는 항상 동일 습도로 유지하여야 한다.

(4) 적외선 가스 분석계

각 가스마다 적외선 흡수 스펙트럼의 차이를 이용하여 분석하는 것으로, 다음과 같은 특징이 있다.
① 선택성이 우수하다.
② 저농도 가스 분석에 용이하다.
③ 연속 분석이 가능하다.
④ 단원자 분자(He, Ne, Ar 등) 및 대칭 2원자 분자(H_2, O_2, N_2, Cl_2 등)는 적외선을 흡수하지 않으므로 분석할 수 없다.

(5) 자기식 O_2계

O_2가 다른 가스에 비하여 강한 상자성체이기 때문에 자장에 대하여 흡입되는 특성을 이용한 것이다.
① 종류
  (가) 자기풍을 이용하는 것
  (나) 흡인력을 이용하는 것
  (다) 계면 압력을 이용하는 것

② 특징
  ㈎ 가스의 유량, 압력, 점성에 따른 오차가 적다.
  ㈏ 가동 부분이 없고 구조가 간단하며 취급이 쉽다.
  ㈐ 열선은 유리로 피복되어 있어 백금의 촉매 작용을 차단한다.

(6) 세라믹 CO_2계(지르코니아식 CO_2계)

지르코니아(ZrO_2)를 주원료로 한 특수 세라믹은 850°C 이상에서 산소 이온만 통과시키는 특수한 성질을 이용한 것이다.
① 응답 속도가 빠르며(5~30초), 측정 범위가 넓다.
② 온도 유지를 위한 전기 히터가 필요하다.
③ 가스량이나 주위 온도 변화에 영향이 적다.

(7) 용액 도전율 가스 분석계

측정 가스를 적당한 반응액으로 반응시키거나 용해시켜 그 용액의 도전율 변화를 액 중에 투입된 전극 간의 저항값을 측정하여 가스 농도를 측정하는 방식으로, 특징은 다음과 같다.
① 저농도 가스 분석에 적합하다.
② 대기 오염 관리에 사용된다.
③ 선택성이 좋다.
④ 측정부의 온도를 일정 기간 동안 유지한다.

2. 계측기기

2-1 압력계

(1) 1차 압력계

① 1차 압력계의 종류
  ㈎ 액주식 압력계(manometer) : 단관식 압력계, U자관식 압력계, 경사관식 압력계 등
  ㈏ 침종식 압력계 : 아르키메데스의 원리 이용한 것, 단종식과 복종식으로 구분
  ㈐ 자유 피스톤형 압력계 : 부르동관 압력계의 교정용으로 사용

② 액주식 액체의 구비 조건
　(개) 점성이 적을 것
　(내) 열팽창 계수가 적을 것
　(대) 항상 액면은 수평을 만들 것
　(래) 온도에 따라서 밀도 변화가 적을 것
　(매) 증기에 대한 밀도 변화가 적을 것
　(배) 모세관 현상 및 표면 장력이 적을 것
　(새) 화학적으로 안정할 것
　(애) 휘발성 및 흡수성이 적을 것
　(재) 액주의 높이를 정확히 읽을 수 있을 것

③ 특징
　(개) U자관 압력계
　　㉠ 가장 간단한 기준 압력계이다.
　　㉡ 액주의 높이 차에 의한 압력 또는 차압을 측정한다.
　　㉢ 압력 계산은 다음의 식을 사용한다.
　　　$P_2 = P_1 + \gamma \cdot h$ (절대 압력 = 대기압 + 게이지 압력)
　　　여기서, P_2 : 측정 절대 압력(mmH$_2$O, kgf/m^2)　　P_1 : 대기압(mmH$_2$O, kgf/m^2)
　　　　　　　γ : 액체의 비중량(kgf/m^3)　　　　　　　h : 액주 높이(m)

　(내) 단관식 압력계
　　㉠ U자관 압력계의 변형용으로 상형 압력계라고 한다.
　　㉡ 기준 압력계로 각종 압력 측정 및 차압계로 사용된다.

　(대) 경사관식 압력계
　　㉠ 단관식의 원리를 이용한 것으로, 단면적이 작은 관을 비스듬히 경사지게 한 것이다.
　　㉡ 작은 압력을 정확하게 측정할 수 있어 실험실 등에서 사용된다.
　　㉢ 압력은 다음의 식에 의하여 계산한다.
　　　$P_2 = P_1 + \gamma x \sin \theta$
　　　여기서, P_2 : 경사관으로부터 작용하는 절대 압력(mmH$_2$O, kgf/m^2)
　　　　　　　P_1 : 대기압(mmH$_2$O, kgf/m^2)　　　γ : 액체의 비중량(kgf/m^3)
　　　　　　　x : 경사관의 액주 길이(m)　　　　　　θ : 관의 경사각

　(래) 자유 피스톤형 압력계 : 부유 피스톤형 압력계, 표준 분동식 압력계
　　　$P = \left(\dfrac{W + W'}{a} \right) + P_1$
　　　여기서, P : 압력(kgf/cm$^2 \cdot$a)　　　　W : 추의 무게(kg)
　　　　　　　W' : 피스톤의 무게(kg)　　　　a : 피스톤의 단면적(cm^2)
　　　　　　　P_1 : 대기압(kgf/cm^2)

(2) 2차 압력계

① 2차 압력계의 종류
　㈎ 탄성 압력계 : 부르동관 압력계, 벨로스식 압력계, 다이어프램식 압력계, 캡슐식
　㈏ 전기식 압력계 : 전기 저항 압력계, 피에조 전기 압력계, 스트레인 게이지

② 특징
　㈎ 부르동관(Bourdon tube) 압력계 : 2차 압력계 중 대표적인 것으로, 고압 측정이 가능하다.
　　㉮ 항상 검사를 받고, 지시의 정확성을 확인할 것
　　㉯ 진동, 충격, 온도 변화가 적은 장소에 설치할 것
　　㉰ 안전장치(사이펀관, 스톱 밸브)을 사용할 것
　　㉱ 압력계에 가스를 넣거나 빼낼 때는 조작을 서서히 할 것
　　㉲ 측정 범위 : 0~3000kgf/cm^2
　㈏ 다이어프램식 압력계
　　㉮ 응답 속도가 빠르나 온도의 영향을 받는다.
　　㉯ 극히 미세한 압력 측정에 적당하다.
　　㉰ 부식성 유체의 측정이 가능하다.
　　㉱ 압력계가 파손되어도 위험이 적다.
　　㉲ 측정 범위 : 20~5000mmH$_2$O
　㈐ 벨로스식 압력계
　　㉮ 벨로스 재질 : 인청동, 스테인리스강
　　㉯ 압력 변동에 적응성이 떨어진다.
　　㉰ 유체 내의 먼지 등의 영향을 적게 받는다.
　㈑ 전기 저항 압력계 : 금속의 전기 저항이 압력에 의해 변화하는 것을 이용한 것으로, 초고압 측정에 적합하다.
　㈒ 피에조 전기 압력계 : 가스 폭발이나 급격한 압력 변화 측정에 사용
　㈓ 스트레인 게이지 : 급격한 압력 변화 측정에 사용

2-2 유량계

(1) 유량의 측정 방법

① 직접법 : 유체의 부피나 질량을 직접 측정하는 방법
② 간접법 : 유속을 측정하여 유량을 계산하는 방법으로, 베르누이 정리를 응용한 것이다.

(가) 체적 유량 : $Q = A \cdot V$
(나) 질량 유량 : $M = \rho \cdot A \cdot V$
(다) 중량 유량 : $G = \gamma \cdot A \cdot V$

여기서, Q : 체적 유량(m³/s)　　　　M : 질량 유량(kg/s)
　　　　G : 중량 유량(kgf/s)　　　　ρ : 밀도(kg/m³)
　　　　γ : 비중량(kgf/m³)　　　　A : 단면적(m²)
　　　　V : 유속(m/s)

(2) 직접식 유량계

① 종류 : 오벌 기어식, 루츠식, 로터리 피스톤식, 로터리 베인식, 습식 가스미터, 왕복 피스톤식

② 특징
　(가) 정도가 높아 상거래용으로 사용된다.
　(나) 고점도 유체나 점도 변화가 있는 유체의 측정에 적합하다.
　(다) 맥동의 영향을 적게 받는다.
　(라) 이물질의 유입을 차단하기 위하여 입구측에 여과기를 설치한다.
　(마) 회전자의 재질로 포금, 주철, 스테인리스강이 사용된다.

(3) 간접식 유량계

① 차압식 유량계(조리개 기구식)
　(가) 측정 원리 : 베르누이 정리로 유량을 계산
　(나) 종류 : 오리피스 미터, 플로어 노즐, 벤투리 미터
　(다) 특징
　　㉮ 유체의 압력 손실이 크고, 저유량 측정은 곤란하다.
　　㉯ 유량계 전후에 동일한 지름의 직관이 필요하다.
　　㉰ 고온 고압의 액체, 기체, 증기의 측정에 적합하다.
　　㉱ 규격품으로 정도가 높다.
　(라) 유량 계산

$$Q = CA\sqrt{\frac{2g}{1-m^4} \times \frac{P_1 - P_2}{\gamma}} = CA\sqrt{\frac{2gh}{1-m^4} \times \frac{\gamma_m - \gamma}{\gamma}}$$

여기서, Q : 유량(m³/s)　　　　　　　C : 유량 계수
　　　　A : 단면적(m²)　　　　　　　g : 중력 가속도(9.8m/s²)
　　　　H : 마노미터(액주계) 높이 차(m)
　　　　P_1 : 교축 기구 입구측 압력(kgf/m²)　　P_2 : 교축 기구 출구측 압력(kgf/m²)
　　　　γ_m : 마노미터 액체 비중량(kgf/m³)　　γ : 유체의 비중량(kgf/m³)
　　　　m : 교축비$\left(\dfrac{D_2^2}{D_1^2}\right)$

→ 유량은 차압(ΔP)의 제곱근에 비례한다.

② 면적식 유량계
   (가) 종류 : 부자식(플로트식), 로터 미터
   (나) 특징
      ㉮ 고점도 유체나 작은 유체에 대해서도 측정이 가능하다.
      ㉯ 차압이 일정하면 오차의 발생이 적다.
      ㉰ 압력 손실이 적다.

③ 유속식 유량계
   (가) 임펠러식 유량계 : 관로에 임펠러를 설치하여 유속 변화를 이용한 것으로, 접선식(수도 미터)과 축류식(터빈식 가스 미터)이 있다.
   (나) 피토관 유량계 : 전압과 정압의 차, 즉 동압을 측정하여 유속을 구하고 그 값에 관 단면적을 곱하여 유량을 계산한다.
      ㉮ 피토관을 유체의 흐름 방향과 평행하게 설치한다.
      ㉯ 유속이 5m/s 이하인 유체에는 측정이 불가능하다.
      ㉰ 슬러지, 분진 등 불순물이 많은 유체에는 측정이 불가능하다.
      ㉱ 피토관은 유체의 압력에 대한 충분한 강도를 가져야 한다.
      ㉲ 비행기의 속도 측정, 수력 발전소의 수량 측정, 송풍기의 풍량 측정에 사용한다.
      ㉳ 유량 계산

$$Q = CA\sqrt{2g \times \frac{P_t - P_S}{\gamma}}$$

여기서, Q : 유량(m³/s)　　　　　C : 유량 계수
　　　　γ : 유체의 비중량(kgf/m³)　A : 단면적(m²)
　　　　g : 중력 가속도(9.8m/s²)　　P_t : 전압(kgf/m²)
　　　　P_s : 정압(kgf/m²)

   (다) 열선식 유량계 : 관로에 전열선을 설치하여 유체의 유속 변화에 따른 온도 변화로 순간 유량을 측정한다.

④ 기타 유량계
   (가) 전자식 유량계 : 패러데이의 전자 유도 법칙을 이용한 것으로, 도전성 액체의 유량을 측정
   (나) 와류(vortex)식 유량계 : 와류(소용돌이)를 발생시켜 그 주파수의 특성이 유속과 비례 관계를 유지하는 것을 이용한 것으로, 슬러리가 많은 유체에는 사용이 불가능하다.
   (다) 초음파 유량계 : 도플러 효과를 이용한 것이다.

2-3 온도계

(1) 온도계의 분류

측정 방법에 의한 분류

분류	측정 원리	종류
접촉식 온도계	열팽창 이용	유리제 봉입식 온도계, 바이메탈 온도계, 압력식 온도계
	열기전력 이용	열전대 온도계
	저항 변화 이용	저항 온도계, 서미스터
	상태 변화 이용	제게르 콘, 서머 컬러
비접촉식 온도계	전 방사 에너지 이용	방사 온도계
	단파장 에너지 이용	광고 온도계, 광전관 온도계, 색온도계

(2) 접촉식 온도계

① 유리제 봉입식 온도계
  (가) 수은 온도계
    ㉮ 모세관 내의 수은의 열팽창을 이용
    ㉯ 사용 온도 범위 : $-35 \sim 350°C$
    ㉰ 정도 : 1/100
  (나) 알코올 유리 온도계
    ㉮ 주로 저온용에 사용
    ㉯ 사용 온도 범위 : $-100 \sim 200°C$
    ㉰ 정도 : $\pm 0.5 \sim 1.0\%$
  (다) 베크만 온도계 : 모세관에 남은 수은의 양을 조절하여 측정하며, 미소한 범위의 온도 변화를 정밀하게 측정할 수 있다.
  (라) 유점 온도계 : 체온계로 사용
② 바이메탈 온도계 : 열팽창률이 서로 다른 2종의 얇은 금속판을 밀착시킨 것이다.
  (가) 유리 온도계보다 견고하다.
  (나) 구조가 간단하고, 보수가 용이하다.
  (다) 히스테리시스(hysteresis) 오차가 발생되기 쉽다.
  (라) 측정 범위 : $-50 \sim 500°C$
③ 압력식 온도계 : 액체나 기체의 체적 팽창을 이용
  (가) 종류 : 액체 압력식 온도계, 기체 압력식 온도계
  (나) 특징
    ㉮ 진동이나 충격에 강하다.

㉯ 연속 기록, 자동 제어 등이 가능하며, 연속 사용이 가능하다.
㉰ 금속의 피로에 의한 이상 변형과 유도관이 파열될 우려가 있다.
㉱ 원격 온도 측정은 가능하나 외기 온도에 영향을 받을 수 있다.(지시가 느리다.)
㉲ 구성 : 감온부, 도압부, 감압부

④ 전기식 온도계
　㈎ 저항 온도계 : 전기 저항이 온도에 따라 변화하는 것을 이용
　　㉮ 측온 저항체의 종류 : 백금 측온 저항체(−200~500°C), 니켈 측온 저항체(−50~150°C), 동 측온 저항체(0~120°C)
　　㉯ 원격 측정에 적합하고, 자동 제어 기록 조절이 가능하다.
　　㉰ 비교적 낮은 온도(500°C 이하)의 정밀 측정에 적합하다.
　　㉱ 검출 시간이 지연될 수 있다.
　　㉲ 측온 저항체가 가늘어 진동에 단선되기 쉽다.
　　㉳ 구조가 복잡하고 취급이 어려워 숙련이 필요하다.
　㈏ 서미스터(thermister) : 니켈(Ni), 코발트(Co), 망간(Mn), 철(Fe), 구리(Cu) 등의 금속 산화물을 이용하여 반도체로 만든 것으로, 감도가 크고 응답성이 빠르며, 흡습에 의한 열화가 발생할 수 있다.

⑤ 열전대 온도계
　㈎ 원리 : 제베크(Seebeck) 효과
　㈏ 열전대의 종류

종류	사용 금속		측정 온도	특 징
	+ 극	− 극		
백금−백금로듐 R(P−R)	Rh (Rh : 13%, Pt : 87%)	Pt	0~1600°C	산화성 분위기에는 침식되지 않으나 환원성에 약함, 정도가 높고 안정성이 우수, 고온 측정 적합
크로멜−알루멜 K(C−A)	C (Ni : 90%, Cr : 10%)	A (Ni : 94%, Mn : 2.5%, Al : 2%, Fe : 0.5%)	−20~1200°C	기전력이 크고, 특성이 안정적이다.
철−콘스탄트 J(I−C)	I(순철)	C (Cu : 55%, Ni : 45%)	−20~800°C	환원성 분위기에 강하나 산화성에 약함, 가격이 저렴하다.
동−콘스탄트 T(C−C)	Cu	C	−200~350°C	저항 및 온도 계수가 작아 저온용에 적합

(다) 특징
  ㉮ 고온 측정에 적합하다.
  ㉯ 냉접점이나 보상도선으로 인한 오차가 발생되기 쉽다.
  ㉰ 전원이 필요하지 않으며, 원격 지시 및 기록이 용이하다.
  ㉱ 온도계 사용 한계에 주의하고, 영점 보정을 하여야 한다.
⑥ 제게르 콘(Seger cone) 온도계 : 점토, 규석질 등 내연성의 금속 산화물로 만든 것으로, 벽돌의 내화도 측정에 사용
⑦ 서모 컬러(thermo color) : 온도 변화에 따른 색이 변하는 성질을 이용

(3) 비접촉식 온도계

① 광고 온도계
  (가) 원리 : 피측온 물체에서 방사되는 빛과 표준 전구에서 나오는 필라멘트의 휘도를 같게 하여 표준 전구의 전류 또는 저항을 측정하여 온도를 측정
  (나) 특징
    ㉮ 700~3000°의 고온도 측정에 적합하다. (700°C 이하는 측정이 곤란하다.)
    ㉯ 구조가 간단하고 휴대가 편리하다.
    ㉰ 빛의 흡수 산란 및 반사에 따라 오차가 발생한다.
    ㉱ 원거리 측정, 경보, 자동 기록, 자동 제어가 불가능하다.
    ㉲ 개인 오차가 발생할 수 있다.
② 광전관식 온도계
  (가) 원리 : 사람 눈 대신 광전지 혹은 광전관을 사용하여 자동으로 측정(광고 온도계를 자동화시킨 것)
  (나) 특징
    ㉮ 700~3000°C의 고온도 측정에 적합하다. (700°C 이하는 측정이 곤란하다.)
    ㉯ 온도의 자동 기록, 자동 제어가 가능하다.
    ㉰ 응답 시간이 빠르다.
    ㉱ 구조가 복잡하다.
③ 방사 온도계
  (가) 원리 : 스테판-볼츠만 법칙 이용
  (나) 특징
    ㉮ 측정 범위 : 50~3000°C
    ㉯ 측정 시간 지연이 적고, 연속 측정, 기록, 제어가 가능하다.
    ㉰ 측정 거리 제한을 받고, 오차가 발생되기 쉽다.
    ㉱ 광로에 먼지, 연기 등이 있으면 정확한 측정이 곤란하다.
    ㉲ 방사율에 의한 보정량이 크고 정확한 보정이 어렵다.

⑭ 수증기, 탄산가스의 흡수에 주의하여야 한다.
④ 색온도계
  ㈎ 물체가 가열로 인하여 발생하는 빛의 밝고 어두움을 이용
  ㈏ 특징
    ㉮ 연속 지시가 가능하다.
    ㉯ 휴대 및 취급이 간편하나, 측정이 어렵다.
    ㉰ 연기와 먼지 등의 영향을 받지 않는다.
    ㉱ 측정 범위 : 600~2500°C
⑤ 비접촉식 온도계의 특징 : 접촉식 온도계와 비교하여
  ㈎ 접촉에 의한 열 손실이 없고 측정물체의 열적 조건을 건드리지 않는다.
  ㈏ 내구성에서 유리하다.
  ㈐ 이동 물체와 고온 측정이 가능하다.
  ㈑ 방사율 보정이 필요하다.
  ㈒ 700°C 이하의 온도 측정이 곤란하다. (단, 방사 온도계의 측정 범위는 50~3000°C)
  ㈓ 측정 온도의 오차가 크다.
  ㈔ 표면 온도 측정에 사용된다. (내부 온도 측정이 불가능하다.)

예상문제 제6장 계측기기 일반

● 다음 물음의 답을 해당 답란에 답하시오.

1. 가스 분석계 중 화학적 가스 분석기의 종류를 3가지 쓰시오.

해답 ① 흡수 분석법   ② 자동 화학식 CO_2계
③ 연소식 O_2계(과잉 공기계)   ④ 연소열법(미연소 가스계)

2. 물리적 가스 분석기 종류 5가지를 쓰시오. [제35회]

해답 ① 가스 크로마토그래피   ② 열전도형 CO_2계
③ 밀도식 CO_2계   ④ 적외선 가스 분석계
⑤ 자기식 O_2계   ⑥ 세라믹 O_2계

3. 연소 배기가스를 분석하는 목적을 4가지 쓰시오.

해답 ① 연소 상태를 파악하기 위해서
② 연소 가스의 조성을 파악하기 위해서
③ 열정산의 기초 자료로 활용하기 위해서
④ 공기비를 알기 위해서

4. 배기가스 채취에서 아스피레이터를 이용한 장치를 사용하였다. 1차 필터와 2차 필터로 사용하는 재료를 각각 2가지씩 쓰시오.

해답 ① 1차 필터 : 소결 금속, 카보런덤
② 2차 필터 : 유리솜, 솜

5. 배기가스 시료 채취 장치 취급 시 주의 사항을 4가지 쓰시오.

해답 ① 시료 가스 채취구 위치에 주의해야 한다.
② 공기 유입 방지 및 연도 중심부의 시료 채취가 필요하다.
③ 가스 성분과 반응하는 배관은 사용을 금지해야 한다.
④ 장치 내에서 시료 가스의 시간 지연을 적게 하고 배관은 짧게 한다.
⑤ 배관에는 경사를 두고, 최하단에는 드레인 장치가 필요하다.
⑥ 보수가 용이한 장소에 설치해야 한다.

6. 가스 분석법 중 흡수 분석법의 종류를 3가지 쓰시오.

해답 ① 오르사트법 ② 헴펠법 ③ 게겔법

7. 오르사트 분석법에 대한 다음 물음에 답하시오.
(1) 분석 순서를 나열하시오.
(2) 각 가스의 흡수제를 쓰시오.

해답 (1) 이산화탄소(CO_2) → 산소(O_2) → 일산화탄소(CO)
(2) ① 이산화탄소(CO_2) : KOH 30% 수용액
　② 산소(O_2) : 알칼리성 피로갈롤 용액
　③ 일산화탄소(CO) : 암모니아성 염화 제1구리 용액

8. 오르사트 가스 분석계로 가스 분석 시의 적당한 온도는 몇 °C인가?

해답 16 ~ 20°C

9. 배기가스를 100cc 채취하여 KOH 30% 용액에 흡수된 양이 15cc이었고, 이것을 알칼리성 피로갈롤 용액에 통과한 후 70cc가 남았으며, 암모니아성 염화 제1구리에 흡수된 양은 1cc이었다. 이때 가스 중 CO_2, O_2, CO는 각각 몇 %인가?

풀이 오르사트 분석법에서 성분 계산 : 성분율(%) = $\dfrac{체적\ 감량}{시료\ 가스량} \times 100$

① $CO_2(\%) = \dfrac{15}{100} \times 100 = 15\%$　　② $O_2(\%) = \dfrac{85-70}{100} \times 100 = 15\%$

③ $CO(\%) = \dfrac{1}{100} \times 100 = 1\%$

해답 ① CO_2 : 15% ② O_2 : 15% ③ CO : 1%

10. 가스보일러의 배기가스를 오르사트 분석기를 이용하여 시료 50mL를 채취하였더니 흡수 피펫을 통과한 후 남은 시료 부피는 각각 CO_2 40mL, O_2 20mL, CO 17mL이었다. 이 가스 중 N_2의 조성은 몇 %인가?

풀이 조성(%) = $\dfrac{전체\ 시료량 - 체적\ 감량}{시료\ 채취량} \times 100 = \dfrac{50-(10+20+3)}{50} \times 100 = 34\%$

해답 34%

11. 가스 크로마토그래피의 특징을 4가지 쓰시오.

해답 ① 여러 종류의 가스 분석이 가능하다.
② 선택성이 좋고 고감도로 측정한다.
③ 미량 성분의 분석이 가능하다.
④ 응답 속도가 늦으나, 분리 능력이 좋다.
⑤ 동일 가스의 연속 측정이 불가능하다.

12. 가스 크로마토그래피의 3대 구성 요소를 쓰시오.

해답 ① 분리관(컬럼) ② 검출기 ③ 기록계

13. 가스 크로마토그래피의 운반 기체(carrier gas) 종류를 4가지 쓰시오.

해답 ① 수소(H_2) ② 헬륨(He) ③ 아르곤(Ar) ④ 질소(N_2)

14. 가스 크로마토그래피에서 사용되는 검출기 종류를 3가지 쓰시오.

해답 ① 열전도형 검출기(TCD)   ② 수소염 이온화 검출기(FID)
③ 전자 포획 이온화 검출기(ECD) ④ 염광 광도형 검출기(FPD)
⑤ 알칼리성 이온화 검출기(FTD)

15. 가스 분석계 중에서 수소(H_2)의 영향을 가장 많이 받는 가스 분석계 명칭을 쓰시오.

해답 열전도율형 CO_2계
참고 열전도율형 CO_2계 : CO_2는 공기보다 열전도율이 낮다는 것을 이용하여 분석하는 것으로, 다음과 같은 특징이 있다.
① 장치가 간단하며, 취급이 용이하다.
② N_2, O_2, CO 농도 변화에 대한 CO_2 지시 오차가 거의 없다.
③ 열전도율이 대단히 큰 H_2가 혼입되면 오차가 크다.

16. 적외선 가스 분석기로 측정할 수 없는 가스를 3가지 쓰시오.

해답 ① 수소(H_2) ② 산소(O_2) ③ 질소(N_2) ④ 염소(Cl_2)
참고 단원자 분자(He, Ne, Ar 등) 및 대칭 2원자 분자(H_2, O_2, N_2, Cl_2 등)는 적외선을 흡수하지 않으므로 분석할 수 없다.

17. 1차 압력계의 종류를 3가지 쓰시오.

해답 ① 액주식 압력계 ② 침종식 압력계 ③ 자유 피스톤식 압력계

18. 다음 설명에 알맞은 가스 분석기의 명칭을 쓰시오.

(1) 지르코니아(ZrO_2)를 주원료로 한 특수 세라믹은 850℃ 이상에서 산소 이온만 통과시키는 성질을 이용한 것으로 기전력을 측정하여 가스를 분석한다.
(2) 가스들은 강알칼리에 흡수가 잘 되는 점을 이용한 것으로, 가스 분석 순서는 CO_2, O_2, CO 순으로 한다.
(3) O_2가 다른 가스에 비하여 강한 상자성체이기 때문에 자장에 대하여 끌리는 특성을 이용한 것이다.
(4) CO_2는 공기보다 열전도율이 낮다는 점을 이용하여 분석한다.

해답 (1) 세라믹 O_2계 (2) 오르사트 가스 분석기 (3) 자기식 O_2계 (4) 열전도형 CO_2계

---

19. 액주식 압력계의 종류를 3가지 쓰시오.

해답 ① U자관 압력계 ② 단관식 압력계 ③ 경사관식 압력계 ④ 2액 마노미터

---

20. 보일러에 일반적으로 가장 많이 사용되는 압력계의 명칭은?

해답 부르동관식 압력계

---

21. 부르동관 압력계에 U자형의 곡관 또는 사이펀관(siphon tube)을 설치하는데, 이 관 속에 넣는 물질 및 관의 설치 목적을 설명하시오.

해답 ① 물질 : 물
② 설치 목적 : 증기가 직접 부르동관에 들어감으로써 부르동관의 파손이나 변형을 방지하기 위하여 설치

---

22. 2차 압력계 중에서 탄성체의 변형을 이용한 압력계의 종류를 3가지 쓰시오.

해답 ① 부르동관식 압력계   ② 다이어프램식 압력계
③ 벨로스식 압력계   ④ 캡슐식 압력계

---

23. 벨로스식 압력계에서 압력 측정 시 벨로스 내부에 압력이 가해질 경우 원래 위치로 돌아가지 않는 현상 때문에 발생하는 오차를 무엇이라 하는가?

해답 히스테리시스(hysteresis) 오차
참고 히스테리시스(hysteresis) 오차 : 계측기의 톱니바퀴 사이의 틈이나 운동부의 마찰 또는 탄성 변형 등에 의하여 생기는 오차

24. 전기식 압력계의 장점 3가지를 쓰시오. [제40회]

해답 ① 초고압 측정에 사용된다.
② 가스 폭발 압력을 측정할 수 있다.
③ 급격한 압력 변화 측정에 사용된다.

참고 전기식 압력계의 종류 : 전기 저항 압력계, 피에조 전기 압력계, 스트레인 게이지

25. 다음 압력계에 관한 물음에 답하시오.
(1) 2차 압력계 중 탄성식 압력계의 교정용에 사용되는 압력계의 명칭은?
(2) 연소로의 드래프트 게이지(draft gauge)에 사용되는 압력계 명칭은?
(3) 급격한 압력 변화 측정에 사용되는 압력계 명칭은?

해답 (1) 자유 피스톤식 압력계 (2) 다이어프램식 압력계 (3) 피에조 전기 압력계

26. 지름 20cm인 원관 속을 속도 7.3m/s로 유체가 흐를 때 유량(m^3/s)을 계산하시오.

풀이 $Q = A \cdot V = \dfrac{\pi}{4} \times 0.2^2 \times 7.3 = 0.229 ≒ 0.23 m^3/s$

해답 $0.23 m^3/s$

27. 안지름이 500mm인 관 속을 매초 2m의 속도로 유체가 흐를 때 단위 시간당의 유량(m^3/h)을 계산하시오.

풀이 $Q = A \cdot V = \dfrac{\pi}{4} \times 0.5^2 \times 2 \times 3600 = 1413.716 ≒ 1413.72 m^3/h$

해답 $1413.72 m^3/h$

28. 유량이 5000L/min, 관 지름이 10cm일 때 유속(m/s)은 얼마인가?

풀이 $Q = A \cdot V$에서

$V = \dfrac{Q}{A} = \dfrac{Q}{\dfrac{\pi}{4}D^2} = \dfrac{5}{\dfrac{\pi}{4} \times 0.1^2 \times 60} = 10.610 ≒ 10.61 m/s$

해답 10.61m/s

29. 가동 중인 보일러의 연돌 내 연소 가스의 속도를 4.3m/s로 하고, 유량을 18m^3/s이라 하면, 이 경우 연돌(굴뚝)의 지름은 몇 m로 하면 되는가?

풀이 $Q = A \cdot V = \dfrac{\pi}{4} \cdot D^2 \cdot V$에서

$$\therefore D = \sqrt{\frac{4Q}{\pi \cdot V}} = \sqrt{\frac{4 \times 18}{\pi \times 4.3}} = 2.308 \fallingdotseq 2.31\text{m}$$

[해답] 2.31m

30. 평균 유속이 5m/s인 원형 관에서 20kg/s의 물이 흐르도록 하려면 관의 지름은 약 몇 mm로 해야 하는가?

[풀이] 질량 유량 계산식

$$M = \rho \cdot A \cdot V = \rho \cdot \frac{\pi}{4} \cdot D^2 \cdot V$$

$$\therefore D = \sqrt{\frac{4M}{\pi \cdot \rho \cdot V}} = \sqrt{\frac{4 \times 20}{\pi \times 1000 \times 5}} \times 1000 = 71.364 \fallingdotseq 71.36\text{mm}$$

[해답] 71.36mm

31. 용적식(직접식) 유량계의 종류를 4가지 쓰시오.

[해답] ① 오벌 기어식   ② 루츠식   ③ 로터리 피스톤식   ④ 로터리 베인식   ⑤ 습식 가스 미터
⑥ 왕복 피스톤식

32. 용적식 유량계의 특징을 4가지 쓰시오.

[해답] ① 정도가 높아 상거래용으로 사용된다.
② 고점도 유체나 점도 변화가 있는 유체의 측정에 적합하다.
③ 맥동의 영향을 적게 받는다.
④ 이물질의 유입을 차단하기 위하여 입구측에 여과기를 설치한다.
⑤ 회전자의 재질로 포금, 주철, 스테인리스강이 사용된다.

33. 차압식 유량계의 측정 원리는?

[해답] 베르누이 방정식

34. 차압식 유량계의 종류를 3가지 쓰시오.

[해답] ① 오리피스 미터   ② 플로어 노즐   ③ 벤투리 미터

35. 유속이 일정한 장소에 설치하여 유체의 전압과 정압의 차이를 측정하고 그 값으로 속도 수두 및 유량을 계산하는 것은?

[해답] 피토관식 유량계
[풀이] 피토관(Pitot tube)식 유량계 : 관중의 유체의 전압과 정압과의 차, 즉 동압을 측정하여 유속을 구하여 그 값에 관로 면적을 곱하여 유량을 측정하는 것이다.

36. 벤투리 미터 유량계에서 조건이 다음과 같을 때 실제 유량(m³/s)을 계산하시오.

[조건]
- 목 부분의 단면적 : 0.15m²
- 유량 계수 : 0.98
- 중력 가속도 : 9.8m/s²
- 교축 전후의 면적비 : 0.2
- 교축 전후의 압력 차 : 25m

[풀이] $Q = CA\sqrt{\dfrac{2gh}{1-m^4}} = 0.98 \times 0.15 \times \sqrt{\dfrac{2 \times 9.8 \times 25}{1-0.2^4}} = 3.256 ≒ 3.26\text{m}^3/\text{s}$

[해답] 3.26m³/s

37. 다음은 유량계에 관한 사항이다. ( ) 안에 알맞은 용어 또는 숫자를 쓰시오.

차압식 유량계에서 유량은 차압의 (①)에 비례하며, 피토관식 유량계는 관로 내를 흐르는 유체의 (②)을 측정하고 그 값에 관로의 (③)을 곱하여 유량을 측정한다.

[해답] ① 평방근(제곱근) ② 유속 ③ 단면적

38. 다음은 유량계의 측정 원리 설명이다. 해당되는 유량계를 [보기]에서 찾아 쓰시오.

[보기]
- 차압식 유량계
- 임펠러식 유량계
- 면적식 유량계
- 전자식 유량계
- 용적식 유량계
- 초음파 유량계

(1) 일정 용적을 유량을 적산에 의하여 측정하는 유량계
(2) 조리개 기구를 설치하여 그 전후의 압력차를 이용하는 유량을 측정하는 유량계
(3) 패러데이(Faraday)의 전자 유도 법칙을 이용한 유량계
(4) 차압을 일정하게 유지하면서 조리개의 면적을 변화시켜 유량을 측정하는 유량계
(5) 도플러 효과를 이용한 유량계

[해답] (1) 용적식 유량계 (2) 차압식 유량계 (3) 전자식 유량계
(4) 면적식 유량계 (5) 초음파 유량계

39. 유리제 봉입식 온도계의 종류를 4가지 쓰시오.

[해답] ① 수은 온도계 ② 알코올 온도계 ③ 베크만 온도계 ④ 유점 온도계

40. 선팽창 계수가 다른 2종의 금속을 결합시켜 온도 변화에 따라 굽히는 정도가 다른 점을 이용한 온도계 명칭은?

[해답] 바이메탈 온도계

41. 금속이나 반도체의 전기 저항은 온도에 따라 변화하는 것을 이용한 온도계의 측온 저항체의 종류를 3가지 쓰시오.

해답 ① 백금 측온 저항체   ② 니켈 측온 저항체   ③ 동 측온 저항체

42. 2종의 금속선 양 끝에 접점을 만들어 주어 온도차를 주면 기전력이 발생하는데, 이 기전력을 이용하여 온도를 표시하는 온도계 명칭은?

해답 열전대 온도계
참고 열전대 온도계의 측정 원리 : 제베크(Seebeck) 효과

43. 고온 측정을 위한 열전대의 약호를 쓰시오.
(1) 백금—백금·로듐 :   (2) 크로멜—알루멜 :
(3) 철—콘스탄탄 :   (4) 동—콘스탄탄 :

해답 (1) P-R 열전대   (2) C-A 열전대   (3) I-C 열전대   (4) C-C 열전대

44. 열기전력이 작으며, 산화성 분위기에 강하나 환원성 분위기에는 약하고, 고온 측정에 적당한 열전대 온도계의 명칭은?

해답 백금-백금·로듐(P-R) 열전대

45. 열전대 온도계의 취급상 주의할 점을 4가지 쓰시오.

해답 ① 충격을 피하고 습기, 먼지, 직사광선 등에 주의할 것
② 온도계 사용 한계에 주의할 것
③ 사용 전에 지시계로서 도선 접촉선에 영점 보정을 할 것
④ 표준 계기와 정기적으로 비교 검정하여 지시 차를 교정할 것
⑤ 눈금을 읽을 때 시차에 유의할 것

46. 물질의 상태 변화를 이용하여 내화물의 내화도 측정에 사용되는 온도계의 명칭은?

해답 제게르 콘(Seger cone)

47. 스테판-볼츠만(Stefan-Boltzmann) 법칙을 이용한 온도계는 어느 것인가?

해답 방사 온도계
참고 스테판-볼츠만 법칙 : 단위 표면적당 복사되는 에너지는 절대 온도의 4제곱에 비례한다.

48. 다음은 온도계를 설명한 것이다. [보기]에서 해당되는 온도계를 찾아 명칭을 쓰시오.

[보기]	– 바이메탈 온도계	– 압력식 온도계	– 광고 온도계
	– 열전대 온도계	– 저항 온도계	

(1) 서로 다른 2종의 금속판을 서로 밀착시켜 온도에 따라 팽창률 변화가 다른 점을 이용한 온도계
(2) 제베크(Seebeck) 효과를 이용한 것으로, 열전대를 측온체로 사용하여 열기전력을 직류 밀리볼트(mV)계 또는 전위차계로 온도를 표시한 온도계
(3) 금속이나 반도체의 전기 저항은 온도에 따라 변화하는 것을 이용한 온도계
(4) 감온부, 도압부, 감압부로 구성되어 있으며, 감온통에 봉입되어 있는 감온물이 온도 변화에 따라 생기는 체적 팽창을 이용하여 온도를 측정하는 온도계

해답 (1) 바이메탈 온도계 (2) 열전대 온도계 (3) 저항 온도계 (4) 압력식 온도계

Chapter 7 보일러 자동 제어

1. 자동 제어의 개요

1-1 제어의 개요

(1) 제어의 정의

목적에 따라 조작이나 동작 등에 의해 상태를 일정하게 유지 및 변화시키거나 양을 증감시키는 조작을 하는 것이다.

(2) 제어의 구분

① 수동 제어 : 사람이 직접 행하는 제어이다.
② 자동 제어 : 기계 장치를 이용하여 자동적으로 행하는 제어이다.
　㉮ 피드백 제어(feedback control : 폐(閉)회로) : 제어량의 크기와 목표값을 비교하여 그 값이 일치하도록 되돌림 신호(피드백 신호)를 보내어 수정 동작을 하는 제어 방식이다.
　㉯ 시퀀스 제어(sequence control : 개(開)회로) : 미리 순서에 입각해서 다음 동작이 연속 이루어지는 제어로, 자동판매기, 보일러의 점화 등이 있다.

1-2 자동 제어의 블록선도

(1) 블록선도

제어 신호의 전달 경로를 블록과 화살표를 이용하여 표시한 것이다.

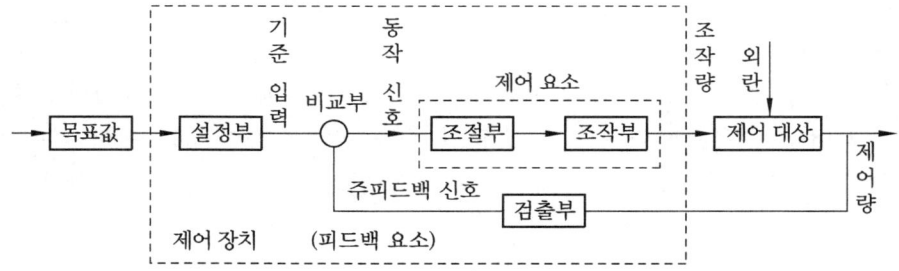

자동 제어의 블록선도(피드백 제어 회로도)

(2) 구성

① 제어 대상 : 제어를 행하려는 대상물이다.
② 제어량 : 제어를 받는 제어계의 출력량으로서 제어 대상에 속하는 양이다.
③ 제어 장치 : 제어량이 목표값과 일치하도록 어떠한 조작을 가하는 장치이다.
④ 목표값 : 입력이라고도 하며, 제어 장치에서 제어량이 그 값에 맞도록 제어계의 외부로부터 주어지는 값이다.
⑤ 조작량 : 제어량을 조절하기 위하여 제어 장치(조작부)가 제어 대상에 가하는 신호이다.
⑥ 외란 : 제어계의 상태를 혼란시키는 외적 작용(잡음)이다.
⑦ 잔류 편차(off set) : 정상 상태로 되고 난 다음에 남는 제어 동작이다.
⑧ 기준 입력 : 제어계를 동작시키는 기준으로서 직접 폐회로에 가해지는 입력 신호이다.
⑨ 주피드백량 : 제어량의 값을 목표값과 비교하기 위한 피드백 신호로 검출에서 발생시킨다.
⑩ 동작 신호 : 기준 입력과 제어량과의 차이로, 제어 동작을 일으키는 신호로 편차라고도 한다.
⑪ 검출부 : 제어량을 검출하고 이것을 기준 입력과 비교할 수 있는 물리량(주피드백 신호)을 만드는 부분이다.
⑫ 조절부 : 제어 편차에 따라 일정한 신호를 조작 요소에 보내는 부분이다.
⑬ 조작부 : 제어 대상에 대하여 작용을 걸어오는 부분으로, 조작 신호를 받아 이것을 조작량으로 바꾸는 부분이다.

1-3 제어 방법에 의한 분류

(1) 정치 제어

목표값이 일정한 제어이다.

(2) 추치 제어

목표값을 측정하면서 제어량을 목표값에 일치하도록 맞추는 방식으로, 변화 모양을 예측할 수 없다.
① 추종 제어 : 목표값이 시간적으로 변화되는 제어로, 자기 조성 제어라고 한다.
② 비율 제어 : 목표값이 다른 양과 일정한 비율 관계에 변화되는 제어이다.
③ 프로그램 제어 : 목표값이 미리 정한 시간적 변화에 따라 변화하는 제어이다.

(3) 캐스케이드 제어

두 개의 제어계를 조합하여 제어량의 1차 조절계를 측정하고 그 조작 출력으로 2차 조절계의 목표값을 설정하는 방법으로, 단일 루프 제어에 비해 외란의 영향을 줄이고 계 전체의 지연을 적게 하는 데 유효하기 때문에 출력측에 낭비 시간이나 지연이 큰 프로세스 제어에 이용되는 제어이다.

1-4 제어량 성질에 의한 분류

(1) 프로세스 제어
공장 등에서 온도 압력, 유량, 농도, 습도 등과 같은 상태량에 대한 제어 방법을 말한다.

(2) 다변수 제어
보일러에서 연료의 공급량, 공기 공급량, 보일러 내의 증기 압력, 급수량 등을 각각 자동으로 제어하려면 발생 증기량을 부하 변동에 따라 항상 일정하게 유지시켜야 한다. 이때 각 제어량 사이에는 매우 복잡한 자동 제어를 일으키는 경우가 발생한다. 이러한 경우를 다변수 제어라고 한다.

(3) 서보 기구
작은 입력에 대응해서 큰 출력을 발생시키는 장치이다.

1-5 조정부 동작에 의한 분류

(1) 연속 동작

① P 동작(비례 동작 : proportional action) : 동작 신호에 대하여 조작량의 출력 변화가 일정한 비례 관계에 있는 제어 동작이다.

$$y = K_p \cdot Z$$

여기서, y : 조작량(출력 변화), K_p : 비례 상수, Z : 동작 신호

㈎ 부하가 변화하는 등의 외란이 있으면 잔류 편차(off set)가 발생한다.
㈏ 반응 속도는 소(小) 또는 중(中)이다.
㈐ 반응 온도 제어, 보일러 수위 제어 등과 같이 부하 변화가 작은 곳에 사용된다.

> **참고**
>
> **비례대** : 동작 신호의 폭을 조절기 전 눈금 범위로 나눈 백분율(%)로 비례대를 좁게 하면 조작량(밸브의 움직임)이 커지며, 비례대가 좁게 되면 2위치 동작과 같게 된다.

$$\therefore \text{비례대}(\%) = \frac{\text{동작 신호 폭(측정 온도차)}}{\text{조절기 눈금(조절 온도차)}} \times 100$$

② I 동작(적분 동작 : integral action) : 제어량에 편차가 생겼을 때 편차의 적분차를 가감하여 조작단의 이동 속도가 비례하는 동작으로, 잔류 편차가 남지 않는다.

$$y = K_1 \cdot \int Z \cdot dt$$

여기서, K_1 : 비례 상수

　㈎ 잔류 편차(off set)가 제거된다.
　㈏ 진동하는 경향이 있어 제어의 안정성이 떨어진다.

③ D 동작(미분 동작 : derivative action) : 조작량이 동작 신호의 미분값에 비례하는 동작으로, 제어량의 변화 속도에 비례한 정정 동작을 한다.

$$y = K_p \frac{dZ}{dt}$$

　㈎ 단독으로 사용되지 않고 언제나 비례 동작과 함께 쓰인다.
　㈏ 일반적으로 진동이 제어되어 빨리 안정된다.

④ PI 동작(비례 적분 동작) : 비례 동작의 결점을 줄이기 위하여 비례 동작과 적분 동작을 합한 것이다.

$$y = K_p \left(Z + \frac{1}{T_1} \int_z dt \right)$$

여기서, T : 적분 시간 $\left(\frac{K_p}{K_1} \right)$

　㈎ 부하 변화가 커도 잔류 편차(off set)가 남지 않는다.
　㈏ 전달 느림이나 쓸모없는 시간이 크며, 사이클링의 주기가 커진다.
　㈐ 부하가 급변할 때는 큰 진동이 생긴다.
　㈑ 반응 속도가 빠른 공정(process)이나 느린 공정에서 사용된다.

⑤ PD 동작(비례 미분 동작) : 비례 동작과 미분 동작을 합한 것이다.

$$y = K_p \left(Z + T_p \frac{dZ}{dt} \right)$$

⑥ PID 동작(비례 적분 미분 동작) : 조절 효과가 좋고 조절 속도가 빨라 널리 이용된다.

$$y = K_p \left(Z + \frac{1}{T_1} \int_z dt + T_p \frac{dZ}{dt} \right)$$

　㈎ 반응 속도가 느리거나 빠름, 쓸모없는 시간이나 전달 느림이 있는 경우에 적용된다.
　㈏ 제어계의 난이도가 큰 경우에 적합한 제어 동작이다.

(2) 불연속 동작

① 2위치 동작(ON-OFF 동작) : 제어량이 설정값에서 벗어났을 때 조작부를 ON(개(開)) 또는 OFF(폐(閉))의 동작 중 하나로 동작시키는 것으로, 전자 밸브(solenoid valve)의 동작이 해당된다.
  ㈎ 편차의 정(+), 부(-)에 의해 조작 신호가 최대, 최소가 되는 제어 동작이다.
  ㈏ 반응 속도가 빠른 프로세스에서 시간 지연과 부하 변화가 크고, 빈도가 많은 경우에 적합하다.
  ㈐ 잔류 편차(off set)가 발생한다.

② 다위치 동작 : 제어량이 변화했을 때 제어 장치의 조작 위치가 3위치 또는 그 이상의 위치에 있어 제어하는 것을 다위치 동작이라고 하며, 이 단계가 많아지면 실질적으로 비례 동작에 가까워진다. 이러한 다위치 동작은 대용량의 전기 히터 등의 제어에 많이 사용되며, 스텝 조절기에 의해 3단계 이상의 제어 동작을 하게 된다.

③ 불연속 속도 동작(단속도 제어 동작) : 2위치 동작이나 다위치 동작에서 조작량의 변화는 정해진 값만 취할 수밖에 없지만, 불연속 속도 동작은 2위치 동작의 동작 간격에 해당하는 중립대를 갖는다. 불연속 속도 제어 방식은 압력이나 액면 제어 등과 같이 응답이 빠른 곳에는 유효하지만, 온도 등과 같이 지연이 큰 곳에는 불안정해서 사용할 수 없다.

1-6 자동 제어의 특성

(1) 응답

자동 제어계의 어떤 요소에 대하여 입력을 원인이라고 하면 출력은 결과가 되며, 이때의 출력을 입력에 대한 응답이라고 한다.

① 과도 응답 : 정상 상태에 있는 요소의 입력측에 어떤 변화를 주었을 때 출력측에 생기는 변화의 시간적 경과를 말한다.

② 스텝 응답 : 입력을 단위량만큼 변화시켜 평형 상태를 상실했을 때의 과도 응답을 말한다.

③ 정상 응답 : 과도 응답에 대하여 제어계 또는 요소가 완전히 정상 상태로 이루어졌을 때의 응답을 말한다.

④ 주파수 응답 : 사인파 상의 입력에 대한 자동 제어계 또는 그 요소의 정상 응답을 주파수의 함수로 나타낸 것이다.

(2) 각 요소의 스텝 응답 특성

① 비례 요소 : 출력과 입력이 비례하는 요소를 말하며, 스텝 응답으로 나타난다.
② 1차 지연 요소 : 입력이 급변하는 순간에서 출력은 변화하지만 지연이 있어 어느 시간 후에 정상 상태가 되는 특징을 갖고 있는 것을 말한다.

$$y = 1 - e^{-\frac{t}{T}}$$

여기서, y : 출력(1차 지연 요소)
t : 소요된 시간
T : 시간 정수(time constant)

③ 낭비 시간(dead time) 요소 : 출력이 입력에 대하여 어떤 시간만큼 늦어지는 것과 같은 요소로, 난방기가 가동되어도 일정 시간이 경과되어야만 실내 온도가 상승되기 시작하는 시간을 말한다.
④ 적분 요소 : 출력이 입력량의 총량으로 나타내는 것과 같은 요소로, 물탱크에서 유출량은 일정할 때 유입량이 증가됨에 따라 수위가 상승하여 평형을 이루지 못하고 넘치게 되는 것이 해당된다.
⑤ 고차 지연 요소 : 2차 지연 이상을 일으키는 것을 말한다.
　→ 2차 지연 : 2개의 용량으로 인한 지연을 말한다.
⑥ 시간 응답 특성
　(가) 지연 시간(dead time) : 목표값의 50%에 도달하는 데 소요되는 시간
　(나) 상승 시간(rising time) : 목표값의 10%에서 90%까지 도달하는 데 소요되는 시간
　(다) 오버 슈트(over shoot) : 동작 간격으로부터 벗어나 초과되는 오차를 말하며, 반대로 나타나는 오차를 언더 슈트(under shoot)라고 한다.
　(라) 시간 정수(time constant) : 목표값의 63%에 도달하기까지의 시간을 말하며, 어떤 시스템의 시정수를 알면 그 시스템에 입력을 가했을 때 언제쯤 그 반응이 목표값에 도달하는지 알 수 있으며, 언제쯤 그 반응이 평형이 되는지를 알 수 있다.

→ 컨트롤러 난이도 $= \dfrac{\text{낭비 시간}(L)}{\text{시간 정수}(T)}$

→ L/T 값이 작을 경우(낭비 시간(L)이 적고 시간 정수(T)가 큰 경우) 오버 슈트(over shoot)가 작아지므로 제어하기 쉬워진다. (큰 경우 낭비 시간이 많고 시간 정수가 작으므로 제어하기 어렵다.)

1-7 제어계의 구성 요소

(1) 검출부
제어 대상을 계측기를 사용하여 검출하는 과정이다.

(2) 조절부
2차 변환기, 비교기, 조절기 등의 기능 및 지시 기록 기구를 구비한 계기이다.

(3) 비교부
기준 입력과 주피드백량과의 차를 구하는 부분으로서, 제어량의 현재값이 목표값과 얼마만큼 차이가 나는가를 판단하는 기구

(4) 조작부
조작량을 제어하여 제어량을 설정값과 같도록 유지하는 기구이다.

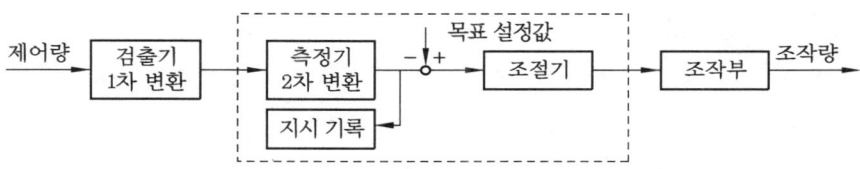

제어계의 구성

→ 자동 제어계의 동작 순서 : 검출 → 비교 → 판단 → 조작

1-8 신호 전달 방식

(1) 신호(signal)
자동 제어 회로에 있어서 일정한 방향으로 연속 전달되는 물리량으로, 전압, 유압, 공기압, 전류 변위, 전동기 회전수 등이 있다.
① 입력(input signal) : 입력 신호
② 출력(output signal) : 출력 신호

(2) 신호 전달 방식의 종류 및 특징
① 공기압식 : 출력 신호에 공기압을 이용하여 신호를 보내는 방식으로, 분사식과 노즐 플래식이 있다.
  (개) 전송 거리 : 100~150m 정도

(나) 공기압 : 0.2~1.0kgf/cm² 정도
(다) 장점
　㉮ 배관이 용이하다.　　㉯ 위험성이 없다.
　㉰ 보수가 비교적 용이하다.　㉱ 자동 제어에 용이하다.
(라) 단점
　㉮ 관로 저항으로 전송이 지연된다.
　㉯ 조작에 지연이 있다.
　㉰ 희망 특성을 살리기 어렵다.

② 유압식 : 유압을 이용하여 각 제어계에 신호로 사용되며, 파일럿 밸브식과 분사관식이 있다.
(가) 전송 거리 : 300m 정도
(나) 장점
　㉮ 조작 속도가 크다.
　㉯ 조작력이 강하다.
　㉰ 희망 특성의 것을 만들기 쉽다.
　㉱ 녹이 발생하지 않는다.
(다) 단점
　㉮ 인화의 위험성이 따른다.
　㉯ 주위 온도 영향을 받는다.
　㉰ 유압원을 필요로 한다.
　㉱ 기름의 유동 저항을 고려하여야 한다.

③ 전기식 : 제어 장치에서 대부분의 신호 전달 방식은 전기식이며, 전기식에는 "ON", "OFF" 동작을 행하는 압력 스위치, 브리지나 전위차계 회로에 의한 것, 전자관 자동 평형 계기를 이용한 것 등 여러 가지가 있다.
(가) 전송 거리 : 300m~10km까지 가능
(나) 장점
　㉮ 배선 설치가 용이하다.　　㉯ 신호 전달에 시간 지연이 없다.
　㉰ 복잡한 신호에 용이하다.　㉱ 변수 간의 계산이 용이하다.
(다) 단점
　㉮ 조작 속도가 빠른 비례 조작부를 만들기가 곤란하다.
　㉯ 보수 및 취급에 기술을 요한다.
　㉰ 가격이 비싸다.
　㉱ 고온, 다습한 곳은 설치가 곤란하다.

2. 보일러 자동 제어

2-1 인터록(interlock)

(1) 인터록

어떤 일정한 조건이 충족되지 않으면 다음 단계의 동작이 작동하지 못하도록 저지하는 것으로, 보일러의 안전한 운전을 위하여 반드시 필요한 것이다.

(2) 보일러 인터록의 종류

① 압력 초과 인터록 : 증기 압력이 일정 압력에 도달할 때 전자 밸브를 닫아 보일러의 가동을 정지시키는 것으로, 증기 압력 제한기가 해당된다.
② 저수위 인터록 : 보일러 수위가 안전 저수위에 도달할 때 전자 밸브를 닫아 보일러 가동을 정지시키는 것으로, 저수위 경보기가 해당된다.
③ 불착화 인터록 : 버너 착화 시 점화되지 않거나 운전 중 실화가 될 경우 전자 밸브를 닫아 연료 공급을 중지하여 보일러 가동을 정지시키는 것으로, 화염 검출기가 해당된다.
④ 저연소 인터록 : 보일러 운전 중 연소 상태가 불량하거나 저연소 상태로 유량 조절 밸브가 조절되지 않으면 전자 밸브를 닫아 보일러 가동을 정지시킨다.
⑤ 프리퍼지 인터록 : 점화 전 일정 시간 동안 송풍기가 작동되지 않으면 전자 밸브가 열리지 않아 점화가 되지 않는다.

2-2 보일러 각부의 자동 제어

(1) 보일러 자동 제어의 명칭

보일러 자동 제어

명 칭	제어량	조작량
자동 연소 제어(ACC)	증기 압력, 노내압	공기량, 연료량, 연소 가스량
급수 제어(FWC)	보일러 수위	급수량
증기 온도 제어(STC)	증기 온도	전열량
증기 압력 제어(SPC)	증기 압력	연료 공급량, 연소용 공기량

① ABC (automatic boiler control) : 보일러 자동 제어
② ACC (automatic combustion control) : 자동 연소 제어

③ FWC (feed water control) : 급수 제어
④ STC (steam temperature control) : 증기 온도 제어

(2) 수위 제어 장치

보일러 급수를 일정량씩 단속 또는 연속 공급하여 드럼 내의 수위를 항상 일정하게 유지하도록 하는 제어 장치이다.

① 제어 방법의 종류

㈎ 단요소식(1요소식) : 가장 간단한 수위 제어 방식으로, 보일러 드럼 내의 수위만을 검출하고 그 변화에 대하여 급수량을 조절하는 방식으로 잔류 편차(off set)가 발생된다.

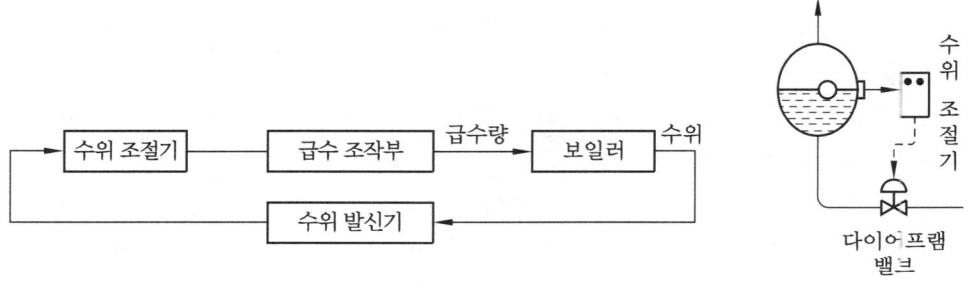

단요소식 제어 방식의 구성 　　　　단요소식 수위 제어

㈏ 2요소식 : 드럼 내의 수위 외에 증기 유량을 검출하여 부하 변동이 없어도 급수 조절 밸브의 개도를 조절하여 잔류 편차(off set)를 줄이는 방법이다.

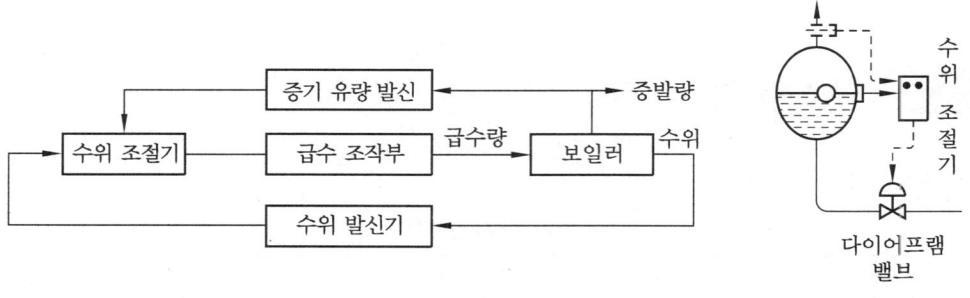

2요소식 제어 방식의 구성 　　　　2요소식 수위 제어

㈐ 3요소식 : 드럼 내의 수위, 증기 유량 이외에 급수량을 검출하여 목표값에 대한 편차에 따른 동작 신호를 연산 조절하는 방식이나, 구성이 복잡하고 보전 관리에 기술을 요구하므로 고온, 고압, 대용량 보일러 이외에는 사용되지 않는다.

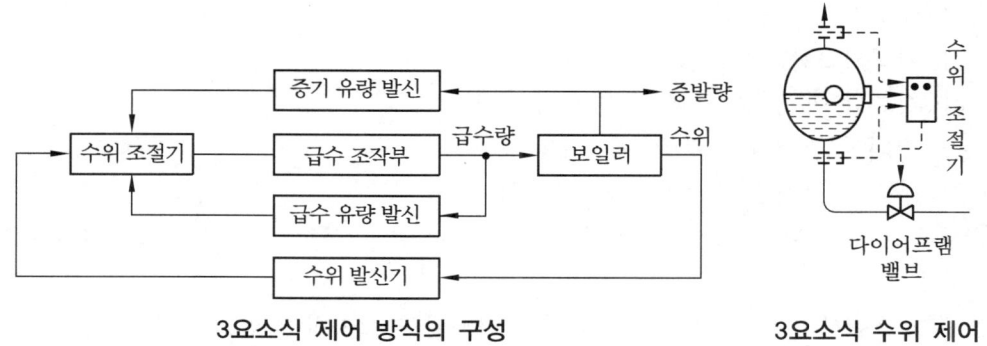

3요소식 제어 방식의 구성   3요소식 수위 제어

② 수위 검출기의 종류
   (가) 부자식(플로트식) : 부자실(float chamber) 상부는 증기부에, 하부는 수부에 연결하고, 부자가 보일러 수위의 상승, 하강에 따라 상, 하로 움직여 수은 스위치를 작동시켜 수위를 감시, 조절하며, 맥도널식, 자석식 등이 있다.

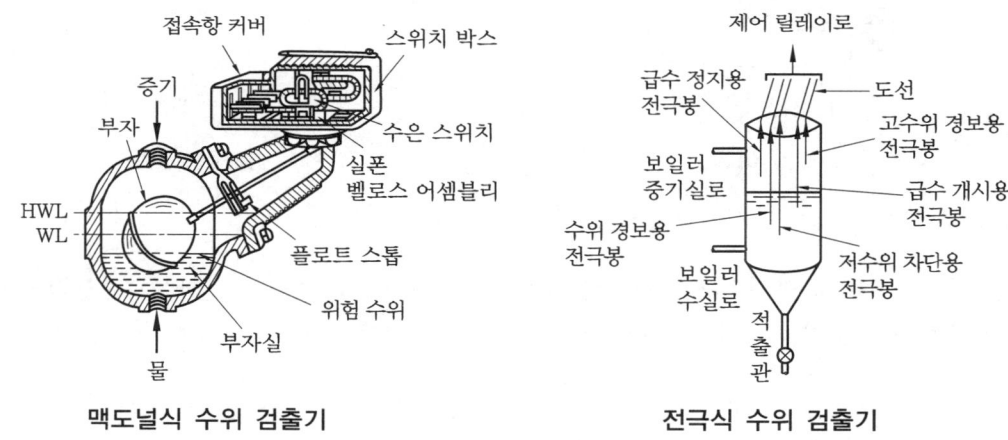

맥도널식 수위 검출기   전극식 수위 검출기

   (나) 전극식 : 물이 전기가 통하는 전도성을 이용한 것으로, 전극봉을 수중에 삽입하고 전극에 흐르는 전류의 유무에 따라서 수위를 감시하고 수위를 조절하는 것이다.
   (다) 열팽창관식 : 금속관 온도의 변화에 의한 신축을 이용한 것으로, 코프스식 자동 급수 조절 장치가 있으며, 전기 등 동력을 사용하지 않아 자력식 제어 장치라고도 한다.

(3) 화염 검출 장치

연소실 내의 연소 상태를 감시하여 화염의 유무를 전기적인 신호로 바꾸어 프로텍터 릴레이(protector relay)로 전송하는 역할을 하며, 실화 및 소화 시 연료 전자 밸브를 차단하여 미연소 가스로 인한 폭발 사고를 방지하는 장치이다.

① 플레임 아이(flame eye) : 화염의 발광체를 이용
  ㈎ 황화카드뮴(CdS) 셀 : 경유 버너에 사용
  ㈏ 황화납(PbS) 셀 : 오일, 가스에 사용
  ㈐ 적외선 광전관 : 적외선을 이용
  ㈑ 자외선 광전관 : 오일, 가스에 사용
② 플레임 로드(flame rod) : 화염의 이온화 현상을 이용한 것으로, 가스 점화 버너에 사용
③ 스택 스위치(stack switch) : 연도에 바이메탈을 설치하여 연소 가스의 발열체를 이용한 것

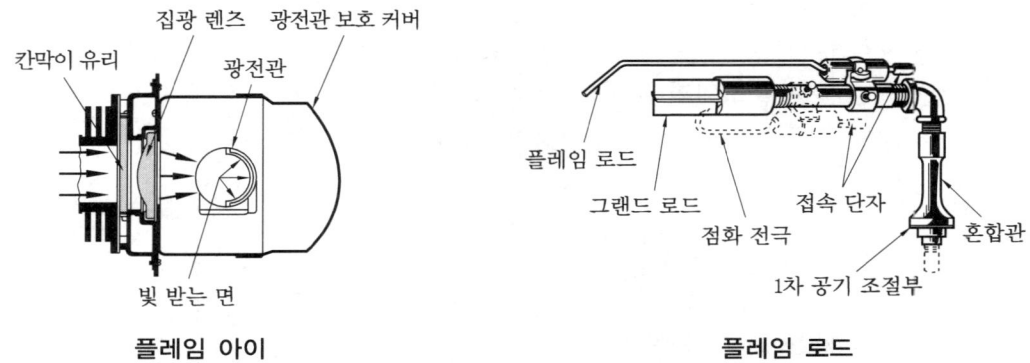

플레임 아이   플레임 로드

(4) 연료 차단 장치

버너 가까이에 설치된 밸브로, 압력 상승, 저수위, 불착화 및 실화 등 정상적인 상태가 유지되지 않을 때 밸브를 차단하여 사고를 사전에 방지하는 장치이다.

① 종류
  ㈎ 전동식 밸브
  ㈏ 전자 밸브(solenoid valve)

② 연료 차단 장치가 작동되는 경우
  ㈎ 버너의 연소 상태가 정상이 아닌 경우
  ㈏ 저수위 안전장치가 작동하였을 때
  ㈐ 증기 압력 제한기가 작동하였을 때
  ㈑ 액체 연료의 공급 압력이 낮을 때
  ㈒ 관류 보일러, 가스용 보일러에서 급수가 부족한 경우
  ㈓ 송풍기가 작동되지 않을 때

(5) 공연비 제어 장치

보일러 부하 변동에 따라 공기와 연료량을 조절하여 적정 공기비가 유지될 수 있도록 하는 장치이다.

(6) 연소 제어 장치

발생 증기의 압력에 따라 공급 연료의 양을 조절하고, 이와 함께 공연비 제어도 함께 이루어지도록 한 장치이다.

① 제어 방법
  ㈎ 위치 제어 : 2위치 제어(on-off 제어), 3위치 제어(high-low-off)
  ㈏ 전자식 : 비례 제어, PID 제어, 피드 포워드(feed forward) 제어
② 모듈레이팅(modulating) 제어 : 공기와 연료비 조절기를 이용하여 적절한 공연비를 유지하는 시스템으로, 연소용 공기 덕트에 설치된 유량계에 의해 유량을 측정한 후 부하 변동에 맞추어 공기 조절기를 제어한다. 부하가 증가할 때 연료 조절 밸브는 공기량에 맞추어 연료량을 제어하며, 부하가 감소하면 반대로 연료량에 따라 공기량을 맞춘다.

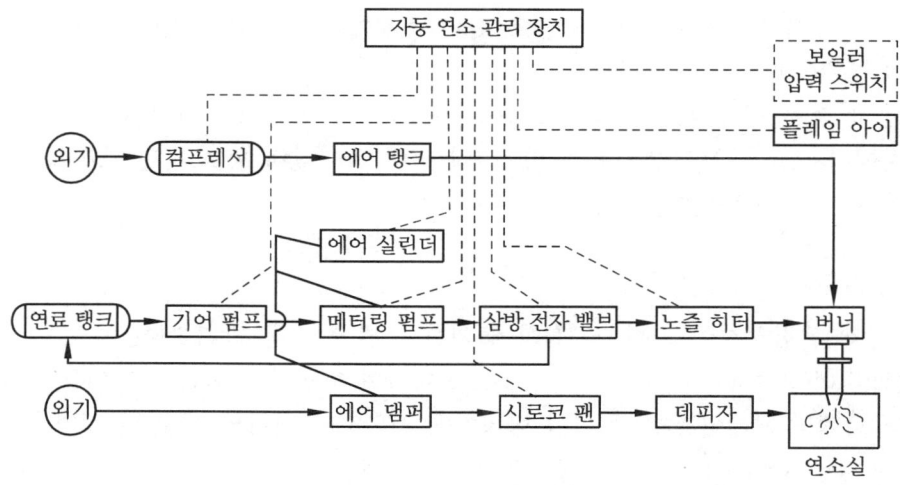

보일러 자동 연소 제어 장치 계통도

2-3 온수 보일러 자동 제어 장치

(1) 프로텍터 릴레이(protector relay)

오일 버너 주안전 제어 장치
① 설치 위치 : 버너

② 종류 : 전자식, 기계식
③ 점화 방법 : 순간 점화식, 계속 점화식
④ 프리퍼지 시간 : 16~24초

(2) 아쿠아스탯(aquastat)

스택 릴레이와 프로텍터 릴레이를 함께 사용하는 자동 온도 조절기로, 하이 리밋 컨트롤이라고 한다.

① 종류
  ㈎ 자연 순환식 배관용(2단자식) : 고온 차단용
  ㈏ 강제 순환식 배관용(3단자식) : 저온 차단 및 순환 펌프 작동
② 구조 : 감온부, 도입부, 감압부, 마이크로 스위치, 온도 조절부로 구성
③ 설치 시 주의 사항 : 본체에 감온부 삽입 시 웰(well)을 설치 후 삽입한다.

(3) 콤비네이션 릴레이(combination relay)

버너 주안전 제어 장치로, 프로텍터 릴레이와 아쿠아스탯 기능을 합한 제어 장치이다.

① 설치 위치 : 보일러 본체
② 구조 : 제어기 내부에 하이(hi), 로(low) 설정기가 장치되어 있어 고온 차단, 저온 점화, 순환 펌프를 제어한다.
③ 기능 : 순환 펌프는 로(low) 온도 이상이면 계속 작동되고, 버너는 하이(hi) 온도 이하에서 계속 작동된다. 단, 난방, 급탕 겸용식은 실내 온도 조절 스위치에 의하여 순환 펌프가 작동된다.

(4) 화염 검출기

연소 상태를 감시하여 소화 및 실화에 의한 폭발 사고를 방지한다.

① 플레임 아이(flame eye) : 버너 몸체에 설치하여 화염의 변화를 전기 저항으로 바꾸어 프로텍터 릴레이, 콤비네이션 릴레이에 전달하여 버너의 기동 및 정지를 시킨다.
② 스택 릴레이(stack relay) : 보일러 연소 가스 배출구 300mm 상단의 연도에 부착되어 연소 가스 열에 의하여 신축되는 바이메탈의 접점을 이용하여 버너의 작동 및 정지를 시킨다. 연소 가스와 직접 접촉하므로 바이메탈이 손상되기 쉽고 280°C 이상의 온도에는 사용이 불가능하다.

(5) 인터널 서모스탯

버너 모터 과열로 인한 소손을 방지하는 과열 보호 장치이다.

① 설치 위치 : 버너 모터 내부
② 형식 : 바이메탈식

③ 재기동 시 리셋 버튼을 수동으로 복귀시켜야 한다.

(6) 과열 방지기
관수 부족 및 오동작 등 보일러 이상으로 본체가 과열 시 연소를 자동 차단하여 보일러를 보호하는 것으로, 작동 온도는 95±5°C이다.

(7) 저수위 차단기
보일러 본체 내부에 관수가 부족한 경우에 보일러 가동을 정지시켜 과열을 방지하는 장치이다.

(8) 저온 동결 방지기
겨울철 비가동 시, 장기간 외출 시 보일러 관수 온도가 4°C 이하가 되면 저온 동결 방지기가 작동하여 순환 펌프가 가동되어 난방수를 순환시켜 동파를 방지한다.

(9) 실내 온도 조절기(room thermostat)
주안전 제어기와 연결되어 버너의 기동 및 정지를 제어함으로써 난방 온도를 일정하게 유지한다.
① 설치 시 주의 사항
　(가) 직사광선을 피할 것
　(나) 바닥에서 1.5m 위치에 설치할 것
　(다) 방열기 상단, 현관 입구 등을 피하여 설치할 것
　(라) 실내 온도가 표준이 될 수 있는 장소에 설치할 것
② 종류
　(가) 바이메탈 스위치식
　(나) 바이메탈 머큐리 스위치식
　(다) 다이어프램 팽창식
③ 사용 전압에 따른 분류
　(가) AC 12V
　(나) AC 24V
　(다) 220V
　(라) 프리 볼티지용(free voltage)

예상문제   제7장 보일러 자동 제어

● 다음 물음의 답을 해당 답란에 답하시오.

1. 보일러 자동 제어에서 미리 정해진 순서에 따라 순차적으로 제어의 각 단계가 진행되는 제어 방식으로 작동 명령이 타이머나 릴레이에 의해서 행해지는 제어의 명칭은? [제46회]

[해답] 시퀀스 제어

2. 자동 제어의 종류 중 주어진 목표값과 조작된 결과의 제어량을 비교하여 그 차를 제거하기 위하여, 출력측의 신호를 입력측으로 되돌려 제어하는 것의 명칭은?

[해답] 피드백 제어

3. 자동 제어에서 장치와 제어 신호의 전달 경로를 블록(block)과 화살표로 표시하는 것을 무엇이라 하는가?

[해답] 블록선도

4. 목표값이 시간의 변화, 외부 조건의 영향을 받지 않고 일정한 값으로 제어되는 방식으로 보일러, 냉난방 장치의 압력 제어, 급수 탱크의 액면 제어 등에 사용되는 제어는?

[해답] 정치 제어

5. 자동 제어에는 제어 방법에 따라 정치 제어와 추치 제어로 분류할 수 있다. 이 중에서 추치 제어의 종류를 3가지 쓰시오.

[해답] ① 추종 제어   ② 비율 제어   ③ 프로그램 제어

6. 보일러 자동 제어에 대한 다음 설명에서 ( )에 들어갈 용어를 쓰시오.

> 보일러 자동 제어는 제어 순서에 따라 제어 단계가 진행되는 (①) 제어와, 한쪽 조건이 충족되지 않으면 다음 단계의 동작(제어)이 정지되는 (②) 제어의 결합으로 이루어진다.

[해답] ① 시퀀스(sequence)   ② 인터록(interlock)

7. 다음은 보일러 자동 제어에 대한 내용이다. ( ) 안에 알맞은 말을 쓰시오. [제35회]

> 보일러 자동 제어의 기본 제어 방식은 출력측의 신호를 입력측으로 되돌려 제어량의 값을 (①)와(과) 비교하여 일치시키는 (②) 제어와, 미리 정해진 제어 동작의 순서에 따라 순차적으로 다음 동작이 이루어지도록 되어 있는 (③) 제어가 있다. 또한 제어 결과에 따라 현재 진행 중인 제어 동작을 다음 단계로 옮겨가지 못하도록 차단하는 장치를 (④)이라 한다. 그리고 제어계의 상태를 변화시키는 외적 작용을 (⑤)이라 한다.

해답 ① 목표값 ② 피드백 ③ 시퀀스 ④ 인터록(interlock) ⑤ 외란

8. 보일러 자동 제어에서 신호 전달 방식 종류를 3가지 쓰시오.

해답 ① 공기압식 ② 유압식 ③ 전기식

9. 다음은 보일러 자동 제어 시스템의 신호 전송 방법의 특성을 설명한 것이다. 각 설명에 해당되는 전송 방식을 쓰시오.
(1) 관로의 저항으로 전송이 지연될 수 있으며, 자동 제어에는 용이하나 원거리 전송이 곤란하다.
(2) 신호 전달 지연이 거의 없으며, 원거리 전송이 용이하나 가격이 비싸다.
(3) 신호 전달 지연이 적으나 인화의 위험성이 있으며, 조작력이 강하고 응답이 빠르다.

해답 (1) 공기압식 (2) 전기식 (3) 유압식

10. 자동 제어 신호 전달 방식은 공기식, 유압식, 전기식으로 구분된다. 이 중 전기식의 장점을 4가지 쓰시오.

해답 ① 배선 설치가 용이하다. ② 신호 전달에 시간 지연이 없다.
③ 복잡한 신호에 용이하다. ④ 변수 간의 계산이 용이하다.

11. 제어 결과에 따라 현재 진행 중인 제어 동작을 다음 단계로 옮겨가지 못하도록 차단하는 인터록의 종류를 4가지 쓰시오. [제39회]

해답 ① 저수위 인터록 ② 저연소 인터록 ③ 불착화 인터록
④ 프리퍼지 인터록 ⑤ 압력 초과 인터록

12. 다음은 보일러 자동 제어에 대한 약호이다. 각각 어떤 제어인지 쓰시오. [제38회]
(1) ACC :   (2) STC :   (3) FWC :

해답 (1) 자동 연소 제어 (2) 증기 온도 제어 (3) 급수 제어

13. 보일러 자동 제어의 조작량과 제어량에 해당되는 용어를 ( ) 속에 쓰시오. [제41회]

제어의 분류	조작량	제어량
연소 제어	연료량, (①)량, 연소 가스량	증기압, (②)
급수 제어	(③)	수위
과열 증기 온도 제어	전열량	(④)

해답 ① 공기량 ② 노내압 ③ 급수량 ④ 증기 온도

14. 보일러 자동 제어에 대한 다음 물음에 답하시오.
(1) 자동 연소 제어에서 제어량 2가지를 쓰시오.
(2) 증기 압력을 제어할 때 조작하여야 하는 것 2가지를 쓰시오.

해답 (1) ① 증기 압력 ② 노내 압력
(2) ① 연료량 ② 공기량

15. 보일러 급수 제어 방식 중 2요소식의 검출 대상 2가지는? [제42회]

해답 ① 수위 ② 증기량
참고 급수 제어 방법의 종류 및 검출 대상(요소)

명 칭	검출 대상
1요소식	수위
2요소식	수위, 증기량
3요소식	수위, 증기량, 급수 유량

16. 다음 보일러 수위 제어 방식에서 검출 요소를 쓰시오.
(1) 1요소식 :   (2) 2요소식 :   (3) 3요소식 :

해답 (1) 수위 (2) 수위, 증기량 (3) 수위, 증기량, 급수량

17. 온수 보일러의 실내 온도 조절기 설치 시 주의 사항을 4가지 쓰시오.

해답 ① 직사광선을 피할 것
② 방열기 상단, 현관 입구 등을 피하여 설치할 것
③ 바닥에서 1.5m 위치에 설치할 것
④ 실내 온도가 표준이 될 수 있는 장소에 설치할 것

18. 그림은 보일러를 자동 제어하기 위하여 사용되는 검출기이다. 그 제어 대상은 무엇인가?

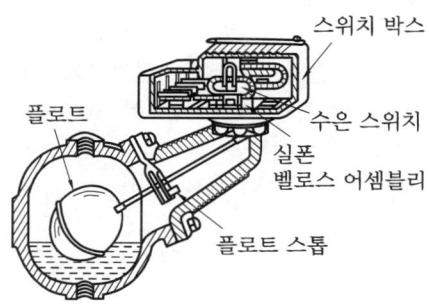

[해답] 보일러 수위

[참고] 보일러 자동 제어

명 칭	제어량	조작량
자동 연소 제어(ACC)	증기 압력, 노내압	공기량, 연료량, 연소 가스량
급수 제어(FWC)	보일러 수위	급수량
증기 온도 제어(STC)	증기 온도	전열량
증기 압력 제어(SPC)	증기 압력	연료 공급량, 연소용 공기량

19. 보일러 자동 제어 방식 중 보일러 드럼 내부의 수위를 일정 범위 내에 위치하도록 급수량을 제어하는 방법에는 단요소식, 2요소식, 3요소식의 3가지 방법이 있다. 각각의 방식에 대하여 보일러 드럼, 수위 조절기, 다이어프램 밸브 등이 어떻게 연결되는지 아래 그림에 점선으로 표시하시오.

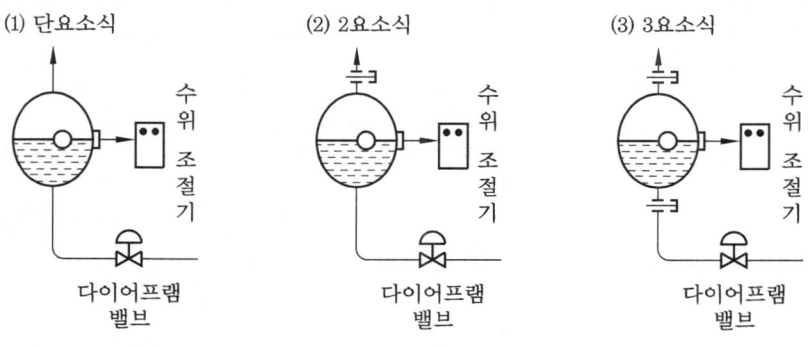

[해답]

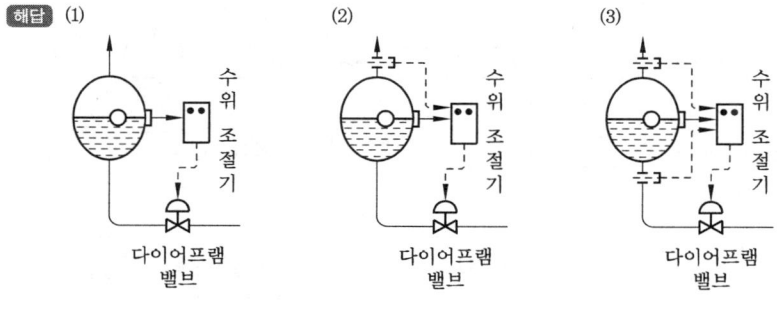

20. 다음 설명하는 화염 검출기의 명칭을 쓰시오. [제44회]
(1) 화염 중에는 양성자와 중성자가 전리되어 있음을 알고 버너에 그랜드 로드를 부착하여 화염 중에 삽입하여 전기적 신호를 전자 밸브에 보내어 화염을 검출한다.
(2) 연소 중에 발생되는 연소 가스의 열에 의하여 바이메탈의 신축 작용으로 전기적 신호를 만들어 전자 밸브로 그 신호를 보내면서 화염을 검출한다.
(3) 연소 중에 발생하는 화염 빛을 검지부에서 전기적 신호로 바꾸어 화염 유무를 검출한다.

해답 (1) 플레임 로드 (2) 스택 스위치 (3) 플레임 아이

21. 버너 입구의 가장 인접한 위치에 설치하는 전자기적 특성에 의해 밸브가 개폐되는 전자 밸브(solenoid valve)는 어떤 경우에 연료 공급 차단 동작을 하는지 3가지를 쓰시오.

해답 ① 버너의 연소 상태가 정상이 아닌 경우
② 저수위 안전장치가 작동하였을 때
③ 증기 압력 제한기가 작동하였을 때
④ 액체 연료의 공급 압력이 낮을 때
⑤ 관류 보일러, 가스용 보일러에서 급수가 부족한 경우
⑥ 송풍기가 작동되지 않을 때

22. 다음은 보일러 자동 연소 제어 장치의 계통도이다. ①~⑤에 알맞은 기기를 [보기]에서 찾아 쓰시오.

| [보기] | – 기어 펌프 | – 노즐 히터 | – 삼방 전자 밸브 |
| | – 에어 탱크 | – 시로코 팬 | |

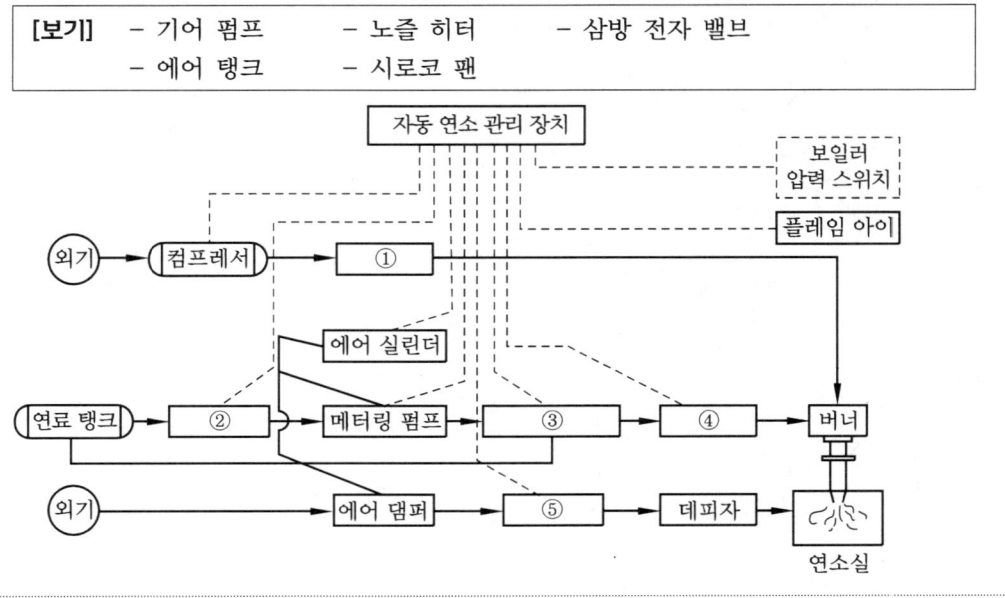

해답 ① 에어 탱크 ② 기어 펌프 ③ 삼방 전자 밸브 ④ 노즐 히터 ⑤ 시로코 팬

23. 다음은 보일러 자동 연소 제어 장치에 대한 설명이다. ( ) 안에 가장 적합한 용어를 쓰시오.

> 모듈레이팅(modulating) 연소 제어 시스템은 공기와 연료비 조절기를 이용하여 적절한 (①)을(를) 유지한다. 이 시스템은 연소용 공기 덕트에 설치된 유량계에 의해 유량을 측정한 후 (②)에 맞추어 공기 조절기를 제어한다. 부하가 증가할 때 연료 조절 밸브는 (③)에 맞추어 (④)을(를) 제어하여, 부하가 감소하면 반대로 (⑤)에 따라 공기량을 맞춘다.

해답 ① 공연비 ② 부하 변동 ③ 공기량 ④ 연료량 ⑤ 연료량

24. 다음 계장도는 보일러의 연소 제어에 관한 것이다. ①~⑥까지의 명칭과 A, B, C에 흐르는 유체 명칭을 쓰시오.

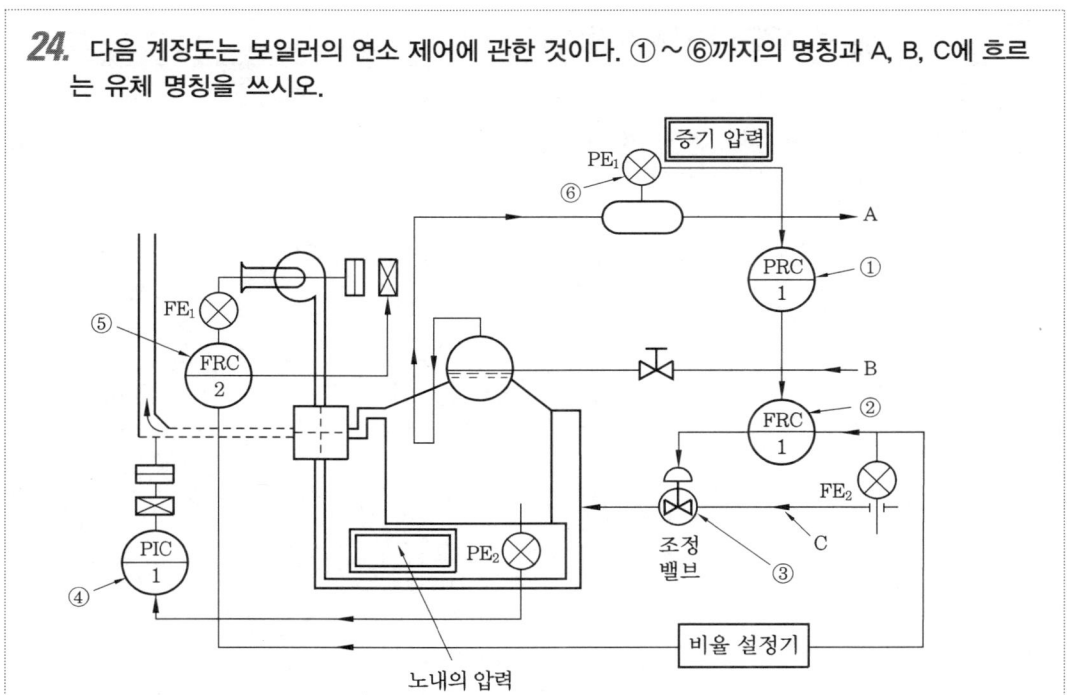

해답 ① 연료 압력 조절기 ② 연료 조절기 ③ 연료량을 가감하는 조작부
④ 통풍력 조절기 ⑤ 공기의 유량 조절기 ⑥ 증기압 검출기
A : 증기   B : 물   C : 연료(중유)

25. 다음은 가정용 유류 연소 온수 보일러의 자동 제어 장치 부품이다. 이들 부품들이 [보기]의 어느 장치에 부착하는지 그 번호를 각각 쓰시오.

[보기]   ① 버너   ② 보일러 본체   ③ 연도

(1) 콤비네이션 릴레이 :   (2) 프로텍터 릴레이 :   (3) 스택 릴레이 :

[해답] (1) ② (2) ① (3) ③

26. 난방, 급탕용 기름 온수 보일러의 자동 제어 장치로 콤비네이션 릴레이를 보일러 본체에 설치하여 사용한다. 이 장치에 적용되는 버너 주안전 제어 기능을 2가지 쓰시오.

[해답] ① 프로텍터 릴레이와 아쿠아 스탯 기능을 합한 제어 장치이다.
② 제어기 내부에 하이(hi), 로(low) 설정기가 장치되어 있어 고온 차단, 저온 점화, 순환 펌프를 제어한다.
③ 순환 펌프는 로(low) 온도 이상이면 계속 작동되고, 버너는 하이(hi) 온도 이하에서 계속 작동되도록 제어한다.

27. 다음 ( ) 안에 알맞은 용어를 쓰시오.

온수 보일러 (①)에 설치한 콤비네이션 릴레이의 특징은 (②) 릴레이와 아쿠아스탯의 기능을 합한 것으로 (③) 주안전 제어 장치로 (④) 차단, (⑤) 점화, (⑥) 회로가 한 개의 제어기로 만들어진 제어 장치이다.

[해답] ① 본체 ② 프로텍터 ③ 버너 ④ 고온 ⑤ 저온 ⑥ 순환 펌프

Chapter 8 보일러 안전 관리

1. 보일러 가동 전 점검

1-1 신설 보일러

(1) 내부 점검

① 동 내부 점검
  ㈎ 내부의 비수 방지관, 기수 분리기 등 기기의 부착 상태를 점검하고, 공구나 기타 물건 등이 남아 있는지 확인한다.
  ㈏ 맨홀, 청소구, 검사구 등을 점검하고, 개방되어 있는 것은 뚜껑을 닫고 밀폐시킨다.
  ㈐ 수압 시험 후의 맹판(盲板)의 제거 여부를 확인한다.

② 연소실 및 연도 점검
  ㈎ 연소실, 연도, 노벽 등에 불필요한 물건 등이 남아 있는지 확인한다.
  ㈏ 연소용 공기 및 연도의 댐퍼 개폐 및 작동 상태를 점검한다.
  ㈐ 매연 제거 장치의 이상 유무를 점검한다.

③ 노벽 및 내화재 건조 상태 점검 : 자연 건조 시에는 10~15일 정도, 화염에 의한 건조 시에는 약한 불로 72시간 정도 건조시킨다.

④ 플러싱 : 알칼리 세정과 소다 끓이기를 하기 전의 처리 방법으로, 물이나 하이드라진 100ppm 정도를 첨가한 세정수로 펌핑하는 것이다.

⑤ 소다 끓이기(soda boiling) : 제작 시에 내부에 부착된 유지분, 페인트류, 녹 등을 제거하기 위한 것으로, 저압 보일러에서는 0.2~0.3MPa의 압력을 유지하면서 2~3일 간 끓인 다음 취출과 급수를 반복적으로 실시하면서 서서히 냉각시킨다. 완전히 냉각된 후 블로 다운을 실시하면서 깨끗한 물로 내부를 충분히 세척한 후 정상 수위까지 급수를 한다.

보일러수 1000kg에 대한 약품 사용량

사용 약품	사용량(kg)
제3 인산나트륨(Na_3PO_4)	2~5
탄산나트륨(Na_2CO_3)	2
가성소다(NaOH)	2
계면 활성제	0.1

(2) 외부 점검

급수를 행하면서 저수위 경보기, 연료 차단 장치 등 인터록 장치의 작동 상태와 급수 장치, 연소 보조 계통, 통풍 장치, 계측기 및 밸브 상태를 점검한다.

1-2 사용 중인 보일러

① 수면계 수위를 점검한다.
② 수면계, 압력계 및 각종 계기류와 자동 제어 장치를 점검한다.
③ 연료 계통 및 급수 계통을 점검한다.
④ 중유 연소의 경우 연료 펌프 및 유예열기를 작동시킨다.
⑤ 각 밸브의 개폐 상태를 확인 점검한다.
⑥ 댐퍼를 완전히 개방하고 프리퍼지를 행한다.

2. 보일러 운전 중 점검 및 조작

2-1 점화 전 점검 사항

(1) 급수 계통의 점검

① 보일러 수위 확인 및 조정
② 급수 장치의 점검
③ 분출 장치의 점검
④ 공기빼기 밸브의 점검

(2) 연소 계통의 점검
  ① 연소실 및 연도 내의 환기의 실시
  ② 연소 장치의 점검

(3) 계측 및 제어 장치의 점검
  ① 압력계의 점검
  ② 자동 제어 장치의 점검

2-2 보일러의 점화

(1) 유류 보일러의 점화
  ① 자동 점화 : 점화 전의 점검 사항을 확인한 후 보일러 제어반의 점화 스위치를 자동(auto)으로 설정하고 기동 메인 스위치를 작동시키면 시퀀스 제어와 인터록에 의하여 자동적으로 착화가 되며, 순서는 다음과 같다.
    → 송풍기 기동 → 연료 펌프 기동 → 노내 환기(프리퍼지) → 노내압 조정 → 점화용 버너 착화 → 화염 검출 → 전자 밸브 열림 → 주버너 착화 → 공기 댐퍼 작동 → 저연소 → 고연소
  ② 수동 점화
    ㈎ 프리퍼지를 정확히 실시하여 연소실 내의 미연소 가스를 배출한다.
    ㈏ 댐퍼 개도값을 낮추어 노내압을 조절한다.
    ㈐ 점화봉에 불을 붙여 연소실 내 버너 끝의 전방 하부 10cm 정도에 둔다.
    ㈑ 연료 압력을 확인한다.
    ㈒ 버너의 기동 스위치를 넣는다.
    ㈓ 투시구로 점화 상태를 확인하며, 연료 밸브를 서서히 개방시킨다.
    ㈔ 공기 댐퍼 개도값을 증가시킨 후 연료량을 증가시키는 방법으로, 저연소에서 고연소로 조정해 나간다.

(2) 가스 보일러의 점화
  점화 전의 준비 사항, 점화 방법은 유류 보일러와 동일하지만, 가스 보일러는 폭발의 위험성이 크므로 다음 사항을 주의하여야 한다.
  ① 가스 배관 계통에 누설 유무를 비눗물을 이용하여 점검한다.
  ② 연소실 내의 용적 4배 이상의 공기로 충분한 프리퍼지를 행한다. 이때 댐퍼는 완전히 개방하고 행하여야 한다.
  ③ 화력이 좋은 가스를 이용하여 점화는 1회로 착화될 수 있도록 한다.

④ 갑작스러운 실화 시에는 연료 공급을 즉시 차단하고 원인을 조사한다.
⑤ 긴급 차단 밸브의 작동이 불량하면 점화 시의 역화 또는 가스 폭발의 원인이 되므로 사전 점검을 철저히 한다.
⑥ 점화용 버너의 스파크는 정상인가 확인하며, 이물질(카본) 부착 시에는 청소를 행한다.
⑦ 공급 가스 압력이 적당한가를 확인한다.

2-3 증기 압력 상승 시의 운전 관리

(1) 연소 초기의 취급
① 연소량을 급격히 증가시키지 않을 것 : 전열면의 부동 팽창, 내화물의 스폴링 현상, 그루빙 및 균열의 원인이 된다.
② 증기 압력 상승 시 주의 사항
　㈎ 본체의 온도차가 크게 되지 않도록 주의한다.
　㈏ 국부적인 과열, 균열, 누설 등이 발생하지 않도록 충분한 시간을 갖고 연소시킨다.
　㈐ 초기의 가동 시간은 1~2시간 정도로 서서히 하여 정상 압력에 도달하도록 한다.

(2) 증기압이 오르기 시작할 때의 취급
① 공기빼기 밸브에서 증기가 나오기 시작하면 공기빼기 밸브를 닫는다.
② 수면계, 압력계, 분출 장치, 부속품 연결부에서 누설을 확인한 후 완벽하게 더 조인다.
③ 맨홀, 청소구, 검사구 등 뚜껑 설치 부분은 누설 유무에 관계없이 완벽하게 더 조인다.
④ 압력계의 감시와 압력 상승 정도에 따라 연소 상태를 조정한다.
⑤ 보일러 수위가 정상 수위를 유지하는지 확인한다.
⑥ 급수 장치, 급수 밸브, 급수 체크 밸브의 기능을 확인한다.
⑦ 분출 장치의 기능을 확인한다.
⑧ 급수 예열기, 공기 예열기는 부연도를 이용한다.

(3) 증기압이 올랐을 때의 취급
① 증기 압력이 75% 이상 될 때 안전 밸브 분출 시험을 한다.
② 보일러 수위를 일정하게 유지, 관리한다.
③ 보일러 내의 압력을 일정하게 유지, 관리한다.

④ 연소 상태를 확인하여 정상적인 연소가 이루어지도록 한다.
⑤ 분출 밸브, 수면계, 드레인 밸브의 누설 유무를 확인한다.
⑥ 자동 제어 장치의 작동 상태를 점검한다.

(4) 송기 시의 취급

① 캐리 오버, 수격 작용이 발생하지 않도록 한다.
② 주증기 밸브는 3분 이상 서서히 개방할 것
③ 항상 일정한 압력을 유지하고, 부하측의 압력이 정상적으로 유지되고 있는지 확인한다.
④ 연소 상태를 확인하여 정상적인 연소가 이루어지도록 한다.

3. 보일러 정지

3-1 정상 정지 시의 주의 사항

① 증기 사용처에 확인을 하여 작업 종료 시까지 필요한 증기를 남기고 운전을 정지한다.
② 벽돌을 쌓은 부분이 많은 보일러는 벽돌에 남은 열로 인한 증기 압력 상승을 확인하고 주증기 밸브를 폐쇄한다.
③ 노벽 및 전열면의 급랭을 방지할 수 있는 조치를 한다.
④ 보일러의 압력을 급격히 내려가지 않도록 조치를 한다.
⑤ 보일러 수위는 정상 수위보다 약간 높게 급수시켜 놓는다. 급수 후에는 급수 밸브, 주증기 밸브를 폐쇄하고, 주증기관 및 증기 헤더에 설치된 드레인 밸브를 개방하여 놓는다.
⑥ 다른 보일러와 증기관이 연결되어 있는 경우에는 그 연결 밸브를 폐쇄하여 놓는다.
⑦ 정지 후에는 노 내 환기를 충분히 한 후 댐퍼를 닫는다.

3-2 일반적인 운전 정지 순서

① 연료 공급을 정지한다.
② 공기 공급을 정지한다.
③ 급수를 행하고, 압력을 떨어뜨리며, 급수 밸브를 닫고 급수 펌프를 정지시킨다.

④ 주증기 밸브를 닫고 드레인(배수) 밸브를 개방시킨다.
⑤ 댐퍼를 닫는다.

3-3 정지 후의 조치 사항

① 버너 팁의 이물질을 제거한다.
② 각종 밸브의 누설 유무를 점검한다.
③ 노벽의 열로 인한 압력 상승은 없는지 확인한다.
④ 보일러 수위를 확인하다.
⑤ 각종 배관의 누설 유무를 확인한다.

3-4 비상 정지 순서

① 연료 공급을 정지한다.
② 공기 공급을 정지한다.
③ 급수를 행한다.
④ 다른 보일러와 연락을 차단한다.
⑤ 자연적으로 냉각된 후 사고 원인을 조사한다.
⑥ 전열면을 확인하여 변형 유무를 조사한다.
⑦ 이상이 없으면 급수 후 재점화하여 사용한다.

4. 보일러 손상 및 사고 방지

4-1 보일러 손상

(1) 과열

① 과열의 원인
 (가) 이상 감수 현상이 발생하였을 때
 (나) 동 내면에 스케일이 생성되어 전열이 불량한 경우
 (다) 보일러수가 농축되어 순환이 불량한 때
 (라) 전열면에 국부적으로 심한 열을 받았을 때

㈑ 연소실 열부하가 지나치게 큰 경우
② 과열의 방지 대책
　㈎ 적정 보일러 수위를 유지한다.
　㈏ 동 내면에 스케일 생성을 방지하고 고착되지 않도록 한다.
　㈐ 보일러수가 농축되지 않도록 하고, 순환을 교란시키지 않도록 한다.
　㈑ 전열면에 국부적인 과열을 방지한다.
　㈒ 연소실 열부하가 너무 높지 않도록 한다.
③ 팽출 및 압궤 : 370°C 이상 과열이 되었을 때 강도가 약해져 발생하는 현상이다.
　㈎ 팽출(bulge) : 동체, 수관, 갤러웨이관 등과 같이 인장 응력을 받는 부분이 압력에 견디지 못하고 바깥쪽으로 부풀어 나오는 현상이다.
　㈏ 압궤(collapse) : 노통, 연소실, 연관, 관판 등과 같이 압축 응력을 받는 부분이 압력에 견디지 못하고 안쪽으로 들어가는 현상이다.

(2) 보일러 판의 손상

① 균열(crack) : 보일러는 증기 압력과 온도에 의하여 수축과 팽창이 반복적으로 일어나며, 이와 같은 부분에는 반복 응력이 지속적으로 발생하여 금이 발생하거나 갈라지는 현상을 말한다.
　㈎ 균열이 발생하기 쉬운 부분 : 이음 부분, 리벳의 구멍 부분, 스테이를 갖고 있는 부분
　㈏ 심 립스(seam lips) : 리벳 이음에서 리벳 구멍에서 다음 리벳 구멍으로 연속해서 균열이 생기는 현상
② 래미네이션(lamination) 및 블리스터(blister) : 압연 강판이나 관의 두께 내부에 가스가 존재한 상태로 가공을 하였을 때 판이나 관이 2장의 층을 형성하며 분리되는 현상을 래미네이션(lamination)이라 하며, 이 부분이 가열로 인하여 부풀어 오르는 현상을 블리스터(blister)라고 한다.

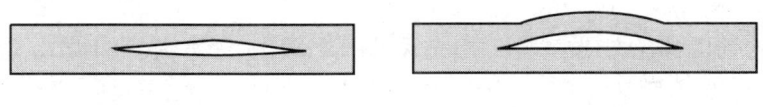

(a) 래미네이션　　　　　　　(b) 블리스터
래미네이션 및 블리스터

③ 가성 취화 : 보일러수 중에서 분해되어 생긴 가성소다(NaOH)가 과도하게 농축되면 수산 이온(OH^-)이 많아져서 알칼리도가 높아진다. 이것이 강재와 작용해서 생기는 나트륨(Na)이 강재의 결정립계를 침해하여 재질을 열화, 취화시키는 것으로, 보일러판의 국부 리벳 연결부 등에서 발생하며, 균열이 발생하는 것으로 알 수 있다.

(3) 부식

① 외부 부식

㈎ 고온 부식(vanadium attack) : 중유를 연소하는 보일러에서 중유 중에 포함되어 있는 바나듐(V)이 연소용 공기 중의 산소와 반응하여 오산화바나듐(V_2O_5)을 생성하고, 이것이 고온의 전열면에 부착하여 부식 작용을 일으키는 현상이다.

㈏ 저온 부식(sulfar attack) : 황 성분이 많은 연료가 연소되어 아황산가스(SO_2)가 되고, 일부는 과잉 공기와 반응하여 무수황산(SO_3)으로 된다. 이 무수황산은 다시 연소 가스 중의 수증기(H_2O)와 반응하여 황산(H_2SO_4)이 되어 저온의 전열면 등에 응축되어 심한 부식을 일으키는 현상이다.

→ 반응식 : $S + O_2 \rightarrow SO_2$
$2SO_2 + O_2 \rightarrow 2SO_3$
$SO_3 + H_2O \rightarrow H_2SO_4$

㈐ 산화 부식 : 보일러를 구성하는 금속 재료와 연소 가스가 반응하여 표면에 산화 피막을 형성하는 것으로, 금속 재료의 표면 온도가 높을수록, 금속 재료의 표면이 거칠수록 크게 나타난다.

② 내부 부식

㈎ 부식이 발생하기 쉬운 장소

㉮ 물에 접촉하는 수면 및 수면 이하의 곳
㉯ 침전물이 퇴적하기 쉬운 곳
㉰ 과열이 발생하기 쉬운 곳
㉱ 점검 및 청소가 곤란한 곳
㉲ 반복 응력을 많이 받는 곳
㉳ 산화 피막이 파괴된 곳
㉴ 강재 표면이 불균일한 곳

㈏ 부식의 형태

㉮ 점식(點蝕 : pitting) : 보일러수가 접하는 내면에 좁쌀, 쌀알, 콩알 크기의 점 상태(點狀)로 생기는 부식으로, 공식 또는 점형 부식이라고 한다.
㉯ 국부 부식(局部腐蝕) : 내면이나 외면에 얼룩 모양으로 생기는 국부적인 부식을 말한다.
㉰ 전면 부식 : 표면적이 넓은 부분 전체에 같은 모양으로 발생하는 부식을 말한다.
㉱ 구상 부식(grooving) : 단면의 형상이 U자형, V자형으로 홈이 깊게 파인 것과 같이 선형으로 부식되는 현상을 말한다. 노통의 애덤슨 조인트의 플랜지 부분이나 평경판의 거싯 스테이(gusset stay) 부분에 많이 발생한다.

㈤ 알칼리 부식 : 보일러 급수 중에 알칼리(NaOH)의 농도가 너무 높아지면 $Fe(OH)_2$가 용해되고 강한 알칼리에 의해서 부식되는 현상이다.

4-2 보일러 운전 중 이상 현상

(1) 기수 공발(carry over)

프라이밍(priming), 포밍(forming)에 의하여 발생된 물방울이 증기 속에 섞여 관 내를 흐르는 현상으로, 비수 현상이라고 한다.

- 프라이밍(priming) 현상 : 급격한 증발 현상으로, 동 수면에서 작은 입자의 물방울이 증기와 혼입하여 튀어 오르는 현상
- 포밍(forming) 현상 : 동 저부에서 작은 기포들이 수면상으로 오르면서 물거품이 발생하여 수면에 달걀 모양의 기포가 덮이는 현상

① 기수 공발(carry over)의 발생 원인
  - ㈎ 보일러 관수의 농축
  - ㈏ 유지분, 알칼리분, 부유물 함유
  - ㈐ 주증기 밸브의 급격한 개방
  - ㈑ 부하의 급격한 변화
  - ㈒ 증기 발생 속도가 빠를 때
  - ㈓ 청관제 사용이 부적합
  - ㈔ 보일러 관수 수위가 높음

② 기수 공발(carry over)의 피해
  - ㈎ 수위 오인으로 저수위 사고
  - ㈏ 계기류 연락관의 막힘
  - ㈐ 송기되는 증기의 불순
  - ㈑ 증기의 열량 감소
  - ㈒ 배관의 부식 초래
  - ㈓ 배관, 기관 내에서 수격 작용 발생

③ 기수 공발(carry over) 방지 방법
  - ㈎ 비수 방지관을 설치한다.
  - ㈏ 주증기 밸브를 서서히 연다.
  - ㈐ 관수 중에 불순물, 농축수 제거
  - ㈑ 수위를 고수위로 하지 않는다.

④ 기수 공발(carry over) 발생 시 조치
  - ㈎ 연료를 차단(줄인다.)
  - ㈏ 공기를 차단(줄인다.)
  - ㈐ 주증기 밸브를 닫고, 수위를 안정시킴
  - ㈑ 급수 및 분출 작업 반복
  - ㈒ 계기류 점검

(2) 수격 작용(water hammer)

배관 내부에 체류하는 응축수가 송기 시에 고온 고압의 증기에 의해 배관을 심하게 타격하여 소음을 발생하는 현상으로, 배관 및 밸브류가 파손될 수 있다.

① 수격 작용 발생 원인
　㈎ 기수 공발(carry over) 현상 발생 시
　㈏ 주증기 밸브를 급개(急開)할 때
　㈐ 배관에서의 손실 열량이 과대할 때
　㈑ 배관 구배(기울기) 선정의 잘못
　㈒ 부하 변동이 심할 때
② 수격 작용 방지법
　㈎ 기수 공발(carry over) 현상 발생을 방지할 것
　㈏ 주증기 밸브를 서서히 개방할 것
　㈐ 증기 배관의 보온을 철저히 할 것
　㈑ 응축수가 체류하는 곳에 증기 트랩을 설치할 것
　㈒ 드레인 **빼기**를 철저히 할 것
　㈓ 송기 전에 소량의 증기로 배관을 예열할 것

(3) 이상 감수
① 원인
　㈎ 급수 장치의 능력 및 기능 저하　㈏ 급수 탱크 수량 부족
　㈐ 수면계 기능 불량　　　　　　　㈑ 수위 제어 장치의 기능 불량
　㈒ 분출 장치에서의 누설
② 조치 방법
　㈎ 연료 공급 차단　　　　　　　　㈏ 연소용 공기 공급 정지
　㈐ 주증기 밸브 차단　　　　　　　㈑ 보일러 수위 유지, 확인
　㈒ 댐퍼를 개방한 상태로 강제통풍 실시

(4) 이상 증발
① 원인
　㈎ 주증기 밸브를 급개할 때　　　　㈏ 고수위 운전 시
　㈐ 증기 부하가 과대할 때　　　　　㈑ 보일러수에 불순물 다량 함유 시
　㈒ 보일러수의 농축 시　　　　　　㈓ 증기 압력을 급격히 강하시킨 경우
② 영향
　㈎ 수면계 수위 확인이 곤란해진다.　㈏ 안전 밸브 오염의 원인이 된다.
　㈐ 증기의 오염 및 과열도 저하　　　㈑ 수격 작용(water hammer)의 원인
　㈒ 저수위 사고의 원인

(5) 연소 장치의 운전 중 고장과 원인

① 점화 불량의 원인
  ㈎ 연료가 분사되지 않는다.   ㈏ 배관 속에 물, 슬러지가 유입되었다.
  ㈐ 연료의 온도가 너무 높다.   ㈑ 연료의 점도가 너무 낮다.
  ㈒ 버너 유압이 맞지 않는다.   ㈓ 버너 노즐이 폐쇄되었다.
  ㈔ 연소용 공기 압력이 맞지 않다.   ㈕ 통풍력이 부족한 경우

② 진동 연소(가마 울림)의 원인
  ㈎ 연소실 온도가 낮을 때   ㈏ 버너의 조립이 불량한 때
  ㈐ 통풍력이 부적당할 때   ㈑ 노내압이 너무 높을 때
  ㈒ 버너 타일 형상이 맞지 않을 때   ㈓ 연도 이음 부분이 불량한 때

③ 매연 발생의 원인
  ㈎ 통풍력이 과대, 과소할 때   ㈏ 무리한 연소를 할 때
  ㈐ 연소실의 온도가 낮을 때   ㈑ 연소실의 크기가 작을 때
  ㈒ 연료의 조성이 맞지 않을 때   ㈓ 연소 장치가 불량할 때
  ㈔ 운전 기술이 미숙할 때

④ 연소실 내에서 불안정한 연소의 원인
  ㈎ 연료 중 이물질의 혼입   ㈏ 연료의 점도가 너무 높을 때
  ㈐ 분무량이 과대할 때   ㈑ 공기와 연료의 압력이 불안정할 때
  ㈒ 오일 배관 속에 공기, 증기가 혼입 ㈓ 오일 예열 온도가 높을 때

⑤ 역화(逆火)의 원인
  ㈎ 프리퍼지가 불충분한 경우   ㈏ 점화 시 착화 시간이 지연된 경우
  ㈐ 댐퍼의 개도가 너무 적은 경우   ㈑ 공기보다 연료가 먼저 공급된 경우
  ㈒ 연료의 인화점이 낮을 때   ㈓ 1차 공기 압력이 부족할 때
  ㈔ 유압이 과대할 때

4-3 보일러 사고 방지

(1) 보일러 사고

① 보일러 사고의 종류
  ㈎ 동체나 드럼의 폭발 및 파열
  ㈏ 노통, 연소실판, 수관, 연관 등의 파열
  ㈐ 전열면의 팽출 및 압궤
  ㈑ 부속 장치 및 부속기기 등의 파열

㈕ 벽돌 쌓음의 붕괴 및 파손
　　　㈖ 노 내부 및 연도에서의 가스 폭발
　　　㈗ 역화(back fire)
　② 구조적 원인
　　　㈎ 설계 및 재료 불량
　　　㈏ 제작 및 가공 불량
　③ 취급상 원인
　　　㈎ 압력 초과 : 안전장치의 고장 또는 능력 부족
　　　㈏ 과열 : 스케일의 부착, 저수위 사고 등으로 인한 판의 강도 저하
　　　㈐ 부식 : 급수 처리 불량에 의한 내부 부식 및 연소 가스 중의 부식성 가스로 인한 외부 부식
　　　㈑ 급랭 및 급열에 의한 균열 및 구상 부식 발생
　　　㈒ 연소 조작, 운전 조작의 미숙 또는 오조작
　　　㈓ 송기 장치의 불량 또는 오조작

(2) 보일러 사고 방지 대책

① 설비의 구입 : 제조업 허가를 받은 사업장에서 형식 승인을 취득하고 제조된 것이어야 하며, 검사 기관으로부터 검사를 받은 후에 구입하여야 하고, 설치자는 설치 검사를 받은 후에 사용하여야 한다.
② 연소 관리
　㈎ 연료의 점도는 적정 점도를 유지할 수 있도록 연료의 예열 온도를 유지하고, 연료는 일정 유량이 계속적으로 공급되도록 한다.
　㈏ 프리 퍼지와 포스트 퍼지를 행하고 송풍기를 조작할 때에는 댐퍼 조작 순서와 열림에 주의하여야 한다.
　㈐ 점화 후에는 화염 감시를 철저히 한다. 소화 현상이 있는 경우는 반드시 그 원인을 제거한 후 다시 점화한다.
　㈑ 저수위 현상이 있다고 판단될 때에는 즉시 연소를 중지한다.
　㈒ 연소량의 급격한 증대와 감소의 가동은 억제한다.
　㈓ 점화, 소화 작업의 빈도가 적게 가동을 한다.
③ 수위 관리
　㈎ 한번에 많은 양의 급수를 피하고 연속적으로 일정량씩 급수를 하여 일정 수위를 유지시키고, 수면계 수위가 50~60% 정도 되게 한다.
　㈏ 급수 장치 및 급수 조절 장치 기능을 완전하게 유지한다.
　㈐ 수면계와 압력계는 항상 감시의 대상이 되어야 하고, 2개의 수면계 수위 또는 압력계 지시도가 다른 경우가 생긴다면 즉시 그 원인을 제거한다.

㈘ 관수 분출 작업과 저수위 경보 장치 계통의 장애물 제거, 분출 작업 시는 각종 밸브의 조작에 주의한다.
㈙ 관수 분출 작업은 2인이 동시에 실시하되, 1인은 전면의 수위를 감시한다.
㈚ 연소기 및 연소 상태의 음향, 송풍기 및 급수 펌프의 작동음에 이상이 있다면 그 원인을 찾아 제거한다.
㈛ 부하 변동은 사용처와 사전에 연락이 되도록 한다.
㈜ 자동 장치에 의존하여 조종자가 정위치에서 이탈해서는 안 된다.

④ 용수 관리 : 보일러 급수는 순수 혹은 연수로 처리된 처리수를 사용하여야 하며, 불순물 농도를 허용 농도 이하로 유지하도록 수질 검사 및 점검을 하고, 적당한 시기에 적정량의 관수와 분출 작업을 행한다.

⑤ 급수와 관수 한계값 유지 : 보일러 종류 및 사용 압력별 급수와 관수의 허용 한계값을 유지시킨다.

⑥ 정기 점검 실시 : 급수 계통, 연소 계통, 안전장치 계통의 점검을 실시하고, 그 결과를 기록 유지한다.

5. 보일러 보존

5-1 보일러 청소

(1) 보일러 청소의 목적

① 전열 효율 저하 방지
② 과열 원인 제거 및 부식 방지
③ 관수 순환 저해 방지
④ 보일러 수명 연장
⑤ 통풍 저항 방지
⑥ 연료 절감 및 열효율 향상

(2) 내부 청소 방법

보일러수 및 증기가 접촉되는 부분의 스케일 등을 청소하는 방법으로 기계적인 방법과 화학적인 방법이 있다.

① 기계적 청소법(mechanical cleaning method) : 청소용 공구를 사용하여 수(手)작업으로 하는 방법과, 튜브 클리너 등 기계를 사용하여 내면의 부착물을 제거하는 청소 방법으로, 다음과 같은 주의가 필요하다.

㈎ 맨홀 등을 개방할 때에는 내부 상태에 주의하여야 한다.
㈏ 동 내부에 적절한 환기 상태를 유지하여야 한다.

㈐ 다른 보일러와 연결된 배관의 밸브 등은 확실히 폐쇄시킬 것
㈑ 조명등 등은 안전장치를 갖추고, 누전에 주의할 것
㈒ 외부에는 감시인을 두어 안전사고를 방지할 것
㈓ 관이 오손되지 않도록 주의할 것

② 화학적 세관법(chemical cleaning method) : 보일러 내면의 부착물을 기계적 청소법으로 제거하기 곤란할 때 화학 약품을 사용하여 부착물을 용해 제거하는 방법으로, 산(酸) 세관, 알칼리 세관, 유기산 세관이 있다.

㈎ 산 세관(acid cleaning) : 내면의 스케일과 산과의 화학 반응에 의해 스케일을 용해 제거하는 방법으로, 일반적으로 5~10% 염산 수용액을 사용한다. 부식을 방지하기 위해 부식 억제제(inhibiter)를 적당량(0.2~0.6%) 첨가한다.
  ㉮ 산의 종류 : 염산(HCl), 황산(H_2SO_4), 인산(H_3PO_4), 설파민산(NH_2SO_3H)
  ㉯ 보일러수의 온도 : 60±5°C
  ㉰ 중화 방청제 종류 : 가성소다(NaOH), 암모니아(NH_3), 탄산나트륨(Na_2CO_3), 인산나트륨(Na_3PO_4), 하이드라진(N_2H_4)
  ㉱ 처리 공정 : 전처리 → 수세 → 산 세척 → 산액 처리 → 수세 → 중화 방청 처리

㈏ 알칼리 세관 : 보일러 제조 후 내면의 유지류, 규산계 스케일(실리카) 제거에 사용하는 방법이다.
  ㉮ 알칼리 종류 : 가성소다(NaOH), 암모니아(NH_3), 탄산나트륨(Na_2CO_3), 인산나트륨(Na_3PO_4)
  ㉯ 알칼리 농도 : 0.1~0.5%
  ㉰ 보일러수의 온도 : 약 70°C
  ㉱ 가성 취화 방지제 : 질산나트륨($NaNO_3$), 인산나트륨(Na_3PO_4) 등을 첨가

㈐ 유기산 세관 : 오스테나이트계 스테인리스강이나 동 및 동합금 세관에 사용하며, 유기산은 유기물이므로 보일러 운전 시 고온에서 분해하여 산이 남아 있어도 부식될 가능성이 희박하다.
  ㉮ 종류 : 구연산, 개미산
  ㉯ 구연산의 농도 : 3% 정도
  ㉰ 보일러수의 온도 : 90±5°C

③ 부식 억제제(inhibiter) : 산 세관 시에 산과 금속 재료가 직접 접촉하여 부식이 발생하는 것을 방지 및 억제하는 것이다.
  ㈎ 구비 조건
    ㉮ 부식 억제 능력이 클 것
    ㉯ 점식이 발생되지 않을 것
    ㉰ 세관액의 온도, 농도에 대한 영향이 적을 것

⑭ 물에 대한 용해도가 크고, 화학적으로 안정할 것
㈏ 종류 : 수지계 물질, 알코올류, 알데히드류, 케톤류, 아민 유도체, 함질소 유기 화합물
㈐ 부식 억제제 농도 : 0.3~0.5% 정도

(3) 외부 청소 방법

화염 및 연소 가스가 접촉되는 노통이나 연관을 청소하는 방법이다.
① 수공구 사용법 : 스크레이퍼(scraper), 와이어 브러시(wire brush) 등을 사용
② 그을음 불어내기(soot blow) : 전열면 외측 또는 수관 주위의 그을음이나 재를 불어 제거하는 방법이다.
  ㈎ 분무 매체별 구별 : 증기 분사식, 공기 분사식
  ㈏ 종류 : 장발형(long retractable type) 슈트 블로, 단발형(short retractable type) 슈트 블로, 정치 회전형(로터리형), 공기 예열기 클리너, 건 타입
  ㈐ 사용 시 주의 사항
    ㉮ 댐퍼를 완전히 열고 통풍력을 크게 한다.
    ㉯ 그을음 제거를 하기 전에 반드시 응축수를 제거한다.
    ㉰ 그을음 불어내기 관을 동일 장소에서 오랫동안 작용시키지 않는다.
    ㉱ 흡입통풍기가 있을 경우 흡입통풍을 늘려서 한다.
③ 샌드 블라스트(sand blast) : 압축 공기로 모래를 전열면의 그을음에 불어 날려서 제거하는 방법이다.
④ 스팀 쇼킹(steam shocking)법 : 증기로 그을음층에 습기를 주어 제거하는 방법이다.
⑤ 워터 쇼킹(water shocking)법 : 분무수로 그을음층에 뿌려서 물기를 포함시켜서 제거하는 방법이다.
⑥ 수세(washing)법 : pH 8~9의 물을 대량으로 사용하는 방법이다.
⑦ 스틸 숏 클리닝(steel shot cleaning)법 : 강으로 된 구슬을 이용하는 방법이다.

5-2 보일러 보존

(1) 보일러의 보존 필요성

보일러 가동을 중지하고 일정 기간 방치하면 내·외부에서 부식이 발생되어 안전성 저하, 수명 단축 등의 악영향을 미친다. 이러한 영향을 줄이기 위하여 보일러 중지 목적, 보일러의 구조 및 종류, 중지 기간, 장소, 계절 등을 고려하여 적절한 보존 방법을 강구하여야 한다.

(2) 건조 보존법

보일러수를 완전히 배출한 후 동 내부를 완전히 건조시킨 후 흡습제, 산화 방지제, 기화성 방청제 등을 넣고 밀폐시켜 보존하는 방법으로, 다음과 같은 방법이 있다.

① 석회 밀폐 건조법 : 보존 기간이 6개월 이상으로 보일러 내·외부를 청소한 다음 완전히 건조시킨 후 생석회나 실리카겔 등의 흡습제(건조제)를 내부에 넣은 후 밀폐시켜 보존하는 방법이다.

  ㈎ 흡습제의 종류 : 생석회, 실리카겔, 염화칼슘, 활성 알루미나, 오산화인 등
  ㈏ 보일러 내용적 $1m^3$당 흡습제의 양
    ㉮ 생석회 : 0.25kg
    ㉯ 실리카겔, 염화칼슘, 활성 알루미나 : 1~1.3kg

② 질소 가스 봉입법 : 고압 대용량 보일러에 적합하며, 질소 가스를 0.06MPa 정도로 압입하여 보일러 내부의 산소를 배제시켜 부식을 방지하는 방법이다. 질소 가스의 압력이 0.015MPa 이하가 되면 질소 가스를 압입하여 0.06MPa 정도의 압력을 유지시켜야 한다.

③ 기화성 부식 억제제(VCI : volatile corrosion inhibitor) 투입법 : 보일러 내부를 건조시킨 후 기화성 부식 억제제를 투입하고 밀폐시켜 보존하는 방법이다.

(3) 만수(滿水) 보존법

보일러 구조상 건식 보존법이 곤란한 경우, 동결의 우려가 없는 경우에 보일러 내부에 관수를 충만시켜 보존하는 방법으로, 다음과 같은 방법이 있다.

① 보통 만수 보존법 : 보존 기간이 단기간(보통 2~3개월 정도)인 경우에 적용하는 방법으로, 보일러 내부를 청소한 후 보일러수를 만수로 한 후에 압력이 약간 오를 정도로 관수를 비등시켜 공기와 탄산가스를 제거한 후 서서히 냉각시켜 보존시키는 방법이다.

② 소다 만수 보존법 : 관수를 배출한 후 보일러 내·외부를 청소한 후에 가성소다(NaOH), 아황산소다(Na_2SO_4) 등의 알칼리성 물로 채우고 보존시키는 방법이다.

예상문제

제8장 보일러 안전 관리

● 다음 물음의 답을 해당 답란에 답하시오.

1. 신설 보일러의 사용 전 내부 점검 사항을 4가지 쓰시오.

해답 ① 기수 분리기, 기타 부품의 부착 상황을 확인하고, 공구나 볼트, 너트, 헝겊 조각 등이 보일러에 들어 있는지 점검한다.
② 내부에 이상이 없는지 확인하고, 맨홀, 검사구 등에 수압 시험에 사용한 맹판 등이 제거되어 있는지 각 구멍을 점검한 후, 개방되어 있는 것은 뚜껑을 닫고 밀폐시킨다.
③ 내부의 공기를 빼고 밸브를 열어 놓은 상태로 급수하고, 수위가 상승할 때 저수위 경보기 또는 연료 차단 장치 등의 인터록이 정확하게 작동하는지 확인한다.
④ 만수시킨 후 공기가 완전히 빠졌는지 확인한 뒤, 공기빼기 밸브를 닫고 정상 사용 압력보다 10% 이상의 수압을 가하여 각 부가 새지 않는지 확인한다.

2. 신설 보일러에서 알칼리 세정과 소다 끓임을 하기 전의 처리 방법으로, 물이나 하이드라진 100ppm 정도를 첨가한 세정수로 펌핑하는 것을 무엇이라 하는가?

해답 플러싱

3. 신설 보일러에서 내부에 부착된 유지분, 페인트류, 녹 등을 제거하기 위하여 실시하는 작업을 무엇이라 하는가? [제46회]

해답 소다 끓이기(소다 보일링)

4. 신설 보일러의 청정화를 도모할 목적으로 행하는 소다 끓이기(soda boiling)에서 사용하는 약품 종류를 3가지 쓰시오.

해답 ① 가성소다(NaOH) ② 제3 인산나트륨(Na_3PO_4) ③ 탄산나트륨(Na_2CO_3)

5. 사용 중인 보일러의 점화 전 일반적인 점검 사항 5가지를 쓰시오.

해답 ① 수면계 수위를 점검한다.
② 수면계, 압력계 및 각종 계기류와 자동 제어 장치를 점검한다.
③ 연료 계통 및 급수 계통을 점검한다.
④ 중유 연소의 경우 연료 펌프 및 유예열기를 작동시킨다.
⑤ 각 밸브의 개폐 상태를 확인 점검한다.
⑥ 댐퍼를 완전히 개방하고 프리퍼지를 행한다.

6. 장기 휴지 보일러의 사용 전 준비 사항으로 연소 계통의 점검 사항을 4가지 쓰시오.

해답 ① 기름 탱크의 유량, 가스 압력을 확인하여 연료 공급에 차질이 생기지 않도록 한다.
② 연료 배관은 연료가 누설되지 않는지 점검하고, 연료 밸브를 열어 놓는다.
③ 화염 검출기의 오염 여부를 확인하고, 유리면을 깨끗이 닦는다.
④ 연도 댐퍼가 잠겨 있는지 확인하고, 열어 놓는다.

7. 유류 보일러의 자동 장치 점화 방법의 순서이다. ( ) 안에 알맞은 용어를 쓰시오.

송풍기 기동 → 연료 펌프 기동 → (①) → 노내압 조정 → (②) → 화염 검출 →
(③) → 주버너 착화 → 공기 댐퍼 작동 → (④) → 고연소

해답 ① 프리 퍼지 ② 점화용 버너 착화 ③ 전자 밸브 열림 ④ 저연소

8. 가스보일러 점화 시 주의 사항이다. ( ) 안에 알맞은 용어 및 숫자를 쓰시오.

가스보일러 점화 시 연소실 내의 체적 (①)배 이상의 공기로 충분한 프리 퍼지를
행한다. 이때 댐퍼는 (②) 행하여야 한다.

해답 ① 4 ② 완전히 열고

9. 포스트 퍼지(post purge)에 대하여 설명하시오. [제35회]

해답 보일러 운전이 끝난 후, 노 내와 연도에 체류하고 있는 가연성 가스를 배출시키는 작업
참고 프리 퍼지(pre purge) : 보일러를 가동하기 전에 노 내와 연도에 체류하고 있는 가연성 가스를 배출시키는 작업

10. 점화 시 급격히 압력을 증가시키면 안 되는 이유를 2가지 쓰시오.

해답 ① 전열면의 부동 팽창의 원인
② 내화물의 스폴링 현상의 원인
③ 그루빙 및 균열의 원인

11. 보일러 운전 시 증기압이 오르기 시작할 때의 공기빼기 밸브의 점검 사항을 설명하시오.

해답 증기가 발생하기 전까지 공기빼기 밸브를 열어 놓아 내부의 공기를 배제한 후 증기가 나오기 시작하면 닫아야 한다.

12. 보일러에서 발생한 증기를 송기할 때의 주의 사항을 4가지 쓰시오.

해답 ① 캐리 오버, 수격 작용이 발생하지 않도록 한다.
② 주증기 밸브는 3분 이상 서서히 개방할 것
③ 항상 일정한 압력을 유지하고, 부하측의 압력이 정상적으로 유지되고 있는지 확인한다.
④ 연소 상태를 확인하여 정상적인 연소가 이루어지도록 한다.

13. 다음은 일반적으로 사용 중인 증기 보일러 운전 작업을 종료할 때 행하는 사항이다. 가장 적합한 정지 순서 대로 해당 번호를 쓰시오. [제43회]

> [보기] ① 댐퍼를 닫는다.
> ② 공기 공급을 정지한다.
> ③ 증기 밸브를 닫고 드레인시킨다.
> ④ 급수를 행하고, 압력을 떨어뜨리며, 급수 밸브를 닫고 급수 펌프를 정지시킨다.
> ⑤ 연료의 공급을 정지한다.

해답 ⑤ → ② → ④ → ③ → ①

14. 보일러의 이상 저수위 시, 과열 등이 발생할 때 비상 조치를 행하는 사항이다. 순서대로 해당 번호를 나열하시오.

> ① 연소용 공기를 차단한다.   ② 연료를 차단한다.
> ③ 주버너를 정지시킨다.   ④ 서서히 급수한다.

해답 ② → ① → ③ → ④

15. 보일러 과열의 원인을 3가지 쓰시오. [제45회]

해답 ① 이상 감수 현상이 발생하였을 때
② 동 내면에 스케일이 생성되어 전열이 불량한 경우
③ 보일러수가 농축되어 순환이 불량한 때
④ 전열면에 국부적으로 심한 열을 받았을 때
⑤ 연소실 열부하가 지나치게 큰 경우

[참고] 과열의 방지 대책
① 적정 보일러 수위를 유지한다.
② 동 내면에 스케일 생성을 방지하고 고착되지 않도록 한다.
③ 보일러수가 농축되지 않도록 하고, 순환을 교란시키지 않도록 한다.
④ 전열면에 국부적인 과열을 방지한다.
⑤ 연소실 열부하가 너무 높지 않도록 한다.

16. 보일러가 과열되었을 때 강도가 약해져 발생하는 이상 현상 중 팽출(bulge)이 발생하는 부분을 3곳 쓰시오.

해답 ① 동체 ② 수관 ③ 갤러웨이관
참고 팽출(bulge) : 동체, 수관, 갤러웨이관 등과 같이 인장 응력을 받는 부분이 압력에 견디지 못하고 바깥쪽으로 부풀어 나오는 현상이다.

17. 보일러의 노통이나 화실과 같은 원통이 외측에서의 압력에 의해 함몰되는 현상을 무엇이라 하는가?

해답 압궤
참고 압궤(collapse) : 노통, 연소실, 연관, 관판 등과 같이 압축 응력을 받는 부분이 압력에 견디지 못하고 안쪽으로 들어가는 현상이다.

18. 보일러 강판이나 강관을 제조할 때 재질 내부에 가스체 등이 함유되어 두 장의 층을 형성하고 있는 상태의 결함을 무엇이라 하는가?

해답 래미네이션

19. 보일러 판에서 발생하는 현상 중 래미네이션과 블리스터에 대하여 설명하시오. [제45회]

해답 ① 래미네이션(lamination) : 압연 강판이나 관의 두께 내부에 가스가 존재한 상태로 가공을 하였을 때 판이나 관이 2장의 층을 형성하며 분리되는 현상
② 블리스터(blister) : 래미네이션 부분이 가열로 인하여 부풀어 오르는 현상

20. 다음은 외부 부식에 관한 설명이다. ( ) 안에 알맞은 용어를 쓰시오.
(1) 고온 부식이란 중유를 연소하는 보일러에서 중유 중에 포함되어 있는 (①)이 연소용 공기 중의 (②)와 반응하여 (③)을 생성하고, 이것이 (④)의 전열면에 부착하여 부식 작용을 일으키는 현상이다.
(2) 저온 부식은 (①) 성분이 많은 연료가 연소되어 (②)가 되고, 일부는 과잉 공기와 반응하여 (③)으로 된다. 이것이 다시 연소 가스 중의 (④)와 반응하여 (⑤)이 되어 (⑥)의 전열면 등에 응축되어 심한 부식을 일으키는 현상이다.

해답 (1) ① 바나듐(V) ② 산소 ③ 오산화바나듐(V_2O_5) ④ 고온
(2) ① 황(S) ② 아황산가스(SO_2) ③ 무수황산(SO_3)
 ④ 수증기(H_2O) ⑤ 황산(H_2SO_4) ⑥ 저온

21. 가성 취화에 대하여 설명하시오. [제46회]

해답 보일러수 중에서 분해되어 생긴 가성소다(NaOH)가 과도하게 농축되면 수산 이온(OH⁻)이 많아져서 알칼리도가 높아진다. 이것이 강재와 작용해서 생기는 나트륨(Na)이 강재의 결정립계를 침해하여 재질을 열화, 취화시키는 것으로, 보일러판의 국부 리벳 연결부 등에서 발생하며, 균열이 발생하는 것으로 알 수 있다.

22. 보일러에서 고온 부식을 일으키는 연료 중의 성분은?

해답 바나듐(V)

참고 외부 부식의 원인 성분
① 고온 부식 : 바나듐(V)
② 저온 부식 : 황(S)

23. 보일러의 과열기 온도가 일반적으로 약 몇 도 이상이 되면 바나듐에 의한 고온 부식이 발생하는가?

해답 500°C 이상

24. 고온 부식의 방지 대책을 4가지 쓰시오.

해답 ① 중유를 전처리하여 바나듐(V) 성분을 제거한다.
② 첨가제(회분 개질제)를 첨가하여 회분의 융점을 높인다.
③ 연소 가스의 온도를 회분 융점 이하로 유지시킨다.
④ 고온의 전열면을 내식 재료 또는 보호 피막을 한다.
⑤ 전열면의 온도를 설계 온도 이하로 유지한다.

25. 저온 부식의 방지 대책을 4가지 쓰시오.

해답 ① 유황분이 적은 연료를 사용한다.
② 저산소 연소를 한다.
③ 연소 가스의 온도를 황산 증기의 노점(160°C) 이상으로 한다.
④ 전열면을 내식성 재료를 사용한다.
⑤ 중유를 전처리하여 황 성분을 제거한다.
⑥ 분말 상태의 마그네시아, 돌로마이트 등을 2차 공기에 혼합하여 연소실에 불어 넣는다.

26. 보일러 내부 부식이 발생하기 쉬운 장소를 4가지 쓰시오.

해답 ① 물에 접촉하는 수면 및 수면 이하의 곳　② 침전물이 퇴적하기 쉬운 곳
③ 과열이 발생하기 쉬운 곳　　　　　　　　　④ 점검 및 청소가 곤란한 곳
⑤ 반복 응력을 많이 받는 곳　　　　　　　　　⑥ 산화 피막이 파괴된 곳
⑦ 강재 표면이 불균일한 곳

27. 보일러 내에 아연판을 설치하는 목적은?

해답 보일러 내부 부식 방지

28. 보일러수 중에 염화물 이온과 산소(O)가 다량 용해되어 있을 경우 발생하며 개방된 표면에서 구멍 형태로 깊게 침식하는 부식의 일종은?

해답 점식

29. 보일러 및 각 부속기기에 발생하는 부식 종류에 대한 다음 물음에 답하시오. [제35회]
  (1) 내부 부식의 종류를 3가지 쓰시오.
  (2) 외부 부식의 종류를 2가지 쓰시오.

해답 (1) ① 점식 ② 국부 부식 ③ 전면 부식 ④ 구상 부식(grooving) ⑤ 알칼리 부식
  (2) ① 고온 부식 ② 저온 부식

30. 보일러에서 그루빙(grooving)은 어느 부분에 많이 발생하는가?

해답 ① 노통의 애덤슨 조인트의 플랜지 부분
  ② 평경판의 거싯 스테이(gusset stay) 부분

참고 구상 부식(grooving) : 단면의 형상이 U자형, V자형으로 홈이 깊게 파인 것과 같이 선형으로 부식되는 현상을 말한다. 노통의 애덤슨 조인트의 플랜지 부분이나 평경판의 거싯 스테이(gusset stay) 부분에 많이 발생한다.

31. 그루빙 발생 방지법을 3가지 쓰시오.

해답 ① 열응력을 적게 한다.
  ② 만곡부의 반지름을 크게 한다.
  ③ 브리딩 스페이스를 설치한다.

32. 보일러의 부식 속도 측정 방법을 3가지 쓰시오. [제44회]

해답 ① Tafel 외삽법 ② 선형 분극법 ③ 임피던스법 ④ 무게 감량법 ⑤ 용액 분석법
참고 부식 속도 측정법
  ① 전기 화학적인 방법 : 자연 전위 근처에서는 전위와 전류 사이에 선형적인 관계가 존재하는 분극 특성을 이용하여 분극량을 조정하여 전류의 크기를 측정하는 방법으로, Tafel 외삽법, 선형 분극법, 임피던스법이 있다.
  ② 비전기 화학적 방법 : 금속을 부식 매체 속에 일정 시간 동안 방치한 후에 금속의 무게 감량이나 용액 속으로 용출된 금속 이온의 양을 정량하는 방법이 있다.

33. 캐리 오버(carry over)에는 선택적 캐리 오버(selective carry over)와 기계적 캐리 오버(machine carry over)로 구분할 수 있다. 각각을 설명하시오.

해답 ① 선택적 캐리 오버 : 증기 속에 용해되어 있던 실리카(무수 규산) 성분이 증기와 함께 송출되어지는 현상
② 기계적 캐리 오버 : 작은 물방울(액적) 또는 거품이 증기와 함께 송출되는 현상

34. 보일러에서 발생하는 프라이밍, 포밍 현상에 대하여 설명하시오. [제46회]

해답 ① 프라이밍(priming) 현상 : 급격한 증발 현상으로, 동 수면에서 작은 입자의 물방울이 증기와 혼입하여 튀어 오르는 현상
② 포밍(forming) 현상 : 동 저부에서 작은 기포들이 수면상으로 오르면서 물거품이 발생하여 수면에 달걀 모양의 기포가 덮이는 현상

35. 기수 공발(carry over)의 원인을 4가지 쓰시오.

해답 ① 보일러 관수의 농축
② 유지분, 알칼리분, 부유물 함유
③ 주증기 밸브의 급격한 개방
④ 부하의 급격한 변화
⑤ 증기 발생 속도가 빠를 때
⑥ 청관제 사용이 부적합
⑦ 보일러 관수 수위가 높음

36. 기수 공발(carry over)의 방지 방법을 4가지 쓰시오.

해답 ① 비수 방지관을 설치한다.
② 주증기 밸브를 서서히 연다.
③ 관수 중에 불순물, 농축수 제거
④ 수위를 고수위로 하지 않는다.

37. 캐리 오버(carry over)가 발생하였을 때 장애의 종류 5가지를 쓰시오. [제48회]

해답 ① 수위 오인으로 저수위 사고
② 계기류 연락관의 막힘
③ 송기되는 증기의 불순
④ 증기의 열량 감소
⑤ 배관의 부식 초래
⑥ 배관, 기관 내에서 수격 작용 발생

38. 기수 공발(carry over)이 발생하였을 때 조치하여야 할 사항을 4가지 쓰시오.

해답 ① 연료를 차단(줄인다.)
② 공기를 차단(줄인다.)
③ 주증기 밸브를 닫고, 수위를 안정시킴
④ 급수 및 분출 작업 반복
⑤ 계기류 점검

39. 수격 작용(water hammer)의 발생 원인을 4가지 쓰시오.

해답 ① 기수 공발(carry over) 현상 발생 시 ② 주증기 밸브를 급개(急開)할 때
③ 배관에서의 손실 열량이 과대할 때 ④ 배관 구배(기울기) 선정의 잘못
⑤ 부하 변동이 심할 때

40. 수격 작용(water hammer) 방지 대책을 3가지 쓰시오. [제45회]

해답 ① 기수 공발(carry over) 현상 발생을 방지할 것
② 주증기 밸브를 서서히 개방할 것
③ 증기 배관의 보온을 철저히 할 것
④ 응축수가 체류하는 곳에 증기 트랩을 설치할 것
⑤ 드레인 빼기를 철저히 할 것
⑥ 송기 전에 소량의 증기로 배관을 예열할 것

41. 보일러에서 이상 증발을 초래하는 원인 중 운전 방법에 따른 이상 증발의 원인을 4가지 쓰시오.

해답 ① 주증기 밸브를 급개할 때 ② 고수위 운전 시
③ 증기 부하가 과대할 때 ④ 보일러수에 불순물 다량 함유 시
⑤ 보일러수의 농축 시 ⑥ 증기 압력을 급격히 강하시킨 경우

42. 보일러 운전 시 이상 증발을 발생시킬 수 있는 보일러의 구조적 및 설계적인 문제점을 4가지 쓰시오.

해답 ① 보일러의 증발 능력에 비해 보일러 수면의 면적이 작은 경우
② 표준 수위와 증기 배출구의 거리가 너무 가까운 경우
③ 보일러 능력에 비해 연소 장치의 능력이 너무 큰 경우
④ 비수 방지 장치가 잘못 설치되었거나 불충분한 경우
⑤ 보일러수의 순환이 불량한 경우

43. 진동 연소란 연소실 또는 연도에서 일종의 큰 진동을 일으키면서 연소하는 현상이다. 진동 연소의 원인 5가지만 쓰시오.

해답 ① 연소실 온도가 낮을 때 ② 버너 조립이 불량할 때
③ 통풍력이 부적당할 때 ④ 노내압이 너무 높을 때
⑤ 버너 타일 형상이 맞지 않을 때 ⑥ 연도 이음 부분이 불량할 때

44. 노통 보일러, 횡연관식 보일러 등에서 발생하는 가마 울림 현상의 원인 3가지를 쓰시오.

해답 ① 연료와 공기의 혼합이 나빠 연소 속도가 늦은 경우
② 연료 중 수분이 함유되었을 때
③ 연도에 굴곡부가 많은 경우

45. 보일러에서 매연 발생 원인을 5가지 쓰시오.

해답 ① 통풍이 부족하거나 과대할 때 ② 무리한 연소를 할 때
③ 연소실 온도가 낮을 때 ④ 공기비가 맞지 않을 때
⑤ 연소 장치와 연료가 맞지 않을 때 ⑥ 연소실 온도가 낮을 때
⑦ 연소 장치가 불량일 때 ⑧ 연소실 용적이 적을 경우

46. 보일러에서 역화(逆火)의 원인을 4가지 쓰시오.

해답 ① 프리 퍼지가 불충분한 경우 ② 점화 시 착화 시간이 지연된 경우
③ 댐퍼의 개도가 너무 적은 경우 ④ 공기보다 연료가 먼저 공급된 경우
⑤ 연료의 인화점이 낮을 때 ⑥ 1차 공기 압력이 부족할 때
⑦ 유압이 과대할 때

47. 보일러 사고의 원인 중 구조적 원인을 3가지 쓰시오.

해답 ① 재료 불량 ② 구조 및 설계 불량
③ 제작 및 가공 불량 ④ 용접 불량

48. 보일러 사고의 원인 중 보일러 취급상의 사고 원인을 3가지 쓰시오.

해답 ① 사용 압력 초과 운전 ② 저수위 운전
③ 급수 처리 불량 ④ 과열
⑤ 연소 조작, 운전 조작의 미숙

49. 보일러 분출 사고 시 긴급 조치 사항을 5가지 쓰시오.

해답 ① 보일러 부근에 있는 사람을 우선 안전한 곳으로 긴급히 대피시켜야 한다.
② 연도 댐퍼를 전개한다.
③ 연소를 정지시킨다.
④ 압입 통풍기를 정지시킨다.
⑤ 다른 보일러와 증기관이 연결되어 있는 경우에는 증기 밸브를 닫고 증기관의 연결을 끊는다.
⑥ 급수를 계속하여 수위의 저하를 막고 보일러의 수위 유지에 노력한다.
⑦ 노 내나 보일러의 자연 냉각을 기다려 원인을 조사해서 그 사후 대책을 강구한다.
⑧ 찢어진 부위가 커서 분출하는 기수로 인하여 인명의 위험이 염려되는 경우에는, 급수를 정지하는 동시에 동체 하부의 분출 밸브를 열어 보일러수를 배출시켜야 한다.

50. 노 내 가스 폭발 원인 중 가연성 가스와 미연소 가스가 노 내에 발생하는 경우를 4가지 쓰시오.

해답 ① 심한 불완전 연소를 하는 경우
② 연소 정지 중에 연료가 노 내에 유입된 경우
③ 점화 조작에 실패한 경우
④ 노 내에 다량의 그을음이 쌓여 있는 경우
⑤ 연소 중에 실화가 되었을 때

참고 미연소 가스가 노 내에 정체하거나 정체하기 쉬운 경우
① 연소실이나 연도 내에 가스가 흐르지 않고 체류되는 가스 포켓이 있는 경우
② 연도 내에 화교(fire bridge), 내화 충전물의 파손 등으로 연소 가스가 단락되는 경우
③ 연도의 굴곡이 심한 경우
④ 연도가 너무 긴 경우
⑤ 연도가 낮아서 습기가 잘 생기는 경우

51. 보일러 내부 청소 중 화학적 세관의 특징을 4가지 쓰시오.

해답 ① 기계적 청소법으로 청소가 불가능한 곳의 청소가 가능하다.
② 기계적 세관에 비하여 청소 시간이 짧다.
③ 마무리 작업이 불완전하면 부식의 우려가 있다.
④ 스케일 등의 화학 분석을 사전에 하여야 한다.

52. 다음은 화학 세관 방법 중 산(酸) 세관에 대한 설명이다. ( ) 안에 알맞은 용어를 쓰시오.

화학 세관에는 일반적으로 산 세관을 사용한다. 산(酸) 종류는 무기산과 유기산으로 구분되며, 무기산에는 염산, (①), (②), (③) 등이 있고, 이 중에서 (④)이 가장 널리 사용되고 있다.

해답 ① 황산(H_2SO_4) ② 인산(H_3PO_4) ③ 설파민산(NH_2SO_3H) ④ 염산(HCl)

참고 유기산
① 종류 : 구연산, 개미산
② 용도 : 오스테나이트계 스테인리스강, 동 및 동합금

53. 보일러에서 산 세관을 하는 경우 일반적으로 염산을 사용하는데, 염산의 특징을 4가지 쓰시오.

해답 ① 가격이 싸서 경제적이다. ② 물에 대한 용해도가 크다.
③ 스케일 용해 능력이 크다. ④ 취급상 위험성이 비교적 적다.

54. 알칼리 세관에 사용되는 약품 종류 3가지를 쓰시오. [제41회]

해답 ① 가성소다(NaOH) ② 암모니아(NH_3) ③ 탄산나트륨(Na_2CO_3) ④ 인산나트륨(Na_3PO_4)

55. 다음 [보기]는 보일러 산 세척을 하는 공정이다. 처리 공정을 순서로 나열하시오. (단, 수세는 2회 하는 것으로 한다.)

[보기] ① 수세 ② 산 세척 ③ 전처리 ④ 중화 방청 처리 ⑤ 산액 처리

해답 ③ → ① → ② → ⑤ → ① → ④

56. 산(酸) 세관에 대한 다음 물음에 답하시오. [제40회]
 (1) 산 세관에 사용되는 약품 4가지를 쓰시오.
 (2) 산 세관 시 사용되는 부식 억제제의 종류 4가지를 쓰시오.

해답 (1) ① 염산(HCl) ② 황산(H_2SO_4) ③ 인산(H_3PO_4) ④ 설파민산(NH_2SO_3H)
 (2) ① 수지계 물질 ② 알코올류 ③ 알데히드류 ④ 케톤류 ⑤ 아민 유도체 ⑥ 함질소 유기 화합물

57. 부식 억제제(inhibiter)의 구비 조건을 4가지 쓰시오.

해답 ① 부식 억제 능력이 클 것
 ② 점식이 발생되지 않을 것
 ③ 세관액의 온도, 농도에 대한 영향이 적을 것
 ④ 물에 대한 용해도가 크고, 화학적으로 안정할 것

58. 보일러의 외부 청소 방법을 4가지 쓰시오. [제47회]

해답 ① 수트 블로(soot blow) ② 샌드 블라스트(sand blast)
 ③ 스팀 쇼킹(steam shocking)법 ④ 워터 쇼킹(water shocking)법
 ⑤ 수세(washing)법 ⑥ 스틸 숏 클리닝(steel shot cleaning)법

59. 수관식 보일러에서 연소가 연소할 때 발생하는 그을음이 전열면 외측에 부착하면 증기를 고속 분사시켜 그을음이나 재 등을 불어 제거하는 장치 명칭은?

해답 그을음 불어내기(soot blow)

60. 수트 블로(soot blow)는 보일러 전열면 외측 또는 수관 주위의 그을음이나 재를 불어 제거하는 장치로, 분무 매체별로 구별하면 (①), (②)이 있다.

해답 ① 증기 분사식 ② 공기 분사식

61. 수트 블로(soot blow)의 종류 3가지를 쓰시오.

해답 ① 장발형 수트 블로 ② 단발형 수트 블로
③ 정치 회전형(로터리형) ④ 공기 예열기 클리너

62. 수트 블로(soot blow) 사용 시 주의 사항 4가지를 쓰시오. [제46회]

해답 ① 부하가 50% 이하일 때, 소화 후에는 사용을 금지한다.
② 댐퍼를 완전히 열고 통풍력을 크게 한다.
③ 그을음 제거를 하기 전에 반드시 응축수를 제거한다.
④ 그을음 불어내기 관을 동일 장소에서 오랫동안 작용시키지 않는다.
⑤ 흡입통풍기가 있을 경우 흡입통풍을 늘려서 한다.

63. 보일러를 6개월 이상 장기간 휴지하는 경우 어떤 보존 방법이 좋은가?

해답 건조 보존법

64. 보일러 보존법 중 건조 보존법의 종류를 2가지를 쓰시오.

해답 ① 석회 밀폐 건조법 ② 질소 가스 봉입법 ③ 기화성 부식 억제제(VCI) 투입법

65. 보일러 건조 보존 시에 흡습제로 사용할 수 있는 물질 종류 3가지를 쓰시오. [제37회]

해답 ① 생석회 ② 실리카 겔 ③ 염화칼슘 ④ 활성 알루미나 ⑤ 오산화인

66. 보일러를 건식 보존할 때 보일러에 채워 두는 가스로 가장 적합한 것은?

해답 질소(N_2)

67. 보일러의 건조 보존법에서 질소 가스를 사용할 때 보존 압력은?

풀이 질소 가스 봉입법 : 고압 대용량 보일러에 적합하며, 질소 가스를 0.06MPa 정도로 압입하여 보일러 내부의 산소를 배제시켜 부식을 방지하는 방법이다. 질소 가스의 압력이 0.015MPa 이하가 되면 질소 가스를 압입하여 0.06MPa 정도의 압력을 유지시켜야 한다.
해답 0.06MPa

68. 보일러 만수(滿水) 보존법 중 소다 만수 보존법에 사용되는 약품 종류를 2가지 쓰시오.

해답 ① 가성소다(NaOH) ② 아황산소다(Na_2SO_4)

제2편
보일러시공 실무

제1장 난방 부하 및 난방 설비
제2장 보일러 시공도면 작성 및 해독
제3장 배관 재료의 종류
제4장 보일러 시공 공구 및 장비
제5장 보일러 설치, 검사기준

Chapter 1 난방 부하 및 난방 설비

1. 난방 부하 계산

1-1 난방 부하 계산 시 고려 사항

(1) 건물의 위치

  ① 건물의 방위 : 햇빛, 바람의 영향
  ② 인근 건물, 지형·지물의 차폐 또는 반사에 의한 영향

(2) 천장 높이

  실내 바닥에서 천장까지의 높이

(3) 건축 구조

  벽, 지붕, 천장, 바닥, 칸막이벽 등의 두께 및 보온 상태, 이들 상호간의 배치 관계

(4) 주위 환경 조건

  벽, 지붕 등의 색상, 주위의 열 발생원의 존재 여부

(5) 유리창 및 문

  크기, 위치 및 사용 재료와 사용 빈도 수

(6) 공간

  마루, 계단 및 기타 공간의 난방 유무

1-2 난방 부하 계산

난방 부하는 실내를 적당한 온도로 유지하기 위하여 공급되는 열량으로 벽체, 천장, 바닥이나 환기로 인하여 손실되는 열량만큼 계속적으로 공급하여야 한다. 이렇게 공급하여야 하는 열량 즉 손실 열량이 바로 난방 부하가 되는 것이다. 그러므로 어느 실내

에서 1시간에 손실되는 열량만큼 실내 온도를 유지하기 위하여 공급되어야 할 난방 부하는 다음과 같은 방법으로 계산할 수 있다.

(1) 방열기 방열량으로부터 계산

손실되는 열량만큼 공급하여 주는 열량이 난방 부하이므로, 공급 열량은 방열기에서 방출되는 열량과 같게 된다. 즉, "손실 열량=공급 열량=난방 부하=방열기 방열량"과 같게 되는 것이다.

$$\therefore \text{난방 부하(방열기 방열량)} = EDR \times \text{방열기 표준 방열량}$$
$$= \text{방열기 소요 면적} \times \text{방열기 방열량}$$
$$= \text{방열기 방열 계수} \times \text{평균 온도차}$$
$$= \text{방열량 보정 계수} \times \text{표준 방열량}$$

여기서, 평균 온도차 $= \dfrac{\text{방열기 입구 온도} + \text{출구 온도}}{2} - \text{실내 온도}$

> **참고**
>
> **상당 방열 면적**(EDR : equivalent direct radiation) : 표준 방열량(온수 : 450kcal/h·m², 증기 : 650kcal/h·m²)을 방열하는 방열기 1m²를 1EDR라 한다.

(2) 열 손실 열량으로부터 계산

벽체, 천장, 바닥, 유리창, 중간벽 및 환기 등에 의한 총 열 손실을 난방 부하라 보고 계산한다. 즉, "난방 부하=열 손실 합계-취득 열량"이 된다.

$$H_1 = H_a - (h_1 + h_2 + h_3)$$

여기서, H_1 : 난방 부하(kcal/h)
 H_a : 벽체를 통한 열 손실(H_l)+환기에 의한 열 손실(H_d)(kcal/h)
 h_1 : 실내에 거주하는 사람의 몸에서 방출하는 열량(kcal/h)
 h_2 : 전등, 조명 기구 등에서 발생하는 열량(kcal/h)
 h_3 : 기타 기계에서 발생하는 열량(kcal/h)

① 벽체를 통한 열 손실 계산
 ㈎ 벽면(벽, 천장, 바닥 등)으로부터 외부로 손실되는 열량
 $$H_l = K_l \cdot F_l \cdot \Delta t \cdot Z$$
 여기서, H_l : 벽면의 손실 열량(kcal/h)
  K_l : 외벽, 천장, 바닥의 열 관류율(kcal/h·m²·℃)
  F_l : 외벽, 천장, 바닥의 방열 면적(m²)
  Δt : 실내와 외기 온도차(℃)
  Z : 방위 계수

(나) 지면에 접하는 바닥의 손실 열량

$$H_e = K_e \cdot F_e \cdot \Delta t$$

여기서, H_e : 지면의 손실 열량(kcal/h)
　　　　K_e : 바닥에 접하는 면적(m^2)
　　　　Δt : 온수 온도(평균 50°C)와 지하 1m의 지중 온도차(°C)

(다) 중간벽인 경우의 열 손실

$$H_i = K_i \cdot F_i \cdot \frac{\Delta t}{2}$$

여기서, H_i : 중간벽의 열 손실(kcal/h)
　　　　F_i : 난방 되지 않는 실내와 접하는 면적(m^2)
　　　　Δt : 난방 되지 않는 실내와 외기 온도차(°C)

② 환기에 의한 열 손실 계산 : 1시간당 환기 횟수에 따른 열 손실은 다음과 같다.

$$H_d = V \cdot n \cdot C_a \cdot \Delta t$$

여기서, H_d : 환기에 의한 손실 열량(kcal/h)
　　　　V : 환기량(m^3/h)
　　　　n : 환기 횟수
　　　　C_a : 공기 비열(kcal/$Nm^3 \cdot$°C)
　　　　Δt : 실내와 외기 온도차(°C)

(3) 간이식으로부터 계산

$$H_1 = u \cdot A_h$$

여기서, H_1 : 난방 부하(kcal/h)
　　　　u : 열 손실 지수(kcal/h·m^2)
　　　　A_h : 난방 면적(m^2)

2. 난방 설비 설계

2-1 증기난방(蒸氣暖房)

증기난방은 증기가 갖는 잠열을 방열기 내에서 방출시켜 실내의 난방을 하는 방법이다. 방열기에서 방출된 잠열은 대류 작용에 의하여 실내 공기 전체의 온도를 높이고, 발생된 응축수는 환수 배관을 통하여 응축수 탱크에 모아 보일러에 재사용한다.

(1) 특징

① 장점
- ㈎ 예열 시간이 온수난방에 비하여 짧고, 증기 순환이 빠르다.
- ㈏ 방열 면적을 온수난방에 비하여 적게 할 수 있고, 배관이 가늘어도 된다.
- ㈐ 열의 운반 능력이 크고, 유지와 시설비가 저렴하다.
- ㈑ 대규모 건물에 적합하다.

② 단점
- ㈎ 초기 통기 시 주관 내 응축수를 배수할 때 열이 손실된다.
- ㈏ 소음이 발생하고, 실내의 방열량을 조절하기 어렵다.
- ㈐ 보일러 취급이 어렵고, 환수관에 부식의 우려가 있다.
- ㈑ 방열기 표면 온도가 높아 화상의 우려가 있고, 실내 쾌감도가 낮다.

(2) 분류

① 증기 압력에 의한 분류
- ㈎ 저압식 : 증기 압력 $0.15 \sim 0.35 \text{kgf/cm}^2$ 정도로서, 일반 건물에 사용된다.
- ㈏ 고압식 : 증기 압력 1kgf/cm^2 이상이고 공장 건물, 지역난방에 사용된다.

② 배관 방식에 의한 분류
- ㈎ 단관식 : 송수와 환수를 동일 관으로 하는 방식이다.
- ㈏ 복관식 : 송수와 환수를 각각 배관하는 방식이다.

③ 공급 방식에 의한 분류
- ㈎ 상향 공급식 : 증기 주관이 최하부에 있고, 증기관을 위로 세워 올려서 각 방열기에 공급하는 방식이다.
- ㈏ 하향 공급식 : 증기 주관을 최상부에 배관하고, 증기관을 아래로 내려서 각 방열기에 공급하는 방식이다.

④ 환수관의 배관 방식에 의한 분류
- ㈎ 건식 환수관식 : 환수 주관의 위치가 보일러 수면보다 높게 배관하는 방식이다.
- ㈏ 습식 환수관식 : 환수 주관의 위치가 보일러 수면보다 아래에 있고, 응축수가 관내를 만수(滿水) 상태로 흐른다.

⑤ 응축수 환수 방법에 의한 분류
- ㈎ 중력 환수식 : 환수관 내의 응축수를 중력에 의해 보일러로 환수시키는 방식으로, 저압 보일러에 주로 사용한다.
- ㈏ 기계 환수식 : 중력에 의하여 환수된 응축수를 일단 탱크에 모아서 펌프로 보일러에 보내는 방식으로, 응축수 탱크는 가장 낮은 방열기보다도 낮은 곳에 설치하여야 한다.

㈐ 진공 환수관식 : 환수관 마지막 끝 부분에 진공 펌프를 설치하고, 이에 의해 방열기 및 배관 내의 공기를 흡입하여 응축수를 환수시키는 방식이다. 진공 펌프는 일정한 진공도(100~250mmHgV)를 유지함과 동시에 탱크 속의 수위 상승에 따라 자동적으로 급수 펌프가 작동하여 응축수를 환수시킨다. 배관이 보일러 수위보다 낮아도 무방하고, 도중에 낮은 수직관을 세워도 환수가 가능하다.

㉮ 다른 방법과 비교하여 증기의 순환이 빠르다.
㉯ 방열기 설치 장소에 제한이 없다.
㉰ 환수관의 지름을 작게 할 수 있다.
㉱ 방열기 방열량을 광범위하게 조절할 수 있다.
㉲ 배관 기울기(구배)에 큰 제한이 없다.

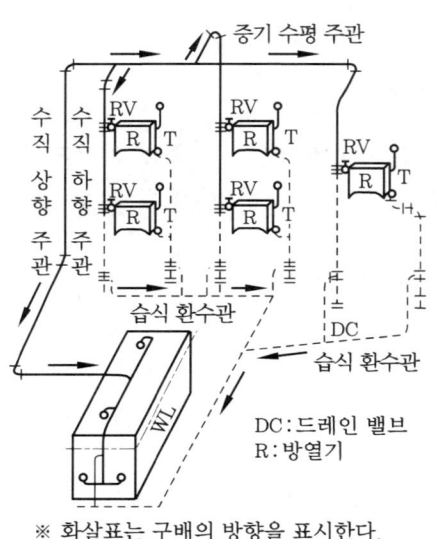

복관식 중력 환수식(하향식)

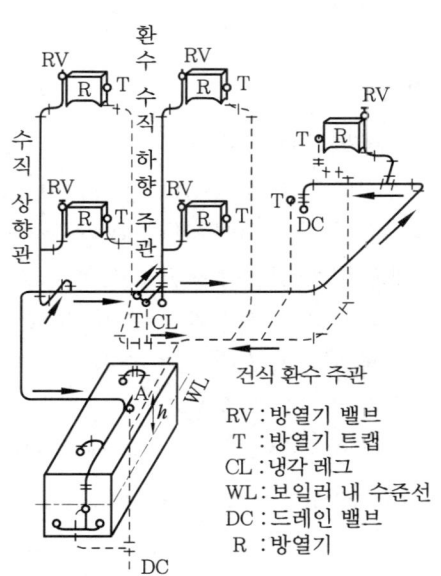

복관식 중력 환수식(상향식)

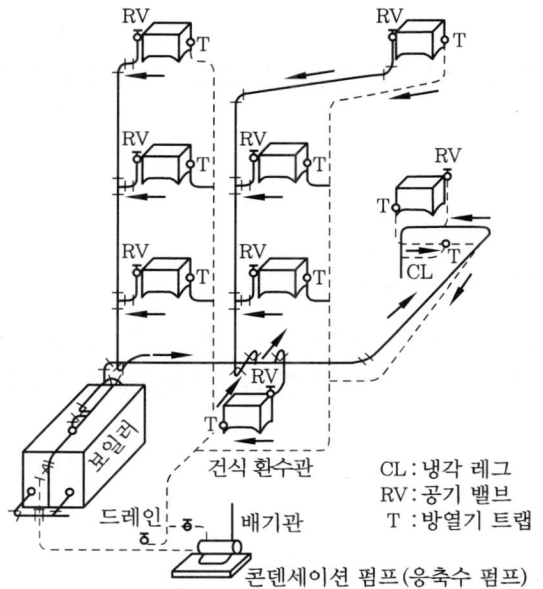

기계 환수식 증기난방법

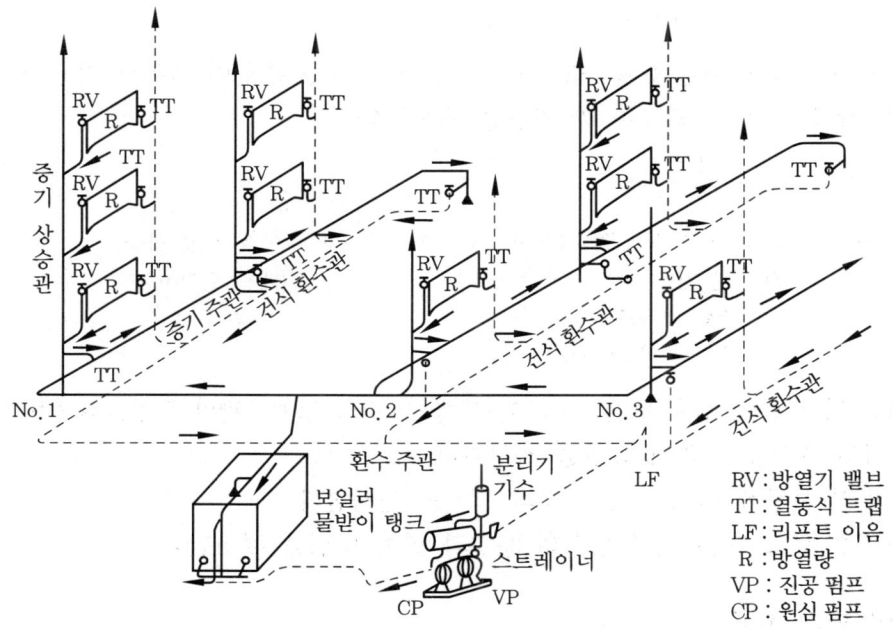

진공 환수식 증기난방법

(3) 증기난방의 설계

① 필요 방열 면적 : 각 실의 난방 부하(손실 열량)를 계산하고 각 실마다 필요로 하는 방열 면적을 구한다.

$$A = \frac{H_1}{650}$$

여기서, A : 필요 방열 면적(m^2)
H_1 : 난방 부하(kcal/h)

② 배관 방법을 결정하고 실내의 창밑, 기타 열 손실이 많은 벽면에 방열기를 배치하고, 방열 면적 'A'를 각 방열기에 배분한다. 이때 방열기 1개의 방열 면적은 $10m^2$ 이하가 되도록 한다.

③ 각 배관에 흐르는 증기량을 구한다.

$$G = \frac{650 \cdot A}{539}$$

여기서, G : 발생 증기량(kg/h)
A : 방열 면적(m^2)
650 : 방열기 표준 방열량(kcal/h)
539 : 증기의 응축 잠열(kcal/kg)

④ ③의 증기량이 배관을 통과할 때 생기는 마찰 저항 손실이 배관의 허용 손실(허용 압력 강하) 이하가 되도록 관 지름을 계산한다.

$$H_f = \lambda \cdot \frac{L}{D} \cdot \frac{V^2}{2g} \cdot \rho$$

여기서, H_f : 허용 압력 강하(mmH_2O)　　　λ : 마찰 저항 계수
D : 관 지름(m)　　　　　　　　　L : 배관 길이(m)
g : 중력 가속도($9.8m/s^2$)　　　　V : 유속(m/s)
ρ : 증기의 밀도(kg/m^3)

⑤ 배관 각 부분에 신축 이음, 공기빼기 밸브, 감압 밸브, 관말 트랩, 리프트 이음 등의 취부 위치를 정하여 용량을 결정한다.
⑥ 보일러 용량을 결정하고, 굴뚝의 크기를 결정한다.
⑦ 응축수 펌프 또는 진공 펌프의 용량과 설치 방법을 결정한다.

(4) 증기난방의 시공

① 배관 구배 및 시공

(가) 단관 중력 환수관식에서 상향 공급식은 $\frac{1}{100} \sim \frac{1}{200}$, 하향 공급식은 $\frac{1}{50} \sim \frac{1}{100}$ 정도의 하향 구배로 한다.

(내) 복관 중력 환수관식에서 건식은 $\frac{1}{200}$ 정도의 하향 구배로 보일러까지 배관한다.

(다) 진공 환수 방식의 증기 주관은 $\frac{1}{200} \sim \frac{1}{300}$ 정도의 하향 구배로 한다.

(라) 증기 지관을 분기할 때는 수직 또는 45° 이상으로 분기한다.

(마) 지름이 다른 관 접합 시에는 편심 리듀서를 사용하여 응축수가 고이는 것을 방지한다.

② 보일러 주변의 배관
  (가) 하트포드 연결법(hartford connection) : 저압 증기난방 장치에 있어서 환수 주관을 보일러 하단에 직접 접속하면 보일러 내의 수면이 안전 저수위 이하로 내려간다. 또 환수관의 일부가 파손하여 누수 될 때에 보일러 내의 물이 유출하여 안전 저수위 이하가 되어 보일러는 빈 상태가 된다. 이와 같은 위험을 방지하기 위하여 그림과 같이 증기관과 환수관 사이에 밸런스관을 설치하여 안전 저수면보다 높은 위치에 환수관을 접속하는 배관 방법을 말한다.
  (나) 특징 : 보일러수의 역류를 방지할 수 있으며, 환수 주관 내에 침전된 찌꺼기를 보일러에 유입시키지 않는다.

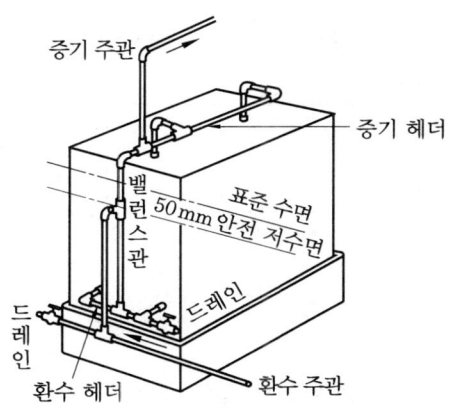

하트포드 연결법

③ 리프트 이음(lift fitting) : 진공 환수관식에서 보일러보다 방열기가 아래쪽에 설치되는 경우 설치하는 이음 방법으로, 수직 입상관은 환수 주관보다 1~2단계 낮은 관을 사용하며, 1단의 최고 흡상 높이는 1.5m 이내로 한다. 흡상 높이가 높은 경우에는 여러 개를 조합하여 설치할 수 있다.

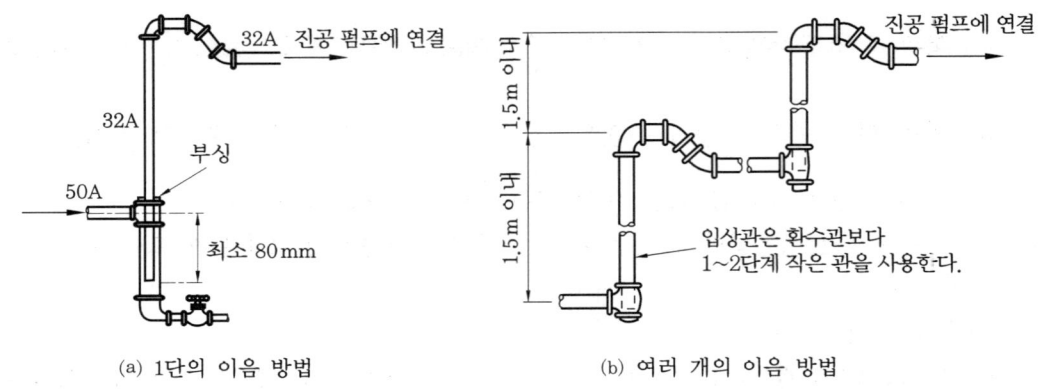

(a) 1단의 이음 방법   (b) 여러 개의 이음 방법

리프트 이음 배관

④ 증기 트랩의 설치 : 방열기에서 열교환 후 발생된 응축수를 배출하기 위하여 설치되는 것으로, 증기 공급관의 마지막 부분에서 분기된 이후부터 트랩에 이르는 배관에는 다음 배관도와 같이 여분의 증기가 충분히 냉각되어 응축수가 될 수 있도록 보온을 하지 않는 냉각 레그(cooling leg)를 1.5m 이상 설치하여야 한다.

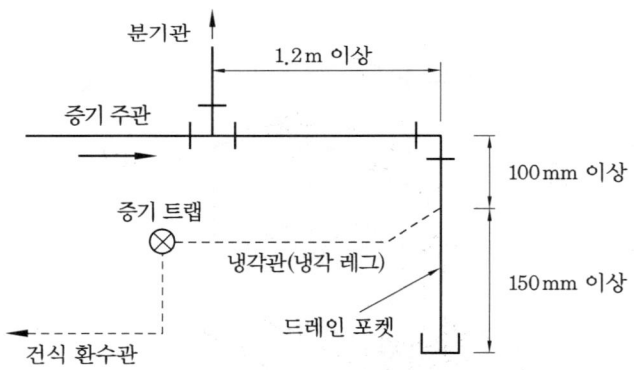

관말 트랩 주위 배관도

⑤ 장애물 넘기 배관 : 증기 공급관 및 환수관이 설치될 때 장애물이 있어 배관을 하기 곤란할 경우에는 다음 그림과 같이 루프 배관을 하여 위로는 공기, 아래는 응축수가 흐르게 배관한다.

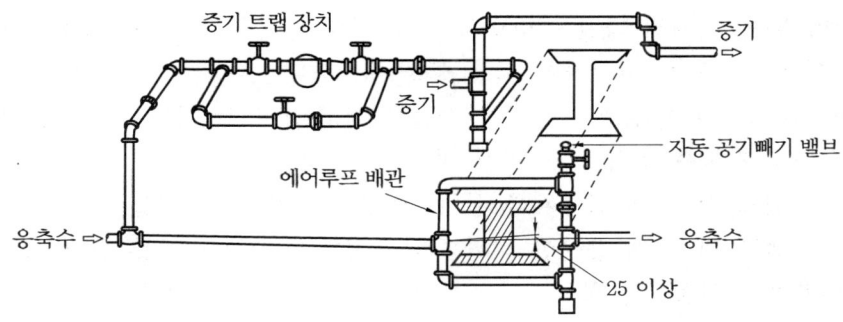

장애물 넘기 배관 방법

⑥ 증발 탱크 설치 : 환수관 내부에 재증발되는 양이 많은 경우에 그림과 같이 재증발 증기를 분리하여 사용하는 증발 탱크를 설치한다.

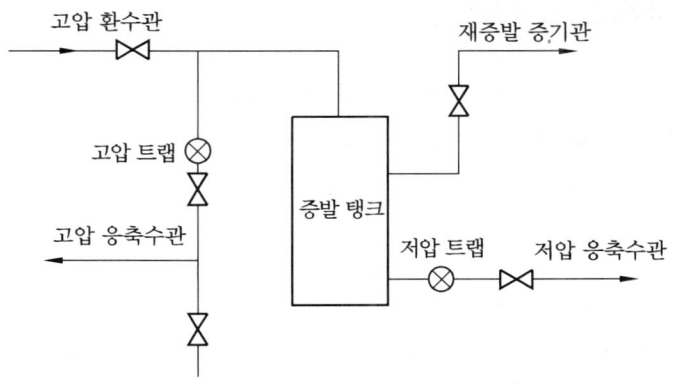

증발 탱크 주위 배관도

⑦ 방열기 주변의 배관
  (가) 열팽창에 의한 배관의 신축이 방열기에 전달되지 않도록 신축 흡수 장치를 설치한다.
  (나) 증기의 유입과 응축수의 유출에 대한 배관 구배의 방향이 합리적일 것
  (다) 방열기 출구측 상단 가장 높은 곳에 공기빼기 밸브를 부착한다.
  (라) 응축수의 배출을 용이하게 하기 위하여 관말 트랩을 설치한다.

⑧ 감압 밸브 설치

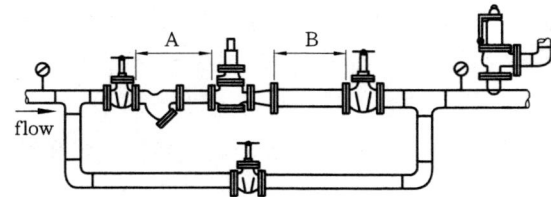

배관 호칭	직관부 길이(mm)	
	A	B
15A~40A	400	900
50A~100A	900	1500
125A~200A	1200	2500

감압 밸브의 설치 방법

(가) 감압 밸브 본체의 화살표 방향과 유체 방향을 일치시켜 수평으로 설치한다.
(나) 바이패스 배관을 설치하여 고장 시를 대비한다.
(다) 배관을 보온하여 응결수 발생을 최소로 하고, 장기간 사용하지 않을 때에는 응결수를 제거하여 부식 및 동파를 방지하여야 한다.
(라) 감압 밸브 전·후에 압력계를 설치하여 작동 상태를 확인할 수 있어야 한다.
(마) 감압 밸브 전·후에 충분한 직관부를 유지하여 유체의 난류 현상을 방지한다.
(바) 2차측에 안전밸브를 설치하여 감압 밸브의 오동작으로 인한 기기 및 배관을 보호할 수 있게 한다.
(사) 비체적을 계산하여 저압측(2차측) 배관을 고압측(1차측) 배관보다 크게 한다.

2-2 온수난방(溫水暖房)

온수보일러 또는 열교환기에서 가열된 온수를 순환하여 온수가 갖는 현열을 방열기 내에서 방출시켜 실내의 난방을 하는 방법이다.

(1) 특징

① 장점
(가) 난방 부하의 변동에 대응하기 쉽다.
(나) 가열 시간은 길지만 잘 식지 않으므로 증기난방에 비해 배관의 동결 우려가 적다.
(다) 방열기의 표면 온도가 낮으므로 실내 쾌감도가 높고 화상의 위험이 없다.
(라) 온수보일러 취급이 용이하며, 소규모 주택 등에 적당하다.

② 단점
(가) 한랭 지역에서는 동결의 위험이 있다.
(나) 방열 면적과 배관 지름이 커져 시설비가 증가한다.
(다) 예열 시간이 길어 예열 부하가 크다.

(2) 분류

① 온수 온도에 의한 분류
(가) 보통 온수식 : 85~90°C의 온수를 사용하고, 개방식 팽창 탱크를 사용한다.
(나) 고온수식 : 100~150°C의 온수를 사용하고, 밀폐식 팽창 탱크를 사용한다.

② 온수 순환 방법에 의한 분류
(가) 중력 순환식 : 온수의 온도차(밀도차)에 의한 대류 작용의 순환력을 이용하여 자연 순환시키는 방법이다.

(나) 강제 순환식 : 관내 온수를 순환 펌프를 이용하여 강제적으로 순환시키는 방법이다.

③ 배관 방식에 의한 분류

　(가) 단관식 : 송수관과 환수관이 하나의 관으로 이루어지는 방식이다.

　(나) 복관식 : 송수관과 환수관이 각각인 방식으로, 운전이 확실하고 온도 변화의 불확실성이 없다.

④ 온수의 공급 방법에 의한 분류

　(가) 상향 순환식 : 송수 주관을 방열기 아래쪽에 배관하고 여기서 상향 기울기로 배관하는 방식이다.

　(나) 하향 순환식 : 송수 주관을 최상부층까지 입상 배관하여 주관을 방열기보다 높은 쪽에 오게 하여 온수를 하향으로 공급하는 방식이다.

⑤ 온수 환수 방법에 의한 분류

　(가) 직접 환수 방식(direct return system) : 방열기에서 열교환한 온수가 순차적으로 보일러로 귀환되는 방식으로, 보일러에 가까운 방열기는 온수 순환이 잘 이루어지는 반면, 먼 쪽의 방열기는 온수 순환이 잘 이루어지지 않는다.

　(나) 역귀환 방식(reversed return system) : 각 방열기에 공급되는 온수의 양을 일정하게 배분하기 위하여 공급 및 환수관의 길이가 같도록 배관하는 방식이다.

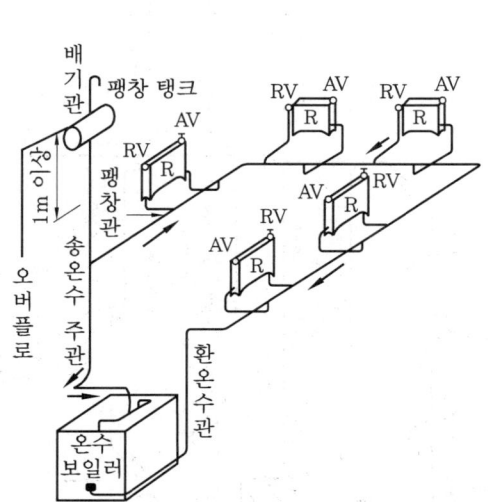
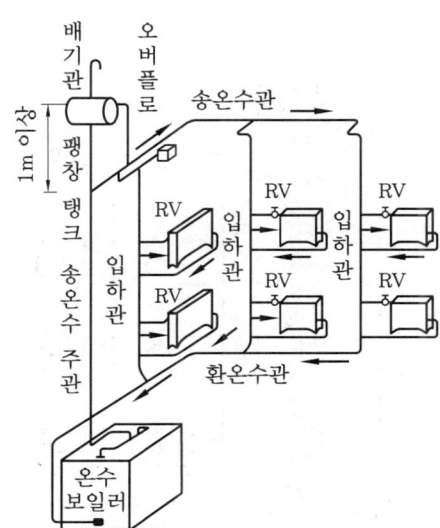

　　단관 중력 순환식 온수난방법(상향 공급식)　　　단관 중력 순환식 온수난방법(하향 공급식)

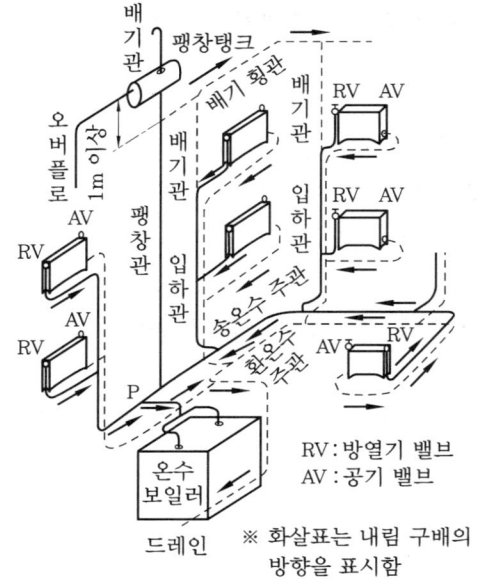

복관 중력 순환식 온수난방법(상향 공급식)

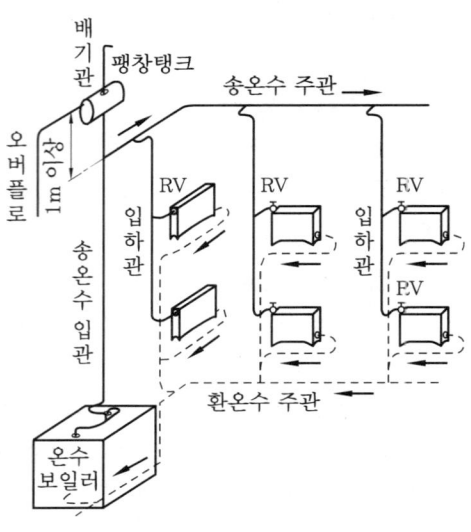

복관 중력 순환식 온수난방법(하향 공급식)

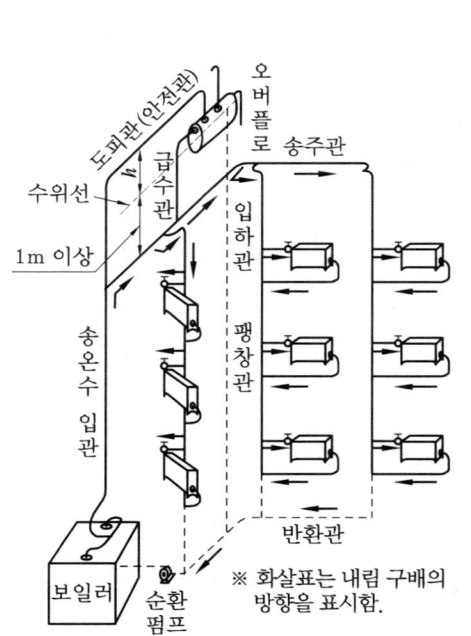

단관 강제 순환식 온수난방법(하향 공급식)

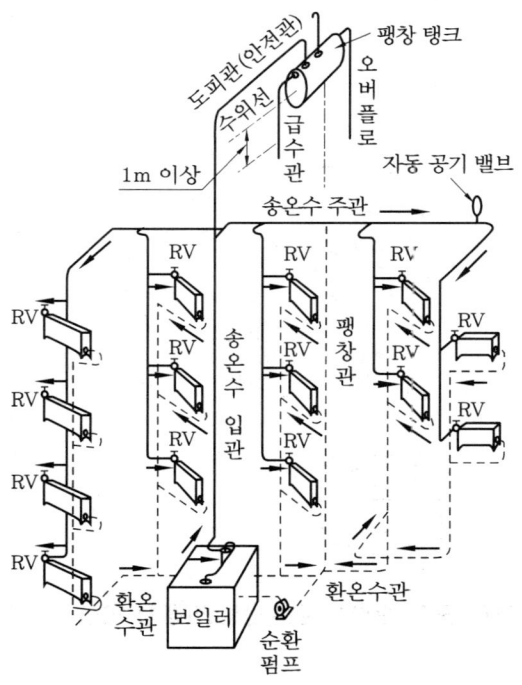

복관 강제 순환식 온수난방법(하향 공급식)

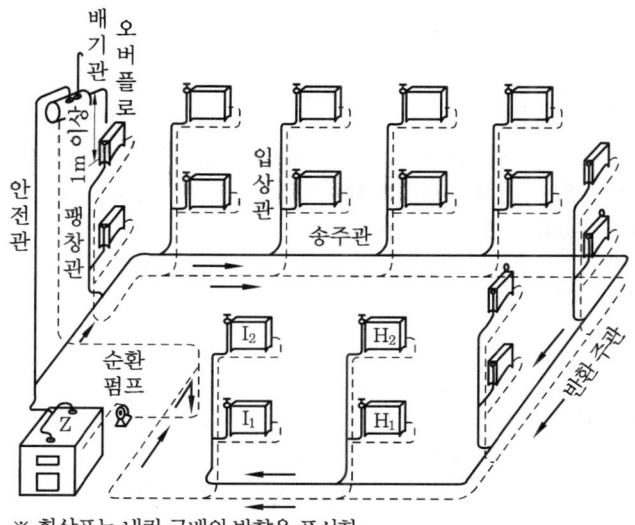

복관 강제 순환식 온수난방법(역환수 방식)

(3) 온수난방 설계법

① 난방 부하를 결정한다.
② 온수의 순환 방법을 결정한다.
③ 방열기의 입출구 온도차를 결정하고 방열량 및 온수 순환량을 계산한다.
④ 각 실마다 소요 방열 면적을 구하고, 방열기를 실내에 배치한다.
⑤ 배관 방법을 결정하고 순환 수두를 구한다.
⑥ 배관의 허용 압력 강하(마찰 손실 수두)를 계산한다.
⑦ 온수 순환량과 허용 압력 강하를 사용하여 강관 관 지름표에서 관 지름을 결정한다.
⑧ 각 구간에서 온수 순환량과 관 지름으로부터 계산한 순환 수두와 전체 마찰 손실의 합계가 일치하도록 관 지름을 보정한다.
⑨ 팽창 탱크의 용량을 결정하고, 동절기에 동파되지 않도록 조치한다.
⑩ 보일러 용량을 결정하고, 부속기기를 결정한다.

(4) 관 지름 결정

온수난방에 있어서 배관은 관내를 흐르는 온수를 원활히 순환시키고, 각 방열기에 필요한 온수량을 순환시키는 것이다. 따라서 배관 내 마찰 저항은 중력 순환식에 있어서는 자연 순환 수두와 같고, 강제 순환식의 경우에는 순환 펌프의 수두와 동일하게 하여야 한다.

① 온수 순환량 계산

$$G = \frac{Q_r}{C \cdot (t_2 - t_1)}$$

여기서, G : 온수 순환량(kg/h)　　　Q_r : 방열기 방열량(kcal/h)
　　　　C : 온수의 비열(kcal/kg·°C)　　t_2 : 방열기 입구 온수 온도(°C)
　　　　t_1 : 방열기 출구 온수 온도(°C)

② 배관 저항(허용 압력 강하)

$$R = \frac{H_w}{l \cdot (1 + \kappa)} = \frac{H_w}{l + l'}$$

여기서, R : 배관 저항(mmH$_2$O)
　　　　H_w : 이용할 수 있는 순환 수두(mmH$_2$O)
　　　　l : 보일러에서 가장 멀리 있는 방열기까지의 왕복 배관 길이(m)
　　　　l' : 왕복 배관에 있는 국부 저항 상당관 길이(m)
　　　　κ : 국부 저항과 직관의 비(주택, 소형 건축물 : 1.0~1.5, 사무소 건축, 기타 건축 : 0.5~1.9, 지역난방 : 0.2~0.5)

(가) 순환 수두 : 중력식 온수난방에 있어서 순환 수두 H_w[mmH$_2$O]는 다음과 같이 계산한다.

$$H_w = (\gamma_c - \gamma_h) \times h$$

여기서, γ_c : 방열기 출구 온수의 비중량(kgf/m^3)
　　　　γ_h : 방열기 입구 온수의 비중량(kgf/m^3)
　　　　h : 보일러 중심에서 방열기 중심까지의 높이(m)

(나) 관 상당장(관 상등관장) : 밸브 및 배관 부속의 저항을 동일 관 지름의 직관 길이로 환산한 것이다.

관 상당장 길이(m)

호 칭 A	호 칭 B	90° 엘보	45° 엘보	티(직류)	티(분류)	게이트 밸브	스톱밸브	앵글밸브	스윙식 체크밸브
15	$\frac{1}{2}$	0.5	0.25	0.3	0.9	0.2	5.5	2.1	1.8
20	$\frac{3}{4}$	0.6	0.3	0.4	1.2	0.3	6.7	2.7	2.4
25	1	0.8	0.4	0.5	1.5	0.3	8.8	3.7	3
32	$1\frac{1}{4}$	1.0	0.5	0.7	2.1	0.5	12	4.6	4.3
40	$1\frac{1}{2}$	1.2	0.6	0.8	2.5	0.6	13	5.5	4.9
50	2	1.5	0.75	1	3.1	0.7	17	7.3	6.1

65	$2\frac{1}{2}$	1.8	0.9	1.3	3.7	0.9	21	8.8	7.6
80	3	2.3	1.15	1.5	4.6	1.0	26	11	9.2
90	$3\frac{1}{2}$	2.7	1.35	1.8	5.5	1.2	30	13	11
100	4	3.1	1.55	2.1	6.4	1.4	37	14	12
125	5	4.0	2.00	2.5	7.6	1.8	43	18	15
150	6	4.9	2.45	3.1	9.1	2.1	52	21	18
200	8	6.1	3.05	4.0	12	2.7	67	26	24
250	10	7.6	3.8	4.9	15	3.7	85	32	30

참고

① 리프트형 체크밸브는 스톱밸브와 같다.
② 나사, 용접, 플랜지, 플레어 이음재에 적용할 수 있다.

 (다) 관 마찰 저항 : 온수가 관 내부를 흐를 때 마찰에 의한 손실이 발생하는데, 다음의 식에 의하여 계산한다.

$$H_f = \lambda \cdot \frac{L}{D} \cdot \frac{V^2}{2g}$$

여기서, H_f : 허용 압력 강하(mH$_2$O) λ : 마찰 저항 계수
    D : 관 지름(m) L : 배관 길이(m)
    g : 중력 가속도(9.8m/s^2) V : 유속(m/s)

③ 관 지름 결정 시 필요한 사항
 (가) 유량   (나) 유속
 (다) 배관 저항(허용 압력 강하)   (라) 관 마찰 저항
 (마) 배관의 길이   (바) 유체의 종류 및 점성

(5) 온수보일러 용량 계산

온수보일러 용량은 난방 부하(H_1)를 기준으로, 급탕 부하(H_2), 배관 부하(H_3), 예열 부하(H_4) 등을 고려하여 보일러 용량을 결정하여야 한다.
온수 보일러 용량 H_m[kcal/h]은 다음과 같이 표시할 수 있다.

 ┌ 정격 출력 : $H_m = H_1 + H_2 + H_3 + H_4$
 ├ 상용 출력 = $H_1 + H_2 + H_3$
 └ 방열기 부하 = $H_1 + H_2$

여기서, H_m : 온수 보일러 용량(kcal/h) H_1 : 난방 부하(kcal/h)

H_2 : 급탕 부하(kcal/h) H_3 : 배관 부하(kcal/h)
H_4 : 예열 부하(kcal/h)

① 난방 부하 계산 : 제2편 제1장 1. 난방 부하 계산 참조
② 급탕 부하 계산 : 급탕 및 취사용으로 사용되는 온수를 가열하는 데 소모되는 열량이다.

$$H_2 = G \cdot C \cdot (t_2 - t_1)$$

여기서, G : 시간당 급탕량(kg/h) C : 온수의 비열(kcal/kg·°C)
t_2 : 급탕 온도(°C) t_1 : 급수 온도(°C)

➡ 급탕 온도, 급수 온도가 없을 경우에는 급탕량 1L에 대하여 60kcal/h로 계산한다.

③ 배관 부하 : 난방 또는 급탕을 위하여 설치된 배관 내부와 배관에 접하는 외기와의 온도차에 의한 배관의 손실 열이다.

$$H_3 = K_1 \cdot F_1 \cdot \Delta t \cdot (1-\eta) = Q_1(1-\eta)$$

여기서, K_1 : 나관(裸管)의 열 관류율(kcal/h·m²·°C)
F_1 : 나관의 표면적(m²)
Δt : 관내 온수 온도와 관에 접한 외기의 온도차(°C)
Q_1 : 나관의 손실 열량(kcal/h)
η : 보온 효율(%)

➡ 배관 부하는 일반적으로 방열기 용량의 20% 정도를 취한다.
$$\therefore H_3 = (H_1 + H_2) \times 0.2$$

④ 예열 부하(시동 부하) : 보일러 가동 시 전장값(본체, 방열기, 방열관, 배관 등)을 운전 온도까지 가열 및 보일러수 예열에 필요한 열량이다.

$$H_4 = (G \cdot C_1 + W \cdot C_2) \cdot \Delta t$$

여기서, G : 장치 내 전철량(kg) W : 장치 내 전수량(kg)
C_1 : 철의 비열(kcal/kg·°C) C_2 : 물의 비열(kcal/kg·°C)
Δt : 운전 전후의 온도차(°C)

➡ 예열 부하(시동 부하)는 보일러 상용 부하의 25% 정도를 취한다.
$$\therefore H_4 = 상용 부하 \times 0.25 = (H_1 + H_2 + H_3) \times 0.25$$

⑤ 하나의 식으로부터 계산 : 온수 보일러의 용량(출력)은 각 부하를 종합하여 다음의 식으로 표시할 수 있다.

$$H_m = \frac{(H_1 + H_2) \times (1+\alpha) \times \beta}{\kappa}$$

여기서, H_1 : 난방 부하(kcal/h) H_2 : 급탕 및 취사 부하(kcal/h)

α : 배관 부하율(0.25~0.35) β : 여력 계수(시동 부하)
κ : 출력 저하 계수(석탄의 경우에 적용되며, 액체 연료의 경우 1이다.)

⑥ 예열에 필요한 시간

$$\text{예열 시간} = \frac{H_4}{H_m - \frac{1}{2}(H_1 + H_3)}$$

여기서, $\frac{1}{2}(H_1 + H_3)$는 예열 시간 중 평균 열 손실을 말한다.

(6) 팽창 탱크

① 설치 목적
 ㈎ 운전 중 장치 내의 온도 상승에 의한 체적 팽창 및 그 압력을 흡수한다.
 ㈏ 팽창된 온수의 넘침을 방지하여 열 손실을 방지한다.
 ㈐ 운전 중 장치 내의 압력을 소정의 압력으로 유지하고, 온수 온도를 유지한다.
 ㈑ 장치 내 보충수 공급 및 공기 침입을 방지한다.

② 팽창 탱크의 종류
 ㈎ 개방식 : 대기에 개방된 통기관을 팽창 탱크 상부에 부착하여 팽창 압력을 대기로 직접 배출하는 형식으로, 저온수난방의 일반 주택에 주로 사용한다.
 ㈏ 밀폐식 : 주로 고온수난방에 사용되며, 설치 위치에 관계없지만 팽창 압력을 압축 공기, 질소 등으로 흡수해야 하므로 부대 시설이 필요하다.

③ 팽창 탱크 용량
 ㈎ 온수보일러 시공 기준 : 보일러 및 배관 내의 보유 수량 200L까지는 20L, 보유 수량이 200L를 초과하는 경우 그 초과량 100L마다 10L씩 가산한 용량 이상이어야 한다.
  → 팽창 탱크 용량(L) = 보유 수량 × 0.1 ≥ 20L
 ㈏ 온수 팽창량 계산에 의한 방법 : 가열 전후의 전수량 차이를 온수 팽창량이라 하고, 이 팽창량에 안전율을 감안하여 탱크 용량을 계산한다.

$$\Delta V = \left(\frac{1}{\rho_h} - \frac{1}{\rho_c}\right) \times V = V \cdot \alpha \cdot \Delta t$$

여기서, ΔV : 온수 팽창량(L) V : 전수량(L)
  ρ_h : 가열 후의 물의 밀도(kg/m³) ρ_c : 가열 전의 물의 밀도(kg/m³)
  α : 물의 체적 팽창 계수(0.5×10^{-3}/°C) Δt : 가열 전후의 온도차(°C)

  ㉮ 개방식 팽창 탱크 용량 계산
   $ET(L) = \Delta V \times 안전율$

  ㉯ 밀폐식 팽창 탱크 용량 계산

$$ET(\text{L}) = \frac{\Delta V}{\dfrac{P_a}{P_a - 0.1h} - \dfrac{P_a}{P_t}}$$

여기서, ET : 팽창 탱크 용량(L)　　ΔV : 온수 팽창량(L)
　　　　P_a : 대기압($\text{kgf/cm}^2 \cdot \text{a}$)　　P_t : 보일러 최고 허용 압력($\text{kgf/cm}^2 \cdot \text{a}$)
　　　　h : 팽창 탱크로부터 최고 부위까지의 높이(m)

④ 팽창 탱크 설치 시 주의 사항
　㈎ 100°C의 온수에도 충분히 견딜 수 있으며 수위를 쉽게 알아볼 수 있어야 한다.
　㈏ 밀폐식의 경우 배관 계통 내의 압력이 제한 압력 이상으로 되면 자동적으로 과잉수를 배출시킬 수 있도록 방출 밸브를 설치하여야 한다.
　㈐ 개방식의 경우 팽창 탱크의 높이는 방열면보다 1m 이상 높은 곳에 설치하여야 하며, 동파되지 않도록 적절한 보온을 하여야 한다.
　㈑ 팽창 탱크의 용량은 규정량 이상으로 하여야 한다.
　㈒ 팽창관의 끝 부분은 팽창 탱크 바닥면보다 25mm 정도 높게 배관되어야 한다.
　㈓ 팽창 탱크에 물이 부족할 때 이를 자동적으로 보충할 수 있는 장치를 하여야 한다.
　㈔ 팽창 탱크에는 물의 팽창 등에 대비하여 오버플로관을 설치하여야 한다.
　㈕ 팽창 탱크 상부에는 통기관을 설치하여야 한다.
　㈖ 수도관, 급수관이 보일러나 배관 등에 직결되지 않도록 한다.

⑤ 팽창관 및 방출관 설치 시 주의 사항
　㈎ 팽창된 내부의 물을 팽창 탱크에 전달하는 관으로 팽창관은 환수 주관에 설치하고, 방출관은 보일러 최상부 또는 송수 주관에 설치한다.
　㈏ 다음의 조건에 만족하는 팽창관 및 방출관을 설치한다.

전열 면적 기준

구 분	전열 면적	배관 규격
방출관	10m² 미만	안지름 25mm 이상
방출관	10m² 이상	안지름 30mm 이상
팽창관	5m² 미만	호칭 25A 이상
팽창관	5m² 이상	호칭 30A 이상

용량 기준

용량(kcal/h)	팽창관 및 방출관의 크기
30000 이하	호칭 지름 15mm 이상
30000 초과 150000 이하	호칭 지름 25mm 이상
150000 초과	호칭 지름 30mm 이상

㈐ 팽창관 및 방출관에는 물 또는 발생 증기의 흐름을 차단하는 장치(밸브, 체크 밸브)가 있어서는 안 된다.
㈑ 팽창관은 가능한 한 굽힘이 없고 동결을 방지할 수 있는 조치(보온 조치 등)를 한다.
㈒ 강제 순환식의 경우 팽창관 및 방출관의 설치 위치는 순환 펌프에 의하여 폐쇄 또는 차단되지 않는 위치에 설치한다.
㈓ 팽창관을 탱크에 접속할 때 수평 부분은 상향 기울기로 한다.
⑦ 팽창 탱크의 구조

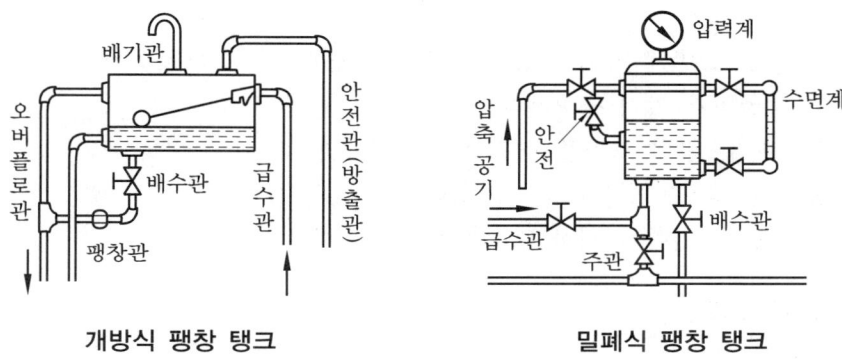

개방식 팽창 탱크　　　　　　밀폐식 팽창 탱크

(7) 배관 시공법

① 배관 구배(기울기) : 온수난방의 배관 구배는 일반적으로 $\frac{1}{250}$ 이상으로 한다.
② 배관 방법
㈎ 배관 중의 저항을 적게 하기 위하여 관절 단면에 생기는 거스러미를 제거한다.
㈏ 수평 배관(횡주관)에서 관 지름을 변경할 때는 편심 리듀서를 사용한다.
㈐ 밸브는 게이트 밸브(슬루스 밸브)를 사용한다.
㈑ 배관 중 적당한 간격으로 신축 이음(expansion joint)을 한다.
㈒ 열 손실 및 동파를 방지하기 위하여 보온을 철저히 한다.
㈓ 배관 중간에 공기가 체류할 부분에는 공기빼기 밸브(air vent valve)를 설치한다.
③ 보일러 주변의 배관 : 온수보일러에서 팽창 탱크에 이르는 팽창관, 방출관에는 원칙적으로 체크 밸브나 스톱 밸브를 설치하여서는 안 된다. 강제 순환에 있어서는 팽창관 접속 위치는 순환 펌프 출구측 가까이 설치한다.

2-3 복사난방(輻射暖房)

실내의 바닥, 천장 또는 벽면에 증기나 온수가 통과하는 패널(pannel)을 매설하여 이곳에서 발생되는 복사열을 이용하여 난방하는 방법이다.

(1) 특징

① 장점
- (가) 실내 온도 분포가 균등하여 쾌감도가 높다.
- (나) 바닥의 이용도가 높다.
- (다) 방열기가 필요하지 않다.
- (라) 방이 개방 상태에서도 난방 효과가 있다.
- (마) 손실 열량이 비교적 적다.
- (바) 공기 대류가 적으므로 바닥면 먼지 상승이 없다.

② 단점
- (가) 외기 온도 급변에 따른 방열량 조절이 어렵다.
- (나) 초기 시설비가 많이 소요된다.
- (다) 시공, 수리, 방의 모양을 변경하기가 어렵다.
- (라) 고장(누수 등)을 발견하기가 어렵다.
- (마) 열 손실을 차단하기 위한 단열층이 필요하다.

(2) 복사난방의 분류

① 열매에 의한 분류
- (가) 저온 복사난방 : 35~50°C의 온수를 사용하는 방법이다.
- (나) 고온 복사난방 : 증기를 사용하는 방법이다.

② 패널의 위치에 의한 분류 : 천장 패널, 벽 패널, 바닥 패널

③ 코일의 배관 방식에 의한 분류 : 그리드 코일, 밴드 코일

2-4 온수 온돌난방

(1) 특징

① 장점
- (가) 실내 온도 분포가 균등하다.
- (나) 열원이 낮아도 난방이 가능하다.
- (다) 실내의 활용도가 높다.
- (라) 시설 유지 관리비가 적게 사용된다.

② 단점
- (가) 온수관의 누수, 점검, 수리가 어렵다.
- (나) 설치 시공비가 비싸다.

㈐ 시설의 공동 이용이 불가능하다.
㈑ 단열 시공이 우수한 주택에서는 과다한 열량이 방사된다.

(2) 분류

① 난방 방식에 의한 분류
  ㈎ 중앙 집중식 : 보일러를 일정한 장소에 설치하고 전체를 난방하는 방식이다.
  ㈏ 개별식 : 각 세대마다 보일러를 설치하여 난방하는 방식이다.
② 온수 순환 방법에 의한 분류
  ㈎ 자연 순환식 : 온수 온도차(밀도차)를 이용하여 온수를 순환시키는 방식이다.
  ㈏ 강제 순환식 : 순환 펌프를 설치하여 강제적으로 온수를 순환시키는 방식이다.
③ 온수 순환 방향에 의한 분류
  ㈎ 상향 순환식 : 송수 주관을 상향 구배로 하고, 방열면을 보일러 설치 기준면보다 높게 하여 온수의 순환이 상향으로 송수되어 환수하는 방식이다.
  ㈏ 하향 순환식 : 송수 주관을 수직으로 배관하여 팽창관 및 방출관을 설치하고 온수를 하향으로 흐르게 하는 방식이다.
④ 배관 방식에 의한 분류
  ㈎ 직렬식 : 방열관을 1개의 관으로 시공하는 방식으로, 관로 저항이 크므로 난방 면적 $10m^2$ 이하에 적당하다.
  ㈏ 병렬식 : 환수 주관의 배관 방법에 따라 분리 주관식과 인접 주관식으로 구분하며, 관로 저항이 적고 배관 비용이 적당하여 가장 많이 사용하는 방식이다.
  ㈐ 사다리꼴식 : 배관 형태가 사다리 모양으로 배열한 방식으로, 동일한 규격의 방이 많은 아파트, 공동 주택 등에서 적당한 방식이다.

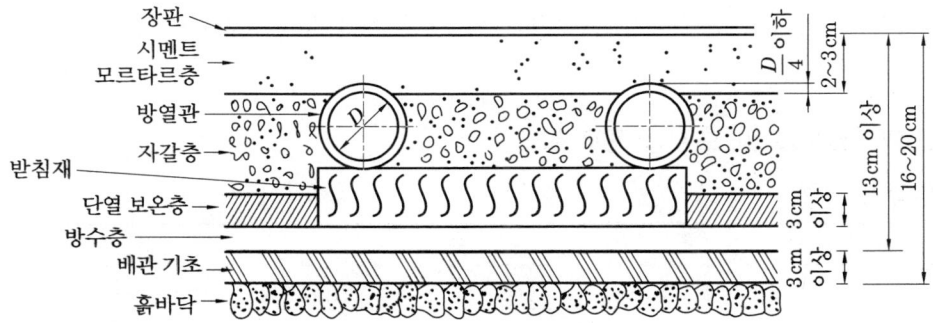

온수 온돌 시공층 단면도

2-5 방열기(radiator)

실내에 설치하여 증기 또는 온수를 통과시켜 복사, 대류에 의해 실내 온도를 높여 난방의 목적을 달성하는 기기이다.

(1) 방열기의 종류

① 열매에 의한 분류 : 증기용, 온수용
② 재료에 의한 분류 : 주철제, 강판제, 알루미늄 등
③ 형상에 의한 분류 : 주형, 벽걸이형, 길드형, 대류형, 관 방열기, 베이스 보드 방열기

(2) 각 방열기의 특징

① 주형(柱形) 방열기(column radiator) : 기둥의 수와 크기에 따라 2주형, 3주형, 3세주형, 5세주형이 있고, 3세주형과 5세주형이 많이 사용된다.
② 벽걸이형 방열기(wall radiator) : 주철제로 수평형과 수직형이 있으며, 수평형의 폭은 540mm, 수직형은 360mm, 설치수는 15쪽까지 조립하여 사용한다.
③ 길드 방열기(gilled radiator) : 길이 1m 정도의 주철관에 많은 핀(pin)을 부착시켜 공기와 접촉하는 면적을 넓혀 방열량이 많게 하고 양쪽 끝에 플랜지가 붙어 있다.
④ 강판제 방열기 : 외형이 주철제 방열기와 비슷하고 2주, 3주, 4주의 종류가 있고 프레스로 성형하여 용접으로 제작한다.
⑤ 강관제 방열기 : 고압 증기에도 사용이 가능하며, 강관을 조립하여 사용한다.
⑥ 알루미늄 방열기 : 알루미늄으로 제작된 섹션을 조립하므로 외관이 미려하고 경량이므로 최근에 가장 많이 사용되어지고 있다.
⑦ 대류 방열기(convector) : 관과 핀으로 이루어진 엘리먼트를 철제판 캐비닛 속에 장치하여 증기 또는 온수를 통과시켜 자연 대류 작용으로 방열하는 것으로, 콘벡터라고 불린다.

(3) 방열기 호칭법 및 도시법(圖示法)

① 방열기 기호

구 분	종 별	도시 기호
주 형	2주형	II
	3주형	III
	3세주형	3
	5세주형	5
벽걸이형(W)	수평형	H
	수직형	V

② 방열기 호칭법 : 종별 — 형×쪽수
③ 도시법

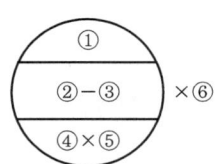

(가) ① — 쪽수(섹션수)
(나) ② — 종별(벽걸이형은 'W'로 표시)
(다) ③ — 형(치수, 높이) (벽걸이형은 'H' 또는 'V'로 표시)
(라) ④ — 유입관 지름
(마) ⑤ — 유출관 지름
(바) ⑥ — 설치수

> **참고**
>
> **방열기 도시법의 예**
>
> (1) 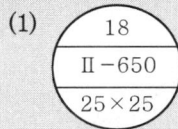   (2) 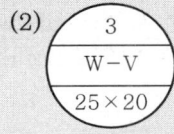   (3)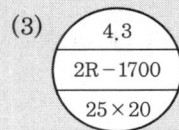
>
> 〈설명〉 (1) 섹션수 18쪽, 2주형 방열기로 높이 650mm, 유입, 유출관 지름이 25A이다.
> (2) 섹션수 3쪽인 벽걸이 방열기 수직형이고, 유입관 지름이 25A, 유출관 지름이 20A이다.
> (3) 상당 방열 면적이 4.3m인 콘벡터로서, 2열, 유효 길이 1.7m이고 유입관 지름이 25A, 유출관 지름이 20A이다.

(4) 방열기 설치 위치

방열기를 설치할 때는 열 손실이 가장 많은 곳, 즉 외기에 접한 창 아래쪽에 설치하며, 주형 방열기의 경우 벽에서 50~60mm 떨어져 설치하고, 벽걸이형 방열기는 바닥에서 보통 150mm 정도 높게 설치하고, 대류 방열기(콘벡터)는 바닥면으로부터 케이싱 하부까지의 높이를 최저 90mm 이상 높게 설치한다.

(5) 방열기 부하 계산

① 표준 방열량과 상당 방열 면적
(가) 표준 방열량

구분	방열기 내 평균 온도(°C)	난방 온도(°C)	온도차(°C)	방열 계수 (kcal/h·m²·°C)	표준 방열량 (kcal/h·m²)
증기	102	18.5	83.5	7.78	650
온수	80	18.5	61.5	7.31	450

(내) 상당 방열 면적(EDR) : 방열기 1m²당 표준 방열량을 내는 방열 면적을 상당 방열 면적(equivalent direct radiation)이라 하고, 기호는 EDR로 표시한다.

② 방열기 방열량 계산

$$Q_r = K \cdot \Delta t_m$$

여기서, Q_r : 방열기 방열량(kcal/h·m²)
K : 방열기 방열 계수(kcal/h·m²·°C)
Δt_m : 평균 온도차(°C) $\left(\Delta t_m = \dfrac{\text{방열기 입구온도} + \text{출구 온도}}{2} - \text{실내 온도}\right)$

③ 방열기 소요 방열 면적 계산

(가) 소요 방열 면적 $= \dfrac{\text{난방 부하(kcal/h)}}{\text{방열기 방열량(kcal/h·m}^2\text{)}}$

(내) 상당 방열 면적 $= \dfrac{\text{난방 부하(kcal/h)}}{\text{방열기 표준 방열량(kcal/h·m}^2\text{)}}$

(6) 방열기 섹션수(쪽수) 계산

① 증기난방

$$N_s = \dfrac{H_1}{650 \cdot a}$$

여기서, N_s : 증기 방열기 쪽수(개, 쪽)
H_1 : 난방 부하(kcal/h)

② 온수난방

$$N_w = \dfrac{H_1}{450 \cdot a}$$

여기서, N_w : 온수 방열기 쪽수(개, 쪽)
a : 방열기 쪽당 방열 면적(m²)

(7) 응축 수량 계산

① 방열기 응축 수량 계산 : 방열기에서 증기의 잠열을 이용하여 난방을 할 때 발생하는 응축 수량을 계산할 때 다음의 식이 이용된다.

$$Q_c = \dfrac{Q_r}{\gamma} \left(\text{단, 관 방열기는 } Q_{c_1} = \dfrac{Q_1}{\gamma}\right)$$

여기서, Q_c : 방열기 내 응축 수량(kg/h·m²)
Q_{c_1} : 관 방열기 응축 수량(kg/h·m²)
Q_r : 방열기 방열량(kcal/h·m²)
Q_1 : 관 길이 1m당 방열량(kcal/h·m)
γ : 증기의 응축 잠열(539kcal/kg)

② 전 응축 수량 계산 : 방열기 및 배관 내에서 발생되는 응축 수량을 계산할 때에는 다음의 식이 이용되며, 배관 내에서 발생되는 응축 수량은 방열기에서 발생되는 응축 수량의 30%로 계산한다.

$$Q_c = \frac{650}{539} \times 1.3 \times \text{EDR}$$

여기서, Q_c : 전 응축 수량(kg/h)
  650 : 증기 방열기 표준 방열량(kg/h·m²)
  539 : 증기의 응축 잠열(kcal/kg)
  EDR : 상당 방열 면적(kcal/h·m²)

③ 응축수 펌프 용량 : 응축수 펌프 용량은 발생 응축수량의 3배로 한다.

$$Q_p = \frac{Q_c}{60} \times 3$$

여기서, Q_p : 응축수 펌프 용량(kg/min)
  Q_c : 전 응축 수량(kg/h)

④ 응축수 탱크의 용량 : 응축수 탱크 용량은 응축수 펌프 용량의 2배로 한다.

$$Q_t = Q_p \times 2 = Q_c \times 0.1$$

여기서, Q_t : 응축수 탱크의 용량(kg)

예상문제   제1장 난방 부하 및 난방 설비

● 다음 물음의 답을 해당 답란에 답하시오.

1. 지하실 또는 어느 일정한 장소에 보일러를 설치하여 각 난방 소요처에 증기, 온수 또는 열기 등을 공급하는 방식을 중앙식 난방법이라 한다. 이 중앙식 난방법의 종류를 크게 나누어 3가지를 쓰시오. [제40회]

해답 ① 직접 난방법 ② 간접 난방법 ③ 복사 난방법

2. 난방 부하를 계산할 때 고려하여야 하는 사항을 4가지 쓰시오.

해답
① 건물의 위치
② 천장 높이
③ 건축 구조
④ 주위 환경 조건
⑤ 유리창 및 문의 크기, 위치
⑥ 마루, 계단 및 기타 공간의 난방 유무

3. 난방 면적이 50m²인 주택에 온수보일러를 설치하려고 한다. 벽체 면적은 40m²(창문, 문 포함), 외기 온도 −8°C, 실내 온도 20°C, 벽체의 열 관류율이 6kcal/h·m²·°C일 때 벽체를 통하여 손실되는 열량(kcal/h)은? (단, 방위 계수는 1.15이다.)

풀이 $H = K \cdot F \cdot \Delta t \cdot Z = 6 \times 40 \times (20+8) \times 1.15 = 7728 \text{kcal/h}$

해답 7728kcal/h

4. 어느 건물의 벽체 면적이 4×28m이고 벽체의 열손실 지수 2.9kcal/h·m²·°C이고, 벽체 중에 2.2×3.0m인 유리창이 4개가 포함되어 있으며, 유리창의 열손실 지수는 5.5kcal/h·m²·°C이다. 실내 온도 18°C, 외기 온도 3°C일 때 벽면 전체를 통하여 손실되는 열량을 구하시오. (단, 방위에 따른 부가 계수는 1.1이다.) [제38회]

풀이 ① 벽체를 통한 손실 열량 계산
$Q_1 = K \cdot F \cdot \Delta t \cdot Z = 2.9 \times \{(4 \times 28) - (2.2 \times 3.0) \times 4\} \times (18-3) \times 1.1 = 4095.96 \text{kcal/h}$

② 유리창을 통한 손실 열량 계산
$Q_2 = K_2 \cdot F_2 \cdot \Delta t \cdot Z = 5.5 \times (2.2 \times 3.0 \times 4) \times (18-3) \times 1.1 = 2395.8 \text{kcal/h}$

③ 합계 손실 열량 계산
$Q = Q_1 + Q_2 = 4095.96 + 2395.8 = 6491.76 \text{kcal/h}$

해답 6491.76kcal/h

5. 난방 면적이 100m², 열 손실 지수 90kcal/h·m², 온수 온도 80℃, 실내 온도 20℃일 때 난방 부하(kcal/h)는 얼마인가 계산하시오.

[풀이] $H_1 = u \cdot A_h = 90 \times 100 = 9000\,\text{kcal/h}$

[해답] 9000kcal/h

6. 증기난방의 장점을 4가지 쓰시오.

[해답] ① 예열 시간이 온수난방에 비하여 짧고, 증기 순환이 빠르다.
② 방열 면적을 온수난방에 비하여 적게 할 수 있고, 배관이 가늘어도 된다.
③ 열의 운반 능력이 크고, 유지와 시설비가 저렴하다.
④ 대규모 건물에 적합하다.

[참고] 단점
① 초기 통기 시 주관 내 응축수를 배수할 때 열이 손실된다.
② 소음이 발생하고, 실내의 방열량을 조절하기 어렵다.
③ 보일러 취급이 어렵고, 환수관에 부식의 우려가 있다.
④ 방열기 표면 온도가 높아 화상의 우려가 있고, 실내 쾌감도가 낮다.

7. 저압 증기난방에 사용하는 증기의 압력(kgf/cm²)은?

[해답] $0.15 \sim 0.35\,\text{kgf/cm}^2$

[참고] 증기 압력에 의한 분류
① 저압식 : 증기 압력 $0.15 \sim 0.35\,\text{kgf/cm}^2$ 정도로서, 일반 건물에 사용된다.
② 고압식 : 증기 압력 $1\,\text{kgf/cm}^2$ 이상이고, 공장 건물, 지역난방에 사용된다.

8. 응축수와 증기가 동일관 속을 흐르는 방식으로 기울기를 잘못하면 수격 현상이 발생되는 문제로 소규모 난방에서만 사용되는 증기난방 방식은?

[해답] 단관식

9. 다음은 증기난방 방식에 대한 그림이다. 배관 방법에 따라 구분할 때 각 그림은 어떤 배관 방식인지 쓰시오.

(1)   (2)

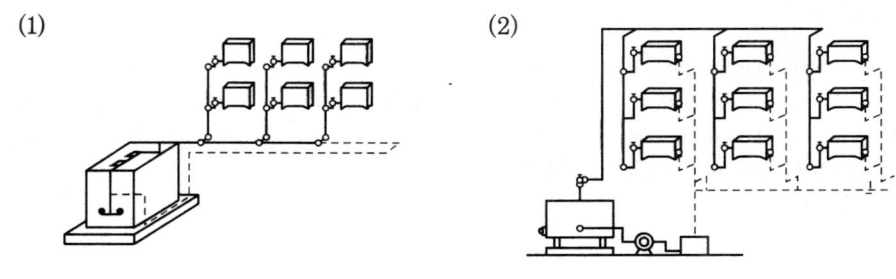

해답 (1) 단관식   (2) 복관식

참고 증기난방의 분류
  ① 증기 압력에 의한 분류 : 저압식, 고압식
  ② 배관 방식에 의한 분류 : 단관식, 복관식
  ③ 공급 방식에 의한 분류 : 상향 공급식, 하향 공급식
  ④ 환수관의 배관 방식에 의한 분류 : 건식 환수관식, 습식 환수관식
  ⑤ 응축수 환수 방법에 의한 분류 : 중력 환수식, 기계 환수식, 진공 환수식

10. 중력 환수식 응축수 환수 방법과 대비하여 진공 환수식 응축수 환수 방법에 대한 특징을 4가지 쓰시오.

해답 ① 다른 방법과 비교하여 증기의 순환이 빠르다.
② 방열기 설치 장소에 제한이 없다.
③ 환수관의 지름을 작게 할 수 있다.
④ 방열기 방열량을 광범위하게 조절할 수 있다.
⑤ 배관 기울기(구배)에 큰 제한이 없다.

11. 진공 환수식 증기난방법에 대한 다음 물음에 답하시오.
  (1) 진공 펌프의 설치 위치는?
  (2) 방열기 밸브는 어떤 것을 사용하는가?
  (3) 환수관의 진공도는 어느 정도로 유지되는가?

해답 (1) 환수 주관 말단 보일러 바로 앞
(2) 앵글 밸브
(3) 100~250mmHg·v

12. 증기난방 배관 시공에서 지름이 다른 관 접합 시에 사용하여 응축수가 고이는 것을 방지하여야 하는 부속 명칭은 무엇인가?.

해답 편심 리듀서

13. 증기난방 배관에서 보일러 주변 배관 방법인 하트포드 접속법(hartford connection)에 대하여 설명하시오.

해답 저압 증기난방 장치에 있어서 환수 주관을 보일러 하단에 직접 접속하면 보일러 내의 수면이 안전 저수위 이하로 내려간다. 또 환수관의 일부가 파손하여 누수 될 때에 보일러 내의 물이 유출하여 안전 저수위 이하가 되어 보일러는 빈 상태가 된다. 이와 같은 위험을 방지하기 위하여 증기관과 환수관 사이에 밸런스관을 설치하여 안전 저수면보다 높은 위치에 환수관을 접속하는 배관 방법을 말한다.

14. 저압 증기난방 장치에서 보일러 주변 배관을 하트포드 배관 방식으로 하는 목적을 2가지 쓰시오.

해답 ① 보일러수의 역류를 방지한다.
② 환수 주관 내에 침전된 찌꺼기를 보일러에 유입시키지 않는다.

15. 다음 그림은 저압 증기 보일러 주위의 하트포드(hartford) 배관을 나타낸 것이다. 물음에 답하시오.

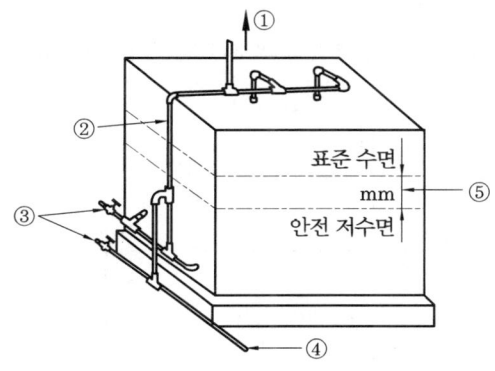

(1) 그림의 ①~④의 명칭을 쓰시오.
(2) ⑤의 표준 수면에서 안전 저수면의 간격(mm)은 얼마인가?

해답 (1) ① 증기 주관 ② 밸런스관 ③ 드레인 밸브 ④ 환수 주관
(2) 50mm

16. 다음 그림은 진공 환수식 증기난방법에서 응축수를 환수시키는 장치이다. 이 명칭은 무엇인가?

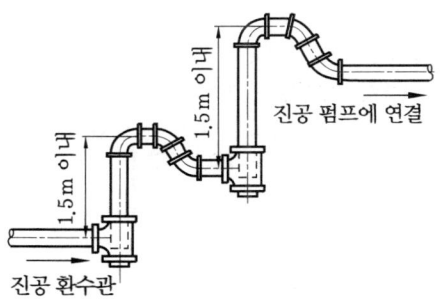

해답 리프트 이음(lift fitting)

17. 리프트 이음(lift fitting)에서 1단의 최고 흡상 높이는 몇 m 이내로 하여야 하는가?

해답 1.5m

18. 다음은 냉각 레그에 대한 설명이다. ( ) 안에 알맞은 숫자를 넣으시오. [제38회]

> 증기관의 맨 끝을 같은 지름으로 (①)mm 이상 세워 내리고, 다시 하부를 연장하여 (②)mm 이상의 드레인 포켓(drain pocket)을 만들어 준다. 또 고온의 응축수가 트랩을 통과하면 압력 강하에 의해 재증발하여 트랩이 기능 저하하기 때문에 트랩 앞 (③)m 이상 떨어진 곳까지 나관으로 배관하여야 한다.

해답 ① 100   ② 150   ③ 1.5

19. 다음 그림은 증기 주관 관말 트랩의 주위 배관도이다. (1)~(6)까지 적합한 치수 및 명칭을 쓰시오.

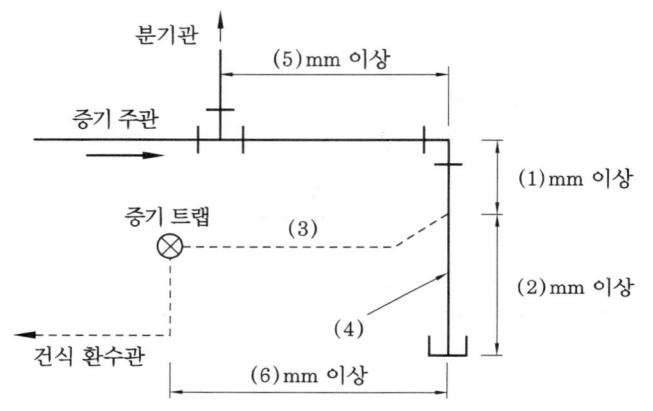

해답 (1) 100   (2) 150   (3) 냉각관(냉각 레그)   (4) 드레인 포켓   (5) 1200   (6) 1500

20. 다음은 증발 탱크(flash tank) 주위 배관도이다. ①, ④ 부품 명칭과 ②, ③, ⑤의 관 명칭을 쓰시오. [제41회]

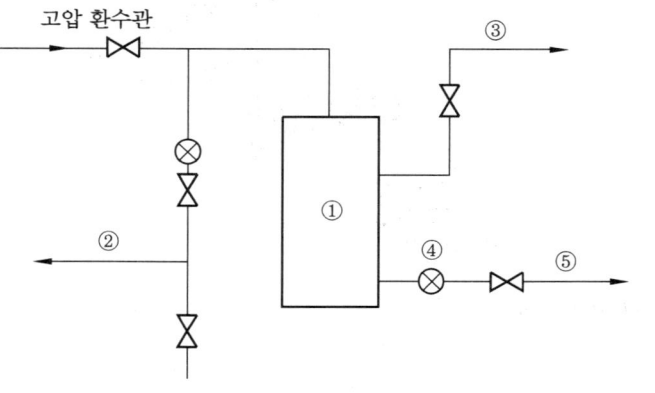

해답 ① 증발 탱크   ② 고압 응축 수관   ③ 재증발 증기관   ④ 저압 트랩   ⑤ 저압 응축 수관

21. 증기 감압 밸브를 설치 시공할 때 필요한 장치 5가지를 쓰시오. (단, 이음쇠 종류는 제외한다.) [제35회]

해답 ① 감압 밸브 ② 스트레이너 ③ 안전밸브 ④ 압력계 ⑤ 게이트 밸브 ⑥ 글로브 밸브

22. 증기난방과 비교한 온수난방의 장점을 4가지 쓰시오.

해답 ① 난방 부하의 변동에 대응하기 쉽다.
② 가열 시간은 길지만 잘 식지 않으므로 증기난방에 비해 배관의 동결 우려가 적다.
③ 방열기의 표면 온도가 낮으므로 실내 쾌감도가 높고 화상의 위험이 없다.
④ 온수보일러 취급이 용이하며, 소규모 주택 등에 적당하다.

참고 단점
① 한랭 지역에서는 동결의 위험이 있다.
② 방열 면적과 배관 지름이 커져 시설비가 증가한다.
③ 예열 시간이 길어 예열 부하가 크다.

23. 온수난방 설비에서 온수 온도차에 의한 비중력차로 순환하는 방식으로 단독 주택이나 소규모 난방에 사용되는 방식은?

해답 자연 순환식 난방

24. 온수난방 설비에서 물의 밀도차나 낙차만으로 순환이 어려운 경우 펌프 등을 이용하여 순환을 행하는 온수 순환 방식은?

해답 강제 순환식

25. 강제 순환식 온수난방의 특징을 3가지 쓰시오.

해답 ① 예열 시간이 비교적 짧다.
② 온수 순환이 확실하므로 대규모 난방 장치에 적합하다.
③ 자연 순환식에 비교해 관 지름이 작아도 된다.
④ 방열기가 보일러와 같거나 낮아도 순환에 문제가 없다.

26. 온수난방에서 각 방열기에 유량 분배를 균등하게 하여 방열기의 온도차를 최소화시키는 방식으로 환수관의 길이가 길어지는 단점을 가지는 온수 귀환 방식은?

해답 역귀환 방식(reversed return system)

27. 다음은 방열기를 이용한 온수난방에서 온수 순환율이 같도록 하기 위한 역환수관식(reverse return system) 도면이다. 도면을 보고 환수관 배관을 완성하시오.

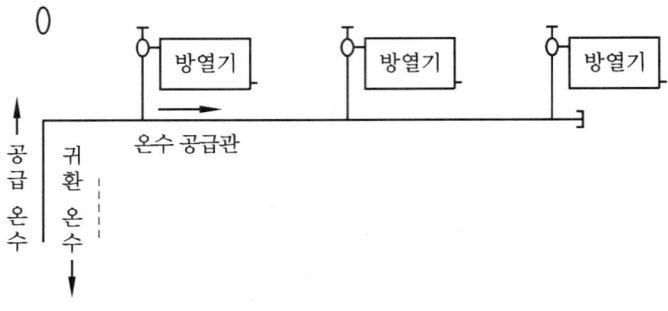

해답 점선으로 표시된 부분

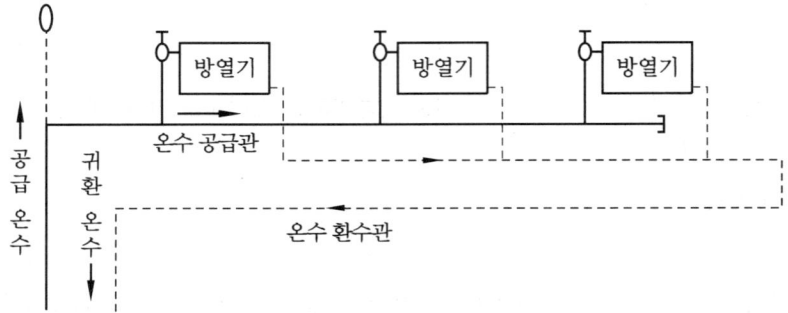

28. 다음에서 ( ) 속에 들어갈 알맞은 용어를 쓰시오.

> 증기 및 온수가 흐르는 관은 관 내외의 온도차에 의해 신축이 발생한다. 이에 따른 신축 흡수를 위해 방열기 인입 배관에는 (①) 이음을 하며, 공급관은 (②)구배, 환수관은 (③)구배로 한다.

해답 ① 스위블 ② 역 ③ 순

29. 온수난방으로 실내 온도를 18°C로 유지하는 데 소요되는 열량이 시간당 12000kcal이다. 송수 주관의 온도를 측정하니 85°C이고 환수 주관의 온도는 68°C이었다. 이 상태에서의 온수 순환량(kg/h)을 계산하시오. (단, 온수의 비열은 0.98kcal/kg·°C이다.)

풀이 $G = \dfrac{Q_r}{C \cdot \Delta t} = \dfrac{12000}{0.98 \times (85-68)} = 720.288 ≒ 720.29 \text{kg/h}$

해답 720.29kg/h

30. 자연 순환 온수난방에서 보일러와 방열기와의 수직 높이 차이가 6m이고, 송수 온도 80°C, 환수 온도 68°C일 때 자연 순환력은 몇 mmAq인가? (단, 68°C 물의 비중량은 978.94kgf/m³, 80°C 물의 비중량은 971.84kgf/m³이다.)

[풀이] $H_w = (\gamma_c - \gamma_h) \times h = (978.94 - 971.84) \times 6 = 42.6 \text{mmAq}$

[해답] 42.6mmAq

---

31. 최상층 방열기로 공급되는 온수의 온도가 90°C이고, 온도 강하가 16°C일 때 다음 표를 이용하여 자연 순환 수두(mmAq)를 계산하시오. (단, 보일러 중심에서 최상층 방열기의 중심까지 수직 높이는 15m이고, 배관 도중의 열 손실은 무시한다.)

온도에 따른 물의 비중량

온도(°C)	비중량(kgf/m³)	온도(°C)	비중량(kgf/m³)
70	977.81	82	970.57
74	975.98	86	968.00
78	973.07	90	965.34

[풀이] $H_w = (\gamma_c - \gamma_h)h = (975.98 - 965.34) \times 15 = 159.6 \text{mmAq}$

[해답] 159.6mmAq

---

32. 다음은 온수보일러 정격 출력(kcal/h) 계산식을 나타낸 것이다. 이 식에서 각각의 기호는 어떤 부하를 나타내는지 설명하시오. (단, H_m은 보일러 정격 출력이다.)

$$H_m = H_1 + H_2 + H_3 + H_4$$

[해답] ① H_1 : 난방 부하(kcal/h) – 실내를 적당한 온도로 유지하기 위하여 공급되는 열량
② H_2 : 급탕 부하(kcal/h) – 급탕 및 취사용으로 사용되는 온수를 가열시켜 주는 데 소모되는 열량
③ H_3 : 배관 부하(kcal/h) – 난방 또는 급탕을 위하여 설치된 배관에서의 손실 열량
④ H_4 : 시동 부하(kcal/h) – 보일러 가동 시 전 장치를 운전 온도까지 가열 및 보일러수 예열에 필요한 열량

---

33. 증기난방에서 방열기 면적이 400m², 급탕량이 600L/h, 배관 부하가 0.20이며, 급탕은 10°C에서 70°C로 가열하고, 예열 부하는 0.25이고, 보일러는 경유를 연료로 사용할 때 다음 물음에 답하시오.
(1) 방열기 용량(방열기 방열량 및 급탕 부하)은 몇 kcal/h인가? (단, 방열기의 방열량은 표준 방열량으로 한다.)
(2) 보일러 상용 출력은 몇 kcal/h인가?
(3) 보일러 정격 출력은 몇 kcal/h인가?

[풀이] (1) $Q_r = H_1 + H_2 = (400 \times 650) + \{600 \times 1 \times (70-10)\} = 296000 \text{kcal/h}$
(2) 상용 출력 $= (H_1 + H_2) \times (1+\alpha) = 296000 \times (1+0.2) = 355200 \text{kcal/h}$
(3) $H_m = (H_1 + H_2) \times (1+\alpha) \times \beta = 355200 \times (1+0.25) = 444000 \text{kcal/h}$

[해답] (1) 296000kcal/h (2) 355200kcal/h (3) 444000kcal/h

34. 난방 부하가 3200kcal/h, 급탕 부하가 1300kcal/h이다. 배관 부하를 15%로 하는 경우 배관 부하(kcal/h)를 계산하시오.

[풀이] $H_3 = (H_1 + H_2) \times \alpha = (3200 + 1300) \times 0.15 = 675 \text{kcal/h}$

[해답] 675kcal/h

35. 어느 주택에서 1일당 부하를 측정한 결과 난방 부하가 216000kcal/day, 시동 부하가 38400kcal/day, 배관 부하 50400kcal/h 및 급탕 부하 7200kcal/day이었다. 이 주택에 온수보일러를 설치할 때 보일러 용량(kcal/h)은 얼마인가?

[풀이] $H_m = H_1 + H_2 + H_3 + H_4 = \dfrac{216000 + 7200 + 50400 + 8400}{24} = 13000 \text{kcal/h}$

[해답] 13000kcal/h

36. 방열기 총 발열 면적이 40m²이고, 급탕량 120kg/h에 사용할 수 있는 주철제 온수보일러의 용량(kcal/h)은 얼마인가? (단, 급수 온도 10°C, 출탕 온도 60°C, 배관 부하 0.25, 예열 부하 1.5, 출력 저하 계수 1, 방열기 1m²당 방열량 600kcal/h이다.)

[풀이] ① 난방 부하 계산
$H_1 =$ 방열 면적 × 방열기 방열량 $= 40 \times 600 = 24000 \text{kcal/h}$
② 급탕 부하 계산
$H_2 = G \cdot C \cdot \Delta t = 120 \times 1 \times (60-10) = 6000 \text{kcal/h}$
③ 보일러 용량 계산
$H_m = \dfrac{(H_1 + H_2)(1+\alpha)\beta}{\kappa} = \dfrac{(24000+6000) \times (1+0.25) \times 1.5}{1} = 56250 \text{kcal/h}$

[해답] 56250kcal/h

37. 증기 방열기의 전 방열 면적이 450m²이고, 급탕량이 600L/h일 때 사용하여야 할 주철제 보일러의 정격 출력(kcal/h)을 구하시오. (단, 급수 온도 10°C, 출탕 온도 70°C, 배관 부하(α) 25%, 보일러 예열 부하(β) 1.40, 출력 저하 계수(κ) 0.75이고, 방열기의 방열량은 650kcal/m²·h이다.) [제35회]

[풀이] $H_m = \dfrac{(H_1 + H_2) \cdot (1+\alpha) \times \beta}{\kappa} = \dfrac{\{450 \times 650 + 600 \times 1 \times (70-10)\} \times (1+0.25) \times 1.40}{0.75}$
$= 766500 \text{kcal/h}$

해답 766500kcal/h

38. 급탕량이 시간당 1500L, 증기 방열기의 전체 방열 면적이 450m², 배관 부하가 30%, 예열 부하가 45%, 급탕 입구 온도 20°C, 출탕 온도 75°C, 출력 저하 계수가 0.69일 경우 이 보일러의 정격 출력(kcal/h)을 계산하시오. [제36회]

풀이 $H_m = \dfrac{(H_1+H_2) \cdot (1+\alpha)\beta}{\kappa} = \dfrac{\{450 \times 650 + 1500 \times 1 \times (75-20)\} \times (1+0.3) \times 1.45}{0.69}$
$= 1024456.522 ≒ 1024456.52 \text{kcal/h}$

해답 1024456.52kcal/h

39. 난방 부하가 100000kcal/h, 급탕 부하가 30000kcal/h, 배관 부하율 25%, 예열 부하 20%인 온수보일러의 정격 출력(kcal/h)을 구하시오. (단, 출력 저하 계수는 1이다.) [제41회]

풀이 $H_m = \dfrac{(H_1+H_2) \times (1+\alpha) \times \beta}{\kappa} = \dfrac{(100000+30000) \times (1+0.25) \times 1.2}{1} = 195000 \text{kcal/h}$

해답 195000kcal/h

40. 어떤 온수보일러의 난방 부하가 15000kcal/h, 급탕 부하가 1000kcal/h, 배관 부하가 2000kcal/h, 예열 부하가 5000kcal/h인 경우 예열에 필요한 시간은 얼마인가?

풀이 ① 정격 출력(kcal/h) 계산
$H_m = H_1 + H_2 + H_3 + H_4 = 15000 + 1000 + 2000 + 5000 = 23000 \text{kcal/h}$
② 예열에 필요한 시간 계산
$h = \dfrac{H_4}{H_m - \dfrac{1}{2}(H_1+H_3)} = \dfrac{5000}{23000 - \dfrac{1}{2} \times (15000+2000)} = 0.344 ≒ 0.34 \text{h}$

해답 0.34시간

41. 온수보일러에 팽창 탱크를 설치하는 목적을 4가지 쓰시오.

해답 ① 운전 중 장치 내의 온도 상승에 의한 체적 팽창 및 그 압력을 흡수한다.
② 팽창된 온수의 넘침을 방지하여 열 손실을 방지한다.
③ 운전 중 장치 내의 압력을 소정의 압력으로 유지하고, 온수 온도를 유지한다.
④ 장치 내 보충수 공급 및 공기 침입을 방지한다.

42. 온수난방 설비에서 팽창 탱크를 설치할 때 고온수난방 설비와 저온수난방 설비에 따른 팽창 탱크의 종류를 구분하여 설명하시오.

해답 ① 고온수난방 설비 : 밀폐식 팽창 탱크 ② 저온수난방 설비 : 개방식 팽창 탱크

43. 전체 보유 수량이 3500L인 온수보일러에서 25°C의 물을 85°C로 가열하여 난방 할 때 온수 팽창량(L)은 얼마인가? (단, 25°C 물의 밀도는 0.98kg/L, 85°C 물의 밀도는 0.965kg/L이다.) [제36회]

[풀이] $\Delta V = \left(\dfrac{1}{\rho_h} - \dfrac{1}{\rho_c}\right) \times V = \left(\dfrac{1}{0.965} - \dfrac{1}{0.98}\right) \times 3500 = 55.514 ≒ 55.51\,L$

[해답] 55.51L

44. 온수난방에서 시동 전에 물의 평균 밀도가 0.9957ton/m³이고, 난방 중 온수의 평균 밀도가 0.9828ton/m³인 경우 시동 전에 비해 온수의 팽창량은 약 몇 L인가? (단, 온수 시스템 내의 가동 전 보유 수량은 2.28m³이다.)

[풀이] $\Delta V = \left(\dfrac{1}{\rho_h} - \dfrac{1}{\rho_c}\right) \times V = \left(\dfrac{1}{0.9828} - \dfrac{1}{0.9957}\right) \times 2.28 \times 10^3 = 30.055 ≒ 30.06\,L$

[해답] 30.06L

[참고] 밀도의 단위 : ton/m³ = kg/L

45. 가열 전 물의 온도가 10°C인 온수보일러에서 가열 후 온도가 80°C라면 이 보일러의 온수 팽창량은 몇 L인가? (단, 이 온수보일러의 전체 보유 수량은 400L, 물의 팽창 계수는 0.5×10⁻³/°C이다.)

[풀이] $\Delta V = V \cdot \alpha \cdot \Delta t = 400 \times 0.5 \times 10^{-3} \times (80-10) = 14\,L$

[해답] 14L

46. 온수난방 설비에 밀폐식 팽창 탱크를 시공하였다. 공급 온수 온도를 105°C로 운전 중 받는 수두압(mAq)을 다음 조건을 이용하여 계산하시오.

[조건] 밀폐 탱크의 수면에서 가장 높은 배관까지의 수직 높이가 15m, 공급 온수 온도 105°C에서의 포화 압력이 1.23kgf/cm², 순환 펌프의 양정이 12m이다.

[풀이] 전 수두 = 위치 수두 + 압력 수두 = $15 + \dfrac{1.23 \times 10^4}{1000} + 12 = 39.3\,mAq$

[해답] 39.3mAq

47. 개방식 팽창 탱크의 높이는 온수난방의 최고 높은 부분보다 최소 몇 m 이상 높은 곳에 설치하여야 하는가?

[해답] 1m

48. 다음은 온수보일러에서 팽창 탱크의 설치에 관한 내용이다. ( ) 안에 알맞은 용어 및 숫자를 쓰시오.

> 팽창 탱크는 (①)°C의 온도에도 충분히 견딜 수 있어야 하며, 개방식의 경우 방열면보다 (②)m 이상 높은 곳에 설치하며, 팽창관의 끝 부분은 팽창 탱크 바닥면보다 (③)mm 정도 높게 배관되어야 한다.

해답 ① 100 ② 1 ③ 25

49. 다음 ( ) 안에 알맞은 용어 또는 숫자를 넣으시오.
(1) 밀폐식 팽창 탱크의 경우 보일러나 (①) 내의 압력이 제한 압력 이상으로 되면 자동적으로 과잉수를 배출시킬 수 있도록 (②)를 설치하여야 한다.
(2) 팽창 탱크의 용량은 보일러 및 배관 내의 보유 수량이 200L 이하인 경우에는 (①)L, 보유 수량이 100L를 초과할 때마다 (②)L를 가산한 용량 이상이어야 한다.

해답 (1) ① 배관 계통 ② 릴리프 밸브
(2) ① 20 ② 10

50. 온수난방에서 사용되는 팽창 탱크(expansion tank) 중 개방식 팽창 탱크에 연결되는 관의 종류를 5가지 쓰시오.

해답 ① 팽창관 ② 급수관 ③ 배수관 ④ 오버플로관(일수관) ⑤ 방출관
참고 밀폐식 팽창 탱크에 연결되는 관 및 계기 : 팽창관, 급수관, 배수관, 압축 공기관, 압력계, 수면계, 안전밸브

51. 팽창 탱크는 개방식과 밀폐식으로 분류할 수 있다. 개방식과 밀폐식 팽창 탱크의 구조를 그리고 부속 배관 및 기기 명칭을 쓰시오.

해답 ① 개방식 팽창 탱크의 구조   ② 밀폐식 팽창 탱크의 구조

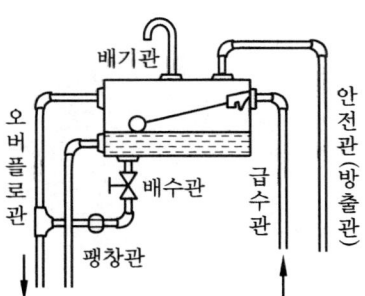 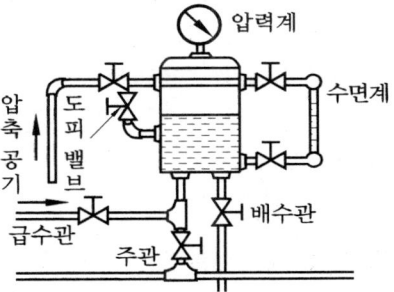

52. 다음은 온수난방에서 팽창관 및 방출관에 관한 사항이다. ( ) 안에 알맞은 용어 및 숫자를 넣으시오.

(1) 팽창관 및 방출관의 크기는 보일러 용량이 30000kcal/h 이하인 경우 호칭 지름 (①)mm 이상, 30000 초과 150000kcal/h 이하의 경우는 호칭 지름 (②)mm 이상이어야 한다.
(2) 팽창관 및 방출관에는 물 또는 발생 증기의 흐름을 방해하는 (①) 및 (②)가 [이] 있어서는 안 된다.
(3) 강제 순환식의 경우 팽창관 및 방출관의 설치 위치는 (①)에 의하여 폐쇄 또는 차단되지 않은 위치에 설치한다.

해답 (1) ① 15 ② 25
(2) ① 밸브 ② 체크 밸브
(3) ① 순환 펌프

참고 온수보일러 팽창관 및 방출관 기준
① 용량 기준

용량(kcal/h)	팽창관 및 방출관의 크기
30000 이하	호칭 지름 15mm 이상
30000 초과 150000 이하	호칭 지름 25mm 이상
150000 초과	호칭 지름 30mm 이상

② 전열 면적 기준

구 분	전열 면적	배관 규격
방출관	10m² 미만	안지름 25mm 이상
방출관	10m² 이상	안지름 30mm 이상
팽창관	5m² 미만	호칭 25A 이상
팽창관	5m² 이상	호칭 30A 이상

53. 다음과 같은 특징을 갖는 난방 방식은 어떤 난방법인가?

- 실내 온도가 균일하여 쾌감도가 높다.
- 방열기의 설치가 불필요하여 바닥면의 이용도가 높다.
- 천정이 높은 집의 난방에 적합하다.
- 평균 온도가 낮아서 열 손실이 적다.

해답 복사난방법

54. 복사난방의 장점을 4가지 쓰시오. [제35회]

해답 ① 실내 온도 분포가 균등하여 쾌감도가 높다.

② 바닥의 이용도가 높다.
③ 방열기가 필요하지 않다.
④ 방이 개방 상태에서도 난방 효과가 있다.
⑤ 손실 열량이 비교적 적다.
⑥ 공기 대류가 적으므로 바닥면 먼지 상승이 없다.

[참고] 단점
① 외기 온도 급변에 따른 방열량 조절이 어렵다.
② 초기 시설비가 많이 소요된다.
③ 시공, 수리, 방의 모양을 변경하기가 어렵다.
④ 고장(누수 등)을 발견하기가 어렵다.
⑤ 열 손실을 차단하기 위한 단열층이 필요하다.

---

55. 다음은 대류 난방과 비교한 복사난방의 특징을 설명한 것이다. ( ) 안에 들어갈 옳은 말을 아래 [보기]에서 찾아 쓰시오.

『복사난방은 (①)를(을) 가열 대상으로 하므로 실내의 높이에 따른 온도 편차가 (②), 쾌감도가 좋다. 또한 환기에 따른 손실 열량도 그만큼 (③)되며, 가열 대상의 열용량이 (④) 필요에 따라 즉각적인 대응이 (⑤), 시공이 어려우며, 하자 발생 위치를 확인하기 어렵다.』

[보기] (공기, 구조체) (작고, 크고) (많게, 적게) (크므로, 작으므로) (곤란하고, 쉽고)

[해답] ① 구조체 ② 작고 ③ 적게 ④ 크므로 ⑤ 곤란하고

---

56. 복사(방사)난방에서 패널(panel)의 위치에 의한 종류 3가지를 쓰시오.

[해답] ① 천장 패널 ② 벽 패널 ③ 바닥 패널

---

57. 온수 온돌의 장점을 4가지 쓰시오.

[해답] ① 실내 온도 분포가 균등하다.
② 열원이 낮아도 난방이 가능하다.
③ 실내의 활용도가 높다.
④ 시설 유지 관리비가 적게 사용된다.

[참고] 단점
① 온수관의 누수, 점검, 수리가 어렵다.
② 설치 시공비가 비싸다.
③ 시설의 공동 이용이 불가능하다.
④ 단열 시공이 우수한 주택에서는 과다한 열량이 방사된다.

58. 다음은 온수 온돌의 시공 순서이다. 순서에 맞도록 ( ) 안에 알맞은 작업명을 적어 넣으시오.

> 배관 기초 → (①) → 단열 처리 → (②) → 배관 작업 → (③) → 보일러 설치 → (④) → 수압 시험 → 수압 시험 → (⑤) → 골재 충전 작업 → (⑥) → 양생 건조 작업

해답 ① 방수 처리 ② 받침재 설치 ③ 공기빼기 밸브 설치 ④ 팽창 탱크 설치
⑤ 온수 순환 시험 ⑥ 시멘트 모르타르 바르기

59. 방열기 기둥의 수와 크기에 따라 2주형, 3주형, 3세주형, 5세주형이 있고, 3세주형과 5세주형이 일반적으로 많이 사용되는 방열기 명칭을 쓰시오.

해답 주형 방열기

60. 대류형 방열기로서 강판재 케이싱 속에 튜브 등의 가열기를 설치한 것으로, 공기는 하부로 유입되어 가열되고 상부로 토출되어 자연 대류에 의해 난방 하는 방열기 명칭을 쓰시오.

해답 대류 방열기(convector)

61. 방열기 선정 시 고려하여야 할 사항을 4가지 쓰시오.

해답 ① 사용 목적 및 설치 장소에 적합할 것
② 사용 열원의 종류에 적합할 것
③ 발열량이 크고, 효율이 좋을 것
④ 무게가 가볍고 운반, 반입, 설치가 용이할 것
⑤ 실내 온도 분포가 균일하게 되는 것

62. 다음 방열기 종류를 도면에 표시할 때 사용하는 도시 기호를 쓰시오.

(1) 2주형 :   (2) 3주형 :   (3) 3세주형 :   (4) 5세주형
(5) 벽걸이형 :   (6) 수형형 :   (7) 수직형 :

해답 (1) II (2) III (3) 3 (4) 5 (5) W (6) H (7) V

63. 다음 방열기 도시 기호에 해당하는 방열기 명칭을 쓰시오.
(1) W − H :   (2) W − V :

해답 (1) 벽걸이형 횡형(수평형) (2) 벽걸이형 종형(수직형)

64. 다음은 방열기의 호칭법이다. 그림에서 ①~⑤에 해당되는 의미를 쓰시오.

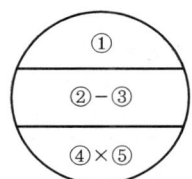

해답 ① 쪽수(섹션수) ② 종별 ③ 형(치수, 높이) ④ 유입관 지름 ⑤ 유출관 지름

65. 다음은 방열기 도시 기호이다. 물음에 답하시오.

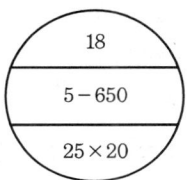

(1) 종별, 형 및 배관 치수는 얼마인가?
(2) 방열기 쪽수는 몇 개인가?

해답 (1) ① 종별 : 5세주형 ② 형 : 높이 650mm ③ 유입관 지름 : 25A, 유출관 지름 : 20A
(2) 18 개

66. 다음 방열기 도시 기호에 대하여 설명하시오.

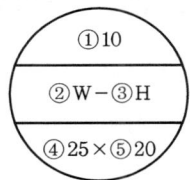

해답 ① 섹션수 10개 ② 벽걸이형 ③ 횡형(수평형)
④ 유입관 지름 25A ⑤ 유출관 지름 20A

67. 다음 방열기 도시 기호를 설명하시오. [제42회]

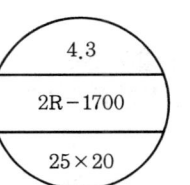

해답 상당 방열 면적이 4.3m²인 콘벡터로서, 2열, 유효 길이 1700mm이고 유입관 지름이 25A, 유

출관 지름이 20A이다.

68. 다음 방열기 도시 기호에 대하여 설명하시오. [제46회]

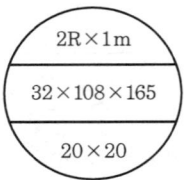

해답 ① 2단으로 유효 엘리먼트의 길이는 1m이다.
② 엘리먼트의 관 지름은 32A이다.
③ 핀의 크기가 108mm, 부착된 핀의 수가 165개이다.
④ 콘벡터로서 유입, 유출관 지름은 20A이다.

69. 방열기는 창문 아래에 설치하는데 벽면으로부터 몇 mm 정도의 간격을 두어야 가장 적합한가?

해답 50~60mm

70. 방열기 종류별 설치 기준에 대한 내용이다. (   ) 안에 알맞은 숫자를 넣으시오.
 (1) 주형 방열기는 벽면으로부터 (   )mm 정도 떨어져 설치한다.
 (2) 벽걸이형 방열기는 바닥으로부터 (   )mm 높게 설치한다.
 (3) 대류 방열기(콘벡터)는 바닥면으로부터 케이싱 하부까지의 높이를 최저 (   )mm 이상 높게 설치한다.

해답 (1) 50~60   (2) 150   (3) 90

71. 온수보일러의 방열기 입구 온도가 80°C, 출구 온도가 40°C이고, 온수 순환량이 500kg/h일 때 방열기 방열량은 몇 kcal/h인가? (단, 온수의 평균 비열은 1kcal/kg·°C로 한다.)

풀이 $Q_r = G \cdot C \cdot \Delta t = 500 \times 1 \times (80-40) = 20000 \text{kcal/h}$

해답 20000kcal/h

72. 방열기 입구 온도 80°C, 방열기 출구 온도 60°C, 실내 온도 20°C일 때 방열기 방열량 (kcal/h)을 계산하시오. (단, 방열기 방열 계수는 7.5kcal/h·m²·°C이다.) [제45회]

풀이 $Q_r = K \cdot \Delta t_m = 7.5 \times \left(\frac{80+60}{2} - 20 \right) = 375 \text{kcal/h}$

해답 375kcal/h

73. 온수난방 시 방열기 입구의 온수 온도가 92°C, 출구의 온도가 70°C, 실내 공기 온도 18°C에 있어서의 주철제 방열기의 방열량을 구하시오. (단, 온수난방 표준 온도차는 62°C로 한다.) [제43회]

풀이 방열기 방열량 $= 450 \times \dfrac{\Delta t_m}{\Delta t} = 450 \times \dfrac{\dfrac{92+70}{2} - 18}{62 - 18} = 644.318 ≒ 644.32\,\text{kcal/m}^2 \cdot \text{h}$

$\Delta t_m = \dfrac{\text{방열기 입구 온수 온도} + \text{출구 온도}}{2} - \text{실내 온도}$

$\Delta t = $ 방열기 내 평균 온도 − 실내 온도

해답 644.32 kcal/m² · h

74. 어떤 강의실의 필요 열량이 5000kcal/h이다. 3세주 650mm, 쪽당 방열 면적 0.15m²인 방열기를 설치하여 증기난방 할 경우 필요한 쪽수를 계산하시오.

풀이 $N_s = \dfrac{H_r}{650a} = \dfrac{5000}{650 \times 0.15} = 51.28 ≒ 52$쪽

해답 52쪽

75. 난방 부하가 3000kcal/h이고, 증기난방으로 5주형 650mm의 방열기를 사용할 때 필요한 방열기의 매수는? (단, 증기의 표준 방열량은 650kcal/m² · h이고, 방열기의 1매당 방열 면적은 0.26m²이다.)

풀이 $N_s = \dfrac{H_r}{650a} = \dfrac{3000}{650 \times 0.26} = 17.751 ≒ 18$매

해답 18매

76. 어느 응접실의 난방 부하가 6000kcal/h이고, 온수를 열매체로 하는 3세주 650mm의 주철제 방열기를 설치한다면 섹션 수는 최소한 몇 개가 필요한지 계산하시오. (단, 3세주 650mm의 주철제 방열기 1섹션당 표면적은 0.15m²이다.)

풀이 $N_w = \dfrac{H_r}{450a} = \dfrac{6000}{450 \times 0.15} = 88.888 ≒ 89$개

해답 89개

77. 난방 부하가 9000kcal/h인 장소에 온수 방열기를 설치하는 경우 필요한 방열기 쪽수는? (단, 방열기 1쪽당 표면적은 0.2m²이고, 방열량은 표준 방열량으로 계산한다.)

풀이 $N_w = \dfrac{H_r}{450a} = \dfrac{9000}{450 \times 0.2} = 100$쪽

해답 100쪽

78. 난방 부하가 10000kcal/h인 곳에 온수를 열매체로 사용하는 5세주형 650mm의 주철제 방열기를 설치할 때 필요한 방열 면적(m²)과 방열기 소요 쪽수를 계산하시오. (단, 방열기 방열량은 표준 방열량이고, 5세주형 650mm의 1쪽당 표면적은 0.26m²이다.) [제48회]

[풀이] ① 방열기 방열 면적 계산

$$\text{방열기 방열 면적} = \frac{\text{난방 부하(kcal/h)}}{\text{방열기 표준 방열량(kcal/h} \cdot \text{m}^2)} = \frac{10000}{450} = 22.222 ≒ 22.22\text{m}^2$$

② 방열기 쪽수 계산

$$N_w = \frac{H_r}{450a} = \frac{10000}{450 \times 0.26} = 85.470 ≒ 86쪽$$

[해답] ① 방열기 방열 면적 : 22.22m²
② 방열기 쪽수 : 86쪽

---

79. 어떤 온수 방열기의 입구 온도가 85°C, 출구 온도가 60°C이고, 실내 온도가 20°C이다. 난방 부하가 28000kcal/h일 때 필요한 방열기 쪽수를 계산하시오. (단, 방열기 쪽당 방열 면적은 0.21m², 방열 계수는 7.2kcal/h·m²·°C이다.)

[풀이] ① 방열기 방열량 계산

$$Q_r = K \cdot \Delta t_m = 7.2 \times \left(\frac{85+60}{2} - 20\right) = 378\text{kcal/h} \cdot \text{m}^2$$

② 방열기 쪽수 계산

$$N_w = \frac{H_r}{Q_r \cdot a} = \frac{28000}{378 \times 0.21} = 352.733 ≒ 353쪽$$

[해답] 353쪽

---

80. 포화 온도 105°C인 증기난방 방열기의 상당 방열 면적이 20m²일 경우 시간당 발생하는 응축 수량(kg/h)은 얼마인가 계산하시오. (단, 105°C 증기의 증발 잠열은 535.6kcal/kg이다.)

[풀이] $Q_c = \dfrac{Q_r}{\gamma} = \dfrac{20 \times 650}{535.6} = 24.271 ≒ 24.27\text{kg/h}$

[해답] 24.27kg/h

---

81. 포화 온도 107°C인 증기난방 방열기의 상당 방열 면적이 1500m²이고 증기 배관에서 응축 수량은 방열기 응축 수량의 20%라 할 때 난방 장치 내 전체 응축 수량(kg/h)은 얼마인가? (단, 107°C 증기의 증발 잠열은 530kcal/kg이다.)

[풀이] $Q_c = \dfrac{Q_r}{\gamma} \times 1.2 \times \text{EDR} = \dfrac{650}{530} \times 1.2 \times 1500 = 2207.547 ≒ 2207.55\text{kg/h}$

[해답] 2207.55kg/h

Chapter 2 보일러 시공도면 작성 및 해독

1. 보일러 시공도면 작성

1-1 배관 제도의 기초

(1) 배관도의 종류
① 평면 배관도 : 배관 장치를 위에서 아래로 내려다보며 그린 도면
② 입면 배관도 : 배관 장치를 측면에서 보고 그린 도면
③ 입체 배관도 : 입체적인 형상을 평면에 나타낸 도면
④ 부분 조립도 : 배관 조립도에 포함되어 있는 배관의 일부분을 그린 도면

(2) 배관도의 도시법(圖示法)
① 관의 높이 표시 방법
  ㈎ EL(elevation line) 표시 : 배관의 높이를 관의 중심을 기준으로 하여 표시한다.
    ㉮ BOP(bottom of pipe) : 지름이 다른 관의 높이를 나타낼 때 적용되며, 관 바깥지름의 아랫면을 기준으로 하여 표시한다.

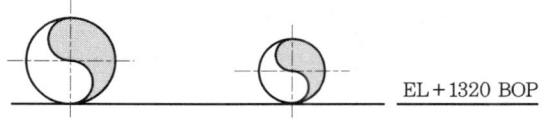

  ㉯ TOP(top of pipe) : BOP와 같은 목적으로 이용되나, 관의 윗면을 기준으로 하여 표시한다.

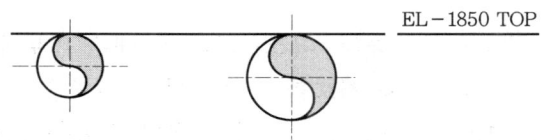

  ㈏ GL(ground line) : 포장된 지표면을 기준으로 하여 배관 장치의 높이를 표시할 때 적용된다.

(다) FL(floor line) : 1층 바닥면을 기준으로 하여 높이를 표시한다.
② 관의 표시 : 관은 1개의 굵은 실선으로 나타내고, 같은 도면 내에서의 관의 실선 굵기는 같게 한다. 또 관의 교차 및 굽힘 방향을 나타낼 경우에는 다음과 같은 관의 접속 상태의 도시 기호에 따른다.

관의 접속 상태 도시 기호

접속 상태	실제 모양	도시 기호	굽은 상태	실제 모양	도시 기호
접속하지 않을 때		┼ ┼	파이프 A가 앞쪽으로 수직으로 구부러질 때		A ⊙
접속하고 있을 때		┼	파이프 B가 뒤쪽으로 수직으로 구부러질 때		B ○
분기하고 있을 때		┴	파이프 C가 뒤쪽으로 구부러져서 D에 접속될 때		C ○── D

③ 관의 굵기 및 종류 도시 : 관의 굵기 및 종류를 나타낼 때에는 다음 그림과 같이 관을 나타내는 선에 따라 위쪽에 기입한다. 또 관의 굵기와 종류를 동시에 기입할 때에는 관의 굵기, 종류를 나타내는 기호의 순서로 기입한다. 다만, 복잡한 도면에서는 혼돈을 피하기 위하여 (c)와 같이 지시선을 그어 기입한다.

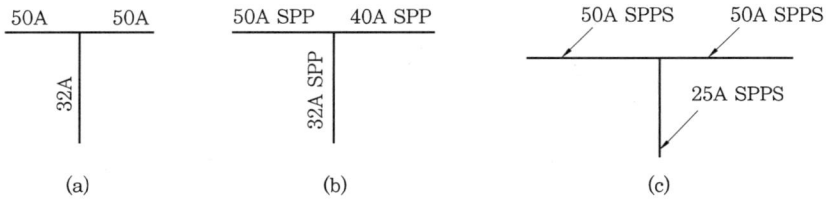

관의 굵기 및 종류 표시

④ 유체의 종류, 상태, 목적 표시 : 공기, 가스, 기름 등 배관 내부에 흐르는 유체의 종류를 나타낼 때에는 유체의 문자 기호를 사용하여 지시선을 그어 기입한다. 유체의 흐름 방향을 나타낼 때에는 화살표를 그어 유체의 방향을 표시한다.

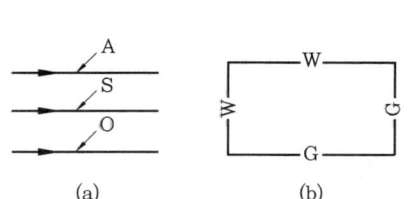

유체의 종류	문자 기호	색상
공기	A	백색
가스	G	황색
기름	O	황적색
수증기	S	암적색
물	W	청색

유체의 종류와 도시 방법

⑤ 관의 이음 방법 표시 : 관 이음 방법 표시는 다음의 도시 기호에 따른다.

관의 이음 방법 도시 기호

이음 종류	연결 방법	도시 기호	예	이음 종류	연결 방법	도시 기호
관 이음	나사형	—╁—	⌐╁	신축 이음	루프형	Ω
	용접형	—✕—	⌐✕		슬리브형	─┼─┼─
	플랜지형	—╫—	⌐╫		벨로스형	─⋀⋁⋀─
	턱걸이형	—◁—	⌐◁		스위블형	⌐⌐
	납땜형	—○—	⌐○			

⑥ 계기의 표시 : 압력계, 온도계 등의 계기류를 도시할 때에는 계기를 표시하는 문자 기호를 기입한다.

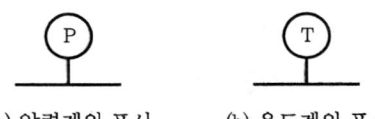

(a) 압력계의 표시 (b) 온도계의 표시

계기의 표시

1-2 투상법

(1) 정투상법

① 제1각법 : 투상면 앞쪽에 물체를 놓게 되므로 우측면도는 정면도의 왼쪽에, 좌측면도는 정면도의 오른쪽에, 저면도는 정면도의 위에 그리고, 평면도는 정면도의 아래에 그린다. (눈 → 물체 → 투상면)

② 제3각법 : 투상면의 뒤쪽에 물체를 놓은 것이므로 정면도를 기준으로 하여 그 좌우, 상하에서 본 모양을 본 쪽에서 그리는 것이므로 투상도의 상호 관계 및 위치를 보기가 쉽다. (눈 → 투상면 → 물체)

(2) 축측 투상법

물체의 정면, 평면, 측면을 하나의 투상면 위에서 동시에 볼 수 있도록 그리는 방법이다.

① 등각 투상법 : 직육면체의 등각 투상도에서 직각으로 만나는 3개의 모서리를 각각 120°를 이루게 그리는 방법이다.

② 부등각 투상법 : 직육면체의 등각 투상도에서 직각으로 만나는 3개의 모서리가 임의의 각도를 이루게 그리는 방법이다.

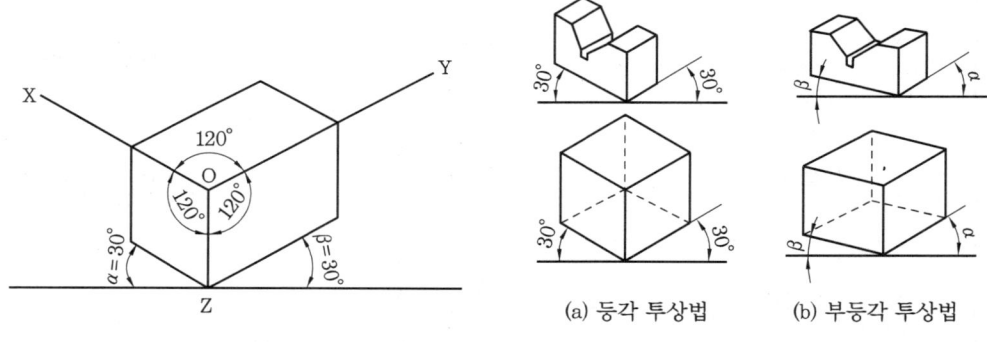

등각 투상법   등각 투상법과 부등각 투상법

1-3 입체도

(1) 배관도에서 입체도를 그리는 이유

① 계통도를 보다 구체적으로 지시할 경우
② 손실 수두 또는 유량 등을 계산할 경우
③ 배관 및 관 이음쇠의 수량을 산출할 경우
④ 배관을 가공하기 위해 관 가공도(加工圖)를 그릴 때

1-4 보일러 시공도면 도시 기호

(1) 관 이음쇠 도시 기호

구 분	플랜지 이음 (flanged)	나사 이음 (screwed)	턱걸이 이음 (bell & spigot)	용접 이음 (welded)	땜 이음 (soldered)
1. 부싱 (bushing)		⊣▷	→▷	⊣✕⊢	⊣◇⊢
2. 캡 (cap)		⊣⊐	→⊃		
3. 크로스(cross)					
(1) 줄임 크로스 (reducing)	6⊹2⊹6 ⊹4	6⊹2⊹6 ⊹4	6↧2↧6 ↧4	6✕2✕6 ✕4	6◇2◇6 ◇4
(2) 크로스 (straight size)	⊹⊹	⊹⊹	↧↧	✕✕	◇◇
4. 엘보					
(1) 45° 엘보 (45-degree)	⤹✕	⤹✕	⤹↧	⤹✕	⤹◇
(2) 90° 엘보 (90-degree)	⌐⊹	⌐⊹	⌐↧	⌐✕	⌐◇
(3) 가는 엘보 (turned down)	○⊹	○⊹	○←	○✕	○─○
(4) 오는 엘보 (turned up)	⊙⊹	⊙⊹	⊙→	⊙✕	⊙─○
(5) 받침 엘보 (base)	⌐⊹	⌐⊹	⌐↧		
(6) 쌍가지 엘보 (double tranch)	⊹⊤⊹	⊹⊤⊹			
(7) 긴 반지름 (long radius)	⌐LR⊹	⌐LR⊹			
(8) 줄임 엘보 (reducind)	⌐2 4	⌐2 4			⌐2 4○
(9) 옆가지 엘보 (side outlet, outlet down)	○⌐⊹	○⌐⊹	○⌐→		

명칭					
(10) 옆가지 엘보 (오는 것) (side outlet, outlet up)	⊙─┤├	⊙─┤	⊙─→		
5. 조인트(joint)					
(1) 조인트 (connecting pipe)	─┤├─	─┼─	─⊂	─✕─	─○─
(2) 팽창 조인트 (expansion)	┤├┤├	┤□├	⊃□⊂	✕□✕	○□○
6. 와이(Y) 타이(lateral)	┤⇂	┼⇂	⇂⇂		
7. 오리피스 플랜지 (orifice flange)	─┤││├─				
8. 줄임 플랜지 (reducing flange)	─▷├				
9. 플러그(pulgs)					
(1) 벌 플러그 (bull plug)	─▷				
(2) 파이프 플러그 (pipe plug)			─◁	◯	⊂
10. 줄이개(recudcer)					
(1) 줄이개 (concentric)	▷┤├	▷├	▷→	▷✕	○▷○
(2) 편심 줄이개 (eccenitric)	◿┤├	◿├	◿→	◿✕	◿○
11. 슬리브(sleeve)	┤├-┤├	┼-┼	→--⊂	✕-✕	○--○
12. 티(tee)					
(1) 티(straight, size)	┤├┬┤├	┼┬┼	→┬⊂	✕┬✕	○┬○
(2) 오는 티 (outlet up)	┤├⊙┤├	├⊙┤	→⊙⊂	✕⊙✕	○⊙○
(3) 가는 티 (outlet down)	┤├○┤├	├○┤	→○⊂	✕○✕	○○○
(4) 쌍스위프 티 (doble sweep)	┴┴	┴			

구분	플랜지 이음 (flanged)	나사 이음 (screwed)	턱걸이 이음 (bell & spigot)	용접 이음 (welded)	땜 이음 (soldered)
(5) 줄임 티 (reducing)					
(6) 스위프 티 (single sweep)					
(7) 옆가지 티 (가는 것) (side outlet, out let down)					
(8) 옆가지 티 (오는 것) (side outlet, out let up)					
13. 유니언(union)					

(2) 밸브 도시 기호

구 분	플랜지 이음 (flanged)	나사 이음 (screwed)	턱걸이 이음 (bell & spigot)	용접 이음 (welded)	땜 이음 (soldered)
1. 앵글 밸브 (angle valve)					
(1) 앵글 체크 밸브(check)					
(2) 슬루스 앵글 밸드(수직) (gate, elevation)					
(3) 슬루스 앵글 밸브(수평) (gate, plan)					
(4) 글로브 앵글 밸브(수직) (globe, elevation)					
(5) 글로브 밸브 (수평) (globe, plan)					
(6) 호스 앵글 밸브 (hose angle)	기호 9(1)과 같다.				
2. 자동 밸브 (automatic valve)					

종류					
(1) 바이패스 자동 밸브(by pass)					
(2) 거버너 자동 밸브(governor operated)					
(3) 줄임 자동 밸브(reducing)					
3. 체크 밸브 (check valve)					
(1) 앵글 체크 밸브 (angle check)					
(2) 체크 밸브 (srraight way)					
4. 콕(cock)					
5. 다이어프램 밸브 (diaphragm valve)					
6. 플로트 밸브 (float valve)					
7. 슬루스 밸브 (gate valve)					
(1) 슬루스 밸브					
(2) 앵글 슬루스 밸브 (angle gate)	기호 1(2) 및 1(3)과 같다.				
(3) 호스 슬루스 밸브 (hose gate)	기호 9(2)와 같다.				
(4) 전동 슬루수 밸브 (motor operated)					
8. 글로브 밸브 (globe vlave)					
(1) 글로브 밸브					
(2) 앵글 글로브 밸브 (angle globe)	기호 1(4) 및 1(5)와 같다.				
(3) 호스 글로브 밸브 (hose globe)	기호 9(3)과 같다.				
(4) 전동 글로브 밸브(motor operated)					

9. 호스 밸브 (hose vlave) (1) 앵글 호스 밸브 (angle vlave) (2) 게이트 호스 밸브(gate) (3) 글로브 호스 밸브(globe)					
10. 봉합 밸브(lock shield vlave)					
11. 지렛대 밸브 (quick opening vlave)					
12. 안전 밸브 (safety vlave)					
13. 스톱 밸브 (stop vlave)	기호 7(1)과 같다.				
14. 감압 밸브 (reducing pressure vlave)	기호 7(1)과 같다.				

(3) 나사 이음 시 계기류 도시 기호

명 칭	기 호	명 칭	기 호
체크 앵글 밸브 (check angle valve)		슬루스 앵글 밸브(수직) (sluice angle valve)	
슬루스 앵글 밸브(수평)		글로브 앵글 밸브(수직) (globe angle valve)	
글로브 앵글 밸브(수평)		체크 밸브(check valve)	
콕(cock)		다이어프램 밸브 (diaphragm valve)	
플로트 밸브 (float valve)		슬루스 밸브 (sluice valve)	
전동 슬루스 밸브 (moter operated sluice valve)		글로브 밸브 (globe valve)	
전동 글로브 밸브		봉합 밸브 (lock shield valve)	

명칭	기호	명칭	기호
안전 밸브 (safety valve)		감압 밸브 (reducing pressure valve)	
안전 밸브(스프링식)		안전 밸브(추식)	
일반 콕		삼방 콕	
일반 조작 밸브		전자 밸브	
도출 밸브		닫혀있는 일반 콕	
닫혀있는 일반 밸브		공기빼기 밸브	
온도계		압력계	
글로브 밸브 (globe valve)		슬루스 밸브 (sluice valve)	
리프트형 체크 밸브 (life type check valve)		스윙형 체크 밸브 (swing type check valve)	
콕		삼방 콕	
안전 밸브		배압 밸브	
감압 밸브		온도 조절 밸브	
압력계		연성 압렵계	
공기빼기 밸브			

(4) 일반 배관 도시 기호 I

명칭	기호	비고	명칭	기호	비고
송기관	———	증기 및 온수	편심 조인트		주철 이형관
복귀관	--------	증기 및 온수	팽창 곡관		
증기관	—/—/—	증기	배관 고정점	—✕—	
응축수관	--/-/--		급탕관	—I—	
기타관	—A—/—A—		온수 복귀관	—II—	

급수관	—··—		기수 분리기	—(SS)—	
상수도관	—·—		리프트 피팅	—oo—	
우물 급수관	———		분기 가열기	◣	
Y자관		주철 이형관	주형 방열기	•▬▬•	
콕 관		주철 이형관	티	┤	
T자관		주철 이형관	증기 트랩	—⊗—	
Y자관		주철 이형관	스트레이너	—(S)—	
90° Y자관			바닥 상자	—(B)—	
배수관	———		유분리기	—(OS)—	
통기관	— — —		배압 밸브		
소화관	—×—		감압 밸브		
주철관	(급수) 75mm	관 지름 75mm	압력계	⌀	
	(배수) 100mm	관 지름 100mm			
연관	(급수) 13L	관 지름 13mm	연성계	⌀	
	(배수) 100L	관 지름 75mm			
콘크리트관	(급수) 150L	관 지름 100mm	온도계	(T)	
	(배수) 150L	관 지름 150mm			
도관	100T	관 지름 100mm	송기도 단면	⊠	
수직관			배기도 단면	◱	
수직 상향	—⊂		송기 댐퍼 단면		
하향부	—+)—		배기 댐퍼 단면		
곡관			송기구		
플랜지	—‖—		배기구		
유니언	—‖‖—		바닥 배수	⊘	
엘보			벽걸이 방열기		

명칭	기호	명칭	기호
청소구		핀 방열기	
하우스 트랩		대류 방열기	
양수기	M	소화전	F
그리스 트랩	GT	기구 배수	○

(5) 일반 배관 도시 기호 Ⅱ

명칭		기호	명칭	기호	
절연		X[mm]	트랩		
보온관		X[mm]	벤트		
인체 안전용 보온관		X[mm] PP	탱크용 벤트		
분리 기능관			관 지지 기호		
			관 지지	실제 모양	기호
원추형 여과막		또는	앵커		⊗
평면형 여과막			가이드		G
증기 가열관		X[mm]	슈		●
Y 형 여과기	맞대기 용접		행어		● H
	소켓 용접		스프링 행어		● SH
	플랜지		바닥 지지		■ S
	나사식		스프링 지지		■ SS

1-5 보일러 시공도면의 작성

(1) 시공도면의 작성 요령
① 시공도의 척도는 1/50 또는 1/25을 원칙으로 한다.
② 배관 도시 기호는 한국산업규격(KS B 0051)에 의한다.
③ 시공도에는 다음 사항이 포함되도록 한다.
  (가) 모든 배관의 크기 치수 및 경로
  (나) 매설된 배관의 경우에는 정확한 매설 위치와 연결 부분
  (다) 배관의 단열 방식 및 단열 두께
  (라) 밸브의 종류 및 설치 위치
  (마) 팽창 탱크 및 안전장치의 설치 위치 및 규격
  (바) 전기 사용기기가 있을 때는 이에 따른 배전도 및 규격
  (사) 보일러 등의 기기의 규격 및 용량, 제조 업체명
  (아) 시공자의 서명 및 계약 일자, 시공 일자

(2) 시공도면의 작성 순서
① 건물 외곽 치수를 측정하고, 각 실의 위치 및 치수를 척도에 따라 건물 평면도를 작성하고 주요 치수를 기입한다.
② 보일러실의 위치를 표시한다.
③ 각 방의 주관선의 입구 및 출구 위치를 연결한다.
④ 보일러와 각 실의 주관선의 입구 및 출구 위치를 연결한다.
⑤ 주관의 유니언 위치를 표시한다.
⑥ 각 실의 방열기를 표시한다.
⑦ 팽창 탱크, 온수 탱크, 공기 방출기 등을 표시한다.
⑧ 굴뚝의 위치 및 연도를 표시한다.
⑨ 보일러 용량을 계산, 확인한다.

(3) 도면 작성
배관도는 관의 배치를 나타내는 것이 목적이므로, 관이 설치되는 기계 장치의 도면은 될 수 있는 대로 간단하게 외형만을 가는 실선 등의 가상선으로 그리는 것이 보통이다. 입체적으로 그린 다음 그림은, 복선 표시법과 단선 표시법으로 다음에 각각 도시한 것이다.

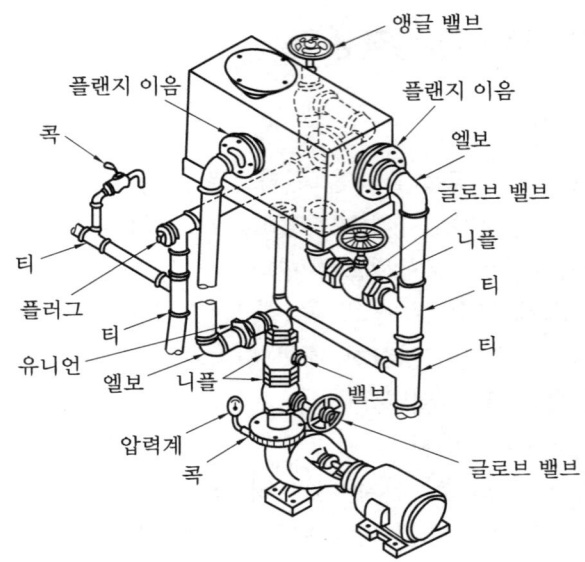

배관 장치의 보기(입체적 도시)

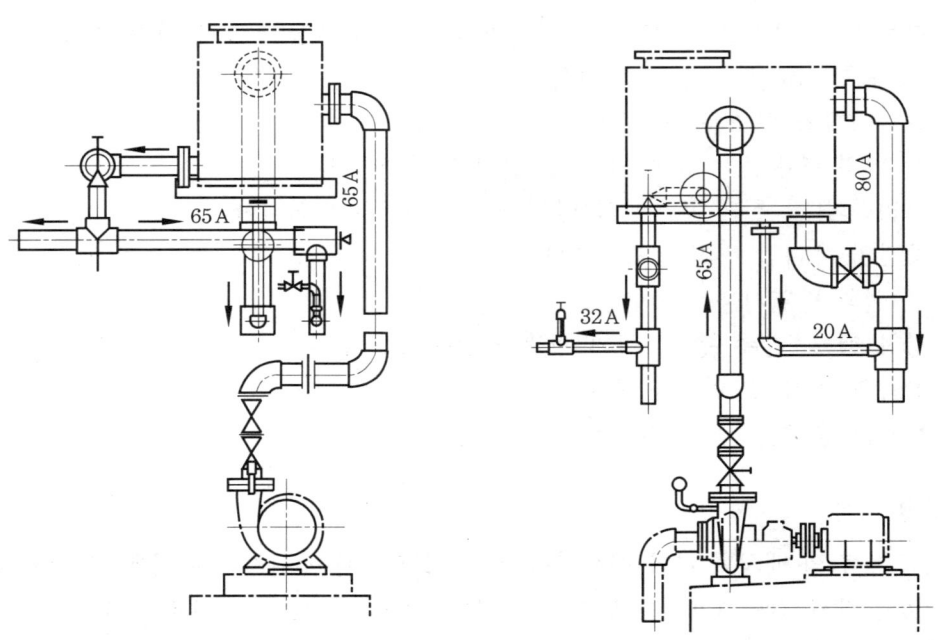

배관 장치의 복선 표시법

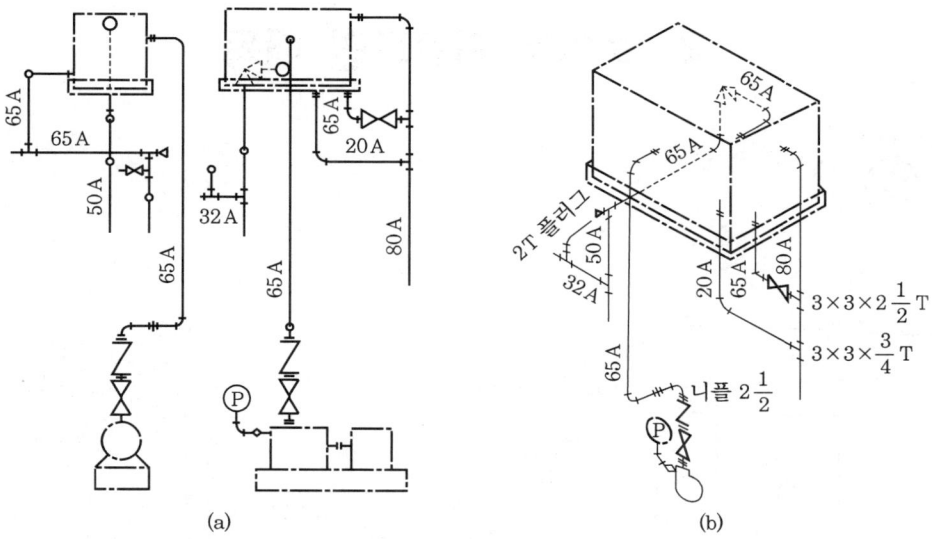

배관 장치의 단선 표시법

(4) 시공 내역서 작성

시공도에 의하여 필요한 자재 및 인건비를 정확하게 산출하여 내역서를 작성한다. 내역서 작성은 공사 금액 산출의 기본이 되므로 다음의 것을 포함시켜 작성한다.

① 보일러 및 부속 설비의 대수를 산출한다.
② 배관을 규격별로 총 연장 길이를 산출한다.
③ 관 이음쇠의 종류별, 규격별 소요 수량을 산출한다.
④ 밸브의 종류별, 규격별 소요 수량을 산출한다.
⑤ 기타 필요한 자재 및 부속 종류별, 규격별 소요 수량을 산출한다.
⑥ 굴뚝 및 연도 재료를 산출한다.
⑦ 보온재, 방수재 등을 산출한다.
⑧ 기타 잡자재를 산출한다.
⑨ 소요 인건비를 산출한다.

2. 보일러 시공도면 해독

2-1 강제 보일러

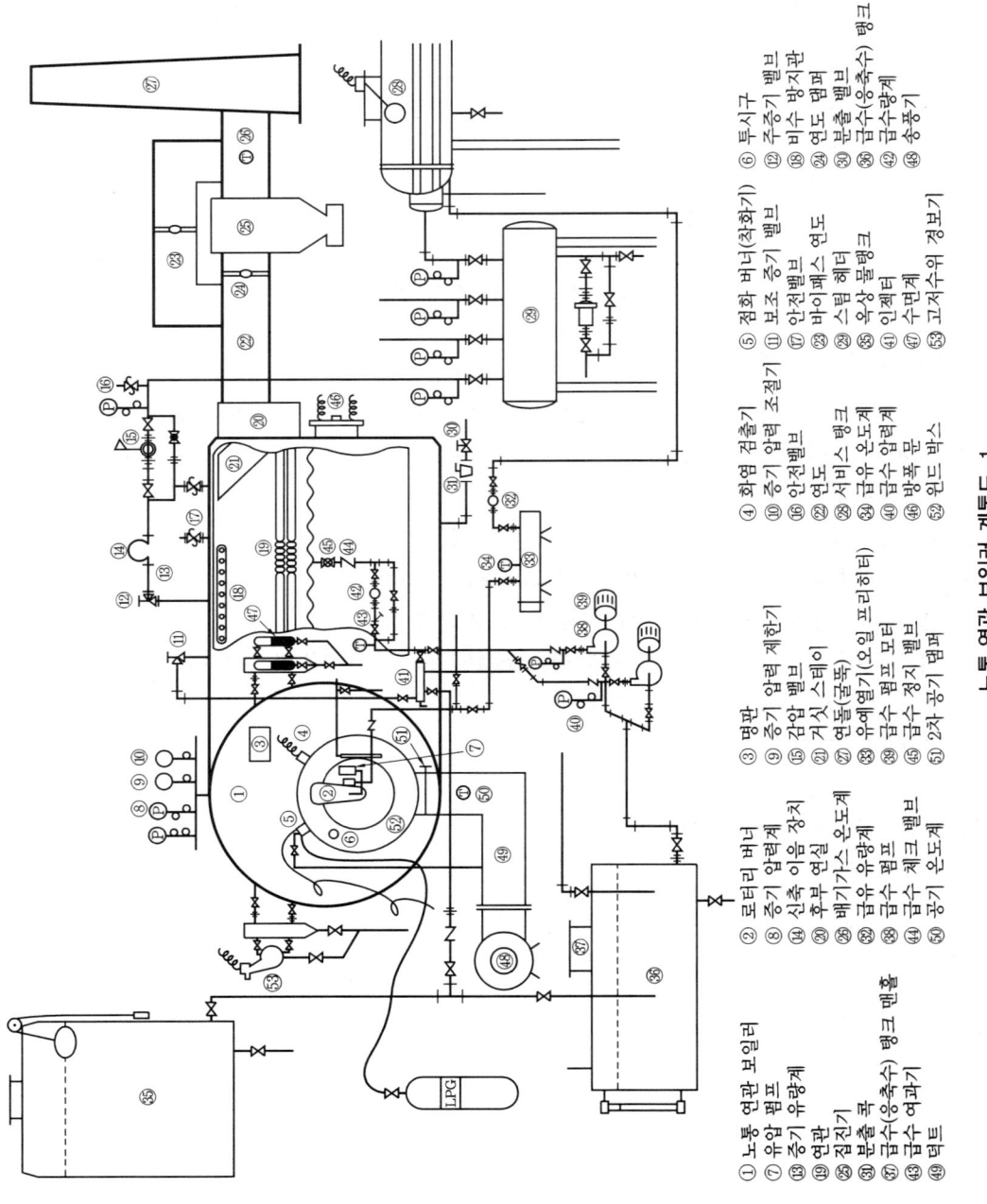

노통 연관 보일러 계통도 1

제2장 보일러 시공도면 작성 및 해독 337

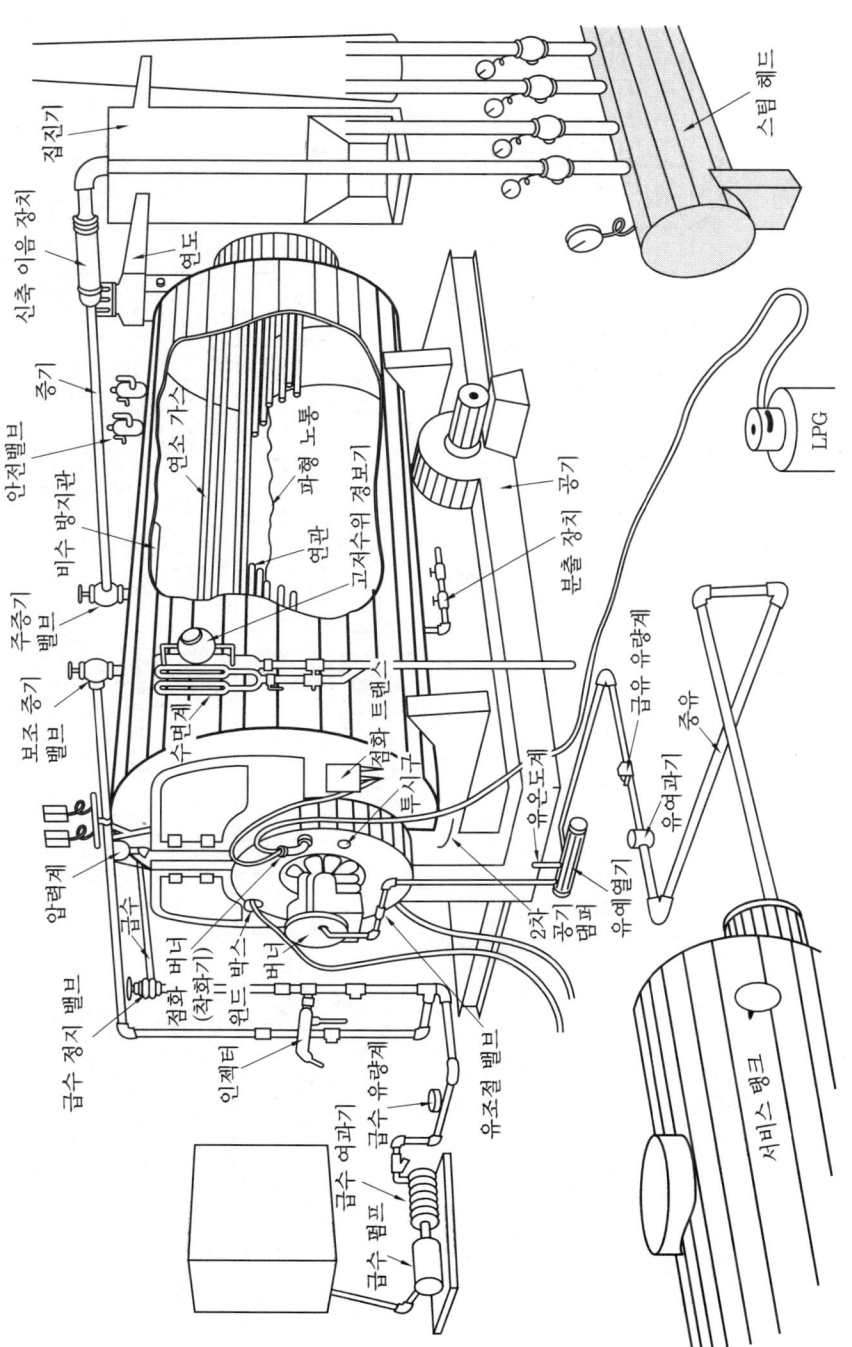

노통 연관 보일러 계통도 2

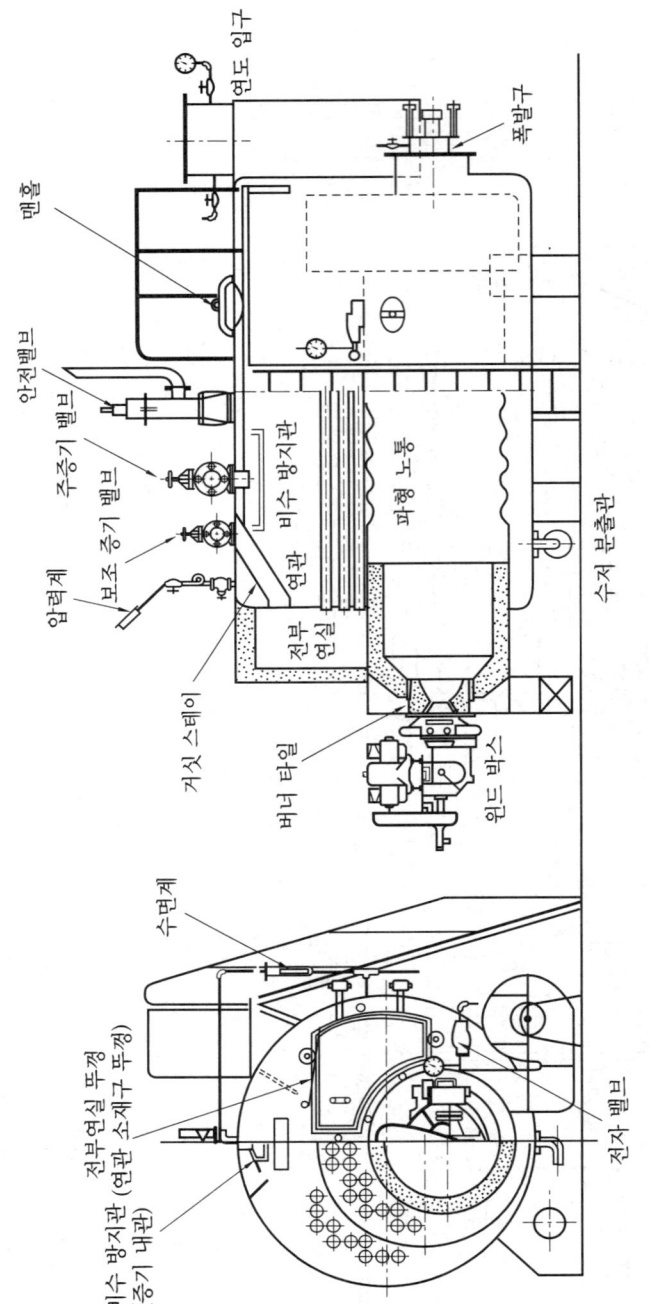

노통 연관식 보일러 계통도 3

제 2 장 보일러 시공도면 작성 및 해독 **339**

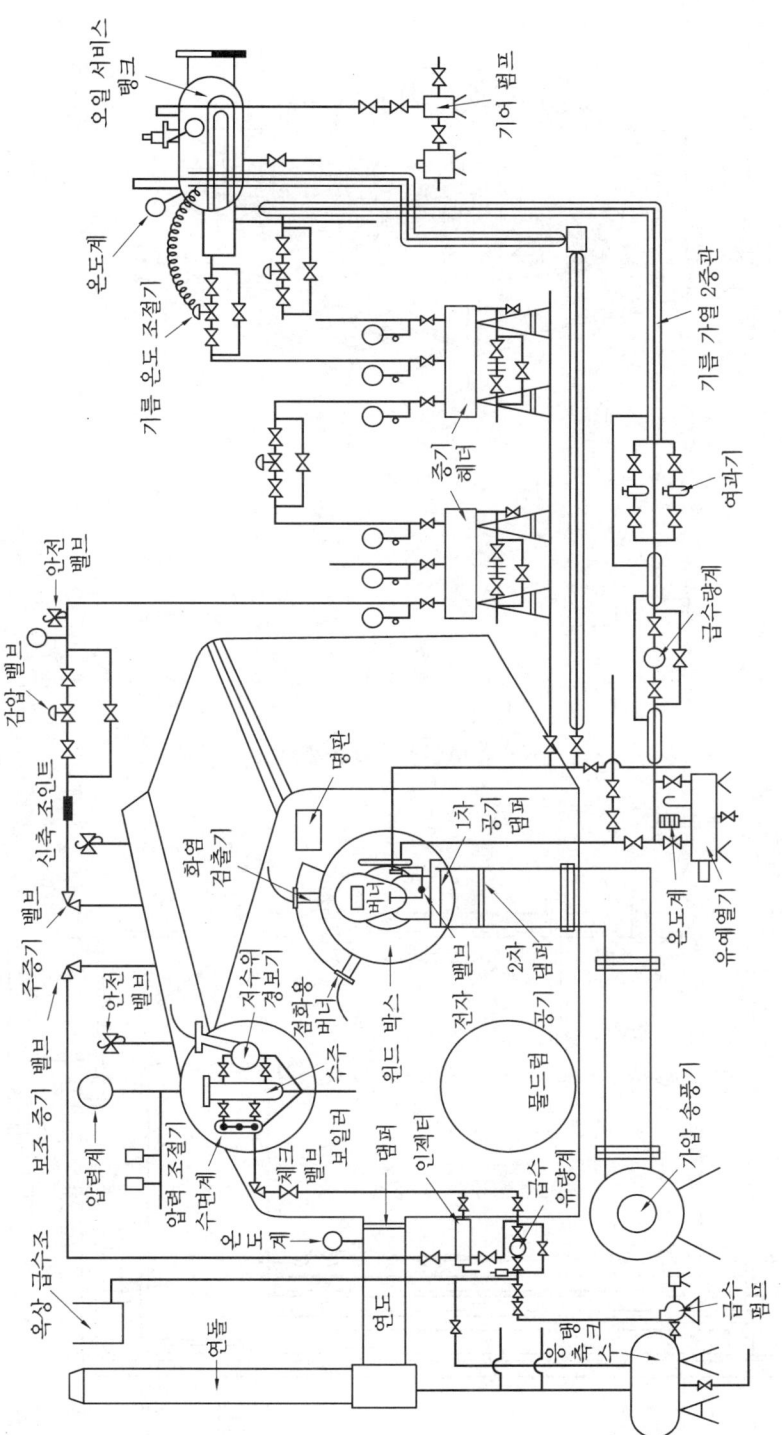

2동 D형 수관식 보일러 계통도

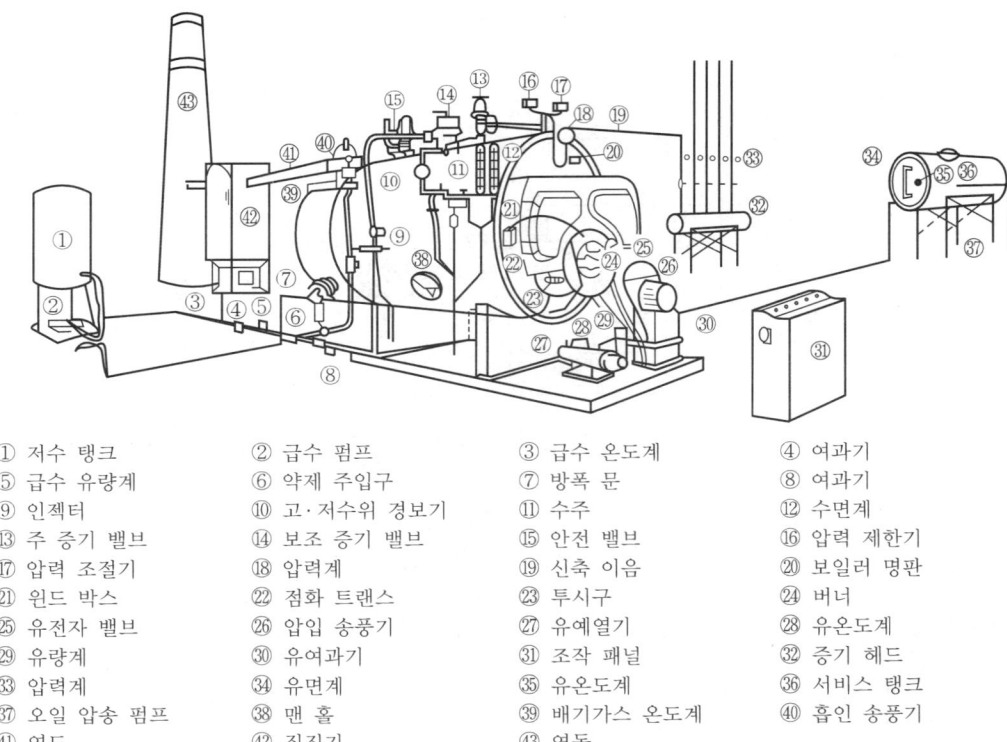

① 저수 탱크 ② 급수 펌프 ③ 급수 온도계 ④ 여과기
⑤ 급수 유량계 ⑥ 약제 주입구 ⑦ 방폭 문 ⑧ 여과기
⑨ 인젝터 ⑩ 고·저수위 경보기 ⑪ 수주 ⑫ 수면계
⑬ 주 증기 밸브 ⑭ 보조 증기 밸브 ⑮ 안전 밸브 ⑯ 압력 제한기
⑰ 압력 조절기 ⑱ 압력계 ⑲ 신축 이음 ⑳ 보일러 명판
㉑ 윈드 박스 ㉒ 점화 트랜스 ㉓ 투시구 ㉔ 버너
㉕ 유전자 밸브 ㉖ 압입 송풍기 ㉗ 유예열기 ㉘ 유온도계
㉙ 유량계 ㉚ 유여과기 ㉛ 조작 패널 ㉜ 증기 헤드
㉝ 압력계 ㉞ 유면계 ㉟ 유온도계 ㊱ 서비스 탱크
㊲ 오일 압송 펌프 ㊳ 맨 홀 ㊴ 배기가스 온도계 ㊵ 흡인 송풍기
㊶ 연도 ㊷ 집진기 ㊸ 연돌

노통 연관식 보일러 설치 계통도

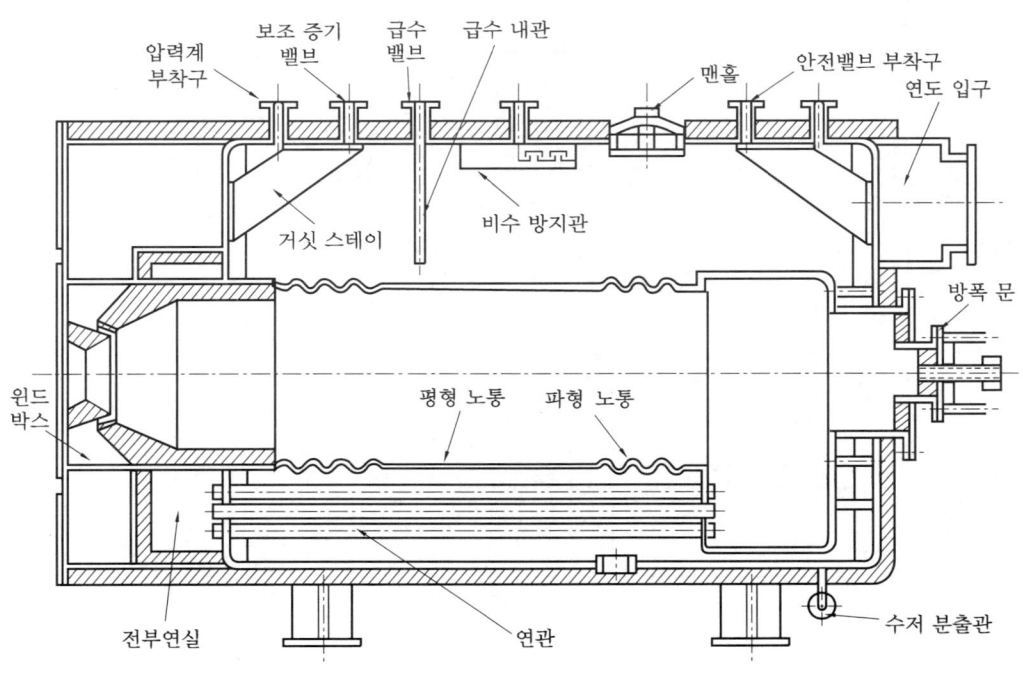

노통 연관 보일러 단면 상세도

제2장 보일러 시공도면 작성 및 해독

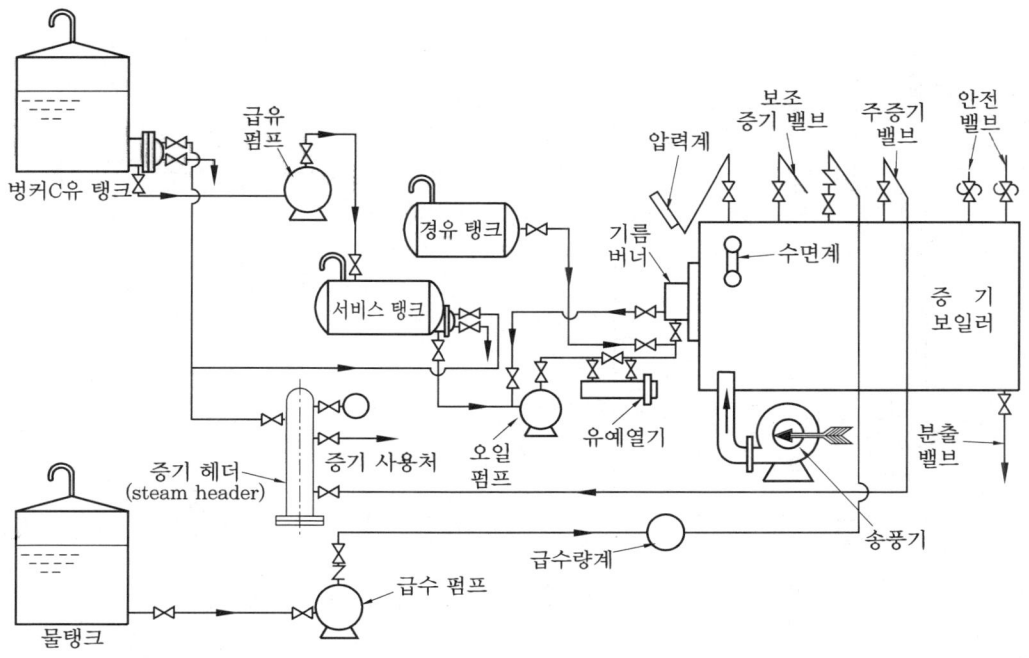

보일러 계통도

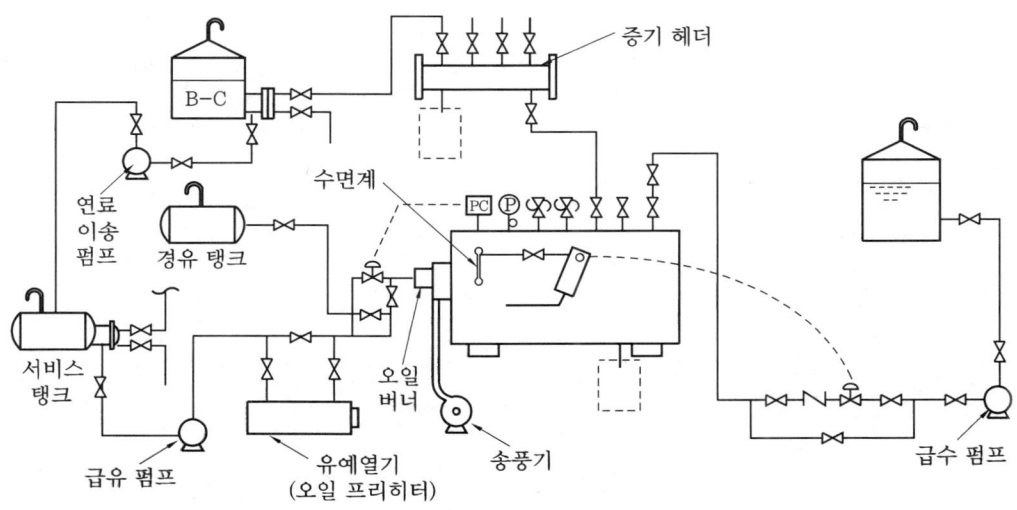

보일러 배관 계통도

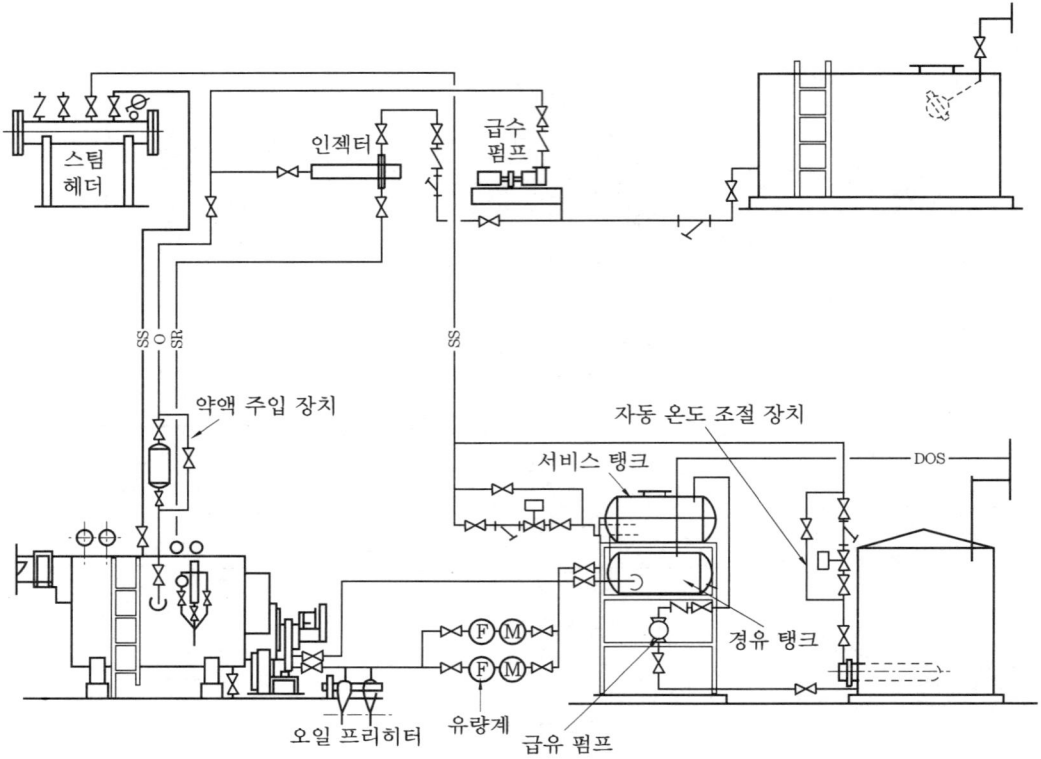

보일러 배관 계통도

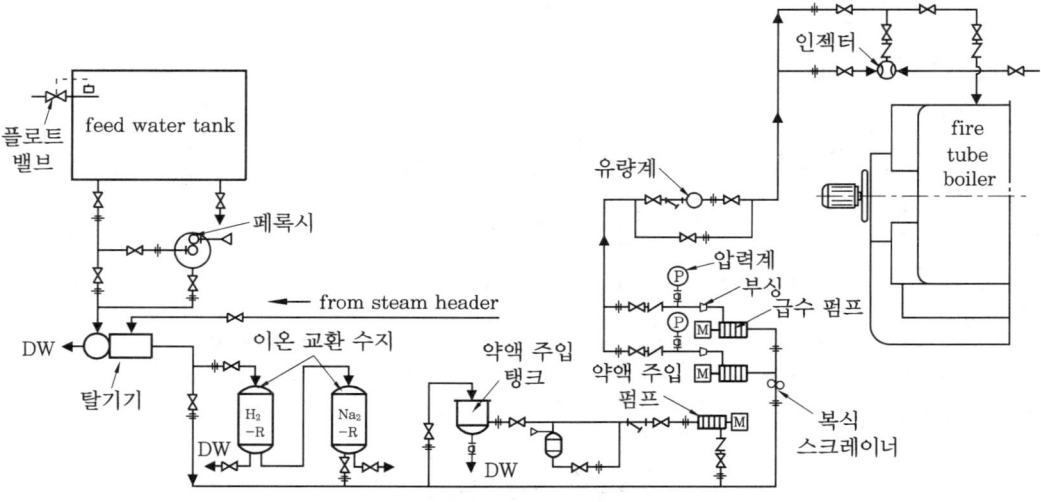

보일러 계통도

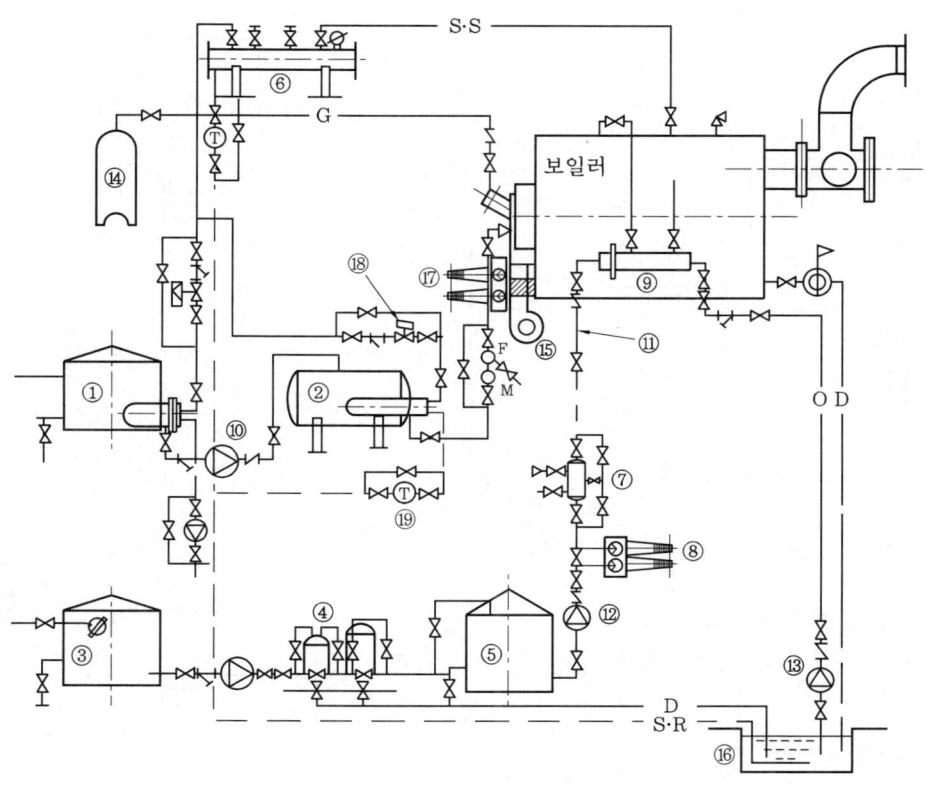

① 중유 저장 탱크　　② 중유 서비스 탱크　　③ 급수 탱크
④ 경수 연화 장치　　⑤ 연수 탱크　　　　　⑥ 증기 헤더
⑦ 청관제 주입 장치　⑧ 급수 조절 장치　　　⑨ 인젝터
⑩ 송유 펌프　　　　　⑪ 급수관　　　　　　　⑫ 급수 펌프
⑬ 응축수 펌프　　　　⑭ LPG 탱크　　　　　　⑮ 송풍기
⑯ 응축수 탱크　　　　⑰ 급유량 조절 장치　　⑱ 자동 온도 조절 장치
⑲ 증기 트랩

보일러 배관 계통도

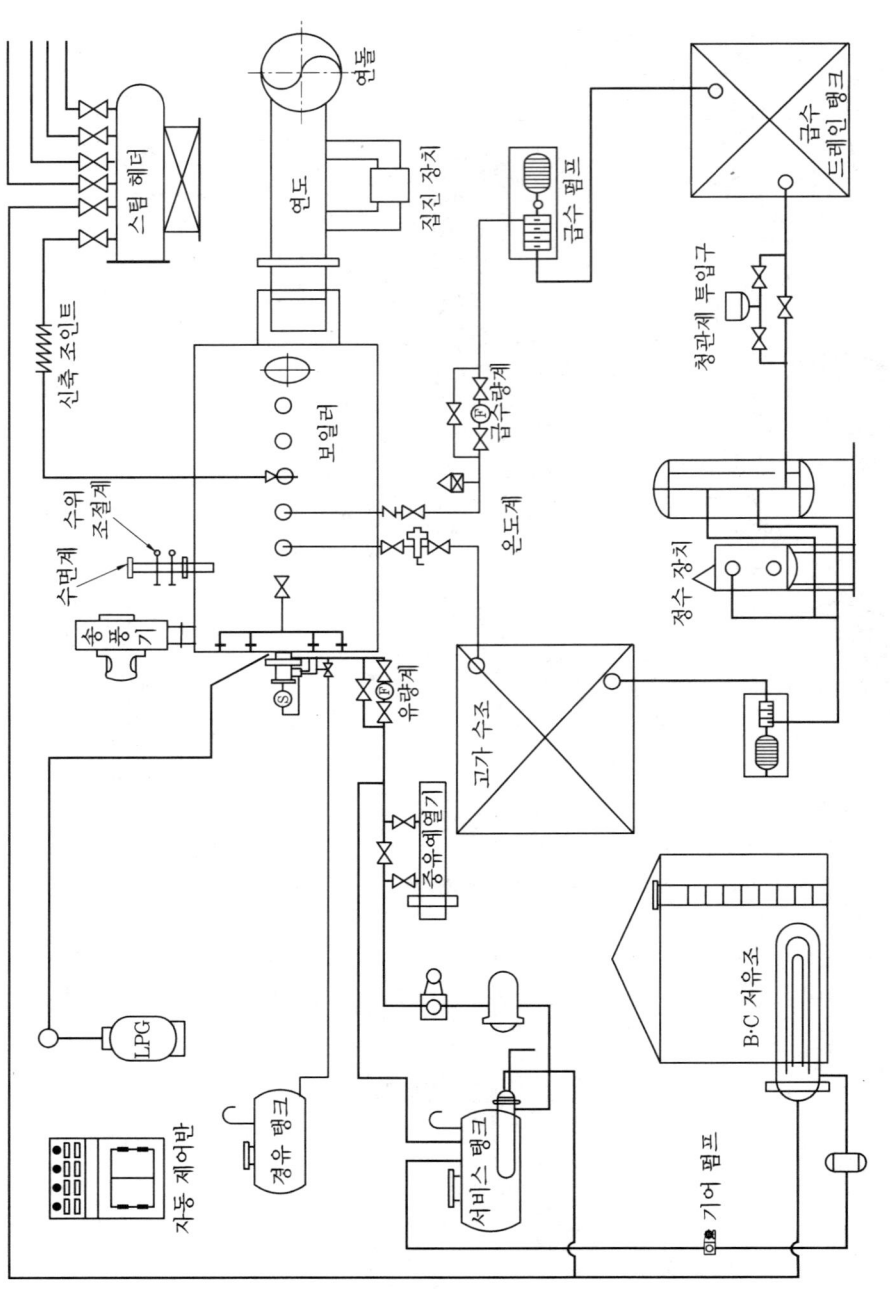

보일러 배관 계통도

제2장 보일러 시공도면 작성 및 해독 345

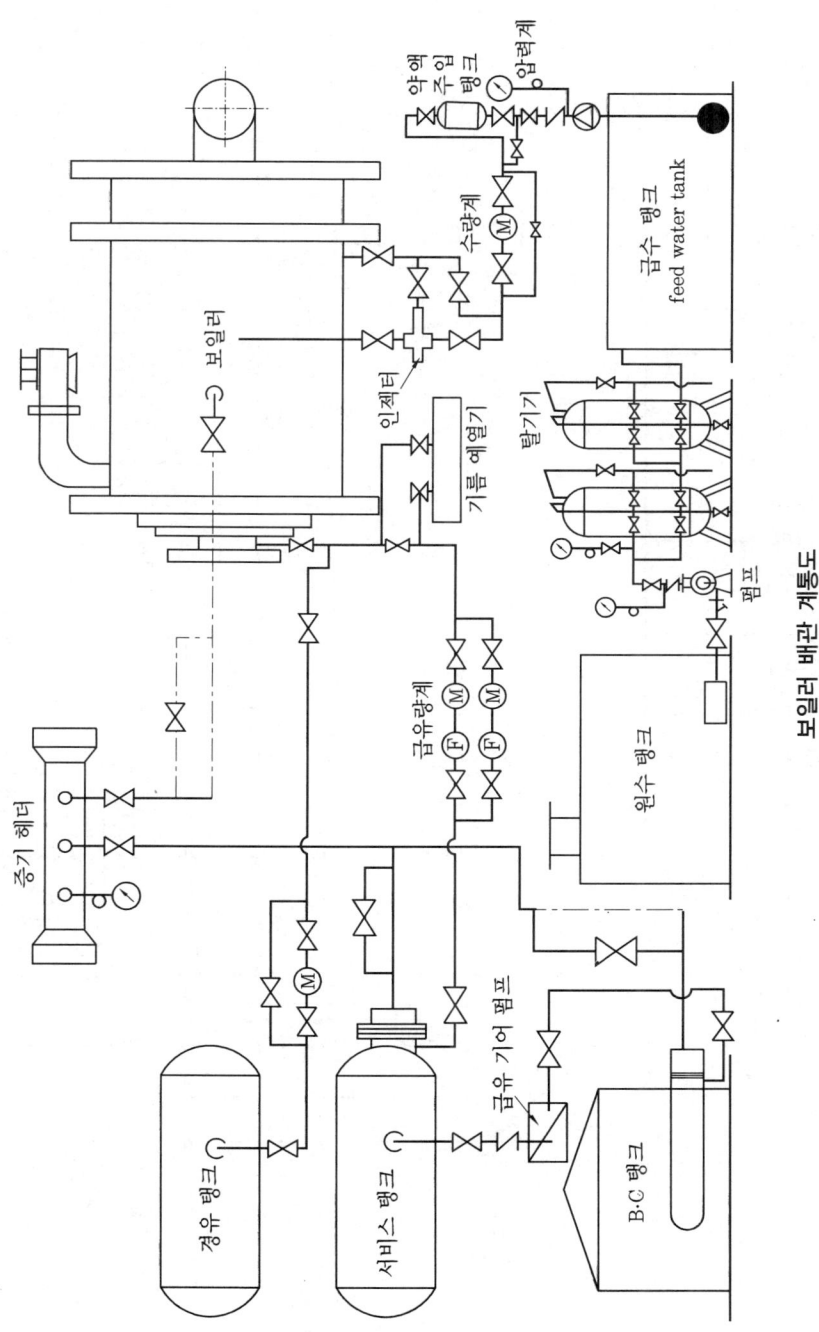

보일러 배관 계통도

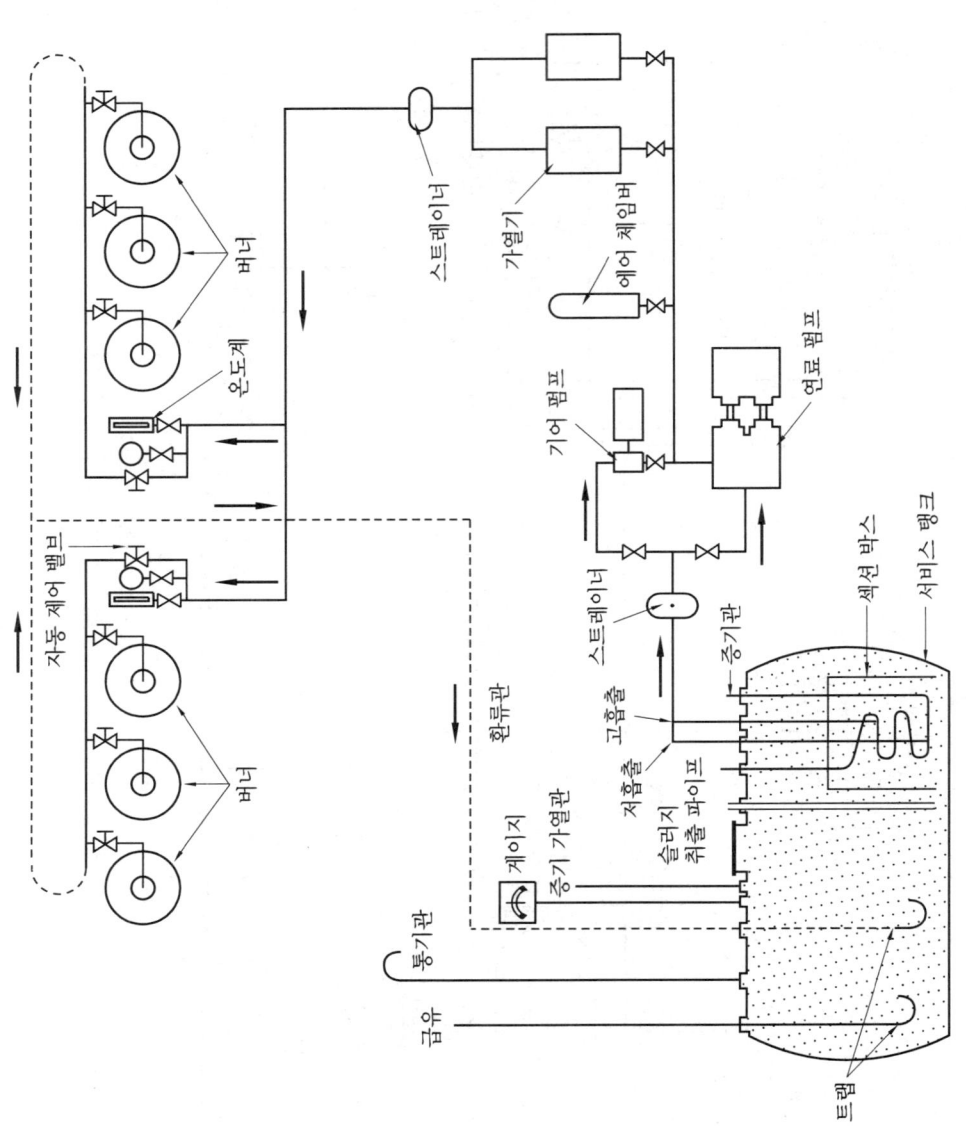

보일러 급유 계통도

제2장 보일러 시공도면 작성 및 해독 **347**

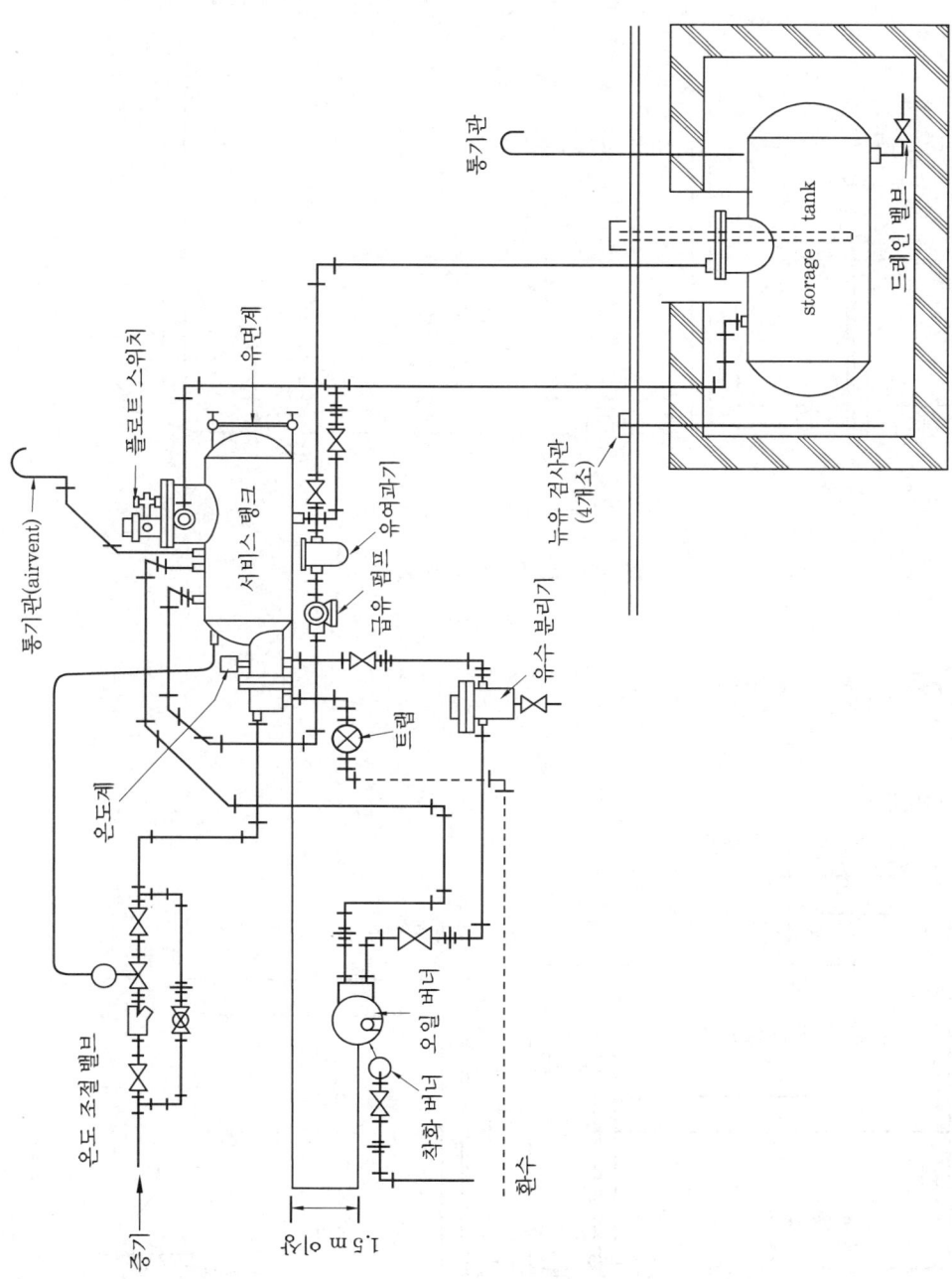

오일 서비스 탱크 주변 배관도

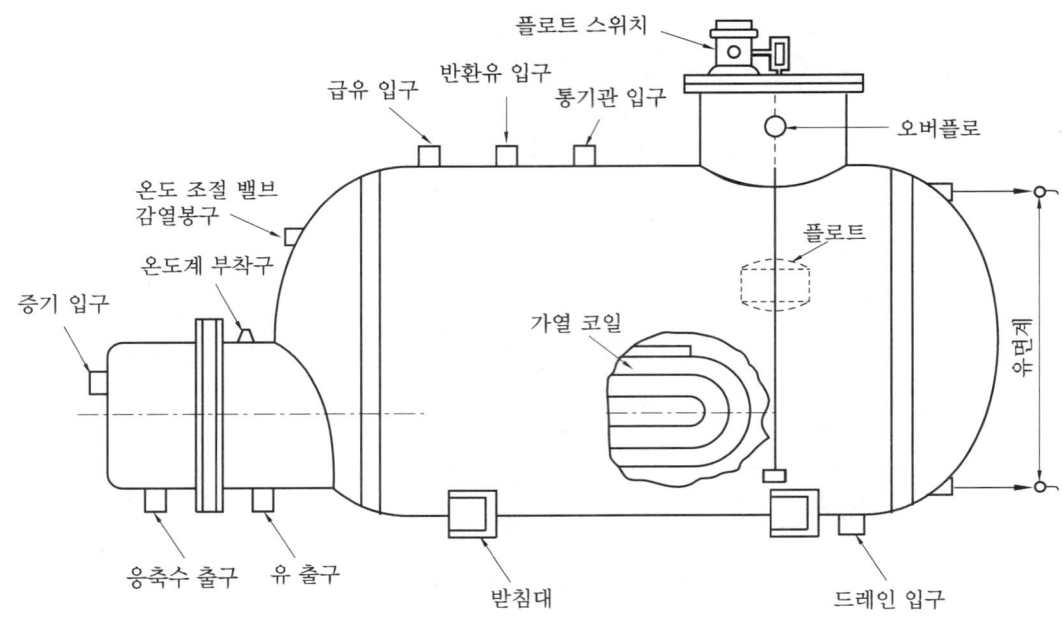

오일 서비스 탱크 상세도

2-2 온수 보일러

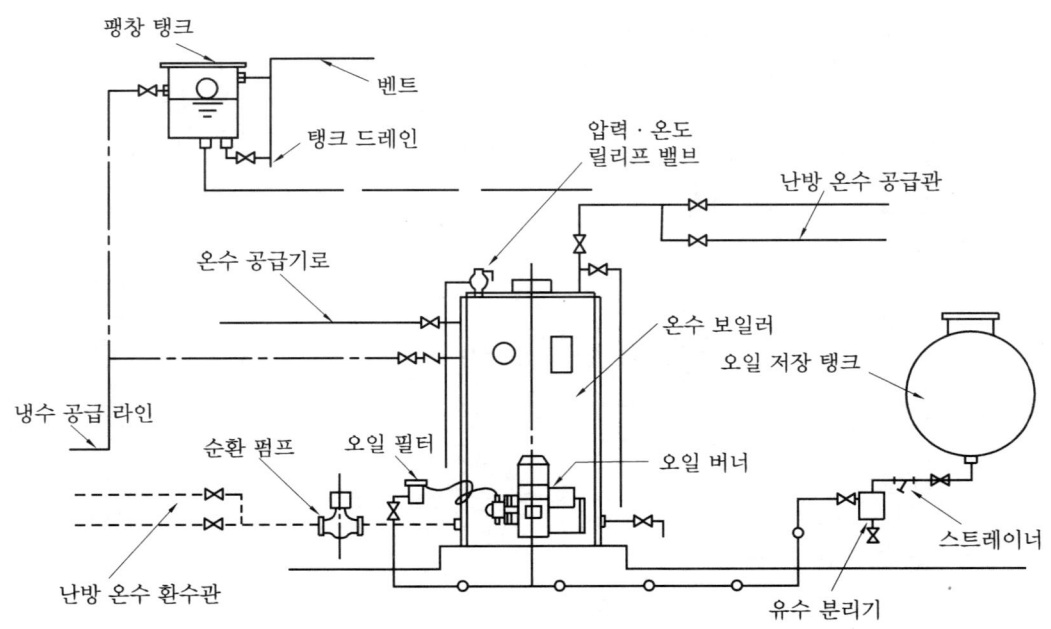

온수 보일러 계통도

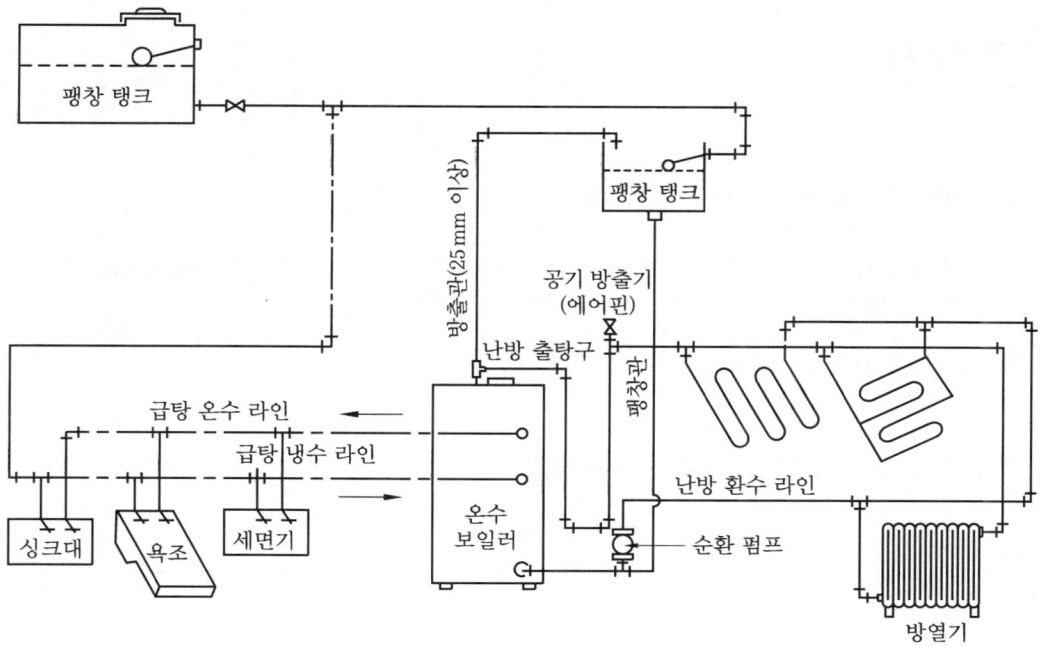

온수 보일러 계통도

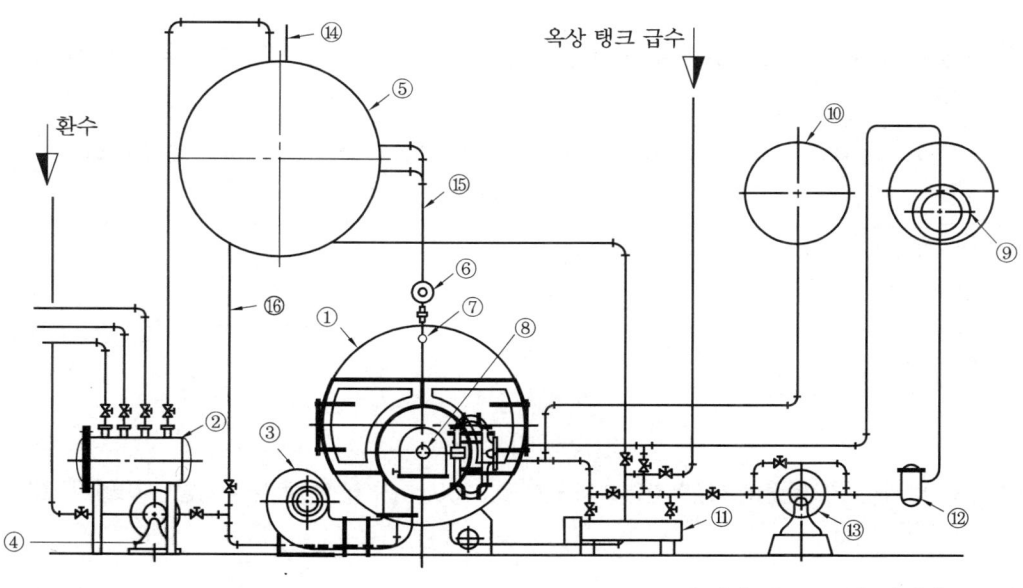

① 온수 보일러　② 온수 헤더　③ 압입 송풍기　④ 순환 펌프　⑤ 온수 탱크　⑥ 압력계
⑦ 온도계　⑧ 버너　⑨ 서비스 탱크　⑩ 경유 탱크　⑪ 유예열기　⑫ 스트레이너
⑬ 기어 펌프　⑭ 에어벤트　⑮ 급탕관　⑯ 순환관

온수 보일러 계통도

예상문제

제2장 보일러 시공도면 작성 및 해독

● 다음 물음의 답을 해당 답란에 답하시오.

1. 배관 도면을 작성할 때 그 지방의 해수면에 기준선(base line)을 설정하여 이 기준선으로부터의 높이를 표시하는 표시법을 무엇이라고 하는가?

해답 EL(elevation line) 표시법

2. 그림과 같은 배관 도시 기호를 설명하시오.

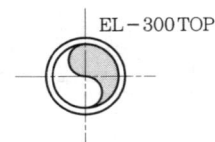

해답 관의 윗면이 기준면보다 300mm 낮은 위치에 있다.

3. [보기]는 배관 표시법에 대한 설명이다. 다음 내용을 [보기]와 같은 방법으로 설명하시오.   [제36회]

[보기] EL+700 : 기준면으로부터 배관 중심부까지 높이가 700mm 상부에 있다.
 (단, EL은 해수면을 기준으로 한 것이다.)

(1) EL TOP+300 :
(2) EL BOP-300 :

해답 (1) 파이프 윗면이 기준면보다 300mm 높게 있다.
 (2) 파이프 밑면이 기준면보다 300mm 낮게 있다.

4. 1층 바닥면을 기준면에서 관 밑면까지 높이를 3000mm라 할 때 치수 기입법은 어떻게 표시하는가?

해답 BOP FL 3000

5. 배관 도면을 작성할 때 건물의 바닥면을 기준선으로 하여 높이를 표시하는 기호는?

해답 GL(ground line)

6. 다음 관 이음 방법의 도시 기호의 연결 방법 명칭을 쓰시오. [제42회]

(1) ──┼──   (2) ──✕──   (3) ──╫──

해답 (1) 나사 이음 (2) 용접 이음 (3) 플랜지 이음

7. 관 이음 방법에서 나사 이음, 플랜지 이음, 턱걸이 이음, 납땜 이음, 용접 이음, 유니언 이음의 표시 방법을 도시하시오.

해답
① 나사 이음 : ──┼──
② 플랜지 이음 : ──╫──
③ 턱걸이 이음 : ──(──
④ 납땜 이음 : ──○──
⑤ 용접 이음 : ──✕──
⑥ 유니언 이음 : ──╫┤──

8. 다음은 각 이음쇠의 이음 방법을 도시한 것이다. 이음쇠의 명칭과 이음 방법을 쓰시오.

(1) ──╫╫──   (2) ✕↷✕   (3) ─▷──

(4) ─┤▭├─   (5) ─▷──

해답
(1) 유니언 나사 이음 (2) 엘보 용접 이음 (3) 부싱 나사 이음
(4) 슬리브 신축 이음 플랜지 이음 (5) 리듀서 나사 이음

9. 신축 이음의 종류 4가지를 명칭과 함께 도시 기호로 표시하시오.

해답
① 루프형 : ──⌒──
② 슬리브형 : ──┤▭├──
③ 벨로스형 : ──⟨⟩⟨⟩──
④ 스위블형 : (도시 기호)

10. 다음 배관 도시 기호에 대한 명칭을 쓰시오.

(1) [M]밸브   (2) ▶⊙   (3) ─▷⊙──   (4) ─┤▱├─
(5) ──┼──   (6) ──▷──   (7) ──○──

해답
(1) 전동 게이트(슬루스) 밸브 (2) 감압 밸브 (3) 글로브(스톱) 앵글 밸브
(4) 콕   (5) 소켓   (6) 동심 리듀서   (7) 가는 티

11. 다음 배관 도시 기호에 대한 명칭을 쓰시오.

(1) 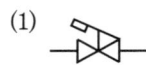 (2) 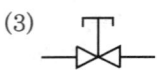 (3) (4)

(5) (6) 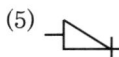 (7) 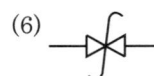 (8)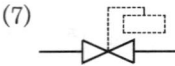

해답 (1) 지렛대식 안전밸브   (2) 다이어프램 밸브   (3) 봉합 밸브   (4) 부싱
(5) 편심 리듀서   (6) 안전밸브   (7) 플로트 밸브   (8) 전동 슬루스 밸브

---

12. 다음은 도면에 표시되는 유체의 종류를 나타내는 기호이다. 각각 유체의 명칭을 쓰시오.
 (1) A :   (2) G :   (3) O :
 (4) S :   (5) W :

해답 (1) 공기   (2) 가스   (3) 기름   (4) 수증기   (5) 물

---

13. 방열기 배관 도시 기호를 표시하시오.
 (1) 주형 방열기 :   (2) 벽걸이형 방열기 :
 (3) 핀 방열기 :   (4) 대류 방열기 :

해답 (1) ●▬▬●   (2) ●▬▬   (3) ●||||||||●   (4) ●▭▭●

---

14. 주어진 배관 평면도를 제시된 방위에 맞도록 등각 투상도로 나타내시오.

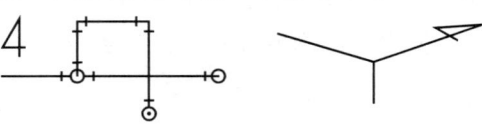

해답

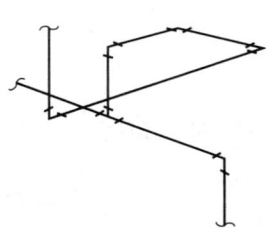

---

15. 배관 공사에서 입체도를 기본적으로 그리는 이유를 3가지만 쓰시오.

해답 ① 계통도를 보다 구체적으로 지시할 경우
② 손실 수두 또는 유량 등을 계산할 경우
③ 배관 및 관이음쇠의 수량을 산출할 경우
④ 배관을 가공하기 위해 관 가공도(加工圖)를 그릴 때

16. 다음 평면도 및 입면도에 맞추어 오른쪽의 입체도를 완성하시오.

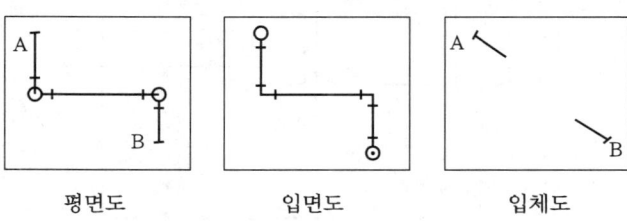

해답

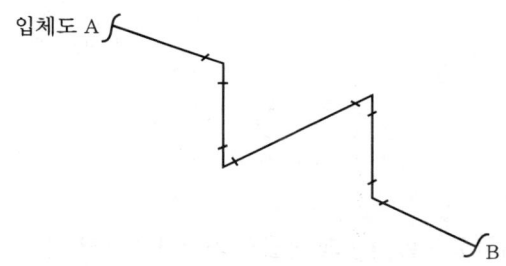

17. 아래에 주어진 평면도를 등각 투상도로 나타내시오.

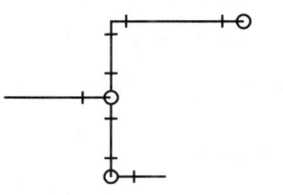

해답

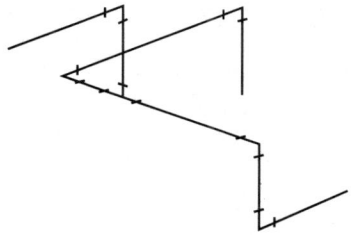

18. 다음 도면은 열교환기 주변 배관도이다. 표시된 ①~⑤까지의 명칭을 쓰시오.

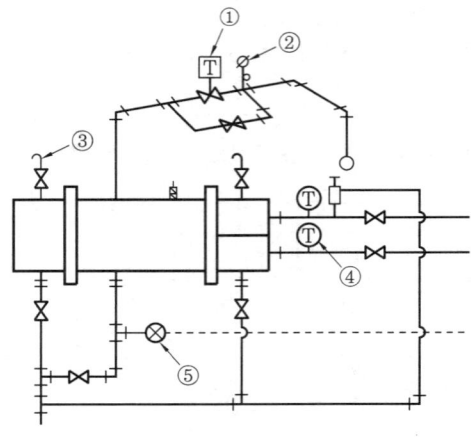

해답 ① 온도 조절 밸브
② 압력계
③ 안전밸브
④ 온도계
⑤ 증기 트랩

19. 열교환기가 과열되지 않도록 증기의 공급을 차단하고 공급 온수의 온도가 일정하게 제어되도록 열교환기 주변 배관을 구성하려고 한다. [보기]에서 알맞은 부속 장치를 찾아 ( ) 안에 번호와 명칭을 기입하시오.

[보기] ① 온수 순환 펌프 ② 증기 트랩 장치
③ 전동 2방 밸브 ④ 전동 3방 밸브

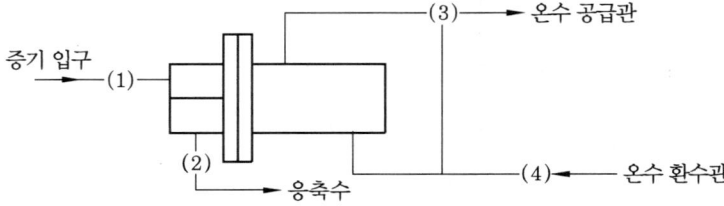

해답 (1) ③ 전동 2방 밸브
(2) ② 증기 트랩 장치
(3) ④ 전동 3방 밸브
(4) ① 온수 순환 펌프

20. 다음 도면은 노통 연관식 보일러의 구조 및 부속 장치에 대한 것이다. ①~⑫까지의 명칭을 쓰시오.

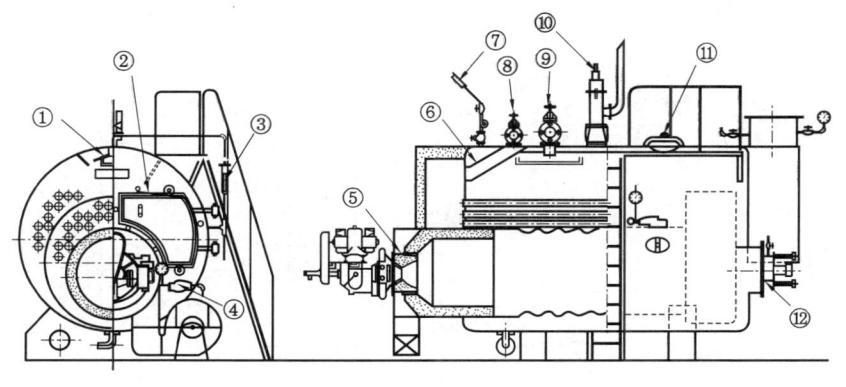

[해답] ① 비수 방지관 ② 전부연실 커버 ③ 수면계 ④ 전자 밸브 ⑤ 버너 타일 ⑥ 거싯 스테이 ⑦ 압력계 ⑧ 보조 증기 밸브 ⑨ 주증기 밸브 ⑩ 안전밸브 ⑪ 맨홀 ⑫ 방폭 문

21. 다음 노통 연관식 보일러의 단면도에서 번호로 표시된 ①~⑯까지의 명칭을 쓰시오.

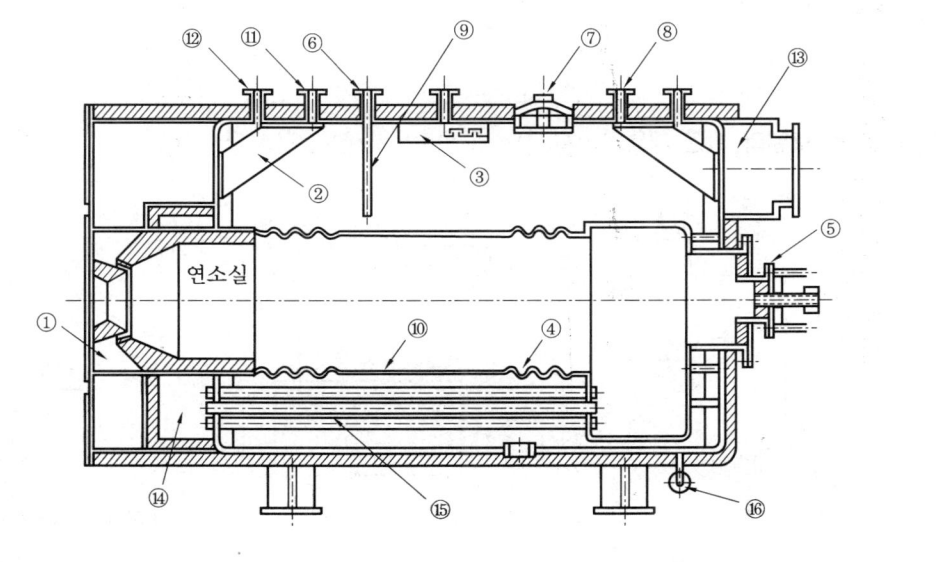

[해답] ① 윈드 박스 ② 거싯 스테이 ③ 비수 방지관 ④ 파형 노통 ⑤ 방폭 문 ⑥ 급수 밸브 ⑦ 맨홀 ⑧ 안전밸브 부착구 ⑨ 급수 내관 ⑩ 평형 노통 ⑪ 보조 증기 밸브 ⑫ 압력계 부착구 ⑬ 연도 입구 ⑭ 전연실 ⑮ 연관 ⑯ 수저 분출관

22. 다음 보일러 계통도의 ①~⑮까지의 명칭을 쓰시오.

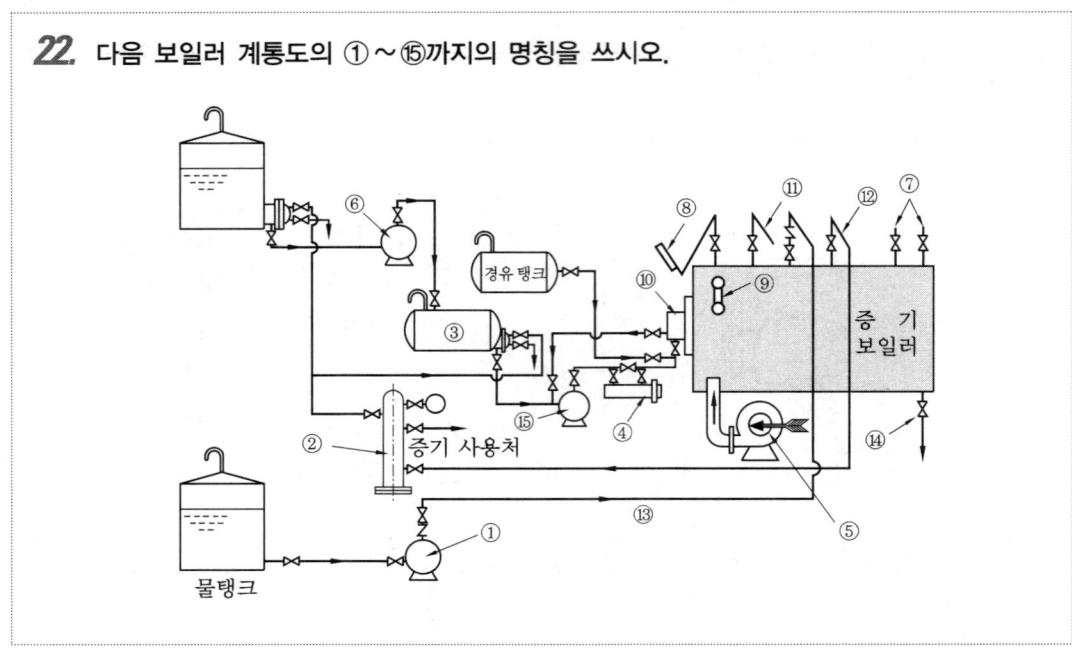

해답 ① 급수 펌프 ② 증기 헤더 ③ 서비스 탱크 ④ 유예열기 ⑤ 송풍기 ⑥ 급유 펌프
⑦ 안전밸브 ⑧ 압력계 ⑨ 수면계 ⑩ 오일 버너 ⑪ 보조 증기 밸브 ⑫ 주증기 밸브
⑬ 급수관 ⑭ 분출 밸브 ⑮ 오일 펌프

23. 다음 보일러 배관 계통도에서 ①~⑩까지의 명칭을 쓰시오.

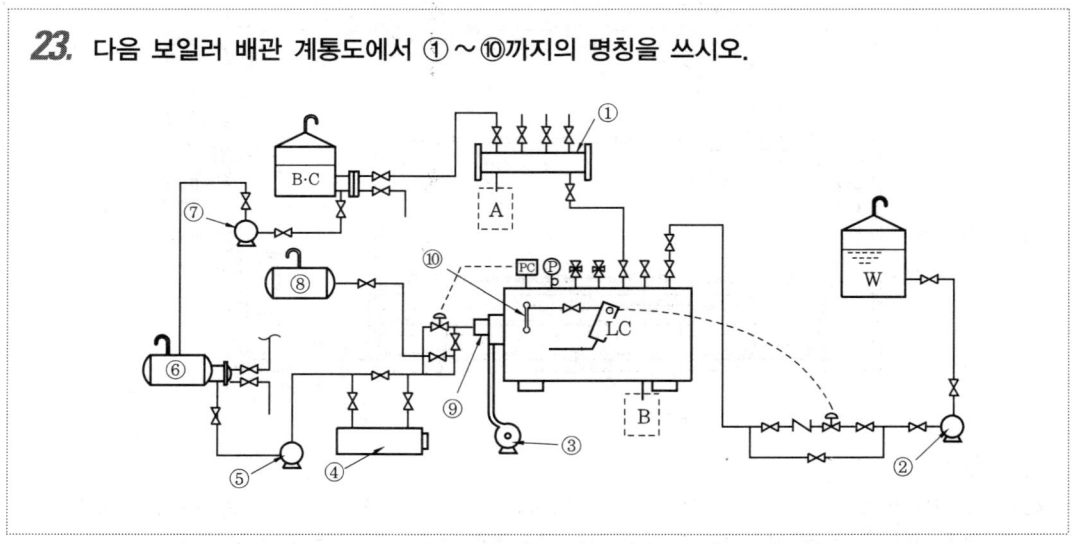

해답 ① 증기 헤더 ② 급수 펌프 ③ 송풍기 ④ 유예열기 ⑤ 급유 펌프 ⑥ 서비스 탱크
⑦ 연료 이송 펌프 ⑧ 경유 탱크 ⑨ 오일 버너 ⑩ 수면계

24. 다음 도면은 보일러 배관 계통도이다. 도면을 참고하여 다음 물음에 답하시오.

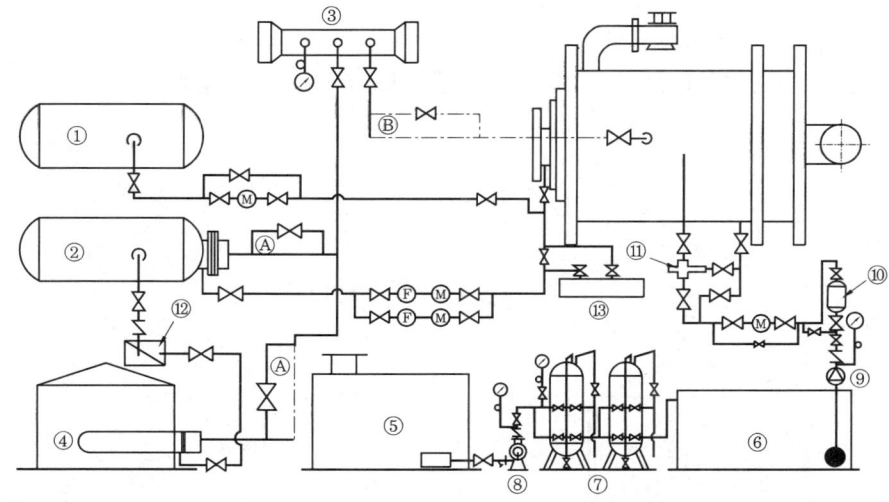

(1) ①~⑬까지의 기기 명칭을 쓰시오.
(2) 미완성된 A, B 부분의 배관을 완성하시오.

해답 (1) ① 경유 탱크 ② 서비스 탱크 ③ 증기 헤더 ④ 오일 저장 탱크 ⑤ 저수조(물탱크)
  ⑥ 연수 탱크 ⑦ 경수 연화 장치 ⑧ 급수 펌프 ⑨ 급수 펌프 ⑩ 약액 주입 탱크
  ⑪ 인젝터 ⑫ 연료 이송 펌프 ⑬ 유예열기
(2) A 부분 : 온도 조절 밸브 라인   B 부분 : 감압 밸브 라인

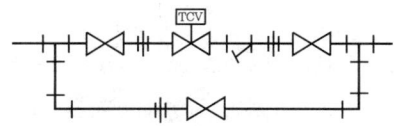 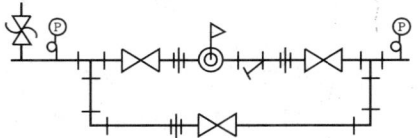

25. 다음 그림은 노통 연관식 보일러가 설치된 개략도이다. 각부 명칭 중 ①, ⑨, ⑫, ⑬, ⑮, ㉔, ㉖, ㉜, ㊷, ㊸의 명칭을 쓰시오.

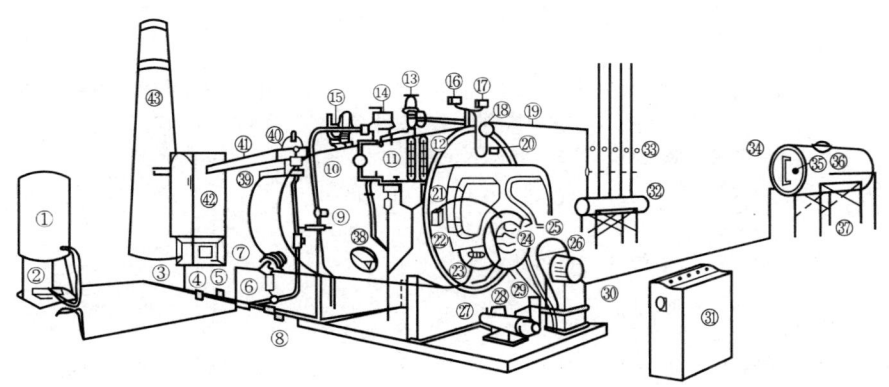

[해답] ① 저수 탱크 ⑨ 인젝터 ⑫ 수면계 ⑬ 주증기 밸브 ⑮ 안전밸브 ㉔ 버너
㉖ 압입 송풍기 ㉜ 증기 헤더 ㊷ 집진기 ㊸ 연돌

26. 다음 도면은 보일러실 계통도이다. 도면을 보고 다음 물음에 답하시오.

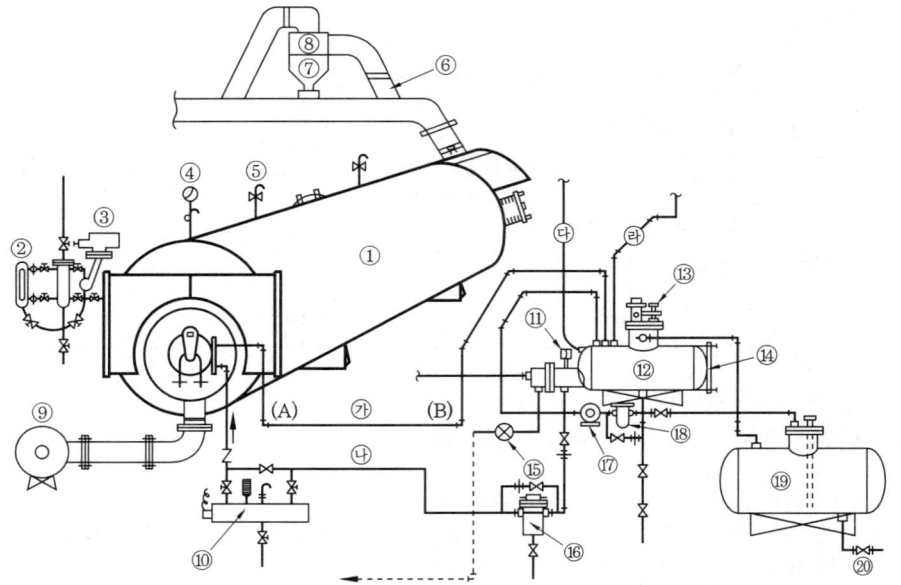

(1) 도면에서 ②, ③, ④, ⑤, ⑥, ⑨, ⑪, ⑬, ⑭, ⑮, ⑯, ⑰, ⑱, ⑲의 명칭을 쓰시오.
(2) 도면의 보일러는 연료 소비량이 시간당 170L이고 ⑩번의 입구 온도 40°C, 예열 온도가 70°C일 때 용량(kW·h)은 얼마가 적당한가? (단, 연료의 비열 0.45kcal/kg·°C, 연료의 비중 0.95, 효율 85%로 한다.)
(3) ⑦의 명칭과 형식을 쓰시오.
(4) 도면에서 ㉠ 배관 내의 유체는 어느 방향으로 흐르는가? (A 또는 B 방향으로 기재)
(5) 도면에서 잘못된 배관은 어느 것이며, 그 이유를 설명하시오.

[해답] (1) ② 유리 수면계 ③ 저수위 경보기 ④ 압력계 ⑤ 안전밸브 ⑥ 댐퍼 ⑨ 송풍기
⑪ 온도계 ⑬ 플로트 스위치 ⑭ 액면계 ⑮ 증기 트랩 ⑯ 유수 분리기
⑰ 연료 이송 펌프 ⑱ 오일 필터 ⑲ 메인 탱크(저유조)

(2) $kW \cdot h = \dfrac{G_f \cdot C_f \cdot \Delta t}{860\eta} = \dfrac{170 \times 0.95 \times 0.45 \times (70-40)}{860 \times 0.85} = 2.982 ≒ 2.98 kW \cdot h$

(3) ① 명칭 : 집진기   ② 형식 : 사이클론식
(4) B 방향
(5) ① 잘못된 배관 : ㉠, ㉡ 배관
   ② 이유 : 배관 내부의 중유 응고를 방지하기 위하여 이중관으로 설비하여야 한다.

27. 다음 도면은 보일러를 시공함에 있어서 꼭 필요한 도면이다. 도면을 검토한 후 다음 물음에 답하시오.

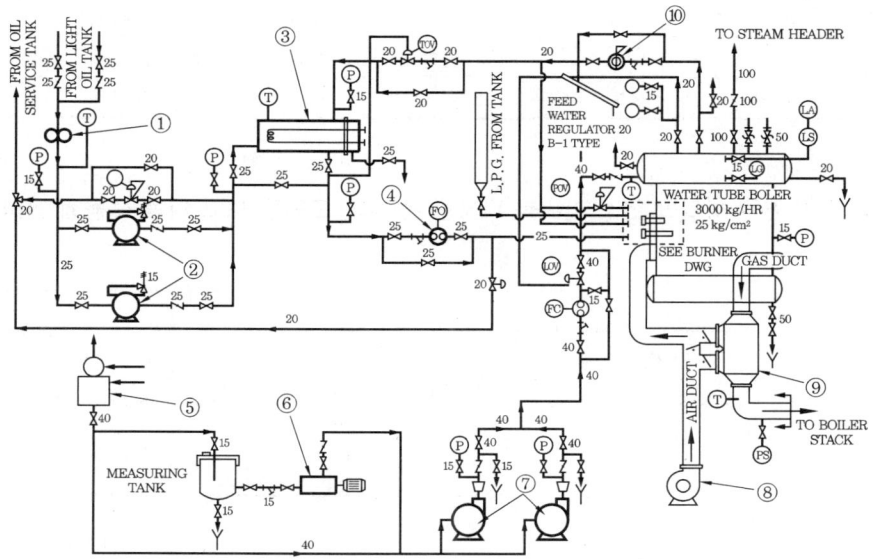

(1) 도면에서 ① ~ ⑩까지의 부품 명칭을 쓰시오.
(2) 증기, 물, 기름 부분에 각각 소요되는 밸브 및 계측기 등의 부속 일체를 나열하고 그 치수별 소요량을 기입하시오. (단, 배관 및 문제 (1)의 ①에 해당하는 부분은 제외한다.)

해답 (1) ① 복식 여과기 ② 급유 펌프 ③ 유예열기 ④ 급유량계 ⑤ 탈기기
⑥ 약품 주입 펌프 ⑦ 급수 펌프 ⑧ 송풍기 ⑨ 공기 예열기 ⑩ 감압 밸브

(2) ① 증기 부분

명 칭	규격	수량	명 칭	규격	수량	명 칭	규격	수량
게이트 밸브	15A	6개	스톱 밸브	15A	4개	수위 조절 밸브	40A	1개
게이트 밸브	20A	2개	스톱 밸브	25A	1개	급수량계	40A	1개
게이트 밸브	40A	6개	스톱 밸브	40A	1개	분출 콕	50A	1개
체크 밸브	15A	1개	스트레이너	15A	1개	온도계		1개
체크 밸브	40A	1개	스트레이너	40A	1개	압력계		1개

② 물 부분

명 칭	규격	수량	명 칭	규격	수량	명 칭	규격	수량
게이트 밸브	15A	2개	압력 제한기	15A	1개	주증기 밸브	100A	1개
게이트 밸브	20A	7개	고저수위 경보기	15A	1개	체크 밸브	100A	1개
스톱 밸브	15A	3개	온도 조절 밸브	20A	1개	압력계		3개
스톱 밸브	20A	2개	증기 압력 조절 밸브	20A	1개			
스트레이너	20A	3개	안전밸브	50A	2개			

③ 기름 부분

명칭	규격	수량	명칭	규격	수량	명칭	규격	수량
게이트 밸브	15A	1개	스톱 밸브	20A	1개	삼방 밸브	20A	1개
게이트 밸브	20A	2개	스톱 밸브	25A	1개	스트레이너	25A	1개
게이트 밸브	25A	12개	체크 밸브	25A	4개	온도계		2개
앵글 에어 콕	15A	2개	유압 조절 밸브	20A	1개	압력계		3개

28. 다음 도면은 보일러 연소 설비를 나타낸 것이다. 도면을 보고 다음 물음에 답하시오.

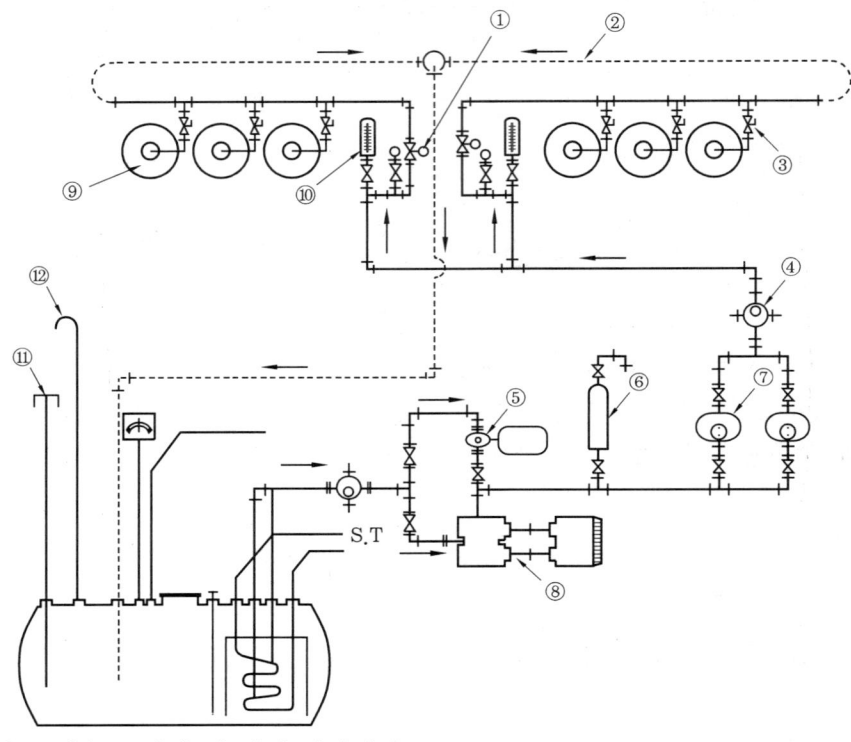

(1) 이 도면은 보일러 몇 대의 설비인가?
(2) ①~⑫까지의 명칭을 쓰시오.
(3) ②의 배관을 설치하지 않으면 안 되는 이유를 쓰시오.
(4) ⑫의 파이프 안지름은 최소 얼마 이상이어야 하는가?
(5) ⑨의 종류를 3가지 쓰시오.

해답 (1) 2대
(2) ① 자동 제어 밸브 ② 환류관(return line) ③ 오일 조절 밸브 ④ 스트레이너
  ⑤ 기어 펌프 ⑥ 공기실(air chamber) ⑦ 유예열기 ⑧ 연료 이송 펌프 ⑨ 버너
  ⑩ 유온도계 ⑪ 급유구 ⑫ 통기관
(3) 부하량에 따라 버너에서 연소되는 연료량이 변하므로 저부하 시 연소되지 않는 연료를 탱크로 되돌리지 않으면 배관 등에 압력이 가해져 사고의 우려가 있으므로 반드시 설치하여야 한다.

(4) 30mm 이상
(5) 회전 분무식, 유압식, 기류식

29. 다음 도면을 보고 물음에 답하시오.

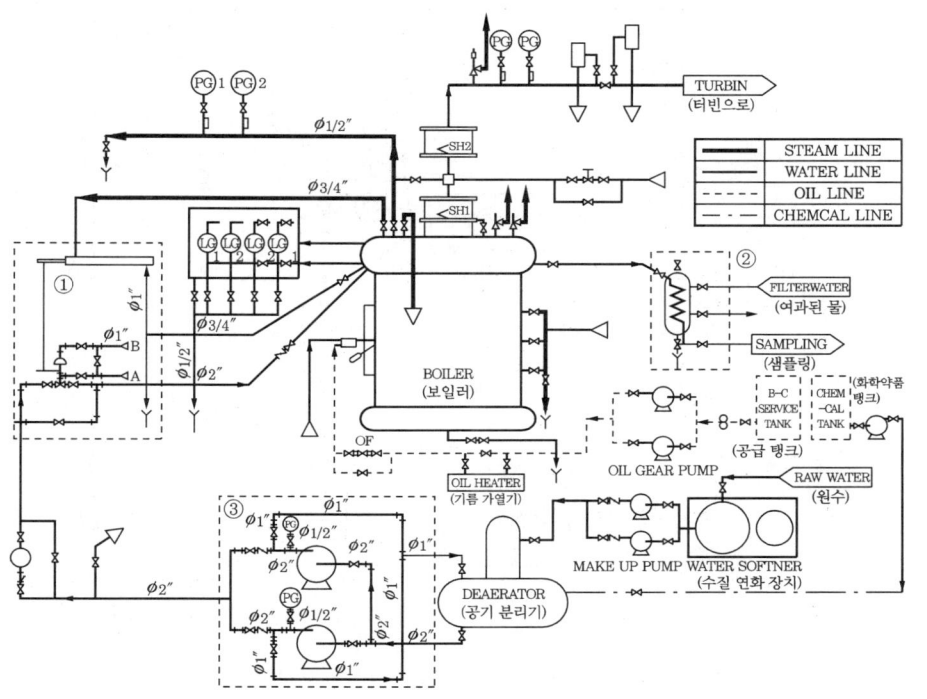

(1) 점선으로 표시된 ①의 장치명을 쓰고, 그 용도를 간단히 설명하시오.
(2) 점선으로 표시된 ②의 장치명을 쓰고, 그 용도를 간단히 설명하시오.
(3) 점선 표시 ③에 소요되는 밸브 및 배관 부속 일체를 명칭, 규격, 수량별로 나열하시오. (단, 관과 압력계 및 펌프는 제외)

해답 (1) ① 장치명 : 코프스식 자동 급수 조절 장치(3요소식)
② 용도 : 수위, 증기량 및 급수량을 검출하여 수위 제어
(2) ① 장치명 : 보일러수 수질 분석용 시료 채취 장치
② 용도 : 보일러수 수질을 분석하기 위하여 시료를 채취하여 일정한 온도로 냉각시키기 위함
(3) 소요 부속 일람표

명 칭	규격	수량	명 칭	규격	수량	명 칭	규격	수량
게이트 밸브	$\frac{1}{2}$B	2개	엘보	1B	4개	이경 티	2B×$\frac{1}{2}$B	2개
게이트 밸브	1B	2개	엘보	2B	3개	이경 티	2B×1B	2개
게이트 밸브	2B	4개	티	1B	1개			
체크 밸브	2B	2개	티	2B	2개			

30. 다음 도면은 보일러 배관 계통도이다. ①~⑲까지의 명칭을 기재하시오.

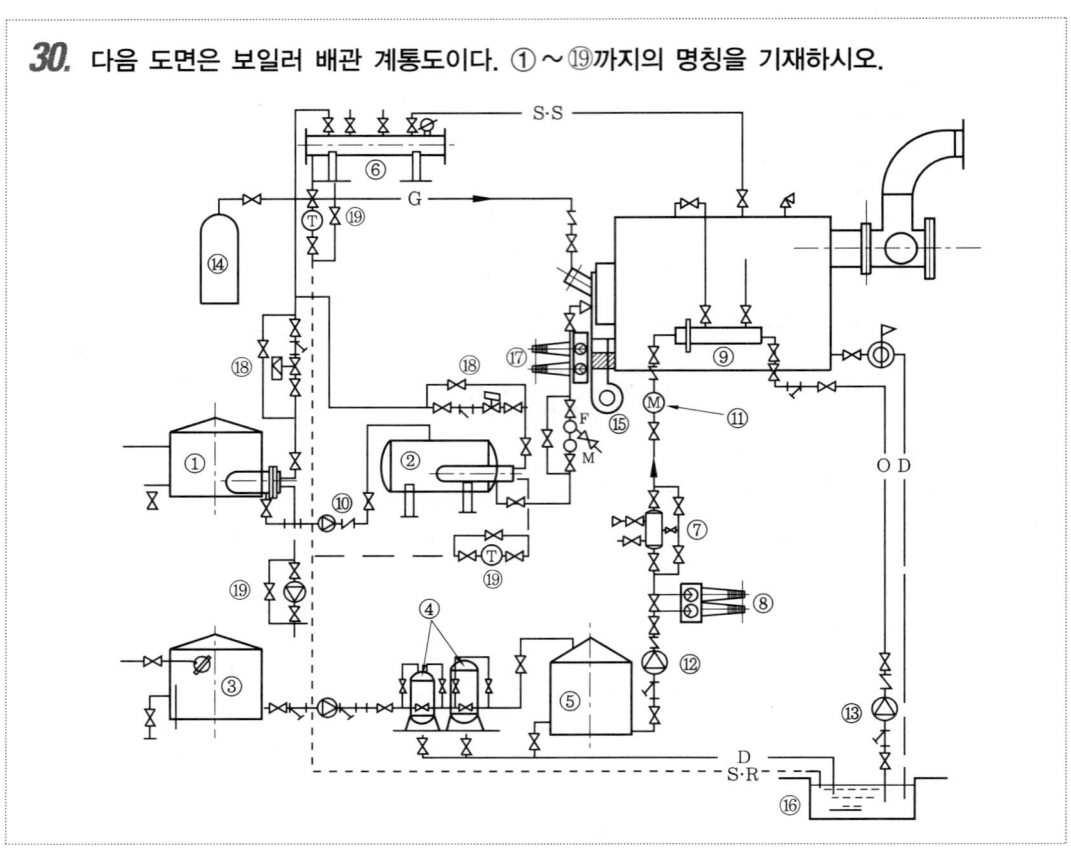

해답 ① 메인 저장 탱크 ② 서비스 탱크 ③ 물탱크 ④ 경수 연화 장치 ⑤ 연수 탱크
⑥ 증기 헤더 ⑦ 약액 주입 장치 ⑧ 급수 조절 장치 ⑨ 인젝터 ⑩ 연료 이송 펌프
⑪ 급수량계 ⑫ 급수 펌프 ⑬ 응축수 펌프 ⑭ LPG 용기 ⑮ 송풍기 ⑯ 응축수 탱크
⑰ 급유량 조절 장치 ⑱ 자동 유온 조절 장치 ⑲ 증기 트랩

31. 온수보일러의 설치 개략도를 보고 ①~⑤의 명칭을 쓰시오. [제44회]

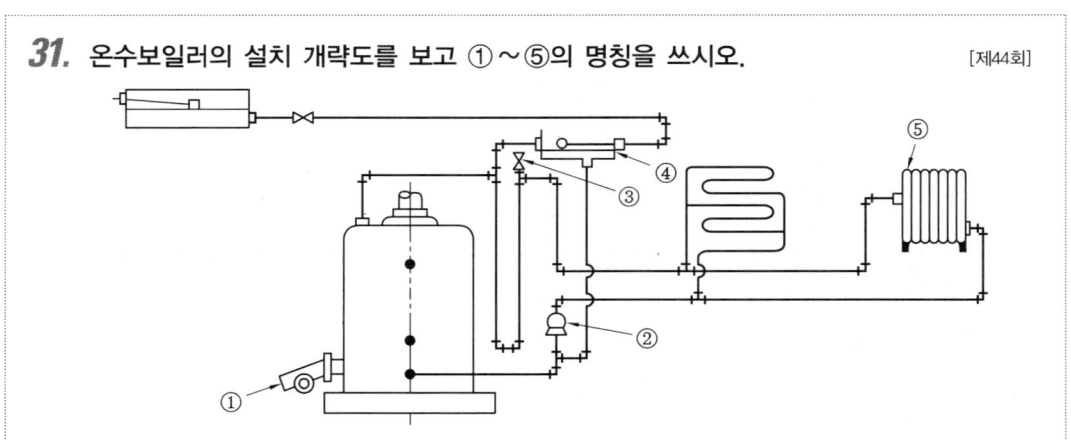

해답 ① 버너 ② 온수 순환 펌프 ③ 공기빼기 밸브 ④ 팽창 탱크 ⑤ 방열기

32. 다음 도면은 보일러 배관 계통도이다. ①~⑬까지의 명칭을 쓰시오.

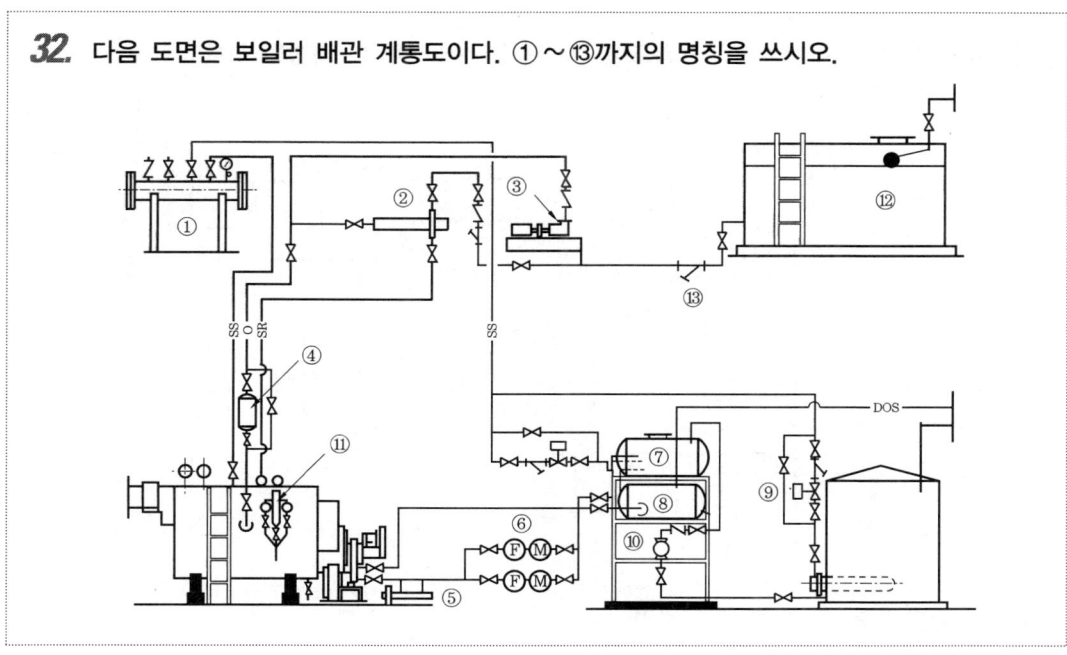

[해답] ① 증기 헤더 ② 인젝터 ③ 급수 펌프 ④ 약액 주입 장치 ⑤ 유예열기 ⑥ 유량계
⑦ 서비스 탱크 ⑧ 경유 탱크 ⑨ 온도 조절 장치 ⑩ 급유 펌프 ⑪ 수면계 ⑫ 급수 탱크
⑬ 여과기

33. 다음은 수관식 보일러의 설비 도면이다. 아래 물음에 답하시오.

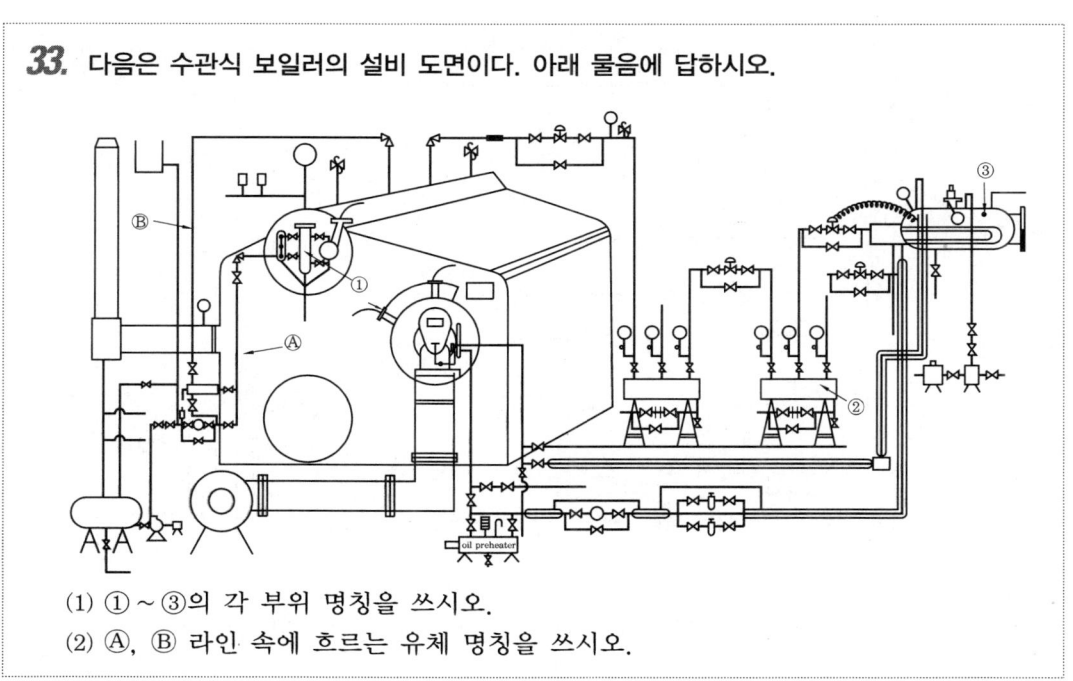

(1) ①~③의 각 부위 명칭을 쓰시오.
(2) Ⓐ, Ⓑ 라인 속에 흐르는 유체 명칭을 쓰시오.

[해답] (1) ① 수주 ② 증기 헤더 ③ 오일 서비스 탱크
(2) Ⓐ 급수(물) Ⓑ 증기

34. 다음 노통 연관 보일러의 계통도에 지시된 ①~⑤ 부품의 명칭을 쓰시오.

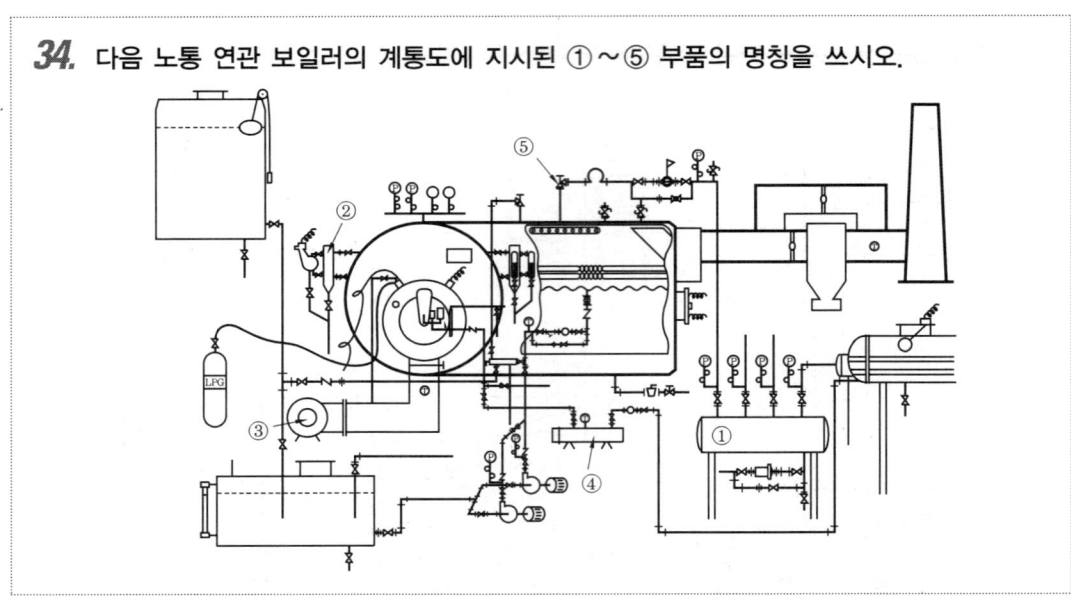

[해답] ① 스팀 헤더 ② 수주 ③ 송풍기 ④ 유예열기 ⑤ 주증기 밸브

35. 다음 도면은 보일러 계통도이다. 도면에서 ①~⑤의 명칭을 쓰시오.

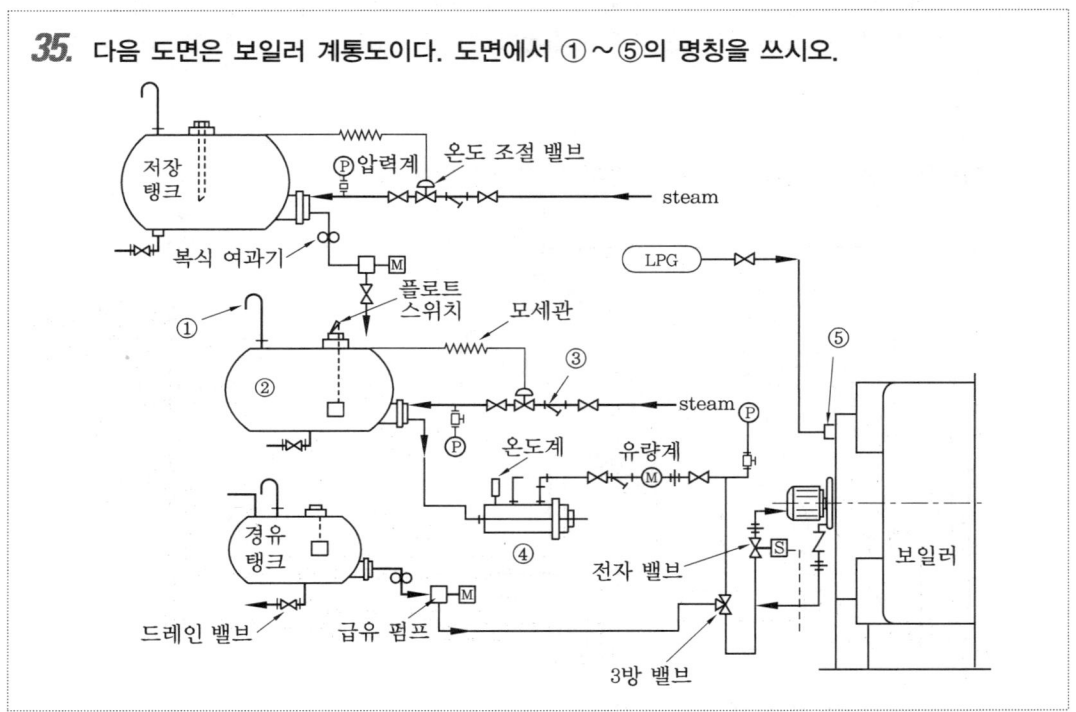

[해답] ① 배기관 ② 오일 서비스 탱크 ③ 여과기 ④ 연료 예열기 ⑤ 버너 착화기

36. 다음 도면은 보일러 급유 장치의 개략도이다. 다음 물음에 답하시오.

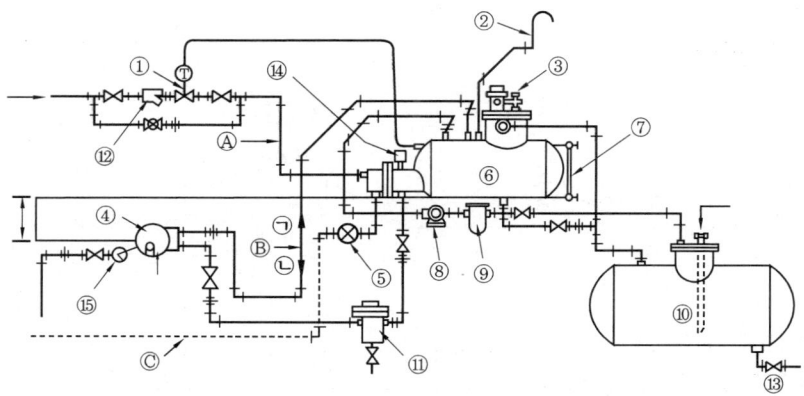

(1) 도면에서 ①~⑮의 명칭을 쓰시오.
(2) 도면에서 Ⓐ, Ⓑ, Ⓒ 라인에 흐르는 유체명을 쓰시오.
(3) Ⓑ 라인에 흐르는 유체의 방향은 ㉠, ㉡ 중 어느 방향인가?

해답 (1) ① 온도 조절 밸브 ② 통기관 ③ 플로트 스위치 ④ 버너 ⑤ 증기 트랩 ⑥ 오일 서비스 탱크 ⑦ 유면계 ⑧ 연료 이송 펌프 ⑨ 오일 필터 ⑩ 메인 탱크 ⑪ 유수 분리기 ⑫ 스트레이너 ⑬ 드레인 밸브 ⑭ 온도계 ⑮ 착화기
(2) Ⓐ 증기 Ⓑ 환유되는 중유 Ⓒ 응축수
(3) ㉠ 방향

37. 다음 오일 서비스 탱크의 상세도에서 ①~⑮까지의 명칭을 쓰시오.

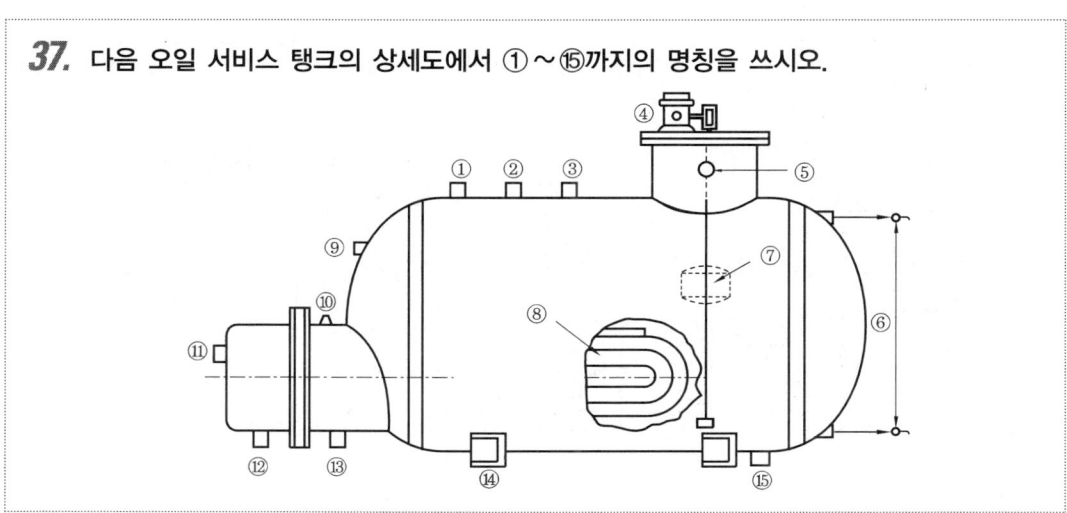

해답 ① 급유 입구 ② 반환유 입구 ③ 통기관 입구 ④ 플로트 스위치 ⑤ 오버플로어 ⑥ 유면계 ⑦ 플로트 ⑧ 가열 코일 ⑨ 온도 조절 밸브 감열봉구 ⑩ 온도계 부착구 ⑪ 증기 입구 ⑫ 응축수 출구 ⑬ 유 출구 ⑭ 받침대 ⑮ 드레인 입구

38. 다음 도면은 서비스 탱크 주위 배관도이다. ①~④ 부품의 명칭과 (a)에 알맞은 장치명을 쓰시오.

[제39회]

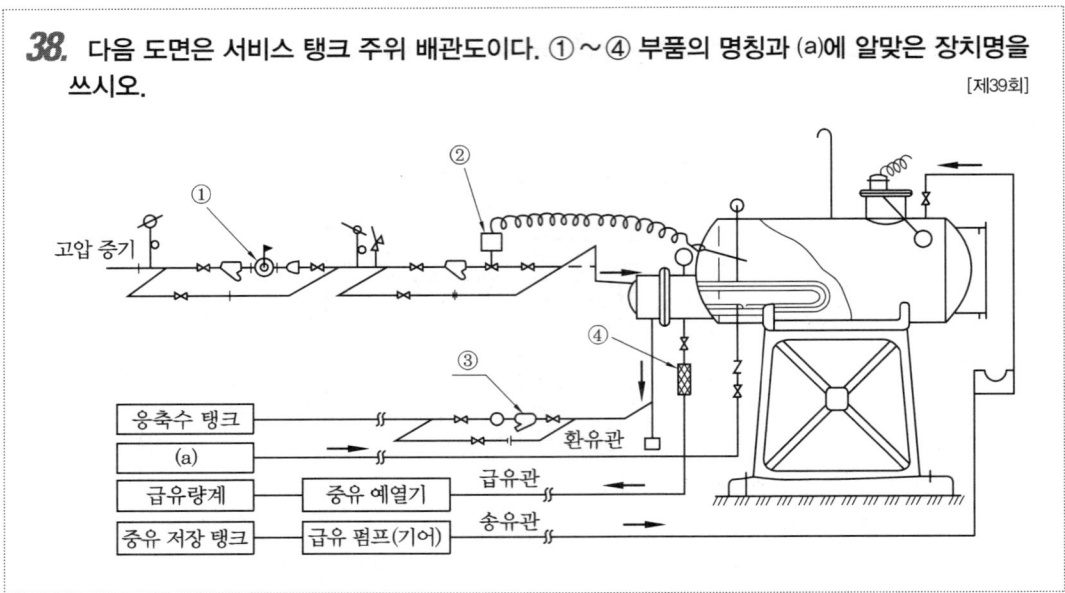

해답 ① 감압 밸브 ② 자동 온도 조절 밸브 ③ 여과기(strainer) ④ 유수 분리기 (a) 버너

39. 다음 그림은 보일러 급수 계통의 장치 배관도를 나타낸 그림이다. ①~⑤의 부품 명칭을 쓰시오.

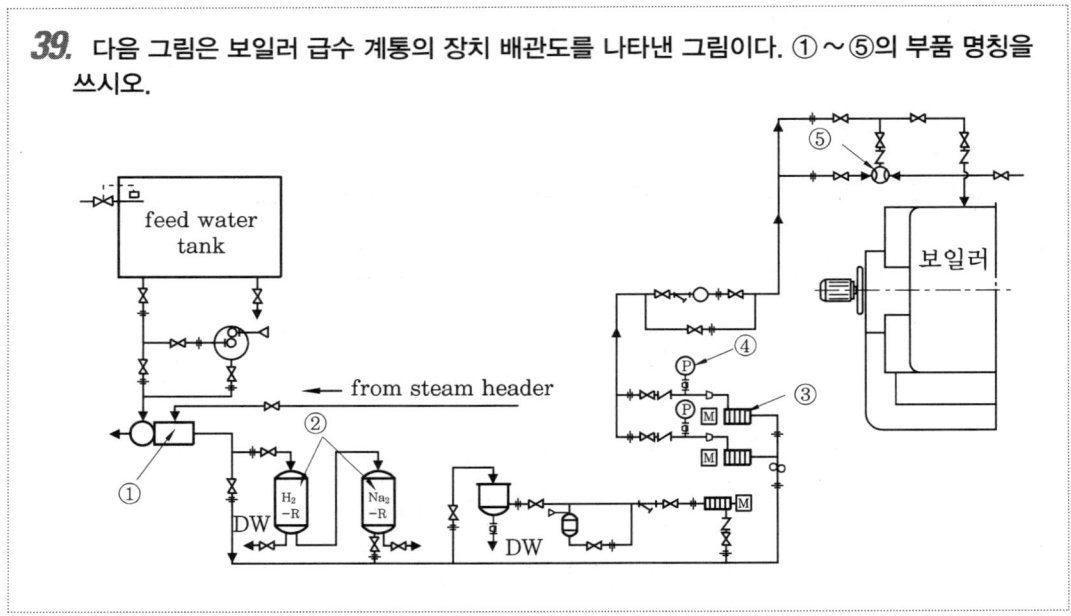

해답 ① 탈기기 ② 이온 교환 수지탑 ③ 급수 펌프 ④ 압력계 ⑤ 인젝터

40. 다음 도면은 증기 보일러의 인젝터(injector) 주위 배관도를 미완성한 것이다. ①~④ 지점에 알맞은 부품에 대한 도시 기호를 그려 넣어 옳게 도면을 완성하시오.

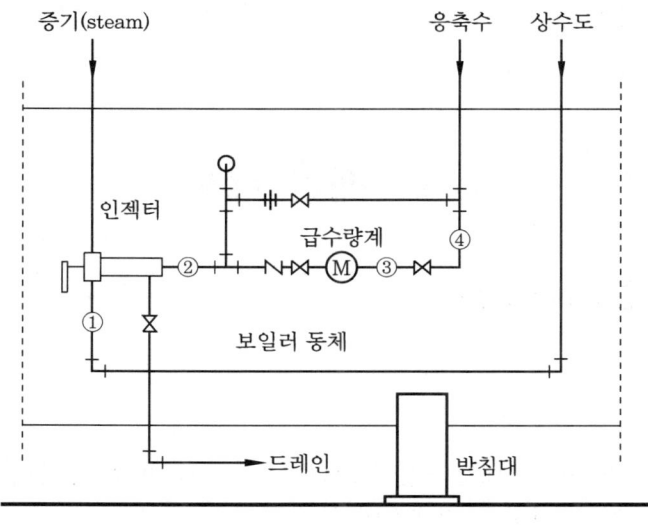

해답 ①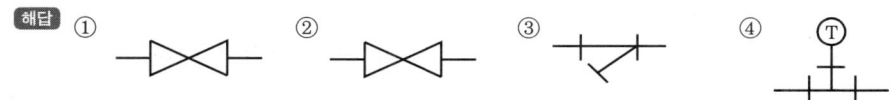

41. 다음은 유류 연소용 온수보일러이다. ①~⑥의 명칭을 쓰시오.

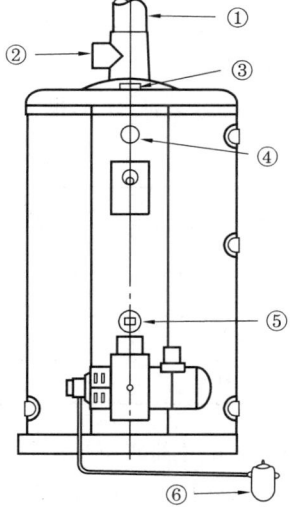

해답 ① 연도 ② 드래프트 레귤레이터 ③ 난방 공급구 ④ 온도계 ⑤ 투시구(감시창) ⑥ 오일 필터

Chapter 3 배관 재료의 종류

1. 배관 재료

1-1 강관(steel pipe)

(1) 특징

① 장점
   (가) 인장 강도가 크고, 내충격성이 크다.   (나) 배관 작업이 용이하다.
   (다) 비철 금속관에 비하여 경제적이다.

② 단점
   (가) 부식이 발생하기 쉽다.   (나) 배관 수명이 짧다.

(2) 종류

① 강관의 분류
   (가) 재질에 의한 분류 : 탄소강 강관, 합금강 강관, 스테인리스관 등
   (나) 제조 방법에 의한 분류 : 이음매 없는 관, 이음매 있는 관(단접관, 가스 용접관, 전기 저항 용접관, 아크 용접관)
   (다) 표면 처리에 의한 분류 : 흑관, 백관(아연 도금 강관)

② 강관의 제조 방법 분류

기 호	제조 방법	기 호	제조 방법
-E	전기 저항 용접관	-E-C	냉간 완성 전기 저항 용접관
-B	단접관	-B-C	냉간 완성 단접관
-A	아크 용접관	-A-C	냉간 완성 아크 용접관
-S-H	열간 가공 이음매 없는 관	-S-C	냉간 완성 이음매 없는 관

③ 스케줄 번호(schedule number) : 유체의 사용 압력 P와 그 상태에 있어서 재료의 허용 응력 S와의 비에 의해서 파이프 두께의 체계를 표시한 것으로, 스케줄 번호는 다음의 식으로 계산한다.

$$\text{Sch No.} = 10 \times \frac{P}{S}$$

여기서, P : 유체의 사용 압력(kgf/cm²)

S : 유체의 허용 응력(kgf/mm²) $\left(= \dfrac{\text{인장 강도}(\text{kgf/mm}^2)}{\text{안전율}}\right)$

➜ 안전율은 주어지지 않으면 4를 적용한다.

> **참고**
>
> 압력(P)과 허용 응력(S), 인장 강도의 단위가 다음과 같을 때 공식
> ① 압력(P) = kgf/cm², 허용 응력(S), 인장 강도 = kgf/cm²
> Sch No. = $1000 \times \dfrac{P}{S}$
> ② 압력(P) = MPa, 허용 응력(S), 인장 강도 = N/mm²
> Sch No. = $1000 \times \dfrac{P}{S}$

강관의 종류와 용도

종류		규격 기호		주요 용도와 기타 사항
		KS	JIS	
배관용	배관용 탄소 강관	SPP	SGP	사용 압력이 비교적 낮은(10kg/cm² 이하) 증기, 물, 기름, 가스 및 공기의 배관용으로 사용되며, 백관과 흑관이 있다. 호칭 지름 6~500A
	압력 배관용 탄소 강관	SPPS	STPG	350℃ 이하의 온도에서 압력 10~100kg/cm²까지의 배관에 사용한다. 호칭은 호칭 지름과 두께(스케줄 번호)에 의한다. 호칭 지름 6~500A
	고압 배관용 탄소 강관	SPPH	STS	350℃ 이하의 온도에서 압력 100kg/cm² 이상의 배관에 사용한다. 호칭은 SPPS관과 동일하다. 호칭 지름 6~500A
	고온 배관용 탄소 강관	SPHT	STPT	350℃ 이상의 온도에서 사용하는 배관용이다. 호칭은 SPPS관과 동일하다. 호칭 지름 6~500A
	배관용 아크 용접 탄소 강관	SPW	STPY	사용 압력 10kg/cm² 이하의 비교적 낮은 증기, 물, 기름, 가스 및 공기 등의 배관용이다. 호칭 지름 350~1500A
	배관용 합금 강관	SPA	STPA	주로 고온도의 배관에 사용한다. 두께는 스케줄 번호에 따름. 호칭 지름 6~500A
	배관용 스테인리스 강관	STS×T	SUS-TP	내식용, 내열용 및 고온 배관용, 저온 배관용 사용한다. 두께는 스케줄 번호에 따름. 호칭지름 6~300A
	저온 배관용 강관	SPLT	STPL	빙점 이하의 저온도 배관에 사용한다. 두께는 스케줄 번호에 따름. 호칭 지름 6~500A

수도용	수도용 아연 도금 강관	SPPW	SGPW	SPP관에 아연 도금을 실시한 관으로 정수두 100m 이하의 수도에서 주로 급수관에 사용한다. 호칭 지름 6~500A
	수도용 도복장 강관	STPW		SPP관 또는 SPW관에 피복한 관으로 정수두 100m 이하의 수도용에 사용한다. 호칭 지름 80~1500A
열전달용	보일러 열교환기용 탄소 강관	STBH	STB	관의 내외에서 열의 교환을 목적으로 하는 곳에 사용한다. 보일러의 수관, 연관, 과열관, 공기 예열관, 화학 공업용이나 석유 공업의 열교환기 콘덴서관, 촉매관, 가열관 등에 사용한다. 관 지름 15.9~139.8mm, 두께 1.2~12.5mm이다.
	보일러 열교환기용 합금 강관	STHA	STBA	
	보일러 열교환기용 스테인리스 강관	STS×TB	SUS-TB	
	저온 열교환기용 강관	STLT	STBL	빙점 이하의 특히 낮은 온도에서 관의 내외에서 열의 교환을 목적으로 하는 관이다. 열교환기관, 콘덴서관에 사용한다.
구조용	일반 구조용 탄소 강관	SPS	STK	토목, 건축, 철탑, 발판, 지주, 비계, 말뚝, 기타의 구조물에 사용한다. 관 지름 21.7~1016mm, 두께 1.2~12.5mm이다.
	기계 구조용 탄소 강관	SM	STKM	기계, 항공기, 자동차, 자전거, 가구, 기구 등의 기계 부품에 사용한다.
	구조용 합금 강관	STA	STKS	항공기, 자동차, 기타의 구조물에 사용한다.

일반 배관용 탄소 강관(KS D 3507) 규격

호 칭		바깥지름 (mm)	바깥지름의 허용차		두께 (mm)	두께 허용차	소켓을 포함하지 않은 무게(kg/m)
A	B		테이퍼 나사관	기타 관			
10	$\frac{3}{8}$	17.3	±0.5mm		2.35	+규정하지 않음 -12.5%	0.866
15	$\frac{1}{2}$	21.7	±0.5mm		2.65		1.25
20	$\frac{3}{4}$	27.2	±0.5mm		2.65		1.60
25	1	34.0	±0.5mm		3.25		2.45
32	$1\frac{1}{4}$	42.7	±0.5mm		3.25		3.16
40	$1\frac{1}{2}$	48.6	±0.5mm		3.25		3.63

50	2	60.5	±0.5mm	±1%	3.65		5.12
65	$2\frac{1}{2}$	76.3	±0.7mm	±1%	3.65		6.34
80	3	89.1	±0.8mm	±1%	4.05		8.49
90	$3\frac{1}{2}$	101.6	±0.8mm	±1%	4.05		9.74
100	4	114.3	±0.8mm	±1%	4.5		12.2
125	5	139.8	±0.8mm	±1%	4.85		16.1
150	6	165.2	±0.8mm	±1%	4.85		19.2
200	8	216.5	±1.0mm	±1%	5.85		30.4
250	10	267.4	±1.3mm	±1%	6.40		41.2
300	12	318.5	±1.5mm	±1%	7.00		53.8
350	14	356.6		±1%	7.6		65.2
400	16	406.4		±1%	7.9		77.6
450	18	457.2		±1%	7.9		87.5
500	20	508.0		±1%	7.9		97.4
550	22	558.8		±1%	7.9		107
600	24	609.6		±1%	7.9		117

1-2 스테인리스 강관(stainless pipe)

(1) 특징

① 내식성, 내마모성이 우수하다.
② 관 마찰 저항이 작아 손실 수두가 적다.
③ 강도가 크고, 굽힘 작업이 어렵다.
④ 열전도율이 낮다(14.04kcal/h·m·°C).
⑤ 압축 이음으로 배관 작업이 용이하지만, 보수 작업이 어렵다.

(2) 스테인리스강의 종류별 특징

① STS410(13크롬 스테인리스강) : 마텐자이트계
   (개) 검은 빛을 띠고 녹슬기 쉽다.
   (내) 가공성은 좋으나 용접성이 좋지 않다.
   (대) 자성이 있어 자석에 붙는다.
   (래) 성분 : Cr 11.5~13.5%, Ni 0%, C 0.15% 이하
   (매) 인장 강도 : 55kgf/mm^2

② STS430(18크롬 스테인리스강) : 페라이트계
  ㈎ 내산성이 불충분하고, 대기 중에서 녹이 슬며, 해안 지방에 적합하지 않다.
  ㈏ 용접성은 좋으나 가공성은 오스테나이트계보다 나쁘다.
  ㈐ 자성이 있어 자석에 붙는다.
  ㈑ 성분 : Cr 16~18%, Ni 0%, C 0.12% 이하
  ㈒ 인장 강도 : 55~60kgf/mm^2
③ STS304(18-8 스테인리스강) : 오스테나이트계
  ㈎ 니켈(Ni)이 함유되어 내식성, 내열성이 우수하다.
  ㈏ 가공성과 용접성이 좋고, 고온 강도가 크다.
  ㈐ 자성이 없어 자석이 붙지 않는다.
  ㈑ 성분 : Cr 18~20%, Ni 8~10.5%, C 0.08% 이하
  ㈒ 인장 강도 : 55~60kgf/mm^2

1-3 동관(copper pipe)

(1) 특징

① 장점
  ㈎ 담수(淡水)에 대한 내식성이 우수하다.
  ㈏ 열전도율이 좋고 가공성이 좋아 배관 시공이 용이하다.
  ㈐ 아세톤, 프레온 가스 등 유기 약품에 침식되지 않는다.
  ㈑ 관 내부에서 마찰 저항이 적다.
② 단점
  ㈎ 연수(軟水)에는 부식된다.
  ㈏ 외부의 기계적 충격에 약하다.
  ㈐ 가격이 비싸다.
  ㈑ 암모니아(NH_3), 초산, 진한 황산(H_2SO_4)에는 심하게 부식된다.

(2) 동관의 종류

① 소재 및 제조 방법에 의한 분류
  ㈎ 인성 동관(tough pitch copper tube) : 전기 및 열의 전도성이 우수하며, 고온의 환원성 분위기에서는 수소 취화 현상이 발생할 수 있다. 전기 부품, 열교환기 관 등에 주로 사용한다.
  ㈏ 인탈산 동관(phosphorus deoxidized copper tube) : 동을 인(P)으로 탈산 처리한 것으로, 전기 전도성은 인성 동관보다 낮으며, 고온에서도 수소 취화 현상

이 발생하지 않는다. 일반 배관, 열교환기용, 건축 설비 재료에 사용한다.
  ㈐ 무산소 동관(oxygen free copper tube) : 전기 전도성이 우수하며, 고온에서도 수소 취화 현상이 발생하지 않는다. 전기용 재료, 화학 공업용에 사용한다.
② 재질에 의한 분류
  ㈎ 연질(O : soft of annealed) : 가공 및 작업이 용이하며, 상수도, 가스 배관 등에 사용한다. 인장 강도 21kgf/mm² 이상, 로크웰 경도(HR15T) 60 이하이다.
  ㈏ 반연질(OL : light annealed) : 연질에 약간의 경도와 강도를 부여한 것이다. 인장 강도 21kgf/mm² 이상, 로크웰 경도(HR15T) 65 이하이다.
  ㈐ 반경질 $\left(\dfrac{1}{2}H : \text{half hard}\right)$: 경질에 약간의 연성을 부여한 것이다. 인장 강도 25~33kgf/mm², 로크웰 경도(HR30T) 30~60이다.
  ㈑ 경질(H : hard or drawn) : 경도 및 강도에서 가장 강하며, 건설 자재로 사용한다. 인장 강도 32kgf/mm² 이상, 로크웰 경도(HR30T) 55 이상이다.
③ 두께에 의한 분류
  ㈎ K형 : 두께가 두껍고 주로 고압 배관, 상수도관, 의료 배관에 사용한다.
  ㈏ L형 : 급탕, 급수 및 냉온수 배관, 가스 배관 등 압력이 적게 작용하는 곳에 사용한다.
  ㈐ M형 : K형, L형보다 두께가 얇으며, 저압의 증기난방용관, 가스 배관, 통기관으로 사용한다.
④ 형태에 의한 분류
  ㈎ 직관 : 일반 배관용에 사용하며, 길이는 15~150A는 6m, 200A 이상은 3m로 제작된다.
  ㈏ 코일 : 코일 형식으로 감아 놓은 것으로, 상수도, 가스 배관 등 이음매 없이 장거리 배관에 사용되며, 레벨 와운형(200~300m), 벤치형(50m, 70m, 100m), 팬케이크형(15m, 30m)으로 구분된다.
  ㈐ 온수 온돌용 : 조립식 온수 온돌 전용 배관으로, 방의 규모에 따라 20종의 규격으로 제작된다.

동관의 규격

구분	호 칭		바깥지름 (mm)	두 께 (mm)	무 게 (kg/m)	상용 압력(kgf/cm²)		용 도
	A	B				경질	연질	
K	8	$\dfrac{1}{4}$	9.52	0.89	0.216	111.0	71.6	의료 배관 고압 배관
	10	$\dfrac{3}{8}$	12.70	1.24	0.399	123.0	79.7	
	15	$\dfrac{1}{2}$	15.88	1.24	0.510	95.3	61.6	

			19.05	1.24	0.620	78.7	50.9	
		$\frac{5}{8}$						
	20	$\frac{3}{4}$	22.22	1.65	0.953	90.8	58.7	
	25	1	28.58	1.65	1.25	69.7	45.1	
	32	$1\frac{1}{4}$	34.92	1.65	1.54	56.6	36.6	
	40	$1\frac{1}{2}$	41.28	1.83	2.03	53.7	34.7	
	50	2	53.98	2.11	3.07	46.1	29.8	
	65	$2\frac{1}{2}$	66.68	2.41	4.35	43.2	27.9	
	80	3	79.38	2.77	5.96	42.4	27.4	
	90	3	92.08	3.05	7.63	39.8	25.7	
	100	4	104.78	3.40	9.68	38.7	25.0	
	125	5	130.18	4.06	14.40	37.2	24.0	
	150	6	155.58	4.88	20.70	38.1	24.7	
	200	8	206.38	6.88	38.60	41.2	26.6	
L	8	$\frac{1}{4}$	9.52	0.76	0.187	95.4	61.7	
	10	$\frac{3}{8}$	12.70	0.89	0.295	81.7	52.8	
	15	$\frac{1}{2}$	15.88	1.02	0.426	74.5	48.1	
	-	$\frac{5}{8}$	19.05	1.07	0.540	65.3	42.2	
	20	$\frac{3}{4}$	22.22	1.14	0.675	60.1	38.8	의료 배관 급배수 배관 급탕 배관 상수도 배관 냉난방 배관 가스 배관 소화 배관
	25	1	28.58	1.27	0.974	52.6	34.0	
	32	$1\frac{1}{4}$	34.92	1.40	1.32	47.9	31.0	
	40	$1\frac{1}{2}$	41.28	1.52	1.70	43.3	28.0	
	50	2	53.98	1.78	2.61	38.5	24.9	
	65	$2\frac{1}{2}$	66.68	2.03	3.69	35.5	22.9	
	80	3	79.38	2.29	4.96	34.1	22.0	
	90	$3\frac{1}{2}$	92.08	2.54	6.38	33.0	21.3	
	100	4	104.78	2.79	7.99	31.5	20.4	

	125	5	130.18	3.18	11.30	28.8	18.6	
	150	6	155.58	3.56	15.20	27.3	17.6	
	200	8	206.38	5.08	28.70	29.7	19.2	
M	10	$\frac{3}{8}$	12.70	0.64	0.217	57.2	37.0	의료 배관 급배수 배관 급탕 배관 상수도 배관 냉난방 배관 가스 배관 소화 배관
	15	$\frac{1}{2}$	15.88	0.71	0.302	51.5	33.3	
	20	$\frac{3}{4}$	22.22	0.81	0.487	39.6	25.6	
	25	1	28.58	0.89	0.692	34.4	22.2	
	32	$1\frac{1}{4}$	34.92	1.07	1.02	35.0	22.6	
	40	$1\frac{1}{2}$	41.28	1.24	1.39	35.1	22.7	
	50	2	53.98	1.47	2.17	30.7	19.8	
	65	$2\frac{1}{2}$	66.68	1.65	3.01	28.4	18.3	
	80	3	79.38	1.83	3.99	26.8	17.3	
	90	$3\frac{1}{2}$	92.08	2.11	5.33	26.7	17.3	
	100	4	104.78	2.41	6.93	26.6	17.2	
	125	5	130.18	2.77	9.91	25.1	16.2	
	150	6	155.58	3.10	13.30	23.3	15.1	
	200	8	206.38	4.32	24.50	24.8	16.0	

1-4 엑셀(X-L) 온수 온돌 파이프

엑셀(X-L) 파이프는 고밀도 폴리에틸렌을 가교 성형 장치에 의해서 반투명 유백색으로 6m 또는 100m를 표준으로 제조되며, 본래의 명칭은 가교 폴리에틸렌관이다. 온수 온돌난방 배관 및 급수관에 주로 사용되고 있다.

(1) 특징

① 내식성이 우수하며, 수명이 반영구적이다.
② 관 내면에 스케일이 생성되지 않아 온수 순환이 양호하며, 열전도가 양호하다.
③ 시공이 간편하고, 공사비가 적게 소요된다.
④ 내열성 및 내저온성이 우수하다.
⑤ 배관 사용 용도가 다양하다.

(2) 종류

① 제1종 : 상용 수압 5kgf/cm^{2}까지 사용, 12~40A까지 6종류
② 제2종 : 상용 수압 8kgf/cm^{2}까지 사용, 6~40A까지 8종류

2. 관이음재 종류 및 시공 방법

2-1 강관 이음재

(1) 분류

① 이음 방법에 의한 분류 : 나사식, 용접식, 플랜지식
② 재질에 의한 분류 : 강제 이음재, 가단 주철제 이음재
③ 사용 용도에 의한 분류
　(가) 배관의 방향을 전환할 때 : 엘보(elbow), 벤드(bend)
　(나) 관을 도중에 분기할 때 : 티(tee), 와이(Y), 크로스(cross)
　(다) 동일 지름의 관을 연결할 때 : 소켓(socket), 니플(nipple), 유니언(union)
　(라) 이경관을 연결할 때 : 리듀서(reducer) 부싱(bushing), 이경 엘보, 이경 티
　(마) 관 끝을 막을 때 : 플러그(plug), 캡(cap)

(2) 나사식 관이음재

① 강관 이음재
　(가) 니플 : 평형 니플, 크로스 니플, 바렐 니플
　(나) 벤드(bend) : 90° 벤드, 45° 벤드, 리턴 벤드(return bend)
② 가단 주철제 관이음재
　(가) 호칭 및 표기 방법 : KS 규격 관용 테이퍼 나사의 호칭에 따른다.
　　㉮ 지름이 같은 경우 : 호칭 지름으로 한다.
　　㉯ 지름이 2개인 경우 : 지름이 큰 것을 첫 번째, 작은 것을 두 번째 순서로 한다.
　　㉰ 지름이 3개인 경우 : 동일 중심선 위에 있는 구멍 중에서 지름이 큰 것을 첫 번째, 작은 것을 두 번째, 나머지를 세 번째로 한다.
　　㉱ 지름이 4개인 경우 : 지름이 가장 큰 것을 첫 번째, 나머지 큰 것에서 작은 것 순으로 한다.

(나) 품질
- ㉮ 누설 시험 : 공기압 0.5MPa을 가했을 때 누설이 없어야 한다.
- ㉯ 내압 시험 : 수압 2.5MPa을 가했을 때 누설이 없어야 한다.
- ㉰ 나사 축선의 어긋남 : 300mm 거리에 2mm 이하

참고 나사식 관 이음재의 종류 및 치수

1. 엘보(암수 엘보, 45° 엘보, 45° 암수 엘보)

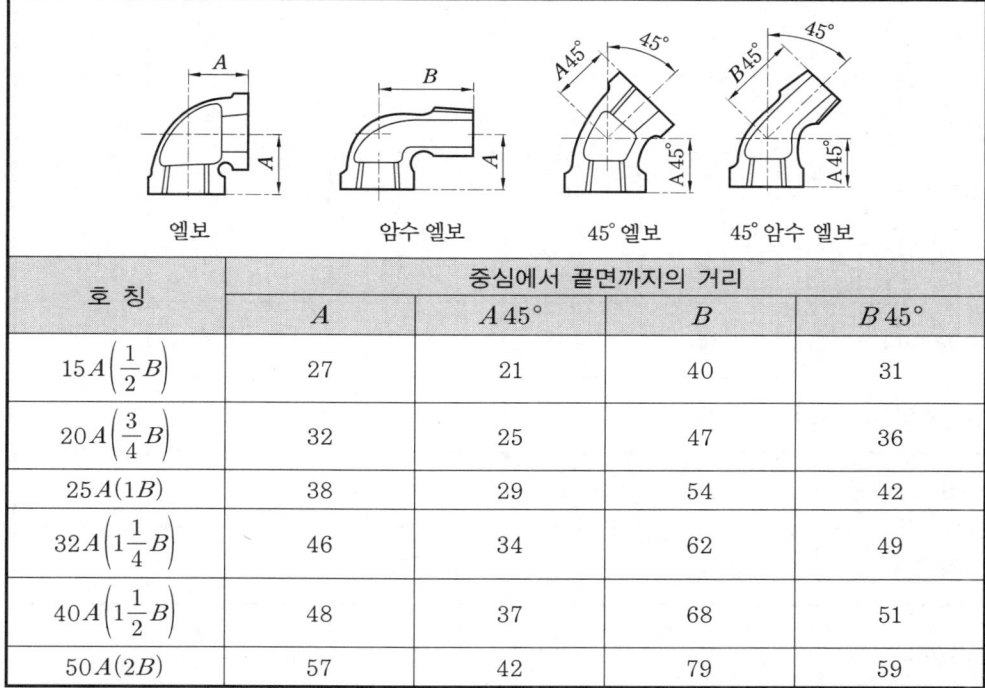

호 칭	중심에서 끝면까지의 거리			
	A	$A\,45°$	B	$B\,45°$
$15A\left(\dfrac{1}{2}B\right)$	27	21	40	31
$20A\left(\dfrac{3}{4}B\right)$	32	25	47	36
$25A(1B)$	38	29	54	42
$32A\left(1\dfrac{1}{4}B\right)$	46	34	62	49
$40A\left(1\dfrac{1}{2}B\right)$	48	37	68	51
$50A(2B)$	57	42	79	59

2. 이경 엘보(이경 암수 엘보)

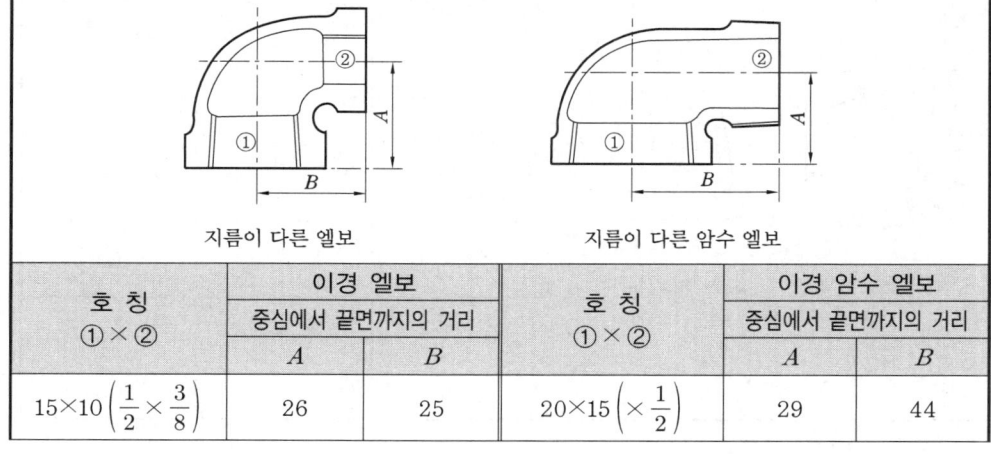

지름이 다른 엘보 / 지름이 다른 암수 엘보

호 칭 ①×②	이경 엘보 중심에서 끝면까지의 거리		호 칭 ①×②	이경 암수 엘보 중심에서 끝면까지의 거리	
	A	B		A	B
$15\times10\left(\dfrac{1}{2}\times\dfrac{3}{8}\right)$	26	25	$20\times15\left(\times\dfrac{1}{2}\right)$	29	44

호칭			호칭		
$20 \times 10 \left(\frac{3}{4} \times \frac{3}{8}\right)$	28	28	$25 \times 15 \left(1 \times \frac{1}{2}\right)$	32	47
$20 \times 15 \left(\frac{3}{4} \times \frac{1}{2}\right)$	29	30	$25 \times 20 \left(1 \times \frac{3}{4}\right)$	34	51
$25 \times 10 \left(1 \times \frac{3}{8}\right)$	30	31	$32 \times 25 \left(1\frac{1}{4} \times 1\right)$	40	61
$25 \times 15 \left(1 \times \frac{1}{2}\right)$	32	33	$40 \times 25 \left(1\frac{1}{2} \times 1\right)$	41	65
$25 \times 20 \left(1 \times \frac{3}{4}\right)$	34	35	$40 \times 32 \left(1 \times 1\frac{1}{4}\right)$	45	68
$32 \times 15 \left(1\frac{1}{4} \times \frac{1}{2}\right)$	34	38	$50 \times 20 \left(2 \times \frac{3}{4}\right)$	41	65
$32 \times 20 \left(1\frac{1}{4} \times \frac{3}{4}\right)$	38	40	$50 \times 32 \left(2 \times 1\frac{1}{4}\right)$	48	75
$32 \times 25 \left(1\frac{1}{4} \times 1\right)$	40	42	$50 \times 40 \left(2 \times 1\frac{1}{2}\right)$	52	75
$40 \times 15 \left(1\frac{1}{2} \times \frac{1}{2}\right)$	35	42			
$40 \times 20 \left(1\frac{1}{2} \times \frac{3}{4}\right)$	38	43			
$40 \times 25 \left(1\frac{1}{2} \times 1\right)$	41	45			
$40 \times 32 \left(1\frac{1}{2} \times \frac{1}{4}\right)$	45	48			

3. 티(암수 티)

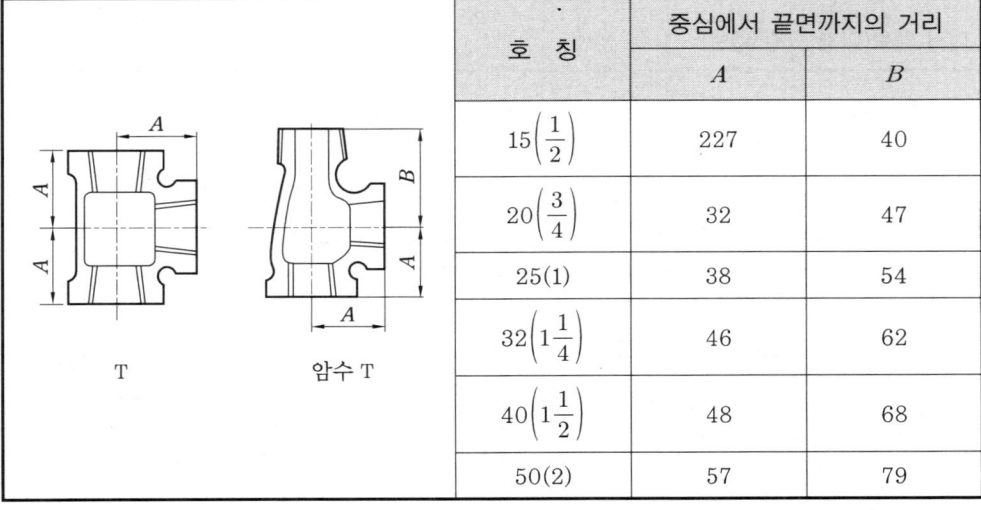

호 칭	중심에서 끝면까지의 거리	
	A	B
$15 \left(\frac{1}{2}\right)$	227	40
$20 \left(\frac{3}{4}\right)$	32	47
$25(1)$	38	54
$32 \left(1\frac{1}{4}\right)$	46	62
$40 \left(1\frac{1}{2}\right)$	48	68
$50(2)$	57	79

4. 이경 티

호 칭 ①×②×③	중심에서 끝면까지의 거리		
	A	B	C
$20\times20\times15\left(\frac{3}{4}\times\frac{3}{4}\times\frac{1}{2}\right)$	29	29	30
$25\times25\times15\left(1\times1\times\frac{1}{2}\right)$	32	32	33
$25\times25\times20\left(1\times1\times\frac{3}{4}\right)$	34	34	35
$32\times35\times15\left(1\frac{1}{4}\times1\frac{1}{4}\times\frac{1}{2}\right)$	34	34	38
$32\times35\times20\left(1\frac{1}{4}\times1\frac{1}{4}\times\frac{3}{4}\right)$	38	38	40
$32\times35\times25\left(1\frac{1}{4}\times1\frac{1}{4}\times1\right)$	40	40	42
$40\times40\times15\left(1\frac{1}{2}\times1\frac{1}{2}\times\frac{1}{2}\right)$	35	35	42
$40\times40\times20\left(1\frac{1}{2}\times1\frac{1}{2}\times\frac{3}{4}\right)$	38	38	43
$40\times40\times25\left(1\frac{1}{2}\times1\frac{1}{2}\times1\right)$	41	41	45
$40\times40\times32\left(1\frac{1}{2}\times1\frac{1}{2}\times1\frac{1}{4}\right)$	45	45	48
$50\times50\times15\left(2\times2\times\frac{1}{2}\right)$	38	38	48
$50\times50\times20\left(2\times2\times\frac{3}{4}\right)$	41	41	49
$50\times50\times25(2\times2\times1)$	44	44	51
$50\times50\times32\left(2\times2\times1\frac{1}{4}\right)$	48	48	54
$50\times50\times40\left(2\times2\times1\frac{1}{2}\right)$	52	52	55

5. 크로스

호 칭	중심에서 끝면까지의 거리
	A
$15\left(\dfrac{1}{2}\right)$	27
$20\left(\dfrac{3}{4}\right)$	32
$25(1)$	38
$32\left(1\dfrac{1}{4}\right)$	46
$40\left(1\dfrac{1}{2}\right)$	48
$50(2)$	57

6. 지름이 다른 크로스

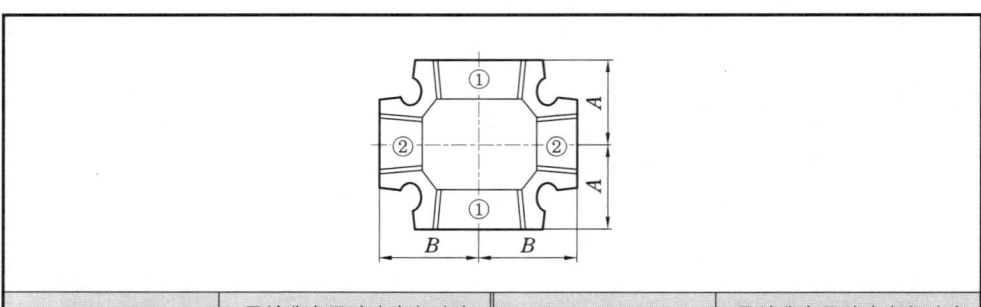

호 칭	중심에서 끝면까지의 거리		호 칭	중심에서 끝면까지의 거리	
	A	B		A	B
$20\times15\left(\dfrac{3}{4}\times\dfrac{1}{2}\right)$	29	30	$40\times25\left(1\dfrac{1}{2}\times1\right)$	41	45
$25\times15\left(1\times\dfrac{1}{2}\right)$	32	33	$40\times32\left(1\dfrac{1}{2}\times1\dfrac{1}{4}\right)$	45	48
$25\times20\left(1\times\dfrac{3}{4}\right)$	34	35	$50\times20\left(2\times\dfrac{3}{4}\right)$	41	49
$32\times20\left(1\dfrac{1}{4}\times\dfrac{3}{4}\right)$	38	40	$50\times25(2\times1)$	44	51
$32\times25\left(1\dfrac{1}{4}\times1\right)$	40	42	$50\times32\left(2\times1\dfrac{1}{4}\right)$	48	54
$40\times20\left(1\dfrac{1}{2}\times\dfrac{3}{4}\right)$	38	43	$50\times40\left(2\times1\dfrac{1}{2}\right)$	52	55

7. 와이(90° Y, 45° Y, 이경 90° Y)

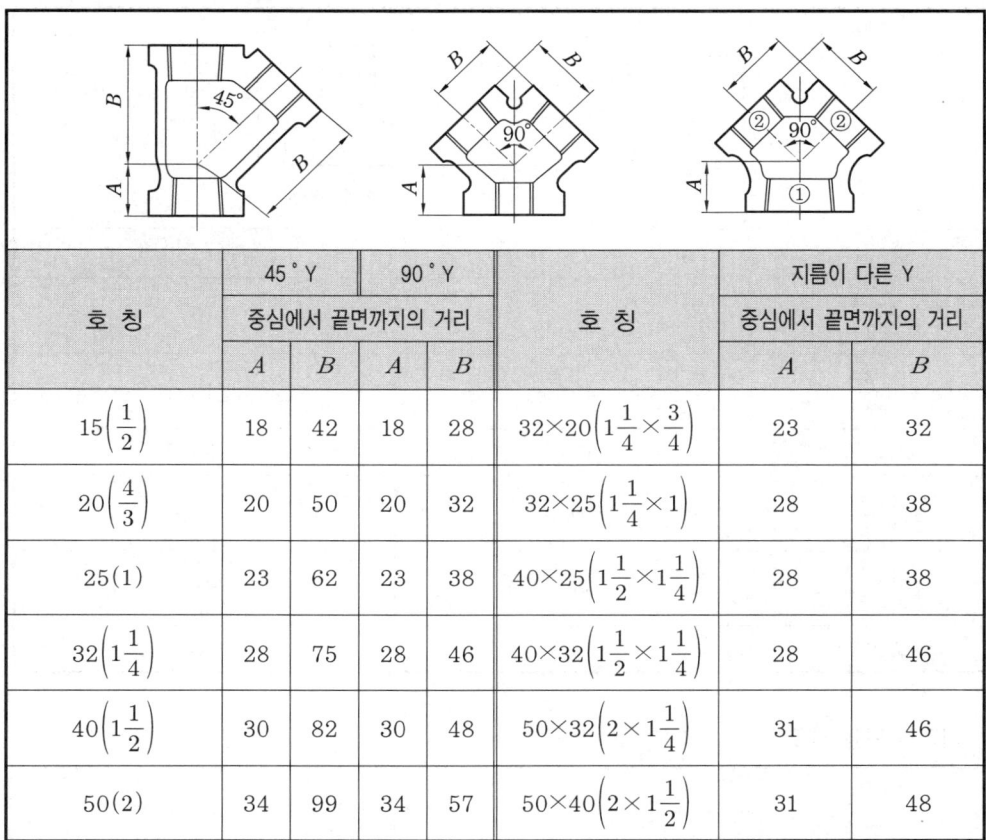

호 칭	45° Y 중심에서 끝면까지의 거리		90° Y 중심에서 끝면까지의 거리		호 칭	지름이 다른 Y 중심에서 끝면까지의 거리	
	A	B	A	B		A	B
$15\left(\dfrac{1}{2}\right)$	18	42	18	28	$32\times20\left(1\dfrac{1}{4}\times\dfrac{3}{4}\right)$	23	32
$20\left(\dfrac{4}{3}\right)$	20	50	20	32	$32\times25\left(1\dfrac{1}{4}\times1\right)$	28	38
$25(1)$	23	62	23	38	$40\times25\left(1\dfrac{1}{2}\times1\dfrac{1}{4}\right)$	28	38
$32\left(1\dfrac{1}{4}\right)$	28	75	28	46	$40\times32\left(1\dfrac{1}{2}\times1\dfrac{1}{4}\right)$	28	46
$40\left(1\dfrac{1}{2}\right)$	30	82	30	48	$50\times32\left(2\times1\dfrac{1}{4}\right)$	31	46
$50(2)$	34	99	34	57	$50\times40\left(2\times1\dfrac{1}{2}\right)$	31	48

8. 리턴 벤드(되돌림 벤드)

호 칭	중심 거리 M		B
	기준 치수	허용차	
$15\left(\dfrac{1}{2}\right)$	38	±0.8	33
$20\left(\dfrac{3}{4}\right)$	50	±0.8	41
$25(1)$	62	±0.8	50
$32\left(1\dfrac{1}{4}\right)$	75	±1	60
$40\left(1\dfrac{1}{2}\right)$	82	±1	62
$50(2)$	98	±1.2	72

9. 소켓(암수 소켓)

호 칭	L	L_1
$15\left(\dfrac{1}{2}\right)$	35	40
$20\left(\dfrac{3}{4}\right)$	40	48
$25(1)$	45	55
$32\left(1\dfrac{1}{4}\right)$	50	60
$40\left(1\dfrac{1}{2}\right)$	55	65
$50(2)$	60	70

10. 리듀서(편심 리듀서)

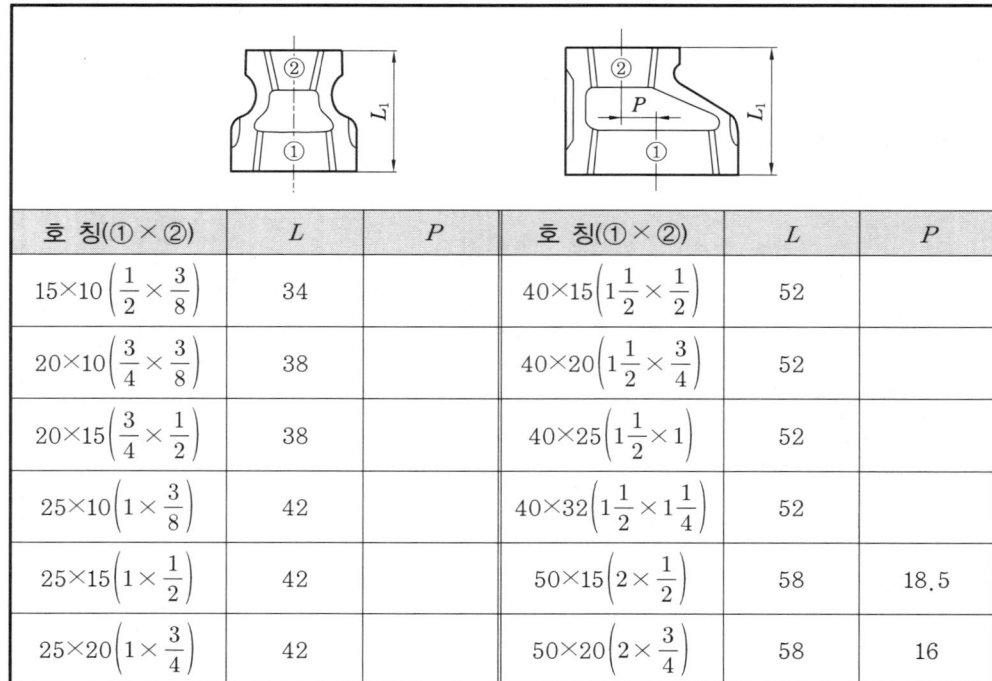

호 칭(①×②)	L	P	호 칭(①×②)	L	P
$15\times10\left(\dfrac{1}{2}\times\dfrac{3}{8}\right)$	34		$40\times15\left(1\dfrac{1}{2}\times\dfrac{1}{2}\right)$	52	
$20\times10\left(\dfrac{3}{4}\times\dfrac{3}{8}\right)$	38		$40\times20\left(1\dfrac{1}{2}\times\dfrac{3}{4}\right)$	52	
$20\times15\left(\dfrac{3}{4}\times\dfrac{1}{2}\right)$	38		$40\times25\left(1\dfrac{1}{2}\times1\right)$	52	
$25\times10\left(1\times\dfrac{3}{8}\right)$	42		$40\times32\left(1\dfrac{1}{2}\times1\dfrac{1}{4}\right)$	52	
$25\times15\left(1\times\dfrac{1}{2}\right)$	42		$50\times15\left(2\times\dfrac{1}{2}\right)$	58	18.5
$25\times20\left(1\times\dfrac{3}{4}\right)$	42		$50\times20\left(2\times\dfrac{3}{4}\right)$	58	16

호칭			호칭		
$32\times15\left(1\frac{1}{4}\times\frac{1}{2}\right)$	48		$50\times25(2\times1)$	58	13
$32\times20\left(1\frac{1}{4}\times\frac{3}{4}\right)$	48		$50\times32\left(2\times1\frac{1}{4}\right)$	58	9
$32\times25\left(1\frac{1}{4}\times1\right)$	48		$50\times40\left(2\times1\frac{1}{2}\right)$	58	6

11. 니플

호 칭	L	E	B
$15\left(\frac{1}{2}\right)$	42	16	26
$20\left(\frac{3}{4}\right)$	47	18	32
$25(1)$	52	20	38
$32\left(1\frac{1}{4}\right)$	56	20	46
$40\left(1\frac{1}{2}\right)$	60	23	54
$50(2)$	66	25	—

12. 캡

호칭	높이	머리 바깥 부분 반지름 R	호칭	높이	머리 바깥 부분 반지름 R
$15\left(\frac{1}{2}\right)$	20	78	$32\left(1\frac{1}{4}\right)$	30	150
$20\left(\frac{3}{4}\right)$	24	95	$40\left(1\frac{1}{2}\right)$	32	170
$25(1)$	28	125	$50(2)$	36	215

13. 플러그

| 호 칭 | 머리부(4각) | | 호칭 | 머리부(4각) | |
	맞변거리 B	높이 b		맞변거리 B	높이 b
$15\left(\frac{1}{2}\right)$	14	10	$32\left(1\frac{1}{4}\right)$	23	13
$20\left(\frac{3}{4}\right)$	17	11	$40\left(1\frac{1}{2}\right)$	26	14
$25(1)$	19	12	$50(2)$	32	15

14. 유니언

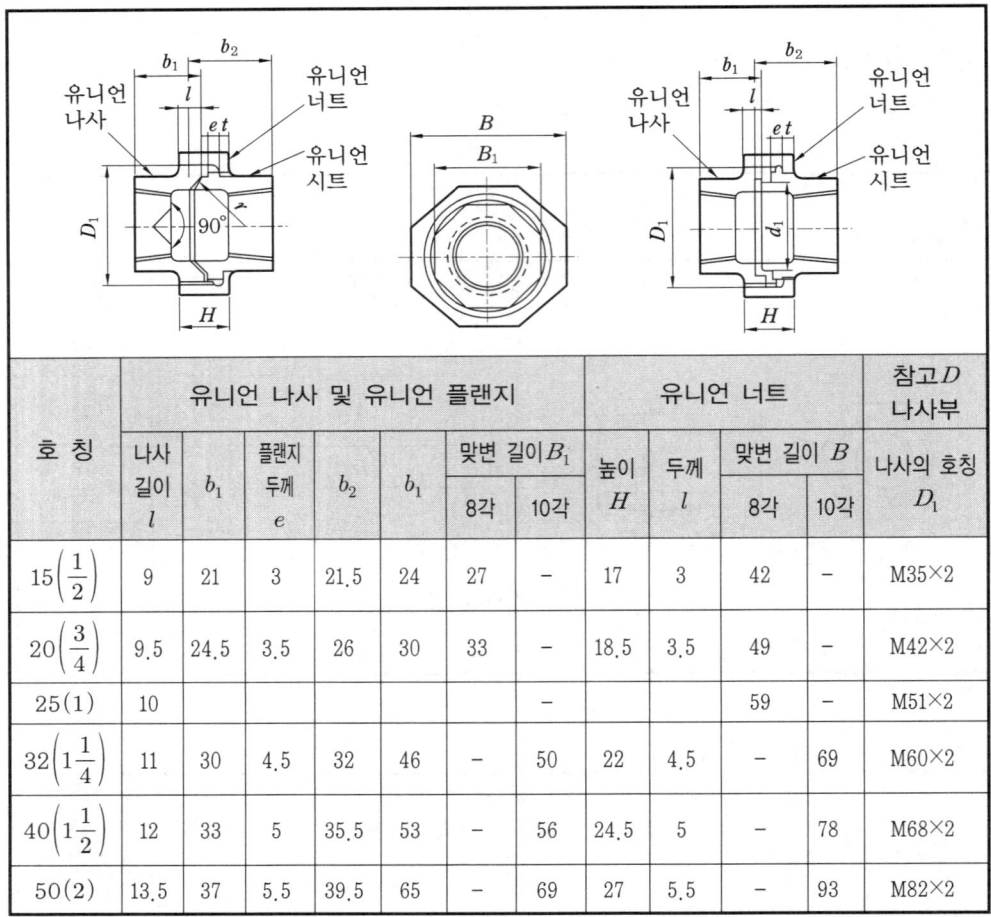

호 칭	유니언 나사 및 유니언 플랜지						유니언 너트					참고 D 나사부
	나사 길이 l	b_1	플랜지 두께 e	b_2	b_1	맞변 길이 B_1		높이 H	두께 l	맞변 길이 B		나사의 호칭 D_1
						8각	10각			8각	10각	
15 $\left(\frac{1}{2}\right)$	9	21	3	21.5	24	27	-	17	3	42	-	M35×2
20 $\left(\frac{3}{4}\right)$	9.5	24.5	3.5	26	30	33	-	18.5	3.5	49	-	M42×2
25(1)	10						-			59	-	M51×2
32 $\left(1\frac{1}{4}\right)$	11	30	4.5	32	46	-	50	22	4.5	-	69	M60×2
40 $\left(1\frac{1}{2}\right)$	12	33	5	35.5	53	-	56	24.5	5	-	78	M68×2
50(2)	13.5	37	5.5	39.5	65	-	69	27	5.5	-	93	M82×2

[비고] ① F형 유니언에는 적당한 개스킷을 사용한다.
② C형 유니언에는 개스킷을 사용하지 않는 것이 보통이지만, 청동관제 개스킷을 사용하여도 좋다.
③ C형 유니언에는 가상선의 부분에 적당한 시트를 끼워도 좋다.
④ C형 유니언의 유니언 플랜지에는 적당한 γ를 부착하여야 한다.

(3) 용접식 관이음재

① 맞대기 용접 이음재 : 재질, 바깥지름, 안지름 및 두께는 배관용 탄소 강관(SPP)과 동일한 것으로 한다.
  ㈎ 맞대기 용접용 엘보의 곡률 반지름
    ㉮ 롱 엘보(long elbow) : 강관 호칭 지름의 1.5배
    ㉯ 쇼트 엘보(short elbow) : 강관의 호칭 지름

② 플랜지(flange)
  (가) 플랜지 면의 형상에 의한 분류
    ㉮ 전면 시트 : 호칭 압력 1.6MPa 이하에 사용
    ㉯ 대평면 시트 : 호칭 압력 6.3MPa 이하에 사용, 연질 개스킷(gasket) 사용
    ㉰ 소평면 시트 : 호칭 압력 1.6MPa 이상에 사용, 경질 개스킷(gasket) 사용
    ㉱ 삽입형 시트 : 호칭 압력 1.6MPa 이상에 사용하며, 소평면보다 기밀을 요하는 경우 사용
    ㉲ 홈형 시트 : 호칭 압력 1.6MPa 이상으로 극히 기밀을 요하는 경우 사용
  (나) 관과 이음 방법에 의한 분류
    ㉮ 맞대기 용접 플랜지 : 슬립 온 플랜지(slip on flange), 웰드 넥 플랜지(weld neck flange), 차입 플랜지(socket flange)
    ㉯ 나사식 플랜지 : 나사 조립 후 용접에 의해 완전 밀봉 시 사용
    ㉰ 반스톤식 플랜지 : 랩 조인트 플랜지(lap joint flange)라 하며 고압 배관에 사용
  (다) 호칭 압력에 의한 분류 : 사용 압력 및 온도에 따라 규격화하여 사용
  (라) 형상에 의한 분류 : 원형, 타원형, 사각형 등

2-2 스테인리스관 이음재

스테인리스관 이음재는 강관 이음재와 마찬가지로 나사 이음재, 용접 이음재와 유압 프레스를 이용하여 관과 부속을 접합하는 몰코 이음재, 링크립 이음재, S−R 이음재, 메카톱 이음재 등으로 분류할 수 있다.

유압 프레스를 이용한 이음은 작업 시간이 빠르고, 작업 능률을 향상시킬 수 있고, 배관 후 외관이 미려하여 옥내외 급수 배관에 많이 사용되었으나, 배관 작업이 불량할 때 누수 등의 우려가 발생될 수 있고 수리가 어려운 단점이 있어 사용이 감소되고 있다.

2-3 동관 이음재

(1) 순동 이음재
  ① 특징
    (가) 용접 시 가열 시간이 짧아 공수 절감을 가져온다.
    (나) 두께가 균일하므로 취약 부분이 적다.
    (다) 내식성이 좋아 부식에 의한 장해가 적다.

(라) 내면이 동관과 같아 마찰 손실이 적다.
(마) 작업 공간이 협소하여도 작업이 용이하다.
② 종류 : 강관 이음재 부속과 같이 사용 용도에 맞게 동일한 형태로 제조되며, 대부분 동관을 부속에 삽입하여 가스 용접에 의하여 접합한다. 90° 엘보 C×C, 45° 엘보 C×C, 티 C×C×C, 리듀서 C×C, 소켓 C×C, 캡 C×C, 리턴 벤드 C×C 등이 있다.

순동 이음재의 종류

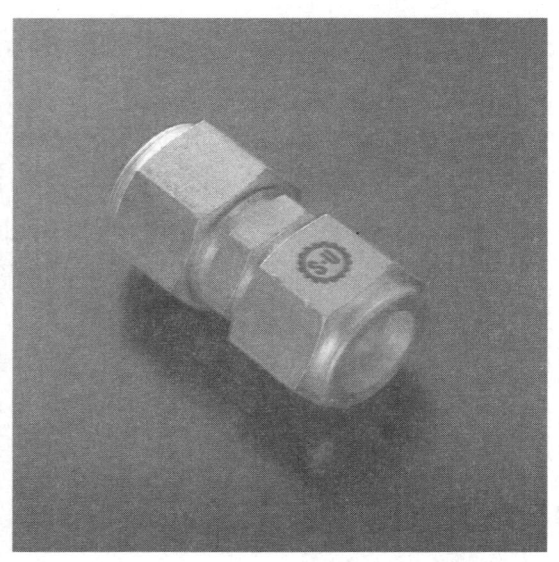

압축 이음재

(2) 압축 이음재 (flare joint)

용접 이음이 곤란한 곳이나 분리 결합이 요구될 때 동관의 끝 부분을 접시 모양으로 가공하여 압축 이음할 때 사용하는 것이다.

(3) 황동 주물 이음재

황동을 주물로 하여 제작하는 것으로, 관과 접촉되는 부분은 기계 가공 후 용접 이음을 한다. 용접 시 황동과 동관의 융점, 납과의 친화력, 열전도, 열용량의 차이, 열팽창의 차이 등으로 인하여 용접 작업에 어려움이 있다.

① 종류 : 동관 이음재에 다음의 기호를 함께 사용한다.
(가) C(female solder cup) : 이음재 내로 관이 들어가 접합되는 형태이다.
(나) M(male NPT thread) : ANSI 규격 관형 나사가 밖으로 난 나사 이음용 이음재이다. (예 C×M 어댑터)
(다) F(female NPT thread) : ANSI 규격 관형 나사가 안으로 난 나사 이음용 이음재이다. (예 C×F 어댑터)

㈑ Ftg(male solder cup) : 이음쇠로 관이 들어가 접합되는 형태이다. (예 Ftg×M 어댑터)

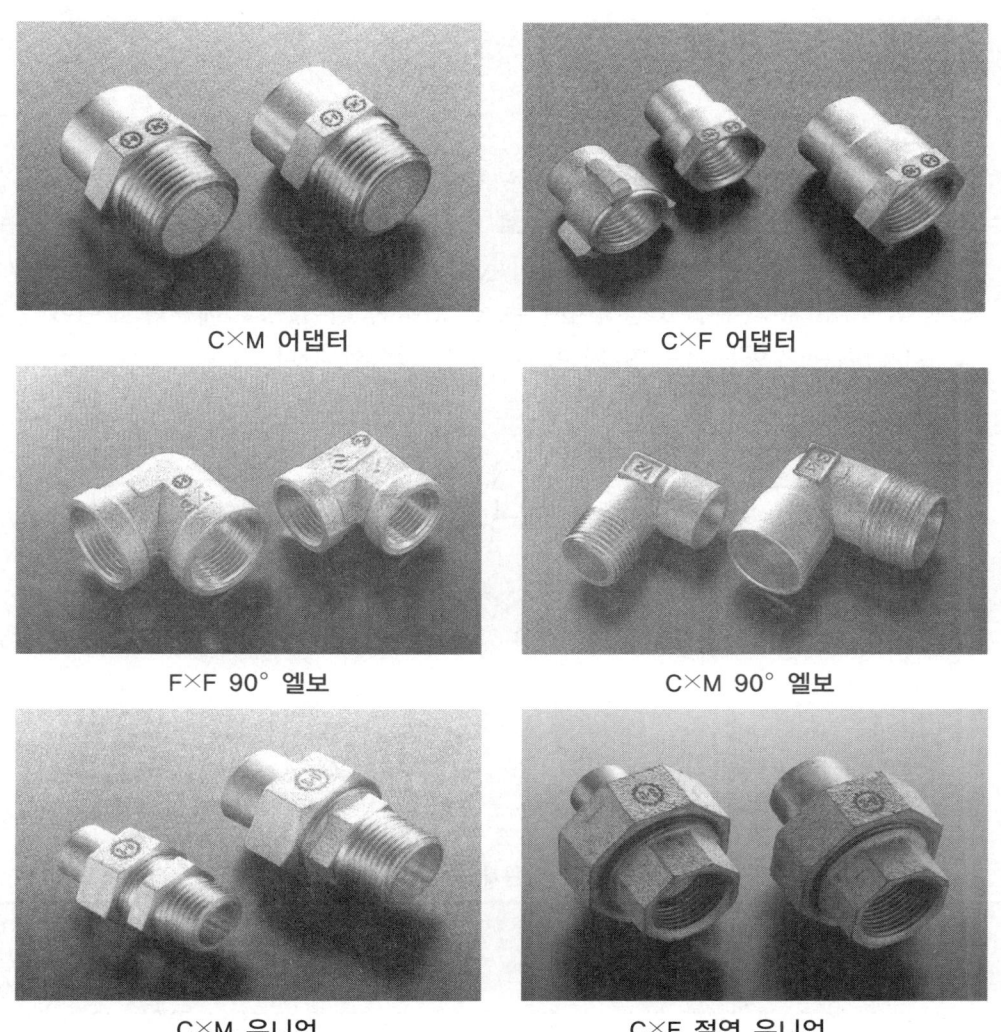

C×M 어댑터   C×F 어댑터

F×F 90° 엘보   C×M 90° 엘보

C×M 유니언   C×F 절연 유니언

2-4 엑셀(X-L)관 이음재

엑셀(X-L) 파이프로 방열관 시공 시 중간에 이음 부분 없이 1개의 관으로 시공하는 것이 원칙이나, 온수보일러 입출구, 온수 분배기 및 급탕용 냉온수관을 연결할 때에는 엑셀(X-L) 파이프용 황동 이음재를 사용한다.

3. 관의 이음(접합) 방법

3-1 강관의 이음 방법

(1) 나사 이음

① 직관의 길이 계산 : 배관도에 주어지는 치수(단위 : mm)는 관의 중심을 기준으로 치수를 표시한다. 다음 그림은 90° 엘보 2개를 사용하여 나사 이음 할 때의 치수를 나타낸 것이다. 여기서 실제 관의 길이는 부속 끝 면에서 유효 나사부 길이만큼 조립된 후 여유 치수(부속 중심선에서 관 끝 면까지 길이)만큼 배관이 없어야 한다. 즉, 실제 배관 길이는 주어진 치수보다 항상 짧아야 한다.

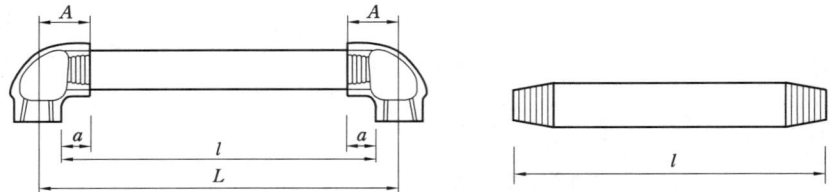

실제 배관 길이를 산출할 때에는 다음 공식이 이용된다.

$$L = l + 2(A - a)$$
$$l = L - 2(A - a)$$

여기서, L : 배관 중심 간 거리(mm), l : 실제 관 길이(mm)
A : 이음쇠 중심 거리(mm), a : 유효 나사부 길이(최소 물림 길이)

배관 및 이음재 종별 치수

이음재 명칭	호칭	중심 치수	유효 나사부	여유치수 (공간 치수)	이음재 명칭	호칭	중심 치수	유효 나사부	여유치수 (공간 치수)
90° 엘보, 티	15A	27	11	16	45° 엘보	15A	21	11	10
	20A	32	13	19		20A	25	13	12
	25A	38	15	23		25A	29	15	14
	32A	46	17	29		32A	34	17	17
	40A	48	18	30		40A	37	18	19
이경 90° 엘보, 이경 티	20×15A	29×30	13×11	16×19	리듀서	20×15A	19	13×11	6×8
	25×15A	32×33	15×11	17×22		25×15A	21	15×11	6×10
	25×20A	34×35	15×13	19×22		25×20A	21	15×13	6×8
	32×15A	34×38	17×11	17×27		32×15A	24	17×11	7×13

	32×20A	38×40	17×13	21×27		32×20A	24	17×13	7×11
	32×25A	40×42	17×15	23×27		32×25A	24	17×15	7×9
	40×15A	35×42	18×11	17×31		40×15A	26	18×11	8×15
	40×20A	38×43	18×13	20×30		40×20A	26	18×13	8×13
	40×25A	41×45	18×15	23×30		40×25A	26	18×15	8×11
	40×32A	45×48	18×17	27×31		40×32A	26	18×17	8×9
유니언	15A	22	11	11	소켓	15A	17.5	11	6.5
	20A	25	13	12		20A	20	13	7
	25A	28	15	13		25A	22.5	15	7.5
	32A	31	17	14		32A	25	17	8
	40A	34	18	16		40A	27.5	18	9.5

㈜ 배관 작업 시 해당되는 이음재 명칭과 호칭을 찾아 여유 치수(공간 치수)에 해당하는 치수를 빼 주면 실제 배관 길이가 된다.

② 경사진 배관의 길이 계산 : 그림과 같이 경사각이 45°인 관의 중심 거리 z는 피타고라스 정리에 의하여 $z^2 = x^2 + y^2$이다.

$$\therefore z = \sqrt{x^2 + y^2}$$

여기서, $x = y = 1$이라면

$$z = \sqrt{1^2 + 1^2} = \sqrt{2} = 1.414$$ 가 된다.

∴ z의 실제 배관 길이

$$l = x(\text{또는 } y) \times 1.414 - 2 \times \text{여유 치수}$$

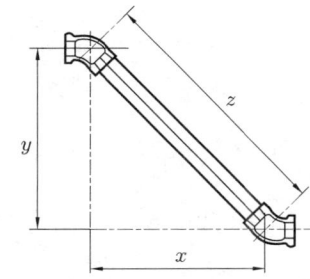

(2) 용접 이음

① 종류 : 맞대기 용접, 슬리브 용접

② 나사 이음과 비교한 장점

  ㈎ 이음부 강도가 크고, 하자 발생이 적다.
  ㈏ 이음부 관 두께가 일정하므로 마찰 저항이 적다.
  ㈐ 배관의 보온, 피복 시공이 쉽다.
  ㈑ 시공 기간을 단축할 수 있고, 유지비·보수비가 절약된다.

③ 단점

  ㈎ 재질의 변형이 일어나기 쉽다.
  ㈏ 용접부의 변형과 수축이 발생한다.
  ㈐ 용접부의 잔류 응력이 현저하다.

(3) 플랜지 이음

주로 호칭 지름 65A 이상의 관에 시공하며, 주요 기기의 보수 점검을 위하여 분해할 필요가 있는 경우에 사용한다. 플랜지 사이에 패킹재를 넣고 볼트와 너트를 이용하여 기밀을 유지하며, 볼트 조립 시 대각선 방향으로 여러 번에 걸쳐 조여 준다.

(4) 강관의 구부림(bending) 작업

① 수동 벤딩
  - ㈎ 냉간 벤딩 : 상온에서 가공하는 것으로, 수동 롤러에 의한 방법, 냉간용 벤더에 의한 방법이 있다.
  - ㈏ 열간 벤딩 : 강관의 용접선이 가운데 오도록 한 다음 800~900℃로 가열 후 벤딩 작업을 한다.

② 기계 벤딩 : 로터리 벤딩 머신과 램식 벤딩 머신을 사용한다.

③ 곡관의 길이 계산
  - ㈎ 360° 구부림 곡선 길이 : 관축의 중심부 길이, 즉 지름 D인 원둘레 길이이다.
    $$\therefore \ 360° \ 길이(l) = \pi \cdot D$$
  - ㈏ 180° 구부림 곡선 길이 : 360° 구부림 곡선 길이의 $\frac{1}{2}$이 구부림 곡선 길이이다.
    $$\therefore \ 180° \ 길이(l) = \frac{1}{2}\pi \cdot D$$
  - ㈐ 90° 및 45° 구부림 곡선 길이 : 360° 구부림 곡선 길이의 $\frac{1}{4}$, $\frac{1}{8}$이 구부림 곡선 길이이다.
    $$\therefore \ 90° \ 길이(l) = \frac{1}{4}\pi \cdot D$$
    $$\therefore \ 45° \ 길이(l) = \frac{1}{8}\pi \cdot D$$
  - ㈑ 기타 각도의 구부림 곡선 길이 : 구부림 각도를 θ라 하면, 구부림 곡선 길이
    $$\theta° \ 길이(l) = \pi \cdot D \frac{\theta}{360}$$

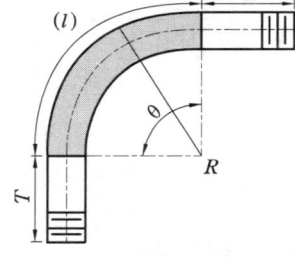

구부림 곡선 길이 계산

3-2 동관의 이음 방법

(1) 용접 이음

모세관 현상을 이용하는 것으로, 연납 용접과 경납 용접이 있다.

① 연납 용접(soldering)
  (가) 용접 온도 : 200~300°C
  (나) 가열 방법 : 프로판 토치, 전기 가열기 등
  (다) 용접재 : 연납

용접재 명칭	조성(%)
50A 솔더	Sn 50+Pb 50
95TA 솔더	Sn 95+Sb 5
96TS 솔더	Sn 96+Ag 4

  (라) 120°C 이하의 온도 및 사용 압력이 낮은 곳에 사용한다.
  (마) 호칭 지름 40A 이하의 지름이 작은 관 용접 시 사용한다.
  (바) 작업이 용이하나, 용접부 강도가 약하다.

② 경납 용접(brazing)
  (가) 용접 온도 : 700~850°C
  (나) 가열 방법 : 산소+아세틸렌 불꽃
  (다) 용접재 : 인동납(BCuP), 은납(BAg)
  (라) 고온 및 사용 압력이 높은 곳에 사용한다.
  (마) 과열되면 관의 손상 우려가 있다.
  (바) 용접부 강도가 강하다.

(2) 압축 이음(flare joint)

관 지름 20mm 이하의 동관을 이음 할 때 플레어링 툴 세트를 이용하여 동관 끝을 나팔관 모양으로 가공 후 압축 이음 이음재를 사용하여 관을 접합하는 방법으로, 기기의 점검, 보수, 기타 분해할 때 적합하다. 이음 할 때 다음과 같은 사항에 주의한다.

  ① 나팔관 가공 시 갈라지거나 관 끝이 밀려 들어가는 현상이 없어야 한다.
  ② 압축 접합이므로 나사용 실(seal)제 등을 사용하지 않는다.
  ③ 적당한 공구를 사용하며, 무리한 조임을 피한다.
  ④ 압력 시험 후 시운전을 할 때 다시 한 번 더 조여 준다.

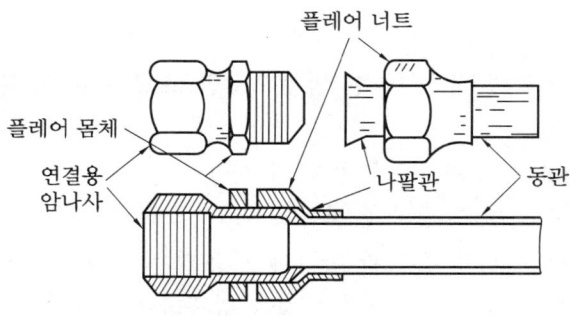

압축 이음(flare joint) 방법

4. 밸브 및 배관 지지기구

4-1 밸브(valve)

(1) 글로브 밸브(glove valve)

스톱 밸브(stop valve)라고도 하며, 유량 조절용으로 사용된다. 차단 성능이 좋으나, 유체의 흐름 방향과 평행하게 개폐되므로 압력 손실이 많이 발생한다.
① 앵글 밸브(angle valve) : 엘보와 글로브 밸브를 조합한 것으로, 직각으로 굽어지는 장소에 사용하며, 유체의 압력 손실이 많이 발생한다.
② 니들 밸브(needle valve) : 밸브 디스크 모양을 원뿔 모양으로 만들어 유량 조절을 정확히 할 목적으로 사용된다.

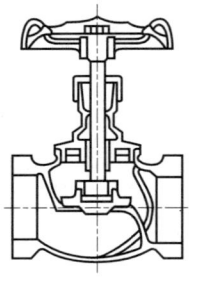
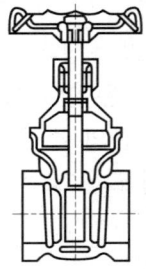

글로브 밸브의 구조　　　　　슬루스 밸브의 구조

(2) 슬루스 밸브(sluice valve)

게이트 밸브(gate valve)라고도 하며, 유로의 개폐용에 사용된다. 밸브를 완전히 개방하면 배관 안지름과 같은 단면적이 되므로 유체의 압력 손실이 적으나, 유량 조절용으로 사용하면 와류 현상이 생겨 유체의 저항이 커지고, 밸브 디스크의 마모가 발생하므로 부적합하다. 현재 배관용으로 가장 많이 사용되고 있다.

(3) 체크 밸브(check valve)

역류 방지 밸브라고 하며, 유체를 한 방향으로만 흐르게 하고 역류를 방지하는 목적에 사용하는 밸브이다.
① 스윙식(swing type) : 수평, 수직 배관에 사용
② 리프트식(lift type) : 수평 배관에 사용
③ 풋 밸브(foot valve) : 펌프 흡입관 하부에 사용되는 체크 밸브의 일종으로, 펌프 정지 시 흡입관 내부의 물이 빠져나가는 것을 방지하여 펌프를 보호하는 역할을 한다.

④ 해머리스 체크 밸브(hammerless check valve) : 펌프 출구측의 체크 밸브용으로 사용되며, 워터 해머(water hammer)의 방지와 바이패스 밸브의 기능을 함께 한다.

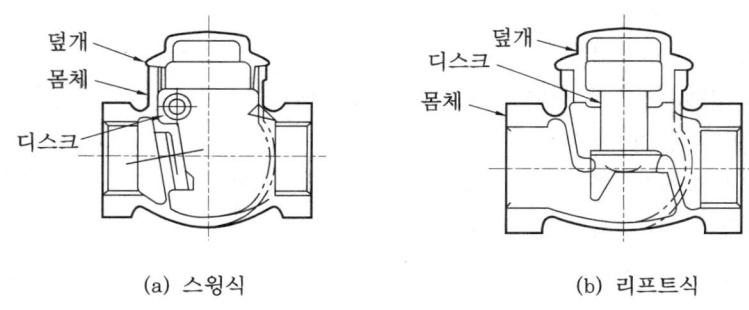

(a) 스윙식 (b) 리프트식

체크 밸브의 구조

(4) 볼 밸브(ball valve)

콕(cock)이라고도 하며, 핸들을 90° 회전시켜 유로를 급속히 개폐할 수 있는데, 유체의 저항이 적은 반면 기밀 유지가 어렵다.

(5) 버터플라이 밸브(butterfly valve)

원통형 몸체 속에 밸브봉을 축으로 하여 원형 평판이 회전함으로써 개폐 동작이 이루어지는 구조이다.

① 특징
  ㈎ 저압의 액체 배관에 주로 사용된다.
  ㈏ 완전 폐쇄가 어려워 고압에는 부적합하다.
  ㈐ 와류나 저항이 적게 발생된다.
  ㈑ 개폐 동작을 신속히 할 수 있다.
② 종류 : 록 레버식, 웜 기어식, 압축 조작식, 전동 조작식

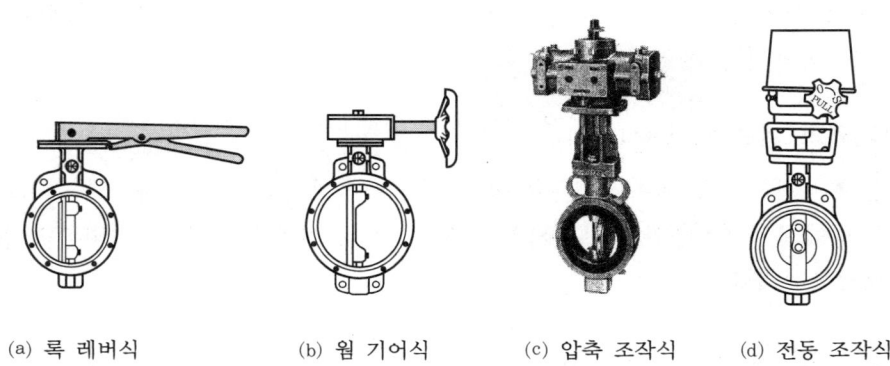

(a) 록 레버식 (b) 웜 기어식 (c) 압축 조작식 (d) 전동 조작식

버터플라이 밸브의 종류

(6) 안전밸브(safety valve)

보일러의 증기압이 이상 상승 시 증기압을 외부로 분출하여 보일러 파열 사고를 사전에 방지하기 위한 장치이다.

① 안전밸브의 구비 조건
　㈎ 밸브 개폐 동작이 신속하고 자유로울 것
　㈏ 밸브의 지름과 양정이 충분할 것
　㈐ 밸브의 작동이 확실하고, 증기 누설이 없을 것
　㈑ 증기 압력이 정상으로 되면 작동이 정지될 것
　㈒ 밸브의 분출 용량이 충분할 것

② 종류
　㈎ 기구에 의한 분류 : 스프링식, 지렛대식, 중추식
　㈏ 용도에 의한 분류 : 안전밸브, 릴리프 밸브, 안전 릴리프 밸브

(7) 감압 밸브(pressure reducing valve)

보일러에서 발생된 증기의 압력을 내리기 위하여 사용하는 밸브이다.

① 설치 목적
　㈎ 고압의 증기를 저압의 증기로 만들기 위하여
　㈏ 부하측의 압력을 일정하게 유지하기 위하여
　㈐ 부하 변동에 따른 증기의 소비량을 절감하기 위하여

② 종류
　㈎ 작동 방법에 따른 분류 : 피스톤식, 다이어프램식, 벨로스식
　㈏ 구조에 따른 분류 : 스프링식, 추식

(8) 자동 온도 조절 밸브(automatic temperature valve)

열매체를 이용하여 열교환기, 건조기, 온수 탱크 등의 온도를 일정하게 유지시키는 밸브로서, 직동식과 파일럿식이 있다.

(9) 공기빼기 밸브(air vent valve)

냉·온수 배관, 급탕 배관 및 온수 탱크의 상부에 체류하는 공기를 자동적으로 배출시켜 공기 장해로 인한 순환 장애, 전열 효율 감소 및 배관의 부식을 방지하며 유체의 흐름을 원활하게 한다.

(10) 전자 밸브(solenoid valve)

몸체, 디스크, 시트, 실린더 등으로 구성되어 있으며, 전자 코일의 여자(勵磁)에 의하여 작동된다.

(11) 수전

급수관 말단에 설치하여 물의 흐름을 개폐하는 것으로, 종류가 다양하다. 재질에 따라 1급(청동 주물)과 2급(황동 주물)으로 구분되며, 니켈(Ni), 크롬(Cr) 도금을 하여 사용한다.

(12) 여과기(strainer)

배관 상에 설치된 밸브, 트랩, 펌프 및 기기 등의 앞에 설치하여 유체에 혼합되어 있는 불순물(찌꺼기)을 제거하여 기기의 성능을 보호한다.

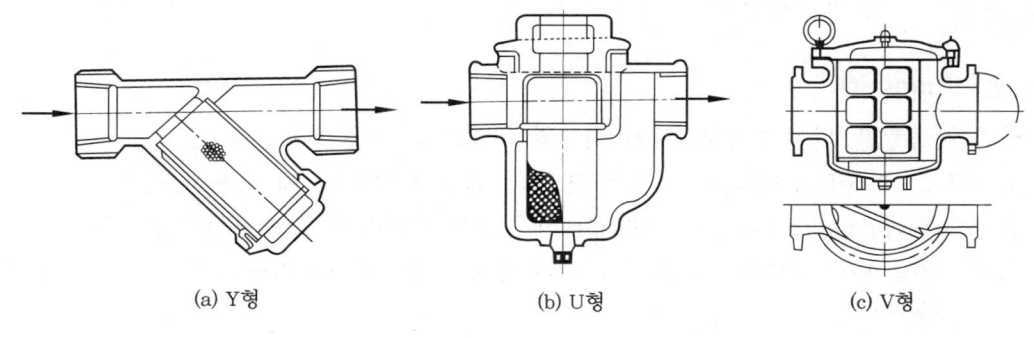

(a) Y형　　　(b) U형　　　(c) V형

여과기의 종류

4-2 신축 이음 (expansion joint)

(1) 슬리브형(sleeve type)

신축에 의한 자체 응력이 발생되지 않고 설치 장소가 필요하며, 단식과 복식이 있다. 슬리브와 본체와의 사이에는 패킹을 다져 넣고 그랜드로 밀착시켜 온수 또는 증기의 누설을 방지한다. 50A 이하의 배관에는 나사식, 65A 이상은 플랜지식을 사용한다.

(2) 벨로스형(bellows type)

팩리스(packless)형이라고도 하며, 설치 장소에 구애받지 않고 가스, 증기, 물 등 2MPa, 450°C까지 축 방향 신축 흡수에 사용되는데, 단식과 복식 2종류가 있다.

(3) 루프형(loop type)

곡관으로 만들어진 관의 가요성(可撓性)을 이용한 것으로, 구조가 간단하고 내구성이 좋아 고온, 고압 배관이나 옥외 배관에 주로 사용한다. 곡률 반지름은 관 지름의 6배 이상으로 한다. 신축 곡관의 길이는 다음의 식으로 계산한다.

$$L = 0.073 \sqrt{d \cdot \Delta L} \qquad \Delta L = l \cdot \alpha \cdot \Delta t$$

여기서, L : 신축 곡관의 길이(m)　　　　　d : 관 지름(mm)

ΔL : 관의 신축 길이(mm) l : 관 길이(mm)
α : 선팽창 계수(1.2×10^{-5}/℃) Δt : 온도차(℃)

(4) 스위블형(swivel type)

2개 이상의 엘보를 사용하여 관의 신축을 흡수하는 것으로, 신축 방향이 큰 배관에서는 누설의 우려가 있다.

4-3 배관 지지기구

(1) 행어(hanger)

배관계 중량을 위에서 걸어 당겨 지지할 목적으로 사용한다.
① 리지드 행어(rigid hanger) : 수직 방향의 변위가 없는 곳에 사용한다.
② 스프링 행어(spring hanger) : 변위가 적은 곳에 사용하며, 스프링식과 중추식이 있다.
③ 콘스턴트 행어(constant hanger) : 관의 상하 방향 이동을 허용하면서 변위가 큰 곳에 사용한다.

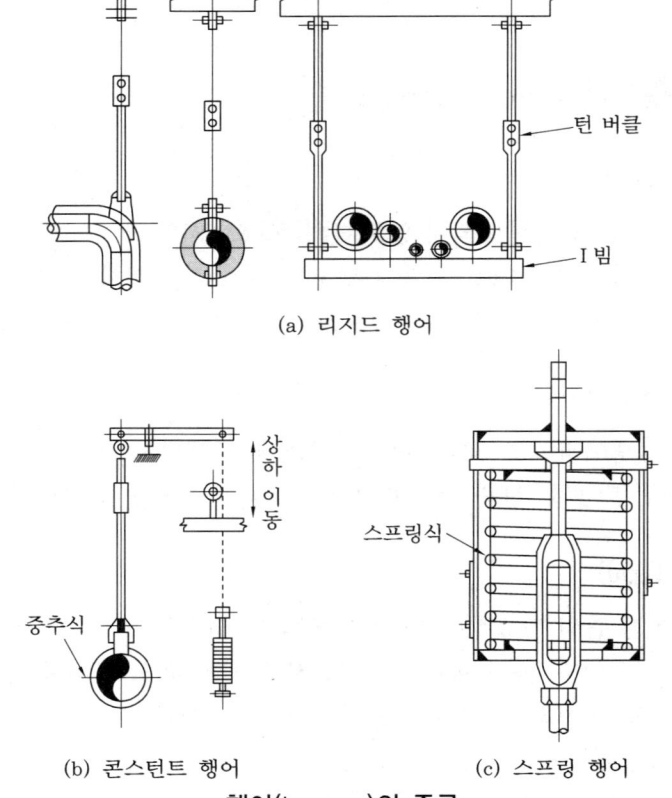

(a) 리지드 행어

(b) 콘스턴트 행어   (c) 스프링 행어

행어(hanger)의 종류

(2) 서포트(support)

배관계 중량을 아래에서 위로 지지할 목적으로 사용한다.
① 스프링 서포트 : 상하 이동이 자유롭고 파이프의 하중을 스프링이 완충 작용을 한다.
② 롤러 서포트 : 배관의 신축을 자유롭게 하면서 롤러가 관을 받치면서 지지한다.
③ 파이프 슈 : 배관의 엘보 부분과 수평 부분에 영구히 고정, 배관의 이동을 구속한다.
④ 리지드 서포트 : H빔으로 만든 것으로, 옥외 등에 종류가 다른 여러 배관을 한번에 지지한다.

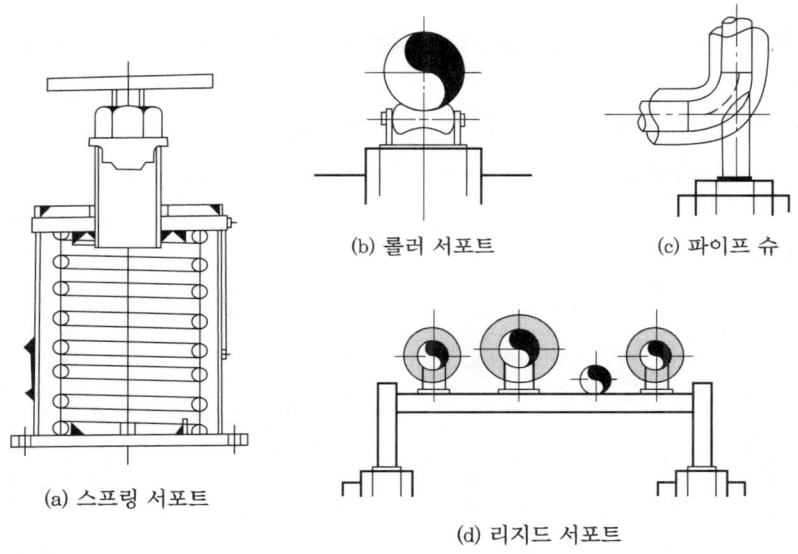

(a) 스프링 서포트   (b) 롤러 서포트   (c) 파이프 슈   (d) 리지드 서포트

서포트(support)의 종류

(3) 리스트레인트(restraint)

배관의 신축으로 인한 배관의 상하, 좌우 이동을 제한하고 구속하는 목적에 사용한다.
① 앵커(anchor) : 이동 및 회전을 방지하기 위하여 지지 부분에 완전히 고정하여 사용한다.
② 스톱(stop) : 회전 및 배관축과 직각 방향의 이동을 구속하고 나머지 방향의 이동은 자유롭다.
③ 가이드(guide) : 신축 이음(루프형, 슬리브형) 등에 설치하는 것으로, 축과 직각 방향의 이동은 구속하고, 축 방향의 이동은 허용 및 안내하는 역할을 한다.

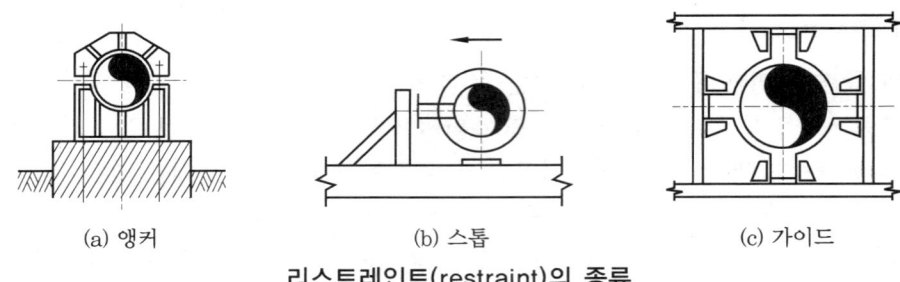

리스트레인트(restraint)의 종류

(4) 브레이스(brace)

펌프, 압축기 등에서 발생하는 진동을 흡수하여 배관 계통에 전달되는 것을 방지하는 역할을 한다.

① 방진구 : 진동을 방지하거나 완화시키는 역할을 한다.

② 완충기 : 배관 내의 수격 작용, 안전밸브 분출 반력 등 충격을 완화하는 역할을 한다.

(5) 기타 지지물

이어(ears), 슈즈(shoes), 러그(lugs), 스커트(skirts) 등이 있다.

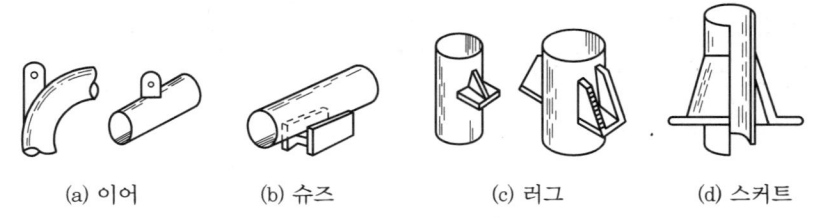

기타 지지물의 종류

5. 패킹 재료 및 방청 도료

5-1 패킹 재료

(1) 플랜지 패킹

① 고무 패킹

㈎ 천연고무 : 탄성이 크고 우수하나 열과 기름에는 약하며, 내산, 내알칼리성은 크지만 흡수성이 없다. 내열성(100°C 이상), 내한성(−55°C)이 좋지 않기 때문에 일반적인 냉수, 배수 및 공기 배관에 사용된다.

(나) 합성 고무(neoprene) : 내열도가 −46~121°C인 천연고무의 성질을 개선시킨 것으로, 내산성, 내열성, 내유성이 좋고, 기계적 성질이 양호하다. 증기 배관 외 물, 공기, 기름 및 냉매 배관 등 광범위하게 사용된다.

② 식물성 섬유제 : 한지를 여러 겹 붙여서 일정한 두께로 하여 내유 가공한 오일 시트 패킹이 주로 쓰이며, 내유성이 있으나 내열도가 작아 펌프, 기어 박스, 유류 배관 등 용도가 제한적이다.

③ 동물성 섬유제
　(가) 가죽 : 기계적 성질은 좋으나 내열도가 비교적 낮으며, 알칼리에 용해되고 내약품성이 약하다.
　(나) 펠트 : 가죽에 비해 거친 섬유 제품으로 압축성이 큰 것인데, 알칼리에는 용해되고 내유성이 있어 유류 배관에 사용된다.

④ 석면 조인트 시트
　(가) 섬유가 미세하고 강인한 광물질로 된 패킹제이다.
　(나) 450°C까지의 고온에서도 사용할 수 있다.
　(다) 증기, 온수, 고온의 기름 배관에 적합하다.
　(라) 석면을 가공한 슈퍼 히트(super heat)가 많이 사용된다.

⑤ 합성수지 패킹 : 플랜지 패킹에 사용되는 것은 테프론으로서, 내열 범위가 −260~260°C이며 기름에도 침식되지 않는다.

⑥ 금속 패킹 : 철, 구리, 알루미늄, 납, 모넬 메탈(Monel metal), 스테인리스 및 크롬 강 등이 사용되고, 압력만을 요구할 때에는 철, 구리, 알루미늄이 많이 사용되며, 고온, 고압하에서 내식성을 필요로 하는 경우에는 스테인리스, 크롬강 및 모넬 메 탈이 사용된다.

(2) 나사용 패킹

① 나사용 페인트 : 광명단을 혼합하여 사용하며, 고온의 기름 배관을 제외하고는 모두 사용된다.

② 일산화연 : 냉매 배관에 사용하며, 페인트에 소량의 일산화연을 첨가한 것이다.

③ 액상 합성수지 : 내유성이며 내열 범위가 −30~130°C이고 화학 제품에 강하므로 약품, 증기, 기름 배관에 사용된다.

(3) 글랜드 패킹

① 석면 각형 패킹 : 석면을 사각형으로 짜서 흑연과 윤활유를 침투시킨 것으로, 내열 성 및 내산성이 좋다. 석면 각형 패킹은 주로 대형 밸브의 글랜드에 사용된다.

② 석면 얀 패킹 : 석면 각형 패킹과 같이 내열성, 내산성이 좋으며 석면사(石綿絲)를 꼬아서 만든 것으로, 소형 밸브의 글랜드에 사용된다.

③ 몰드 패킹 : 석면, 흑연, 수지 등을 배합 성형한 것으로, 밸브, 펌프의 글랜드에 주로 사용된다.

④ 아마존 패킹 : 면포와 내열 고무, 콤파운드를 가공 성형한 것으로, 압축기 등의 글랜드에 사용된다.

5-2 방청 도료

(1) 광명단 도료

연단(鉛丹)을 아마인유(亞麻仁油 : linseed oil)와 혼합한 것으로, 페인트 밑칠에 사용한다. 밀착력이 강하고 풍화에 강하다.

(2) 산화철 도료

산화 제2철을 보일유나 아마인유와 혼합한 것으로, 도막이 부드럽고 녹 방지는 완벽하지 않으나 가격이 저렴하다.

(3) 알루미늄 도료

알루미늄 분말을 유성 바니시(oil varnish)에 혼합한 도료이며, 은분 페인트라고도 한다. 수분, 습기의 방지가 양호하여 녹을 잘 방지한다. 내열성이 좋고(400~500°C), 열을 잘 반사하므로 난방용 방열기 표면에 사용한다.

(4) 합성수지 도료

프탈산, 요소 멜라민, 염화비닐계 등의 종류가 있다.

(5) 타르 및 아스팔트

관의 벽면과 물 사이에 내식성 도막을 만든다. 대기 중에 노출 시 외부적 원인(온도 변화)에 따라 균열이 발생한다. 도료 단독으로 사용하는 것보다는, 주트 등과 함께 사용하거나 130°C 정도로 담금질해서 사용하는 것이 좋다.

(6) 고농도 아연 도료

최근 배관 공사에 많이 사용되고 있는 방청 도료의 일종으로, 맨홀 등에 물이 고여도 주위의 아연이 철 대신 부식되어 철을 부식으로부터 방지하는 전기 부식 작용을 행하는 것이 특징이다.

6. 보온재 (保溫材)

6-1 보온재의 개요

(1) 보온재의 분류

① 재질에 의한 분류
 (가) 유기질 보온재 : 펠트, 코르크, 기포성 수지
 (나) 무기질 보온재 : 석면, 암면, 규조토, 탄산마그네슘, 유리 섬유
 (다) 금속질 보온재 : 알루미늄박(泊)
② 안전 사용 온도에 의한 분류
 (가) 저온용 : 유기질 보온재
 (나) 상온용 : 유리솜, 규조토, 석면, 암면, 탄산마그네슘
 (다) 고온용 : 규산칼슘, 펄라이트, 팽창질석

(2) 구비 조건

① 열전도율이 작을 것
② 흡습, 흡수성이 작을 것
③ 적당한 기계적 강도를 가질 것
④ 시공성이 좋을 것
⑤ 부피, 비중(밀도)이 작을 것
⑥ 경제적일 것

(3) 보온재의 열전도율

① 보온재의 성질 : 보온재에서 가장 중요한 성질은 열전도율로서 기공이 작을수록, 두께가 두꺼울수록, 온도가 낮을수록, 수분이 적을수록, 밀도가 작을수록 열전도율은 작아진다.
② 보온재의 열전도율에 영향을 미치는 요소
 (가) 온도 : 온도가 상승하면 열전도율이 커진다.
 (나) 밀도(비중) : 밀도가 커지면 열전도율이 커진다.
 (다) 흡습성(흡수성) : 흡습성(흡수성)이 증가하면 열전도율이 커진다.
 (라) 기공 : 기공의 크기가 작고 균일할수록 열전도율은 작아진다.

6-2 보온재의 종류 및 특징

(1) 유기질 보온재

① 펠트(felt)
  (가) 양모 펠트와 우모 펠트가 있다.
  (나) 아스팔트를 방습한 것은 $-60°C$까지의 보랭용에 사용이 가능하다.
  (다) 곡면 시공에 편리하다.
  (라) 열전도율 : $0.042 \sim 0.050 kcal/h \cdot m \cdot °C$
  (마) 안전 사용 온도 : $100°C$ 이하

② 코르크(cork)
  (가) 액체 및 기체를 쉽게 침투시키지 않아 보랭, 보온재로 우수하다.
  (나) 냉수, 냉매 배관, 냉각기, 펌프 등의 보랭용에 주로 사용한다.
  (다) 방수성을 향상시키기 위하여 아스팔트를 결합하는 것을 탄화 코르크라고 한다.
  (라) 열전도율 : $0.046 \sim 0.049 kcal/h \cdot m \cdot °C$
  (마) 안전 사용 온도 : $130°C$ 이하

③ 기포성 수지
  (가) 열전도율, 흡수성이 좋다.
  (나) 굽힘성이 풍부하며, 불연소성이 있고 경량이다.
  (다) 방로재, 보랭재로 우수하다.

④ 텍스류
  (가) 톱밥, 목재, 펄프를 원료로 해서 압축판 모양으로 제작한 것이다.
  (나) 습기가 있으면 부식, 충해를 받을 우려가 있으므로 방습 처리가 필요하다.
  (다) 열전도율 : $0.057 \sim 0.058 kcal/h \cdot m \cdot °C$
  (라) 안전 사용 온도 : $120°C$ 이하

(2) 무기질 보온재

① 석면
  (가) 아스베스토스질 섬유로 되어 있다.
  (나) 진동을 받는 장치의 보온재로 사용된다.
  (다) $400°C$ 이하의 관이나 탱크, 노벽 등의 보온재로 적합하다.
  (라) $800°C$에서는 강도와 보온성을 상실할 수 있다.
  (마) 열전도율 : $0.048 \sim 0.065 kcal/h \cdot m \cdot °C$
  (바) 안전 사용 온도 : $350 \sim 550°C$

② 암면(rock wool)
　㈎ 안산암, 현무암, 석회석 등을 원료로 섬유상으로 제조한다.
　㈏ 흡수성이 적고, 풍화 염려가 없다.
　㈐ 가격이 저렴하고 섬유가 거칠며 꺾어지기 쉽다.
　㈑ 알칼리에는 강하나, 강산에는 약하다.
　㈒ 열전도율 : 0.039~0.048kcal/h·m·°C
　㈓ 안전 사용 온도 : 400~600°C
③ 규조토
　㈎ 열전도율이 다른 보온재에 비해 크다.
　㈏ 시공 후 건조 시간이 길며 접착성이 좋다.
　㈐ 500°C 이하의 관, 탱크 등의 보온용으로 좋다.
　㈑ 열전도율 : 0.083~0.095kcal/h·m·°C
　㈒ 안전 사용 온도 : 석면 사용(500°C), 삼여물 사용(250°C)
④ 유리 섬유(glass wool)
　㈎ 용융 유리를 압축 공기나 원심력을 이용하여 섬유 형태로 제조한다.
　㈏ 흡습성이 크기 때문에 방수 처리를 하여야 한다.
　㈐ 보온, 보랭재로 일반 건축의 벽체, 덕트 등에 사용한다.
　㈑ 열전도율 : 0.036~0.057kcal/h·m·°C
　㈒ 안전 사용 온도 : 350°C 이하(단, 방수 처리 시 600°C)
⑤ 탄산마그네슘
　㈎ 염기성 탄산마그네슘(85%)과 석면(15%)으로 이루어져 있다.
　㈏ 석면 혼합 비율에 따라 열전도율이 달라진다.
　㈐ 물 반죽 또는 보온판, 보온통 형태로 사용된다.
　㈑ 열전도율 : 0.05~0.07kcal/h·m·°C
　㈒ 안전 사용 온도 : 250°C 이하
⑥ 규산칼슘
　㈎ 규산질, 석회질, 암면 등을 혼합하여 만든 결정체 보온재이다.
　㈏ 압축 강도가 크며, 반영구적이다.
　㈐ 내수성, 내구성이 우수하며, 시공이 편리하다.
　㈑ 고온 공업용에 가장 많이 사용된다.
　㈒ 열전도율 : 0.053~0.065kcal/h·m·°C
　㈓ 안전 사용 온도 : 650°C
⑦ 스티로폼(폴리스티렌 폼)
　㈎ 냉수, 온수 배관 등에 가장 쉽게 시공할 수 있다.
　㈏ 내수성이 우수하여 많이 사용한다.

㈐ 화기에 약하다.
㈑ 열전도율 : 0.016~0.030kcal/h·m·°C
㈒ 안전 사용 온도 : 85°C

⑧ 실리카 파이버 및 세라믹 파이버
㈎ 실리카 울이나 탄산 글라스로부터 섬유를 산처리해서 고규산으로 만든 것이다.
㈏ 열전도율 : 0.035~0.06kcal/h·m·°C
㈐ 안전 사용 온도 : 실리카 파이버(1100°C), 세라믹 파이버(1300°C)

(3) 금속질 보온재

금속질 보온재로는 알루미늄박(泊)이 주로 사용되며, 보온 효과는 복사열의 차단이 주목적이다. 알루미늄박의 공기층 두께가 100mm 이하일 때 효과가 제일 크다.

6-3 배관의 보온 효율 계산

(1) 나관(裸管)의 열 손실 계산

① 열 관류율로부터 계산
$$Q_1 = K_1 \cdot F_1 \cdot \Delta t$$

② 표면 열전달률로부터 계산
$$Q_1 = \alpha_1 \cdot F_1 \cdot \Delta t_1$$

③ 보온관 열 손실로부터 계산
$$Q_1 = \frac{Q_2}{1-\eta}$$

여기서, Q_1 : 나관의 열 손실(kcal/h)
  K_1 : 나관의 열 관류율(kcal/h·m²·°C)
  α_1 : 나관의 표면 열전달률(kcal/h·m²·°C)
  F_1 : 나관의 외표 면적(m²) ($F_1 = \pi \cdot D_1 \cdot L$)
  Δt : 관 내부 온수 온도와 외기 온도차(°C)
  Δt_1 : 나관의 표면 온도와 외기 온도차(°C)
  D_1 : 나관의 바깥지름(m)
  L : 배관의 길이(m)

(2) 보온관의 열 손실 계산

① 열 관류율로부터 계산

$$Q_2 = K_2 \cdot F_2 \cdot \Delta t$$

② 표면 열전달률로부터 계산

$$Q_2 = \alpha_2 \cdot F_2 \cdot \Delta t_2$$

③ 보온관 열 손실로부터 계산

$$Q_2 = Q_1 \times (1 - \eta)$$

여기서, Q_2 : 보온관 열 손실(kcal/h)
K_2 : 보온관의 열 관류율(kcal/h·m²·°C)
α_2 : 보온관의 표면 열전달률(kcal/h·m²·°C)
F_2 : 보온관의 외표 면적(m²) $[F_2 = \pi \times (D_1 + 2t) \times L]$
Δt : 관 내부 온수 온도와 외기 온도차(°C)
Δt_2 : 보온관 표면 온도와 외기 온도차(°C)
D_1 : 나관의 바깥지름(m)
t : 보온 두께(m)
L : 배관의 길이(m)

(3) 보온 효율

$$\eta = \frac{Q_1 - Q_2}{Q_1} \times 100 = \left(1 - \frac{Q_2}{Q_1}\right) \times 100$$

예상문제 — 제3장 배관재료의 종류

● 다음 물음의 답을 해당 답란에 답하시오.

1. 강관의 장점을 4가지 쓰시오.

해답 ① 인장 강도가 크다. ② 내충격성이 크다.
③ 배관 작업이 용이하다. ④ 비철 금속관에 비하여 경제적이다.

참고 단점
① 부식이 발생하기 쉽다. ② 배관 수명이 짧다.

2. 압력 배관용 강관의 사용 압력이 40kgf/cm², 인장 강도가 20kgf/mm²일 때의 스케줄 번호는? (단, 안전율은 4로 한다.)

풀이 $\text{Sch No.} = 10 \times \dfrac{P}{S} = 10 \times \dfrac{40}{\frac{20}{4}} = 80$

해답 80번

3. 다음 배관 기호를 보고 배관 명칭을 쓰시오. [제36회]

(1) SPP :   (2) SPPS :   (3) SPPH :
(4) STHA :   (5) STBH :

해답 (1) 배관용 탄소 강관 (2) 압력 배관용 탄소 강관 (3) 고압 배관용 탄소 강관
(4) 보일러 열교환기용 합금 강관 (5) 보일러 열교환기용 탄소 강관

4. 다음 배관 기호의 명칭을 쓰시오. [제38회]

번 호	배관 기호	배관 명칭
(1)	SPPS	
(2)	SPHT	
(3)	SPPH	
(4)	SPP	
(5)	STBH	

해답 (1) 압력 배관용 탄소 강관 (2) 고온 배관용 탄소 강관 (3) 고압 배관용 탄소 강관
(4) 배관용 탄소 강관 (5) 보일러 열교환기용 합금 강관

5. 동관의 장점을 4가지 쓰시오.

해답
① 담수(淡水)에 대한 내식성이 우수하다.
② 열전도율이 좋고 가공성이 좋아 배관 시공이 용이하다.
③ 아세톤, 프레온 가스 등 유기 약품에 침식되지 않는다.
④ 관 내부에서 마찰 저항이 적다.

참고 단점
① 연수(軟水)에는 부식된다.
② 외부의 기계적 충격에 약하다.
③ 가격이 비싸다.
④ 암모니아(NH_3), 초산, 진한 황산(H_2SO_4)에는 심하게 부식된다.

6. 다음은 강관과 비교한 동관의 특징을 설명한 것이다. ( ) 내의 용어 중 옳은 것에 표시하시오.

동관은 강관에 비하여 유연성이 (① 크고, 작고), 유체 흐름에 대한 마찰 저항이 (② 크다, 작다). 또한 내식성이 (③ 작으며, 크며), 열전도율이 (④ 크고, 작고), 같은 호칭경으로 비교할 경우 무게가 (⑤ 가볍다, 무겁다).

해답 ① 크고 ② 작다 ③ 크며 ④ 크고 ⑤ 가볍다

7. 동일한 재질과 호칭경인 동관 표준 규격의 종류 중 가장 관 두께가 크기 때문에 가장 큰 상용 압력에 사용될 수 있는 형(type)은?

해답 K형(type)

참고 두께에 의한 동관 분류
① K형(type) : 두께가 두껍고 주로 고압 배관, 상수도관, 의료 배관에 사용한다.
② L형(type) : 급탕, 급수 및 냉온수 배관, 가스 배관 등 압력이 적게 작용하는 곳에 사용한다.
③ M형(type) : K형, L형보다 두께가 얇으며, 저압의 증기난방용 관, 가스 배관, 통기관으로 사용한다.

8. 다음 용도에 따른 관이음쇠의 종류를 각각 2가지씩 쓰시오.

(1) 배관의 끝을 막을 때 :
(2) 배관의 방향을 바꿀 때 :
(3) 관의 분해, 수리가 필요할 때 :
(4) 지름이 다른 관을 이음 할 때 :

해답 (1) 플러그, 캡 (2) 벤드, 엘보 (3) 유니언, 플랜지 (4) 리듀서, 부싱

9. 관의 지름이 크고 분해할 필요가 있을 때 사용하는 관이음 방법은?

[해답] 플랜지 이음

10. 용접식 관이음쇠인 롱 엘보(long elbow)의 곡률 반지름은 강관 호칭 지름의 몇 배인가?

[해답] 1.5배
[참고] 맞대기 용접용 엘보의 곡률 반지름
① 롱 엘보(long elbow) : 강관 호칭 지름의 1.5배
② 쇼트 엘보(short elbow) : 강관의 호칭 지름

11. 동관 이음쇠의 한쪽은 안쪽으로 동관을 삽입 접합되고, 다른 쪽은 암나사를 내고 강관에는 수나사를 내어 나사 이음 하게 되는 경우에 필요한 동합금 이음쇠는?

[해답] C×F 어댑터
[참고] 동관 및 황동 주물재 이음쇠
① C(female solder cup) : 이음재 내로 관이 들어가 접합되는 형태이다.
② M(male NPT thread) : ANSI 규격 관형 나사가 밖으로 난 나사 이음용 이음재이다. (예 C×M 어댑터)
③ F(female NPT thread) : ANSI 규격 관형 나사가 안으로 난 나사 이음용 이음재이다. (예 C×F 어댑터)
④ Ftg(male solder cup) : 이음쇠로 관이 들어가 접합되는 형태이다. (예 Ftg×M 어댑터)

12. 배관에 나사를 절삭하는 방법을 3가지 쓰시오.

[해답] ① 선반에 의한 나사 절삭
② 탭 다이스(수동 탭핑)에 의한 나사 절삭
③ 파이프 나사 절삭기에 의한 나사 절삭

13. 배관에 나사 이음을 할 때 나사의 구분 방법을 3가지 쓰시오.

[해답] ① 관용 테이퍼 나사
② 관용 평행 암나사
③ 관용 평행 수나사

14. 관용 테이퍼 나사의 테이퍼(기울기)와 나사산의 각도는 얼마인가?

[해답] ① 테이퍼 : 1/16   ② 나사산 각도 : 55°

15. 호칭 지름 15A 관으로 다음 그림과 같이 나사 이음을 할 때 중심 간의 길이를 600mm로 하려면 관의 절단 길이는 얼마로 하면 되는가? (단, 호칭 15A 엘보의 중심선에서 단면까지의 길이는 27mm, 나사에 물리는 최소 길이는 11mm이다.)

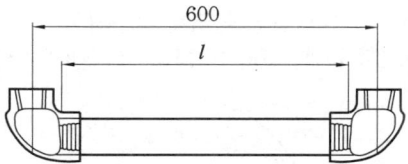

[풀이] $l = L - 2(A-a) = 600 - 2 \times (27-11) = 568$mm
[해답] 568mm

16. 호칭 지름 15A 일반 배관용 탄소 강관에 엘보, 티 45° 엘보를 사용하여 다음 그림과 같이 나사 이음을 할 때 (1)과 (2) 부분의 실제 강관 절단 길이는 각각 얼마인가 계산하시오. (단, 호칭 15A 엘보 및 티의 중심 길이는 27mm, 45° 엘보의 중심 길이는 21mm, 호칭 15A 나사부 최소 길이는 11mm이다.)

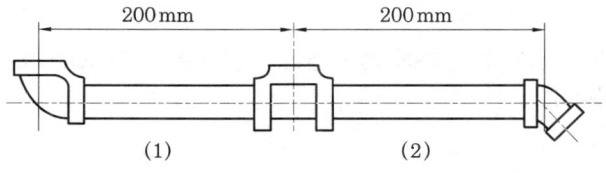

[풀이] (1) $l = L - \{(A-a) + (A-a')\} = 200 - \{(27-11) + (27-11)\} = 168$mm
(2) $l = L - \{(A-a) + (A-a')\} = 200 - \{(27-11) + (21-11)\} = 174$mm
[해답] (1) 168mm (2) 174mm

17. 배관 시공에서 나사 이음보다 용접 이음의 장점을 4가지 쓰시오.

[해답] ① 이음부 강도가 크고, 하자 발생이 적다.
② 이음부 관 두께가 일정하므로 마찰 저항이 적다.
③ 배관의 보온, 피복 시공이 쉽다.
④ 시공 기간을 단축할 수 있고 유지비, 보수비가 절약된다.
[참고] 단점
① 재질의 변형이 일어나기 쉽다.
② 용접부의 변형과 수축이 발생한다.
③ 용접부의 잔류 응력이 현저하다.

18. 호칭 지름 15A의 관을 반지름 90mm, 각도 90°로 구부리고자 할 때 필요한 곡선부의 길이(mm)는 얼마인가?

[풀이] $90°L = \dfrac{90}{360} \times \pi \times D = \dfrac{90}{360} \times \pi \times 2 \times 90 = 141.371 ≒ 141.37\text{mm}$

[해답] 141.37mm

19. 난방 코일을 설치하기 위해 수동 벤딩 롤러를 사용하여 20A 강관을 그림과 같이 100mm의 반지름으로 180° 구부리고자 할 때 빗금 친 굽힘부의 길이는 약 몇 mm 정도가 소요되는가?

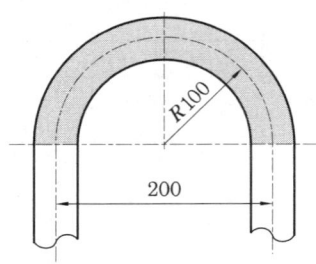

[풀이] $180°L = \dfrac{180}{360} \times \pi \times D = \dfrac{180}{360} \times \pi \times 200 = 314.159 ≒ 314.16\text{mm}$

[해답] 314.16mm

20. 땜납은 사용하는 납재의 융점에 의해 연납과 경납으로 구분되는데, 일반적인 구분 용융 온도는 몇 °C인가?

[해답] 450°C

21. 다음 물음에 답하시오.
 (1) 동 용접에서 경납땜의 용제 종류를 2가지 쓰시오.
 (2) 경납 땜의 용융 온도는 얼마인가?

[해답] (1) ① 인동납(BCuP) ② 은납(BAg)
 (2) 700~850°C

[참고] 연납 땜의 용제 종류

용접재 명칭	조성(%)
50A 솔더	Sn 50 + Pb 50
95TA 솔더	Sn 95 + Sb 5
96TS 솔더	Sn 96 + Ag 4

22. 이음하려고 하는 금속(동관)을 용융시키지 않고 모재보다 용융점이 낮은 용가재를 금속 사이에 용융 첨가하여 용접 접합하는 방법의 명칭은?

[해답] 경납 땜

23. 경납 땜의 특징을 3가지 쓰시오.

해답 ① 고온 및 사용 압력이 높은 곳에 사용한다.
② 과열되면 관의 손상 우려가 있다.
③ 용접부 강도가 강하다.

참고 연납 땜의 특징
① 120°C 이하의 온도 및 사용 압력이 낮은 곳에 사용한다.
② 호칭 지름 40A 이하의 지름이 작은 관 용접 시 사용한다.
③ 작업이 용이하나 용접부 강도가 약하다.

24. 동관과 강관의 이음에 사용되는 것으로 분해, 조립이 자유로운 이음 방식 명칭은?

해답 플레어 이음

참고 압축 이음(flare joint) : 용접 이음이 곤란한 곳이나, 분리 결합이 요구될 때 동관의 끝 부분을 접시 모양으로 가공하여 이음하는 방식이다.

25. 동관의 압축 이음(flare joint) 시 주의 사항을 4가지 쓰시오.

해답 ① 나팔관 가공 시 갈라지거나 관 끝이 밀려 들어가는 현상이 없어야 한다.
② 압축 접합이므로 나사용 실(seal)제 등을 사용하지 않는다.
③ 적당한 공구를 사용하며, 무리한 조임을 피한다.
④ 압력 시험 후 시운전을 할 때 다시 한 번 더 조여 준다.

26. 차단 성능이 좋고 유량 조정이 용이하나 압력 손실이 커서 고압의 큰 지름의 밸브에는 부적당한 밸브 명칭은?

해답 글로브 밸브(스톱 밸브)

27. 보일러 급수 배관 등에 사용되는 밸브로서 유량 조절용으로는 부적합하며, 밸브를 완전히 열거나 완전히 잠그는 용도로 사용되는 밸브 명칭은?

해답 슬루스 밸브(게이트 밸브)

28. 양수 펌프의 양수관에서 수격 작용을 방지하기 위해 글로브 밸브 아래에 설치하는 밸브로 워터 해머리스형(hammerless type) 체크 밸브라고도 하는 것은?

해답 스모렌스키 체크 밸브

참고 스모렌스키 체크 밸브 : 밸브 내부는 버퍼(buffer)와 스프링(spring)으로 구성되어 있고 바이패스 밸브 기능도 한다.

29. 다음 설명에 해당하는 밸브의 명칭을 쓰시오.
  (1) 밸브의 리프트(lift)가 작아 개폐 시간이 짧고 누설이 적으며 유량 조절에 적당하나 유체의 흐름이 급격히 변화하여 유체의 저항이 많이 작용하는 밸브로, 일명 스톱 밸브라 불리는 것은 무엇인지 쓰시오.
  (2) 일명 게이트 밸브라 하며 유량 조절이 부적당하고 완전히 개방하면 유체의 저항이 작게 걸리는 밸브의 명칭을 쓰시오.
  (3) 유체를 한쪽 방향으로만 흐르게 하며 유체의 압력 또는 중력에 의하여 유로를 폐쇄하는 밸브의 명칭을 쓰시오.

[해답] (1) 글로브 밸브 (2) 슬루스 밸브 (3) 역류 방지 밸브(check valve)

30. 다음 밸브 중 핸들을 90도(度) 회전시켜 개폐 조작이 가능한 것은?

[해답] 볼 밸브(ball valve)

31. 원통의 몸체 속에 밸브 대를 축으로 하여 원판 형태의 디스크가 회전함에 따라서 개폐되는 구조이며, 밸브가 완전 열림 시 유체 저항이 적고 유량 조정이 가능하여 대구경에 적합한 밸브의 명칭은 무엇인가?

[해답] 버터플라이 밸브

32. 고압 배관과 저압 배관과의 사이에 부착하여 고압측의 압력 변화 및 부하 변동에 관계없이 2차측 압력을 일정하게 유지하는 밸브 명칭은?

[해답] 감압 밸브
[참고] 감압 밸브의 설치 목적
  ① 고압의 증기를 저압의 증기로 만들기 위하여
  ② 부하측의 압력을 일정하게 유지하기 위하여
  ③ 부하 변동에 따른 증기의 소비량을 절감하기 위하여

33. 증기 사용 설비의 온도를 일정하게 유지시키기 위한 것으로 열교환기나 가열기 등에 사용하는 자동 제어 밸브의 명칭은?

[해답] 자동 온도 조절 밸브

34. 스트레이너의 종류 중 유체의 흐름 방향에 대하여 직각으로 방향이 바뀌므로 유체 흐름에 대한 저항이 크지만, 보수, 점검이 용이하여 오일 스트레이너로 주로 사용되는 것은?

[해답] U형 스트레이너

35. 다음은 배관 중에 설치되는 여과기(strainer)에 대한 설명이다. ( ) 속에 들어갈 옳은 말을 쓰시오.

> 여과기는 관 내부에 흐르는 유체 중의 (①)을(를) 제거하기 위하여 설치되며, 밸브나 기기의 (②) 부분에 설치된다. 또한 여과기 종류는 모양에 따라 (③)형, (④)형, (⑤)형의 3가지가 있다.

해답 ① 불순물 ② 앞 ③ Y ④ U ⑤ V

36. 배관의 열팽창, 신축 등으로 발생되는 사고를 미연에 방지하기 위하여 배관 도중에 설치하는 신축 이음 장치의 종류를 5가지 쓰시오.

해답 ① 루프형 ② 슬리브형 ③ 벨로스형 ④ 스위블형 ⑤ 상온 스프링(cold spring)

참고 상온 스프링(cold spring) : 배관의 자유 팽창을 미리 계산하여 관의 길이를 약간 짧게 절단하여 강제 배관을 함으로써 열팽창을 흡수하는 방법으로, 절단하는 길이는 계산에서 얻은 자유 팽창량의 1/2 정도로 한다.

37. 배관의 신축 이음 종류 중 고온, 고압용의 옥외 배관에 많이 사용되며, 응력이 크게 작용하는 것은? [제42회]

해답 루프형

38. 루프형 신축 이음의 굽힘 반지름은 사용되는 관 지름의 몇 배 이상으로 하여야 하는가?

해답 6배

39. 길이 20m 강관의 증기 배관에 있어서 통기 전후의 관 온도가 각각 10°C, 105°C이면 관의 팽창 길이(mm)는 얼마인가 계산하시오. (단, 강관의 선팽창 계수는 1.2×10^{-5}로 한다.)

풀이 $\Delta L = L \cdot \alpha \cdot \Delta t = 20 \times 10^3 \times 1.2 \times 10^{-5} \times (105-10) = 22.8$ mm

해답 22.8mm

40. 루프형 신축 곡관에서 곡관의 바깥지름(d)이 25mm이고, 길이(L)가 1m일 때 흡수할 수 있는 배관의 신장(ΔL)은 얼마인가? (단, $L[\text{m}] = 0.073\sqrt{d[\text{mm}] \times \Delta L[\text{mm}]}$ 이다.)

풀이 $\Delta L = \dfrac{L^2}{0.073^2 \times d} = \dfrac{1^2}{0.073^2 \times 25} = 7.506 ≒ 7.51$ mm

해답 7.51mm

41. 관 신축 이음쇠 중 단식과 복식이 있고, 일명 팩리스(packless)형 신축 이음쇠라고도 하는 것의 명칭은?

[해답] 벨로스형 신축 이음

42. 다음 ( ) 안에 알맞은 말을 써 넣으시오. [제44회]

> 벨로스형 신축 이음은 (①)이라고도 부르며, 벨로스의 재료는 스테인리스, (②)이 (가) 사용되며, 벨로스가 수축 시 (③)는(은) 고정되고 슬리브는 미끄러지면서 벨로스와의 간극을 없게 한다.

[해답] ① 팩리스(packless)형 신축 이음 ② 청동 ③ 플랜지

43. 2개 이상의 엘보를 사용하여 신축을 흡수하는 이음은? [제44회]

[해답] 스위블형 신축 이음

44. 배수 트랩의 구비 조건 4가지를 쓰시오. [제42회]

[해답] ① 구조가 간단할 것   ② 오수가 정체하지 않을 것
③ 봉수가 안정성을 유지할 것 ④ 수리 및 청소가 쉬울 것
⑤ 내식성, 내구성이 있을 것

45. 하수관에서 유해 가스나 악취 등이 실내로 유입되는 것을 방지하기 위해 설치하는 트랩의 종류를 5가지 쓰시오.

[해답] ① 관 트랩(P-트랩, S-트랩, U-트랩) ② 바닥 배수 트랩 ③ 드럼 트랩
④ 그리스 트랩 ⑤ 가솔린 트랩 ⑥ 벨 트랩

46. 배관의 상부에서 관을 지지하는 것으로, 관의 상하 방향 이동을 허용하면서 일정한 힘으로 관을 지지하는 것은?

[해답] 콘스턴트 행어

47. 배관의 하중을 위에서 걸어 당겨 지지하는 부품인 행어(hanger)의 종류를 3가지 쓰시오.

[해답] ① 리지드 행어 ② 스프링 행어 ③ 콘스턴트 행어
[참고] 행어(hanger)의 종류 및 역할
① 리지드 행어(rigid hanger) : 수직 방향의 변위가 없는 곳에 사용한다.

② 스프링 행어(spring hanger) : 변위가 적은 곳에 사용하며, 스프링식과 중추식이 있다.
③ 콘스턴트 행어(constant hanger) : 관의 상하 방향 이동을 허용하면서 변위가 큰 곳에 사용한다.

48. 배관의 지지구인 서포트(support)의 종류 3가지를 쓰시오.

[해답] ① 스프링 서포트 ② 롤러 서포트 ③ 파이프 슈 ④ 리지드 서포트
[참고] 서포트(support) : 배관계 중량을 아래에서 위로 지지할 목적으로 사용한다.
① 스프링 서포트 : 상하 이동이 자유롭고, 파이프의 하중을 스프링이 완충 작용을 한다.
② 롤러 서포트 : 배관의 신축을 자유롭게 하면서 롤러가 관을 받치면서 지지한다.
③ 파이프 슈 : 배관의 엘보 부분과 수평 부분에 영구히 고정, 배관의 이동을 구속한다.
④ 리지드 서포트 : H빔으로 만든 것으로, 옥외 등에 종류가 다른 여러 배관을 한번에 지지한다.

49. 관·지지 금속 중 배관의 열팽창에 의한 좌우, 상하 이동을 구속하고 제한하는 장치는?

[해답] 리스트레인트
[참고] 리스트레인트(restraint)의 종류 및 역할
① 앵커(anchor) : 이동 및 회전을 방지하기 위하여 지지 부분에 완전히 고정하여 사용한다.
② 스톱(stop) : 회전 및 배관 축과 직각 방향의 이동을 구속하고, 나머지 방향의 이동은 자유롭다.
③ 가이드(guide) : 신축 이음(루프형, 슬리브형) 등에 설치하는 것으로, 축과 직각 방향의 이동은 구속하고, 축 방향의 이동은 허용 및 안내하는 역할을 한다.

50. 배관 지지구 중 펌프, 압축기 등에서 발생하는 기계의 진동, 수격 작용 등에 의한 각종 충격을 억제하는 데 사용되는 것의 명칭은?

[해답] 브레이스

51. 다음 내용 중 ( ) 안에 들어갈 알맞은 내용을 쓰시오. [제38회]

> 배관의 신축으로 인한 배관의 상하, 좌우 이동을 제한하고 구속하는 것을 리스트 레인트라 하고, 펌프, 압축기 등에서 발생하는 진동을 흡수하여 배관계통에 전달되는 것을 방지하는 것은 (①)가(이) 하고 진동 방지는 (②), 배관 내 워터 해머와 진동 해소는 (③)가(이) 한다.

[해답] ① 브레이스 ② 방진구 ③ 완충기

52. 내열도가 −46~121℃인 천연고무의 성질을 개선시킨 것으로, 내산성, 내열성, 내유성이 좋고 기계적 성질이 양호하여, 증기 배관 외 물, 공기, 기름 및 냉매 배관 등 광범위하게 사용되는 플랜지 패킹재 명칭은?.

[해답] 합성 고무(neoprene)

53. 한지를 여러 겹 붙여서 일정한 두께로 하여 내유 가공한 오일 시트 패킹이 주로 쓰이며 내유성이 있으나 내열도가 작은 플랜지 패킹은?

해답 식물성 섬유제

54. 광물성 섬유로 미세하고 강인하며 450°C까지의 고온에 견디는 패킹은?

해답 석면

55. 나사용 패킹으로서 화학 약품에 강하고, 내유성이 크며, 내열 범위가 −30∼130°C로 증기, 기름, 약품 배관에 사용되는 것은?

해답 액상 합성수지

56. 적색 안료에 사용되고, 연단을 아마인유와 혼합하여 만들며, 녹을 방지하기 위해 페인트 밑칠 및 다른 착색 도료의 초벽으로 우수하여 기계류의 도장 밑칠에 널리 사용되는 것은?

해답 광명단 도료

57. 도막이 부드럽고 가격이 저렴하여 많이 사용되지만 방청 효과가 좋지 않은 도료는?

해답 산화철 도료

58. 알루미늄 분말을 유성 바니시(oil varnish)에 혼합한 도료이며, 은분 페인트라고 하며, 수분, 습기의 방지가 양호하여 녹을 잘 방지한다. 내열성이 좋고(400∼500°C), 열을 잘 반사하므로 난방용 방열기 표면에 사용하는 방청 도료의 명칭은?.

해답 알루미늄 도료

59. 파이프의 외면과 물과의 사이에 내식성의 도막을 만들어 물의 흡수를 방지하고, 노출된 상태에서는 외부의 원인에 따라 균열을 일으키기 쉬운 도료의 명칭은?

해답 타르 및 아스팔트

60. 내화물의 기본 제조 공정을 5단계로 쓰시오.

해답 ① 분쇄 ② 혼련 ③ 성형 ④ 건조 ⑤ 소성

61. 배관에 있어서 보온재의 구비 조건을 5가지 쓰시오.

해답
① 열전도율이 작을 것
② 흡습, 흡수성이 작을 것
③ 적당한 기계적 강도를 가질 것
④ 시공성이 좋을 것
⑤ 부피, 비중(밀도)이 작을 것
⑥ 경제적일 것

62. 보온재의 종류 중 유기질 보온재는 일반적으로 낮은 온도에 사용되고, 무기질 보온재는 상대적으로 높은 온도의 물체에 사용된다. 다음 보온재에서 유기질인 경우 "유", 무기질인 경우 "무"자를 쓰시오.

(1) 우모 펠트 :   (2) 글라스 울 :   (3) 암면 :
(4) 탄화 코르크 :   (5) 규조토 :

해답 (1) 유 (2) 무 (3) 무 (4) 유 (5) 무

63. 보온재의 열전도율에 영향을 주는 인자 4가지와 관계를 설명하시오.

해답
① 온도 : 온도가 상승하면 열전도율이 커진다.
② 밀도(비중) : 밀도가 커지면 열전도율이 커진다.
③ 흡습성(흡수성) : 흡습성(흡수성)이 증가하면 열전도율이 커진다.
④ 기공 : 기공의 크기가 작고 균일할수록 열전도율은 작아진다.

64. 다음은 보온재에 대한 설명이다. [보기]에서 해당하는 부분의 번호를 찾아 쓰시오.

보온재는 (1)이(가) 작고 균일할수록, 두께가 두꺼울수록, (2)가(이) 작을수록 열전도율이 작아지고, 유체의 (3)가(이) 높을수록, (4)이(가) 클수록 열전도율이 커진다.

[보기] ① 기공 ② 유기질 ③ 무기질 ④ 밀도(비중) ⑤ 재질 ⑥ 온도 ⑦ 속도
      ⑧ 흡습성(흡수성) ⑨ 내구성

해답 (1) ① (2) ④ (3) ⑥ (4) ⑧

65. 다음 ( ) 안에 '증가' 또는 '감소'를 쓰시오.

(1) 각종 재료의 열전도율은 기공이 많을수록 (   )한다.
(2) 각종 재료의 열전도율은 습도가 높을수록 (   )한다.
(3) 각종 재료의 열전도율은 밀도가 크면 (   )한다.
(4) 각종 재료의 열전도율은 온도가 상승하면 (   )한다.

해답 (1) 증가 (2) 증가 (3) 증가 (4) 증가

66. 다음 [보기]에서 보온재 중 사용 온도가 높은 것에서 낮은 순서대로 번호를 쓰시오.

[보기] ① 석면 ② 글라스 울(유리솜) ③ 실리카 ④ 펠트 ⑤ 캐스터블 내화물

해답 ⑤ → ③ → ① → ② → ④

67. 주로 방로 피복에 사용하는 보온재로서 아스팔트로 피복한 것은 -60°C 정도까지 유지할 수 있으므로 보랭용으로 많이 사용되는 보온재는?

해답 펠트
참고 펠트(felt)의 특징
① 양모 펠트와 우모 펠트가 있다.
② 아스팔트를 방습한 것은 -60°C까지의 보랭용에 사용이 가능하다.
③ 곡면 시공에 편리하다.
④ 열전도율 : $0.042 \sim 0.050$ kcal/h·m·°C
⑤ 안전 사용 온도 : 100°C 이하

68. 400°C 이하의 파이프, 탱크, 노벽 등의 보온재로 적합하며, 진동이 심한 곳에서도 사용이 가능하지만, 800°C에서는 강도와 보온성을 상실하는 보온재는?

해답 석면
참고 석면의 특징
① 아스베스토스질 섬유로 되어 있다.
② 진동을 받는 장치의 보온재로 사용된다.
③ 400°C 이하의 관이나 탱크, 노벽 등의 보온재로 적합하다.
④ 800°C에서는 강도와 보온성을 상실할 수 있다.
⑤ 열전도율 : $0.048 \sim 0.065$ kcal/h·m·°C
⑥ 안전 사용 온도 : 350~550°C

69. 탄력 있는 두루마리 형태의 매트(mat)로 만든 제품도 있으며, 보온 단열 효과도 우수하며, 복원력이 뛰어나 운반 및 보관이 용이하게 포장되어 있어 건물의 보온 단열재와 산업용 흡음재로도 사용이 가능한 보온재는?

해답 글라스 울
참고 유리 섬유(glass wool)
① 용융 유리를 압축 공기나 원심력을 이용하여 섬유 형태로 제조한다.
② 흡습성이 크기 때문에 방수 처리를 하여야 한다.
③ 보온, 보랭재로 일반 건축의 벽체, 덕트 등에 사용한다.
④ 열전도율 : $0.036 \sim 0.057$ kcal/h·m·°C
⑤ 안전 사용 온도 : 350°C 이하 (단, 방수 처리 시 600°C)

70. 열전도율이 작고 가벼우며 물에 개어서 사용할 수도 있는 무기질 보온재는?

[해답] 탄산마그네슘

[참고] 탄산마그네슘 특징
① 염기성 탄산마그네슘(85%)과 석면(15%)으로 이루어져 있다.
② 석면 혼합 비율에 따라 열전도율이 달라진다.
③ 물 반죽 또는 보온판, 보온통으로 사용된다.
④ 열전도율 : $0.05 \sim 0.07 \text{kcal/h} \cdot \text{m} \cdot {}^\circ\text{C}$
⑤ 안전 사용 온도 : $250{}^\circ\text{C}$ 이하

71. $500{}^\circ\text{C}$ 이하의 온도에서 사용할 수 있는 무기질 보온재 종류를 3가지 쓰시오. [제46회]

[해답] ① 규조토 ② 유리 섬유(glass wool) ③ 탄산마그네슘

[참고] 각 보온재의 안전 사용 온도
① 규조토 : 석면 사용($500{}^\circ\text{C}$), 삼여물 사용($250{}^\circ\text{C}$)
② 유리 섬유(glass wool) : $350{}^\circ\text{C}$ 이하
③ 탄산마그네슘 : $250{}^\circ\text{C}$ 이하

72. 관의 총 길이가 50m인 나관의 표면 온도가 $80{}^\circ\text{C}$, 접촉 공기 온도가 $20{}^\circ\text{C}$인 이 관의 열 손실 열량(kcal/h)을 계산하시오. (단, 나관의 바깥지름은 50mm, 나관의 표면 열전달률은 $25 \text{kcal/h} \cdot \text{m}^2 \cdot {}^\circ\text{C}$이다.)

[풀이] $Q_1 = \alpha_1 \cdot F_1 \cdot \Delta t = 25 \times (\pi \times 0.05 \times 50) \times (80-20)$
$\qquad = 11780.972 \fallingdotseq 11780.97 \text{kcal/h}$

[해답] 11780.97kcal/h

73. 보온 시공된 어떤 온수 공급관의 열 손실이 5000kcal/h이다. 보온 효율이 80%이면 보온 하기 전 나관(裸管)의 시간당 손실 열량은 몇 kcal/h인지 계산하시오.

[풀이] $Q_1 = \dfrac{Q_2}{1-\eta} = \dfrac{5000}{1-0.8} = 25000 \text{kcal/h}$

[해답] 25000kcal/h

74. 관 길이 50m, 바깥지름 50mm 강관에 보온 시공을 20mm 한 후 표면 온도가 $20{}^\circ\text{C}$로 되었을 때 보온관의 열 손실 열량(kcal/h)을 계산하시오.(단, 보온관 표면 열전달률은 $24 \text{kcal/h} \cdot \text{m}^2 \cdot {}^\circ\text{C}$, 주위 공기 온도는 $5{}^\circ\text{C}$이다.)

[풀이] $Q_2 = \alpha_2 \cdot F_2 \cdot \Delta t_2 = 24 \times \{\pi \times (0.05 + 2 \times 0.02) \times 50\} \times (20-5)$
$\qquad = 5089.380 \fallingdotseq 5089.38 \text{kcal/h}$

[해답] 5089.38kcal/h

75. 실내 온도 18°C인 기계실에서 길이 50m, 바깥지름 40mm, 나관의 표면 온도가 70°C인 관에 두께 2cm로 보온 시공을 하였을 때 보온 효율이 80%이었다. 이때의 보온면 열 손실 열량(kcal/h)은? (단, 나관의 표면 열전달률은 20kcal/h·m²·°C이다.) [제39회, 제41회]

풀이 $Q_2 = Q_1 \cdot (1-\eta) = \alpha_1 \cdot F_1 \cdot \Delta t_1 \cdot (1-\eta) = 20 \times \pi \times 0.04 \times 50 \times (70-18) \times (1-0.8)$
$= 1306.902 ≒ 1306.90 \text{kcal/h}$

해답 1306.9kcal/h

76. 나관의 열 관류율이 5.0kcal/h·m²·°C, 관 1m당 표면적이 0.1m², 관의 길이가 50m, 내부 유체 온도 120°C, 공기 온도 20°C, 보온 효율 80%일 때 보온관의 열 손실은?

풀이 $Q_2 = Q_1 \cdot (1-\eta) = K_1 \cdot F_1 \cdot \Delta t_1 \cdot (1-\eta) = 5.0 \times 50 \times 0.1 \times (120-20) \times (1-0.8) = 500 \text{kcal/h}$

해답 500kcal/h

77. 배관을 보온 피복하지 않았을 때 방열량이 650kcal/m²·h이고, 보온 피복하였을 때 방열량이 390kcal/m²·h이라면, 이 보온재에 의한 보온 효율은 몇 %인지 계산하시오.

풀이 $\eta = \dfrac{Q_1 - Q_2}{Q_1} \times 100 = \dfrac{650 - 390}{650} \times 100 = 40\%$

해답 40%

78. 보일러 배관에서 순환 펌프, 유량계, 수량계, 감압 밸브 등의 설치 위치에 고장, 보수 등에 대비하여 설치하는 회로의 명칭을 쓰시오.

해답 바이패스(by-pass) 회로

79. 다음은 온수 보일러 순환 펌프 주위 배관도를 나타낸 것이다. ①~⑤의 부품 명칭을 쓰시오.

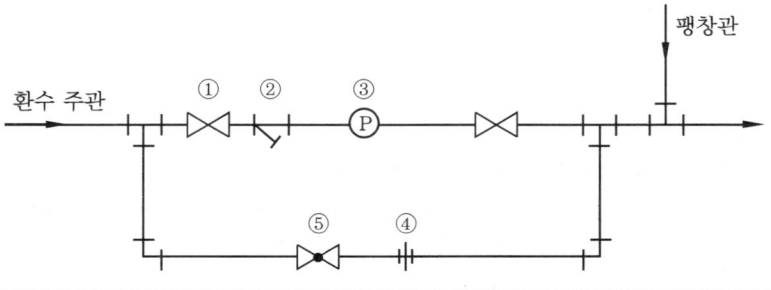

해답 ① 슬루스 밸브(게이트 밸브) ② 스트레이너 ③ 온수 순환 펌프
④ 유니언 ⑤ 글로브 밸브(스톱 밸브)

80. 온수 순환 펌프를 설치하고자 한다. 다음 [보기]의 부속을 사용하여 배관도를 완성하시오.

[보기] 펌프(ⓟ) 1개, 밸브 3개, 스트레이너 1개, 유니언 3개, 티 2개, 엘보 2개

해답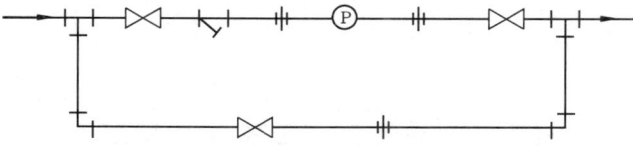

81. 다음 도면을 보고 물음에 답하시오.

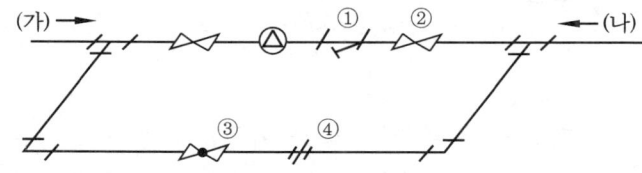

(1) 도면의 ①~④의 부품 명칭을 쓰시오.
(2) 유체의 흐름 방향은 (가), (나) 중 어느 방향인가?

해답 (1) ① 여과기(strainer) ② 슬루스 밸브(게이트 밸브) ③ 글로브 밸브(스톱 밸브) ④ 유니언
(2) (나)

82. 다음 도면을 보고 ①~⑤번의 부속 수량을 쓰시오.

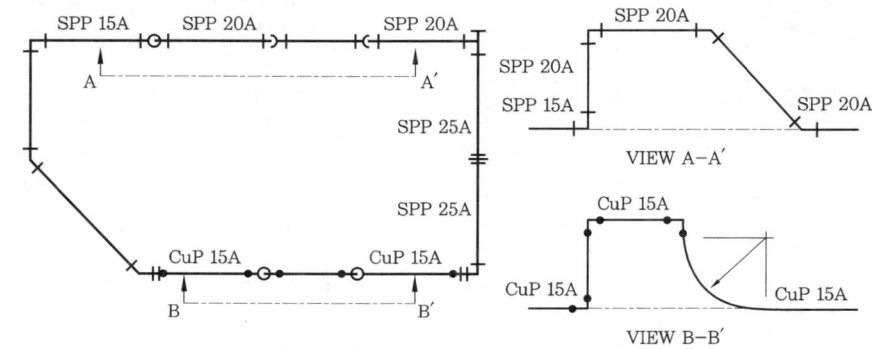

번호	명 칭	규 격	수 량
①	강 90° 이경 엘보	20A×15A	
②	강 90° 엘보	15A	
③	강 45° 엘보	20A	
④	동 90° 엘보	15A	
⑤	동 CM 어댑터	15A	

해답 ① 1개 ② 1개 ③ 2개 ④ 3개 ⑤ 2개

Chapter 4 보일러 시공 공구 및 장비

1. 보일러 시공 공구의 취급

1-1 강관용 공구

(1) 파이프 바이스(pipe vice)

관의 절단이나 나사를 가공할 때 또는 나사 이음을 조립할 경우 관이 움직이지 않도록 고정하는 공구이다. 몸체는 가단 주철제로 되어 있으며, 조(jaw)는 특수강을 적당히 열처리한 것으로, 관의 물림부 각도가 120°로 되어 있다. 크기 표시는 고정할 수 있는 관의 지름으로 표시하며, 호칭 치수 또는 호칭 번호로 사용한다.

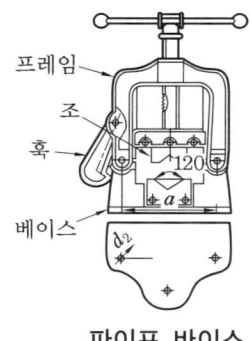

파이프 바이스

파이프 바이스의 크기 표시

호칭 치수	호칭 번호	사용 관 지름
50	#0	6A~50A
80	#1	6A~65A
105	#2	6A~90A
130	#3	6A~115A
170	#4	15A~150A

(2) 탁상 바이스

강관 및 공작물에 톱질, 구멍을 가공하기 위하여 공작물을 고정시킬 때 사용하며, 크기 표시는 조(jaw)의 폭으로 표시한다.

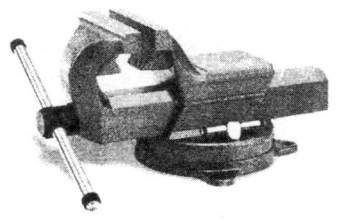

탁상 바이스

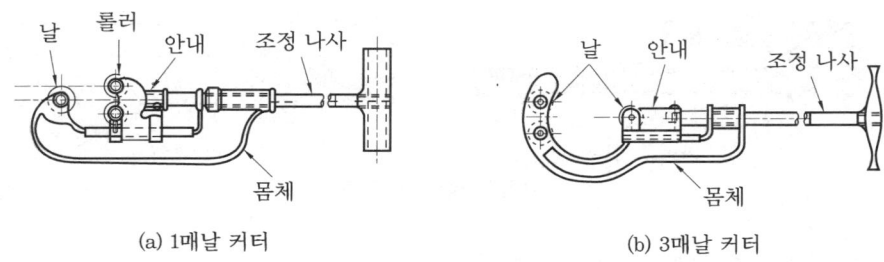

(a) 1매날 커터   (b) 3매날 커터

파이프 커터

(3) 파이프 커터(pipe cutter)

관을 필요한 길이로 절단하는 데 사용하는 공구로, 1매날 커터, 3매날 커터, 링크형 커터(주철관 절단용)의 3종류가 있다. 크기 표시는 절단 가능한 관 지름 치수를 호칭 번호로 표시한다.

파이프 커터의 크기 표시

3매날 커터		1매날 커터	
호칭 번호	사용 관 지름	호칭 번호	사용 관 지름
2	15A~50A	1	6A~32A
3	32A~80A	2	6A~50A
4	65A~100A	3	25A~80A
5	100A~150A		

(4) 파이프 렌치(pipe wrench)

강관을 조립 및 분해할 때 또는 관 자체를 회전시킬 때 사용하는 공구이다.
① 크기 표시 : 사용할 수 있는 최대의 관을 물었을 때의 전 길이로 표시[조(jaw)를 최대로 벌린 전 길이]
② 종류 : 보통형, 강력형, 체인형(200A 이상의 관에 사용)

파이프 렌치의 크기 표시

치 수		사용 관 지름	치 수		사용 관 지름
mm	인치		mm	인치	
150	6	6A~15A	450	18	8A~50A
200	8	6A~20A	600	24	8A~65A
250	10	6A~25A	900	36	15A~90A
300	12	6A~32A	1200	48	25A~125A
350	14	8A~40A			

 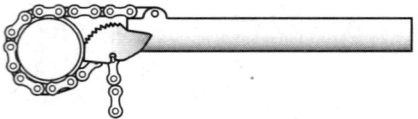

(a) 파이프 렌치　　　　　　(b) 체인 파이프 렌치

파이프 렌치의 종류

(5) 파이프 리머(pipe reamer)

관 절단 후 관 내면에 생기는 거스러미(burr)를 제거하는 공구로, 파이프 커터로 절단 시 안지름이 축소되어 유체 저항이 크게 되므로 반드시 파이프 리머로 거스러미를 제거하여야 한다.

(6) 쇠톱

강관 및 각종 금속을 절단하는 데 사용하는 것으로, 크기는 고정 구멍(fitting hole) 사이의 거리로 표시하며, 200mm(8″), 250mm(10″), 300mm(12″) 3종류가 있다.

톱날 수와 용도

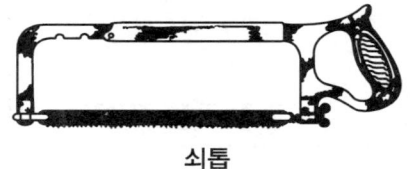

쇠톱

톱날 수(1″당)	용 도
14	탄소강(연강), 주철, 동합금
18	탄소강(경강), 고속도강
24	강관, 합금강
32	얇은 철판 및 강관

(7) 수동 나사 절삭기

수동으로 관 끝에 나사를 가공하는 절삭 공구로, 오스터형, 리드형, 베이비 리드형이 있다.
① 오스터형 나사 절삭기(oster type pipe threader) : 핸들을 회전하여 나사를 가공하는 것으로, 몸체는 가단 주철제이고, 다이스(dies)는 공구강을 사용한다. 다이스는 4개가 1조로, 배관 가이드는 3개가 1조로 이루어지며, 100A까지 나사 가공이 가능하다.

오스터형 나사 절삭기

오스터형 나사 절삭기 규격

번 호	사용 관 지름
112R(102)	8A~32A
114R(104)	15A~50A
115R(105)	40A~80A
117R(107)	65A~100A

② 리드형 나사 절삭기(reed type pipe threader) : 핸들을 상하로 왕복시키면서 나사를 가공하는 것으로서, 50A까지의 지름이 작은 관에 주로 사용된다. 다이스는 2개가 1조로, 배관 가이드는 4개가 1조로 되어 있다.

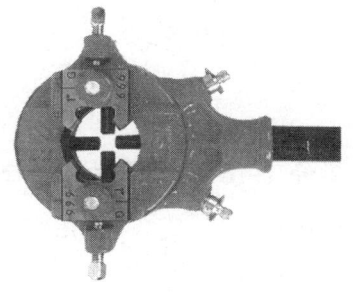

리드형 나사 절삭기

리드형 나사 절삭기 규격

번 호	사용 관 지름
2R 4	6A~32A
2R 5	8A~25A
2R 6	8A~32A
4R	15A~50A

1-2 동관용 공구

(1) 튜브 커터(tube cutter)

관 지름 20mm 이하의 동관 절단에 사용하는 공구이다.

(2) 튜브 벤더(tube bender)

관 지름 20mm 이하의 동관을 상온에서 필요한 각도로 구부릴 때 사용하며, 구부릴 수 있는 각도는 0~180°이다.

(3) 플레어링 공구

동관을 압축 이음(flare joint) 할 때 동관 끝을 나팔관 모양으로 넓히기 위하여 사용하는 공구이다.

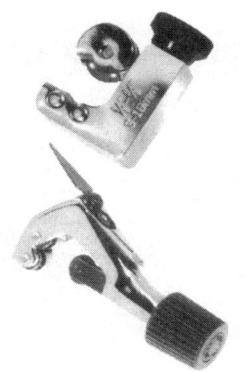  

동관 커터　　　　　　튜브 벤더　　　　　　플레어링 공구

(4) 리머(reamer)

튜브 커터로 동관을 절단한 후 관 내면에 생기는 거스러미를 제거하는 데 사용한다.

(5) 사이징 툴(sizing tools)

동관의 끝 부분을 정확한 치수의 원형으로 교정하기 위하여 사용한다.

(6) 확관기(expander)

동일한 지름의 동관을 이음쇠 없이 납땜 이음 할 때 한쪽 관 끝에 소켓을 만드는 데 사용한다.

(7) 티 뽑기(extractor)

티로 연결할 부분에 관이음재(티)를 사용하지 않고 동관에 구멍을 내어 간단히 관을 연결하는 데 사용한다.

> **참고**
>
> **티 뽑기 순서**
>
>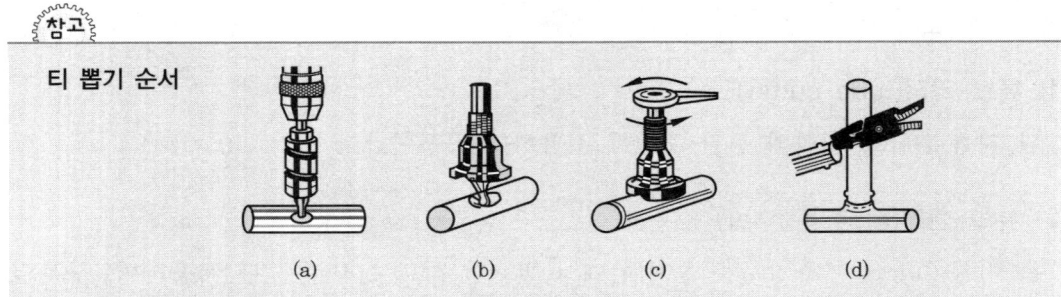
>
> (a) (b) (c) (d)
>
> (a) 유니 드릴로 규격에 맞게 구멍을 뚫은 후 리머로 고른다.
> (b) 티 뽑기 훅을 드릴 구멍에 넣는다.
> (c) 티 뽑기를 라체트로 왼쪽으로 돌린다. 이때 프리즘이 파이프에 꼭 맞게 고정한다.
> (d) 연결할 관을 캠핀서(campincer)로 표시한다. 필요하면 줄질한다.

(8) 용접 토치

동관을 가열하여 납땜 이음, 관 구부리기 등을 할 때 사용하는 공구로서, 휘발유용, 등유용, LP 가스용이 있다. 현재 많이 사용하는 것은 휴대 및 취급이 간편한 LP 가스용이다.

1-3 연관(鉛管)용 공구

(1) 봄 볼(bom boll)

주관(主管)에서 분기 이음하는 경우 주관에 구멍을 뚫기 위하여 사용하는 공구이다.

(2) 드레서(dresser)

연관 표면을 깎아서 산화물을 없애기 위하여 사용하는 공구이다.

(3) 벤드 벤(bend ben)

연관에 끼워서 관을 구부리거나 관을 바르게 펼 때 사용하는 공구이다.

(4) 턴 핀(turn pin)

이음 하려는 연관의 끝 부분에 끼우고 나무 해머로 때려 박아 관 끝 부분을 나팔 모양으로 넓히는 데 사용하는 공구이다.

(5) 맬릿(mallet)

턴 핀을 때려 박든가, 이음부 주위를 오므리는 데 사용하는 나무 해머이다.

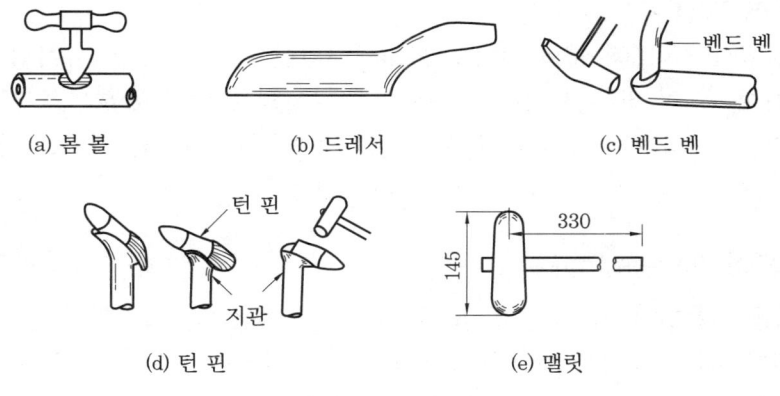

(a) 봄 볼   (b) 드레서   (c) 벤드 벤

(d) 턴 핀   (e) 맬릿

연관용 공구의 종류

2. 보일러 시공 장비의 취급

2-1 관 절단용 기계

(1) 기계톱(hark sawing machine)

활 모양의 프레임에 톱날을 고정시켜 왕복 절삭 운동과 이송 운동으로 재료를 절단한다.

(2) 연삭 절단기(abrasive cut off machine)

두께 0.5~3mm 정도의 얇은 연삭 원판을 고속 회전시켜 재료를 절단하는 것으로, 일명 고속 절단기라고도 한다.

(3) 가스 절단기

산소-아세틸렌, 산소-프로판 가스의 화염을 이용한 절단 토치로 절단부를 예열 후 여기에 고압의 산소를 불어 넣어 절단하는 방법으로, 지름이 큰 관을 절단한다.

2-2 동력 나사 절삭기

(1) 오스터형(oster type)

동력으로 관을 저속으로 회전시키며 절삭기를 밀어 넣어 나사를 가공하는 것으로, 50A 이하의 배관에 사용된다.

(2) 호브형(hob type)

호브(hob)를 100~180rpm의 저속도로 회전시키면 이에 따라 관은 어미 나사와 척의 연결에 의하여 1회전 하는 사이에 자동적으로 나사의 1피치(pitch)만큼 이동하여 나사가 가공된다. 호브와 사이드 커터를 함께 설치하면 나사 가공과 절단을 함께 할 수 있다. 종류는 50A 이하, 65~150A, 80~200A의 3종류가 있다.

(3) 다이헤드형(die-head type)

다이헤드를 이용한 나사 가공 전용 기계로서, 관의 절단, 거스러미 제거, 나사 가공을 할 수 있다. 척(chuck)에 배관을 고정한 후 회전시키면 관용 나사의 치형(4개가 1조)을 가진 다이스(dies 또는 chaser)가 조립된 다이헤드를 배관에 밀어 넣으면서 나사를 가공한다.

① 나사 절삭 방법
 ㈎ 다이스를 다이헤드에 번호에 맞게 조립한다.
 ㈏ 다이헤드 위의 눈금과 편심 핸들 위의 눈금을 일치시킨 후, 조임 너트를 단단히 고정한다.
 ㈐ 나사 가공을 하여야 할 배관을 척에 고정시킨다.
 ㈑ 절삭기 전원을 ON시키면 관이 저속으로 회전하면서 다이헤드에서 자동으로 윤활유(절삭유)가 공급된다.
 ㈒ 이송 핸들을 오른쪽으로 돌려 다이헤드를 배관에 밀어 넣는다.
 ㈓ 나사가 2~3산 정도 가공되면 다이헤드는 자동으로 왼쪽으로 이송되면서 나사가 가공된다.
 ㈔ 유효 나사부에 해당하는 길이로 나사가 가공되면, 편심 핸들을 조작하여 다이스

를 후퇴시켜 나사 가공을 정지시킨다.
  (아) 이송 핸들을 왼쪽으로 돌려 다이헤드를 배관에서 빼내 나사 가공을 완료한다.
  (자) 나사 절삭기 전원을 OFF시켜 작동을 정지시킨다.
② 취급 시 주의 사항
  (가) 동력원으로 전기를 사용하므로 누전 및 감전에 주의한다.
  (나) 배관을 척(chuck)에 정확히 고정시킨다.
  (다) 리머를 이용하여 배관 내면의 거스러미를 제거한다.
  (라) 나사 가공 시 발생하는 칩(chip)은 제거한다.
  (마) 윤활유(절삭유)가 부족하지 않도록 적정량을 유지한다.

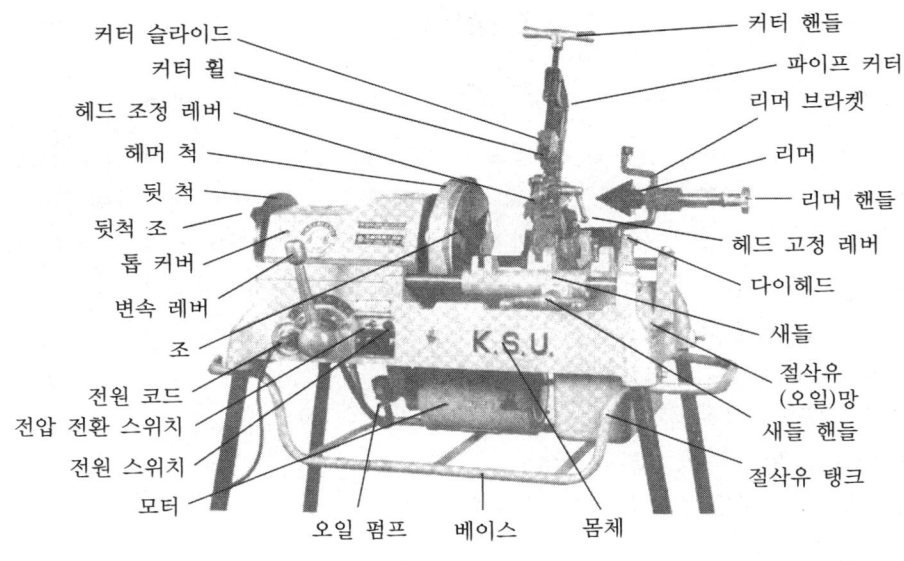

다이헤드형 동력 나사 절삭기

2-3 관 벤딩용 기계

(1) 수동 롤러에 의한 벤더

호칭 32A 이하의 관을 냉간 굽힘할 때 사용하는 것으로, 롤러(roller)와 굽힘형(center former) 사이에 관을 삽입 후 핸들을 돌려 180°까지 자유롭게 벤딩(bending)하는 형식인데, 곡률 반지름은 관 지름의 4~5배 이상으로 한다.

(2) 램식 벤딩 머신(ram type pipe bending machine)

상온에서 배관을 90°까지 구부리는 데 사용하며 배관 공사 현장에서 지름이 작은 관을 구부리는 데 편리하다. 수동식은 50A까지, 동력식은 100A까지 작업이 가능하다.

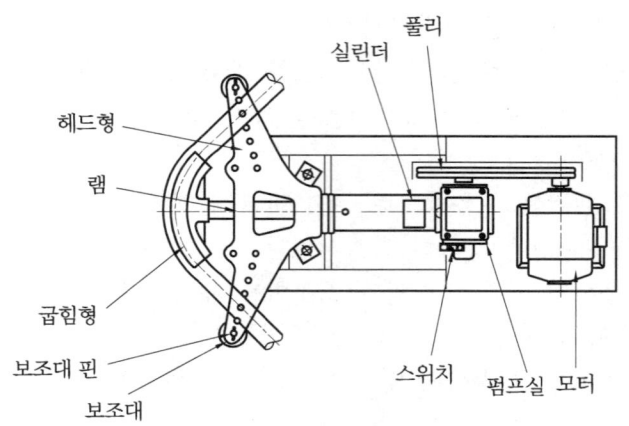

램식 벤딩 머신

(3) 로터리식 파이프 벤딩 머신(rotary type pipe bending machine)

동일 치수의 모양을 대량 생산할 수 있으며, 구부림 각도는 180°까지 가능하다. 유압식은 배관용 탄소 강관(SPP)뿐만 아니라 압력 배관용 탄소 강관(SPPS)의 100A까지, 기계식은 배관용 탄소 강관(SPP) 40A까지 가공할 수 있다. 주요 구성 부분은 굽힘형(bending die), 압력형(pressure die), 클램프형(clamp post), 심봉(mandrel) 등으로 구성된다. 구부림 작업 시 발생할 수 있는 결함과 원인은 다음과 같다.

① 관이 미끄러질 경우
  (가) 관의 고정이 잘못되었다.
  (나) 클램프 또는 관에 기름이 묻었다.
  (다) 압력형의 조정(調整)이 너무 강하다.

② 주름이 생길 경우
  (가) 관이 미끄러진다.
  (나) 받침쇠가 너무 들어갔다.
  (다) 굽힘형의 홈이 관 지름보다 크거나 작다.
  (라) 바깥지름에 비하여 두께가 얇다.
  (마) 굽힘형이 주축에서 빗나가 있다.

③ 관이 타원형으로 될 경우
  (가) 받침쇠가 너무 들어가 있다.
  (나) 받침쇠와 관의 안지름의 간격이 크다.
  (다) 받침쇠의 모양이 나쁘다.
  (라) 재질이 부드럽고 두께가 얇다.

④ 관이 파손(破損)될 경우
  ㈎ 압력형의 조정이 강하고 저항이 크다.
  ㈏ 받침쇠가 너무 나와 있다.
  ㈐ 곡률 반지름이 너무 작다.
  ㈑ 재료에 결함이 있다.

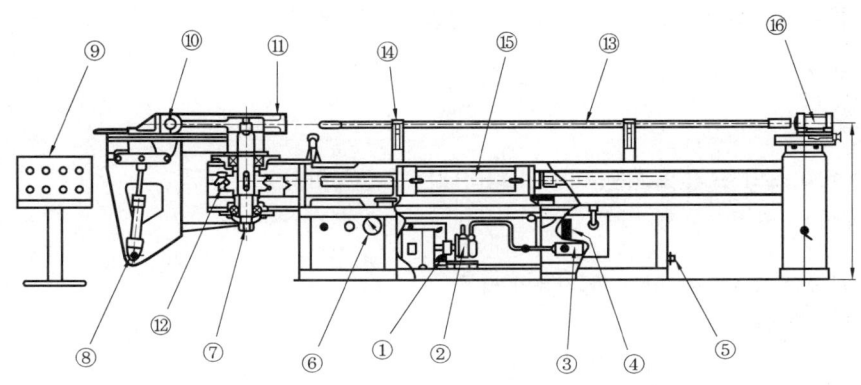

① 모터   ② 유압 펌프   ③ 스트레이너   ④ 오일 게이지
⑤ 드레인   ⑥ 압력 게이지   ⑦ 메인 스핀들   ⑧ 클램프용 유압 실린더
⑨ 컨트롤 박스   ⑩ 클램프대   ⑪ 벤딩대   ⑫ 압력대 지지 롤러
⑬ 심봉   ⑭ 심봉 지지대   ⑮ 실린더(벤딩용)   ⑯ 심봉용 실린더

로터리 벤딩 머신

예상문제

제4장 보일러 시공 공구 및 장비

● 다음 물음의 답을 해당 답란에 답하시오.

1. 공작물을 고정시키는 바이스(vice)의 종류를 2가지 쓰시오.

[해답] ① 파이프 바이스 ② 탁상 바이스

2. 다음 바이스의 크기 표시는 어떻게 나타내는가 설명하시오.
 (1) 파이프 바이스 : (2) 탁상 바이스 :

[해답] (1) 최대로 고정할 수 있는 관 지름의 크기
 (2) 조(jaw)의 폭

3. 파이프 커터(pipe cutter)의 종류를 3가지 쓰시오.

[해답] ① 1매날 커터 ② 3매날 커터 ③ 링크형 커터

4. 주철관 절단 시 주로 사용되며 특히 구조상 매설된 주철관의 절단에 가장 적합한 공구 명칭을 쓰시오.

[해답] 링크형 파이프 커터

5. 파이프 커터의 크기는 어떻게 표시하는가 설명하시오.

[해답] 절단 가능한 관 지름 치수를 호칭 번호로 표시

6. 파이프 렌치의 종류를 3가지 쓰시오.

[해답] ① 보통형 ② 강력형 ③ 체인형

7. 200A 이상의 강관에 사용되는 파이프 렌치의 명칭은?

[해답] 체인형 파이프 렌치

8. 파이프 렌치의 크기가 250mm라고 할 때 250mm의 의미를 설명하시오.

[해답] 조(jaw)를 최대로 벌린 전 길이가 250mm이다.

9. 파이프 렌치(pipe wrench)의 규격에는 200mm, 300mm, 350mm, 450mm, 600mm, 1200mm 등이 있다. 이 호칭 규격은 무엇을 기준으로 하는지 쓰시오. [제43회]

[해답] 사용할 수 있는 최대의 관을 물었을 때의 전 길이(mm)

10. 다음 설명하는 공구의 명칭을 쓰시오. [제45회]

- 강관의 조립 및 분해 시 사용
- 조(jaw)를 최대로 벌린 전 길이
- 사이즈는 150mm, 200mm, 300mm, 600mm, 1000mm
- 약한 것, 강한 것, 체인형 등 사용

[해답] 파이프 렌치

11. 파이프 커터로 관을 절단하는 경우 관 내부에 생기는 거스러미를 제거하는 공구의 명칭을 쓰시오.

[해답] 파이프 리머

12. 쇠톱은 고정 구멍(fitting hole) 사이의 거리로 그 크기를 나타내는데, 종류에 해당되는 것 3가지를 쓰시오.

[해답] ① 200mm(8″) ② 250mm(10″) ③ 300mm(12″)

13. 강관 절단 시 쇠톱의 1인치당 산의 수는 얼마인가?

[해답] 24개
[참고] 톱날 수와 용도

톱날 수(1″당)	용 도
14	탄소강(연강), 주철, 동합금
18	탄소강(경강), 고속도강
24	강관, 합금강
32	얇은 철판 및 강관

14. 수동형 나사 절삭기의 종류를 2가지 쓰시오.

[해답] ① 오스터형   ② 리드형

15. 2개의 다이스와 4개의 배관 가이드가 있는 수동 나사 절삭기는?

[해답] 리드형
[참고] 수동 나사 절삭기의 종류
① 오스터형 : 다이스 4개, 배관 가이드 3개
② 리드형 : 다이스 2개, 배관 가이드 4개

16. 리드형 나사 절삭기를 사용하여 나사 절삭 작업 시 유의할 사항을 4가지 쓰시오.

[해답] ① 관이 움직이지 않도록 바이스에 단단히 고정시킨다.
② 나사 절삭기의 절삭 날을 정확하고 완전하게 고정시킨다.
③ 절삭유를 충분히 공급하며, 바닥에 떨어진 절삭유로 인한 미끄럼에 주의한다.
④ 나사 절삭 시 발생하는 절삭 칩에 다치지 않도록 주의한다.

17. 다음 배관용 작업 공구의 크기를 나타내는 방법을 설명하시오. [제41회]
(1) 파이프 바이스 :   (2) 파이프 커터 :
(3) 쇠톱 :   (4) 파이프 렌치 :
(5) 탁상 바이스 :

[해답] (1) 최대로 고정할 수 있는 관 지름의 크기   (2) 절단 가능한 관 지름 치수를 호칭 번호로 표시
(3) 고정 구멍(fitting hole) 사이의 거리로 표시   (4) 조(jaw)를 최대로 벌린 전 길이
(5) 조(jaw)의 폭

18. 동관 작업용 공구 3가지를 쓰시오. (단, 측정 공구는 제외한다.) [제39회, 제47회]

[해답] ① 튜브 커더   ② 튜브 벤더   ③ 사이징 툴   ④ 익스팬더   ⑤ 몽키 스패너

19. 동관 작업 시 사용되는 다음의 공구 명칭을 쓰시오.
(1) 동관의 끝 부분을 원형으로 정형하는 공구 :
(2) 동관의 관 끝 지름을 크게 확대하는 데 사용하는 공구 :
(3) 동관을 압축 이음 하기 위하여 관 끝을 나팔 모양으로 만드는 데 사용하는 공구 :
(4) 동관을 냉간 굽힘 가공을 하는 데 사용하는 공구 :

[해답] (1) 사이징 툴   (2) 확관기(익스팬더)   (3) 플레어링 툴 세트   (4) 동관 벤더

20. 동관의 압축 이음(flare joint) 작업 시 필요한 공구를 5가지 쓰시오.

해답 ① 튜브 커터 ② 리머 ③ 사이징 툴 ④ 플레어링 툴 ⑤ 몽키 스패너

21. 다음 중 T자 모양으로 연결하기 위하여 직관에서 구멍을 내고 관을 분기할 때 사용하는 동관용 공구 명칭은?

해답 티 뽑기(extractor)

22. 이음하려는 연관(鉛管)의 끝 부분에 끼우고 나무 해머로 때려 박아 관 끝 부분을 나팔 모양으로 넓히는 데 사용하는 공구 명칭은?

해답 턴 핀(turn pin)

참고 연관(鉛管)용 공구의 종류 및 용도
① 봄 볼(bom boll) : 주관(主管)에서 분기 이음 하는 경우 주관에 구멍을 뚫기 위하여 사용하는 공구이다.
② 드레서(dresser) : 연관 표면을 깎아서 산화물을 없애기 위하여 사용하는 공구이다.
③ 벤드 벤(bend ben) : 연관에 끼워서 관을 구부리거나 관을 바르게 펼 때 사용하는 공구이다.
④ 턴 핀(turn pin) : 이음 하려는 연관의 끝 부분에 끼우고 나무 해머로 때려 박아 관 끝 부분을 나팔 모양으로 넓히는 데 사용하는 공구이다.
⑤ 맬릿(mallet) : 턴 핀을 때려 박든가, 이음부 주위를 오므리는 데 사용하는 나무 해머이다.

23. 다음 공구의 사용처(용도)를 쓰시오. [제44회]
  (1) 파이프 커터 :   (2) 다이헤드식 나사 절삭기 :   (3) 링크형 파이프 커터 :
  (4) 사이징 툴 :   (5) 봄 볼 :

해답 (1) 관을 필요한 길이로 절단하는 데 사용한다.
(2) 다이헤드를 이용한 나사 가공 전용 기계로서 관의 절단, 거스러미 제거, 나사 가공을 할 수 있다.
(3) 주철관을 필요한 길이로 절단하는 데 사용한다.
(4) 동관의 끝 부분을 정확한 치수의 원형으로 교정하기 위하여 사용한다.
(5) 연관(鉛管)에서 분기관 따내기 작업 시 주관에 구멍을 뚫는 데 사용한다.

24. 강관의 절단 방법을 5가지 쓰시오. [제37회, 제40회]

해답 ① 파이프 커터 ② 쇠톱 ③ 다이헤드형 동력 나사 절삭기
④ 연삭 절단기 ⑤ 기계톱 ⑥ 가스 절단

25. 동력을 사용하는 파이프 나사 절삭기의 종류를 3가지 쓰시오. [제36회]

[해답] ① 오스터형 ② 호브형 ③ 다이헤드형

26. 다이헤드형 동력 나사 절삭기의 작업 내용을 3가지 쓰시오.

[해답] ① 관의 절단 ② 거스러미 제거 ③ 나사 가공

27. 다음은 파이프 벤딩 머신에 대한 설명이다. 명칭을 쓰시오.　　　　　　　[제46회]
(1) 유압 또는 전동기를 이용한 관 굽힘 기계로 현장에서 주로 사용 :
(2) 보일러 공장 등에서 동일 모양의 벤딩 제품을 다량 생산하는 데 사용 :
(3) 32A 이하 관 굽힘 시 롤러와 포머 사이에 관을 삽입 후 핸들을 돌려 180°까지 자유롭게 벤딩하는 형식 :

[해답] (1) 램식 벤딩 머신 (2) 유압식 로터리식 벤딩 머신 (3) 수동 롤러에 의한 벤더

28. 로터리식 파이프 벤딩 머신에 의한 관 굽히기(bending)에서 관에 주름이 생기는 원인을 3가지 쓰시오.

[해답] ① 관이 미끄러진다.
② 받침쇠가 너무 들어갔다.
③ 굽힘형의 홈이 관 지름보다 크거나 작다.
④ 바깥지름에 비하여 두께가 얇다.
⑤ 굽힘형이 주축에서 빗나가 있다.

29. 로터리식 파이프 벤딩 머신에 의한 관 굽히기(bending)에서 관이 타원형으로 되는 원인을 3가지 쓰시오.　　　　　　　[제40회]

[해답] ① 받침쇠가 너무 들어가 있다.
② 받침쇠와 관의 안지름의 간격이 크다.
③ 받침쇠의 모양이 나쁘다.
④ 재질이 부드럽고 두께가 얇다.

30. 로터리식 파이프 벤딩 머신에 의한 관 굽히기(bending)에서 관이 파손되는 원인을 3가지 쓰시오.　　　　　　　[제42회]

[해답] ① 압력형의 조정이 강하고 저항이 크다.
② 받침쇠가 너무 나와 있다.
③ 곡률 반지름이 너무 작다.
④ 재료에 결함이 있다.

보일러 설치, 검사기준

1. 보일러 설치, 시공기준

개정 2010년 9월 24일 [지식경제부 고시 제2010-174호]

1-1 총칙

(1) 목적

이 고시는 에너지이용 합리화법(이하 "법"이라 한다) 및 열사용기자재 관리규칙(이하 "관리규칙"이라 한다)에서 열사용기자재의 관리에 관하여 지식경제부장관 또는 고시로 정하도록 위임된 사항과 그 시행에 관하여 필요한 사항을 정하여 고시하는 것을 목적으로 한다.

(2) 일반 사항

① 이 기준은 법 제39조와 관리규칙 제34조 규정에 의한 검사 대상기기와 관련한 검사기준에 대하여 규정한다.
　㈎ 강철제 보일러, 압력용기의 제조(용접 및 구조) 검사기준에 대하여 규정한다.
　㈏ 강철제 보일러, 주철제 보일러 및 가스용 온수보일러(이하 "보일러"라 한다)의 설치·시공기준, 설치 검사기준, 계속사용 검사기준, 계속사용검사 중 운전성능 부문의 검사(이하 "성능검사"라 한다)기준, 개조 검사기준 및 설치장소변경 검사기준에 대하여 규정한다.
　㈐ 압력용기의 설치·시공기준, 설치 검사기준, 계속사용 검사기준, 개조 검사기준 및 설치장소변경 검사기준에 대하여 규정한다.
　㈑ 철 금속 가열로의 설치·시공기준, 설치 검사기준, 개조 검사기준 및 성능 검사기준에 대하여 적용한다.
② 이 기준은 법 제39조 제6항 및 관리규칙 제35조 제10항의 규정에 의하여 검사 대상기기의 제조검사, 설치검사, 계속사용검사, 설치장소변경검사 및 개조검사를 면제 및 취소하는 범위, 절차 등 세부 사항을 규정한다.

(3) 보일러의 적용 범위

① 제2편 보일러 제조(용접 및 구조) 검사기준에서 보일러로 보는 범위는 증기공급용 스톱밸브, 급수밸브(절탄기와의 사이에 있는 것은 그 밸브, 이것이 없는 경우는 절탄기 입구의 것) 및 여기에 관련되는 체크밸브와 분출밸브(2개가 있는 경우에는 보일러 본체에서 먼 것)를 포함하며 그들 사이에 있는 보일러 본체, 과열기, 절탄기, 관류 등을 포함한다.
② 제3편 보일러 설치 검사기준 등에서 보일러로 보는 범위는 보일러 본체 및 접속한 배관 중 최초의 밸브까지로 한다. 다만, 안전장치가 본체에 부착되지 않는 보일러는 당해 안전장치까지를 포함한다.

1-2 설치장소

(1) 옥내 설치

보일러를 옥내에 설치하는 경우에는 다음 조건을 만족시켜야 한다.
① 보일러는 불연성 물질의 격벽으로 구분된 장소에 설치하여야 한다. 다만, 소용량 강철제 보일러, 소용량 주철제 보일러, 가스용 온수보일러, 1종 관류보일러(이하 "소형 보일러"라 한다)는 반격벽으로 구분된 장소에 설치할 수 있다.
② 보일러 동체 최상부로부터(보일러의 검사 및 취급에 지장이 없도록 작업대를 설치한 경우에는 작업대로부터) 천정, 배관 등 보일러 상부에 있는 구조물까지의 거리는 1.2m 이상이어야 한다. 다만, 소형 보일러 및 주철제 보일러의 경우에는 0.6m 이상으로 할 수 있다.
③ 보일러 동체에서 벽, 배관, 기타 보일러 측부에 있는 구조물(검사 및 청소에 지장이 없는 것은 제외)까지 거리는 0.45m 이상이어야 한다. 다만, 소형 보일러는 0.3m 이상으로 할 수 있다.
④ 보일러 및 보일러에 부설된 금속제의 굴뚝 또는 연도의 외측으로부터 0.3m 이내에 있는 가연성 물체에 대하여는 금속 이외의 불연성 재료로 피복하여야 한다.
⑤ 연료를 저장할 때에는 보일러 외측으로부터 2m 이상 거리를 두거나 방화격벽을 설치하여야 한다. 다만, 소형 보일러의 경우에는 1m 이상 거리를 두거나 반격벽으로 할 수 있다.
⑥ 보일러에 설치된 계기들을 육안으로 관찰하는 데 지장이 없도록 충분한 조명시설이 있어야 한다.
⑦ 보일러실은 연소 및 환경을 유지하기에 충분한 급기구 및 환기구가 있어야 하며, 급기구는 보일러 배기가스 덕트의 유효단면적 이상이어야 하고, 도시가스를 사용하는 경우에는 환기구를 가능한 한 높이 설치하여 가스가 누설되었을 때 체류하지 않

는 구조이어야 한다.
⑧ 보일러의 연도는 내식성의 재질을 사용하거나, 배기가스 중 응축수의 체류를 방지하기 위하여 물빼기가 가능한 구조이거나 장치를 설치하여야 한다.

(2) 옥외 설치

보일러를 옥외에 설치할 경우에는 다음 조건을 만족시켜야 한다.
① 보일러에 빗물이 스며들지 않도록 케이싱 등의 적절한 방지설비를 하여야 한다.
② 노출된 절연재 또는 래깅 등에는 방수처리(금속 커버 또는 페인트 포함)를 하여야 한다.
③ 보일러 외부에 있는 증기관 및 급수관 등이 얼지 않도록 적절한 보호조치를 하여야 한다.
④ 강제통풍 팬의 입구에는 빗물 방지 보호판을 설치하여야 한다.

(3) 보일러의 설치

보일러는 다음 조건을 만족시킬 수 있도록 설치하여야 한다.
① 기초가 약하여 내려앉거나 갈라지지 않아야 한다.
② 강구조물은 빗물이나 증기에 의하여 부식이 되지 않도록 적절한 보호조치를 하여야 한다.
③ 수관식 보일러의 경우 전열면을 청소할 수 있는 구멍이 있어야 하며, 구멍의 크기 및 수는 『보일러 제조(용접 및 구조) 검사기준 "구멍"』기준에 따른다. 다만, 전열면의 청소가 용이한 구조인 경우에는 예외로 한다.
④ 보일러에 설치된 폭발구의 위치가 보일러기사의 작업 장소에서 2m 이내에 있을 때에는 당해 보일러의 폭발가스를 안전한 방향으로 분산시키는 장치를 설치하여야 한다.
⑤ 보일러의 사용압력이 어떠한 경우에도 최고 사용압력을 초과할 수 없도록 설치하여야 한다.
⑥ 보일러는 바닥 지지물에 반드시 고정되어야 한다. 소형 보일러의 경우는 앵커 등을 설치하여 가동 중 보일러의 움직임이 없도록 설치하여야 한다.

(4) 배관

보일러 실내의 각종 배관은 팽창과 수축을 흡수하여 누설이 없도록 하고, 가스용 보일러의 연료배관은 다음에 따른다.
① 배관의 설치
　(가) 배관은 외부에 노출하여 시공하여야 한다. 다만, 동관, 스테인리스 강관, 기타 내식성 재료로서 이음매(용접이음매를 제외한다) 없이 설치하는 경우에는 매몰

하여 설치할 수 있다.

(나) 배관의 이음부(용접이음매를 제외한다)와 전기계량기 및 전기개폐기와의 거리는 60cm 이상, 굴뚝(단열조치를 하지 아니한 경우에 한한다)·전기점멸기 및 전기접속기와의 거리는 30cm 이상, 절연전선과의 거리는 10cm 이상, 절연조치를 하지 아니한 전선과의 거리는 30cm 이상의 거리를 유지하여야 한다.

② 배관의 고정 : 배관은 움직이지 아니하도록 고정 부착하는 조치를 하되 그 관경이 13mm 미만의 것에는 1m마다, 13mm 이상 33mm 미만의 것에는 2m마다, 33mm 이상의 것에는 3m마다 고정장치를 설치하여야 한다.

③ 배관의 접합

(가) 배관을 나사접합으로 하는 경우에는 KS B 0222(관용 테이퍼나사)에 의하여야 한다.

(나) 배관의 접합을 위한 이음쇠가 주조품인 경우에는 가단 주철제이거나 주강제로서 KS 표시허가제품 또는 이와 동등 이상의 제품을 사용하여야 한다.

④ 배관의 표시

(가) 배관은 그 외부에 사용 가스명, 최고 사용압력 및 가스 흐름방향을 표시하여야 한다. 다만, 지하에 매설하는 배관의 경우에는 흐름방향을 표시하지 아니할 수 있다.

(나) 지상배관은 부식방지 도장 후 표면 색상을 황색으로 도색한다. 다만, 건축물의 내·외벽에 노출된 것으로서 바닥(2층 이상의 건물의 경우에는 각층의 바닥을 말한다)에서 1m의 높이에 폭 3cm의 황색띠를 2중으로 표시한 경우에는 표면 색상을 황색으로 하지 아니할 수 있다.

(5) 가스버너

가스용 보일러에 부착하는 가스버너는 액화석유가스의 안전관리 및 사업법 제21조의 규정에 의하여 검사를 받은 것이어야 한다.

1-3 급수장치

(1) 급수장치의 종류

① 급수장치를 필요로 하는 보일러에는 다음의 조건을 만족시키는 주펌프(인젝터를 포함한다. 이하 같다) 세트 및 보조펌프 세트를 갖춘 급수장치가 있어야 한다. 다만, 전열면적 12m² 이하의 보일러, 전열면적 14m² 이하의 가스용 온수보일러 및 전열면적 100m² 이하의 관류보일러에는 보조펌프를 생략할 수 있다.

(가) 주펌프 세트 및 보조펌프 세트는 보일러의 상용압력에서 정상 가동상태에 필요

한 물을 각각 단독으로 공급할 수 있어야 한다. 다만, 보조펌프 세트의 용량은 주펌프 세트가 2개 이상의 펌프를 조합한 것일 때에는 보일러의 정상 상태에서 필요한 물의 25% 이상이면서 주펌프 세트 중의 최대 펌프의 용량 이상으로 할 수 있다.

② 주펌프 세트는 동력으로 운전하는 급수펌프 또는 인젝터이어야 한다. 다만, 보일러의 최고 사용압력이 0.25MPa 미만으로 화격자면적이 $0.6m^2$ 이하인 경우, 전열면적이 $12m^2$ 이하인 경우 및 상용압력 이상의 수압에서 급수할 수 있는 급수탱크 또는 수원을 급수장치로 하는 경우에는 예외로 할 수 있다.

③ 보일러 급수가 멎는 경우 즉시 연료(열)의 공급이 차단되지 않거나 과열될 염려가 있는 보일러에는 인젝터, 상용압력 이상의 수압에서 급수할 수 있는 급수탱크, 내연기관 또는 예비전원에 의해 운전할 수 있는 급수장치를 갖추어야 한다.

(2) 2개 이상 보일러에 대한 급수장치

1개의 급수장치로 2개 이상의 보일러에 물을 공급할 경우 (1)항의 규정은 이들 보일러를 1개의 보일러로 간주하여 적용한다.

(3) 급수밸브와 체크밸브

급수관에는 보일러에 인접하여 급수밸브와 체크밸브를 설치하여야 한다. 이 경우 급수가 밸브디스크를 밀어 올리도록 급수밸브를 부착하여야 하며, 1조의 밸브디스크와 밸브시트가 급수밸브와 체크밸브의 기능을 겸하고 있어도 별도의 체크밸브를 설치하여야 한다. 다만, 최고 사용압력 0.1MPa 미만의 보일러에서는 체크밸브를 생략할 수 있으며, 급수가열기의 출구 또는 급수펌프의 출구에 스톱밸브 및 체크밸브가 있는 급수장치를 개별 보일러마다 설치한 경우에는 급수밸브 및 체크밸브를 생략할 수 있다.

(4) 급수밸브의 크기

급수밸브 및 체크밸브의 크기는 전열면적 $10m^2$ 이하의 보일러에서는 호칭 15A 이상, 전열면적 $10m^2$를 초과하는 보일러에서는 호칭 20A 이상이어야 한다.

(5) 급수장소

급수장소에 대해서는 『보일러 제조(용접 및 구조) 검사기준 제3장 "급수장소"』항 및 다음에 따른다.

① 복수를 공급하는 난방용 보일러를 제외하고 급수를 분출관으로부터 송입해서는 안 된다.

(6) 자동급수조절기

자동급수조절기를 설치할 때에는 필요에 따라 즉시 수동으로 변경할 수 있는 구조이어야 하며, 2개 이상의 보일러에 공통으로 사용하는 자동급수조절기를 설치하여서는 안 된다.

(7) 급수처리

① 용량 1t/h 이상의 증기보일러에는 수질관리를 위한 급수처리(이하 "수처리시설"이라 한다) 또는 스케일 부착방지 및 제거를 위한(이하 "음향처리시설"이라 한다) 시설을 하여야 한다.

② ①의 수처리시설 및 음향처리시설은 국가공인시험 또는 검사기관의 성능결과를 에너지관리공단에 제출하여 인증받은 것에 한하며, 에너지관리공단은 인증 업무를 효과적으로 수행하기 위하여 내부 운영 규정을 수립할 수 있다.

③ ②의 수처리시설 및 음향처리시설의 인증기준은 다음에 따른다.

㈎ 이온교환처리법
  ㉮ 이온교환수지의 성능은 이온교환수지 1L 당 $CaCO_3$ 환산 60g 이상
  ㉯ 이온교환수지량은 시간당 원수통과 수량 $1m^3$ 기준으로 최소 20L 이상
  ㉰ 원수 수질기준 : 경도 250mg $CaCO_3$/L 이상
  ㉱ 이온교환된 수질기준 : 경도 1mg $CaCO_3$/L 이하
  ㉲ 용기의 조건 : 내식성 재질
  ㉳ 기기 구성 : 이온교환 수지탑, 약품 용해조, 자동경도측정장치, 자동절환장치

㈏ 음향처리법
  ㉮ 초음파의 주파수 조정 가능 : 사용주파수 범위 15~22kHz
  ㉯ 발생파형 : 펄스파형으로서 한 파형의 지속시간이 5ms 이하일 것
  ㉰ 최대진폭 : 모든 시험조건에서 peak to peak치가 $0.7\mu m$(용접 후) 이상
  ㉱ 변환기 권선의 재질 : 내전압 1000V 이상, 내사용온도 -190~260°C의 자재

1-4 압력방출장치

(1) 안전밸브의 개수

① 증기보일러에는 2개 이상의 안전밸브를 설치하여야 한다. 다만, 전열면적 $50m^2$ 이하의 증기보일러에서는 1개 이상으로 한다.

② 관류보일러에서 보일러와 압력방출장치와의 사이에 체크밸브를 설치할 경우 압력방출장치는 2개 이상이어야 한다.

(2) 안전밸브의 부착

① 안전밸브는 쉽게 검사할 수 있는 장소에 밸브축을 수직으로 하여 가능한 한 보일

러의 동체에 직접 부착시켜야 하며, 안전밸브와 안전밸브가 부착된 보일러 동체 등의 사이에는 어떠한 차단밸브도 있어서는 안 된다.
② 안전밸브의 방출관은 단독으로 설치하되, 2개 이상의 방출관을 공동으로 설치하는 경우에 방출관의 크기는 각각의 방출관 분출용량의 합계 이상이어야 한다.

(3) 안전밸브 및 압력방출장치의 용량

안전밸브 및 압력방출장치의 용량은 다음에 따른다.
① 안전밸브 및 압력방출장치의 분출용량은 『보일러 제조(용접 및 구조) 검사기준 제19장 "압력방출장치"』기준에 따른다.
② 자동연소제어장치 및 보일러 최고 사용압력의 1.06배 이하의 압력에서 급속하게 연료의 공급을 차단하는 장치를 갖는 보일러로서 보일러 출구의 최고 사용압력 이하에서 자동적으로 작동하는 압력방출장치가 있을 때에는 동 압력방출장치의 용량(보일러의 최대 증발량의 30%를 초과하는 경우에는 보일러 최대 증발량의 30%)을 안전밸브 용량에 산입할 수 있다.

(4) 안전밸브 및 압력방출장치의 크기

안전밸브 및 압력방출장치의 크기는 호칭지름 25A 이상으로 하여야 한다. 다만, 다음 보일러에서는 호칭지름 20A 이상으로 할 수 있다.
① 최고 사용압력 0.1MPa 이하의 보일러
② 최고 사용압력 0.5MPa 이하의 보일러로 동체의 안지름이 500mm 이하이며 동체의 길이가 1000mm 이하의 것
③ 최고 사용압력 0.5MPa 이하의 보일러로 전열면적 $2m^2$ 이하의 것
④ 최대 증발량 5t/h 이하의 관류보일러
⑤ 소용량 강철제 보일러, 소용량 주철제 보일러

(5) 과열기 부착 보일러의 안전밸브

① 과열기에는 그 출구에 1개 이상의 안전밸브가 있어야 하며, 그 분출용량은 과열기의 온도를 설계온도 이하로 유지하는 데 필요한 양(보일러의 최대 증발량의 15%를 초과하는 경우에는 15%) 이상이어야 한다.
② 과열기에 부착되는 안전밸브의 분출용량 및 수는 보일러 동체의 안전밸브의 분출용량 및 수에 포함시킬 수 있다. 이 경우 보일러의 동체에 부착하는 안전밸브는 보일러의 최대 증발량의 75% 이상을 분출할 수 있는 것이어야 한다. 다만, 관류보일러의 경우에는 과열기 출구에 최대 증발량에 상당하는 분출용량의 안전밸브를 설치할 수 있다.

(6) 재열기 또는 독립과열기의 안전밸브

재열기 또는 독립과열기에는 입구 및 출구에 각각 1개 이상의 안전밸브가 있어야 하며, 그 분출용량의 합계는 최대 통과증기량 이상이어야 한다. 이 경우 출구에 설치하는 안전밸브의 분출용량의 합계는 재열기 또는 독립과열기의 온도를 설계온도 이하로 유지하는 데 필요한 양(최대 통과증기량의 15%를 초과하는 경우에는 15%) 이상이어야 한다. 다만, 보일러에 직결되어 보일러와 같은 최고 사용압력으로 설계된 독립과열기에서는 그 출구에 안전밸브를 1개 이상 설치하고 그 분출용량의 합계는 독립과열기의 온도를 설계온도 이하로 유지하는 데 필요한 양(독립과열기의 전열면적 $1m^2$당 30kg/h로 한 양을 초과하는 경우에는 독립과열기의 전열면적 $1m^2$당 30kgg/h로 한 양) 이상으로 한다.

(7) 안전밸브의 종류 및 구조

① 안전밸브의 종류는 스프링 안전밸브로 하며, 스프링 안전밸브의 구조는 KS B 6216(증기용 및 가스용 스프링 안전밸브)에 따라야 하며, 어떠한 경우에도 밸브시트나 본체에서 누설이 없어야 한다. 다만, 스프링 안전밸브 대신에 스프링 파일럿 밸브 부착 안전밸브를 사용할 수 있다. 이 경우 소요 분출량의 1/2 이상이 스프링 안전밸브에 의하여 분출되는 구조의 것이어야 한다.
② 인화성 증기를 발생하는 열매체 보일러에서는 안전밸브를 밀폐식 구조로 하든가 또는 안전밸브로부터의 배기를 보일러실 밖의 안전한 장소에 방출시키도록 한다.
③ 안전밸브는 산업안전보건법 제33조 제3항의 규정에 의한 성능검사를 받은 것이어야 한다.

(8) 온수발생 보일러(액상식 열매체 보일러 포함)의 방출밸브와 방출관

① 온수발생 보일러에는 압력이 보일러의 최고 사용압력(열매체 보일러의 경우에는 최고 사용압력 및 최고 사용온도)에 달하면 즉시 작동하는 방출밸브 또는 안전밸브를 1개 이상 갖추어야 한다. 다만, 손쉽게 검사할 수 있는 방출관을 갖출 때는 방출 밸브로 대응할 수 있다. 이때 방출관에는 어떠한 경우든 차단장치(밸브 등)를 부착하여서는 안 된다.
② 인화성 액체를 방출하는 열매체 보일러의 경우 방출밸브 또는 방출관은 밀폐식 구조로 하든가 보일러 밖의 안전한 장소에 방출시킬 수 있는 구조이어야 한다.

(9) 온수발생 보일러(액상식 열매체 보일러 포함)의 방출밸브 또는 안전밸브의 크기

① 액상식 열매체 보일러 및 온도 393K(120°C) 이하의 온수발생 보일러에는 방출밸브를 설치하여야 하며, 그 지름은 20mm 이상으로 하고, 보일러의 압력이 보일러의 최고 사용압력에 그 10%(그 값이 0.035MPa 미만인 경우에는 0.035MPa로 한다)를 더한 값을 초과하지 않도록 지름과 개수를 정하여야 한다.

② 온도 393K(120°C)를 초과하는 온수발생 보일러에는 안전밸브를 설치하여야 하며, 그 크기는 호칭지름 20mm 이상으로 하고 『설치검사 기준 23-3항 "검사의 특례"』를 적용한다. 다만, 환산증발량은 열출력을 보일러의 최고 사용압력에 상당하는 포화증기의 엔탈피와 급수엔탈피의 차로 나눈 값(kg/h)으로 한다.

(10) 온수발생 보일러(액상식 열매체 보일러) 방출관의 크기

방출관은 보일러의 전열면적에 따라 다음의 크기로 하여야 한다.

방출관의 크기

전열 면적(m²)	방출관의 안지름(mm)
10 미만	25 이상
10 이상 15 미만	30 이상
15 이상 20 미만	40 이상
20 이상	50 이상

1-5 수면계

(1) 수면계의 개수

① 증기보일러에는 2개(소용량 및 1종 관류보일러는 1개) 이상의 유리수면계를 보일러 내의 수위를 육안으로 확인할 수 있도록 동일한 높이에 나란히 부착하여야 한다. 다만, 단관식 관류보일러는 제외한다.
② 최고 사용압력 1MPa 이하로서 동체 안지름이 750mm 미만인 경우에 있어서는 수면계중 1개는 다른 종류의 수면 측정장치로 할 수 있다.
③ 2개 이상의 원격지시 수면계를 시설하는 경우에 한하여 유리수면계를 1개 이상으로 할 수 있다.

(2) 수면계의 구조

유리수면계는 보일러의 최고 사용압력과 그에 상당하는 증기온도에서 원활히 작용하는 기능을 가지며, 또한 수시로 이것을 시험할 수 있는 동시에 용이하게 내부를 청소할 수 있는 구조로서 다음에 따른다.
① 유리수면계는 KS B 6208(보일러용 수면계 유리)의 유리를 사용하여야 한다.
② 유리수면계는 상·하에 밸브 또는 콕을 갖추어야 하며, 한눈에 그것의 개·폐 여부를 알 수 있는 구조이어야 한다. 다만, 1종 관류보일러에서는 밸브 또는 콕을 갖추지 아니할 수 있다.
③ 스톱밸브를 부착하는 경우에는 청소에 편리한 구조로 하여야 한다.

1-6 계측기

(1) 압력계

보일러에는 KS B 5305(부르동관 압력계)에 따른 압력계 또는 이와 동등 이상의 성능을 갖춘 압력계를 부착하여야 한다.

① 압력계의 크기와 눈금

㈎ 증기보일러에 부착하는 압력계 눈금판의 바깥지름은 100mm 이상으로 하고 그 부착 높이에 따라 용이하게 지침이 보이도록 하여야 한다. 다만, 다음의 보일러에 부착하는 압력계에 대하여는 눈금판의 바깥지름을 60mm 이상으로 할 수 있다.

㉮ 최고 사용압력 0.5MPa 이하이고, 동체의 안지름 500mm 이하 동체의 길이 1000mm 이하인 보일러

㉯ 최고 사용압력 0.5MPa 이하로서 전열면적 $2m^2$ 이하인 보일러

㉰ 최대 증발량 5t/h 이하인 관류보일러

㉱ 소용량 보일러

㈏ 압력계의 최고 눈금은 보일러의 최고 사용압력의 3배 이하로 하되 1.5배보다 작아서는 안 된다.

② 압력계의 부착 : 증기보일러의 압력계 부착은 다음에 따른다.

㈎ 압력계는 원칙적으로 보일러의 증기실에 눈금판의 눈금이 잘 보이는 위치에 부착하고, 얼지 않도록 하며, 그 주위의 온도는 사용 상태에 있어서 KS B 5305(부르동관 압력계)에 규정하는 범위 안에 있어야 한다.

㈏ 압력계와 연결된 증기관은 최고 사용압력에 견디는 것으로서 그 크기는 황동관 또는 동관을 사용할 때는 안지름 6.5mm 이상, 강관을 사용할 때는 12.7mm 이상이어야 하며, 증기온도가 483K(210°C)를 초과할 때에는 황동관 또는 동관을 사용하여서는 안 된다.

㈐ 압력계에는 물을 넣은 안지름 6.5mm 이상의 사이펀 관 또는 동등한 작용을 하는 장치를 부착하여 증기가 직접 압력계에 들어가지 않도록 하여야 한다.

㈑ 압력계의 콕은 그 핸들을 수직인 증기관과 동일 방향에 놓은 경우에 열려 있는 것이어야 하며 콕 대신에 밸브를 사용할 경우에는 한눈으로 개·폐 여부를 알 수가 있는 구조로 하여야 한다.

㈒ 압력계와 연결된 증기관의 길이가 3m 이상이며, 내부를 충분히 청소할 수 있는 경우에는 보일러의 가까이에 열린 상태에서 봉인된 콕 또는 밸브를 두어도 좋다.

㈓ 압력계의 증기관이 길어서 압력계의 위치에 따라 수두압에 따른 영향을 고려할 필요가 있을 경우에는 눈금에 보정을 하여야 한다.

③ 시험용 압력계 부착장치 : 보일러 사용 중에 그 압력계를 시험하기 위하여 시험용 압

력계를 부착할 수 있도록 나사의 호칭 $\text{PF}\frac{1}{4}$, $\text{PT}\frac{1}{4}$ 또는 $\text{PS}\frac{1}{4}$의 관용나사를 설치해야 한다. 다만, 압력계 시험기를 별도로 갖춘 경우에는 이 장치를 생략할 수 있다.

(2) 수위계

① 온수발생 보일러에는 보일러 동체 또는 온수의 출구 부근에 수위계를 설치하고, 이것에 가까이 부착한 콕을 닫을 경우 이외에는 보일러와의 연락을 차단하지 않도록 하여야 하며, 이 콕의 핸들은 콕이 열려 있을 경우에 이것을 부착시킨 관과 평행되어야 한다.
② 수위계의 최고 눈금은 보일러의 최고 사용압력의 1배 이상 3배 이하로 하여야 한다.

(3) 온도계

아래의 곳에는 KS B 5320(공업용 바이메탈식 온도계) 또는 이와 동등 이상의 성능을 가진 온도계를 설치하여야 한다. 다만, 소용량 보일러 및 가스용 온수보일러는 배기가스 온도계만 설치하여도 좋다.
① 급수 입구의 급수온도계
② 버너 급유 입구의 급유온도계. 다만, 예열을 필요로 하지 않는 것은 제외한다.
③ 절탄기 또는 공기예열기가 설치된 경우에는 각 유체의 전후 온도를 측정할 수 있는 온도계. 다만, 포화증기의 경우에는 압력계로 대신할 수 있다.
④ 보일러 본체 배기가스 온도계. 다만, ③의 규정에 의한 온도계가 있는 경우에는 생략할 수 있다.
⑤ 과열기 또는 재열기가 있는 경우에는 그 출구온도계
⑥ 유량계를 통과하는 온도를 측정할 수 있는 온도계

(4) 유량계

용량 1t/h 이상의 보일러에는 다음의 유량계를 설치하여야 한다.
① 급수관에는 적당한 위치에 KS B 5336(고압용 수량계) 또는 이와 동등 이상의 성능을 가진 수량계를 설치하여야 한다. 다만, 온수발생 보일러는 제외한다.
② 기름용 보일러에는 연료의 사용량을 측정할 수 있는 KS B 5328(오일 미터) 또는 이와 동등 이상의 성능을 가진 유량계를 설치하여야 한다. 다만, 2t/h 미만의 보일러로서 온수발생 보일러 및 난방 전용 보일러에는 CO_2 측정장치로 대신할 수 있다.
③ 기름용 보일러에는 연료의 사용량을 측정할 수 있는 KS B 5328(오일 미터) 또는 이와 동등 이상의 성능을 가진 유량계를 설치하여야 한다. 다만, 2t/h 미만의 보일러로서 온수발생 보일러 및 난방 전용 보일러에는 CO_2 측정장치로 대신할 수 있다.
④ 가스용 보일러에는 가스 사용량을 측정할 수 있는 유량계를 설치하여야 한다. 다만, 가스의 전체 사용량을 측정할 수 있는 유량계를 설치하였을 경우는 각각의 보

일러마다 설치된 것으로 본다.
　㈎ 유량계는 당해 도시가스 사용에 적합한 것이어야 한다.
　㈏ 유량계는 화기(당해 시설 내에서 사용하는 자체 화기를 제외한다)와 2m 이상의 우회거리를 유지하는 곳으로서 수시로 환기가 가능한 장소에 설치하여야 한다.
　㈐ 유량계는 전기계량기 및 전기개폐기와의 거리는 60cm 이상, 굴뚝(단열조치를 하지 아니한 경우에 한한다)·전기점멸기 및 전기접속기와의 거리는 30cm 이상, 절연조치를 하지 아니한 전선과의 거리는 15cm 이상의 거리를 유지하여야 한다.
⑤ 각 유량계는 해당 온도 및 압력 범위에서 사용할 수 있어야 하고 유량계 앞에 여과기가 있어야 한다.

(5) 자동 연료차단장치

① 최고 사용압력 0.1MPa를 초과하는 증기보일러에는 다음 각 호의 저수위 안전장치를 설치해야 한다.
　㈎ 보일러의 수위가 안전을 확보할 수 있는 최저수위(이하 "안전수위"라 한다)까지 내려가기 직전에 자동적으로 경보가 울리는 장치
　㈏ 보일러의 수위가 안전수위까지 내려가는 즉시 연소실 내에 공급하는 연료를 자동적으로 차단하는 장치
② 열매체 보일러 및 사용온도가 393K(120°C) 이상인 온수발생 보일러에는 작동유체의 온도가 최고 사용온도를 초과하지 않도록 온도-연소 제어장치를 설치해야 한다.
③ 최고 사용압력이 0.1MPa(수두압의 경우 10m)를 초과하는 주철제 온수보일러에는 온수온도가 388K(115°C)를 초과할 때에는 연료공급을 차단하거나 파일럿 연소를 할 수 있는 장치를 설치하여야 한다.
④ 관류보일러는 급수가 부족한 경우에 대비하기 위하여 자동적으로 연료의 공급을 차단하는 장치 또는 이에 대신하는 안전장치를 갖추어야 한다.
⑤ 가스용 보일러에는 급수가 부족한 경우에 대비하기 위하여 자동적으로 연료의 공급을 차단하는 장치를 갖추어야 하며, 또한 수동으로 연료공급을 차단하는 밸브 등을 갖추어야 한다.
⑥ 유류 및 가스용 보일러에는 압력차단장치를 설치하여야 한다.
⑦ 동체의 과열을 방지하기 위하여 온도를 감지하여 자동적으로 연료공급을 차단할 수 있는 온도 상한 스위치를 보일러 본체에서 1m 이내인 배기가스 출구 또는 동체에 설치하여야 한다.
⑧ 폐열 또는 소각보일러에 대해서는 ⑦의 온도 상한 스위치를 대신하여 온도를 감지하여 자동적으로 경보를 울리는 장치와 송풍기의 가동을 멈추는 등 보일러의 과열을 방지하는 장치가 설치가 되어야 한다.

(6) 공기유량 자동조절기능

가스용 보일러 및 용량 5t/h(난방 전용은 10t/h) 이상인 유류보일러에는 공급연료량에 따라 연소용 공기를 자동조절하는 기능이 있어야 한다. 이때 보일러 용량이 MW(kcal/h)로 표시되었을 때에는 0.6978MW(600000kcal/h)를 1t/h로 환산한다.

(7) 연소가스 분석기

(6)항의 적용을 받는 보일러에는 배기가스 성분(O_2, CO_2 중 1성분)을 연속적으로 자동 분석하여 지시하는 계기를 부착하여야 한다. 다만, 용량 5t/h(난방 전용은 10t/h) 미만인 가스용 보일러로서 배기가스 온도 상한 스위치를 부착하여 배기가스가 설정온도를 초과하면 연료의 공급을 차단할 수 있는 경우에는 이를 생략할 수 있다.

(8) 가스누설 자동차단장치

가스용 보일러에는 누설되는 가스를 검지하여 경보하며 자동으로 가스의 공급을 차단하는 장치 또는 가스누설 자동차단기를 설치하여야 하며, 이 장치의 설치는 도시가스사업법 시행규칙 [별표 7]의 규정에 따라 지식경제부장관이 고시하는 가스사용시설의 시설기준 및 기술기준에 따라야 한다.

(9) 압력 조정기

보일러실 내에 설치하는 가스용 보일러의 압력 조정기는 액화석유가스의 안전관리 및 사업법 제21조 제2항 규정에 의거 가스용품검사에 합격한 제품이어야 한다.

1-7 스톱밸브 및 분출밸브

(1) 스톱밸브의 개수

① 증기의 각 분출구(안전밸브, 과열기의 분출구 및 재열기의 입구·출구를 제외한다)에는 스톱밸브를 갖추어야 한다.
② 맨홀을 가진 보일러가 공통의 주증기관에 연결될 때에는 각 보일러와 주증기관을 연결하는 증기관에는 2개 이상의 스톱밸브를 설치하여야 하며, 이들 밸브 사이에는 충분히 큰 드레인 밸브를 설치하여야 한다.

(2) 스톱밸브

① 스톱밸브의 호칭압력(KS규격에 최고 사용압력을 별도로 규정한 것은 최고 사용압력)은 보일러의 최고 사용압력 이상이어야 하며 적어도 0.7MPa 이상이어야 한다.
② 65mm 이상의 증기 스톱밸브는 바깥나사형의 구조 또는 특수한 구조로 하고 밸브 몸체의 개폐를 한눈에 알 수 있는 것이어야 한다.

(3) 밸브의 물빼기

물이 고이는 위치에 스톱밸브가 설치될 때에는 물빼기를 설치하여야 한다.

(4) 분출밸브의 크기와 개수

① 보일러 아랫부분에는 분출관과 분출밸브 또는 분출콕을 설치해야 한다. 다만, 관류보일러에 대해서는 이를 적용하지 않는다.
② 분출밸브의 크기는 호칭지름 25mm 이상의 것이어야 한다. 다만, 전열면적이 10m^2 이하인 보일러에서는 호칭지름 20mm 이상으로 할 수 있다.
③ 최고 사용압력 0.7MPa 이상의 보일러(이동식 보일러는 제외한다)의 분출관에는 분출밸브 2개 또는 분출밸브와 분출콕을 직렬로 갖추어야 한다. 이 경우에 적어도 1개의 분출밸브는 닫힌 밸브를 전개하는데 회전축을 적어도 5회전 하는 것이어야 한다.
④ 1개의 보일러에 분출관이 2개 이상 있을 경우에는 이것들을 공통의 어미관에 하나로 합쳐서 각각의 분출관에는 1개의 분출밸브 또는 분출콕을, 어미관에는 1개의 분출밸브를 설치하여도 좋다. 이 경우 분출밸브는 닫힌 상태에서 전개하는데 회전축을 적어도 5회전 하는 것이어야 한다.
⑤ 2개 이상의 보일러에서 분출관을 공동으로 하여서는 안 된다. 다만, 개별 보일러마다 분출관에 체크밸브를 설치할 경우에는 예외로 한다.
⑥ 정상 시 보유수량 400kg 이하의 강제 순환 보일러에는 닫힌 상태에서 전개하는데, 회전축을 적어도 5회전 이상 회전을 요하는 분출밸브 1개를 설치하여야 좋다.

(5) 분출밸브 및 콕의 모양과 강도

① 분출밸브는 스케일 그 밖의 침전물이 퇴적되지 않는 구조이어야 하며, 그 최고 사용압력은 보일러 최고 사용압력의 1.25배 또는 보일러의 최고사 용압력에 1.5MPa를 더한 압력 중 작은 쪽의 압력 이상이어야 하고, 어떠한 경우에도 0.7MPa(소용량 보일러, 가스용 온수보일러 및 주철제 보일러는 0.5MPa, 관류보일러는 1MPa) 이상이어야 한다.
② 주철제의 분출밸브는 최고 사용압력 1.3MPa 이하, 흑심가단 주철제의 것은 1.9MPa 이하의 보일러에 사용할 수 있다.
③ 분출콕은 글랜드(gland)를 갖는 것이어야 한다.

(6) 기타 밸브

보일러 본체에 부착하는 기타의 밸브는 그 호칭압력 또는 최고 사용압력이 보일러의 최고 사용압력 이상이어야 한다.

1-8 운전 성능

(1) 운전 상태

보일러는 운전 상태(정격부하 상태를 원칙으로 한다)에서 이상 진동과 이상 소음이 없고 각종 부분품의 작동이 원활하여야 한다.

① 다음의 압력계들의 작동이 정확하고 이상이 없어야 한다.
　㈎ 증기드럼 압력계(관류보일러에서는 절탄기 입구압력계)
　㈏ 과열기 출구압력계(과열기를 사용하는 경우)
　㈐ 급수압력계
　㈑ 노내압계

② 다음의 계기들의 작동이 정확하고 이상이 없어야 한다.
　㈎ 급수량계
　㈏ 급유량계
　㈐ 유리수면계 또는 수면측정장치
　㈑ 수위계 또는 압력계
　㈒ 온도계

③ 급수펌프는 다음 사항이 이상 없고 성능에 지장이 없어야 한다.
　㈎ 펌프 송출구에서의 송출압력 상태
　㈏ 급수펌프의 누설 유무

(2) 배기가스 온도

① 유류용 및 가스용 보일러(열매체 보일러는 제외한다) 출구에서의 배기가스 온도는 주위 온도와의 차이가 정격용량에 따라 다음 표와 같아야 한다. 이때 배기가스 온도의 측정위치는 보일러 전열면의 최종 출구로 하며, 폐열회수장치가 있는 보일러는 그 출구로 한다.

배기가스 온도차

보일러 용량(t/h)	배기가스 온도차(K, °C)
5 이하	300 이하
5 초과 20 이하	250 이하
20 초과	210 이하

[비고] 1. 보일러 용량이 MW(kcal/h)로 표시되었을 때에는 0.6978MW(600,000kcal/h)를 1t/h로 환산한다.
2. 주위 온도는 보일러에 최초로 투입되는 연소용 공기 투입위치의 주위 온도로 하며, 투입위치가 실내일 경우는 실내온도, 실외일 경우는 외기온도로 한다.

② 열매체 보일러의 배기가스 온도는 출구열매 온도와의 차이가 150K(°C) 이하이어야 한다.

(3) 보일러 외벽의 온도

보일러의 외벽 온도는 주위 온도보다 30K(°C)를 초과하여서는 안 된다.

(4) 저수위 안전장치

① 저수위 안전장치는 연료차단 전에 경보가 울려야 하며, 경보음은 70dB 이상이어야 한다.
② 온수발생 보일러(액상식 열매체 보일러 포함)의 온도 – 연소 제어장치는 최고 사용온도 이내에서 연료가 차단되어야 한다.

2. 보일러 설치 검사기준

2-1 검사의 신청 및 준비

(1) 검사의 신청

검사의 신청은 관리규칙 제39조의 규정에 의하되, 시공자가 이를 대행할 수 있으며 제조검사가 면제된 경우는 자체 검사기록서(별지 제4호 서식)를 제출하여야 한다.

(2) 검사의 준비

검사신청자는 다음의 준비를 하여야 한다.
① 기기조종자는 입회하여야 한다.
② 보일러를 운전할 수 있도록 준비한다.
③ 정전, 단수, 화재, 천재지변 등 부득이한 사정으로 검사를 실시할 수 없을 경우에는 재신청 없이 다시 검사를 하여야 한다.

2-2 검 사

(1) 수압 및 가스 누설시험

① 수압시험 대상
㈎ 수입한 보일러

(나) (10)항 내부검사 등의 검사를 받아야 하는 보일러
② 가스 누설시험 대상 : 가스용 보일러
③ 수압시험 압력
  (가) 강철제 보일러
    ㉮ 보일러의 최고 사용압력이 0.43MPa 이하일 때에는 그 최고 사용압력의 2배의 압력으로 한다. 다만, 그 시험압력이 0.2MPa 미만인 경우에는 0.2MPa로 한다.
    ㉯ 보일러의 최고 사용압력이 0.43MPa 초과 1.5MPa 이하일 때에는 그 최고 사용압력의 1.3배에 0.3MPa를 더한 압력으로 한다.
    ㉰ 보일러의 최고 사용압력이 1.5MPa를 초과할 때에는 그 최고 사용압력의 1.5배의 압력으로 한다.
  (나) 가스용 온수보일러 : 강철제인 경우에는 (가)의 ㉮에서 규정한 압력
  (다) 주철제 보일러
    ㉮ 보일러의 최고 사용압력이 0.43MPa 이하일 때는 그 최고 사용압력의 2배의 압력으로 한다. 다만, 시험압력이 0.2MPa 미만인 경우에는 0.2MPa로 한다.
    ㉯ 보일러의 최고 사용압력이 0.43MPa를 초과할 때는 그 최고 사용압력의 1.3배에 0.3MPa을 더한 압력으로 한다.
④ 수압시험 방법
  (가) 공기를 빼고 물을 채운 후 천천히 압력을 가하여 규정된 시험수압에 도달된 후 30분이 경과된 뒤에 검사를 실시하여 검사가 끝날 때까지 그 상태를 유지한다.
  (나) 시험수압은 규정된 압력의 6% 이상을 초과하지 않도록 모든 경우에 대한 적절한 제어를 마련하여야 한다.
  (다) 수압시험 중 또는 시험 후에도 물이 얼지 않도록 하여야 한다.
⑤ 가스 누설시험 방법
  (가) 내부 누설시험 : 차압누설감지기에 대하여 누설 확인 작동시험 또는 자기압력기록계 등으로 누설 유무를 확인한다. 자기압력기록계로 시험할 경우에는 밸브를 잠그고 압력발생기구를 사용하여 천천히 공기 또는 불활성 가스 등으로 최고 사용압력의 1.1배 또는 840mmH_2O 중 높은 압력 이상으로 가압한 후 24분 이상 유지하여 압력의 변동을 측정한다.
  (나) 외부 누설시험 : 보일러 운전 중에 비눗물시험 또는 가스누설검사기로 배관 접속부위 및 밸브류 등의 누설 유무를 확인한다.
⑥ 판정기준 : 수압 및 가스 누설시험 결과 누설, 갈라짐 또는 압력의 변동 등 이상이 없어야 한다. 가스누설검사기의 경우에 있어서는 가스농도가 0.2% 이하에서 작동하는 것을 사용하여 당해 검사기가 작동되지 않아야 한다.

(2) 설치장소
『보일러 설치·시공기준』의 옥내설치 및 옥외설치기준에 따른다.

(3) 보일러 설치
『보일러 설치·시공기준』의 보일러 설치, 배관, 가스버너 설치기준에 따른다.

(4) 급수장치
『보일러 설치·시공기준』의 급수장치기준에 따른다.

(5) 압력방출장치
『보일러 설치·시공기준』의 압력방출장치기준 및 다음에 따른다.
① 안전밸브 작동시험
　㈎ 안전밸브의 분출압력은 1개일 경우 최고 사용압력 이하, 안전밸브가 2개 이상인 경우 그중 1개는 최고 사용압력 이하 기타는 최고 사용압력의 1.03배 이하일 것
　㈏ 과열기의 안전밸브 분출압력은 증발부 안전밸브의 분출압력 이하일 것
　㈐ 재열기 및 독립과열기에 있어서는 안전밸브가 하나인 경우 최고 사용압력 이하, 2개인 경우 하나는 최고 사용압력 이하이고 다른 하나는 최고 사용압력의 1.03배 이하에서 분출하여야 한다. 다만, 출구에 설치하는 안전밸브의 분출압력은 입구에 설치하는 안전밸브의 설정압력보다 낮게 조정되어야 한다.
　㈑ 발전용 보일러에 부착하는 안전밸브의 분출정지압력은 분출압력의 0.93배 이상이어야 한다.
② 방출밸브의 작동시험 : 온수발생 보일러(액상식 열매체 보일러 포함)의 방출밸브는 다음 각 항에 따라 시험하여 보일러의 최고 사용압력 이하에서 작동하여야 한다.
　㈎ 공급 및 귀환밸브를 닫아 보일러를 난방시스템과 차단한다.
　㈏ 팽창탱크에 연결된 관의 밸브를 닫고 탱크의 물을 빼내고 공기쿠션이 생겼나 확인하여 공기쿠션이 있을 경우 공기를 배출시킨다. 다만, 가압 팽창탱크는 배수시키지 않으며 분출시험 중 보일러와 차단되어서는 안 된다.
　㈐ 보일러의 압력이 방출밸브의 설정압력의 50% 이하로 되도록 방출밸브를 통하여 보일러의 물을 배출시킨다.
　㈑ 보일러수의 압력과 온도가 상승함을 관찰한다.
　㈒ 보일러의 최고 사용압력 이하에서 작동하는지 관찰한다.
③ 온수발생 보일러의 압력방출장치 작동시험 : 『보일러 설치·시공기준』의 온수발생 보일러의 방출밸브와 방출관 및 방출관 크기 기준에 적합한 방출관을 부착한 보일러는 압력방출장치의 작동시험을 생략할 수 있다.
④ 압력방출장치 작동시험 생략 : 제조년월일로부터 1년 이내인 압력방출장치가 부착된

경우에는 그 작동시험을 생략할 수 있다.

(6) 수면계
『보일러 설치·시공기준』의 수면계기준 사항에 따른다.

(7) 계측기
『보일러 설치·시공기준』의 계측기기준 사항에 따른다.

(8) 스톱밸브 및 분출밸브
『보일러 설치·시공기준』 중 스톱밸브 및 분출밸브기준 사항에 따른다.

(9) 운전 성능
① 『보일러 설치·시공기준』 중 운전성능기준 및 다음에 따른다.
② 가스용 보일러 및 용량 5t/h(난방용은 10t/h) 이상인 유류보일러는 부하율을 90±10%에서 45±10%까지 연속적으로 변경시켜 배기가스 중 O_2 또는 CO_2 성분이 사용연료별로 다음의 배기가스 성분표에 적합하여야 한다. 이 경우 시험은 반드시 다음 조건에서 실시하여야 한다.
  ㈎ 매연농도 배커랙 스모크 스케일 4 이하. 다만, 가스용 보일러의 경우 배기가스 중 CO의 농도는 200ppm 이하이어야 한다.
  ㈏ 부하변동 시 공기량은 별도 조작 없이 자동조절

배기가스 성분

성 분	O_2(%)		CO_2(%)	
부 하 율	90±10	45±10%	90±10	45±10%
중 유	3.7 이하	5 이하	12.7 이상	12 이상
경 유	4 이하	5 이하	11 이상	10 이상
가 스	3.7 이하	4 이하	10 이상	9 이상

(10) 내부검사 등
① 유류 및 가스를 제외한 연료를 사용하는 전열면적이 30m² 이하인 온수발생 보일러가 연료 변경으로 인하여 검사대상이 되는 경우의 최초 검사는 『계속사용 검사기준』검사, 검사의 특례 및 『검사기준』제2장 재료편을 추가로 검사하여 이상이 없어야 한다.
② 검사대상이 아닌 유류용 및 기타 연료용 보일러가 가스로 연료를 변경하여 검사대상으로 되는 경우의 최초 검사는 계속사용 검사기준 중 검사항 및 검사의 특례항을 추가로 검사하여 이상이 없어야 한다.

2-3 검사의 특례

(1) 다음에 해당하는 경우에는 『보일러 설치·시공기준』 옥내설치 ①, ② 및 ⑤는 적용하지 아니한다.

   ① 출력 0.5815MW{500,000kcal/h} 미만인 온수발생 보일러가 1982.1.31 이전에 준공된 건물에 설치된 경우
   ② 유류용 이외의 온수발생 보일러가 1985.10.7 이전에 준공된 건물에 설치된 경우
   ③ 가스용 온수보일러 및 가스용 1종 관류보일러가 1988.11.27 이전에 준공된 건물에 설치된 경우

(2) 『보일러 설치·시공기준』 옥내설치기준 ③, 보일러 설치기준 ⑥, 계측기기준 중 온도계, 자동연료 차단장치 ⑧은 2000.4.1 이전에 설치된 보일러에 대해서는 적용하지 않는다.

(3) 대량 제조 보일러 일부검사

   ① 관리규칙 제35조 제1항 제1호의 일부가 면제되는 검사는 동일 시공업체에 한하여 동일 시·도지사 관할 내 7일 범위 이내에 3대 이상의 동일 형식 보일러에 대한 설치검사를 신청할 경우 이를 1조로 하여 그 조에서 임의로 선정한 1대에 대하여 표본검사를 시행한다.
   ② ①의 규정에 의해 실시된 표본검사에 불합격된 경우에는 해당 1조에 대한 전수검사를 실시하여야 한다.

(4) 응축수 회수이용 등으로 인해 KS B 6209(보일러 급수 및 보일러수의 수질)에 의한 급수처리 기준값 (mg $CaCO_3$/L) 이하로 관리되는 보일러는 『보일러 설치·시공기준』 급수장치 (7)항의 수처리 시설을 하지 않아도 된다. 다만, 급수처리된 값은 에너지관리 공단에 제출하여 인정받아야 한다.

(5) 『보일러 설치·시공기준』 (7)항의 급수처리 ①은 2005.7.1 이전에 설치된 보일러에 대해서는 적용하지 않는다.

(6) 이 고시의 시행일 전에 설치된 보일러는 『보일러 설치·시공기준』 중 압력방출장치 항 중 안전밸브 부착의 ②, 수면계 중 수면계 개수의 ① 규정의 적용을 받지 아니한다.

3. 계속사용 검사기준

3-1 검사의 신청 및 준비

(1) 검사의 신청
관리규칙 제41조의 규정에 따른다.

(2) 검사의 준비
① 개방검사
  ㈎ 연료공급관은 차단하며 적당한 곳에서 잠가야 한다. 기름을 사용하는 곳에서는 무화장치들을 버너로부터 제거한다. 가스를 사용하는 경우에는 공급관에 이중 블럭과 블라이드(2개의 차단밸브와 그 사이에 한 개의 통기구멍이 있는)가 설비되어 있지 않으면 공급관을 비게 하든지 가스 차단밸브와 버너 사이의 연결관을 떼어내야 한다.
  ㈏ 보일러에 대한 손상을 방지하고 가열면에 고착물이 굳어져 달라붙지 않도록 충분히 냉각시켜야 한다. 맨홀과 청소구멍 또는 검사구멍의 뚜껑을 열어 환기시킬 때에는 보일러의 내부가 마를 수 있기에 충분한 열이 아직 보일러에 남아 있을 때 배수한다.
  ㈐ 모든 맨홀과 선택된 청소구멍 또는 검사구멍의 뚜껑 세척, 플러그 및 수주 연결관을 열고 보일러 장치 안에 들어가기 전에 체크밸브와 증기 스톱밸브는 반드시 잠그고 개폐 여부를 표시하여 고정시키며 두 밸브 사이의 배수밸브 또는 콕은 열어야 한다. 급수밸브는 잠그고 개폐 여부를 표시하여 고정시키는 것이 좋으며, 두 밸브 사이의 배수밸브나 콕들은 열어야 한다. 보일러를 배수한 후에 블로오프 밸브는 잠그고 고정하여야 한다. 실제로 가능한 경우에는 내압 부분과 밸브 사이의 블로오프 배관은 떼어 낸다. 모든 배수 및 통기배관은 열어야 한다.
  ㈑ 내부조명 : 검사를 위한 내부조명은 축전지로부터 전류가 공급되는 12볼트 램프나 이동램프를 사용하여야 한다.
  ㈒ 화염측 청소 : 보일러의 내벽, 배플 및 드럼은 철저히 청소되어야 하고, 모든 부품을 검사원이 철저히 검사할 수 있도록 재와 매연을 제거시켜야 한다.
  ㈓ 수부측 청소 : 동체, 급수내관 등 보일러의 수부측의 스케일, 슬러지, 퇴적물 등은 깨끗이 제거하여야 하며, 급수내관, 비수방지판은 동체에서 분리시켜야 한다.
  ㈔ 압력방출장치 및 저수위 감지장치는 분해 정비하여야 한다. 다만, 제조 연월일로부터 1년 이내인 압력방출장치가 부착된 경우는 예외로 한다.

(아) 화재, 천재지변 등 부득이한 사정으로 검사를 실시할 수 없는 경우에는 재신청 없이 다시 검사를 받을 수 있다.

② 사용 중 검사

(가) 보일러를 가동 중이거나 또는 운전할 수 있도록 준비하고 부착된 각종 계측기 및 화염감시장치, 저수위안전장치, 온도 상한 스위치, 압력조절장치 등은 검사하는 데 이상이 없도록 정비되어야 한다.

(나) 정전, 단수, 화재, 천재지변 등 부득이한 사정으로 검사를 실시할 수 없는 경우에는 재신청 없이 다시 검사를 하여야 한다.

3-2 검 사

(1) 개방검사

① 외부

(가) 내용물의 외부유출 및 본체의 부식이 없어야 한다. 이때 본체의 부식 상태를 판별하기 위하여 보온재 등 피복물을 제거하게 할 수 있다.

(나) 보일러는 깨끗하게 청소된 상태이어야 하며, 사용상에 현저한 부식과 그루빙이 없어야 한다.

(다) 시험용 해머로 스테이볼트 한쪽 끝을 가볍게 두들겨 보아 이상이 없어야 한다.

(라) 가용 플러그가 사용된 경우에는 플러그 주위 금속 부위와 플러그면의 산화피막을 적절히 제거하여 육안으로 관찰하였을 때 사용상 이상이 없어야 하며, 불완전한 경우에는 교환토록 해야 한다.

(마) 보일러가 매달려 있는 경우에는 지지대와 고정구대를 검사하여 구조물의 과도한 변형이 없어야 한다.

(바) 리벳이음 보일러에서 이음 부분에 누설 또는 그 밖의 유해한 결함이 없어야 한다.

(사) 보일러 지지대의 균열, 내려앉음, 지지부재의 변형 또는 파손 등 보일러의 설치 상태에 이상이 없어야 한다.

(아) 모든 배관계통의 관 및 이음쇠 부분에 누기 및 누수가 없어야 한다.

(자) 벽돌 쌓음에서 벽돌의 이탈, 심한 마모 또는 파손이 없어야 한다.

(차) 보일러 동체는 보온과 케이싱이 되어 있어야 하며, 손상이 없어야 한다.

② 내부

(가) 관의 부식 등을 검사할 수 있도록 스케일은 제거되어야 하며, 관 끝 부분의 손모, 취화 및 빠짐이 없어야 한다.

(나) 보일러의 내부에는 균열, 스테이의 손상, 이음부의 현저한 부식이 없어야 하며, 침식, 스케일 등으로 드럼에 현저히 얇아진 곳이 없어야 한다.

㈐ 화염을 받는 곳에는 그을음을 제거하여야 하며, 얇아지기 쉬운 관 끝 부분을 가벼운 해머로 두들겨 보았을 때 현저한 얇아짐이 없어야 한다.
㈑ 관의 표면은 팽출, 균열 또는 결함 있는 용접부가 없어야 한다.
㈒ 관의 지나친 찌그러짐이 없어야 한다.
㈓ 급수관 및 그 밑의 물받이의 상태는 퇴적물이 없어야 하며, 이음쇠는 헐거워지거나 가스켓의 손상이 없어야 한다.
㈔ 관판에 있는 관 구멍 사이의 리거먼트를 조사하여 파단이나 누설이 없어야 한다.
㈕ 노벽 보호 부분은 벽체의 현저한 균열 및 파손 등 사용상 지장이 없어야 한다.
㈖ 맨홀 및 기타 구멍과 보강관, 노즐, 플랜지 이음, 나사 이음 연결부의 내외부를 조사하여 균열이나 변형이 없어야 한다. 이때 검사는 가능한 한 보일러 안쪽부터 시행한다.
㈗ 저수위 차단 배관 등의 외부 부착 구멍들이나 방출밸브 구멍들에 흐름의 차단 또는 지장을 줄 수 있는 퇴적물 등의 장애물이 없어야 한다.
㈘ 연소실 내부에는 부적당하거나 결함이 있는 버너 또는 스토커의 설치운전에 의한 현저한 열의 국부적인 집중으로 인한 현상이 없어야 한다.
㈙ 보일러 각부에 불룩해짐 팽출, 팽대, 압궤 또는 누설이 없어야 한다.
③ 수압시험 : 중지 신고 후 1년 이상 경과한 보일러의 재사용검사 또는 부식 등 상태가 불량하다고 판단되는 경우에 한하여 실시하며, 시험압력은 최고 사용압력으로 하며, 시험방법 『설치검사기준』 수압시험방법의 규정에 따르고, 이에 대한 판정기준은 『설치검사기준』 판정기준의 규정에 따른다.
④ 설치상태 : 『보일러 설치·시공 기준』 압력방출장치 및 『설치검사기준』 설치장소 내지 스톱밸브 및 분출밸브(압력방출장치 항은 제외한다)의 규정에 따른다.

(2) 사용 중 검사

① 『보일러 설치·시공기준』 압력방출장치 및 『설치검사기준』 설치장소 내지 급수장치 및 수면계 내지 운전성능 규정에 따르고, 대상기기의 가동상태에서 화염감시장치, 저수위안전장치, 온도 상한 스위치, 압력조절장치 등의 정상 작동 여부를 검사하여야 하며, 이때 시험방법 및 시험범위가 안전장치의 작동 실패 시에도 안전사고로 이어지지 않도록 당해 검사대상기기 조종자와 협의하여 충분한 주의를 기울여야 한다.
② 보일러가 매달려 있는 경우에는 지지대와 고정구대를 검사하여 구조물의 과도한 변형이 없어야 한다.
③ 리벳이음 보일러에서 이음 부분에 누설 또는 그 밖의 유해한 결함이 없어야 한다.
④ 보일러 지지대의 균열, 내려앉음, 지지부재의 변형 또는 파손 등 보일러의 설치상태에 이상이 없어야 한다.
⑤ 보일러 본체의 누설, 변형이 없어야 한다.

⑥ 보일러와 접속된 배관, 밸브 등 각종 이음부에는 누기, 누수가 없어야 한다.
⑦ 연소실 내부가 충분히 청소된 상태이어야 하고, 축로의 변형 및 이탈이 없어야 한다.
⑧ 보일러 동체는 보온과 케이싱이 되어 있어야 하며, 손상이 없어야 한다.

(3) 판정기준

① **3-2** 검사항의 검사 결과 이상이 없어야 한다. 다만, 안전사고와 직접 관련이 없는 경미한 사항에 대하여는 검사 대상기기별로 특성을 고려하여 동 사항을 검사증에 기재하고 가능한 한 최단시일 내에 보수하는 조건으로 합격판정을 하여야 한다.
② 보일러의 부식에 따른 잔존수명의 평가는 다음 식에 따른다. 잔존수명이 1년 이하인 경우에는 잔존수명기한 내에 기기를 교체하는 조건으로 합격판정을 하여야 한다.

$$잔존수명 = (t_{측정} - t_{허용})/부식속도$$

- $t_{측정}$: 경판, 노통, 화실, 관 등 부식 발생 부위에서 측정한 판 두께(mm)
- $t_{허용}$: 제작 시 해당 부위의 최소 두께(mm)
- 부식속도 : 연간 부식에 의해 제거되는 두께

③ 관리규칙 제46조의2 제1항에 따라 설치신고를 한 검사대상기기(이하 "설치신고대상기기"라 한다)는 **3-1**의 (2) 검사준비의 개방검사 항, **3-2** 검사의 개방검사 항만을 적용하여 이상이 없어야 한다.

3-3 검사의 특례

(1) 적용제외

① 1987.3.31 이전에 설치된 보일러는 『보일러 설치·시공기준』 공기유량 자동조절기능 및 연소가스분석기의 규정을 적용하지 아니한다. 다만, 1987.3.31 이후 연료를 가스로 변경한 경우에는 배기가스 온도 상한 스위치를 부착하여야 한다.
② 1996.9.1. 이전에 설치된 보일러는 『보일러 설치·시공 기준』 유량계의 ①, ② 및 자동 연료차단장치의 ①, ⑦ 규정의 적용을 받지 아니한다.
③ 2000.4.1 이전에 설치된 보일러는 『보일러 설치·시공기준』 옥내설치의 ③, 보일러의 설치의 ⑥, 온도계의 ⑥, 자동연료차단장치의 ⑧ 및 분출밸브의 크기와 개수의 ⑤ 규정의 적용을 받지 아니한다.
④ 설치신고 대상기기 중 2008.8.27 이전에 설치되어 설치검사를 받지 아니한 보일러는 『설치검사기준』 설치장소, 보일러의 설치 및 계측기(『보일러 설치·시공기준』 압력계 내지 온도계 및 자동연료차단장치 제외)의 적용을 받지 아니한다.

(2) 특례적용

『설치검사기준』 검사의 특례를 적용한다.

(3) 검사주기

① 연속 2년 자체검사, 3년째는 개방검사
  ㈎ 설치한 날로부터 15년 이내인 보일러 및 관련 압력용기로서, 검사기관이 인정하는 순수처리에 대한 수질시험성적서를 검사기관에 제출하여 인정을 받은 검사대상기기
  ㈏ 순수처리라 함은 다음 각 호 수질기준을 만족하여야 한다.
    ㉮ pH(298K{25°C}에서) : 7~9
    ㉯ 총경도(mg $CaCO_3$/L) : 0
    ㉰ 실리카(mg SiO_2/L) : 흔적이 나타나지 않음
    ㉱ 전기전도율(298K{25°C}에서의) : 0.5μs/cm 이하
② 연속 2년 사용 중 검사, 3년째는 개방검사 : 설치한 날로부터 5년 이내인 보일러로서 『보일러 설치·시공기준』 급수처리의 수처리시설을 하고 자동으로 경도를 측정하여 표시되는 장치를 설치하여 KS B 6209(보일러 급수 및 보일러수의 수질) 규격 기준 이상의 수질(1mg $CaCO_3$/L 이하)를 유지하고 있다고 검사기관이 인정하는 검사대상기기
③ 2년마다 개방검사 : 관리규칙 제46조의2 제1항에 따라 설치신고를 한 검사 대상기기
④ 1년 사용 중 검사, 2년째는 개방검사 : 연속 2년 자체검사, 3년째는 개방검사 내지 2년마다 개방검사를 제외한 검사 대상기기
⑤ 기타 안전장치의 장착 등 : 기타 안전장치의 장착 등에 의하여 수처리와 동등 이상의 안전관리 효과가 있다고 에너지관리공단이사장이 인정하는 검사 대상기기에 대하여 각각 『계속사용 검사기준』의 검사의 특례 (1)항 및 (2)항의 기준을 적용할 수 있다.
⑥ 개방검사의 적용
  ㈎ 설치자의 요구가 있을 때에는 개방검사를 할 수 있다.
  ㈏ 사용 중 검사 시 보일러 본체의 누설, 변형으로 불합격한 경우의 재검사는 누설 및 변형의 원인과 손상을 확인하기 위하여 개방검사로 하여야 한다.
  ㈐ 사용중지 후 재사용검사, 개조검사(연료 또는 연소방법 변경에 따른 개조검사는 제외)는 개방검사로 하여야 한다.
  ㈑ 설치검사 후 최초로 시행하는 계속사용검사는 개방검사로 한다.
  ㈒ 보일러를 설치한 날로부터 15년을 경과한 보일러는 개방검사로 한다.

4. 계속사용검사 중 운전성능 검사기준

4-1 검사의 신청 및 준비

(1) 검사의 신청

관리규칙 제41조의 규정에 따른다.

(2) 검사의 준비

① 보일러를 가동 중이거나 운전할 수 있도록 준비하고, 부착된 각종 계측기는 검사하는 데 이상이 없도록 정비되어야 한다.
② 정전, 단수, 화재, 천재지변, 가스의 공급중단 등 부득이한 사정으로 검사를 실시할 수 없는 경우에는 재신청 없이 다시 검사를 하여야 한다.

4-2 검 사

사용부하에서 다음 해당 사항에 대한 검사를 실시하여 적합하여야 한다.

(1) 열효율

유류용 증기보일러는 열효율이 다음을 만족하여야 한다.

열효율

용량(ton/h)	1 이상 3.5 미만	3.5 이상 6 미만	6 이상 20 미만	20 이상
열효율(%)	75 이상	78 이상	81 이상	84 이상

(2) 유류보일러로서 증기보일러 이외의 보일러

유류보일러로서 증기보일러 이외의 보일러는 배기가스 중의 CO_2 용적이 중유의 경우 11.3% 이상, 경유 및 보일러 등유의 경우 9.5% 이상이어야 하며, 출구에서의 배기가스 온도와 주위 온도와의 차는 배기가스 온도차 표에서 정한 것을 만족하여야 한다. 다만, 열매체 보일러는 출구 열매유 온도와 차가 150K(°C) 이하이어야 한다.

배기가스 온도차

보일러 용량(ton/h)	배기가스 온도차(K), (°C)
5 이하	315 이하
5 초과 20 이하	275 이하
20 초과	235 이하

[비고] 1. 폐열 회수장비가 있는 보일러는 그 출구에서 배기가스 온도를 측정한다.
2. 보일러 용량이 MW(kcal/h)로 표시되었을 때에는 0.6978MW(600000kcal/h)를 1ton/h로 환산한다.
3. 주위 온도는 보일러에 최초로 투입되는 연소용 공기 투입위치의 주위 온도로 하며, 투입위치가 실내일 경우는 실내온도, 실외일 경우는 실외온도로 한다.

(3) 가스용 보일러

가스용 보일러의 배기가스 중 일산화탄소(CO)의 이산화탄소(CO_2)에 대한 비는 0.002 이하이고, 그 성분은 『설치검사기준』 배기가스 성분표에 적합하여야 하며, 출구에서의 배기가스 온도와 주위 온도차는 (2)항에 따른다.

(4) 보일러의 성능시험방법

보일러 성능시험방법은 KSB 6205(육용 보일러 열정산 방식) 및 다음에 따른다.
① 유종별 비중, 발열량은 다음의 표에 따르되, 실측이 가능한 경우 실측값에 따른다.

유종별 비중 및 발열량

유 종	경유	B-A유	B-B유	B-C유
비 중	0.83	0.86	0.92	0.95
저위 발열량 kJ/kg (kcal/kg)	43116 (10300)	42697 (10200)	41441 (9900)	40814 (9750)

② 증기건도는 다음에 따르되 실측이 가능한 경우 실측값에 따른다.
 ㈎ 강철제 보일러 : 0.98
 ㈏ 주철제 보일러 : 0.97
③ 측정은 매 10분마다 실시한다.
④ 수위는 최초 측정 시와 최종 측정 시가 일치하여야 한다.
⑤ 측정기록 및 계산양식은 검사기관에서 따로 정할 수 있으며, 이 계산에 필요한 증기의 물성값, 물의 비중, 연료별 이론공기량, 이론배기가스량, CO_2 최대값 및 중유의 용적보정계수 등은 검사기관에서 지정한 것을 사용한다.

4-3 검사의 특례

① 검사 대상기기 관리일지와 연소효율 자동측정기록 자료를 검사기관에 제출하여 4-2 검사의 검사기준에 적합하다고 판정을 받은 자에 대하여는 운전성능검사에 대한 검사유효기간을 2년 단위로 하여 연장할 수 있다.
② 이 특례를 적용받는 자는 검사 대상기기 관리일지와 연소효율 자동측정기록 자료를 계속사용검사 시 확인할 수 있도록 하여야 한다.

③ 검사기관은 ②에 의한 확인 시에 **4-2** 검사의 검사기준에 미달될 경우에는 지체 없이 특례적용을 취소하고 운전성능검사를 실시하여야 한다.

④ 검사 대상기기 관리일지에 배기가스 성분(CO_2, CO, O_2, 배커랙 스모크 스케일 No.) 및 수질(급수의 pH 및 총경도, 관수의 pH 및 M 알칼리도)를 매분기 1회 이상 측정하고 그 기록을 유지하여야 한다.

⑤ 1996.5.14일 이전에 계속사용 운전측정을 받은 보일러는 (1) 열효율표의 열효율을 적용하지 아니하며, 다음을 적용한다.

용량 (ton/h)	1 이상 1.5 미만	1.5 이상 2 미만	2 이상 3.5 미만	3.5 이상 6 미만	6 이상 12 미만	12 이상 20 미만	20 이상
열효율(%)	71 이상	73 이상	74 이상	77 이상	79 이상	80 이상	82 이상

⑥ 다음에 해당하는 경우는 **4-2** 검사항을 적용하지 않는다.
 (가) 혼소용 보일러
 (나) 폐목 등 고체연료용 보일러
 (다) 공정부생가스 또는 폐가스를 사용하는 보일러

⑦ 설치 신고 대상기기는 **4-2**의 (4) 보일러의 성능시험방법에 따른 성능시험 시 열손실법으로 산정할 수 있다.

5. 개조 검사기준

5-1 검사의 신청 및 준비

(1) 검사의 신청

관리규칙 제40조의 규정에 따른다.

(2) 검사의 준비

① 연료를 가스로 변경하는 검사의 경우 가스용 보일러의 누설시험 및 운전성능을 검사할 수 있도록 준비하여야 한다.

② 그 밖의 검사의 경우 **5-2** 검사항의 검사를 실시할 수 있도록 단계적으로 『설치검사기준』 검사 및 수압시험방법의 해당항목을 준비하여야 한다.

③ 정전, 단수, 화재, 천재지변 등 부득이한 사정으로 검사를 실시할 수 없는 경우에는 재신청 없이 다시 검사를 받을 수 있다.

5-2 검 사

(1) 수압 및 가스누설시험
① 수압시험 : 내압 부분의 개조에 한하여 실시하며, 시험방법 등은 『설치검사기준』 수압시험압력, 수압시험방법의 규정에 따른다.
② 가스누설시험 : 연료를 가스로 변경한 경우에 한하여 실시하며, 시험방법은 『설치검사기준』 가스누설 시험방법의 규정에 따른다.
③ 판정기준 : 『설치검사기준』의 판정기준에 따른다.

(2) 재료 및 내부
『계속사용 검사기준』 검사 및 『열사용기자재 검사기준』 제2장의 규정에 적합하여야 한다. 다만, 동체, 경판, 이와 유사한 부분을 용접으로 개조한 경우에는 제15장을 추가 검사하여 이상이 없어야 한다.

(3) 설치 상태 및 운전성능
『설치검사기준』 압력방출장치, 운전성능 및 『계속사용 검사기준』 개방검사의 규정에 적합하여야 한다.

5-3 검사의 특례

① 연료 및 연소방법만을 변경한 경우 중 연료를 가스로 변경한 경우에는 『개조검사기준』 수압 및 가스누설시험(다만, 수압시험은 제외한다.), 『보일러 설치·시공기준』 옥내설치의 ⑦, 가스버너, 가스누설 자동차단장치, 압력조정기, 『설치검사기준』 보일러 설치 및 운전성능항만을 검사하여 적합하여야 한다.
② 연료 및 연소방법만을 변경한 경우 중 연료를 가스 이외의 연료로 변경한 경우에는 『설치검사기준』 설치장소, 보일러 설치, 운전성능 및 『열사용기자재 검사기준』 제2장만을 검사하여 적합하여야 한다.
③ 『계속사용 검사기준』 검사의 특례를 적용한다.

6. 설치장소변경 검사기준

6-1 검사의 신청 및 준비

(1) 검사의 신청

관리규칙 제40조의 규정에 따른다.

(2) 검사의 준비

① 『보일러 설치·시공기준』의 검사를 실시할 수 있도록 단계적으로『설치검사기준』 검사의 준비 및 『계속사용 검사기준』 검사의 준비의 해당항목을 준비하여야 한다.
② 정전, 단수, 화재, 천재지변 등 부득이한 사정으로 검사를 실시할 수 없는 경우에는 재신청 없이 다시 검사를 받을 수 있다.

6-2 검 사

(1) 수압 및 가스누설시험

① 수압시험 : 시험압력은 최고 사용압력으로 하며, 시험방법은 『설치검사기준』 수압시험방법의 규정에 따른다.
② 가스누설시험 : 시험방법 및 시험대상은 『설치검사기준』 가스누설 시험대상 및 가스누설 시험방법의 규정에 따른다.
③ 판정기준 : 『설치검사기준』 판정기준의 규정에 따른다.

(2) 설치상태 및 운전성능

『설치검사기준』 설치장소 내지 운전성능 및 『계속사용 검사기준』 개방검사의 규정에 적합하여야 한다.

6-3 검사의 특례

① 『계속사용 검사기준』 검사의 특례를 적용한다.
② 『계속사용 검사기준』 개방검사 및 『설치장소 변경검사기준』 수압시험은 설치자가 자체 검사를 실시하고 자체 검사기록서(별지 제5호 서식)를 제출하는 경우에는 생략할 수 있다.

예상문제   제5장 보일러 설치, 검사기준

● 다음 물음의 답을 해당 답란에 답하시오.

1. 보일러를 옥내에 설치할 때 동체 상부로부터 천정, 배관 등 보일러 상부에 있는 구조물까지의 거리는 몇 m 이상이어야 하는가? (단, 소형 보일러 및 주철제 보일러는 제외한다.)

[해답] 1.2m 이상
[참고] 소형 보일러 및 주철제 보일러 : 0.6m 이상

2. 보일러 설치시공기준 상 보일러를 옥내에 설치하는 경우 보일러 및 보일러의 금속제 연도 등으로부터 몇 m 이내에 있는 가연성 물체에 대하여는 불연성 재료로 피복하여야 하는가?

[해답] 0.3m

3. 다음은 보일러를 옥내에 설치하는 경우의 기준이다. ( ) 안에 알맞은 숫자 및 용어를 쓰시오.   [제39회]

> 연료를 저장할 때에는 보일러 외측으로부터 (①)m 이상 거리를 두거나 (②)을(를) 설치하여야 한다. 다만, 소형 보일러의 경우에는 (③)m 이상 거리를 두거나 반격벽으로 할 수 있다.

[해답] ① 2   ② 방화격벽   ③ 1

4. 다음은 보일러 설치기준에서 배관의 고정 방법에 관한 내용이다. ( ) 안에 알맞은 숫자를 쓰시오.   [제36회]

> 배관은 움직이지 아니하도록 고정 부착하는 조치를 하되 그 관 지름이 13mm 미만의 것에는 (①)m마다. 13mm 이상 33mm 미만의 것에는 (②)m마다. 33mm 이상의 것에는 (③)m마다 고정 장치를 설치하여야 한다.

[해답] ① 1   ② 2   ③ 3

5. 보일러 급수 장치는 주펌프 세트 외에 보조 펌프 세트를 갖추어야 하는데 관류 보일러의 경우 전열 면적이 몇 m² 이하이면 보조 펌프를 생략할 수 있는가?

[해답] 100m²
[참고] 급수 장치를 필요로 하는 보일러에는 주펌프(인젝터를 포함) 세트 및 보조 펌프 세트를 갖춘

급수 장치가 있어야 한다. 다만, 전열 면적 12m² 이하의 보일러, 전열 면적 14m² 이하의 가스용 온수 보일러 및 전열 면적 100m² 이하의 관류 보일러에는 보조 펌프를 생략할 수 있다.

6. 다음 ( ) 안에 알맞은 숫자를 쓰시오. [제36회]

> 급수밸브의 크기는 전열 면적 10m² 이하의 보일러에서는 호칭 ( )A 이상의 것이어야 한다.

해답 15

참고 급수밸브 및 체크밸브의 크기는 전열 면적 10m² 이하의 보일러에서는 호칭 15A 이상, 전열 면적 10m²를 초과하는 보일러에서는 호칭 20A 이상이어야 한다.

7. 보일러에 설치하는 급수밸브의 크기는 전열 면적에 따라 다르다. 다음에 해당하는 경우 급수밸브의 크기는 얼마인가? [제38회]
  (1) 전열 면적 10m² 이하 :
  (2) 전열 면적 10m² 초과 :

해답 (1) 호칭 15A 이상   (2) 호칭 20A 이상

8. 어떤 증기 보일러의 전열 면적이 40m²이다. 안전밸브는 몇 개 이상 부착하면 되는가?

해답 1개

참고 안전밸브의 개수
  ① 증기 보일러에는 2개 이상의 안전밸브를 설치하여야 한다. 다만, 전열 면적 50m² 이하의 증기 보일러에서는 1개 이상으로 한다.
  ② 관류 보일러에서 보일러와 압력방출장치와의 사이에 체크밸브를 설치할 경우 압력방출장치는 2개 이상이어야 한다.

9. 다음은 보일러의 안전밸브의 크기에 관한 내용이다. ( ) 안을 채우시오. [제35회]

> 안전밸브의 크기는 호칭 지름 (①)A 이상으로 하여야 하지만, 최고 사용 압력 (②) MPa 이하의 보일러로 전열 면적 (③)m² 이하의 것에는 호칭 지름 (④)A 이상으로 할 수 있다.

해답 ① 25 ② 0.5 ③ 2 ④ 20

참고 호칭 지름 20A 이상으로 할 수 있는 보일러
  ① 최고 사용 압력 0.1MPa 이하의 보일러
  ② 최고 사용 압력 0.5MPa 이하의 보일러로 동체의 안지름이 500mm 이하이며 동체의 길이가 1000mm 이하의 것
  ③ 최고 사용 압력 0.5MPa 이하의 보일러로 전열 면적 2m² 이하의 것
  ④ 최대 증발량 5t/h 이하의 관류 보일러

⑤ 소용량 강철제 보일러, 소용량 주철제 보일러

10. 보일러 설치검사 기준상 안전밸브 및 압력방출장치의 크기는 호칭 지름 25A 이상으로 하여야 하지만 호칭 지름 20A 이상으로 할 수 있는 보일러도 있다. 20A 이상으로 할 수 있는 보일러를 3가지만 쓰시오. [제43회]

해답 ① 최고 사용압력 0.1MPa 이하의 보일러
② 최고 사용압력 0.1MPa 이하의 보일러로 동체의 안지름이 500mm 이하, 동체의 길이가 1000mm 이하의 것
③ 최고 사용압력 0.5MPa 이하의 보일러로 전열 면적 $2m^2$ 이하의 것
④ 최대 증발량이 5톤/h 이하의 관류 보일러
⑤ 소용량 강철제 보일러, 소용량 주철제 보일러

11. 보일러 중에서 안전밸브를 반드시 밀폐식으로 설치해야 하는 것은?

해답 인화성 증기를 발생하는 열매체 보일러
참고 인화성 증기를 발생하는 열매체 보일러에서는 안전밸브를 밀폐식 구조로 하든가 또는 안전밸브로부터의 배기를 보일러실 밖의 안전한 장소에 방출시키도록 한다.

12. 보일러 설치검사 기준에서 몇 도(K) 이하의 온수 발생 보일러에는 방출밸브를 설치하여야 하는가?

해답 393K
참고 온수 발생 보일러(액상식 열매체 보일러 포함)의 방출밸브 : 액상식 열매체 보일러 및 온도 393K(120°C) 이하의 온수 발생 보일러에는 방출밸브를 설치하여야 하며, 그 지름은 20mm 이상으로 하고, 보일러의 압력이 보일러의 최고 사용압력에 그 10%(그 값이 0.035MPa 미만인 경우에는 0.035MPa)를 더한 값을 초과하지 않도록 지름과 개수를 정하여야 한다.

13. 온수 발생 보일러의 전열 면적이 $10m^2$ 미만일 때 방출관의 안지름 크기는 몇 mm 이상인가?

해답 25mm 이상
참고 온수 발생 보일러의 방출관 크기

전열 면적(m^2)	방출관의 안지름(mm)
10 미만	25 이상
10 이상 15 미만	30 이상
15 이상 20 미만	40 이상
20 이상	50 이상

14. 증기 보일러 설치되는 유리 수면계는 몇 개 이상 설치하여야 하는가?

해답 2개 이상

참고 수면계의 개수
① 증기 보일러에는 2개(소용량 및 1종 관류 보일러는 1개) 이상의 유리 수면계를 보일러 내의 수위를 육안으로 확인할 수 있도록 동일한 높이에 나란히 부착하여야 한다. 다만, 단관식 관류 보일러는 제외한다.
② 최고 사용압력 1MPa 이하로서 동체 안지름이 750mm 미만인 경우에 있어서는 수면계 중 1개는 다른 종류의 수면 측정 장치로 할 수 있다.
③ 2개 이상의 원격 지시 수면계를 시설하는 경우에 한하여 유리 수면계를 1개 이상으로 할 수 있다.

15. 다음은 보일러 압력계의 최고 눈금 기준에 대한 사항이다. ( ) 안에 알맞은 숫자를 넣으시오.

> 보일러 압력계의 최고 눈금은 보일러의 최고 사용압력의 (①)배 이하로 하되, (②)배보다 작아서는 안 된다.

해답 ① 3 ② 1.5

16. 다음은 압력계 설치 기준에 관한 내용이다. ( ) 안에 알맞은 숫자를 넣으시오. [제41회]

> 증기 보일러의 압력계 부착 시 압력계와 연결된 증기관은 황동관 또는 동관을 사용하면 안지름 (①)mm 이상, 강관을 사용할 때는 (②)mm 이상이어야 하며, 사이펀 관의 안지름은 (③)mm 이상이어야 한다.

해답 ① 6.5 ② 12.7 ③ 6.5

17. 보일러 압력계에 설치되는 사이펀 관의 최소 지름은 얼마인가? [제35회]

해답 6.5mm 이상

18. 보일러의 압력계에 연결되는 증기관으로 황동관을 사용할 수 없는 증기 온도는 몇 °C 이상일 때인가?

해답 210°C 이상

19. 보일러 설치기준에 의한 온도계를 부착하는 위치를 4개소 쓰시오. [제46회]

해답 ① 급수 입구의 급수 온도계　　② 버너 급유 입구의 급유 온도계

③ 절탄기, 공기 예열기의 입출구 온도계 ④ 보일러 본체 배기가스 온도계
⑤ 과열기, 재열기의 출구 온도계 ⑥ 유량계를 통과하는 온도를 측정할 수 있는 온도계

20. 보일러에 온도계를 부착하는 위치를 3개소 쓰시오. (단, 절탄기, 공기 예열기, 과열기가 없는 경우이다.) [제38회]

해답 ① 급수 입구의 급수 온도계 ② 버너 입구의 급유 온도계 ③ 보일러 본체 배기가스 온도계

21. 강철제 또는 주철제 보일러의 용량이 몇 ton/h 이상이면 각종 유량계를 설치해야 하는가?

해답 1톤/h 이상
참고 유량계 : 용량 1톤/h 이상의 보일러에는 다음의 유량계를 설치하여야 한다.
① 급수관에는 적당한 위치에 KS B 5336(고압용 수량계) 또는 이와 동등 이상의 성능을 가진 수량계를 설치하여야 한다. 다만, 온수 발생 보일러는 제외한다.
② 기름용 보일러에는 연료의 사용량을 측정할 수 있는 KS B 5328(오일 미터) 또는 이와 동등 이상의 성능을 가진 유량계를 설치하여야 한다. 다만, 2t/h 미만의 보일러로서 온수 발생 보일러 및 난방 전용 보일러에는 CO_2 측정장치로 대신할 수 있다.
③ 기름용 보일러에는 연료의 사용량을 측정할 수 있는 KS B 5328(오일 미터) 또는 이와 동등 이상의 성능을 가진 유량계를 설치하여야 한다. 다만, 2t/h 미만의 보일러로서 온수 발생 보일러 및 난방 전용 보일러에는 CO_2 측정장치로 대신할 수 있다.
④ 가스용 보일러에는 가스 사용량을 측정할 수 있는 유량계를 설치하여야 한다.

22. 다음 ( ) 안에 알맞은 용어 또는 숫자를 넣으시오.

공기 유량 자동조절 기능은 가스용 보일러 및 용량 (①)톤/h, 난방 전용은 (②)톤/h 이상인 유류 보일러에는 (③)에 따라 (④)을(를) 자동조절하는 기능이 있어야 한다. 이때 보일러 용량이 MW로 표시되어 있을 때에는 (⑤)MW를 1톤/h로 환산한다.

해답 ① 5 ② 10 ③ 공급 연료량 ④ 연소용 공기 ⑤ 0.6978
참고 0.6978MW = 600000kcal/h

23. 다음 조건의 강철제 보일러에서 수압 시험 압력을 구하시오. [제44회, 제36회]

최고 사용 압력	수압 시험 압력
0.43MPa 이하	①
0.43MPa 초과 1.5MPa 이하	②
1.5MPa 초과	③

해답 ① 최고 사용압력의 2배 ② 최고 사용압력의 1.3배에 0.3MPa을 더한 압력
③ 최고 사용압력의 1.5배

[참고] 수압 시험 압력
(1) 강철제 보일러
   ① 보일러의 최고 사용압력이 0.43MPa 이하일 때에는 그 최고 사용압력의 2배의 압력으로 한다. 다만, 그 시험압력이 0.2MPa 미만인 경우에는 0.2MPa로 한다.
   ② 보일러의 최고 사용압력이 0.43MPa 초과 1.5MPa 이하일 때에는 그 최고 사용압력의 1.3배에 0.3MPa를 더한 압력으로 한다.
   ③ 보일러의 최고 사용압력이 1.5MPa를 초과할 때에는 그 최고 사용압력의 1.5배의 압력으로 한다.
(2) 가스용 온수 보일러 : 강철제인 경우에는 (1)의 ①에서 규정한 압력
(3) 주철제 보일러
   ① 보일러의 최고 사용압력이 0.43MPa 이하일 때는 그 최고 사용압력의 2배의 압력으로 한다. 다만, 시험 압력이 0.2MPa 미만인 경우에는 0.2MPa로 한다.
   ② 보일러의 최고 사용압력이 0.43MPa를 초과할 때는 그 최고 사용압력의 1.3배에 0.3MPa을 더한 압력으로 한다.

24. 보일러 설치 검사기준에 따라 보일러의 운전 성능을 검사하고자 할 때는 보일러가 정격 부하의 운전 상태에서 이상 진동과 이상 소음이 없어야 하며, 각종 계기들의 작동이 정확하고 이상이 없어야 한다. 이때 장착되는 보일러의 계기에는 어떤 것이 있는지 5가지를 쓰시오.

[해답] ① 급수량계 ② 급유량계 ③ 유리 수면계 또는 수면 측정 장치
④ 수위계 또는 압력계 ⑤ 온도계

25. 강철제 보일러의 수압 시험 압력을 구하시오. [제46회]
(1) 최고 사용압력이 0.35MPa인 보일러 :
(2) 최고 사용압력이 0.6MPa인 보일러 :
(3) 최고 사용압력이 1.8MPaMPa인 보일러 :

[풀이] (1) 수압 시험 압력=최고 사용압력×2배=0.35×2=0.7MPa
(2) 수압 시험 압력=(최고 사용압력×1.3배)+0.3MPa=(0.6×1.3)+0.3=1.08MPa
(3) 수압 시험 압력=최고 사용압력×1.5배=1.8×1.5=2.7MPa
[해답] (1) 0.7MPa (2) 1.08MPa (3) 2.7MPa

26. 다음 내용에 맞게 [보기]에서 골라 ( ) 안을 채우시오.

재열기 및 독립 과열기에 있어서는 안전밸브가 하나인 경우 최고 사용압력 (①), 2개인 경우 하나는 최고 사용압력 (②)이고 다른 하나는 최고 사용압력의 (③) 이하에서 분출하여야 한다. 다만, (④)에 설치하는 안전밸브의 분출 압력은 (⑤)에 설치하는 안전밸브의 설정 압력보다 (⑥) 조정되어야 한다.

[보기] 출구, 이상, 1.03배, 낮게, 천정, 2.03배, 높게, 이하, 입구, 바닥

[해답] ① 이하 ② 이하 ③ 1.03배 ④ 출구 ⑤ 입구 ⑥ 낮게

제3편 작업형 시험

제1장 수험자 유의사항 및 준비사항
제2장 작업형 예상도면 및 조립방법

Chapter 1 수험자 유의사항 및 준비사항

1. 작업형 시험 수험자 유의사항
(시험시간 – 표준시간 : 5시간, 연장시간 : 30분)

1-1 요구사항

지급된 재료를 이용하여 도면과 같이 강관 및 동관의 조립 작업을 하시오.

1-2 수검자 유의사항

① 자기가 지참한 공구와 지정된 시설만을 사용하며, 안전수칙을 준수해야 한다.
② 재료의 재지급은 허용되지 않으며, 도면은 작업이 완료된 후 작품과 동시에 제출한다.
③ 표준시간을 초과하여 연장시간을 사용하는 경우 연장시간 매 10분마다 총득점에서 5점씩 감점한다.
④ 25A 강관 플랜지 이음 시 강관과 플랜지의 접합은 전기용접으로 한다.
⑤ 강관의 나사작업은 검정장의 동력나사절삭기로 가공하는 것이 원칙이며, 검정장 시설이 충분치 못한 경우 또는 수검자가 원하는 경우 수동나사절삭기로 가공할 수 있다.
⑥ 동관의 접합은 가스용접으로 한다.
⑦ 관을 절단할 때는 파이프 커터, 튜브 커터 또는 쇠톱을 사용하여 절단한 후 확공기나 원형 줄로 파이프 내의 거스러미를 제거해야 한다.
⑧ 관 조립 시 관 내부에는 불순물을 완전히 제거하고, 관의 나사부에도 칩(chip) 등을 제거한 후 테프론을 나사부에 감아서 $10 kgf/cm^2$까지 수압에 누설이 되지 않도록 한다.
⑨ 지급된 재료 중 이음쇠 부속품이 불량인 경우에는 교환이 가능하나, 조립 중 무리한 힘을 가하여 파손된 경우에는 교환할 수 없다.

⑩ 다음 사항에 해당하는 작품은 미완성 또는 오작품으로 채점 대상에서 제외한다.
 ㈎ 미완성 작품 : 시험시간(표준시간＋연장시간)을 초과한 작품
 ㈏ 오작품
  ㉮ 도면치수 중 부분치수가 10mm(전체 길이는 가로, 세로 20mm) 이상 차이 나는 작품
  ㉯ 수압시험 시 5kgf/cm^2 미만에서 누수가 되는 작품
  ㉰ 평행도가 30mm 이상 차이 나는 작품
  ㉱ 외관 및 기능도가 극히 불량한 작품
  ㉲ 도면과 상이하게 조립된 작품

2. 작업형 시험 지참 공구 목록표

번호	재 료 명	규 격	단위	수량	비 고
1	걸레	면	g	1	
2	나무 또는 고무망치	300g	EA	1	
3	둥근 줄	중목(250~300mm)	EA	1	
4	몽키 스패너	250~300mm	EA	2	
5	반원 줄	중목(250~300mm)	EA	1	
6	보안경	가스용접용	EA	1	
7	쇠톱	300mm	EA	1	톱날 포함
8	슬래그 해머	소	EA	1	
9	사인펜	흑색	EA	1	
10	와이어 브러시	300mm	EA	1	
11	자(강철 자 또는 줄자)	1000mm	EA	1	KS 규격품
12	전기용접용 장갑	가죽	EA	1	
13	전기용접용 헬멧	전기용접용	EA	1	차광유리 포함
14	직각자	400×600mm	EA	1	
15	튜브 커터	동관 절단용	EA	1	
16	파이프 렌치	300~350mm	EA	1	
17	파이프 리머	20A~40A용	EA	1	
18	파이프 커터	15A~50A	EA	1	
19	평줄	중목(250~300mm)	EA	1	
20	해머(철제)	500g	EA	1	
21	동관 벤더	15A	대	1	지참 희망자에 한함
22	동관 벤더	20A	대	1	지참 희망자에 한함
23	용접기	이동용	대	1	지참 희망자에 한함
24	안전화	작업용	컬레	1	

㈜ ① 동력나사절삭기는 수험장에 비치되어 있습니다. 단, 수험자 본인이 원할 경우 개인장비 사용이 가능합니다.
　② 배관작업 및 전기용접, 가스용접에 필요한 소모품은 본인이 준비하여야 합니다.
　　㈎ 면장갑, 테프론 테이프(시험장에서 지급되나 부족할 수 있음), 유니언 패킹, 배관작업용 지그(jig) 및 기구 등
　③ 공구목록은 변경될 수 있으므로 시험 전에 한국산업인력공단(http://www.q-net.or.kr) "수검자 지참 준비물"을 검색하여 반드시 확인 후 준비하여야 합니다.

3. 작업형 시험 채점표(참고용)

No.	주요 항목	세부 항목	항목별 채점방법				배점	비고
1	치수 정밀도	부분길이 치수 13개소 13개소×2=26점	각 측정개소마다 최대 오차를 측정하여				26	
			오차 (mm)	3 이하	3 초과 5 이하	기타		
			배점	2	1	0		
2	외관	강관의 외관 : 강관 표면의 흠집이나 일그러진 곳의 개소를 점검하여	결함 개소	1개소 이하	2개소	3개소	3개소 이상	3	
			배점	3	2	1	0		
		동관의 외관 : 표면에 공구 등의 흠집이나 일그러진 개소를 점검하여	결함 개소	1개소 이하	2개소	3개소	3개소 이상	3	
			배점	3	2	1	0		
3	조립 상태	강관의 조립 상태 : 잔류 나사산이 없거나 3산 이상인 곳을 점검하여	결함 개소	2개소 이하	3~4 개소	5~6 개소	기타	3	
			배점	3	2	1	0		
		동관의 조립 상태 : 용접부 폭 및 상태를 점검하여	비드 폭이 균일하고 상태가 양호하면 3점, 이음쇠 표면까지 납땜한 자국(덧땜 자국)이 있거나, 상태가 불량한 경우 등 기타 0점				3	
		플랜지 조립 상태 : 용접부 폭 및 상태를 점검하여	비드 폭이 균일하고 상태가 양호하면 3점, 오버랩, 언더컷 현상 등 상태가 불량한 경우 등 기타 0점				3	
4	수압	수압시험	각 단계에서 최소 3분 이상 수압을 건 상태에서 누수 여부를 점검하여				6	
			수압 (kgf/cm²)	10 이상	10미만 8이상	8미만 5이상	5미만		
			배점	6	3	1	0		
5	평행도	평행도 : 작품을 정반 위에 올려놓고 평면도상에서 평행도 오차가 가장 큰 곳을 측정하여	오차 (mm)	10 이하	10 초과 20 이하	20 초과		3	
			배점	3	1	0			

4. 작품 제작에 필요한 지그(jig) 및 기구

4-1 동 C×M 어댑터 용접용 기구

(1) 20A C×M 어댑터 용접 시

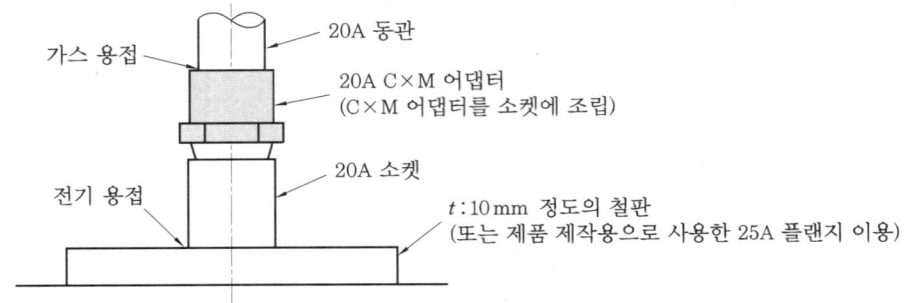

(2) 15A C×M 어댑터 용접 시

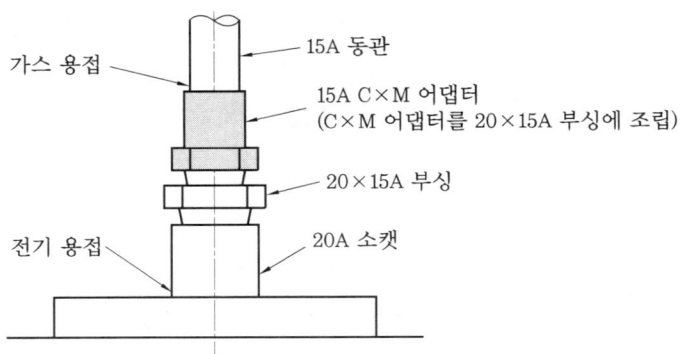

4-2 배관꽂이

배관 수가 15~20개 정도가 되므로 배관이 바뀌면 조립할 때 혼란이 발생하는 것을 방지하고 번호 순으로 나열하여 배관 작업 시간을 단축할 수 있다.

절단한 배관 및 나사 가공한 배관을 이곳에 순서대로 꽂아 놓는다.

4-3 플랜지 용접 지그(jig)

플랜지를 배관을 조립한 후 용접할 때 배관의 위치를 고정시켜 가접을 쉽게 할 수 있도록 한다.

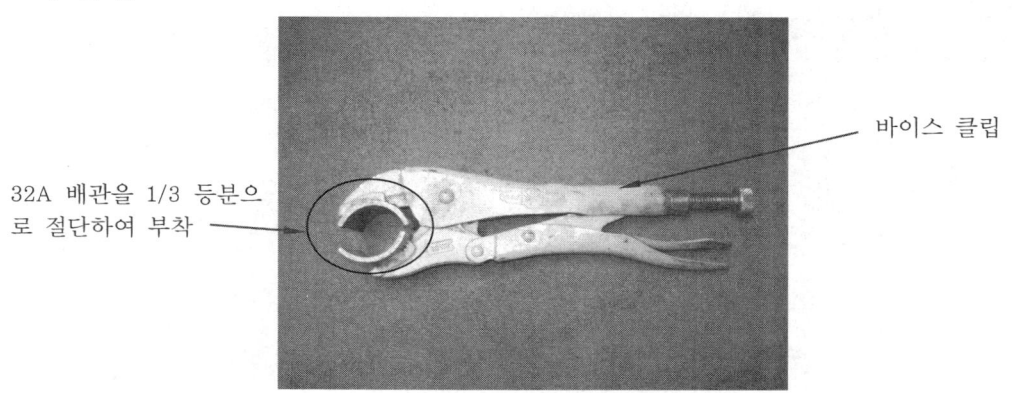

바이스 클립

32A 배관을 1/3 등분으로 절단하여 부착

[사용 방법]

① 플랜지 뒷면의 위치에 고정

② 플랜지를 배관 사이에 끼워 넣어 지그에 얹혀 놓고 조립한다.

③ 반대쪽 플랜지면에 가접을 한다.

4-4 40A 90°용접 엘보용 지그(jig)

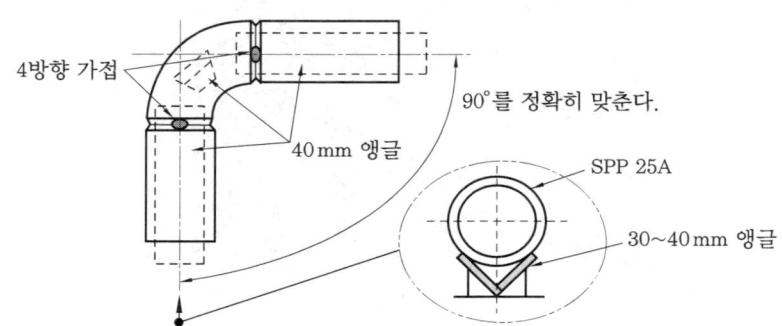

4-5 40A×32A 리듀서 용접용 지그(jig)

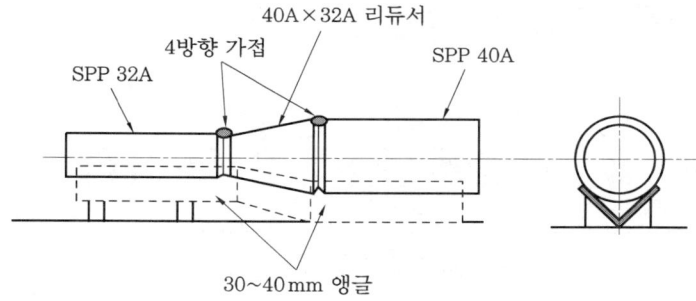

4-6 동관용 벤더

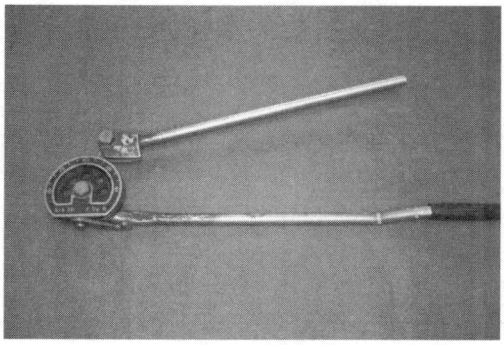

15A 벤더

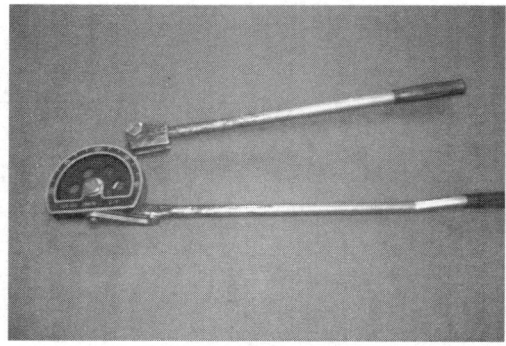

20A 벤더

Chapter 2 작업형 예상도면 및 조립방법

1. 작업형 예상도면 및 제품

국가기술자격 검정 실기시험 [1]					
자격종목	보일러 기능장	작품명	강관 및 동관조립	척도	N.S

1. 시험시간 : 표준시간 – 5시간 00분, 연장시간 – 30분
2. 요구사항 : 지급된 재료를 사용하여 주어진 시간 내에 도면과 같이 강관, 동관을 조립하시오.
3. 도면

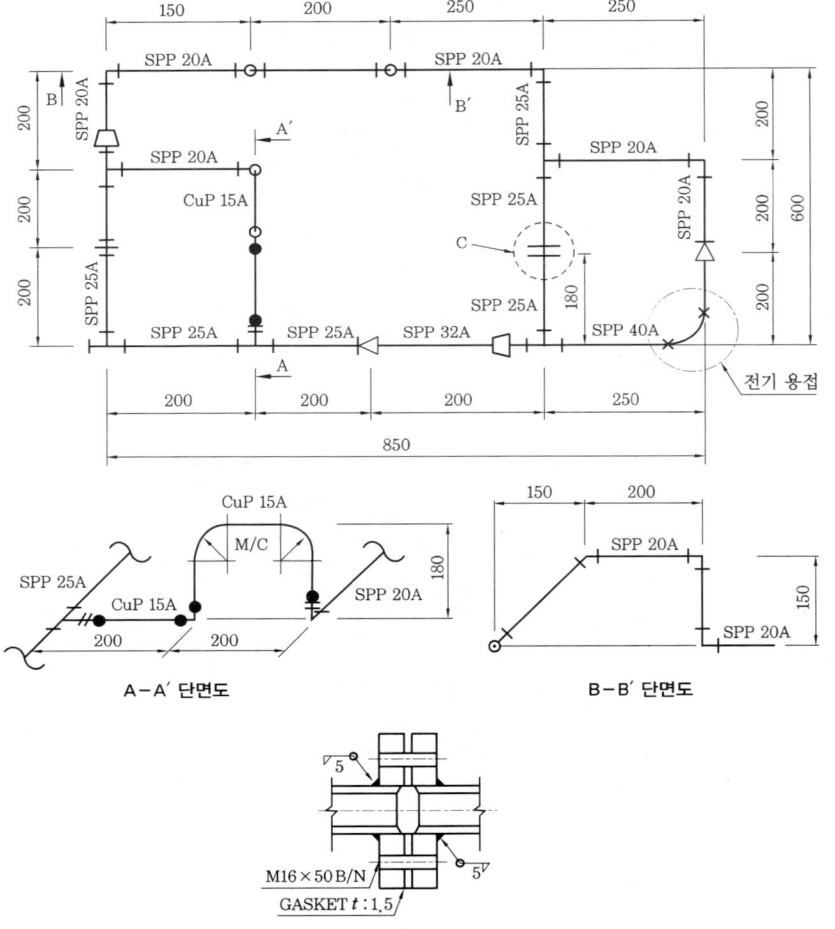

제2장 작업형 예상도면 및 조립방법 **483**

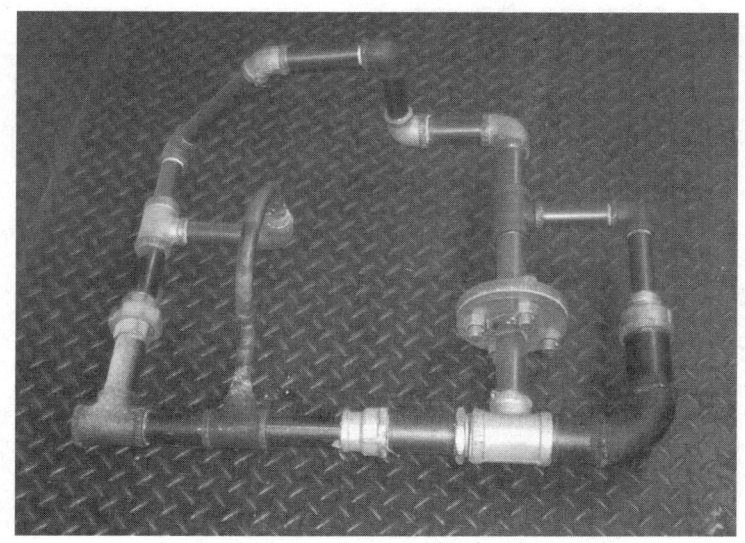

1번 도면 완성 제품

2번 도면 완성 제품

국가기술자격 검정 실기시험 [2]

자격종목	보일러 기능장	작품명	강관 및 동관조립	척도	N.S

1. 시험시간 : 표준시간 – 5시간 00분, 연장시간 – 30분
2. 요구사항 : 지급된 재료를 사용하여 주어진 시간 내에 도면과 같이 강관, 동관을 조립하시오.
3. 도면

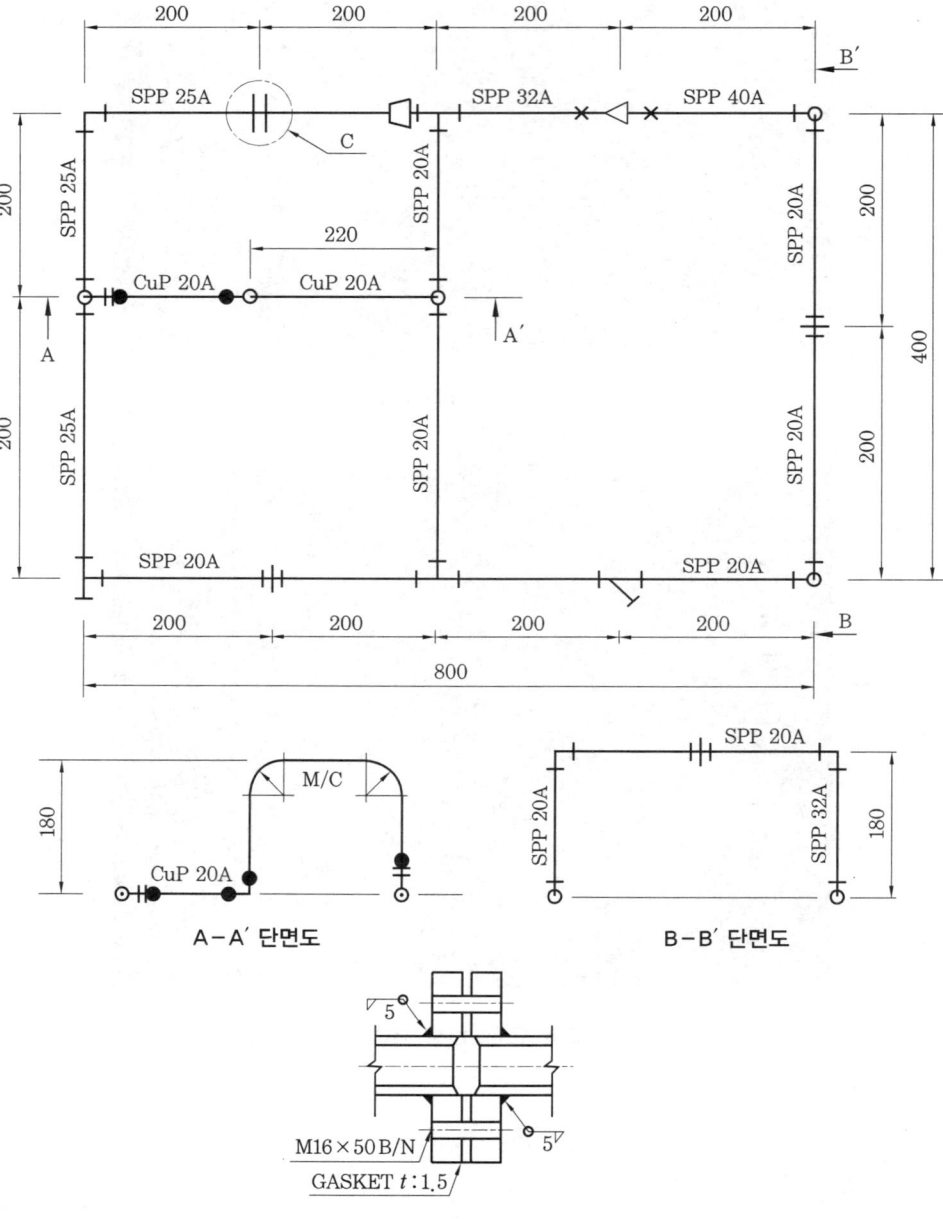

국가기술자격 검정 실기시험 [3]					
자격종목	보일러 기능장	작품명	강관 및 동관조립	척도	N.S

1. 시험시간 : 표준시간 – 5시간 00분, 연장시간 – 30분
2. 요구사항 : 지급된 재료를 사용하여 주어진 시간 내에 도면과 같이 강관, 동관을 조립하시오.
3. 도면

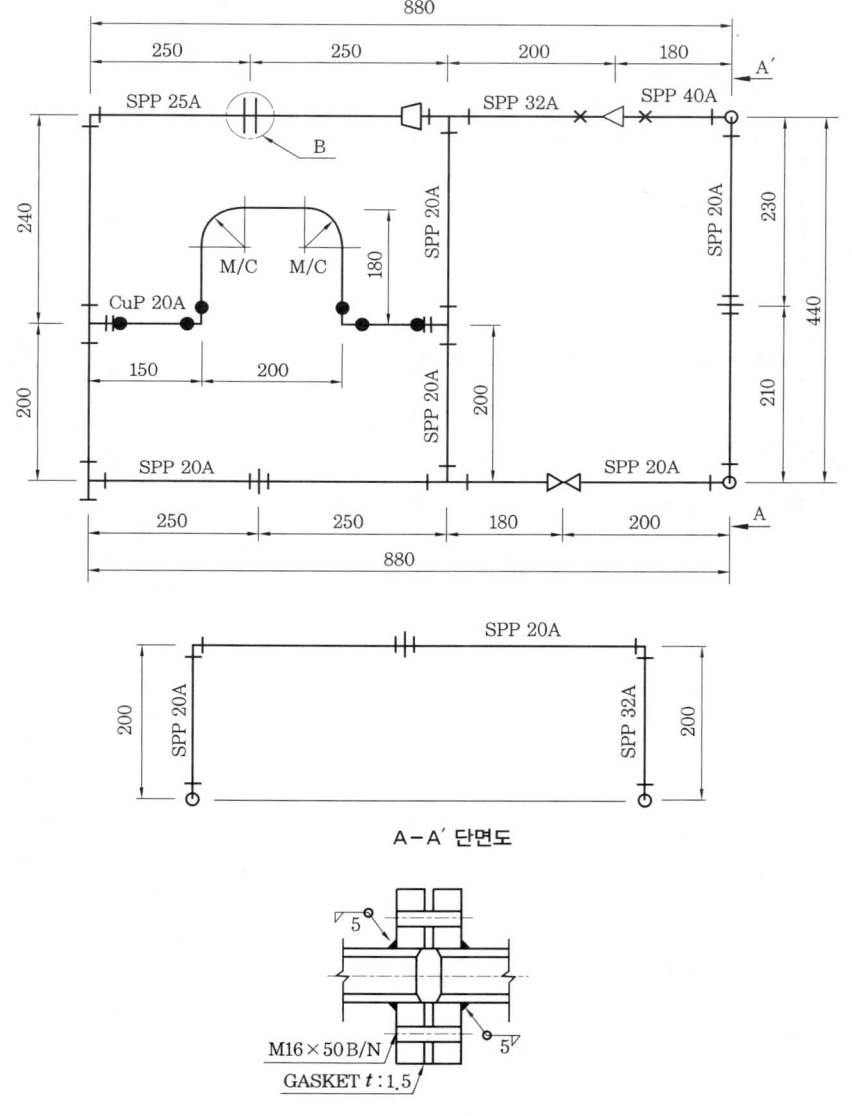

※ 실제로 제품을 만들어 보면 동관 벤딩 부분인 플랜지와 접촉되어 제작이 곤란하므로 동관 부분을 세워서 제작하여야 함(DWG NO 4번 참고)

국가기술자격 검정 실기시험 [3-1]

자격종목	보일러 기능장	작품명	강관 및 동관조립	척도	N.S

1. 시험시간 : 표준시간 - 5시간 00분, 연장시간 - 30분
2. 요구사항 : 지급된 재료를 사용하여 주어진 시간 내에 도면과 같이 강관, 동관을 조립하시오.
3. 도면

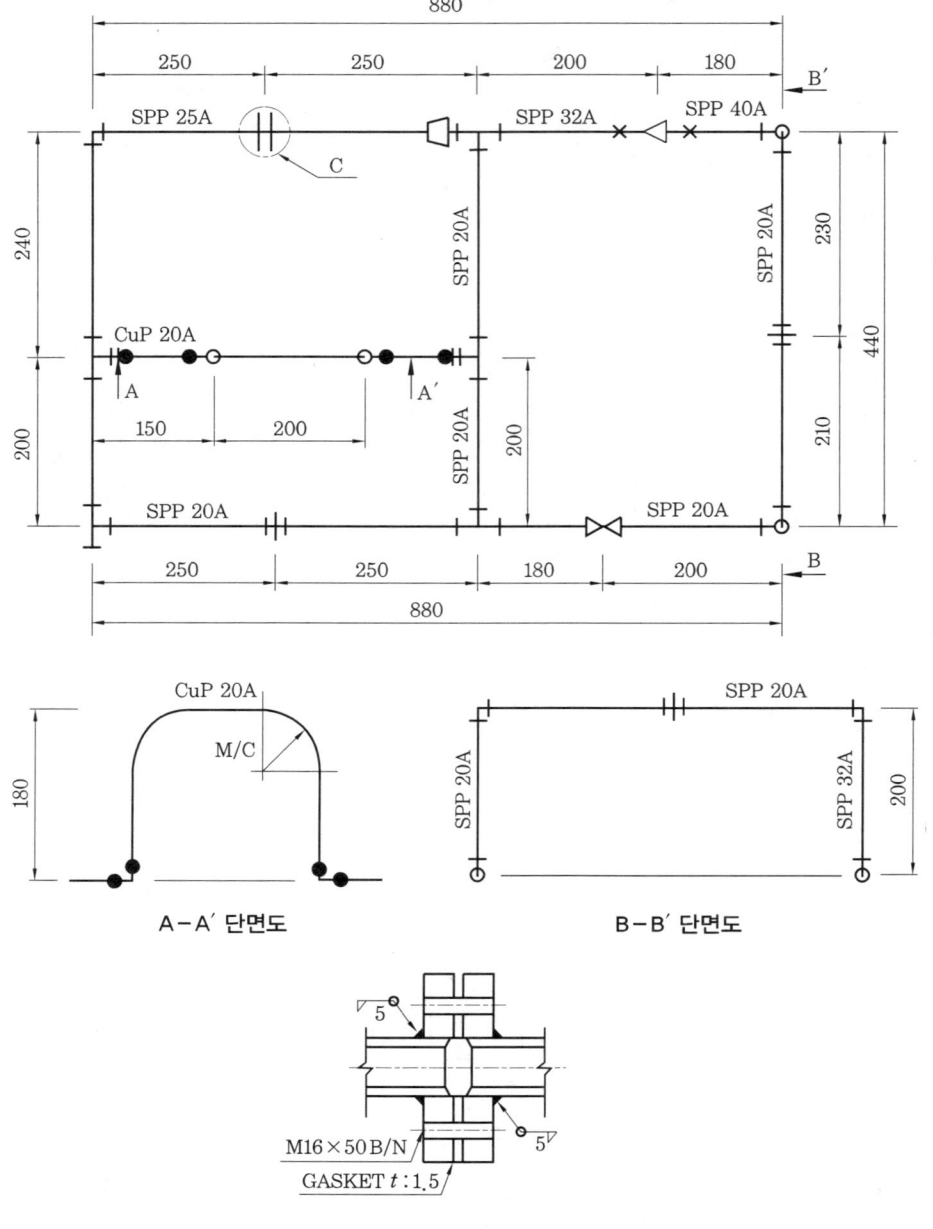

A-A′ 단면도

B-B′ 단면도

"C"부 상세도

국가기술자격 검정 실기시험 [4]

자격종목	보일러 기능장	작품명	강관 및 동관조립	척도	N.S

1. 시험시간 : 표준시간 – 5시간 00분, 연장시간 – 30분
2. 요구사항 : 지급된 재료를 사용하여 주어진 시간 내에 도면과 같이 강관, 동관을 조립하시오.
3. 도면

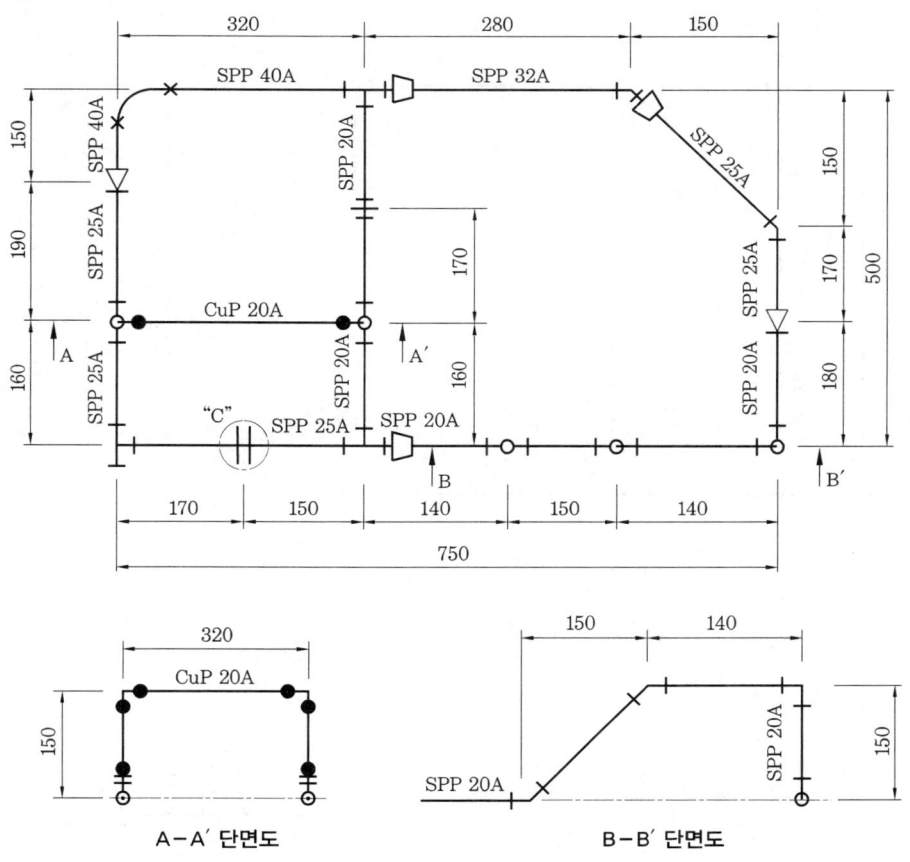

A–A′ 단면도

B–B′ 단면도

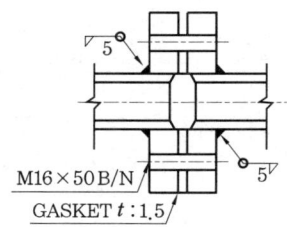

"C" 부 상세도

국가기술자격 검정 실기시험 [5]

자격종목	보일러 기능장	작품명	강관 및 동관조립	척도	N.S

1. 시험시간 : 표준시간 – 5시간 00분, 연장시간 – 30분
2. 요구사항 : 지급된 재료를 사용하여 주어진 시간 내에 도면과 같이 강관, 동관을 조립하시오.
3. 도면

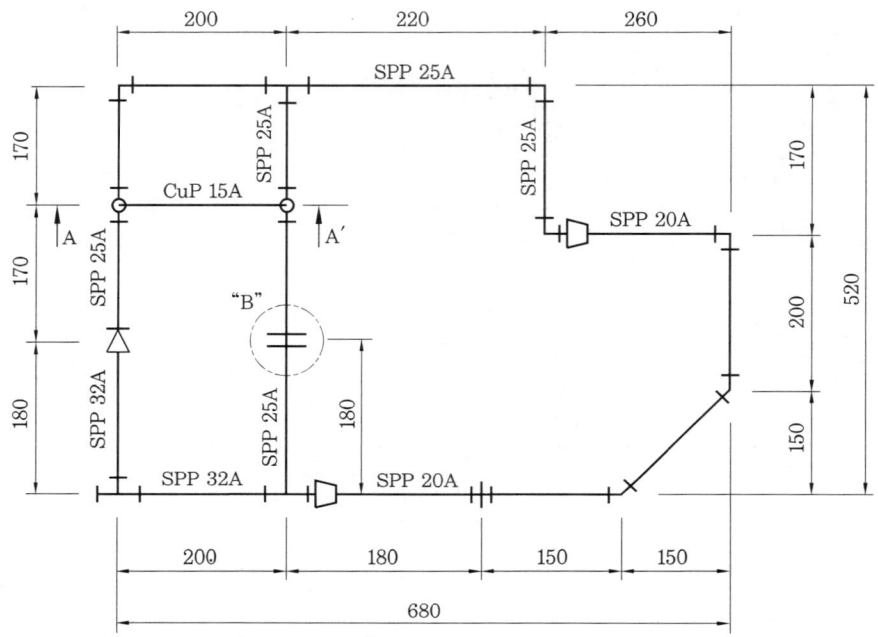

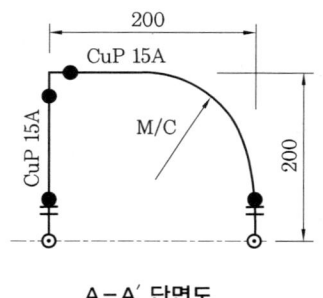

A–A′ 단면도

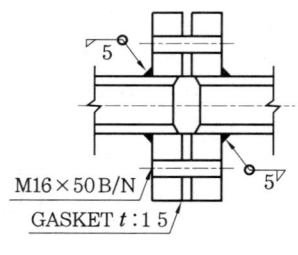

"B" 부 상세도

2. 제품 조립순서

2-1 조립순서

① 부싱을 해당 부속에 조립하여 중심치수를 실측하여 여유치수를 계산한다.
② 밸브류의 실제 길이를 실측하여 여유치수를 계산한다.
③ 용접용 부속류의 실제 길이 또는 중심치수를 실측하여 실제 배관길이를 계산하는 데 적용한다.
④ 각 배관의 실제 길이를 "부속 종류별 치수표"를 이용하여 계산한다.
⑤ 다이헤드형 동력나사절삭기를 이용하여 각 배관을 절단 후 나사를 가공한다. 이때 플랜지에 접합되는 부분 및 용접용 부속에 접합되는 부분은 나사 가공을 하지 않으며, 배관이 바뀌지 않도록 주의한다. (배관꽂이를 이용하여 번호 순서대로 정리하면 됨)
⑥ 바이패스 부분을 조립한다. 이때 가로, 세로의 치수는 정확히 맞추어 조립한다.
⑦ 바이패스 회로에 플랜지 부분을 용접한다.
⑧ 용접용 부속(90° 엘보, 40×32A 리듀서 등)을 용접한다.
⑨ 나머지 배관 부분을 그룹으로 나누어 조립하여 전체를 조립한다.
⑩ 전체 모양을 바로 잡아주고 평행도 및 치수를 확인한다.
⑪ 동관 그룹의 C×M 어댑터를 용접한 후 동관 부분 전체를 가스용접을 하여 완성한다. 이때 동관의 조립은 도면치수보다는 실제 조립된 제품의 치수를 실측하여 여기에 맞게 조립하는 것이 더 쉽게 조립할 수 있음
→ 제품의 모양이나 플랜지, 유니언의 조립부분 위치에 따라 조립순서는 변경될 수 있음

2-2 부속 종류별 치수표

이음재 명칭	호칭	중심 치수	유효 나사부	여유치수 (공간치수)	이음재 명칭	호칭	중심 치수	유효 나사부	여유치수 (공간치수)
90° 엘보, 티	15A	27	11	16	45° 엘보	15A	21	11	10
	20A	32	13	19		20A	25	13	12
	25A	38	15	23		25A	29	15	14
	32A	46	17	29		32A	34	17	17
	40A	48	18	30		40A	37	18	19
이경 90° 엘보, 이경 티	20×15A	29×30	13×11	16×19	리듀서	20×15A	19	13×11	6×8
	25×15A	32×33	15×11	17×22		25×15A	21	15×11	6×10
	25×20A	34×35	15×13	19×22		25×20A	21	15×13	6×8
	32×15A	34×38	17×11	17×27		32×15A	24	17×11	7×13
	32×20A	38×40	17×13	21×27		32×20A	24	17×13	7×11
	32×25A	40×42	17×15	23×27		32×25A	24	17×15	7×9
	40×15A	35×42	18×11	17×31		40×15A	26	18×11	8×15
	40×20A	38×43	18×13	20×30		40×20A	26	18×13	8×13
	40×25A	41×45	18×15	23×30		40×25A	26	18×15	8×11
	40×32A	45×48	18×17	27×31		40×32A	26	18×17	8×9
유니언	15A	22	11	11	소켓	15A	17.5	11	6.5
	20A	25	13	12		20A	20	13	7
	25A	28	15	13		25A	22.5	15	7.5
	32A	31	17	14		32A	25	17	8
	40A	34	18	16		40A	27.5	18	9.5

3. 예상도면 1번 조립순서

3-1 실제 배관길이 계산 방법

(1) 강관의 실제 길이 계산

1번 도면의 평면도를 갖고 투상도로 도시하면 다음 모양과 같다.

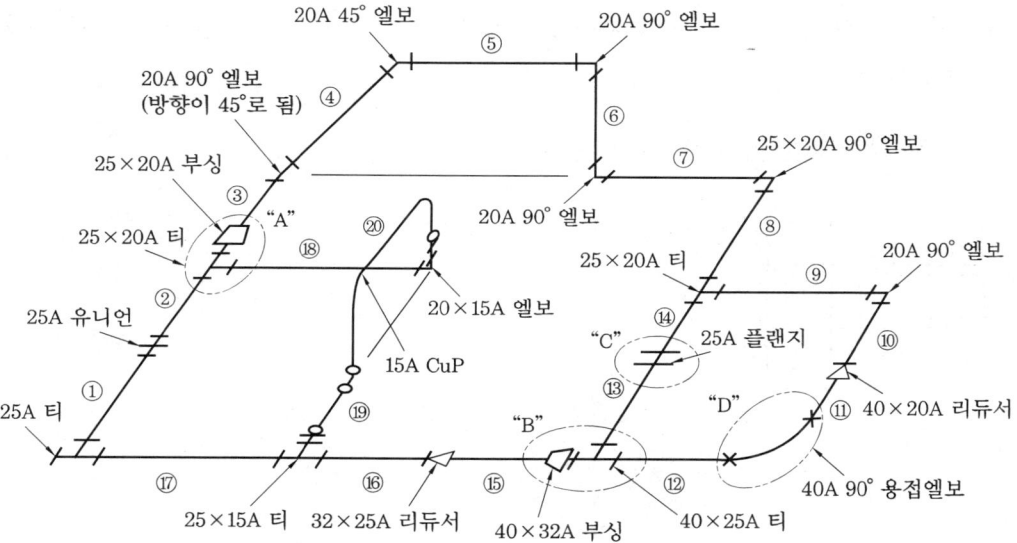

여기서 각 부분의 배관에 일렬 번호를 부여하여 배관이 바뀌지 않도록 한다. 실제 배관길이 계산식 $l = L - 2(A - a)$에서 $(A - a)$는 여유치수(공간치수)이므로 "부속 종류별 치수표"에서 해당되는 부속의 여유치수를 찾아 계산한다.

(2) 실제 배관길이 계산 방법

도면에서 ①번 배관을 예로 들어 설명하면 다음과 같다.

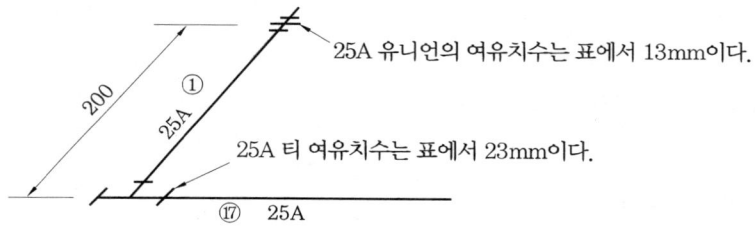

25A 유니언의 여유치수는 표에서 13mm이다.

25A 티 여유치수는 표에서 23mm이다.

$$\therefore l = L - (25A \text{ 티 여유치수} + 25A \text{ 유니언 여유치수}) = 200 - (23 + 13) = 164\text{mm}$$

(3) 부싱이 조립되는 "A", "B" 부분 실제 배관길이 계산 방법

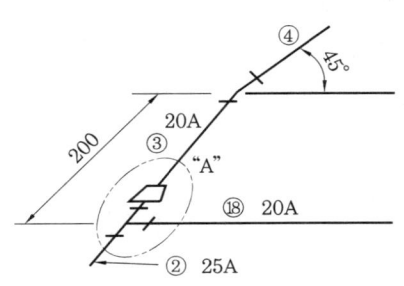

→ "B" 부분도 같은 방법으로 부싱을 조립한 후 중심치수를 구한 후 여유치수를 계산한다.

(4) "C" 부분 플랜지 부분 치수 계산 방법

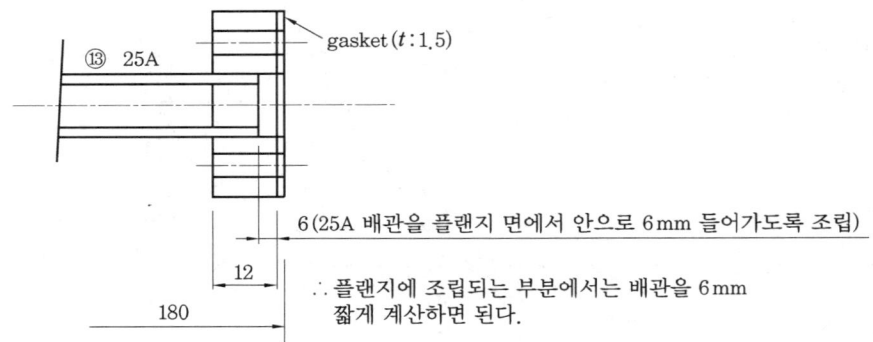

(5) "D" 부분 40A 용접 엘보 치수 계산 방법

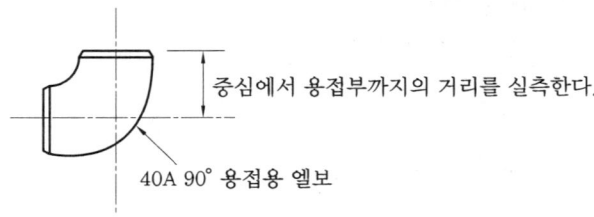

3-2 각 부분 실제 배관길이 계산

① $200 - (23 + 13) = 164$mm   25A
② $200 - (13 + 19) = 168$mm   25A
③ $200 - (31 + 19) = 150$mm   20A → 부싱 조립 후 중심치수를 44mm로 가정

④ 실제 치수 계산 = $150 \times \sqrt{2} = 212.13$mm   ∴ $212.13 - (19 + 12) = 181.13$mm
⑤ $200 - (12 + 19) = 169$mm   20A
⑥ $150 - (19 + 19) = 112$mm   20A
⑦ $250 - (19 + 22) = 209$mm   20A
⑧ $200 - (19 + 19) = 162$mm   25A
⑨ $250 - (22 + 19) = 209$mm   20A
⑩ $200 - (19 + 13) = 168$mm   20A
⑪ $200 - (8 + \triangle) = \triangle\triangle\triangle$mm   40A → 나사 절삭 시 반드시 한쪽만 가공한다.
⑫ $250 - (\triangle + 23) = \triangle\triangle\triangle$mm   40A → 나사 절삭 시 반드시 한쪽만 가공한다.
⑬ $180 - (30 + 6) = 144$mm   25A → 나사 절삭 시 반드시 한쪽만 가공한다.
⑭ $220 - (6 + 19) = 195$mm   25A → 나사 절삭 시 반드시 한쪽만 가공한다.
⑮ $200 - (33 + 7) = 160$mm   32A → 부싱 조립 후 중심치수를 50mm로 가정하여 계산하였으므로 실제로 제품을 조립할 경우 반드시 부싱을 조립하여 실제 치수를 확인하여 계산하여야 한다.
⑯ $200 - (9 + 17) = 174$mm   25A
⑰ $200 - (17 + 23) = 160$mm   25A
⑱ $200 - (22 + 16) = 162$mm   20A
⑲, ⑳ 15A 동관이므로 전체 조립 후 실제 조립치수를 확인하여 마직막으로 조립함

3-3 조립순서

다음 그림과 같이 4개의 그룹으로 나누어 조립을 한다.

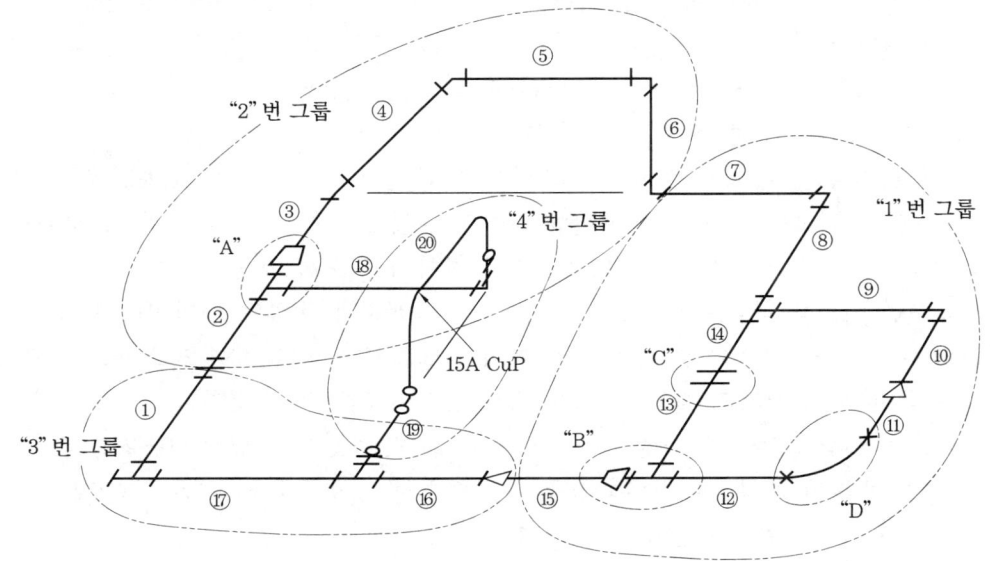

(1) "1"번 그룹 부분조립 방법

① 플랜지를 먼저 용접하여 조립하는 방법 : 플랜지를 그림과 같이 아래 보기 자세로 용접을 먼저 한다.

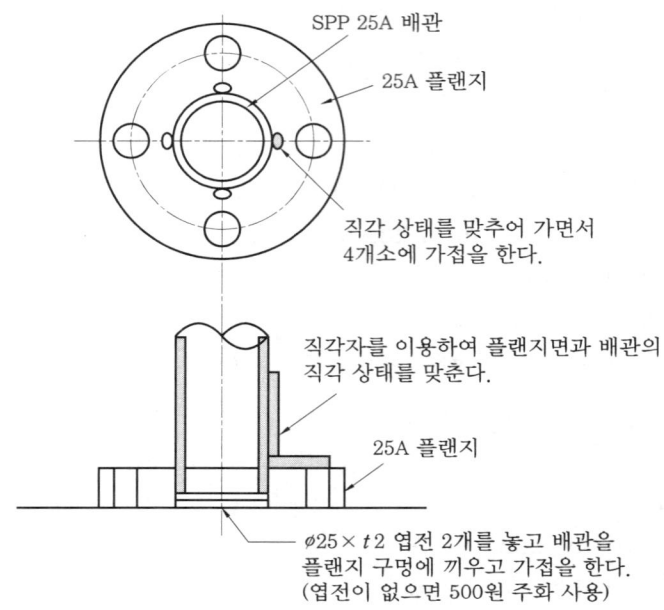

→ 주의할 점 : 용접할 플랜지면과 배관의 직각 상태를 한 방향에서 정확히 맞춘 후 가접을 한 후에 4방향 모두에서 직각 상태를 정확히 맞추어 가접을 한 후 본 용접을 하여야 한다.

(가) 플랜지 용접이 끝나면 40A 용접 엘보에 ⑪번, ⑫번 배관을 취부하여 가접을 한 후 직각자를 이용하여 직각 상태를 확인하여 이상이 없으면 본 용접을 한다.

(나) 용접이 완료되었으면 공기 중에서 냉각되는 동안 ⑦번, ⑧번, ⑨번, ⑩번 배관까지 조립한다. (이때 40×20A 리듀서를 조립하지 않는다.)

(다) ⑪ + ⑫번과 ⑮번 배관을 조립한다.

(라) ⑧번 배관을 파이프 바이스에 고정한 후 플랜지가 용접된 ⑭번 배관을 25×20A 티에 조립한다. 이때 ⑭번 배관에 파이프 렌치로 인한 흠집이 최소한으로 되게끔 주의하며, 플랜지의 볼트 구멍이 12시 방향이 되도록 조립한다.

(마) ⑫번 배관을 파이프 바이스에 고정한 후 플랜지가 용접된 ⑬번 배관을 40×25A 티에 조립한다. 이때 ⑬번 배관에 파이프 렌치로 인한 흠집이 최소한으로 되게끔 주의하며, 플랜지의 볼트 구멍이 12시 방향이 되도록 조립한다.

(바) ⑩번 배관을 파이프 바이스에 고정한 후 ⑪번 배관에 조립된 40×20A 리듀서를 10번 배관에 조립한다. 이때 플랜지는 ⑩번의 나사부에 해당하는 길이만큼 틈을 유지하며, 조립이 되면서 간격이 좁아져 간다.

(사) 조립이 끝나면 플랜지 사이의 틈새에 gasket을 끼어 넣고 볼트, 너트를 이용하여 플랜지를 완전히 조립한다.
(아) "1"번 그룹의 조립이 완성되었다.
→ 특징 : 25A 플랜지 용접을 완벽하게 할 수 있으나 플랜지 볼트 구멍이 맞지 않으면 조립하는 시간이 많이 소요될 가능성이 있고 가로와 세로 부분의 각 부분의 치수가 정확하게 맞지 않으면 조립이 안 될 수 있다.

② 배관 부분을 조립 후 플랜지, 용접 엘보를 용접하는 방법
(가) ⑪번, ⑫번 배관에 40A 용접 엘보를 용접한다. 이때 용접 전에 직각 상태를 확인한 후 용접하여야 한다.
(나) ⑦번, ⑧번, ⑨번, ⑩번, ⑭번 배관을 조립한다. 이때 ⑩번 배관에 40×20A 리듀서는 조립하지 않는다.
(다) ⑪번 배관에 리듀서를 조립하고 ⑫번, ⑬번, ⑮번 배관을 조립한다.
(라) ⑩번 배관을 바이스에 고정한 후 40×20A 리듀서를 ⑩번 배관에 조립한다.
(마) ⑫번 배관 또는 ⑨번 배관을 기준으로 플랜지 용접부까지 치수를 계산하여 위치를 표시한다. (⑫번 배관을 기준으로 치수 계산 방법 : 200 – 플랜지 두께 = 200 – 12 = 188mm)
(바) ⑬번과 ⑭번 배관 사이에 플랜지와 gasket을 넣어 플랜지를 볼트, 너트를 이용하여 조립한다. 이때 볼트, 너트는 양 방향으로 2개만 조립한다.
(사) 용접용 지그를 이용하여 ⑬번 배관에 고정한 후 반대쪽 플랜지면과 ⑭번 배관에 가접을 3개소 이상 한다.
(아) 용접용 지그를 제거한 후 가접을 3개소 이상한 후 ⑬번, ⑭번 나사 조립부에 용접 열영향을 받지 않도록 물걸레를 이용하여 감싸준 후 본 용접을 한다. (플랜지 gasket은 석면 제품이므로 용접 열영향을 받을 우려는 없음)
(자) 용접부가 냉각이 되면 플랜지 부분을 완전히 조립하여 준다.
→ 특징 : 조립하는 시간을 단축할 수 있으나 플랜지 용접을 하기 어려운 점이 있다. 가로와 세로 부분의 각 부분의 치수가 정확하게 맞지 않으면 조립시간이 많이 소요될 수 있다.

(2) "2"번 그룹을 조립한다.
(3) "3"번 그룹을 조립한다.
(4) "1"번 그룹 ⑦번 배관을 파이프 바이스에 고정한 후 "2"번 그룹 전체를 조립한다.
(5) "1"번 그룹 ⑮번 배관을 파이프 바이스에 고정한 후 "3"번 그룹 전체를 조립한 후 유니언을 조립한다.
(6) 배관이 조립된 부분 전체 모양과 균형을 보정하고 치수를 확인한다.

(7) "4"번 그룹 동관 부분을 조립 방법

① ⑲번 동관을 절단하여(절단 길이는 도면에서 주어진 치수에서 20~30mm 정도 짧게 절단한다.) C×M 어댑터 지그를 이용하여 15A C×M 어댑터에 가스용접으로 절단한 동관을 용접한다.

② ⑳번 동관을 15A 동관용 벤더를 이용하여 벤딩(bending)한다.

③ ⑱번 배관에 조립된 20×15A 엘보에 15A C×M 어댑터를 조립하여 동관치수를 계산하여 ⑳번 동관을 절단한 후 15A C×M 어댑터를 분리한 후에 가스용접을 한다.

④ 용접이 완료된 ⑳번 동관을 20×15A 엘보에, ⑲번 동관은 25×15A 티에 조립한 후 치수를 확인하여 절단한다.

⑤ ⑲번과 ⑳번 동관에 동 엘보를 조립한 후 가스용접을 한다. 이때 ⑲번, ⑳번 어댑터 조립부분에 열영향을 받아 테프론이 녹을 수 있으므로 물에 적신 걸레(또는 물에 적신 면장갑)를 이용하여 ⑲번, ⑳번 어댑터 부분에 와이어를 이용하여 떨어지지 않도록 단단히 묶어 준다.

(8) 전체 모양과 균형을 다시 한 번 보정하여 주고 치수를 확인한 후 제출한다.

4. 예상도면 2번 조립순서

4-1 실제 배관길이 계산 방법

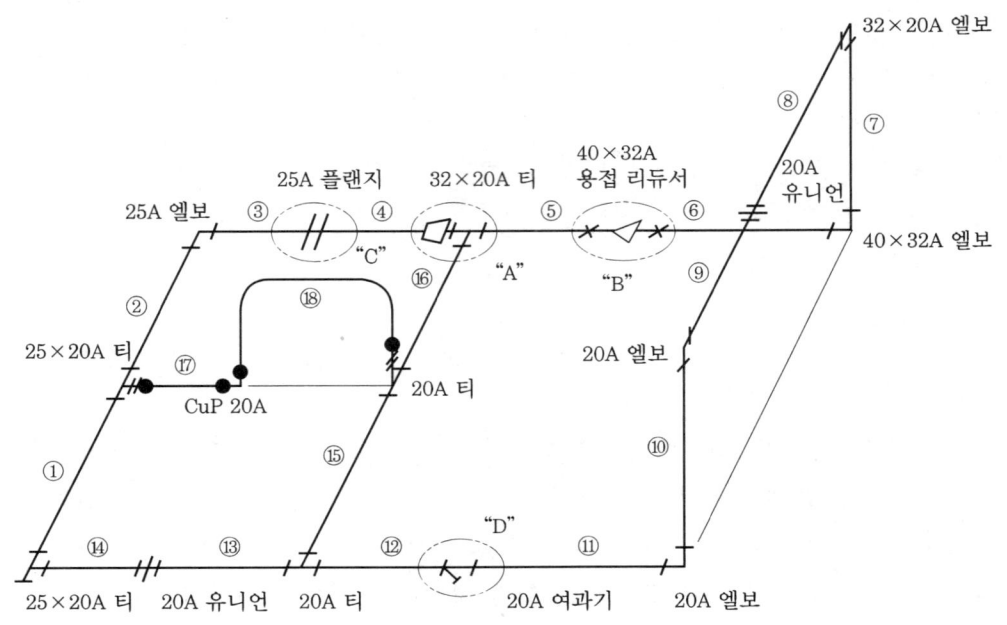

(1) "A" 부분 길이 계산

32×20A 티에 32×25A 부싱을 조립하여 중심치수를 확인하여 여유치수(공간치수)를 계산한다.

(2) "B" 부분 길이 확인

40×32A 용접 리듀서 전체 길이를 확인하여 1/2에 해당하는 길이를 ⑤번과 ⑥번 배관 치수 계산 시 적용한다.

(3) "C" 부분 플랜지 부분치수 계산

도면치수에서 플랜지에 접합되는 배관을 6mm 짧게 계산한다.

(4) "D" 부분 길이 확인

20A 여과기(strainer) 전체 길이를 확인하여 여유치수를 다음과 계산한다.

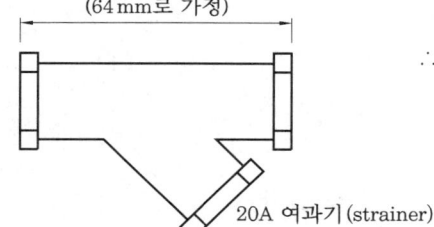

$$\therefore 여유치수 = \frac{전체\ 길이}{2} - 유효나사부\ 길이$$
$$= \frac{64}{2} - 13 = 19mm$$

(밸브 종류도 같은 방법으로 계산하면 된다.)

4-2 각 부분 실제 배관길이 계산

① $200 - (19 + 19) = 162mm$ 25A
② $200 - (19 + 23) = 158mm$ 25A
③ $200 - (23 + 6) = 171mm$ 25A
④ 32×25A 부싱을 조립하여 여유치수가 24mm로 계산된 것으로 가정하여 계산(예상도면 1번 설명 참고)
   $\therefore 200 - \{6 + (24)\} = 170mm$ 25A → 실제 조립 시 치수는 반드시 확인하여 계산하여야 한다.
⑤ $200 - \{29 + (19)\} = 152mm$ 32A → 40×32A 용접 리듀서 실제 길이 확인 후 계산하여야 한다.
⑥ $200 - \{(19) + 27\} = 154mm$ 40A → 40×32A 용접 리듀서 실제 길이 확인 후 계산하여야 한다.

⑦ 180 − (31 + 21) = 128mm   32A
⑧ 200 − (27 + 12) = 161mm   20A
⑨ 200 − (12 + 19) = 169mm   20A
⑩ 180 − (19 + 19) = 142mm   20A
⑪ 200 − {19 + (19)} = 162mm   20A → 20A 여과기(strainer) 전체 길이를 확인하여 여유치수를 계산하여야 한다.
⑫ 200 − {(19) + 19} = 162mm   20A → 20A 여과기(strainer) 전체길이를 확인하여 여유치수를 계산하여야 한다.
⑬ 200 − (19 + 12) = 169mm   20A
⑭ 200 − (12 + 22) = 166mm   20A
⑮ 200 − (19 + 19) = 162mm   20A → 동관이 15A로 주어지면 부속이 20×15A 티를 사용하여야 하므로 치수는 변경될 수 있다.
⑯ 200 − (19 + 27) = 154mm   20A → 동관이 15A로 주어지면 부속이 20×15A 티를 사용하여야 하므로 치수는 변경될 수 있다.
⑰, ⑱ 20A 동관 조립

4-3 조립순서

다음 그림과 같이 4개의 그룹으로 나누어 조립을 한다.

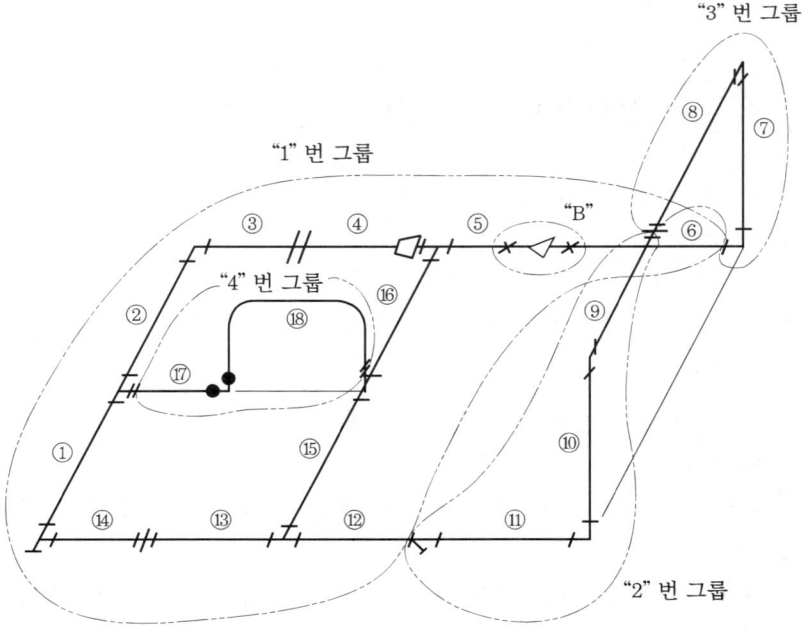

(1) "1"번 그룹 부분조립 방법

① 플랜지를 먼저 용접하여 조립하는 방법 : 예상도면 1번에서 설명한 방법으로 플랜지를 아래 보기 자세로 용접을 한다.
  ㈎ 플랜지 용접을 마친 후 "B" 부분의 40×32A 용접 리듀서에 ⑤번과 ⑥번 배관을 가접을 한 후 본 용접을 한다.
  ㈏ 플랜지와 용접 리듀서가 냉각되는 동안 ①번, ②번, ⑭번 배관을 조립한다.
  ㈐ ⑫번, ⑬번, ⑮번, ⑯번 배관을 조립한다.
  ㈑ 냉각된 용접 리듀서의 ⑤번 배관을 파이프 바이스에 고정시킨 후 ㈐항에서 조립된 배관을 조립한다.
  ㈒ 냉각된 플랜지 사이에 gasket을 넣어 플랜지 부분을 조립한다.
  ㈓ 조립된 ③번 배관을 파이프 바이스에 고정한 후 ㈑항에서 조립된 부분을 ④번 배관에 조립한다.
  ㈔ ④번 배관을 바이스에 고정한 후 ㈏항에서 조립된 부분을 ③번 배관에 조립한다.
  ㈕ 유니언 사이어 패킹을 넣고 유니언 조립을 완료한다.
  → 특징 : 25A 플랜지 용접을 완벽하게 할 수 있으나 가로와 세로 부분의 각 부분의 치수가 정확하게 맞지 않으면 조립이 안 될 수 있다.

② "1"번 그룹 배관을 조립 후 플랜지, 용접 리듀서를 용접하는 방법
  ㈎ ①번, ⑭번, ②번, ③번 배관을 조립한다.
  ㈏ ⑫번, ⑬번, ⑮번, ⑯번, ④번 배관을 조립한다.
  ㈐ ⑬번과 ⑭번 배관 사이의 유니언에 패킹을 넣고 조립한다.
  ㈑ ③번, ④번 배관 사이에 플랜지와 gasket을 넣어 플랜지를 조립한다. 이때 볼트, 너트는 양 방향으로 2개만 조립한다.
  ㈒ ②번 또는 ⑯번 배관을 기준으로 플랜지 위치(치수)를 체크 후 플랜지 용접용 지그를 이용하여 반대쪽 플랜지에 가접을 한다.
  ㈓ 플랜지 용접용 지그를 제거한 후 가접을 한다.
  ㈔ 플랜지 양쪽에 전기용접을 한다. 이때 플랜지와 유니언을 분리하여 용접하면 된다.
  ㈕ 플랜지 용접이 완료되면, "B" 부분의 40×32A 용접 리듀서에 ⑤번과 ⑥번 배관을 가접한 후 본 용접을 한다.
  ㈖ 냉각된 리듀서의 ⑥번 배관을 파이프 바이스에 고정한 후 분리된 "1"번 그룹의 절반을 ⑤번 배관에 조립 후 플랜지와 유니언에 패킹을 넣어 "1"번 그룹의 조립을 완료한다.

(2) "2"번 그룹을 조립한다.

(3) "3"번 그룹을 조립한다.

(4) "1"번 그룹 ⑫번 배관을 파이프 바이스에 고정한 후 "2"번 그룹을 조립한다.

(5) "1"번 그룹 ⑤번을 파이프 바이스에 고정한 후 "3"번 그룹을 조립한 후 유니언 패킹을 넣어 전체 조립을 완료한다.

(6) 배관이 조립된 부분 전체 모양과 균형을 보정하고 치수를 확인한다.

(7) "4"번 그룹 동관 부분 조립 방법

① ⑰번 동관을 절단하여 20A C×M 어댑터에 가스용접으로 용접한다.

② ⑱번 동관을 벤더를 이용하여 벤딩한 후 치수를 확인하여 동관 커터로 절단 후에 20A C×M 어댑터에 가스용접을 한다.

③ ⑱번 동관을 20A 티에 조립(이때 어댑터 반대쪽 동관의 길이가 크면 조립할 때 ⑮번과 ⑯번 배관에 걸리므로 적당한 길이로 절단하여야 함)한 후 ⑰번 동관과 용접되는 부분의 치수를 확인하여 절단한다.

④ ⑰번 동관을 25×20A 티에 조립한 후 치수를 확인하여 절단한다.

⑤ ⑰번과 ⑱번 동관에 동 엘보를 조립 후 가스용접을 한다. 이때 ⑰번, ⑱번 어댑터 조립 부분에 열영향을 받아 테프론이 녹을 수 있으므로 물에 적신 걸레(또는 물에 적신 면장갑)를 이용하여 ⑰번, ⑱번 동관 어댑터 부분에 와이어를 이용하여 떨어지지 않도록 묶어 준다.

(8) 전체 모양과 균형을 다시 한 번 보정하여 주고, 치수를 확인한 후 제출한다.

5. 예상도면 3번 조립순서

예상도면 2번과 같은 방법으로 배관치수를 계산하여, 조립순서와 같은 방법으로 조립하면 된다.

6. 예상도면 4번 조립순서

6-1 실제 배관길이 계산 방법

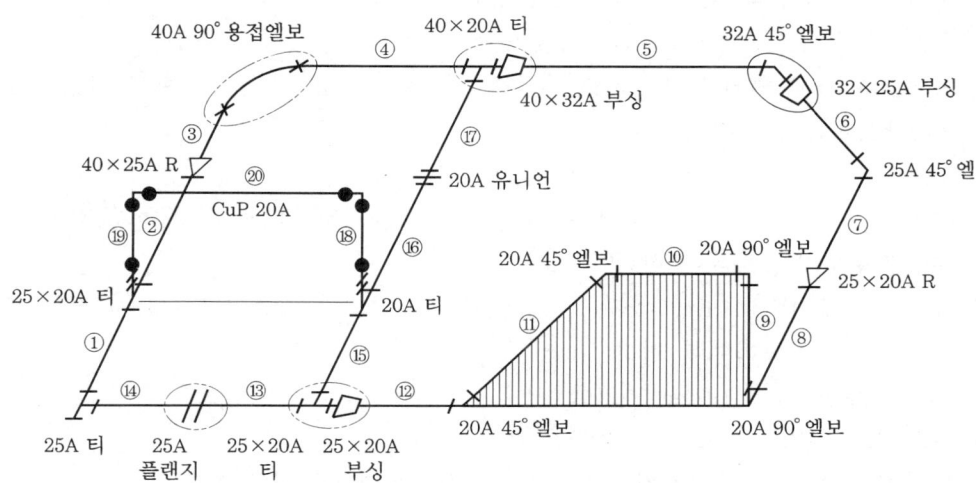

→ 40A 90° 용접 엘보, 40×20A 티, 25×20A 티, 32A 45° 엘보, 25A 플랜지 등은 앞서 설명한 방법으로 조립 및 실제 치수를 확인하여 여유치수를 계산한다.

6-2 각 부분 실제 배관길이 계산

① $160 - (23 + 19) = 118$mm   25A

② $190 - (19 + 8) = 163$mm   25A

③ $150 - (11 + \triangle) = \triangle\triangle\triangle$mm   40A → 나사 절삭 시 반드시 한쪽만 가공한다.

④ $320 - (\triangle + 20) = \triangle\triangle\triangle$mm   40A → 나사 절삭 시 반드시 한쪽만 가공한다.

⑤ 40×20A 티에 부싱을 조립하여 여유치수가 32mm로 계산된 것으로 가정하여 계산(예상도면 1번 설명 참고)

∴ $280 - \{(32) + 17\} = 231$mm   32A → 실제 조립 시 치수는 반드시 확인하여 계산하여야 한다.

⑥ 32A 45° 엘보에 부싱을 조립하여 여유치수가 30mm로 계산된 것으로 가정하여 계산(예상도면 1번 설명 참고)하고, 45°로 엘보가 조립된 부분이므로 빗변의 치수를 계산하여야 한다.

실제 치수 계산 $= 150 \times \sqrt{2} = 212.13$mm

∴ $212.13 - \{(30) + 14\} = 168.13$mm

⑦ $170-(14+6)=150$mm   25A
⑧ $180-(8+19)=153$mm   20A
⑨ $150-(19+19)=112$mm   20A
⑩ $140-(19+12)=109$mm   20A
⑪ 실제 치수 계산 $=150\times\sqrt{2}=212.13$mm
  ∴ $212.13-(12+12)=188.13$mm   20A
⑫ 25×20A 티에 부싱을 조립하여 여유치수가 30mm로 계산된 것으로 가정하여 계산(예상도면 1번 설명 참고)
  ∴ $140-\{12+(30)\}=98$mm   20A
⑬ $150-(19+6)=125$mm   25A → 플랜지가 용접되는 배관이므로 나사 절삭 시 반드시 한쪽만 가공하여야 한다.
⑭ $170-(6+23)=141$mm   25A → 플랜지가 용접되는 배관이므로 나사 절삭 시 반드시 한쪽만 가공하여야 한다.
⑮ $160-(22+19)=119$mm   20A
⑯ $170-(19+12)=139$mm   20A
⑰ 도면에서 치수가 주어지지 않았으므로 치수를 계산하여야 한다.
  17번 치수 = 세로 전체 치수 − (⑮ + ⑯) = $500-(160+170)=170$
  ∴ $170-(12+30)=128$mm   20A
⑱, ⑲, ⑳ 20A 동관 조립

6-3 조립순서

다음 그림과 같이 4개의 그룹으로 나누어 조립을 한다.

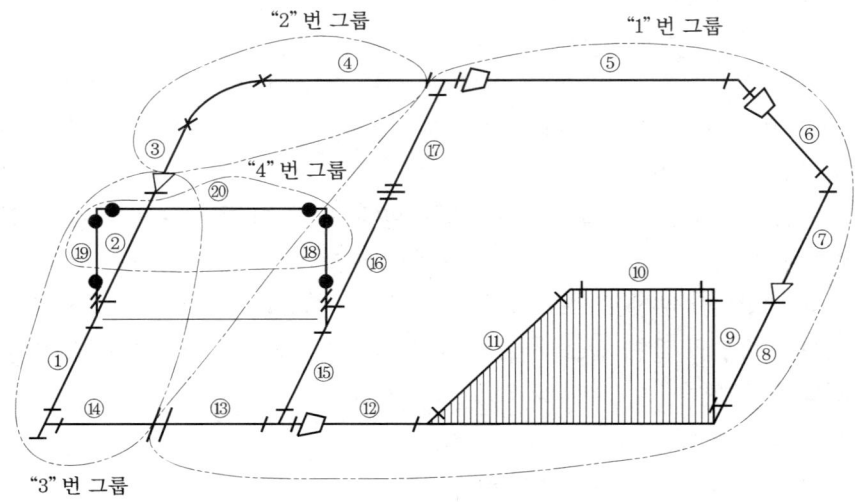

(1) 그룹별 부분조립 방법

① "1"번 그룹 부분조립 방법
  ㈎ ⑤번, ⑥번, ⑰번 배관을 조립한다. ⑥번 배관에는 25A 45° 엘보까지 조립한다.
  ㈏ ⑦번, ⑧번, ⑨번, ⑩번, ⑫번, ⑬번, ⑮번, ⑯번 배관을 조립한다. ⑮번과 ⑯번에 조립되는 20A 티는 수직 방향을 정확히 맞추어 조립한다. (남은 20A 배관에 나사를 가공하여 티에 가조립한 상태로 수직을 맞추면 정확히 조립할 수 있음)
  ㈐ ⑦번 배관을 파이프 바이스에 고정한 후 ㈎항에서 조립된 배관을 조립한다.
  ㈑ ⑯번과 ⑰번 사이의 유니언에 패킹을 넣은 후 유니언 조립을 완료한다.
② "2"번 그룹의 ③번과 ④번 사이에 40A 90° 용접 엘보를 용접한다.
③ "3"번 그룹의 ①번, ②번, ⑭번을 조립한다. 이때 ②번 배관에 40×25A 리듀서를 조립한다.
④ ③번을 파이프 바이스에 고정한 후 "3"번 그룹을 조립한다.
⑤ ⑤번 배관을 파이프 바이스에 고정한 후 "2"번 그룹과 "3"번 그룹이 조립된 전체를 조립한다.
⑥ ⑬번과 ⑭번 배관 사이에 플랜지와 gasket을 넣은 후 볼트, 너트로 플랜지를 조립한다. 이때 볼트, 너트는 양 방향 2개만 조립한다.
⑦ ①번 또는 ⑮번 배관을 기준으로 플랜지 위치(치수)를 체크 후 플랜지 용접용 지그를 이용하여 반대쪽 플랜지에 가접을 한다.
⑧ 플랜지 용접용 지그를 제거한 후 가접을 한다.
⑨ 플랜지 양쪽 면에 전기용접을 한다.
⑩ "4"번 그룹 동관 부분조립 방법
  ㈎ ⑱번, ⑲번 동관을 절단하여 20A C×M 어댑터에 가스용접으로 용접한다.
  ㈏ ⑳번 동관 양쪽에 동 엘보를 용접한다. 이때 ⑳번 치수는 도면치수보다 조립된 치수를 실측하여 이 치수로 맞춘다.
  ㈐ ⑱번과 ⑲번을 25×20A 티와 20A 티에 조립한 후 치수를 계산하여 각각 동관을 절단한다.
  ㈑ 용접을 마친 ⑳번 동관을 ⑱번, ⑲번 동관에 조립한 후 동 엘보를 용접한다. 이때 ⑱번, ⑲번 어댑터 조립 부분에 열영향을 받아 테프론이 녹을 수 있으므로 물에 적신 걸레(또는 물에 적신 면장갑)를 이용하여 ⑱번, ⑲번 동관 어댑터 부분에 와이어를 이용하여 떨어지지 않도록 묶어 준다.
  ㈒ 전체 모양과 균형을 다시 한 번 보정하여 주고, 치수를 확인한 후 제출한다.

(2) 플랜지와 용접 엘보를 먼저 용접하여 조립하는 방법

예상도면 1번에서 설명한 방법으로 플랜지를 아래 보기 자세로 용접을 하고, 40A 90° 엘보도 용접을 완료한 후 냉각되는 시간 동안 다음 순서로 작업을 한다.

① "1"번 그룹 부분조립 방법
　(가) ⑤번, ⑥번, ⑰번 배관을 조립한다. ⑥번 배관에는 25A 45° 엘보까지 조립한다.
　(나) ⑦번, ⑧번, ⑨번, ⑩번, ⑫번, ⑮번, ⑯번 배관을 조립한다. ⑮번과 ⑯번에 조립되는 20A 티는 수직 방향을 정확히 맞추어 조립한다. (남은 20A 배관에 나사를 가공하여 티에 가조립한 상태로 수직을 맞추면 정확히 조립할 수 있음)
　(다) ⑦번 배관을 파이프 바이스에 고정한 후 (가)항에서 조립된 배관을 조립한다.
　(라) ⑯번과 ⑰번 사이의 유니언에 패킹을 넣은 후 유니언 조립을 완료한다.
② "2"번 그룹의 ③번과 ④번 사이에 40A 90° 용접 엘보를 용접한다.
③ "3"번 그룹 부분조립 방법 : ⑬번 배관을 "3"번 그룹에 포함하여야 함
　(가) 냉각된 ⑬번과 ⑭번의 플랜지를 조립한다. 이때 볼트, 너트는 양 방향 2개만 조립한다.
　(나) ①번, ②번 배관을 조립한다. 이때 ②번 배관에 40×25A 리듀서를 조립하고 25A 티를 기준으로 25×20A 티의 수직 방향을 정확히 맞추어 조립한다.
　(다) 조립된 플랜지의 ⑬번 배관을 파이프 바이스에 고정한 후 (나)항에서 조립된 배관을 ⑭번 배관에 조립한다.
　(라) ⑭번 배관을 파이프 바이스에 고정한 후 ⑬번 배관에 "1"번 그룹 전체를 조립한다.
　(마) ⑬번 배관을 파이프 바이스에 고정한 후 플랜지의 볼트, 너트를 풀어 ⑭번 배관을 분리한다.
④ "2"번 그룹의 ③번 배관을 파이프 바이스에 고정한 후 "3"번 그룹을 조립한다.
⑤ "1"번 그룹의 ⑤번 배관을 파이프 바이스에 고정한 후 ④번 배관을 40×20A 티에 조립한다.
⑥ 25A 플랜지 사이에 gasket을 넣은 후 볼트, 너트를 이용하여 플랜지 조립을 완료한다.
⑦ 배관이 조립된 부분 전체 모양과 균형을 보정하고 치수를 확인한다.
⑧ "4"번 그룹 동관 부분 조립 방법
　(가) ⑱번, ⑲번 동관을 절단하여 20A C×M 어댑터에 가스용접으로 용접한다.
　(나) ⑳번 동관 양쪽에 동 엘보를 용접한다. 이때 ⑳번 치수는 도면치수보다 조립된 치수를 실측하여 이 치수로 맞춘다.
　(다) ⑱번과 ⑲번을 25×20A 티와 20A 티에 조립한 후 치수를 계산하여 각각 동관을 절단한다.
　(라) 용접을 마친 ⑳번 동관을 ⑱번, ⑲번 동관에 조립한 후 동 엘보를 용접한다. 이때 ⑱번, ⑲번 어댑터 조립 부분에 열영향을 받아 테프론이 녹을 수 있으므로 물에 적신 걸레(또는 물에 적신 면장갑)를 이용하여 ⑱번, ⑲번 동관 어댑터 부분에 와이어를 이용하여 떨어지지 않도록 묶어 준다.
　(마) 전체 모양과 균형을 다시 한 번 보정하여 주고, 치수를 확인한 후 제출한다.

부록

과년도 출제문제

❖ 과년도 출제문제는 시험응시자의 기억에 의존하여 재구성한 것이므로 실제 출제되었던 문제와 다르게 수록된 문제가 있을 수 있습니다.

▶ 2004년 5월 16일 시행(제35회)

자격종목 및 등급(선택분야)	종목코드	시험시간	문제지형별	수검번호	성 명
보일러기능장	3170	2시간	A		

● 다음 물음의 답을 해당 답란에 답하시오.

1. 다음은 보일러를 실내에 설치하는 기준에 대한 설명이다. ( ) 안에 적당한 용어나 숫자를 쓰시오.
  (1) 보일러 동체 최상부로부터 천장, 배관 등 보일러 상부에 있는 구조물까지의 거리는 (①)m 이상이어야 한다. 다만, 소형 보일러 및 주철제 보일러의 경우에는 (②)m 이상이어야 한다.
  (2) 보일러 및 보일러에 부설된 금속제의 굴뚝 또는 연도의 외측으로부터 가연성 물체와는 (③)m 이상 떨어져야 한다.
  (3) 연료를 저장할 때는 보일러 외측으로부터 (④)m 이상 거리를 두거나 (⑤)을 (를) 설치하여야 한다.

해답 (1) ① 1.2 ② 0.6 (2) ③ 0.3 (3) ④ 2 ⑤ 방화격벽

2. 다음 [보기]와 같은 조건의 중유 보일러에서 오일 프리히터 용량(kW·h)을 계산하시오.

  - 연료 소비량 : 120kg
  - 오일 프리히터 입구 온도 : 40°C
  - 오일 프리히터 효율 : 75%
  - 오일 프리히터 출구 온도 : 85°C
  - 연료의 평균 비열 : 0.45kcal/kg·°C

풀이 $kW \cdot h = \dfrac{G_f \cdot C_f \cdot \Delta t}{860\eta} = \dfrac{120 \times 0.45 \times (85-40)}{860 \times 0.75} = 3.767 ≒ 3.77 kW \cdot h$

해답 3.77kW·h

3. 보일러 및 각 부속기기에 발생하는 부식 종류에 대한 다음 물음에 답하시오.
  (1) 내부 부식의 종류 3가지를 각각 쓰시오.
  (2) 외부 부식의 종류 2가지를 각각 쓰시오.

해답 (1) ① 점식 ② 국부 부식 ③ 전면 부식 ④ 구상 부식(grooving) ⑤ 알칼리 부식
  (2) ① 고온 부식 ② 저온 부식

4. 증기 감압 밸브를 설치 시공할 때 필요한 장치 5가지를 쓰시오. (단, 이음쇠 종류는 제외한다.)

해답 ① 감압 밸브 ② 스트레이너 ③ 안전밸브 ④ 압력계 ⑤ 게이트 밸브 ⑥ 글로브 밸브

5. 보일러의 증발 압력이 5kgf/cm²이고, 급수 온도가 60°C일 때 증발 계수를 구하시오. (단, 1시간당 증발량 2000kg, 발생 증기 엔탈피 642.1kcal/kg이다.)

풀이 증발 계수 $= \dfrac{h_2 - h_1}{539} = \dfrac{642.1 - 60}{539} = 1.079 ≒ 1.08$

해답 1.08

참고 증발 계수 : 상당 증발량을 실제 증발량으로 나눈 값이다.

$\therefore$ 증발 계수 $= \dfrac{G_e}{G_a} = \dfrac{h_2 - h_1}{539}$

6. 보일러 급수에 있어 pH 농도에 따라 산성, 알칼리성으로 구분된다.
 (1) 산성은 pH 값으로 얼마인가?
 (2) 알칼리성은 pH 값으로 얼마인가?
 (3) 보일러 급수는 어떠한 액성을 사용하는가? (산성, 알칼리성으로 답하시오.)

해답 (1) pH 7 이하 (2) pH 7 이상 (3) 알칼리성

7. 보일러 압력계에 설치되는 사이펀관의 최소 지름은 얼마인가?

해답 6.5mm

8. 증기 방열기의 전 방열 면적이 450m²이고, 급탕량이 600L/h일 때 사용하여 할 주철제 보일러의 정격 출력(kcal/h)을 구하시오. (단, 급수 온도 10°C, 출탕 온도 70°C, 배관 부하(α) 25%, 보일러 예열 부하(β) 1.40, 출력 저하 계수(κ) 0.75이고, 방열기의 방열량은 650kcal/m²·h이다.)

풀이 $H_m = \dfrac{(H_1 + H_2) \cdot (1+\alpha) \times \beta}{\kappa} = \dfrac{\{450 \times 650 + 600 \times 1 \times (70-10)\} \times (1+0.25) \times 1.40}{0.75}$
$= 766500 \text{kcal/h}$

해답 766500kcal/h

9. 화염 검출기에 대한 다음 설명의 ( ) 안에 알맞은 말을 넣으시오.

화염 검출기란 연소실의 화염 상태를 감시하는 장치로서, 그 종류에는 (①), (②), (③) 등이 있으며, 화염의 상태가 고르지 못하거나 화염이 실화되었을 경우 (④) 밸브에 연락하여 연료의 공급을 차단한다.

해답 ① 플레임 아이 ② 플레임 로드 ③ 스택 스위치 ④ 전자

10. 다음은 보일러에 설치되는 장치들이다. 급수에서부터 증기가 통과하는 장치의 순서를 번호로 나열하시오.

[보기] ① 과열 증기 ② 대류 과열기 ③ 복사 과열기 ④ 절탄기
⑤ 증발기 ⑥ 기수 분리기

해답 ④ → ⑤ → ⑥ → ③ → ② → ①

11. 복사난방의 특징을 5가지 쓰시오.

해답 ① 실내 온도 분포가 균등하여 쾌감도가 높다.
② 바닥의 이용도가 높다.
③ 방열기가 필요하지 않다.
④ 방이 개방 상태에서도 난방 효과가 있다.
⑤ 손실 열량이 비교적 적다.
⑥ 공기 대류가 적으므로 바닥면 먼지 상승이 없다.
⑦ 외기 온도 급변에 따른 방열량 조절이 어렵다.
⑧ 초기 시설비가 많이 소요된다.
⑨ 시공, 수리, 방의 모양을 변경하기가 어렵다.
⑩ 고장(누수 등)을 발견하기가 어렵다.
⑪ 열 손실을 차단하기 위한 단열층이 필요하다.

12. 액체 연료의 성분이 C 80%, H 10%, O 5%, S 5%이었다. 이 연료를 연소시키는 데 실제 공기량이 13Nm³/kg이라면 공기비는 얼마인가?

풀이 ① 이론 공기량 계산

$$A_0 = \frac{O_0}{0.21} = \frac{1.867C + 5.6\left(H - \frac{O}{8}\right) + 0.7S}{0.21} = \frac{1.867 \times 0.8 + 5.6 \times \left(0.1 - \frac{0.05}{8}\right) + 0.7 \times 0.05}{0.21}$$

$= 9.779 ≒ 9.78 \text{Nm}^3/\text{kg}$

② 공기비 계산

$$m = \frac{A}{A_0} = \frac{13}{9.78} = 1.329 ≒ 1.33$$

해답 1.33

13. 다음은 보일러의 안전밸브의 크기에 관한 내용이다. ( ) 안을 채우시오.

안전밸브의 크기는 호칭 지름 (①)A 이상으로 하여야 하지만, 최고 사용 압력 (②) MPa 이하의 보일러로 전열 면적 (③)m² 이하의 것에는 호칭 지름 (④)A 이상으로 할 수 있다.

[해답] ① 25 ② 0.5 ③ 2 ④ 20

14. 다음은 보일러 자동 제어에 대한 내용이다. ( ) 안에 알맞은 말을 쓰시오.

> 보일러 자동 제어의 기본 제어 방식은 출력측의 신호를 입력측으로 되돌려 제어량의 값을 (①)와(과) 비교하여 일치시키는 (②) 제어와, 미리 정해진 제어 동작의 순서에 따라 순차적으로 다음 동작이 이루어지도록 되어 있는 (③) 제어가 있다. 또한 제어 결과에 따라 현재 진행 중인 제어 동작을 다음 단계로 옮겨가지 못하도록 차단하는 장치를 (④)이라 한다. 그리고 제어계의 상태를 변화시키는 외적 작용을 (⑤)이라 한다.

[해답] ① 목표값 ② 피드백 ③ 시퀀스 ④ 인터록(interlock) ⑤ 외란

15. 보일러 배기가스를 이용하여 발생된 습증기를 과열 증기로 만드는 과열기가 설치되어 있다. 이 과열기가 다음과 같은 조건일 때 열부하(kcal/h)를 구하시오.

> – 과열기에 사용된 배기가스량 : $5000\text{Nm}^3/\text{h}$
> – 배기가스 비열 : $0.25\text{kcal/Nm}^3 \cdot \text{°C}$
> – 과열기 입구측 배기가스 온도 : 600°C
> – 출구측 배기가스 온도 : 400°C
> – 과열기 효율 : 80%

[풀이] $Q = G \cdot C \cdot \Delta t \cdot \eta = 5000 \times 0.25 \times (600-400) \times 0.8 = 200000 \text{kcal/h}$

[해답] 200000kcal/h

16. 어느 응접실의 난방 부하가 6000kcal/h이고, 온수를 열매체로 하는 3세주 650mm의 주철제 방열기를 설치한다면 섹션 수는 최소한 몇 개가 필요한지 계산하시오. (단, 3세주 650mm의 주철제 방열기 1섹션당 표면적은 0.15m²이다.)

[풀이] $N_w = \dfrac{H_r}{450a} = \dfrac{6000}{450 \times 0.15} = 88.888 ≒ 89$개

[해답] 89개

17. 포스트 퍼지(post purge)에 대하여 설명하시오.

[해답] 보일러 운전이 끝난 후 노 내와 연도에 체류하고 있는 가연성 가스를 배출시키는 작업

18. 1°dH(독일 경도)에 대하여 설명하시오.

해답 수중의 칼슘(Ca)과 마그네슘(Mg) 이온의 양을 산화칼슘(CaO)의 양으로 환산해서 나타내는 것으로 물 100cc 중 CaO가 1mg 포함된 것을 1°dH라고 한다.

19. 물리적 가스 분석기 종류를 5가지 쓰시오.

해답 ① 가스 크로마토그래피   ② 열전도형 CO_2계   ③ 밀도식 CO_2계   ④ 적외선 가스 분석계
⑤ 자기식 O_2계   ⑥ 세라믹 O_2계

20. 증기 트랩을 작동 원리에 따라 3가지로 분류하고 그 종류를 1가지씩 쓰시오.

해답 ① 기계식 트랩 : 버킷식, 플로트식
② 온도 조절식 트랩 : 바이메탈식, 벨로스식
③ 열역학적 트랩 : 오리피스식, 디스크식

참고 작동 원리에 의한 증기 트랩의 분류 및 종류

구 분	작동 원리	종 류
기계식 트랩	증기와 응축수의 비중차 이용 (플로트 또는 버킷의 부력 이용)	상향 버킷식, 하향 버킷식, 레버 플로트식, 자유 플로트식
온도 조절식 트랩	증기와 응축수의 온도차 이용 (금속의 신축성을 이용)	바이메탈식, 벨로스식
열역학적 트랩	증기와 응축수의 열역학적, 유체 역학적 특성차 이용	오리피스식, 디스크식

▶ 2004년 8월 29일 시행(제36회)

자격종목 및 등급(선택분야)	종목코드	시험시간	문제지형별	수검번호	성 명
보일러기능장	3170	2시간	A		

● 다음 물음의 답을 해당 답란에 답하시오.

1. 유류 연소용 보일러에서 공기비가 클 때의 영향을 2가지 쓰시오.

해답 ① 연소실 내의 온도가 낮아진다.
② 배기가스로 인한 손실 열이 증가한다.
③ 연료 소비량이 증가한다.
④ 배기가스 중 질소 화합물(NOx)이 많아져 대기 오염을 초래한다.

2. 동력을 사용하는 파이프 나사 절삭기의 종류를 3가지 쓰시오.

해답 ① 오스터형 ② 호브형 ③ 다이헤드형

3. [보기]는 배관 표시법의 설명이다. 다음 내용을 [보기]와 같은 방법으로 설명하시오.

> [보기] EL+700 : 기준면으로부터 배관 중심부까지 높이가 700mm 상부에 있다.
> (단, EL은 해수면을 기준으로 한 것이다.)

(1) EL TOP+300 :
(2) EL BOP-300 :

해답 (1) 파이프 윗면이 기준면보다 300mm 높게 있다.
(2) 파이프 밑면이 기준면보다 300mm 낮게 있다.

4. 급탕량이 시간당 1500L, 증기 방열기의 전체 방열 면적이 450m², 배관 부하가 30%, 예열 부하가 45%, 급탕 입구 온도 20°C, 출탕 온도 75°C, 출력 저하 계수가 0.69일 경우 이 보일러의 정격 출력(kcal/h)을 계산하시오.

풀이 $H_m = \dfrac{(H_1 + H_2) \cdot (1+\alpha)\beta}{\kappa}$

$= \dfrac{\{450 \times 650 + 1500 \times 1 \times (75-20)\} \times (1+0.3) \times 1.45}{0.69}$

$= 1024456.522 ≒ 1024456.52 \text{kcal/h}$

해답 1024456.52kcal/h

5. 다음은 온수 보일러에 사용되는 자동 제어 장치이다. ( ) 안에 적당한 용어를 쓰시오.

> 콤비네이션 릴레이는 (①)와(과) 아쿠아스탯의 기능을 합친 것으로 로(lo)와 하이(hi)가 있다. 로(lo) 이상에서는 (②)가(이) 계속 작동되고 하이(hi) 이하에서는 (③)가(이) 계속 작동하게 된다. 다만, 소용량 보일러의 순환 펌프는 (④)에 의하여 작동된다.

해답 ① 프로텍터 릴레이 ② 순환 펌프 ③ 버너 ④ 실내 온도 조절기

6. 다음은 보일러 설치 기준에서 배관의 고정 방법에 관한 내용이다. ( ) 안에 알맞은 숫자를 쓰시오.

> 배관은 움직이지 아니하도록 고정 부착하는 조치를 하되 그 관 지름이 13mm 미만의 것에는 (①)m마다, 13mm 이상 33mm 미만의 것에는 (②)m마다, 33mm 이상의 것에는 (③)m마다 고정 장치를 설치하여야 한다.

해답 ① 1 ② 2 ③ 3

7. 보일러 운전 중 수면계에 고장이 발생하면 큰 위험을 초래하게 되는데, 수면계의 중요성을 감안하여 수시로 검사를 하여야 한다. 이때 수면계를 점검해야 할 시기를 5가지 쓰시오.

해답 ① 보일러를 가동하기 전
② 압력이 상승하기 시작할 때
③ 2개의 수면계의 수위에 차이가 발생할 때
④ 수면계의 수위가 의심스러울 때
⑤ 보일러 운전 중에 포밍, 프라이밍 현상이 발생할 때

8. 다음 중 서로 알맞은 용어를 연결하시오.

① 수소 이온 농도 ·　　　　· ⓐ 물속의 현탁한 불순물에 의하여 물이 탁한 정도를 표시한 것

② 경도 ·　　　　· ⓑ 물의 산성, 알칼리성의 정도를 나타내는 지수

③ 탁도 ·　　　　· ⓒ 물속에 녹아 있는 염기성 물질을 중화하는 데 필요한 산의 양을 나타내는 것

④ 알칼리도 ·　　　　· ⓓ 물속에 불순물의 정도를 탄산칼슘($CaCO_3$)으로 환산하여 표시하는 것

해답 ① → ⓑ ② → ⓓ ③ → ⓐ ④ → ⓒ

9. 다음 [보기]에 주어진 수면계 점검 방법을 순서대로 번호를 쓰시오.

[보기] ① 물 콕을 닫고 증기 콕을 열고 통기관을 확인한다.
② 물 콕을 열어 통수관을 확인한다.
③ 물 콕, 증기 콕을 닫고 배수 콕을 연다.
④ 배수 콕을 닫고 증기 콕을 서서히 연다.
⑤ 물 콕을 열어 수면계 수위가 정상으로 올라가는지 확인한다.

해답 ③ → ② → ① → ④ → ⑤

10. 다음 배관 기호를 보고 배관 명칭을 쓰시오.
(1) SPP : (2) SPPS : (3) SPPH :
(4) STHA : (5) STBH :

해답 (1) 배관용 탄소 강관 (2) 압력 배관용 탄소 강관
(3) 고압 배관용 탄소 강관 (4) 보일러 열교환기용 합금 강관
(5) 보일러 열교환기용 탄소 강관

11. 다음은 보일러 열정산 기준에 관한 내용이다. ( ) 안에 적당한 용어를 쓰시오.
(1) 보일러의 열정산은 원칙적으로 (①) 이상에서 실시하며, 기준 온도는 시험 시의 (②)로 하며, 발열량은 원칙적으로 (③)으로 한다.
(2) 보일러의 효율 산정 방식은 (①)과[와] (②)이 있다.

해답 (1) ① 정격 부하 ② 외기 온도 ③ 고위 발열량(총 발열량)
(2) ① 입출열법 ② 열손실법

12. 다음은 강철제 보일러의 수압 시험에 관한 내용이다. ( ) 안에 알맞은 숫자를 쓰시오

최고 사용압력이 0.43MPa 이하일 때는 그 최고 사용압력의 (①)배의 압력으로 하고, 최고 사용압력이 0.43MPa 초과 1.5MPa 이하일 때는 그 최고 사용압력의 (②)배에 0.3MPa를 더한 압력으로 하고, 최고 사용압력이 1.5MPa를 초과할 때에는 그 최고 사용압력의 (③)배의 압력으로 한다.

해답 ① 2 ② 1.3 ③ 1.5

13. 비중이 1.25인 액체를 10m³/s로 3m 높은 곳으로 올릴 때 이 펌프의 동력(kW)을 계산하시오. (단, 펌프의 효율은 70%이다.)

[풀이] $kW = \dfrac{\gamma \cdot Q \cdot H}{102\eta} = \dfrac{1.25 \times 10^3 \times 10 \times 3}{102 \times 0.7} = 525.210 ≒ 525.21 kW$

[해답] 525.21kW

14. 다음 ( ) 안에 알맞은 숫자를 쓰시오.

> 급수밸브의 크기는 전열 면적 $10m^2$ 이하의 보일러에서는 호칭 ( )A 이상의 것이어야 한다.

[해답] 15

[참고] 급수밸브 및 체크밸브의 크기는 전열 면적 $10m^2$ 이하의 보일러에서는 호칭 15A 이상, 전열 면적 $10m^2$를 초과하는 보일러에서는 호칭 20A 이상이어야 한다.

15. 보온재는 온도, 습도, 비중이 증가하면 열전도율이 (①)하고, 보온 능력은 (②)한다. ( ) 안에 알맞은 용어를 쓰시오.

[해답] ① 증가 ② 감소

16. 발열량이 9750kcal/kg인 중유를 시간당 150kg 사용하는 보일러의 효율이 80%일 때 열손실(kcal/h)은 얼마인가?

[풀이] 보일러 효율$(\eta) = \dfrac{유효\ 열}{공급\ 열} = \dfrac{공급\ 열 - 손실\ 열}{공급\ 열}$

∴ 열 손실 = 공급 열 × $(1-\eta)$ = $(150 \times 9750) \times (1-0.8) = 292500 kcal/h$

[해답] 292500kcal/h

17. $20Nm^3$의 CH_4를 이론 공기량으로 연소시킬 때 발생하는 습연소 가스량(Nm^3)을 구하시오.

[풀이] ① 이론 공기량에 의한 메탄(CH_4)의 완전 연소 반응식
$CH_4 + 2O_2 + (N_2) \rightarrow CO_2 + 2H_2O + (N_2)$

② 습연소 가스량 계산
습연소 가스량 = CO_2량 + H_2O량 + N_2량 = $(1+2+2\times 3.76) \times 20 = 210.4 Nm^3$

[해답] $210.4 Nm^3$

18. 전체 보유 수량이 3500L인 온수 보일러에서 25°C의 물을 85°C로 가열하여 난방할 때 온수 팽창량(L)은 얼마인가? (단, 25°C 물의 밀도는 0.98kg/L, 85°C 물의 밀도는 0.965kg/L이다.)

[풀이] $\Delta V = \left(\dfrac{1}{\rho_h} - \dfrac{1}{\rho_c}\right) \times V = \left(\dfrac{1}{0.965} - \dfrac{1}{0.98}\right) \times 3500 = 55.514 ≒ 55.51 L$

해답 55.51L

19. 다음 계장도는 보일러의 연소 제어에 관한 것이다. ①~⑥까지의 명칭과 A, B, C에 흐르는 유체 명칭을 쓰시오.

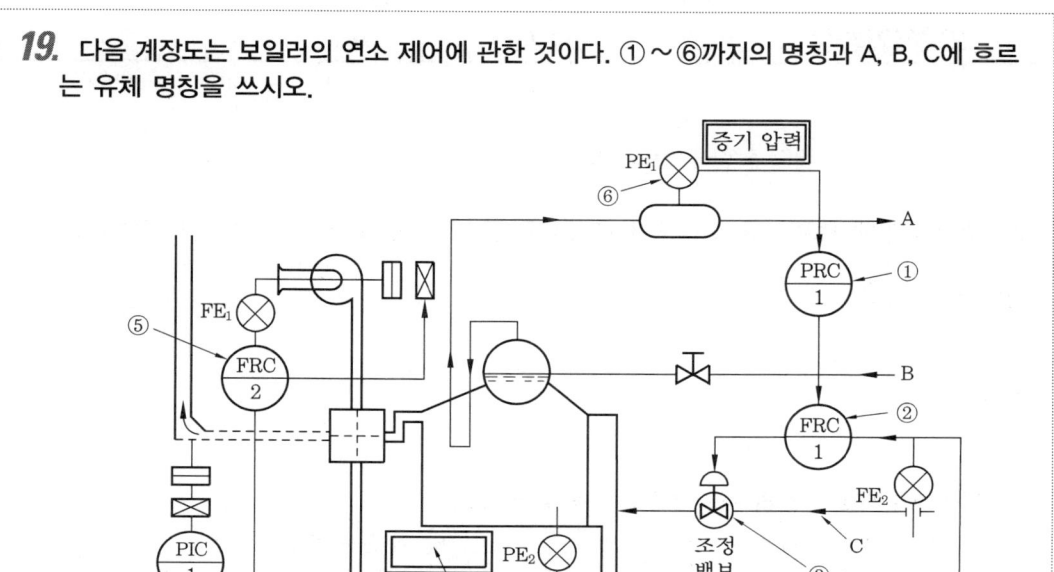

해답 ① 연료 압력 조절기 ② 연료 조절기
③ 연료량을 가감하는 조작부 ④ 통풍력 조절기
⑤ 공기의 유량 조절기 ⑥ 증기압 검출기
  A : 증기 B : 물 C : 연료(중유)

▶ 2005년 5월 22일 시행(제37회)

자격종목 및 등급(선택분야)	종목코드	시험시간	문제지형별
보일러기능장	3170	2시간	A

◉ 다음 물음의 답을 해당 답란에 답하시오.

1. 배관 내부에 흐르는 물의 속도가 14m/s일 때 수두로는 몇 m에 해당하는지 구하시오.

[풀이] $V = \sqrt{2gh}$ 에서

$\therefore h = \dfrac{V^2}{2g} = \dfrac{14^2}{2 \times 9.8} = 10 \text{mH}_2\text{O}$

[해답] $10\text{mH}_2\text{O}$

2. 다음 KS 기호에 정하여진 배관의 명칭을 쓰시오.
  (1) 압력 배관용 탄소 강관 :
  (2) 고압 배관용 탄소 강관 :
  (3) 고온 배관용 탄소 강관 :
  (4) 보일러 열교환기용 탄소 강관 :
  (5) 보일러 열교환기용 스테인리스 강관 :

[해답] (1) SPPS (2) SPPH (3) SPHT (4) STBH (5) STS×TB

3. 급수관에 급수량계를 설치할 때 고장을 대비하여 바이패스관을 설치한다. 이때 필요한 부속품의 명칭과 수량을 쓰시오. (단, 급수량계는 제외한다.)

[해답] ① 게이트 밸브 : 2개 ② 글로브 밸브 : 1개 ③ 스트레이너 : 1개 ④ 엘보 : 2개
   ⑤ 티 : 2개 ⑥ 유니언 : 3개

4. 증기 보일러의 방열기 면적이 300m²이고, 급탕량 500kg/h를 20°C에서 70°C로 가열할 때 소요 연료량(kg/h)을 구하시오. (단, 배관 부하 20%, 시동 부하 25%, 연료의 발열량 10000kcal/kg, 보일러 효율 70%이고, 방열기 방열량은 표준 방열량으로 한다.)

[풀이] 연료 사용량 $= \dfrac{\text{유효하게 사용된 열량}}{\text{연료 발열량} \times \text{효율}}$

$= \dfrac{\{300 \times 650 + 500 \times 1 \times (70-20)\} \times (1+0.2) \times 1.25}{10000 \times 0.7}$

$= 47.142 ≒ 47.14 \text{kg/h}$

[해답] 47.14kg/h

5. 강관의 절단 방법을 5가지 쓰시오.

해답 ① 파이프 커터 ② 쇠톱 ③ 다이헤드형 동력 나사 절삭기 ④ 연삭 절단기
⑤ 기계톱 ⑥ 가스 절단

---

6. 다음은 보일러의 실내 설치 기준에 관한 내용이다. ( ) 안에 알맞은 용어나 숫자를 쓰시오.
(1) 보일러 동체 최상부로부터 천장, 배관 등 보일러 상부에 있는 구조물까지의 거리는 (①)m 이상이어야 한다. 다만, 소형 보일러 및 주철제 보일러의 경우에는 (②)m 이상이어야 한다.
(2) 보일러 및 보일러에 부설된 금속제의 굴뚝 또는 연도의 외측으로부터 가연성 물체와는 (③)m 이상 떨어져야 한다.
(3) 연료를 저장할 때는 보일러 외측으로부터 (④)m 이상 거리를 두거나 (⑤)을(를) 설치하여야 한다.

해답 (1) ① 1.2 ② 0.6 (2) ③ 0.3 (3) ④ 2 ⑤ 방화격벽

---

7. 탄소(C) 10kg을 완전 연소시킬 때 다음 물음에 답하시오.
(1) 이론 산소량을 중량(kg)으로 계산하면 얼마인가?
(2) 이론 산소량을 체적(Nm^3)으로 계산하면 얼마인가?

풀이 (1) 이론 산소량 중량(kg) 계산
$C + O_2 \rightarrow CO_2$
$12kg : 32kg = 10kg : x(O_2)[kg]$
$\therefore O_2[kg] = \dfrac{10 \times 32}{12} = 26.666 \fallingdotseq 26.67kg$

③ 이론 산소량 체적(Nm^3) 계산
$C + O_2 \rightarrow CO_2$
$12kg : 22.4Nm^3 = 10kg : y(O_0)[Nm^3]$
$\therefore O_0[Nm^3] = \dfrac{10 \times 22.4}{12} = 18.666 \fallingdotseq 18.67Nm^3$

해답 (1) 26.67kg (2) 18.67Nm^3

---

8. 증기 계통에 사용하는 플래시 탱크(flash tank)를 설명하시오.

해답 증기 사용 설비에서 스팀 트랩에 의하여 배출된 고압의 응축수나 고온의 보일러 분출(blow)수를 탱크에 회수한 후 재증발 증기를 회수하여 재사용하고 탱크에 남은 저압의 응축수는 배출하는 장치이다.

---

9. 보일러 전열면 과열 원인을 5가지 쓰시오.

해답 ① 이상 감수 현상이 발생하였을 때
② 동 내면에 스케일이 생성되어 전열이 불량한 경우

③ 보일러수가 농축되어 순환이 불량한 때
④ 전열면에 국부적으로 심한 열을 받았을 때
⑤ 연소실 열부하가 지나치게 큰 경우

10. 보일러에 설치하는 급수 밸브의 크기를 설치 기준에 맞게 설명하시오.

[해답] 전열 면적 $10m^2$ 이하의 보일러에서는 호칭 15A 이상, 전열 면적 $10m^2$를 초과하는 보일러에서는 호칭 20A 이상이어야 한다.

11. 원심 송풍기에서 풍량 조절 방법을 3가지 쓰시오.

[해답] ① 회전수 제어에 의한 방법 ② 토출 베인의 각도 조절에 의한 방법
③ 흡입 베인의 각도 조절에 의한 방법 ④ 베인 컨트롤에 의한 방법
⑤ 바이패스에 의한 방법

12. 보일러 건조 보존 시에 흡습제로 사용할 수 있는 물질 종류를 3가지 쓰시오.

[해답] ① 생석회 ② 실리카 겔 ③ 염화칼슘 ④ 활성 알루미나 ⑤ 오산화인

13. 연료의 저위 발열량이 7700kcal/kg이고 배기가스의 비열이 0.35kcal/Nm³·°C, 이론 연소 배기가스량이 22Nm³/kg일 때 이론 연소 온도는 몇 °C인가?

[풀이] $t = \dfrac{H_l}{G \cdot C} = \dfrac{7700}{22 \times 0.35} = 1000°C$

[해답] 1000°C

14. 보일러 급수의 외처리 방법 중 물리적 처리 방법을 3가지 쓰시오.

[해답] ① 여과법 ② 침강법 ③ 기폭법 ④ 탈기법
[참고] 화학적 처리법 : 약제 첨가법, 이온 교환법, 응집법

15. 수관식 보일러 중 관류 보일러의 특징을 4가지 쓰시오.

[해답] ① 전열 면적에 비하여 보유 수량이 적으므로 가동 시간이 짧다.
② 고압 보일러에 적합하다.
③ 관을 자유로이 배치할 수 있어 구조가 콤팩트하다.
④ 완벽한 급수 처리를 요한다.
⑤ 정확한 자동 제어 장치를 설치하여야 한다.
⑥ 순환비가 1이므로 드럼이 필요 없다.

16. 보일러 자동 제어의 종류를 3가지 쓰시오.

해답 ① 자동 연소 제어(ACC) ② 급수 제어(FWC) ③ 증기 온도 제어(STC)

17. 열교환기의 종류를 형태에 따라 3가지를 쓰시오.

해답 ① 셸 앤 튜브(shell and tube)식 열교환기
② 이중관(double pipe)식 열교환기
③ 판(plate)형 열교환기

참고 각 열교환기의 종류
① 셸 앤 튜브(shell and tube)식 열교환기 : 고정관판식, 유동두식, U자관식
② 이중관(double pipe)식 열교환기
③ 판(plate)형 열교환기 : 플레이트(plate and fram)식 열교환기, 플레이트핀(plate and fin)식 열교환기, 스파이럴(spiral plate)형 열교환기

18. 20°C의 물 70kg을 대기압 하에서 100°C 증기로 만들려면 총 소요되는 열량(kcal)은 얼마인가?

풀이 ① 20°C 물 → 100°C 물로 만드는 데 소요된 열량 계산 : 현열량
$Q_1 = G \cdot C \cdot \Delta t = 70 \times 1 \times (100-20) = 5600 \text{kcal}$

② 100°C 물 → 100°C 증기로 만드는 데 소요된 열량 계산 : 잠열량
$Q_2 = G \cdot \gamma = 70 \times 539 = 37730 \text{kcal}$

③ 합계 열량 계산
$Q = Q_1 + Q_2 = 5600 + 37730 = 43330 \text{kcal}$

해답 43330kcal

19. 시간당 350L/h의 중유를 사용하는 보일러에서 배기가스에 의한 손실 열량(kcal/h)을 계산하시오. (단, 중유의 비중은 0.967, 배기가스의 평균 비열은 0.33kcal/m³·°C, 배기가스량 0.377m³/kg, 배기가스 평균 온도 350°C, 실내 온도 25°C, 외기 온도 10°C이다.)

풀이 $Q = G \cdot C \cdot \Delta t = (350 \times 0.967 \times 0.377) \times 0.33 \times (350-10)$
$= 14316.231 ≒ 14316.23 \text{kcal/h}$

해답 14316.23kcal/h

20. 유류용 온수 보일러의 설치 시공 기준에서 설치 검사 항목을 5가지 쓰시오.

해답 ① 수압 시험   ② 보일러의 연소 및 배기 성능 검사
③ 연소 계통의 누설 상태 검사   ④ 온수 순환 시험
⑤ 자동 제어에 의한 작동 검사

▶ 2005년 8월 28일 시행(제38회)

자격종목 및 등급(선택분야)	종목코드	시험시간	문제지형별
보일러기능장	3170	2시간	A

● 다음 물음의 답을 해당 답란에 답하시오.

1. 다음은 보일러 자동 제어에 대한 약호이다. 각각 어떤 제어인지 쓰시오.

(1) ACC :   (2) STC :   (3) FWC :

해답 (1) 자동 연소 제어
(2) 증기 온도 제어
(3) 급수 제어

2. 화학적 가스 분석계의 종류를 3가지 쓰시오.

해답 ① 흡수식 가스 분석기 : 오르사트법, 헴펠법, 게겔법
② 자동 화학식 CO_2계
③ 연소식 O_2계(과잉 공기계)
④ 연소열법(미연소 가스계)

3. 다음은 냉각 레그(cooling leg)에 대한 설명이다. ( ) 안에 알맞은 숫자를 넣으시오.

증기관의 맨 끝을 같은 지름으로 (①)mm 이상 세워 내리고, 다시 하부를 연장하여 (②)mm 이상의 드레인 포켓(drain pocket)을 만들어 준다. 또 고온의 응축수가 트랩을 통과하면 압력 강하에 의해 재증발하여 트랩이 기능 저하하기 때문에 트랩 앞 (③)m 이상 떨어진 곳까지 나관으로 배관하여야 한다.

해답 ① 100 ② 150 ③ 1.5

4. 가용전 설치에 있어 다음 온도에 따른 주석과 납의 합금 비율을 적으시오.

번호	용융 온도	주석(Sn)	납(Pb)
(1)	150°C		
(2)	200°C		
(3)	250°C		

해답 (1) 10 : 3 (2) 3 : 3 (3) 3 : 10

5. 다음은 LNG 및 LPG 성분에 대한 설명이다. ( ) 안에 들어갈 내용을 쓰시오.

> 메탄가스의 액화 온도는 (①)°C이며, 액화천연가스(LNG)의 주성분은 (②)이고, 액화석유가스(LPG)의 주성분은 (③)과 (④)이다.

해답 ① −161.5　② 메탄(CH_4)　③ 프로판(C_3H_8)　④ 부탄(C_4H_{10})

6. 원심 송풍기에서 풍량 조절 방법을 3가지 쓰시오.

해답 ① 회전수 제어에 의한 방법
② 토출 베인의 각도 조절에 의한 방법
③ 흡입 베인의 각도 조절에 의한 방법
④ 베인 컨트롤에 의한 방법
⑤ 바이패스에 의한 방법

7. 보일러에 온도계를 부착하는 위치를 3개소 쓰시오. (단, 절탄기, 공기 예열기, 과열기가 없는 경우이다.)

해답 ① 급수 입구의 급수 온도계
② 버너 입구의 급유 온도계
③ 보일러 본체 배기가스 온도계

8. 다음 내용 중 ( ) 안에 들어갈 알맞은 내용을 쓰시오.

> 배관의 신축으로 인한 배관의 상하, 좌우 이동을 제한하고 구속하는 것을 리스트레인트라 하고 펌프, 압축기 등에서 발생하는 진동을 흡수하여 배관 계통에 전달되는 것을 방지하는 것은 (①)가(이) 하고, 진동 방지는 (②), 배관 내 워터 해머와 진동 해소는 (③)가(이) 한다.

해답 ① 브레이스　② 방진구　③ 완충기

9. 연료 사용량 200kg/h, 연료의 발열량 10000kcal/kg, 시간당 급수 사용량이 30톤이며, 온수 온도는 80°C, 급수 온도는 20°C일 때 온수 보일러의 효율은 몇 %인가?

풀이 $\eta = \dfrac{G_w \cdot C \cdot \Delta t}{G_f \cdot H_l} \times 100 = \dfrac{30 \times 10^3 \times 1 \times (80-20)}{200 \times 10000} \times 100 = 90\%$

해답 90%

10. 다음과 같은 조건의 방열기를 도시 기호로 표시하시오.

- 방열기 쪽수 : 30
- 높이 : 650mm
- 유출관 지름 : 20mm
- 형 : 5세주형
- 유입관 지름 : 25mm

[해답]

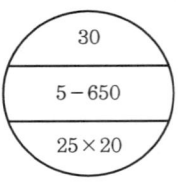

11. 다음 배관 기호의 명칭을 쓰시오.

번호	배관 기호	배관 명칭
(1)	SPPS	
(2)	SPHT	
(3)	SPPH	
(4)	SPP	
(5)	STHA	

[해답] (1) 압력 배관용 탄소 강관
(2) 고온 배관용 탄소 강관
(3) 고압 배관용 탄소 강관
(4) 일반 배관용 탄소 강관
(5) 보일러 열교환기용 합금 강관

12. 다음 피드백 제어 자동 회로에 대한 물음에 알맞은 내용을 [보기]에서 찾아 쓰시오.

[보기]
- 기준 입력   - 제어 대상   - 조절부
- 제어량   - 비교부   - 조작부

(1) 목표치를 기억하고 그것을 신호로 보내는 요소 :
(2) 제어를 행하려는 대상물 :
(3) 제어 동작의 신호를 조작부로 보내는 부분 :
(4) 제어를 하기 위해 제어 대상에 가해지는 량 :
(5) 기준 입력과 주피드백량과의 차이를 구하는 부분 :

[해답] (1) 기준 입력 (2) 제어 대상 (3) 조절부 (4) 제어량 (5) 비교부

13. 보일러에 설치하는 급수 밸브의 크기는 전열 면적에 따라 다르다. 다음에 해당하는 경우 급수 밸브의 크기는 얼마인가?

(1) 전열 면적 $10m^2$ 이하 :
(2) 전열 면적 $10m^2$ 초과 :

[해답] (1) 호칭 15A 이상 (2) 호칭 20A 이상

[참고] 급수 밸브 및 체크 밸브의 크기는 전열 면적 $10m^2$ 이하의 보일러에서는 호칭 15A 이상, 전열 면적 $10m^2$를 초과하는 보일러에서는 호칭 20A 이상이어야 한다.

14. 일일 가동 시간 8시간인 보일러의 관수 농도가 3000ppm, 급수 속의 고형물 30ppm, 시간당 급수량이 1000L, 시간당 응축수 회수량 340L이다. 일일 분출량(kg)은 얼마인가 계산하시오.

[풀이] $X = \dfrac{W(1-R)d}{\gamma - d} = \dfrac{1000 \times 8 \times (1-0.34) \times 30}{3000 - 30} = 53.333 ≒ 53.33 kg/d$

여기서, 응축수 회수율 $R = \dfrac{응축수\ 회수량}{실제\ 증발량(급수량)} = \dfrac{340}{1000} = 0.34$

[해답] 53.33kg/d

15. 증기의 건조도가 0.96일 때 포화 증기 엔탈피가 632kcal/kg, 급수 온도가 22°C인 보일러에서 증발 계수를 계산하시오.

[풀이] 증발 계수 $= \dfrac{G_e}{G_a} = \dfrac{h_2 - h_1}{539} = \dfrac{632 - 22}{539} = 1.131 ≒ 1.13$

[해답] 1.13

16. 보일러 배기가스를 분석한 결과 CO_2 14%, O_2 6%, N_2 80%이었다. 완전 연소라 할 때 공기비는 얼마인가 계산하시오.

[풀이] $m = \dfrac{N_2}{N_2 - 3.76 O_2} = \dfrac{80}{80 - 3.76 \times 6} = 1.392 ≒ 1.39$

[해답] 1.39

17. 다음 [보기]는 동관의 재질별 특성에 따라 분류한 것이다. 물음에 답하시오.

[보기] ① 연질   ② 경질   ③ 반연질

(1) [보기]의 동관 표시 기호를 쓰시오.
(2) 강도 및 경도가 작은 것에서 큰 순서로 쓰시오.

[해답] (1) ① O ② H ③ OL
(2) ① → ③ → ②

18. 보일러 운전 중 연료의 예열 온도가 높을 때 발생할 수 있는 장해를 3가지 쓰시오.

[해답] ① 진동 연소의 원인이 된다.
② 버너 화구에 카본이 축적된다.
③ 불안정한 연소가 된다.
④ 예열기에 탄화물이 축적된다.

19. 다음은 보일러 설치 검사 기준에 따른 수압 시험 방법을 설명한 것이다. ( ) 안에 맞는 숫자를 넣으시오.

> 보일러 수압 시험 시 공기를 빼고 물을 채운 후 천천히 압력을 가하여 규정된 시험 수압에 도달된 후 (①)분 이상 경과된 뒤에 검사를 실시하며, 시험 수압은 규정 압력의 (②)% 이상을 초과하지 않도록 한다.

[해답] ① 30 ② 6

[참고] 수압 시험 방법
① 공기를 빼고 물을 채운 후 천천히 압력을 가하여 규정된 시험 수압에 도달된 후 30분이 경과된 뒤에 검사를 실시하여 검사가 끝날 때까지 그 상태를 유지한다.
② 시험 수압은 규정된 압력의 6% 이상을 초과하지 않도록 모든 경우에 대한 적절한 제어를 마련하여야 한다.
③ 수압 시험 중 또는 시험 후에도 물이 얼지 않도록 하여야 한다.

20. 어느 건물의 벽체 면적이 4×28m이고 벽체의 열 손실 지수 2.9kcal/h·m²·°C이고, 벽체 중에 2.2×3.0m인 유리창이 4개가 포함되어 있으며, 유리창의 열 손실 지수는 5.5kcal/h·m²·°C이다. 실내 온도 18°C, 외기 온도 3°C일 때 벽면 전체를 통하여 손실되는 열량을 구하시오. (단, 방위에 따른 부가 계수는 1.1이다.)

[풀이] ① 벽체를 통한 손실 열량 계산
$Q_1 = K \cdot F \cdot \Delta t \cdot Z = 2.9 \times \{(4 \times 28) - (2.2 \times 3.0) \times 4\} \times (18-3) \times 1.1 = 4095.96 \text{kcal/h}$

② 유리창을 통한 손실 열량 계산
$Q_2 = K_2 \cdot F_2 \cdot \Delta t \cdot Z = 5.5 \times (2.2 \times 3.0 \times 4) \times (18-3) \times 1.1 = 2395.8 \text{kcal/h}$

③ 합계 손실 열량 계산
$Q = Q_1 + Q_2 = 4095.96 + 2395.8 = 6491.76 \text{kcal/h}$

[해답] 6491.76kcal/h

▶ 2006년 5월 21일 시행(제39회)

자격종목 및 등급(선택분야)	종목코드	시험시간	문제지형별	수검번호	성 명
보일러기능장	3170	2시간	A		

● 다음 물음의 답을 해당 답란에 답하시오.

1. 다음과 같은 특징을 갖고 있는 증기 트랩은 무엇인지 명칭을 쓰시오.

> ① 부력을 이용한다.
> ② 응축수를 증기 압력에 의하여 밀어 올릴 수 있다.
> ③ 고압과 중압의 증기관에 적합하다.
> ④ 형식은 상향식과 하향식이 있다.

[해답] 버킷 트랩

2. 동관 작업용 공구를 3가지 쓰시오. (단, 측정 공구는 제외한다.)

[해답] ① 튜브 커터 ② 튜브 벤더 ③ 사이징 툴 ④ 익스팬더 ⑤ 몽키 스패너

3. 보일러 연료로 사용하는 중유를 분석한 결과 수분 0.2%, 탄소 86.4%, 수소 11.2%, 산소 1.0%, 황 1.2%이었다. 중유의 총 발열량이 10200kcal/kg일 때 저위 발열량(kcal/kg)을 계산하시오.

[풀이] $H_l = H_h - 600(9H+W) = 10200 - 600 \times (9 \times 0.112 + 0.002) = 9594$ kcal/kg

[해답] 9594kcal/kg

4. 실내 온도 18°C인 기계실에서 길이 50m, 바깥지름 40mm, 나관의 표면 온도가 70°C인 관에 두께 2cm로 보온 시공을 하였을 때 보온 효율이 80%이었다. 이때의 보온면 열 손실 열량(kcal/h)을 계산하시오. (단, 나관의 표면 열전달률은 20kcal/h·m²·°C이다.)

[풀이] $Q_2 = Q_1 \cdot (1-\eta) = \alpha_1 \cdot F_1 \cdot \Delta t_1 \cdot (1-\eta) = 20 \times \pi \times 0.04 \times 50 \times (70-18) \times (1-0.8)$
= 1306.902 ≒ 1306.90kcal/h

[해답] 1306.9kcal/h

5. 20°C의 급수를 가열하여 시간당 1000kg의 증기를 발생하는 보일러의 연료 소비량이 80kg/h이다. 이 보일러의 효율(%)을 계산하시오. (단, 발생 증기의 엔탈피 662kcal/kg, 연료의 저위 발열량 9800kcal/kg이다.)

[풀이] $\eta = \dfrac{G_a \cdot (h_2 - h_1)}{G_f \cdot H_l} \times 100 = \dfrac{1000 \times (662 - 20)}{80 \times 9800} \times 100 = 81.887 ≒ 81.89\%$

[해답] 81.89%

6. 연소실 용적이 25m³, 전열 면적이 240m²인 보일러를 6시간 가동하였을 때 연료 사용량이 600kg, 사용 연료의 발열량이 5000kcal/kg, 급수 온도 40°C, 발생 증기 엔탈피가 662.4kcal/kg이다. 이때 이 보일러의 연소실 열 발생률(kcal/h·m³)을 구하시오.

[풀이] 연소실 열 발생률 $= \dfrac{G_f \times H_l}{\text{연소실 용적}} = \dfrac{600 \times 5000}{25 \times 6} = 20000 \text{kcal/h} \cdot \text{m}^3$

[해답] 20000kcal/h·m³

7. 원심 펌프에서 프라이밍이란 무엇인지 설명하시오.

[해답] 펌프를 가동하기 전에 케이싱 내에 물을 충만시키는 작업

8. 보일러에서 포스트 퍼지(post purge)란 무엇인지 설명하시오.

[해답] 보일러 운전이 끝난 후 노 내와 연도에 체류하고 있는 가연성 가스를 배출시키는 작업

9. 가용전은 노통 또는 화실 천장부에 조립하여 관수의 이상 감수 시 과열로 인한 동체의 파열 사고를 방지하는 안전장치이다. 가용전의 재료를 2가지 쓰시오.

[해답] ① 주석(Sn) ② 납(Pb)

10. 가압수식 집진 장치의 종류를 3가지 쓰시오.

[해답] ① 벤투리 스크러버 ② 사이클론 스크러버 ③ 제트 스크러버 ④ 충전탑

11. 보일러 보존법 중 건조 보존법에 사용하는 재료를 2가지 쓰시오.

[해답] ① 생석회 ② 실리카겔 ③ 질소

12. 보일러 청관제 중 탈산소제의 종류를 3가지 쓰시오.

[해답] ① 아황산나트륨(Na_2SO_3) ② 하이드라진(N_2H_4) ③ 타닌

13. 다음은 방열기를 이용한 온수난방에서 온수 순환율이 같도록 하기 위한 역환수관식 (reverse return system) 도면이다. 도면을 보고 환수관 배관을 완성하시오.

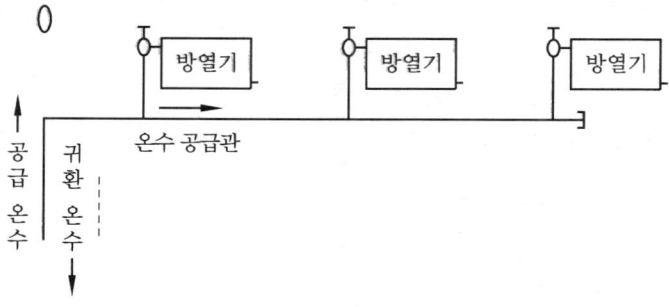

해답 점선으로 표시된 부분

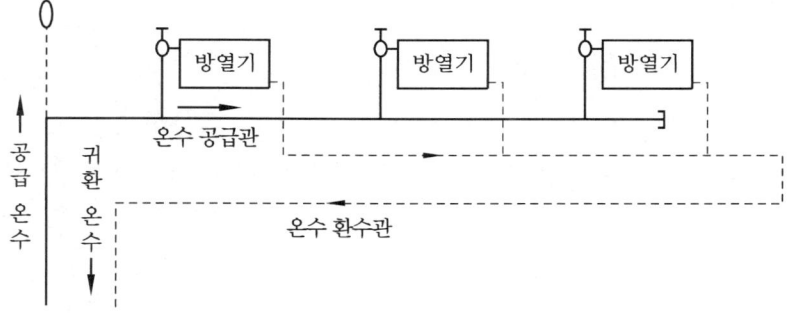

14. 다음은 보일러를 옥내에 설치하는 경우의 기준이다. ( ) 안에 알맞은 숫자 및 용어를 쓰시오.

> 연료를 저장할 때에는 보일러 외측으로부터 (①)m 이상 거리를 두거나 (②)을 (를) 설치하여야 한다. 다만, 소형 보일러의 경우에는 (③)m 이상 거리를 두거나 반격벽으로 할 수 있다.

해답 ① 2 ② 방화격벽 ③ 1

15. 다음은 열정산 기준에 대한 설명이다. ( ) 안에 알맞은 용어 및 숫자를 쓰시오.

> 보일러의 열정산은 원칙적으로 (①) 이상에서 정상 상태로 적어도 (②)시간 이상의 운전 결과에 따라야 하며, 발열량은 원칙적으로 사용 시 연료의 (③)으로 한다. 열정산의 기준 온도는 시험 시의 (④)을(를) 기준으로 한다.

해답 ① 정격 부하 ② 2 ③ 고발열량(총 발열량) ④ 외기 온도

16. 제어 결과에 따라 현재 진행 중인 제어 동작을 다음 단계로 옮겨 가지 못하도록 차단하는 인터록의 종류를 4가지 쓰시오.

해답 ① 저수위 인터록 ② 저연소 인터록 ③ 불착화 인터록
④ 프리퍼지 인터록 ⑤ 압력 초과 인터록

17. 보일러 연소에서 공기비가 클 때 나타나는 현상을 4가지 쓰시오.

해답 ① 연소실 내의 온도가 낮아진다.
② 배기가스로 인한 손실 열이 증가한다.
③ 연료 소비량이 증가한다.
④ 배기가스 중 질소 화합물(NOx)이 많아져 대기 오염을 초래한다.

참고 공기비가 작을 경우 나타나는 현상
① 불완전 연소가 발생하기 쉽다.
② 연소 효율이 감소한다.
③ 열 손실이 증가한다.
④ 미연소 가스로 인한 역화의 위험이 있다.

18. 다음 도면은 서비스 탱크 주위 배관도이다. ①~④ 부품의 명칭과 (a)에 알맞은 장치명을 쓰시오.

해답 ① 감압 밸브 ② 자동 온도 조절 밸브 ③ 여과기(strainer) ④ 유수 분리기
(a) 버너

▶ 2006년 8월 27일 시행(제40회)

자격종목 및 등급(선택분야)	종목코드	시험시간	문제지형별	수검번호	성 명
보일러기능장	3170	2시간	A		

● 다음 물음의 답을 해당 답란에 답하시오.

1. 수관식 보일러의 장점을 5가지 쓰시오.

[해답] ① 증기 발생 시간이 빠르며, 고압 대용량에 적합하다.
② 외분식이므로 연료 선택 범위가 넓고, 연소 상태가 양호하다.
③ 전열 면적이 크고, 열효율이 높다.
④ 수관의 배열이 용이하고, 패키지형으로 제작이 가능하다.
⑤ 과열기, 공기 예열기 설치가 쉽다.

[참고] 수관식 보일러의 단점
① 관수 처리에 주의를 요한다.
② 구조가 복잡하여 청소, 검사, 수리가 어렵고, 스케일 부착이 쉽다.
③ 부하 변동에 따른 압력 및 수위 변동이 심하다.
④ 압력이 높아지면 비중량 차가 적어져 순환이 나쁘다.

2. 두께 250mm, 열전도율이 1.45kcal/h·m·°C인 노벽의 열관류율(kcal/h·m²·°C)은 얼마인가? (단, 내부의 열저항은 0.125h·m²·°C/kcal, 외부의 공기 열저항은 0.015h·m²·°C/kcal 이다.)

[풀이] $K = \dfrac{1}{\dfrac{1}{\alpha_1} + \dfrac{b}{\lambda} + \dfrac{1}{\alpha_2}} = \dfrac{1}{0.125 + \dfrac{0.25}{1.45} + 0.015} = 3.200 ≒ 3.2\text{kcal/h} \cdot \text{m}^2 \cdot °\text{C}$

[해답] 3.2kcal/h·m²·°C

3. 산 세관에 대한 다음 물음에 답하시오.
(1) 산 세관에 사용되는 약품을 4가지 쓰시오.
(2) 산 세관 시 사용되는 부식 억제제의 종류를 4가지 쓰시오.

[해답] (1) ① 염산(HCl) ② 황산(H_2SO_4) ③ 인산(H_3PO_4) ④ 설파민산(NH_2SO_3H)
(2) ① 수지계 물질 ② 알코올류 ③ 알데히드류 ④ 케톤류 ⑤ 아민 유도체 ⑥ 함질소 유기 화합물

4. 열효율 73.6%인 보일러를 열효율 86.7%로 개선하였다면 약 몇 %의 연료가 절약되는가?

[풀이] 연료 절감률 $= \dfrac{\eta_2 - \eta_1}{\eta_2} \times 100 = \dfrac{86.7 - 73.6}{86.7} \times 100 = 15.109 ≒ 15.11\%$

[해답] 15.11%

5. 일반적으로 중량 G인 물체에 dQ인 열량이 가해져서 온도가 dt만큼 상승되었다면 dt는 dQ에 비례하고 G에 반비례한다. 따라서 이 관계를 식으로 표시하면 다음과 같은 기본식이 성립된다.

$$dQ = C \times dG \times dt$$

위 식에서 비례 상수 C는 무엇이라 하는가?

[해답] 물질의 비열(kcal/kg·°C)

6. 로터리식 파이프 벤딩 머신에 의한 관 굽히기(bending)에서 관이 타원형으로 되는 원인을 3가지 쓰시오.

[해답] ① 받침쇠가 너무 들어가 있다.
② 받침쇠와 관의 안지름의 간격이 크다.
③ 받침쇠의 모양이 나쁘다.
④ 재질이 부드럽고 두께가 얇다.

7. 지하실 또는 어느 일정한 장소에 보일러를 설치하여 각 난방 소요처에 증기, 온수 또는 열기 등을 공급하는 방식을 중앙식 난방법이라 한다. 이 중앙식 난방법의 종류를 크게 나누어 3가지 쓰시오.

[해답] ① 직접 난방법 ② 간접 난방법 ③ 복사 난방법

8. 강관의 절단 방법을 5가지 쓰시오.

[해답] ① 파이프 커터 ② 쇠톱 ③ 다이헤드형 동력 나사 절삭기 ④ 연삭 절단기 ⑤ 기계톱
⑥ 가스 절단

9. 연료의 원소 분석에서 C의 함유량이 80%, H의 함유량이 15%, S의 함유량이 5%일 때 이론 공기량(Nm^3/kg)을 구하시오.

[풀이] $A_0[Nm^3/kg] = \dfrac{O_0}{0.21} = \dfrac{1.867C + 5.6\left(H - \dfrac{O}{8}\right) + 0.7S}{0.21} = \dfrac{1.867 \times 0.8 + 5.6 \times 0.15 + 0.7 \times 0.05}{0.21}$
$= 11.279 ≒ 11.28 Nm^3/kg$

[해답] $11.28 Nm^3/kg$

10. 보일러 급수 처리에 대한 다음 물음에 답하시오.
(1) 고체 협잡물(현탁물) 처리 방법을 3가지 쓰시오.
(2) 용해 고형물 처리 방법을 3가지 쓰시오.
(3) 내처리 방법 중 탈산소제의 종류를 3가지 쓰시오.

해답 (1) ① 침강법(침전법) ② 여과법 ③ 응집법
(2) ① 이온 교환 수지법 ② 증류법 ③ 약품 첨가법
(3) ① 아황산나트륨(Na_2SO_3) ② 하이드라진(N_2H_4) ③ 타닌

11. 가압수식 세정 집진 장치 종류를 3가지 쓰시오.

해답 ① 벤투리 스크러버 ② 사이클론 스크러버 ③ 제트 스크러버

12. 실제 증기 발생량이 3000kg/h이고, 급수 온도가 10°C, 발생 증기의 엔탈피가 653kcal/kg인 경우 상당 증발량(kg/h)을 계산하시오.

풀이 $G_e = \dfrac{G_a(h_2 - h_1)}{539} = \dfrac{3000 \times (653 - 10)}{539} = 3578.849 ≒ 3578.85 \text{kg/h}$

해답 3578.85kg/h

13. 프로판(C_3H_8)가스가 50vol%, 부탄(C_4H_{10})가스가 50vol%인 혼합 가스의 발열량은 얼마인가? (단, 프로판의 발열량은 24200kcal/m³, 부탄의 발열량은 31000kcal/m³이다.)

풀이 Q = (프로판 발열량×혼합 비율) + (부탄 발열량×혼합 비율)
= (24200×0.5) + (31000×0.5) = 27600kcal/m³

해답 27600kcal/m³

14. 안지름이 250mm, 길이 50m인 배관에 물이 흐르고 있다. 배관 내 물의 평균 속도가 9.5m/s일 때 마찰 손실 수두는 몇 m인가? (단, 마찰 손실 계수는 0.016이다.)

풀이 $h_f = f \times \dfrac{L}{D} \times \dfrac{V^2}{2g} = 0.016 \times \dfrac{50}{0.25} \times \dfrac{9.5^2}{2 \times 9.8} = 14.734 ≒ 14.73 \text{mH}_2\text{O}$

해답 14.73mH$_2$O

15. 보일러 연료로서 기체 연료를 사용할 경우의 장점을 3가지 쓰시오.

해답 ① 연소 효율이 높고 연소 제어가 용이하다.
② 회분 및 황성분이 없어 전열면 오손이 없다.
③ 적은 공기비로 완전 연소가 가능하다.

④ 저발열량의 연료로 고온을 얻을 수 있다.
　　⑤ 완전 연소가 가능하여 공해 문제가 없다.
[참고] 기체 연료의 단점
　① 저장 및 수송이 어렵다.
　② 가격이 비싸다.
　③ 시설비가 많이 소요된다.
　④ 누설 시 화재, 폭발의 위험이 크다.

16. 전기식 압력계의 장점을 3가지 쓰시오.

[해답] ① 초고압 측정에 사용된다.
　　② 가스 폭발 압력을 측정할 수 있다.
　　③ 급격한 압력 변화 측정에 사용된다.
[참고] 전기식 압력계의 종류 : 전기 저항 압력계, 피에조 전기 압력계, 스트레인 게이지

17. 다음은 유류 연소용 보일러의 연소실 입구에 설치되는 공기 조절 장치의 각 부분에 대한 설명이다. 각각 어떤 부품인지 그 명칭을 쓰시오.

(1) 압입통풍의 경우 버너를 장치하는 벽면에 설치되는 밀폐된 상자로서 풍도에서 공기를 흡입하여 동압의 대부분을 정압으로 노 내에 유입시키는 역할을 하는 것
(2) 착화를 원활하게 하고 화염의 안정을 도모하는 것이며, 선회기를 설치하여 연소용 공기에 선회 운동을 주어 원추상으로 분사시켜 내측에 저압 부분의 형성으로 저속 영역을 만들어 착화를 쉽게 하는 것
(3) 노벽에 설치한 버너 슬롯를 구성하는 내화재로, 착화와 화염에 안정을 주는 역할을 하는 것

[해답] (1) 윈드 박스(wind box)　(2) 보염기(스테빌라이저)　(3) 버너 타일

18. 급수량이 310kg/h인 곳에서 20°C의 물을 80°C까지 가열하는 데 필요한 열량(kcal/h)은 얼마인가? (단, 물의 비열은 1kcal/kg·°C이다.)

[풀이] $Q = G \cdot C \cdot \Delta t = 310 \times 1 \times (80-20) = 18600$ kcal/h
[해답] 18600 kcal/h

▶ 2007년 5월 20일 시행 (제41회)

자격종목 및 등급(선택분야)	종목코드	시험시간	문제지형별
보일러기능장	3170	2시간	A

● 다음 물음의 답을 해당 답란에 답하시오.

1. 연소실 용적이 2.5m³, 전열 면적이 49.8m²인 보일러를 가동하였을 때 연료 사용량이 197kg/h, 사용 연료의 발열량이 9800kcal/kg, 실제 증발량이 2500kg/h, 급수 온도 40°C, 발생 증기 엔탈피가 662.4kcal/kg일 때 다음 물음에 답하시오.
  (1) 연소실 열 발생률(kcal/h·m³)을 구하시오.
  (2) 환산 증발 배수를 구하시오.

[풀이] (1) 연소실 열 발생률 $= \dfrac{G_f \times H_l}{\text{연소실 용적}} = \dfrac{197 \times 9800}{2.5} = 772240 \text{kcal/h·m}^3$

  (2) 환산 증발 배수 $= \dfrac{G_e}{G_f} = \dfrac{G_a(h_2 - h_1)}{539\,G_f} = \dfrac{2500 \times (662.4 - 40)}{539 \times 197} = 14.653 ≒ 14.65$

[해답] (1) 772240kcal/h·m³ (2) 14.65

2. 보일러 열정산 시 보일러에서 발생하는 열 손실(출열)에는 어떠한 것이 있는지 5가지 쓰시오.

[해답] ① 배기가스 보유 열량 ② 증기의 보유 열량
  ③ 불완전 연소에 의한 열 손실 ④ 미연분에 의한 열 손실
  ⑤ 노벽의 흡수 열량 ⑥ 재의 현열

[참고] 입열(入熱) 항목
  ① 연료의 발열량 ② 연료의 현열
  ③ 공기의 현열 ④ 노 내 취입 증기 또는 온수에 의한 입열

3. 다음 배관용 작업 공구의 크기를 나타내는 방법을 설명하시오.
  (1) 파이프 바이스 :   (2) 파이프 커터 :
  (3) 쇠톱 :   (4) 파이프 렌치 :
  (5) 탁상 바이스 :

[해답] (1) 최대로 고정할 수 있는 관 지름의 크기
  (2) 절단 가능한 관 지름 치수를 호칭 번호로 표시
  (3) 고정 구멍(fitting hole) 사이의 거리로 표시
  (4) 조(jaw)를 최대로 벌린 전 길이
  (5) 조(jaw)의 폭

4. 알칼리 세관에 사용되는 약품 종류를 3가지 쓰시오.

해답 ① 가성소다($NaOH$) ② 암모니아(NH_3) ③ 탄산나트륨(Na_2CO_3) ④ 인산나트륨(Na_3PO_4)

5. 과열 증기 온도 조절 방법을 3가지 쓰시오.

해답 ① 연소 가스량을 가감하는 방법 ② 과열 저감기를 사용하는 방법
③ 저온 가스를 재순환시키는 방법 ④ 화염의 위치를 바꾸는 방법

6. 실내 온도 18°C인 기계실에서 길이 50m, 바깥지름 40mm, 나관의 표면 온도가 70°C인 관에 두께 2cm로 보온시공을 하였을 때 보온 효율이 80%이었다. 이때의 보온면 열 손실 열량(kcal/h)을 계산하시오. (단, 나관의 표면 열전달률은 20kcal/h·m²·°C이다.)

풀이 $Q_2 = Q_1 \cdot (1-\eta) = \alpha_1 \cdot F_1 \cdot \Delta t_1 \cdot (1-\eta) = 20 \times \pi \times 0.04 \times 50 \times (70-18) \times (1-0.8)$
$= 1306.902 ≒ 1306.90 \text{kcal/h}$

해답 1306.9kcal/h

7. 보일러 연료로 사용하는 중유를 분석한 결과 W(수분) 0.4%, C 86.4%, H 11.2%, O 1.2%, S 0.8%이었다. 중유의 총 발열량이 10250kcal/kg일 때 저위 발열량(kcal/kg)을 계산하시오.

풀이 $H_l = H_h - 600(9H + W) = 10250 - 600 \times (9 \times 0.112 + 0.004) = 9642.8 \text{kcal/kg}$

해답 9642.8kcal/kg

8. 포화 온도 105°C인 증기난방 방열기의 상당 방열 면적이 1500m²이고 증기 배관에서 응축 수량은 방열기 응축 수량의 20%라 할 때 난방 장치 내 전체 응축 수량(kg/h)은 얼마인가? (단, 105°C 증기의 증발 잠열은 530kcal/kg이다.)

풀이 $Q_c = \dfrac{Q_r}{\gamma} \times 1.2 \times \text{EDR} = \dfrac{650}{530} \times 1.2 \times 1500 = 2207.547 ≒ 2207.55 \text{kg/h}$

해답 2207.55kg/h

9. 다음은 프로판(C_3H_8)과 부탄(C_4H_{10})의 완전 연소 반응식이다. ( ) 안에 알맞은 숫자를 넣으시오.

$C_3H_8 + 5O_2 \rightarrow (\ ① \ )CO_2 + (\ ② \ )H_2O$
$C_4H_{10} + 6.5O_2 \rightarrow (\ ③ \ )CO_2 + (\ ④ \ )H_2O$

해답 ① 3 ② 4 ③ 4 ④ 5
참고 탄화수소(C_mH_n)의 완전 연소 반응식

$$C_mH_n + \left(m + \frac{n}{4}\right)O_2 \rightarrow mCO_2 + \frac{n}{2}H_2O$$

10. 시간당 송출 유량이 420m³이고 전 양정이 10m, 효율이 80%인 펌프의 축동력은 몇 kW인가?

[풀이] $kW = \dfrac{\gamma \cdot Q \cdot H}{102\eta} = \dfrac{1000 \times 420 \times 10}{102 \times 0.8 \times 3600} = 14.297 ≒ 14.30 kW$

[해답] 14.3kW

11. 보일러 자동 제어의 조작량과 제어량에 해당되는 용어를 ( ) 속에 쓰시오.

제어의 분류	조작량	제어량
연소 제어	연료량, (①)량, 연소 가스량	증기압, (②)
급수 제어	(③)	수위
증기 온도 제어	전열량	(④)

[해답] ① 공기 ② 노내압 ③ 급수량 ④ 증기 온도

12. 탄소(C) 12kg이 공기비(m) 1.2로 완전 연소할 때 실제 공기량(Nm³)을 구하시오. (단, 공기 중 산소는 21vol%이다.)

[풀이] ① 탄소(C)의 완전 연소 반응식
$C + O_2 \rightarrow CO_2$
② 실제 공기량(Nm³) 계산
$A = m \cdot A_0 = m \times \dfrac{O_0}{0.21} = 1.2 \times \dfrac{22.4}{0.21} = 128 Nm^3$

[해답] 128Nm³

13. 시간당 증발량이 400kg인 보일러가 저위 발열량 10000kcal/kg인 연료를 사용하여 효율 80%로 운전되는 경우 연료 소비량(kg/h)은 얼마인가? (단, 발생 증기 엔탈피는 670kcal/kg, 급수 온도는 20°C이다.)

[풀이] $\eta = \dfrac{G_a(h_2 - h_1)}{G_f \cdot H_l} \times 100$ 에서

∴ $G_f = \dfrac{G_a(h_2 - h_1)}{H_l \cdot \eta} = \dfrac{400 \times (670 - 20)}{10000 \times 0.8} = 32.5 kg/h$

[해답] 32.5kg/h

14. 캐리 오버(carry over)에는 선택적 캐리 오버(selective carry over)와 기계적 캐리 오버(machine carry over)로 구분할 수 있다. 각각을 간단히 설명하시오.

해답 ① 선택적 캐리 오버 : 증기 속에 용해되어 있던 실리카(무수 규산) 성분이 증기와 함께 송출되어지는 현상
② 기계적 캐리 오버 : 작은 물방울(액적) 또는 거품이 증기와 함께 송출되는 현상

15. 난방 부하가 100000kcal/h, 급탕 부하 30000kcal/h, 배관 부하율 25%, 예열 부하 20%인 온수 보일러의 정격 출력(kcal/h)을 구하시오. (단, 출력 저하 계수는 1이다.)

풀이 $H_m = \dfrac{(H_1 + H_2) \times (1+\alpha) \times \beta}{\kappa} = \dfrac{(100000+30000) \times (1+0.25) \times 1.2}{1} = 195000 \text{kcal/h}$

해답 195000kcal/h

16. 다음은 증발 탱크(flash tank) 주위 배관도이다. ①, ④ 부품 명칭과 ②, ③, ⑤의 관 명칭을 쓰시오.

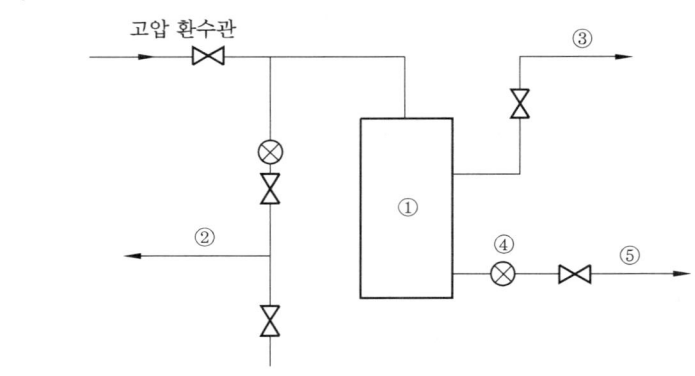

해답 ① 증발 탱크 ② 고압 응축수관 ③ 재증발 증기관 ④ 저압 트랩 ⑤ 저압 응축수관

17. 다음은 압력계 설치 기준에 관한 내용이다. ( ) 안에 알맞은 숫자를 넣으시오.

증기 보일러의 압력계 부착 시 압력계와 연결된 증기관은 황동관 또는 동관을 사용하면 안지름 (①)mm 이상, 강관을 사용할 때는 (②)mm 이상이어야 하며, 사이펀관의 안지름은 (③)mm 이상이어야 한다.

해답 ① 6.5 ② 12.7 ③ 6.5

18. 보일러 가동 중 압축 응력을 받아 압궤를 일으킬 수 있는 부분을 3가지 쓰시오.

해답 ① 노통 ② 연소실 ③ 연관 ④ 관판

▶ 2007년 8월 26일 시행 (제42회)

자격종목 및 등급(선택분야)	종목코드	시험시간	문제지형별
보일러기능장	3170	2시간	A

● 다음 물음의 답을 해당 답란에 답하시오.

1. 다음 관이음 방법의 도시 기호의 연결 방법 명칭을 쓰시오.

[해답] (1) 나사 이음 (2) 용접 이음 (3) 플랜지 이음

2. 다음 방열기 도시 기호를 설명하시오.

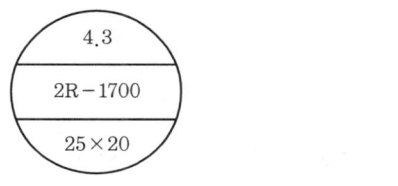

[해답] 상당 방열 면적이 4.3m²인 콘벡터로서 2열, 유효 길이 1700mm이고 유입관 지름이 25A, 유출관 지름이 20A이다.

3. 중유 버너의 공기 조절 장치 구성 부품 중 착화를 원활하게 하고 화염의 안정을 도모하는 것이며, 선회기가 있어 연소용 공기에 선회 운동을 주어 와류 현상이 생겨 착화를 쉽게 하는 부품의 명칭을 쓰시오.

[해답] 보염기

4. 보일러 가동 상태 점검 사항 중 매우 중요하기 때문에 운전 중 수시로 점검해야 할 사항을 2가지 쓰시오.

[해답] ① 압력 ② 수위

5. 수관식 보일러 연소실에 설치하는 배플판(baffle plate)을 설치하는 목적을 설명하시오.

[해답] 연소 가스의 흐름을 조정하여 열회수와 보일러수의 순환을 양호하게 한다.

6. 보일러 급수 중의 용존(용해) 고형분을 처리하는 방법을 3가지 쓰시오.

해답 ① 이온 교환 수지법 ② 증류법 ③ 약품 첨가법
참고 약품 첨가법의 약제 종류 : 소석회($Ca(OH)_2$), 가성소다(NaOH), 탄산소다($NaCO_3$)

7. 배관의 신축 이음 종류 중 고온, 고압용의 옥외 배관에 많이 사용되며, 응력이 크게 작용하는 것은?

해답 루프형

8. 20°C의 물을 급수하여 압력 0.35MPa의 증기를 5390kg/h 발생시키는 보일러의 마력은 얼마인가? (단, 발생 증기의 엔탈피는 660kcal/kg이다.)

풀이 보일러 마력 $= \dfrac{G_a(h_2-h_1)}{539 \times 15.65} = \dfrac{5390 \times (660-20)}{539 \times 15.65} = 408.945 ≒ 408.95$ (보일러 마력)

해답 408.95 보일러 마력

9. 강철제 보일러의 수압 시험 압력을 구하시오.
  (1) 최고 사용압력이 0.6MPa인 강철제 증기 보일러
  (2) 최고 사용압력이 1.8MPa인 강철제 증기 보일러

해답 (1) 수압 시험 압력 = (최고 사용압력×1.3) + 0.3 = (0.6×1.3) + 0.3 = 1.08MPa
  (2) 수압 시험 압력 = 최고 사용압력×1.5 = 1.8×1.5 = 2.7MPa
참고 수압 시험 압력
  (1) 강철제 보일러
    ① 보일러의 최고 사용압력이 0.43MPa 이하일 때에는 그 최고 사용압력의 2배의 압력으로 한다. 다만, 그 시험 압력이 0.2MPa 미만인 경우에는 0.2MPa로 한다.
    ② 보일러의 최고 사용압력이 0.43MPa 초과 1.5MPa 이하일 때에는 그 최고 사용압력의 1.3배에 0.3 MPa를 더한 압력으로 한다.
    ③ 보일러의 최고 사용압력이 1.5MPa를 초과할 때에는 그 최고 사용압력의 1.5배의 압력으로 한다.
  (2) 가스용 온수 보일러 : 강철제인 경우에는 (1)의 ①에서 규정한 압력
  (3) 주철제 보일러
    ① 보일러의 최고 사용압력이 0.43MPa 이하일 때는 그 최고 사용압력의 2배의 압력으로 한다. 다만, 시험 압력이 0.2MPa 미만인 경우에는 0.2MPa로 한다.
    ② 보일러의 최고 사용압력이 0.43MPa를 초과할 때는 그 최고 사용압력의 1.3배에 0.3MPa을 더한 압력으로 한다.

10. 보일러 급수 제어 방식 중 2요소식의 검출 대상 2가지는?

해답 ① 수위 ② 증기량
참고 급수 제어 방법의 종류 및 검출 대상(요소)

명 칭	검출 대상
1요소식	수위
2요소식	수위, 증기량
3요소식	수위, 증기량, 급수 유량

11. 증기 감압 밸브를 작동 방법에 따른 종류를 3가지 쓰시오.

해답 ① 피스톤식 ② 다이어프램식 ③ 벨로스식

12. 연돌의 높이가 20m, 배기가스 평균 온도가 300°C, 비중량이 1.34kgf/m³, 외기의 온도가 10°C, 비중량이 1.29kgf/m³인 경우 자연 통풍력은 몇 mmAq인지 계산하시오.

풀이 $Z = 273H\left(\dfrac{\gamma_a}{T_a} - \dfrac{\gamma_g}{T_g}\right) = 273 \times 20 \times \left(\dfrac{1.29}{273+10} - \dfrac{1.34}{273+300}\right) = 12.119 ≒ 12.12 \text{mmAq}$

해답 12.12mmAq

13. 보일러에서 발생하는 프라이밍, 포밍 현상에 대하여 설명하시오.

해답 ① 프라이밍(priming) 현상 : 급격한 증발 현상으로 동 수면에서 작은 입자의 물방울이 증기와 혼입하여 튀어 오르는 현상
② 포밍(forming) 현상 : 동 저부에서 작은 기포들이 수면상으로 오르면서 물거품이 발생하여 수면에 달걀 모양의 기포가 덮이는 현상

14. 배수 트랩의 구비 조건을 4가지 쓰시오.

해답 ① 구조가 간단할 것
② 오수가 정체하지 않을 것
③ 봉수가 안정성을 유지할 것
④ 수리 및 청소가 쉬울 것
⑤ 내식성, 내구성이 있을 것

참고 배수 트랩(trap)의 종류
① S 트랩 : 위생 기구를 바닥에 설치된 배수 수평관에 접속할 때 사용
② P 트랩 : 벽면에 매설하는 배수 수직관에 접속할 때 사용
③ U 트랩 : 건물 안의 배수 수평 주관 끝에 설치하여 하수구에서 해로운 가스가 건물 안으로 침입하는 것을 방지
④ 박스 트랩 : 드럼 트랩, 벨 트랩, 가솔린 트랩, 그리스 트랩 등

15. 보일러 연도로 배기되는 연소 가스량이 300kgf/h이며, 배기가스의 온도가 260°C, 가스의 평균 비열이 0.35kcal/kg·°C이고, 외기 온도가 12°C라면 배기가스에 의한 손실 열량은 몇 kcal/h인지 계산하시오.

[풀이] $Q = G \cdot C \cdot \Delta t = 300 \times 0.35 \times (260-12) = 26040 \text{kcal/h}$

[해답] 26040kcal/h

16. 로터리식 파이프 벤딩 머신에 의한 관 굽히기(bending)에서 관이 파손되는 원인을 3가지 쓰시오.

[해답] ① 압력형의 조정이 강하고 저항이 크다.
② 받침쇠가 너무 나와 있다.
③ 곡률 반지름이 너무 작다.
④ 재료에 결함이 있다.

17. 탄소(C) 5kg을 완전 연소시킬 때 다음 물음에 답하시오.
(1) 이론 공기량을 중량(kg)으로 계산하면 얼마인가?
(2) 이론 공기량을 체적(Nm^3)으로 계산하면 얼마인가?

[풀이] (1) 이론 공기량 중량(kg) 계산
$C + O_2 \rightarrow CO_2$
12kg : 32kg = 5kg : $x(O_0)$[kg]
$\therefore A_0[\text{kg}] = \dfrac{O_0}{0.232} = \dfrac{5 \times 32}{12 \times 0.232} = 57.471 ≒ 57.47\text{kg}$

(2) 이론 산소량 체적(Nm^3) 계산
$C + O_2 \rightarrow CO_2$
12kg : 22.4Nm^3 = 5kg : $y(O_0)[Nm^3]$
$\therefore A_0[Nm^3] = \dfrac{O_0}{0.21} = \dfrac{5 \times 22.4}{12 \times 0.21} = 44.444 ≒ 44.44 Nm^3$

[해답] (1) 57.47kg (2) 44.44Nm^3

▶ 2008년 5월 18일 시행 (제43회)

자격종목 및 등급 (선택분야)	종목코드	시험시간	문제지형별	수검번호	성 명
보일러기능장	3170	2시간	A		

● 다음 물음의 답을 해당 답란에 답하시오.

1. 배관 공사에서 입체도를 기본적으로 그리는 이유 3가지를 쓰시오.

[해답] ① 계통도를 보다 구체적으로 지시할 경우
② 손실 수두 또는 유량 등을 계산할 경우
③ 배관 및 관이음쇠의 수량을 산출할 경우
④ 배관을 가공하기 위해 관 가공도(加工圖)를 그릴 때

2. 보일러 연도로 배기되는 연소 가스량이 300kgf/h이며, 배기가스의 온도가 260°C, 가스의 평균 비열이 0.35kcal/kg·°C이고, 외기 온도가 12°C라면 배기가스에 의한 손실 열량은 몇 kcal/h인지 계산하시오.

[풀이] $Q = G \cdot C \cdot \Delta t = 300 \times 0.35 \times (260 - 12) = 26040 \text{kcal/h}$
[해답] 26040kcal/h

3. 다음과 같은 특징을 갖고 있는 증기 트랩은 무엇인지 명칭을 쓰시오.

① 부력을 이용한다.
② 응축수를 증기 압력에 의하여 밀어 올릴 수 있다.
③ 고압과 중압의 증기관에 적합하다.
④ 형식은 상향식과 하향식이 있다.

[해답] 버킷 트랩

4. 보일러의 연소 효율을 η_c, 전열 효율을 η_f라 할 때, 보일러 열효율 η는 어떻게 나타내어지는지 쓰시오.

[해답] $\eta = \eta_c \times \eta_f$

5. 보일러 설치 검사 기준상 안전밸브 및 압력 방출 장치의 크기는 호칭 지름 25A 이상으로 하여야 하지만 호칭 지름 20A 이상으로 할 수 있는 보일러도 있다. 20A 이상으로 할 수 있는 보일러를 3가지를 쓰시오.

[해답] ① 최고 사용 압력 0.1MPa 이하의 보일러

② 최고 사용 압력 0.1MPa 이하의 보일러로 동체의 안지름이 500mm 이하, 동체의 길이가 1000mm 이하의 것
③ 최고 사용 압력 0.5MPa 이하의 보일러로 전열면적 $2m^2$ 이하의 것
④ 최대 증발량이 5톤/h 이하의 관류 보일러
⑤ 소용량 강철제 보일러, 소용량 주철제 보일러

6. 보일러 연료로서 기체 연료를 사용할 경우의 장점을 3가지 쓰시오.

[해답] ① 연소 효율이 높고 연소 제어가 용이하다.
② 회분 및 황성분이 없어 전열면 오손이 없다.
③ 적은 공기비로 완전 연소가 가능하다.
④ 저발열량의 연료로 고온을 얻을 수 있다.
⑤ 완전 연소가 가능하여 공해 문제가 없다.

[참고] 기체 연료의 단점
① 저장 및 수송이 어렵다.
② 가격이 비싸다.
③ 시설비가 많이 소요된다.
④ 누설 시 화재, 폭발의 위험이 크다.

7. 파이프 렌치(pipe wrench)의 규격에는 200mm, 300mm, 350mm, 450mm, 600mm, 1200mm 등이 있다. 이 호칭 규격은 무엇을 기준으로 하는지 쓰시오.

[해답] 사용할 수 있는 최대의 관을 물었을 때의 전 길이(mm)

8. 보일러 연소에서 이론 공기량과 과잉 공기량을 알 때 공기비는 어떻게 계산되는지 식을 쓰시오.

[해답] $m = \dfrac{A_0 + B}{A_0}$

여기서, m : 공기비 A_0 : 이론 공기량 B : 과잉 공기량

9. 보일러의 통풍력을 측정하였더니 3mmH₂O였다. 연돌의 높이를 구하시오. (단, 배기 온도 150°C, 외기 온도 0°C, 실제 통풍력은 이론 통풍력의 80%이다.)

[풀이] $Z = 0.8H\left(\dfrac{353}{T_a} - \dfrac{367}{T_g}\right)$ 에서

$\therefore H = \dfrac{Z}{0.8 \times \left(\dfrac{353}{T_a} - \dfrac{367}{T_g}\right)} = \dfrac{3}{0.8 \times \left(\dfrac{353}{273} - \dfrac{367}{273+150}\right)} = 8.814 ≒ 8.81 m$

[해답] 8.81m

10. 다음은 일반적으로 사용 중인 증기 보일러 운전 작업을 종료할 때 행하는 사항이다. 가장 적합한 정지순서 대로 해당 번호를 쓰시오.

[보기] ① 댐퍼를 닫는다.
② 공기 공급을 정지한다.
③ 증기 밸브를 닫고 드레인시킨다.
④ 급수를 행하고, 압력을 떨어뜨리며, 급수 밸브를 닫고 급수 펌프를 정지시킨다.
⑤ 연료의 공급을 정지한다.

해답 ⑤ → ② → ④ → ③ → ①

11. 온수난방 시 방열기 입구의 온수 온도가 92℃, 출구의 온도가 70℃, 실내 공기 온도 18℃에 있어서의 주철제 방열기의 방열량을 구하시오. (단, 온수난방 표준 온도차는 62℃로 한다.)

풀이 방열기 방열량 $= 450 \times \dfrac{\Delta t_m}{\Delta t} = 450 \times \dfrac{\dfrac{92+70}{2} - 18}{62 - 18} = 644.318 ≒ 644.32 \text{kcal/m}^2 \cdot \text{h}$

해답 $644.32 \text{kcal/m}^2 \cdot \text{h}$

참고 $\Delta t_m = \dfrac{\text{방열기 입구 온수 온도} + \text{출구 온도}}{2} - \text{실내 온도}$

$\Delta t =$ 방열기 내 평균 온도 $-$ 실내 온도

12. 어느 보일러에서 저위 발열량이 9700kcal/kg인 중유를 연소시킨 결과 연소실에서 발생된 열량이 9000kcal/kg이다. 증기 발생에 이용된 열량이 8000kcal/kg일 때 연소 효율과 보일러 열효율을 구하시오.

풀이 ① 연소 효율(η_c) 계산

$\eta_c = \dfrac{\text{실제 발생 열량}}{\text{연료의 저위 발열량}} \times 100 = \dfrac{9000}{9700} \times 100 = 92.783 ≒ 92.78\%$

② 보일러 열효율(η) 계산

$\eta = \dfrac{\text{유효하게 사용된 열량}}{\text{실제 발생 열량}} \times 100 = \dfrac{8000}{9000} \times 100 = 88.888 ≒ 88.89\%$

해답 ① 연소 효율 : 92.78% ② 보일러 열효율 : 88.89%

13. 주어진 배관 평면도를 제시된 방위에 맞도록 등각 투상도로 나타내시오.

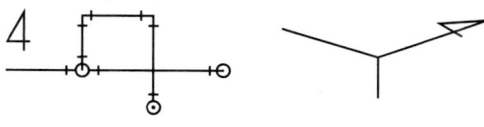

해답

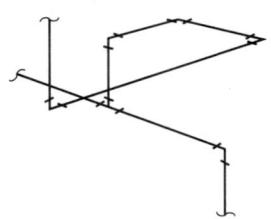

---

14. 급수 내관(distributing pipe)의 설치 이점을 3가지 쓰시오.

해답 ① 온도차에 의한 부동 팽창을 방지한다.
② 보일러 급수의 예열이 가능하다.
③ 관내 온도의 급격한 변화를 방지한다.

---

15. 캐리 오버(carry over)의 방지 대책을 3가지 쓰시오.

해답 ① 비수 방지관을 설치한다.
② 주증기 밸브를 서서히 연다.
③ 관수 중에 불순물, 농축수 제거
④ 수위를 고수위로 하지 않는다.

---

16. 난방, 급탕용 기름 온수 보일러의 자동 제어 장치로 콤비네이션 릴레이를 보일러 본체에 설치하여 사용한다. 이 장치에 적용되는 버너 주안전 제어 기능을 2가지 쓰시오.

해답 ① 프로텍터 릴레이와 아쿠아스탯 기능을 합한 제어 장치이다.
② 제어기 내부에 하이(hi), 로(low) 설정기가 장치되어 있어 고온 차단, 저온 점화, 순환 펌프를 제어한다.
③ 순환 펌프는 로(low) 온도 이상이면 계속 작동되고, 버너는 하이(hi) 온도 이하에서 계속 작동되도록 제어한다.

---

17. 다음은 중유 버너의 공기 조절 장치 구성 부품을 설명한 것이다. 각각 어떤 부품인지 명칭을 쓰시오.
 (1) 착화를 원활하게 하고 화염의 안정을 도모하는 것이며, 선회기가 있어 연소용 공기에 선회 운동을 주어 와류 현상이 생겨 착화를 쉽게 하는 부품
 (2) 압입 통풍의 경우 버너를 장치하는 벽면에 설치되는 밀폐된 상자로서 풍도(風道)에서 공기를 흡입하여 동압을 정압으로 바꾸는 역할을 하는 부품

해답 (1) 보염기 (2) 윈드 박스

18. 보일러 열정산 시 보일러에서 발생하는 열 손실(출열)에는 어떠한 것이 있는지 2가지 쓰시오.

[해답] ① 배기가스 보유 열량
② 증기의 보유 열량
③ 불완전 연소에 의한 열 손실
④ 미연분에 의한 열 손실
⑤ 노벽의 흡수 열량
⑥ 재의 현열

[참고] 입열(入熱) 항목
① 연료의 발열량
② 연료의 현열
③ 공기의 현열
④ 노 내 취입 증기 또는 온수에 의한 입열

▶ 2008년 8월 24일 시행(제44회)

자격종목 및 등급(선택분야)	종목코드	시험시간	문제지형별
보일러기능장	3170	2시간	A

● 다음 물음의 답을 해당 답란에 답하시오.

1. 보일러의 부식 속도 측정 방법을 3가지 쓰시오.

[해답] ① Tafel 외삽법 ② 선형 분극법 ③ 임피던스법 ④ 무게 감량법 ⑤ 용액 분석법

[참고] 부식 속도 측정법
(1) 전기 화학적인 방법 : 자연 전위 근처에서는 전위와 전류 사이에 선형적인 관계가 존재하는 분극 특성을 이용하여 분극량을 조정하여 전류의 크기를 측정하는 방법으로, Tafel 외삽법, 선형 분극법, 임피던스법이 있다.
(2) 비전기 화학적 방법 : 금속을 부식 매체 속에 일정 시간 동안 방치한 후에 금속의 무게 감량이나 용액 속으로 용출된 금속 이온의 양을 정량하는 방법이 있다.

2. 다음과 같은 조건일 때 온수 보일러의 정격 출력(kcal/h)을 계산하시오.

- 상당 방열 면적 : 500m²
- 온수량 : 500kg
- 온수 공급 온도 : 70°C
- 급수 온도 : 10°C
- 예열 부하 : 1.45
- 배관 부하 : 0.25
- 출력 저하 계수 : 0.69
- 물의 비열 : 1kcal/kg·°C

[풀이] $H_m = \dfrac{(H_1 + H_2)(1+\alpha)\beta}{\kappa} = \dfrac{[(500 \times 450) + \{500 \times 1 \times (70-10)\}] \times (1+0.25) \times 1.45}{0.69}$
　　　　$= 669836.956 ≒ 669836.96 \text{kcal/h}$

[해답] 669836.96kcal/h

3. 온수 보일러의 설치 개략도를 보고 ①~⑤의 명칭을 쓰시오.

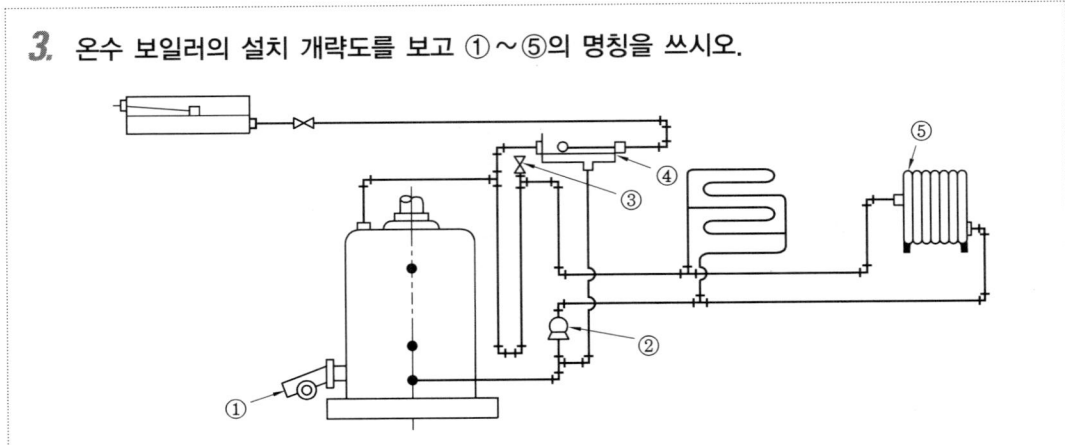

[해답] ① 버너 ② 온수 순환 펌프 ③ 공기빼기 밸브 ④ 팽창 탱크 ⑤ 방열기

4. 보일러 산 세관 시 산(酸)의 종류를 3가지 쓰시오.

[해답] ① 염산(HCl) ② 황산(H_2SO_4) ③ 인산(H_3PO_4) ④ 설파민산(NH_2SO_3H)

5. 다음 조건의 필요한 동력(kW)을 계산하시오.

- 유량 : 0.96m³/min
- 펌프에서 수면까지 높이 5m
- 펌프에서 필요 높이 : 14m
- 감쇠 높이 : 2m
- 펌프의 효율 : 80%

[풀이] $kW = \dfrac{\gamma \cdot Q \cdot H}{102\eta} = \dfrac{1000 \times 0.96 \times (5+14+2)}{102 \times 0.8 \times 60} = 4.117 ≒ 4.12 kW$

[해답] 4.12kW

6. 보일러 청관제 중 탈산소제의 종류를 3가지 쓰시오.

[해답] ① 아황산나트륨(Na_2SO_3) ② 하이드라진(N_2H_4) ③ 타닌

7. 다음 부속품을 이용하여 바이패스 배관도를 도시하시오.

[부속품] - 밸브 : 3개   - 유니언 : 3개   - 티 : 2개
         - 엘보 : 2개   - 여과기 : 1개

[해답]
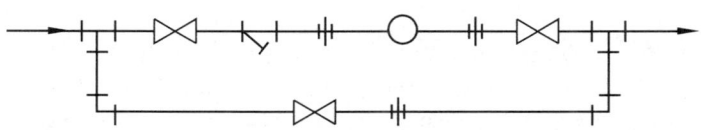

8. 다음 설명하는 화염 검출기의 명칭을 쓰시오.
(1) 화염 중에는 양성자와 중성자가 전리되어 있음을 알고 버너에 그랜드 로드를 부착하여 화염 중에 삽입하여 전기적 신호를 전자 밸브에 보내어 화염을 검출한다.
(2) 연소 중에 발생되는 연소 가스의 열에 의하여 바이메탈의 신축 작용으로 전기적 신호를 만들어 전자 밸브로 그 신호를 보내면서 화염을 검출한다.
(3) 연소 중에 발생하는 화염 빛을 검지부에서 전기적 신호로 바꾸어 화염 유무를 검출한다.

[해답] (1) 플레임 로드 (2) 스택 스위치 (3) 플레임 아이

9. 연돌 높이 80m, 배기가스 온도 165°C, 외기 온도 28°C, 외기 비중 1.29, 배기가스 비중 1.35일 때 이론 통풍력(mmH₂O)을 계산하시오.

[풀이] $Z = 273H\left(\dfrac{\gamma_a}{T_a} - \dfrac{\gamma_g}{T_g}\right) = 273 \times 80 \times \left(\dfrac{1.29}{273+28} - \dfrac{1.35}{273+165}\right) = 26.284 ≒ 26.28\text{mmH}_2\text{O}$

[해답] 26.28mmH₂O

---

10. 다음 조건의 강철제 보일러에서 수압 시험 압력을 구하시오.

최고 사용압력	수압 시험 압력
0.43MPa 이하	①
0.43MPa 초과 1.5MPa 이하	②
1.5MPa 초과	③

[해답] ① 최고 사용압력의 2배
② 최고 사용압력의 1.3배에 0.3MPa을 더한 압력
③ 최고 사용압력의 1.5배

[참고] 수압 시험 압력
(1) 강철제 보일러
 ① 보일러의 최고 사용압력이 0.43MPa 이하일 때에는 그 최고 사용압력의 2배의 압력으로 한다. 다만, 그 시험 압력이 0.2MPa 미만인 경우에는 0.2MPa로 한다.
 ② 보일러의 최고 사용압력이 0.43MPa 초과 1.5MPa 이하일 때에는 그 최고 사용압력의 1.3배에 0.3MPa를 더한 압력으로 한다.
 ③ 보일러의 최고 사용압력이 1.5MPa를 초과할 때에는 그 최고 사용압력의 1.5배의 압력으로 한다.
(2) 가스용 온수 보일러 : 강철제인 경우에는 (1)의 ①에서 규정한 압력
(3) 주철제 보일러
 ① 보일러의 최고 사용압력이 0.43MPa 이하일 때는 그 최고 사용압력의 2배의 압력으로 한다. 다만, 시험 압력이 0.2MPa 미만인 경우에는 0.2MPa로 한다.
 ② 보일러의 최고 사용압력이 0.43MPa를 초과할 때는 그 최고 사용압력의 1.3배에 0.3MPa을 더한 압력으로 한다.

---

11. 다음 공구의 사용처(용도)를 쓰시오.
(1) 파이프 커터 :
(2) 다이헤드식 나사 절삭기 :
(3) 링크형 파이프 커터 :
(4) 사이징 툴 :
(5) 봄 볼 :

[해답] (1) 관을 필요한 길이로 절단하는 데 사용한다.

(2) 다이헤드를 이용한 나사 가공 전용 기계로서, 관의 절단, 거스러미 제거, 나사 가공을 할 수 있다.
(3) 주철관을 필요한 길이로 절단하는 데 사용한다.
(4) 동관의 끝 부분을 정확한 치수의 원형으로 교정하기 위하여 사용한다.
(5) 연관(鉛管)에서 분기관 따내기 작업 시 주관에 구멍을 뚫는 데 사용한다.

12. 다음을 참고하여 상당 증발량 구하는 공식을 완성하시오.

D_e : 상당 증발량(kg/h) D_a : 시간당 증기 발생량(kg/h)
h_2 : 습증기 엔탈피(kcal/kg) h_1 : 급수 엔탈피(kcal/kg)

해답 $D_e = \dfrac{D_a(h_2 - h_1)}{539}$

13. 판을 굽힐 때 굽힘 하중을 제거하면 탄성이 작용하여 굽힘각은 작아지고 굽힘 반지름은 커지는 현상을 무엇이라 하는가?

해답 스프링 백(spring back) 현상

14. 보일러 증기 압력(트랩 입구 압력)이 15kgf/cm², 트랩의 최고 허용 배압이 12kgf/cm²일 때 트랩의 배압 허용도는 몇 %인가?

풀이 배압 허용도(%) = $\dfrac{\text{트랩의 최고 허용 배압(kgf/cm}^2)}{\text{트랩 입구 압력(kgf/cm}^2)} \times 100 = \dfrac{12}{15} \times 100 = 80\%$

해답 80%

15. 다음 ( ) 안에 알맞은 말을 써 넣으시오.

벨로스형 신축 이음은 (①)이라고도 부르며, 벨로스의 재료는 스테인리스, (②)이[가] 사용되며 벨로스가 수축 시 (③)는(은) 고정되고 슬리브는 미끄러지면서 벨로스와의 간극을 없게 한다.

해답 ① 팩리스(packless)형 신축 이음 ② 청동 ③ 플랜지

16. 증기 분무식 버너를 사용하는 보일러에서 수분이 함유된 증기가 보일러에 공급 시 발생하는 현상을 3가지 쓰시오.

해답 ① 무화가 일정하지 않다.
② 화염이 불안정하다.
③ 화염의 위치가 불안정하다.

17. 다음과 같은 조건에서 가동되는 보일러 효율을 구하시오.

- 연료 발열량 : 10000kcal/kg
- 발생 증기 엔탈피 : 646.1kcal/kg
- 급수 온도 : 10°C
- 연료 사용량 : 시간당 2kg
- 발생 증기량 : 20kg/h

[풀이] $\eta = \dfrac{G_a \cdot (h_2 - h_1)}{G_f \cdot H_l} \times 100 = \dfrac{20 \times (646.1 - 10)}{2 \times 10000} \times 100 = 63.61\%$

[해답] 63.61%

▶ 2009년 5월 17일 시행 (제45회)

자격종목 및 등급(선택분야)	종목코드	시험시간	문제지형별	수검번호	성 명
보일러기능장	3170	2시간	A		

● 다음 물음의 답을 해당 답란에 답하시오.

1. 다음 설명하는 공구의 명칭을 쓰시오.

- 강관의 조립 및 분해 시 사용
- 조(jaw)를 최대로 벌린 전 길이
- 사이즈는 150mm, 200mm, 300mm, 600mm, 1000mm
- 약한 것, 강한 것, 체인형 등 사용

해답 파이프 렌치

2. 원심 펌프에서 회전수를 1500rpm에서 1800rpm으로 변경 시 소요 동력은 얼마인가? (단, 1500rpm에서 소요 동력은 7.5kW이다.)

풀이 $L_2 = L_1 \times \left(\dfrac{N_2}{N_1}\right)^3 = 7.5 \times \left(\dfrac{1800}{1500}\right)^3 = 12.96 \text{kW}$

해답 12.96kW

3. 방열기 입구 온도 80°C, 방열기 출구 온도 60°C, 실내 온도 20°C일 때 방열기 방열량 (kcal/h)을 계산하시오. (단, 방열기 방열 계수는 7.5kcal/h·m²·°C이다.)

풀이 $Q_r = K \cdot \Delta t_m = 7.5 \times \left(\dfrac{80+60}{2} - 20\right) = 375 \text{kcal/h}$

해답 375kcal/h

4. 연료와 공기와의 혼합을 양호하게 하고, 확실한 착화와 화염의 안정을 도모하기 위하여 설치하는 보염 장치 종류를 3가지 쓰시오.

해답 ① 윈드 박스 ② 보염기 ③ 버너 타일

5. 급수 내관(distributing pipe)의 설치 이점을 3가지 쓰시오.

해답 ① 온도차에 의한 부동 팽창을 방지한다.
② 보일러 급수의 예열이 가능하다.
③ 관내 온도의 급격한 변화를 방지한다.

6. 수격 작용(water hammer) 방지 대책을 3가지 쓰시오.

[해답] ① 기수 공발(carry over) 현상 발생을 방지할 것
② 주증기 밸브를 서서히 개방할 것
③ 증기 배관의 보온을 철저히 할 것
④ 응축수가 체류하는 곳에 증기 트랩을 설치할 것
⑤ 드레인 빼기를 철저히 할 것
⑥ 송기 전에 소량의 증기로 배관을 예열할 것

7. 보일러 연소 중 실제 연소 열량과 완전 연소 열량의 비를 무엇이라 하는가?

[해답] 연소 효율

8. 보일러의 설치 기준에서 각종 관의 설치에 관한 ( ) 안에 알맞은 관 규격을 쓰시오.

> 급수 장치에서 전열 면적 $10m^2$ 이하의 보일러에서는 급수 밸브의 크기가 (①)A 이상으로 하고, 전열 면적 $10m^2$를 초과하는 보일러에서는 (②)A 이상이어야 한다. 다만, 급수 장치에 설치하는 체크 밸브는 최고 사용압력 (③)MPa 미만의 보일러에서는 생략할 수 있다. 그리고 증기 보일러에 설치하는 안전밸브 및 압력 방출 장치의 크기는 호칭 지름 (④)A 이상으로 하여야 하나, 소용량 강철제 보일러에서는 호칭 지름 (⑤)A 이상으로 할 수 있다.

[해답] ① 15 ② 20 ③ 0.1 ④ 25 ⑤ 20

[참고] 안전밸브 및 압력 방출 장치의 크기를 호칭 지름 20A로 할 수 있는 경우
① 최고 사용압력 0.1MPa 이하의 보일러
② 최고 사용압력 0.5MPa 이하의 보일러로 동체의 안지름이 500mm 이하이며 동체의 길이가 1000mm 이하의 것
③ 최고 사용압력 0.5MPa 이하의 보일러로 전열 면적 $2m^2$ 이하의 것
④ 최대 증발량 5ton/h 이하의 관류 보일러
⑤ 소용량 강철제 보일러, 소용량 주철제 보일러

9. 천연가스(LNG)를 연료로 사용하는 보일러에서 배기가스를 분석한 결과 산소 농도가 1.8%로 측정되었다면 배기가스 중의 CO_2 농도는 약 몇 %인가?

[풀이] ① 천연가스(LNG)의 주성분은 메탄(CH_4)이므로 실제 공기량에 의한 메탄의 완전 연소 반응식은

$$\therefore CH_4 + 2O_2 + (N_2) + B \rightarrow CO_2 + 2H_2O + (N_2) + B$$

② 공기비(m) 계산

$$m = \frac{21}{21-O_2} = \frac{21}{21-1.8} = 1.093 = 1.1$$

③ CO_2 농도(%) 계산

$$CO_2(\%) = \frac{CO_2량}{실제\ 건배기\ 가스량} \times 100 = \frac{CO_2량}{이론\ 건연소\ 가스량 + 과잉\ 공기량} \times 100$$

$$= \frac{1}{\{1+(2\times 3.76)\}+\left\{(1.1-1)\times \frac{2}{0.21}\right\}} \times 100 = 10.557 ≒ 10.56\%$$

④ 과잉 공기량$(B) = (m-1) \times A_0 = (m-1) \times \frac{O_0}{0.21}$

해답 10.56%

---

10. 원심 펌프에서 프라이밍이란 무엇인지 설명하시오.

해답 펌프를 가동하기 전에 케이싱 내에 물을 충만시키는 작업

---

11. 보일러 과열 원인을 3가지 쓰시오.

해답 ① 이상 감수 현상이 발생하였을 때
② 동 내면에 스케일이 생성되어 전열이 불량한 경우
③ 보일러수가 농축되어 순환이 불량한 때
④ 전열면에 국부적으로 심한 열을 받았을 때
⑤ 연소실 열부하가 지나치게 큰 경우

---

12. 보일러의 상당 증발량이 2000kg/h, 연료 저위 발열량 10000kcal/kg, 효율 80%로 운전되는 경우 연료 소비량(kg/h)을 계산하시오.

풀이 $\eta = \frac{539\, G_e}{G_f \cdot H_l} \times 100$ 에서

∴ $G_f = \frac{539 \cdot G_e}{H_l \cdot \eta} = \frac{539 \times 2000}{10000 \times 0.8} = 134.75\text{kg/h}$

해답 134.75kg/h

---

13. 보일러 판에서 발생하는 현상 중 래미네이션과 블리스터에 대하여 설명하시오.

해답 ① 래미네이션(lamination) : 압연 강판이나 관의 두께 내부에 가스가 존재한 상태로 가공을 하였을 때 판이나 관이 2장의 층을 형성하며 분리되는 현상
② 블리스터(blister) : 래미네이션 부분이 가열로 인하여 부풀어 오르는 현상

---

14. 포화수 1kg과 포화 증기 4kg이 혼합되었을 때 건도는 얼마인가?

[풀이] 건도 = $\dfrac{\text{포화 증기}}{\text{습증기}} \times 100 = \dfrac{4}{1+4} \times 100 = 80\%$

[해답] 80%

15. 다음 관류 보일러에 대한 설명에서 (   ) 안에 알맞은 용어를 쓰시오.

> 관류 보일러는 긴 관의 한쪽 끝에서 급수를 압입하여 차례로 (①), (②), (③)시켜 과열 증기를 얻는 보일러이다.

[해답] ① 가열   ② 증발   ③ 과열

16. 다음은 증기난방 방식에 대한 그림이다. 배관 방법에 따라 구분할 때 각 그림은 어떤 배관 방식인지 쓰시오.

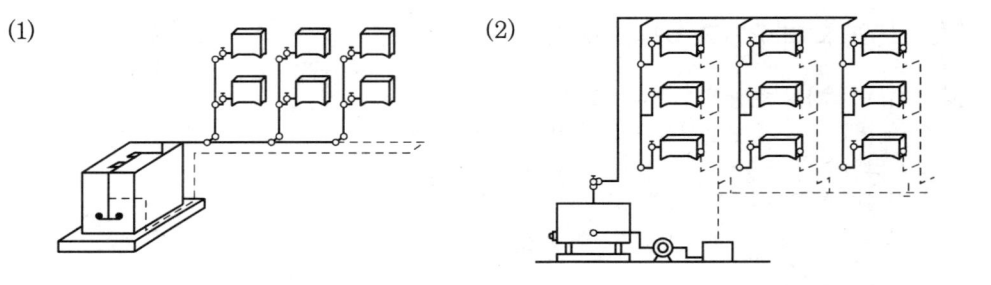

[해답] (1) 단관식   (2) 복관식
[참고] 증기난방의 분류
 ① 증기 압력에 의한 분류 : 저압식, 고압식
 ② 배관 방식에 의한 분류 : 단관식, 복관식
 ③ 공급 방식에 의한 분류 : 상향 공급식, 하향 공급식
 ④ 환수관의 배관 방식에 의한 분류 : 건식 환수관식, 습식 환수관식
 ⑤ 응축수 환수 방법에 의한 분류 : 중력 환수식, 기계 환수식, 진공 환수식

▶ 2009년 8월 23일 시행 (제46회)

자격종목 및 등급(선택분야)	종목코드	시험시간	문제지형별	수검번호	성 명
보일러기능장	3170	2시간	A		

● 다음 물음의 답을 해당 답란에 답하시오.

1. 보일러에서 발생하는 프라이밍, 포밍 현상에 대하여 설명하시오.

[해답] ① 프라이밍(priming) 현상 : 급격한 증발 현상으로 동 수면에서 작은 입자의 물방울이 증기와 혼입하여 튀어 오르는 현상
② 포밍(forming) 현상 : 동 저부에서 작은 기포들이 수면상으로 오르면서 물거품이 발생하여 수면에 달걀 모양의 기포가 덮이는 현상

2. 다음 방열기 도시 기호에 대하여 설명하시오.

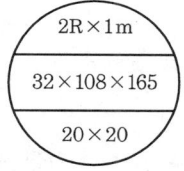

[해답] ① 2단으로 유효 엘리먼트의 길이는 1m이다.
② 엘리먼트의 관 지름은 32A이다.
③ 핀의 크기가 108mm, 부착된 핀의 수가 165개이다.
④ 콘벡터로의 유입, 유출 관 지름은 20A이다.

3. 다음은 파이프 벤딩 머신에 대한 설명이다. 명칭을 쓰시오.
(1) 유압 또는 전동기를 이용한 관 굽힘 기계로 현장에서 주로 사용 :
(2) 보일러 공장 등에서 동일 모양의 벤딩 제품을 다량 생산하는 데 사용 :
(3) 32A 이하 관 굽힘 시 롤러와 포머 사이에 관을 삽입 후 핸들을 돌려 180°까지 자유롭게 벤딩하는 형식 :

[해답] (1) 램식 벤딩 머신 (2) 유압식 로터리식 벤딩 머신 (3) 수동 롤러에 의한 벤더

4. 다음 [보기]와 같은 조건일 때 보일러 효율을 계산하시오.

[보기] - 급수 엔탈피 : 50kcal/kg   - 발생 증기 엔탈피가 600kcal/kg
      - 시간당 증기 발생량 : 150kg   - 시간당 연료 사용량 : 200kg
      - 연료의 저위 발열량 : 1000kcal/kg

풀이 $\eta = \dfrac{G_a \cdot (h_2 - h_1)}{G_f \cdot H_l} \times 100 = \dfrac{150 \times (600-50)}{200 \times 1000} \times 100 = 41.25\%$

해답 41.25%

---

5. 가성 취화에 대하여 설명하시오.

해답 보일러수 중에서 분해되어 생긴 가성소다(NaOH)가 과도하게 농축되면 수산 이온(OH⁻)이 많아져서 알칼리도가 높아진다. 이것이 강재와 작용해서 생기는 나트륨(Na)이 강재의 결정립계를 침해하여 재질을 연화, 취화시키는 것으로, 보일러판의 국부 리벳 연결부 등에서 발생하며, 균열이 발생하는 것으로 알 수 있다.

---

6. 수트 블로(soot blow) 사용 시 주의 사항을 3가지 쓰시오.

해답 ① 부하가 50% 이하일 때, 소화 후에는 사용을 금지한다.
② 댐퍼를 완전히 열고 통풍력을 크게 한다.
③ 그을음 제거를 하기 전에 반드시 응축수를 제거한다.
④ 그을음 불어내기 관을 동일 장소에서 오랫동안 작용시키지 않는다.
⑤ 흡입통풍기가 있을 경우 흡입통풍을 늘려서 한다.

---

7. 500°C 이하의 온도에서 사용할 수 있는 무기질 보온재 종류를 3가지 쓰시오.

해답 ① 규조토 ② 유리 섬유(glass wool) ③ 탄산마그네슘
참고 각 보온재의 안전 사용 온도
① 규조토 : 석면 사용(500°C), 삼여물 사용(250°C)
② 유리 섬유(glass wool) : 350°C 이하
③ 탄산마그네슘 : 250°C 이하

---

8. 보일러 자동 제어에서 미리 정해진 순서에 따라 순차적으로 제어의 각 단계가 진행되는 제어 방식으로, 작동 명령이 타이머나 릴레이에 의해서 행해지는 제어의 명칭을 쓰시오.

해답 시퀀스 제어

---

9. 보일러에 온도계를 부착하는 위치를 4개소 쓰시오.

해답 ① 급수 입구의 급수 온도계
② 버너 입구의 급유 온도계
③ 보일러 본체 배기가스 온도계
④ 절탄기, 공기 예열기의 입출구 온도계
⑤ 과열기, 재열기의 출구 온도계

10. 신설 보일러에서 내부에 부착된 유지분, 페인트류, 녹 등을 제거하기 위하여 실시하는 작업을 무엇이라 하는가?

해답 소다 끓이기(소다 보링)

11. 수관식 보일러 중 관류 보일러의 특징을 3가지 쓰시오.

해답 ① 전열 면적에 비하여 보유 수량이 적으므로 가동 시간이 짧다.
② 고압 보일러에 적합하다.
③ 관을 자유로이 배치할 수 있어 구조가 콤팩트하다.
④ 완벽한 급수 처리를 요한다.
⑤ 정확한 자동 제어 장치를 설치하여야 한다.
⑥ 순환비가 1이므로 드럼이 필요 없다.

12. 보일러 열정산 시 출열에 해당하는 항목을 5가지 쓰시오.

해답 ① 배기가스 보유 열량　② 증기의 보유 열량
③ 불완전 연소에 의한 열 손실　④ 미연재에 의한 열 손실
⑤ 노벽의 흡수 열량　⑥ 재의 현열

13. 유니언부터 유니언까지의 방열관의 길이는 얼마인가? (단, 방열관 피치는 200mm이고, π는 3.14로 계산한다.)

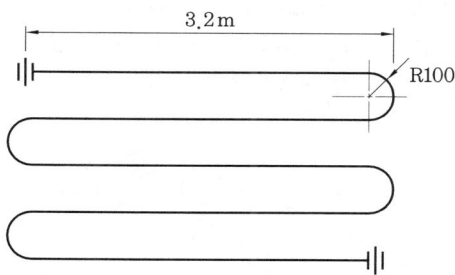

풀이 ① 방열관 직선 길이 계산
$L_1 = (3.2 - 0.2) \times 5 = 15\text{m}$
② 방열관 원호 부분 길이 계산
$L_2 = \dfrac{\pi D}{2} \times N = \dfrac{3.14 \times 0.2}{2} \times 4 = 1.256 \fallingdotseq 1.26\text{m}$
③ 유니언 부분 길이 계산
$L_3 = 0.1 + 0.1 = 0.2\text{m}$
④ 전체 길이 계산
$L = L_1 + L_2 + L_3 = 15 + 1.26 + 0.2 = 16.46\text{m}$

해답 16.46m

14. 온수 보일러에서 정격 출력(kcal/h) 계산 시 필요한 부하를 4가지 쓰시오.

[해답] ① 난방 부하 ② 배관 부하 ③ 급탕 부하 ④ 예열 부하

15. 강철제 보일러의 수압 시험 압력을 구하시오.
 (1) 최고 사용압력이 0.35MPa인 보일러 :
 (2) 최고 사용압력이 0.6MPa인 보일러 :
 (3) 최고 사용압력이 1.8MPa인 보일러 :

[풀이] (1) 수압 시험 압력=최고 사용압력×2배=0.35×2=0.7MPa
 (2) 수압 시험 압력=(최고 사용압력×1.3배)+0.3MPa=(0.6×1.3)+0.3=1.08MPa
 (3) 수압 시험 압력=최고 사용압력×1.5배=1.8×1.5=2.7MPa

[해답] (1) 0.7MPa (2) 1.08MPa (3) 2.7MPa

[참고] 수압 시험 압력
 (1) 강철제 보일러
  ① 보일러의 최고 사용압력이 0.43MPa 이하일 때에는 그 최고 사용압력의 2배의 압력으로 한다. 다만, 그 시험 압력이 0.2MPa 미만인 경우에는 0.2MPa로 한다.
  ② 보일러의 최고 사용압력이 0.43MPa 초과 1.5MPa 이하일 때에는 그 최고 사용압력의 1.3배에 0.3MPa를 더한 압력으로 한다.
  ③ 보일러의 최고 사용압력이 1.5MPa를 초과할 때에는 그 최고·사용압력의 1.5배의 압력으로 한다.
 (2) 가스용 온수 보일러 : 강철제인 경우에는 (1)의 ①에서 규정한 압력
 (3) 주철제 보일러
  ① 보일러의 최고 사용압력이 0.43MPa 이하일 때는 그 최고 사용압력의 2배의 압력으로 한다. 다만, 시험 압력이 0.2MPa 미만인 경우에는 0.2MPa로 한다.
  ② 보일러의 최고 사용압력이 0.43MPa를 초과할 때는 그 최고 사용압력의 1.3배에 0.3MPa을 더한 압력으로 한다.

▶ 2010년 5월 16일 시행 (제47회)

자격종목 및 등급(선택분야)	종목코드	시험시간	문제지형별
보일러기능장	3170	2시간	A

● 다음 물음의 답을 해당 답란에 답하시오.

1. 어느 실의 난방 소요 열량이 60000kcal/h이다. 5세주 650mm의 주철제 방열기를 이용하여 온수난방을 하고자 한다면 방열기 쪽수는 몇 개가 되어야 하는지 계산하시오. (단, 5세주 650mm의 주철제 방열기의 1쪽당 방열 면적은 0.26m²이고, 방열량은 표준 방열량으로 한다. 또한 답은 소수 첫째 자리에서 반올림하여 정수로 답하시오.)

[풀이] $N_w = \dfrac{H_r}{450a} = \dfrac{60000}{450 \times 0.26} = 512.8 ≒ 513$개

[해답] 513개

2. 보일러의 연소 효율을 η_c, 전열 효율을 η_f라 할 때, 보일러 열효율 η는 어떻게 나타내어지는지 쓰시오.

[해답] $\eta = \eta_c \times \eta_f$

3. 다음은 어떠한 현상이 발생하였을 때 일어날 수 있는 장해를 설명한 것이다. 여기서 어떠한 현상이란 무엇인지 쓰시오.

① 보일러수 전체가 현저하게 요동하고 수면계의 수위 확인을 어렵게 한다.
② 안전밸브 오염, 압력계 연락 구멍이 스케일과 이물질로 막힘 또는 수면계의 통기관에 보일러수가 들어가기도 해서 이들의 성능이 저하한다.
③ 증기 과열기에 보일러수가 들어가서 증기 온도와 과열도가 저하하고 동시에 과열기를 오염시킨다.
④ 수격 작용을 유발하고 배관 이음매 등의 기기에 손상을 준다.
⑤ 프라이밍, 포밍 현상이 급격히 일어나면 보일러 내의 수위가 급격하게 저하하여 저수위 사고를 일으킬 수 있다.

[해답] 캐리 오버(carry over) 현상

4. 보일러 외부 청소 작업의 종류 4가지를 쓰시오.

[해답] ① 수트 블로(soot blow) ② 샌드 블라스트(sand blast)
③ 스팀 쇼킹(steam shocking)법 ④ 워터 쇼킹(water shocking)법
⑤ 수세(washing)법 ⑥ 스틸 숏 클리닝(steel shot cleaning)법

5. 연소 장치에서 카본 트러블(carbon trouble) 현상에 대하여 설명하시오.

해답 오일 버너에서 무화 불량이나 연소 상태가 불량인 경우에 오일의 미립자가 불완전 연소하여 그을음 상태로 고온의 연소실벽이나 버너 타일 등에 부착하여 연소를 악화시키고 이로 인해 다시 카본이 생성되어 퇴적하는 악순환이 계속되는 현상이다.

6. 급수 처리는 보일러의 운전 관리 중 가장 중요한 관리의 하나로서 보일러의 수명 연장과 최대 열효율 보장 등의 효과를 기대할 수 있다. 그렇다면 급수 처리를 하지 않고 보일러에 급수를 할 경우 발생할 수 있는 장해의 종류에는 어떤 것이 있는지 4가지를 쓰시오.

해답 ① 관수 농축
② 가성 취화 발생
③ 부식 발생
④ 스케일, 슬러지 생성
⑤ 프라이밍, 포밍 발생
⑥ 캐리 오버 발생

7. 강관의 두께는 스케줄 번호에 의해서 나타내며, 스케줄 번호에는 sch 10, 20, 30, 40, 60, 80 등이 있고, 스케줄 번호가 클수록 관의 두께는 두꺼워지는데, 미터법에서의 스케줄 번호에 대한 공식을 쓰고 각 인자에 대하여 설명하시오.

해답 sch No. $= 10 \times \dfrac{P}{S}$

P : 사용 압력(kgf/cm^2) S : 허용 응력(kgf/mm^2)

참고 허용 응력(kgf/mm^2) $= \dfrac{\text{인장 강도(kgf/mm}^2)}{\text{안전율(4)}}$

8. 난방용 시공 재료의 밀도, 습도, 온도가 크거나 상승하면 열전도율은 증가 또는 감소하는지 쓰시오.
(1) 밀도가 크면 열전도율은?
(2) 습도가 증가하면 열전도율은?
(3) 온도가 상승하면 열전도율은?

해답 (1) 증가 (2) 증가 (3) 증가

참고 보온재의 열전도율에 영향을 미치는 요소
① 온도 : 온도가 상승하면 열전도율이 커진다.
② 밀도(비중) : 밀도가 커지면 열전도율이 커진다.
③ 흡습성(흡수성) : 흡습성(흡수성)이 증가하면 열전도율이 커진다.
④ 기공 : 기공의 크기가 작고 균일할수록 열전도율은 작아진다.

9. 다음은 보일러에서 자동 제어에 대한 약호이다. 어떠한 제어를 의미하는지 각각을 설명하시오.

(1) ABC :
(2) ACC :
(3) STC :
(4) FWC :

해답 (1) 보일러 자동 제어 (2) 자동 연소 제어
(3) 증기 온도 제어 (4) 급수 제어

참고 보일러 자동 제어(ABC)

명 칭	제 어 량	조 작 량
자동 연소 제어(ACC)	증기 압력, 노내압	공기량, 연료량, 연소 가스량
급수 제어(FWC)	보일러 수위	급수량
증기 온도 제어(STC)	증기 온도	전열량
증기 압력 제어(SPC)	증기 압력	연료 공급량, 연소용 공기량

10. 다음 주어진 배관 평면도를 제시된 방위에 맞도록 등각 투상도로 나타내시오.

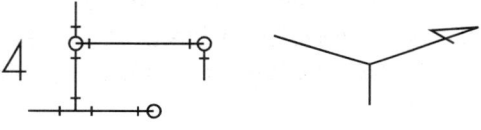

해답

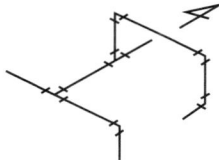

11. 보일러 설치 검사 기준상 안전밸브 및 압력 방출 장치의 크기는 호칭 지름 25A 이상으로 하여야 하지만 호칭 지름 20A 이상으로 할 수 있는 보일러도 있다. 20A 이상으로 할 수 있는 보일러 중에서 다음 ( ) 안에 알맞은 압력을 쓰시오.

(1) 최고 사용압력 ( )MPa 이하의 보일러
(2) 최고 사용압력 (①)MPa 이하의 보일러로 동체의 안지름이 (②)mm 이하, 동체의 길이가 (③)mm 이하의 것
(3) 최고 사용압력 ( )MPa 이하의 보일러로 전열 면적 $2m^2$ 이하의 것
(4) 최대 증발량이 ( )톤/h 이하의 관류 보일러

해답 (1) 0.1 (2) ① 0.5 ② 500 ③ 1000 (3) 0.5 (4) 5

12. 연돌의 높이가 20m, 배기가스 평균 온도가 300°C, 비중량이 1.34kgf/m³, 외기의 온도가 10°C, 비중량이 1.29kgf/m³인 경우 자연 통풍력은 몇 mmAq인지 계산하시오.

[풀이] $Z = 273H\left(\dfrac{\gamma_a}{T_a} - \dfrac{\gamma_g}{T_g}\right) = 273 \times 20 \times \left(\dfrac{1.29}{273+10} - \dfrac{1.34}{273+300}\right) = 12.119 ≒ 12.12\text{mmAq}$

[해답] 12.12mmAq

13. 동관 작업용 공구 3가지를 쓰시오. (단, 측정 공구는 제외한다.)

[해답] ① 튜브 커터 ② 튜브 벤더 ③ 사이징 툴 ④ 익스팬더 ⑤ 몽키 스패너

14. 보일러 장치를 구성하는 3대 요소를 쓰시오.

[해답] ① 보일러 본체 ② 연소 장치 ③ 부속 장치 및 설비

15. 보일러 압력 15kgf/cm², 건도가 0.98인 포화 증기를 만드는 경우 급수 온도를 절탄기에 의하여 20°C로부터 95°C까지 상승시킨다면 연료는 몇 %가 절약되는가 계산하시오. (단, 15kgf/cm²에서 포화수 엔탈피와 증발열은 각각 197kcal/kg, 466kcal/kg이다.)

[풀이] ① 발생 증기(h_2) 엔탈피 계산

h_2 = 포화수 엔탈피 + (증발열×건도) = 197 + (466×0.98) = 653.68kcal/kg

② 연료 소비량(F) 계산식

$F = \dfrac{G(h_2 - h_1)}{H_l \cdot \eta}$ 에서

급수 온도 20°C 상태의 연료 소비량을 F_1, 95°C 상태의 연료 소비량을 F_2라 하면

$\dfrac{F_2}{F_1} = \dfrac{\dfrac{G_2(653.68-95)}{H_{l_2} \cdot \eta_2}}{\dfrac{G_1(653.68-20)}{H_{l_1} \cdot \eta_1}} = \dfrac{(653.68-95)}{(653.68-20)}$ 가 된다.

∴ $G_1 = G_2$, $H_{l_1} = H_{l_2}$, $\eta_1 = \eta_2$ 이므로

③ 연료 절감률(%) 계산

연료 절감률(%) $= \dfrac{F_1 - F_2}{F_1} \times 100 = \left(1 - \dfrac{F_2}{F_1}\right) \times 100 = \left(1 - \dfrac{653.68-95}{653.68-20}\right) \times 100$

$= 11.835 ≒ 11.84\%$

[해답] 11.84%

▶ 2010년 8월 22일 시행 (제48회)

자격종목 및 등급(선택분야)	종목코드	시험시간	문제지형별
보일러기능장	3170	2시간	A

수검번호 / 성 명

● 다음 물음의 답을 해당 답란에 답하시오.

1. 보일러 운전 중 발생하는 이상 현상 중 캐리 오버(carry over)가 발생하였을 때의 장해 4가지를 쓰시오.

해답 ① 수위 오인으로 저수위 사고 ② 계기류 연락관의 막힘
③ 송기되는 증기의 불순 ④ 증기의 열량 감소
⑤ 배관의 부식 초래 ⑥ 배관, 기관 내에서 수격 작용 발생

2. 보일러 급수 펌프의 구비 조건 4가지를 쓰시오.

해답 ① 고온, 고압에 견딜 것 ② 작동이 확실하고 조작이 간단할 것
③ 부하 변동에 대응할 수 있을 것 ④ 저부하에도 효율이 좋을 것
⑤ 병렬 운전에 지장이 없을 것 ⑥ 회전식은 고속 회전에 안전할 것

3. 내화물의 스폴링(spalling) 현상에 대하여 설명하시오.

해답 박락 현상이라고도 하며, 내화물이 사용하는 도중에 온도의 급격한 변화나 가열, 냉각 때문에 갈라지든지 떨어져 나가는 현상을 말한다.
참고 스폴링 현상의 종류 및 원인
① 열적 스폴링 : 온도 급변에 의한 열 영향
② 구조적 스폴링 : 구조적인 응력 불균형
③ 기계적 스폴링 : 조직 변화에 의한 영향

4. 보일러 자동 급수 제어에서 수위 검출 방식의 종류 4가지를 쓰시오.

해답 ① 플로트식 ② 전극식 ③ 열팽창관식 ④ 차압식

5. 보일러수의 관리 목적 4가지를 쓰시오.

해답 ① 스케일, 슬러지가 고착되는 것을 방지하기 위하여
② 보일러수가 농축되는 것을 방지하기 위하여
③ 보일러 부식을 방지하기 위하여
④ 가성 취화 현상을 방지하기 위하여
⑤ 캐리 오버 현상을 방지하기 위하여

6. 보일러 운전 중 항상 감시하여야 할 2가지는 무엇인가?

해답 ① 수위 ② 연소 상태 ③ 압력 상태

7. 다음 조건의 대류 방열기(convector)를 도시 기호로 표시하시오.

- 상당 방열 면적 : $4.3m^2$
- 유효 길이 : 1700mm
- 유출관 지름 : 20A
- 열수 : 2열
- 유입관 지름 : 25A

해답
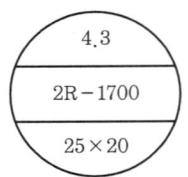

8. 보일러 설치, 시공 기준 중 안전밸브는 쉽게 검사할 수 있는 장소에 밸브 축을 (①)으로 하여 가능한 한 보일러의 (②)에 직접 부착시켜야 한다. ( ) 안에 알맞은 용어를 쓰시오.

해답 ① 수직 ② 동체

9. 연소 가스의 온도가 210℃이고, 대기 외도가 17℃일 때 통풍력을 9mmH₂O로 유지하여 연소 가스를 배출하려면 연돌의 높이는 몇 m 이상이어야 하는가? (단, 대기의 비중량은 $1.29kg/m^3$, 연소 가스의 비중량은 $1.35kg/m^3$이며, 소수점 첫째 자리에서 반올림하여 계산하시오.)

풀이 실제 통풍력은 이론 통풍력의 80%이므로

$$Z = 273H\left(\frac{\gamma_a}{T_a} - \frac{\gamma_g}{T_g}\right) \times 0.8 \text{이다.}$$

$$\therefore H = \frac{Z}{273 \times \left(\frac{\gamma_a}{T_a} - \frac{\gamma_g}{T_g}\right) \times 0.8} = \frac{9}{273 \times \left(\frac{1.29}{273+17} - \frac{1.35}{273+210}\right) \times 0.8} = 24.9 ≒ 25m$$

해답 25m

10. 다음은 열정산의 조건에 대한 물음이다. ( ) 안에 알맞은 내용을 쓰시오.
 (1) 보일러의 열정산은 원칙적으로 정격 부하 이상에서 정상 상태로 적어도 (   )시간 이상의 운전 결과에 따라 한다.
 (2) 발열량은 원칙적으로 사용 시 연료의 (   )으로 한다.
 (3) 열정산의 기준 온도는 시험 시의 (   ) 온도를 기준으로 한다.

해답 (1) 2 (2) 고위 발열량(또는 총 발열량) (3) 외기

11. 저위 발열량이 10500kcal/kg인 연료를 연소시키는 보일러에서 연소 가스량이 12Nm³/kg, 연소 가스의 비열이 0.33kcal/Nm³·℃, 외기 온도 5℃, 배기가스 온도 300℃일 때 이 보일러 효율은 얼마인가? (단, 기타 입열 및 출열은 없고 연료는 완전 연소하였다.)

풀이 $\eta[\%] = \left(1 - \dfrac{\text{손실 열}}{\text{입열}}\right) \times 100 = \left(1 - \dfrac{12 \times 0.33 \times (300-5)}{10500}\right) \times 100 = 88.874 ≒ 88.87\%$

해답 88.87%

12. 연돌 상부 최소 단면적이 3200cm²이고, 연돌로 배출되는 배기가스가 4000Nm³/h일 때 배기가스의 유속(m/s)은 얼마인가? (단, 배기가스의 평균 온도는 220℃이다.)

풀이 $F = \dfrac{G(1+0.0037t)\left(\dfrac{760}{P_g}\right)}{3600\,W}$ 에서 압력(P_g)은 무시하면

∴ $W = \dfrac{G(1+0.0037t)}{3600\,F} = \dfrac{4000 \times (1+0.0037 \times 220)}{3600 \times 3200 \times 10^{-4}} = 6.298 ≒ 6.30\text{m/s}$

해답 6.3m/s

13. 착화를 원활하게 하고 화염의 안정을 도모하는 것이며, 선회기를 설치하여 연소용 공기에 선회 운동을 주어 원추상으로 분사시켜 내측에 저압 부분의 형성으로 저속 영역을 만들어 착화를 쉽게 하는 공기 조절 장치의 명칭을 쓰시오.

해답 보염기(스태빌라이저)

14. 난방 부하가 10000kcal/h인 곳에 온수를 열매체로 사용하는 5세주형 650mm의 주철제 방열기를 설치할 때 필요한 방열 면적(m²)과 방열기 소요 쪽수를 계산하시오. (단, 방열기 방열량은 표준 방열량이고 5세주형 650mm의 1쪽당 표면적은 0.26m²이다.)

풀이 ① 방열기 방열 면적 계산

방열기 방열 면적 = $\dfrac{\text{난방 부하(kcal/h)}}{\text{방열기 표준 방열량(kcal/h·m²)}} = \dfrac{10000}{450} = 22.222 ≒ 22.22\text{m}^2$

② 방열기 쪽수 계산

$N_w = \dfrac{H_r}{450\,a} = \dfrac{10000}{450 \times 0.26} = 85.470 ≒ 86$쪽

해답 ① 방열기 방열 면적 : 22.22m²
② 방열기 쪽수 : 86쪽

15. 증기 보일러의 환산 증발량이 5톤/h이고, 효율이 85%로 운전되는 가스버너의 용량 (Nm³/h)은 얼마인가? (단, 가스의 발열량 22000kcal/Nm³이다.)

[풀이] $\eta = \dfrac{539 G_e}{G_f \cdot H_l} \times 100$ 에서

$\therefore G_f = \dfrac{539 \cdot G_e}{H_l \cdot \eta} = \dfrac{539 \times 5000}{22000 \times 0.85} = 144.117 ≒ 144.12 \text{Nm}^3/\text{h}$

[해답] 144.12Nm³/h

16. 다음 배관 표시법을 설명하시오. (단, EL은 기준선으로 그 지방의 해수면을 의미한다.)
  (1) EL+750 :
  (2) EL BOP+300 :
  (3) EL TOP−600 :

[해답] (1) 기준면으로부터 배관 중심부까지 높이가 750mm 상부에 있다.
  (2) 파이프 밑면이 기준면보다 300mm 높게 있다.
  (3) 파이프 윗면이 기준면보다 600mm 낮게 있다.

▶ 2011년 5월 29일 시행 (제49회)

자격종목 및 등급 (선택분야)	종목코드	시험시간	문제지형별	수검번호	성 명
보일러기능장	3170	2시간	A		

● 다음 물음의 답을 해당 답란에 답하시오.

1. 수관식 보일러 중 관류보일러의 특징 5가지만 쓰시오.

[해답] ① 전열 면적에 비하여 보유 수량이 적으므로 가동 시간이 짧다.
② 고압 보일러에 적합하다.
③ 관을 자유로이 배치할 수 있어 구조가 콤팩트하다.
④ 완벽한 급수 처리를 요한다.
⑤ 정확한 자동 제어 장치를 설치하여야 한다.
⑥ 순환비가 1이므로 드럼이 필요 없다.

2. 난방 부하가 100000kcal/h, 급탕부하 30000kcal/h, 배관 부하율 25%, 예열 부하 20%인 온수보일러의 정격 출력(kcal/h)을 구하시오. (단, 출력 저하 계수는 1이다.)

[풀이] $H_m = \dfrac{(H_1 + H_2) \times (1+\alpha) \times \beta}{\kappa} = \dfrac{(100000 + 30000) \times (1+0.25) \times 1.2}{1} = 195000\,\text{kcal/h}$

[해답] 195000kcal/h

3. 보일러 연료로 사용하고 있는 도시가스가 LNG이고, 이 LNG의 주성분이 모두 메탄(CH_4)으로 구성되었을 때 1Nm³ 연소에 필요한 이론 공기량(Nm³)은 얼마인가?

[풀이] 메탄(CH_4)의 완전 연소 반응식
$CH_4 + 2O_2 \rightarrow CO_2 + 2H_2O$
$22.4\,\text{Nm}^3 : 2 \times 22.4\,\text{Nm}^3 = 1\,\text{Nm}^3 : x(O_0)\,\text{Nm}^3$

$\therefore A_0 = \dfrac{O_0}{0.21} = \dfrac{1 \times 2 \times 22.4}{22.4 \times 0.21} = 9.523 ≒ 9.52\,\text{Nm}^3/\text{Nm}^3$

[해답] 9.52Nm³/Nm³

4. 보일러 자동 제어에서 미리 정해진 순서에 따라 순차적으로 제어의 각 단계가 진행되는 제어 방식으로 작동 명령이 타이머나 릴레이에 의해서 행해지는 제어의 명칭을 쓰시오.

[해답] 시퀀스 제어

5. 동관 작업 시 사용하는 다음 공구의 용도를 설명하시오.
  (1) 플레어링 툴 세트 :
  (2) 사이징 툴 :
  (3) 확관기(익스팬더) :

해답 (1) 동관을 압축 이음 하기 위하여 관 끝을 나팔 모양으로 만드는 데 사용하는 공구이다.
  (2) 동관의 끝 부분을 원형으로 정형하는 공구이다.
  (3) 동관의 관 끝 지름을 크게 확대하는 데 사용하는 공구이다.

6. 다음 보일러설치 검사기준 중 가스용 보일러의 연료 배관에 관한 내용이다. ( ) 안에 알맞은 숫자를 쓰시오.

> 배관의 이음부(용접 이음매를 제외한다)와 전기 계량기 및 전기 개폐기와의 거리는 (①)cm 이상, 굴뚝(단열 조치를 하지 아니한 경우에 한한다)·전기 점멸기 및 전기 접속기와의 거리는 (②)cm 이상, 절연 전선과의 거리는 10cm 이상, 절연 조치를 하지 아니한 전선과의 거리는 (③)cm 이상의 거리를 유지하여야 한다.

해답 ① 60 ② 30 ③ 30

7. 기름을 사용하는 보일러에서 연소 중에 화염이 순간적으로 꺼졌다가 분무되는 기름이 순간적으로 착화하는 일을 반복하는 점멸(단속) 연소와 연소 중에 갑자기 소화되는 실화의 원인 4가지를 각각 쓰시오.

해답 (1) 점멸(단속) 연소의 원인
  ① 연료 중에 수분이 혼합되어 있는 경우
  ② 분무용 증기나 공기에 응축수를 함유하고 있는 경우
  ③ 연료 중에 슬러지 등 불순물이 혼합되어 있는 경우
  ④ 유압이 너무 높은 경우
  ⑤ 1차 공기의 공급량이 부족한 경우
  (2) 실화의 원인
  ① 연료 중에 수분이나 공기가 비교적 많이 혼합되어 있는 경우
  ② 연료 분사용 증기, 공기의 공급량이 연료량에 비해 과다 또는 과소할 때
  ③ 연료(중유)를 과다하게 가열하여 연료가 배관이나 가열기 내에서 가스화하여 중유 공급이 중단되는 때
  ④ 연료 배관 중의 스트레이너가 막혀 있는 경우
  ⑤ 급유 펌프의 고장 또는 이상이 있는 경우

8. 가정용 온수보일러에 설치하는 팽창 탱크의 설치 목적을 2가지만 쓰시오.

해답 ① 운전 중 장치 내의 온도 상승에 의한 체적 팽창 및 그 압력을 흡수한다.
  ② 팽창된 온수의 넘침을 방지하여 열 손실을 방지한다.

③ 운전 중 장치 내의 압력을 소정의 압력으로 유지하고, 온수 온도를 유지한다.
④ 장치 내 보충수 공급 및 공기 침입을 방지한다.

9. 시간당 증기 발생량이 2000kg인 보일러가 5시간 동안 중유를 800kg 사용하였을 때 이 보일러의 증발 배수를 계산하시오. (단, 보일러 급수 온도는 20℃이다.)

[풀이] 증발배수 $= \dfrac{G_a}{G_f} = \dfrac{2000}{\dfrac{800}{5}} = 12.5$

[해답] 12.5

[참고] ① 증발 배수 : 보일러의 실제 증발량과 그 증기를 발생시키기 위해 사용된 연료량과의 비
② 환산 증발 배수 : 보일러의 상당 증발량과 그 증기를 발생시키기 위해 사용된 연료량과의 비

환산 증발 배수 $= \dfrac{G_e}{G_f} = \dfrac{G_a(h_2 - h_1)}{539 G_f}$

③ 증발 계수 : 보일러의 상당 증발량과 실제 증발량과의 비

증발 계수 $= \dfrac{G_e}{G_a} = \dfrac{h_2 - h_1}{539}$

10. 배관 이음 도시 기호는 관이음 방법에 따라 각기 다른 기호를 사용한다. 다음 관이음의 도시 기호를 나타내시오.
(1) 턱걸이 이음 :   (2) 플랜지 이음 :   (3) 나사 이음 :

[해답] (1) 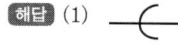 (2) ──┤├── (3) ──┼──

11. 다음 방열기 도시 기호를 보고 물음에 답하시오.
(1) 엘리먼트의 관지름은 얼마인가?
(2) 핀(fin)의 크기(치수)는 얼마인가?
(3) 엘리먼트 핀은 몇 개인가?

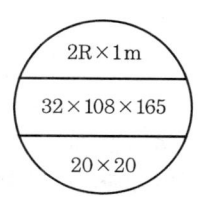

[해답] (1) 32A   (2) 108mm   (3) 165개

12. 보일러에서 최대 연속 증발량에 대한 실제 증발량의 비율을 무엇이라 하는가? [보기]를 보고 답하시오.

[보기] ( ) $= \dfrac{\text{실제 증발량}}{\text{최대 연속 증발량}} \times 100$

[해답] 보일러 부하율(%)

13. 배관의 접합부로부터 누설을 방지하기 위하여 사용하는 것이 패킹재이다. 다음에 설명하는 플랜지 패킹재의 명칭을 쓰시오.

(1) 탄성이 크고 우수하며 흡수성이 없으나 열과 기름에 약하며 산, 알칼리에 침식이 어렵다.
(2) 고무 패킹의 일종으로 천연고무의 성질을 개선시킨 것으로 내산성, 내열성, 내유성이 좋고, 기계적 성질이 양호하다.
(3) 합성수지 패킹의 대표적인 것으로 내열 범위가 -260~260℃이며 약품, 기름에도 침식되지 않는다.

해답 (1) 천연고무 (2) 합성고무(neoprene) (3) 테프론

14. 보일러 운전 중에 발생하는 장해 중 프라이밍(priming) 현상을 설명하시오.

해답 급격한 증발 현상으로, 동수면에서 작은 입자의 물방울이 증기와 혼입하여 튀어 오르는 현상

15. 다음 [보기]는 보일러의 이상 저수위 발생 시, 과열 등이 발생하는 비상 시 긴급 정지를 행하는 사항이다. 비상 조치 단계를 나열하시오.

[보기] ① 주증기 밸브를 닫는다.
② 댐퍼는 개방된 상태로 두고 통풍을 한다.
③ 연소용 공기의 공급을 정지한다.
④ 급수를 할 필요가 있는 경우는 급수를 하여 수위를 유지한다.
⑤ 연료 공급을 중지한다.

해답 ⑤ → ③ → ④ → ① → ②

16. 발생 증기의 엔탈피는 660kcal/kg, 급수엔탈피는 60kcal/kg, 급수량이 5000kg/h, 연료 소비량이 400kg/h인 증기 보일러를 열정산을 할 때, 발생 증기의 흡수열(kcal/kg-연료)을 구하시오.

풀이 $Q_s = W_2 \times (h_2 - h_1) = \dfrac{G_w}{G_f} \times (h_2 - h_1) = \dfrac{5000}{400} \times (660 - 60) = 7500 \,\text{kcal/kg}$

해답 7500kcal/kg-연료

※ 제49회 이후의 출제문제는 "자격증을 공부하는 모임" 카페
다음 : cafe.daum.net/gas21, 네이버 : cafe.naver.com/gas21 을 방문하면 열람할 수 있습니다.

보일러기능장 실기

2011년 8월 10일 인쇄
2011년 8월 15일 발행

저　자 : 서상희
펴낸이 : 이정일

펴낸곳 : 도서출판 **일진사**
　　　　　www.iljinsa.com
140-896 서울시 용산구 효창원로 64길 6
전화 : 704-1616 / 팩스 : 715-3536
등록 : 제3-40호 (1979. 4. 2)

값 25,000 원

ISBN : 978-89-429-1247-6

● 불법복사는 지적재산을 훔치는 범죄행위입니다.
　저작권법 제97조의 5(권리의 침해죄)에 따라 위반자는 5년 이하의 징역 또는 5천만원 이하의 벌금에 처하거나 이를 병과할 수 있습니다.